Leaving Military Service

Adjusting to Civilian Life

Ted Hamm

New
Growth
Press

newgrowthpress.com

New Growth Press, Greensboro, NC 27401
www.newgrowthpress.com
Copyright © 2023 by Ted Hamm

Cover Design: Dan Stelzer
Interior Typesetting and eBook: Lisa Parnell

ISBN: 978-1-64507-323-9 (Print)
ISBN: 978-1-64507-324-6 (eBook)

Library of Congress Cataloging-in-Publication Data

Names: Hamm, Ted, author.
Title: Leaving military service : adjusting to civilian life / Ted Hamm.
Description: Greensboro, NC : New Growth Press, [2023]
    Summary: "Ted Hamm provides practical guidance for the
    often difficult transition back to civilian life"— Provided by
    publisher.
Identifiers: LCCN 2023005919 (print) | LCCN 2023005920
    (ebook) | ISBN 9781645073239 | ISBN 9781645073246
    (ebook)
Subjects: LCSH: Veterans—United States—Life skills guides. |
    Retired military personnel—United States—Life skills guides. |
    Veterans—Religious life.
Classification: LCC UB357 .H357 2023 (print) | LCC UB357
    (ebook) | DDC 362.860973—dc23/eng/20230214
LC record available at https://lccn.loc.gov/2023005919
LC ebook record available at https://lccn.loc.gov/2023005920

Printed in India

30 29 28 27 26 25 24 23   1 2 3 4 5

Joe is a young veteran who left the military last month. Although he encountered difficult experiences overseas, now he has his whole life before him. The G.I. Bill offers help for education and training. He even has a job offer right now. But instead of excitement, Joe feels strangely empty and aimless. He doesn't know who to talk to—most people don't understand—so he does what feels like the safest thing: nothing.

Theresa is a single mom, and she too has left military service. For her, the transition ahead is full of fear and uncertainty. It has been more difficult than she expected to show the value of her military training in the job market. Some opportunities would cover the cost of childcare, but not much more. And she's not even sure where to live; after years of moving to new locations, she wonders where her home is now.

These are not hypothetical examples for many who leave military service. Some service members have a positive experience in the military and have and everything lined up for a new career back home. But many others stumble and fall while making the transition to civilian life. How can you be sure your experience will be different when you take off the uniform for the last time?

My goal is to encourage you that the gospel has power and gives perspective that will enable you to make this transition with hope and encouragement.

My prayer is this will not only be helpful for those currently in this process, but also for those who are already out and may have lost their way. First, we will look at what God's Word has to say about this transition and how the hope of the gospel speaks to it. Second, we will look at practical tools to help you avoid pitfalls along the way. While this transition may be among the most challenging periods of your life, it can also be an exciting time of spiritual growth as you move toward a more encouraging present and a hopeful future.

Identity

Because service in the military is an entirely different world in many ways, it is common to struggle with identity in this transition. You may be wondering, *Who am I? What is my purpose in life?* Whether you retired with twenty-five years of service or served part-time in the National Guard or Reserves and were never deployed, wearing the uniform in the service of your country was deeply meaningful and was an important part of your life.

For some, the uniform and all it stands for is a big part of defining who they are. Instead of living out "one nation under God," the love of country can easily rise above allegiance to our God. This can be a subtle shift, but the Bible teaches that any time we elevate something else—even a good thing—to higher importance than our God, we have replaced

God. When this shift happens, not only are we sinning against a holy God, we come up feeling empty. We were created to be worshippers of God, and when we replace that worship with anything else, we will be disappointed.

You might not have noticed that you made military service central to your life or that your identity has been consumed by it until it was time to leave it behind. Many others have written about our tendency to give our allegiance to things of this world more than God himself—things such as respect, power, happiness, sex, money, toys, comfort, and security. Paul Tripp wrote on this topic in *Lost in the Middle*. He highlights the crisis point as midlife, but the sentiment is the same for other major life transitions. He explains, "Midlife exposes what a person has really been living for and where a person has tried to find meaning and purpose."[1]

Midlife and leaving the military are both major transitions, but I believe that the transition back to civilian life can be far more challenging for two reasons. First, joining military service is more than being hired for a new job. For a significant period of time, the military has provided you with a schedule, a uniform, a tight-knit family, a new vocabulary of acronyms, new customs and traditions, and an important mission. But the day you sign out for the last time, all of this is gone in an instant. It may be the most significant, all-encompassing transition in life.

Second, in military service, Christians are tempted to lose sight of the gospel and chase after substitute gods. While everyone faces that temptation, for military members, the world's siren songs also include shiny awards of honor, the tantalizing respect of others, and the power to make many civilians envious. Maybe your uniform is covered in badges and ribbons and your walls are filled with certificates and plaques. The entire system is set up to encourage service members to make these pursuits their ultimate goal. As such, the collection of awards, prestige, and recognition can grow to be all-consuming.

Once again, when one leaves the military, disillusionment and loss happen not over the course of months and years, but overnight. After an unceremonious exit or a retirement service where you are showered with praise, you wave goodbye to your companions, and it is all over. You and your trophies lose their significance in your new life as a civilian. Your past rank is meaningless to your new boss, and your plaques make up a nice shrine in the basement, but there are fewer and fewer people to impress with them. Add to that physical, emotional, and/or mental injuries and the loss of friends, and it is not surprising that many struggle to find their way during this transition.

If this describes you right now and you feel a sense of emptiness, aimlessness, and loss, know that

God is there with his unfailing love and unlimited patience available through Christ. His faithfulness afflicts us (Psalm 119:75), and his kindness leads us to repentance (Romans 2:4). This means that sometimes God uses pain, trials, loss, and disappointments to get our attention and lead us to reorient our lives and more firmly root our identity in Jesus Christ. This transition is a wonderful opportunity to examine your allegiances, ensure God is on the throne of your heart, and move forward with confidence, secure and at peace in him.

A Fresh Start

A sometimes humorous and often painful saying in the Army is, "You are a 'no-go' at this station." During Air Assault School, I was a two-time "no-go" at one of the obstacles, which meant that I was dropped from the class. With legs shaking from squats and the duck walk, I approached the "belly-over" obstacle, a horizontal log that seemed miles away at the time. Instead of diving and flipping over the top, I bounced off painfully and was dropped from the course. I was a "no-go." Thankfully, God doesn't treat any of his children as "no-gos." Instead, because of Jesus, he treats us more like the neighborhood kids who give each other "do-overs." In God's family, no matter what you have done, where you are, or where you have been, no matter how hard the consequences, when you repent and cry out to Jesus for forgiveness, he always gives you a "do-over" because of his "unlimited patience" (1 Timothy 1:16).

While major life transitions can be scary, they are also opportunities for fresh starts. The apostle Paul–who as Saul assented to murder and would have had painful regrets–wrote that there was one thing he did: "forgetting what is behind and straining toward what is ahead" (Philippians 3:13). He also wrote that, "If anyone is in Christ, the new creation has come: The old has gone, the new is here!" (2 Corinthians 5:17). There are times we have to make things right, confess past sin, or face consequences for decisions made, but God daily offers you a spiritual "do-over," a fresh start, a clean slate, and the freedom to turn toward the future with hope and excitement. Take advantage of this unique opportunity by considering whether you are honoring God with your choices and lifestyle. Confess your sins to God and a trusted leader or friend (James 5:16). Then turn forward toward what is ahead—a fresh start.

New (and Greatly Improved) Mission

In the movie *The Princess Bride,* Inigo Montoya finally avenged the murder of his father. Getting revenge had utterly consumed his life. When asked what he would do next, he reflected, "I have been in the revenge business so long, now that it's over, I don't know what to do with the rest of my life."[2] In the military, you were part of a mission of critical life and death importance in the protection of our country. For some, this mission becomes so important, so central to our lives, that we wonder with Inigo Montoya, *What's my mission now?*

The good news is that those in Christ have an even greater and grander mission. God gives us the privilege of participating with him in his mission: the spread of his rule and reign on earth through his people, the Church. And what a mission it is! You thought you had an important position in the service as one in charge of millions of dollars of aircraft equipment, but Christ gives us the immeasurable treasure of the gospel to live by and share with others (Matthew 28:19–20). Were you responsible for the lives of soldiers, sailors, or marines? God allows us to participate in winning eternal souls and making disciples. Did you get an emotional high from fighting evil in this world? How about joining God's fight against rulers, authorities, cosmic powers, and spiritual forces of evil in the heavenly places (Ephesians 6:12)? If you are in Christ, this is your mission with a new band of brothers and sisters—the Church—on our way to certain spiritual victory through Christ (Revelation 20:7–10). If you were willing to serve and die for your country, how much more of an honor is it to be willing to joyfully live for our Savior and King? Viewing our lives this way, by faith, can provide an exciting sense of purpose and direction that is critical during this transition.

Approaching Vocation and Other Major Life Decisions

With a fresh start and rooting your identity and purpose in Christ, where do you go from here? With a suddenly wide-open field of choice, many veterans struggle with the idea of vocation. This may be because for some time your life has been mapped out by the military with directions about what to do, when to move, and where to live. Now you are faced with several major decisions at once—decisions you perhaps haven't considered since high school: Where will I live? What job will I pursue? Will I go back to school? Should I attend class in person or virtually? There are several key principles in God's Word to help us move forward in freedom with major decisions.

1. *Do whatever your hand finds to do.* Right after he anointed Saul king, the prophet Samuel said, "The Spirit of the LORD will come powerfully upon you, and you will prophesy with them; and you will be changed into a different person. Once these signs are fulfilled, *do whatever your hand finds to do*, for God is with you" (1 Samuel 10:6–7). And Solomon writes in Ecclesiastes 9:10, "Whatever your hand finds to do, do it with all your might." In addition, Psalm 119:45 tells us, "I will walk about in freedom, for I have sought out your precepts."

Many of us feel paralyzed by major life decisions, as if we will be out of God's will or offtrack if we make the wrong choice. That is certainly true if you are living in rebellion to his ways and his commands. Romans 12:2 clearly connects God's will to our submitting to his work in our hearts and minds. But when we are looking to him, living for him, and seeking to abide in him, there is a beautiful freedom in life to be enjoyed. We are free to use the passions, interests, and desires that God has given us to decide specifically *how* we live for him.

2. *Don't be surprised when you face trials of many kinds.* Another key biblical concept is to reframe the difficulty of these decisions and the avenues themselves toward a future goal. Hundreds of years ago, Marcus Aurelius wrote, "The impediment to action advances action. What stands in the way becomes the way."[3] It seems that too often we see challenges and roadblocks as obstacles and believe that we need to get past the obstacle as quickly as possible in order to get on with our lives. In *The Obstacle Is the Way,* Ryan Holiday writes of how obstacles *themselves* can be opportunities to grow and learn.[4] While this is true for all, the Christian has a far deeper understanding of this principle.

The Bible teaches us that we should not be surprised when we face trials of many kinds, knowing that the testing of our faith develops perseverance (James 1:2–3; 1 Peter 4:12). These challenges are opportunities to depend on God, a precious gift in a modern world where we can often smoothly purchase our way to comfort, ease, and relaxation (2 Corinthians 1:8). Life in a fallen world is always full of challenges, but the challenges are also opportunities—opportunities to step back with a spiritual curiosity and wonder what God is up to, while stepping forward in faith and approaching obstacles with courage.

3. *In the abundance of counselors there is safety.* To choose a vocation or to make any major decision in isolation would be foolish. Proverbs 11:14 tells us, "Where there is no guidance, a people falls, but in an abundance of counselors there is safety" (ESV). Include several friends and respected leaders in the decisions about your future. Ask those who may be older, wiser, or who have been through a similar experience. Also, utilize military transition resources, shadow professionals in industries of interest, and visit colleges you may be considering. Don't be afraid to try something new; perhaps there is a latent passion or interest you have had for decades but

never had the opportunity to pursue. Often, as information is gathered and organized, avenues forward become more clear, attainable, and exciting.

Practical Suggestions

Choosing a direction with a fresh start can be done in an instant, by faith. But a consistent experience of hope, joy, and peace takes time, effort, falling, failing, and many do-overs. Below are a handful of suggestions that others have found helpful in the transition to civilian life.

Get plugged into a (healthy) local church

If you walked away from a church as a teenager or have only tried church once or twice, this may be the last place you would think to find help. But Andrée Seu Peterson points out on *The World and Everything In It* podcast, "It is often in the mundane practice of the weekly worship service that we meet the living God."[5] For sure, many unhealthy churches have strayed from the central theme of Jesus's historical life, death, and resurrection that is clearly communicated in God's Word. But there are also many that believe in the Bible and will point you to the amazing salvation and new life we can have in Christ (with unlimited "do-overs"). This kind of church welcomes honesty and transparency. Its members invite other sinners, hypocrites, and the wounded to receive forgiveness and healing that only the gospel can bring (John 7:37). They pursue holiness together, as well as a mission worth giving their lives to.

Consider that getting plugged in is more than showing up for an hour each week. Introduce yourself to a leader and ask for help to get involved and be discipled. Take steps of faith to meet new people, and invite a new acquaintance to coffee. Look in the corners for others that may appear new or insecure, and make it a fun challenge to learn something interesting about their lives and bring them out of their shell.

Have a faithful wingman

During World War I, it was discovered that fewer planes were lost when they flew in pairs. The same principle applies to life. Ensure that you have a friendship with someone you can be completely open and honest with (or are pursuing such a relationship) because this is an important part of healing and growth. It may feel scary to share some of your past, but because Jesus knows us fully and loves us, we can openly share with and reach out to a trusted friend without fear. If you have had dark and painful experiences, let them know what would be helpful (a listening ear) and what would *not* be helpful (perhaps giving advice or casually saying "I know what you are going through"). Instead of judging and pulling away, guide those who desire to be helpful but may not know how. As hard as it may be to move toward others, it is scarier to try living out the Christian life alone. "Two are better than one . . . If either of them falls down, one can help the other up, but pity anyone who falls and has no one to help them up" (Ecclesiastes 4:9–10). Pursue and develop a friendship with someone you can call at 2 a.m. who would say, "I'm glad you reached out."

Serve again

Soviet Yevgeny Vuchetich sculpted a statue reflecting the prophecy in Isaiah 2:4: "They will beat their swords into plowshares." This verse anticipates God bringing ultimate and final peace to his people. The statue shows a warrior beating his sword—an instrument of death and destruction—into a farming tool–an implement of life and nourishment. This is not only a foreshadowing of God's fully realized kingdom to come, but also something that we can participate in giving with him now as we actively love our neighbor in a way that brings peace, wholeness, and flourishing to the world around us. Moreover, actively loving others in word and deed takes our focus off ourselves as we serve and give time to others. As an added bonus, friendships often develop when and where you least expect them as you love others.

Where do you start? Love your neighbor. Really—get to know your next-door neighbors. Are there veterans on your street? Widows? Elderly with physical needs? Who are the veterans in your church? Work with your church leadership to start a support group or Bible study with them. Invite others from the community or neighborhood, and remind each other that we now have a greater mission and purpose and that our identity is rooted in Jesus. Initiate shared activities: serving together, revealing struggles with each other, praying for each other, and encouraging each other in the faith.

Some of you have already made this transition. You are doing well, and you don't need a veteran-centric group. That is very good news, but you never know how many are suffering in silence around you, in need of the salve of the gospel and a safe place to heal (veterans or others). Perhaps an older, guilt-ridden veteran would experience immense freedom if given the opportunity to share for the first time a painful experience from their past. I encourage you not to allow your lack of need to keep you from meeting the needs of others. Your shared experience of military service may be the powerful point of contact and built-in trust that God uses in someone else's life as you actively love them.

Stay active

As my work with veterans touches on adaptive sports, it is inspiring to see a veteran smiling and laughing and playing pickleball from a wheelchair. How can he be so cheerful? At least in part, God made our bodies in such a way that physical exercise reduces stress hormones and stimulates chemicals in the brain that are mood elevators. A retired Army Colonel once told me, "The biggest mistake I ever made was to stop running." While exercise may feel impossible to do on your own, how about asking a friend to join you on a regular basis? We are much more likely to get out of bed if we know someone is waiting for us at the gym. Your body is the temple of the Holy Spirit (1 Corinthians 6:19), and at least one legitimate application of this is to take care of it by staying active.

In addition to exercise, God created us in such a way that we honor and worship him through our work. You may not need to earn income due to retirement or disability income, but idle time at home is not helpful in overcoming these challenges and fulfilling your new mission. Whether working full or part time in a paid or unpaid position, staying active and productive as God enables is a critical part of maintaining a healthy spiritual life.

Reframe your weakness

Kintsugi is an ancient Japanese art form that repairs shattered vessels with a beautiful, gold bonding mixture. Through exercise, training, and/or combat, most soldiers, sailors, and airmen and women leave the service with some degree and type of shattered-ness—physical, mental, or spiritual—and many unintentionally bring a piece of the war home with them.

The apostle Paul writes of the blessed upside-down nature of God's kingdom. In 2 Corinthians he tells of praying intensely for some weakness or infirmity to be taken away. Instead of healing, God's response was, "My grace is sufficient for you, for my power is made perfect in weakness." Paul continued, "Therefore I will boast all the more gladly about my weaknesses, so that Christ's power may rest on me. That is why, for Christ's sake, I delight in weaknesses, in insults, in hardships, in persecutions, in difficulties. For when I am weak, then I am strong" (12:9–10).

We exist in a Western culture where ordinarily one can claim faith in Christ without ever having to actually *exercise* their faith. But if you get out of bed each morning with some disability or limitation— from PTSD or moral injury to compressed discs—it provides opportunities for his strength to work in and through us as we are forced to depend on him by faith. This kind of dependence is more than just making it through life; it is really living.

I am not sure I truly believed this before my own dark struggles toward the end of my Army service and continuing through my transition to civilian life. My struggles were darker, more painful, and more challenging than anything I had experienced before. Now, one year removed, I feel closer to God than ever, stronger in his strength, and utterly dependent on him. I see and experience that when I am helpless and cling to Christ, when I have nowhere else to turn, when the world and people let me down, and when I am desperate for him, this is when he delights to show up in powerful ways. When his children are in this posture, he will use them much more—not less—for his purposes.

Out of brokenness beauty is formed. If you are broken, weak, limping, fearful, struggling, or fighting through the darkness, you are well positioned to desperately cry out to God and watch his work of re-creation in and through your life.

Utilize all the tools at your disposal

During the Battle of Gettysburg, Union Colonel Chamberlain played a critical role in their victory. Protecting a critical Union flank and dangerously low on ammunition, he led a desperate bayonet charge, capturing over one hundred Confederate soldiers and securing his position. I don't think any of his soldiers woke up that morning thinking their bayonet would be the difference between life and death, but on that day it was.

In the book *Depression,* Ed Welch writes of the importance of a multifaceted attack.[6] Just as generals may plan an operation by land, sea, and air, we must try every angle of attack and every weapon in the fight against challenges in life. When you are going to battle, you don't know which tool in your kit will make a difference and provide a way forward.

Some of you may be jaded, having tried something once half-heartedly. I challenge you to have the same courage, grit, and determination in this fight of life as you did during Basic, SEAL Qualification Training, or Ranger School. Did you try counseling once with your arms crossed, and it didn't change a relationship as you continued to believe the problems were all her (or his) fault? Then you may not have really tried it at all. Did you visit a church once without anyone actually connecting with you? If it seems an otherwise healthy church, go back and take the initiative. How about art therapy, EMDR, a nutritionist, sleep expert, or medication (if necessary)? If you are stuck in a rut, don't let your pride keep you from trying all the resources at your disposal.

Keep moving forward

Sometimes when you feel stuck, it seems nearly impossible to get out of bed, much less find a job or start that degree program. During such times, focus on taking one small, faithful step at a time. God has given us a lamp for our feet, not a Maglite™ (Psalm 119:105). You don't know where to start? Make your bed. Is finding a job overwhelming? Start with the first step of looking up an employer's phone number. Then give them a call. Is getting that degree overwhelming? Drive to a local college campus and find the admissions office. To give you hope, you can focus on reading a chapter of Scripture. You could start with one of the classic favorites like Psalm 121, Isaiah 40, or Romans 8. Read a paragraph or a verse on your knees, along with giving a desperate plea to God for help. As you do this, take a small step forward, knowing that he has been there and he *will* be there at your side when you step forward through the darkness and up and out the other side.

Living and training for eternity

After the surrender of the Japanese at the end of World War II, many isolated pockets of enemy troops held out for a longer period of time. One Japanese soldier held out for thirty years on Morotai Island and surrendered in 1974. Months before the formal Japanese surrender, victory for the allies was a foregone conclusion. While American sailors and marines flourished in their confidence and anticipation of going home, there was still potential danger.

Christians can have even more confidence and joyful anticipation that following this spiritual war, God will carry us safely home. God has graciously allowed us to read the final chapter, and he wins in the end. Jesus's death and resurrection are written in militaristic and victorious language: "And having disarmed the powers and authorities, he made a public spectacle of them, triumphing over them by the cross" (Colossians 2:15). Just as sure as Jesus rose from the dead, so we will be with him forever (Romans 6:4). In the final three chapters of the Bible, which were written for our encouragement today, God provides great assurance to his people as the apostle John describes God's future victory in the battle to end all battles (Revelation 18–21).

In this we also find clarity of purpose. We did physical training when we served in the armed forces so that we could help fight and win our nation's wars. We had smaller goals, like improving endurance or bench-pressing our weight. We wouldn't be successful in the gym if our workouts did not induce some pain. This also applies in the spiritual realm. God often does his most powerful work in the gymnasium of life when we sweat, experience a degree of pain, and exercise our muscles of faith. With an eternal perspective, our life becomes less about the here and now and more about our future state with our Lord (Philippians 3:20). It becomes less about us and our goals and more about God's purpose for us: spiritual training in the gymnasium of life, joining him in the advancement of his kingdom, and allowing him to prepare us for his presence forever in the new heavens and new earth. On that day we will experience a welcome home that no serviceperson can imagine as we will hear, "Well done, good and faithful servant! ... Come and share your master's happiness!"

A Word to Churches and Friends of Veterans

Most of us know a returning veteran. Perhaps a church member has returned from deployment but hasn't returned to church. You may feel helpless as you watch a friend slipping away in isolation or sliding into an unhealthy lifestyle. What can loved ones do to help?

Often the best place to start is offering a listening ear or accepting uncomfortable silence over a cup of coffee. Maybe instead of a hero's celebration, the greatest need a veteran has is for others to share the burden of grief, the weight of invisible injuries, and the emptiness of loss. Often those who have experienced trauma will speak when they are ready.

Churches can educate their members through a class, written resources, or a guest speaker. Use an upcoming military holiday to identify and gather your veterans (you will be surprised to find members you did not know were veterans). Recruit a leader to start a monthly group that is a safe place for veterans to share, open up, and invite in unchurched veterans. It is a powerful experience to witness an Iraq or Vietnam vet get something off their chest for the first time and begin learning to apply gospel salve to their wounds with the support of a loving and trustworthy community.

Finally, churches can partner with other area churches to create a network for sharing resources, ministry opportunities, and success stories in veteran ministry. Reach out to your denomination or local veteran nonprofit groups for guidance and support toward fostering a loving community in which veterans can heal and serve. As veterans root their identity firmly in Christ and as their mission in the kingdom of God comes into focus, they will set the bar high, having an outsized impact in your church and community and for the kingdom of God.

Endnotes

1. Paul Tripp, *Lost in the Middle*, (Greensboro, NC: New Growth Press, 2004), 50.

2. *The Princess Bride*, directed by Rob Reiner, 20th Century Fox, 1987

3. Marcus Aurelius, *Meditations* (New York, NY: D. Appleton and Company, 1904), 43. (New York, NY: Random House, 2003).

4. Ryan Holiday, *The Obstacle Is the Way: The Timeless Art of Turning Trials into Triumph* (New York, NY: Penguin Group, 2014), 15.

5. Andrée Seu Peterson, *The World and Everything in It* podcast, April 2022, https://wng.org/podcasts/the-world-and-everything-in-it.

6. Edward T. Welch, *Depression: Looking Up from the Stubborn Darkness* (Greensboro, NC: New Growth Press, 2011), 207.

Alter Orient und Altes Testament
Veröffentlichungen zur Kultur und Geschichte
des Alten Orients und des Alten Testaments

Band 228
Mathias Delcor
Environnement et Tradition
de
l'Ancien Testament

Alter Orient und Altes Testament

Veröffentlichungen zur Kultur und Geschichte des Alten Orients und des Alten Testaments

Herausgeber

Kurt Bergerhof · Manfried Dietrich · Oswald Loretz

1990

Verlag Butzon & Bercker Kevelaer

Neukirchener Verlag Neukirchen-Vluyn

Avant-propos

Ce recueil d'articles paraîtra sans doute à un premier regard, fort divers, voire disparate, puisqu'il s'ouvre par une étude sur le personnel du temple d'Astarté à Kition et qu'il se termine par la question biblique en France à la période moderniste. Nous avons regroupé ces études sous le titre qu'il nous faut expliquer: *Environnement et tradition de l'Ancien Testament.* En effet, une partie de ces recherches souvent dispersées dans des volumes de Mélanges ou de Congrès relève d'un même souci: situer la religion et la Bible hébraïques dans leur environnement culturel.

Tel est le cas, par exemple, de la figure de la déesse Astarté souvent mentionnée dans l'Ancien Testament sans qu'on parvienne à préciser ses contours à partir du seul texte hébraïque mais dont on espère avoir quelque lumière en dehors du Livre saint dans les textes phéniciens ou autres. On connaît en tout cas par l'inscription de Kition sinon la vraie personnalité de la déesse, du moins les diverses sortes de personnel qui sont à son service, ce qui permet de faire quelques comparaisons avec celui du temple de Jérusalem, sans oublier pour autant que comparaison n'est pas forcément raison car il y a toujours quelque danger à faire des comparaisons à partir uniquement d'un titre ou d'une fonction en l'absence d'autres données.

Pour «la Reine du Ciel», mentionnée chez Jérémie, on essaie d'établir son identité et de déceler ses survivances cultuelles dans certains milieux chrétiens. D'après les indications de Jer 7, 17–18, le culte de la «Reine du ciel» se concrétise en effet dans la fabrication de gâteaux (*Kawwānīm*) qui lui sont offerts, tandis qu'on fait surtout des libations à d'autres dieux. Or, l'hébreu *Kawān* suppose une forme accadienne **Kawānu= Kamānu*, gâteau fait de figues et de miel qui sert de nourriture à certaines divinités et notamment à Ichtar. L'emprunt à l'accadien du mot *Kawān* constitue un indice très fort en faveur de l'introduction d'un culte babylonien en Juda et dans les colonies juives d'Égypte. En effet, dans le cas présent, ce mot voyageur est hautement révélateur d'un voyage d'idées et de pratiques cultuelles. Cette constatation est corroborée par le fait que le titre «Reine du Ciel» était porté en Mésopotamie notamment par la déesse Ichtar. Epiphane de Salamine témoigne encore aux IVe et Ve siècles de notre ère de la survivance d'offrandes de petits pains en l'honneur de Marie à un certain jour de fête de l'année et il met en relation directe ces pratiques avec le culte de la «reine du Ciel» décrit par Jérémie.

La personne de Balaam, l'interprète des songes, au pays d'Ammon de Nombres 22, 5, reçoit de l'inscription de Deir ʿAlla, récemment découverte, un éclairage historique nouveau qui fait du fils de Béor un devin d'origine ammonite établi sur les bords du Jabbok, au VIIIe siècle avant J.-C. et non pas un personnage venu de Pitru sur le Moyen Euphrate à une date bien plus ancienne comme le prétendent les critiques. En effet comment imaginer que les messagers de Balaq aillent chercher Balaam à Pitru dans la région de l'Euphrate et qu'ils fassent jusqu'à deux voyages auprès de ce devin afin d'obtenir de lui sa coopération! Cette identification a notamment contre elle l'immense distance qui sépare le royaume de Moab de la région de Pitru; en effet, certains commentateurs tels Dillmann comptent jusqu'à vingt jours de voyage. A notre sens le Balaam biblique était d'origine ammonite, ce qui est en accord avec l'inscription de Deir ʿAlla. Du même coup sont résolues principalement les objections de distance.

L'épisode du veau d'or, d'Exode 32, hérissé de difficultés de toutes sortes, comporte au verset 18 un difficile problème d'interprétation que les anciennes versions n'ont pas pu solutionner. Aussi avons-nous proposé de retrouver sous l'oblitération massorétique du troisième ʿannot du texte hébreu actuel le nom de la déesse ʿAnath conservé sous une variante dialectale. Nous restituons donc ainsi le texte original: «J'entends le bruit d'un hourrah en l'honneur de ʿAnath». Il s'agirait, dans cette hypothèse, d'un rite guerrier pratiqué en l'honneur de ʿAnath déesse guerière, symbolisée par le veau d'or marchant en tête du peuple. L'oblitération de cette divinité par les Massorètes serait à compter comme procédé de démythisation.

L'utilisation des sources non bibliques provenant de milieux culturels plus ou moins proches du Livre saint constitue donc un des moyens propres à renouveler l'interprétation biblique même si ce n'est que de façon partielle.

En 1866, Ernest Renan écrivait dans la préface de la traduction française de l'*Histoire critique des livres de l'Ancien Testament* de A. Kuenen: «La critique de l'Ancien Testament est ce qu'on peut appeler une science close. On ne trouvera pas d'autres textes hébreux; on n'a guère de moyens pour améliorer les textes connus. Sans doute, la découverte de nouvelles inscriptions phéniciennes, le progrès des études relatives à l'Égypte, à l'Assyrie, à la Perse jetteraient sur plusieurs points de grandes lumières. Mais le champ même de ce qu'il est permis d'espérer en ce genre est assez limité» [1].

Les prophéties de Renan se sont révélées inexactes, du moins en partie, car les découvertes des bords de la Mer Morte ont mis au jour de nouveaux textes hébreux de la Bible permettant de se faire une idée de l'état du texte original de l'Ancien Testament au IIe siècle avant J.-C. et même avant. Par ailleurs, des textes non bibliques tels, par exemple, une règle de type monastique, des hymnes et des prières, des commentaires des livres saints d'un genre particulier appelés pesharim nous permettent désormais de saisir la vie d'une des sectes du judaïsme ancien au sein de laquelle s'est manifestée une étonnante activité littéraire.

Qui aurait pu imaginer il y a plus d'un siècle que l'on découvrirait à Ras Shamra, l'ancienne Ugarit, une littérature religieuse en grande datant du XIVe sicèle avant J.-C., écrite dans une langue nord-ouest sémitique présentant de grandes parentés avec l'hébreu biblique et offrant des possibilités de comparaison avec le corpus vétérotestamentaire?

Qui aurait pu envisager du temps de Renan qu'un jour une inscription non biblique nous révèlerait le nom même de Balaam, fils de Béor, interprète des songes, et jetterait du même coup une lumière inespérée non seulement sur les oracles de Balaam mais aussi sur la date de l'activité prophétique de ce personnage?

Jour après jour, les recherches archéologiques de l'Ancien Orient nous apportent une moisson de textes, d'inscriptions nouvelles, plus ou moins longues, plus ou moins bien conservées, qui sans doute n'occasionnent pas de grandes révolutions dans le domaine de l'exégèse biblique mais permettent de mieux comprendre ici un hapax legomenon, là de nuancer telle ou telle affirmation, ailleurs de corriger une erreur d'interprétation. De ce point de vue, sans doute, la phrase de Renan garde toute sa valeur: «le champ de ce qu'il est permis d'espérer en ce genre est assez limité». Mais même si les résultats obtenus par l'utilisation d'une telle méthode sont souvent minimes, ce serait se condamner à tourner en rond que d'expliquer la Bible uniquement par la Bible en faisant montre ici ou là d'une plus grande sagacité que celle de ses devanciers mais en négligeant l'apport même limité de l'Ancien Orient, sous prétexte que la Bible en raison même de son caractère propre se suffit à elle-même.

L'étude des divers environnements culturels tend à déterminer les contacts voire les influences possibles des civilisation voisines plus ou moins apparentées au Livre Saint. On peut les désigner d'un mot: le monde de la Bible.

---

[1] Cf. A. Kuenen, *Histoire critique des livres de l'Ancien Testament*, traduite par M. A. Pierson avec une préface de M. Ernest Renan, Paris, Michael Lévy frères, 1866, t. I, p. II.

Mais il est une autre méthode de situer la Bible dans le temps, c'est de chercher à comprendre comment les divers milieux de la tradition juive ont compris et reçu le texte sacré. Par là s'explique la présence dans la deuxième partie de notre recueil d'une courte étude sur la traduction targoumique de la LXX concernant la statue en or de Dan 3 et d'une étude plus importante sur la transformation subie par la conception du temps en passant de la prophétie à l'apocalyptique.

Un certain nombre d'articles se réfèrent aux textes de Qoumrân et notamment au Rouleau du Temple, le dernier grand écrit récemment publié par Yigael Yadin. Or nous avons constamment cherché à détecter les changements apportés par l'auteur du Rouleau du Temple au texte biblique fondateur car ce sont ces différences qui font précisément de cet écrit un ouvrage sectaire.

Les lecteurs avertis savent assez l'importance des découvertes de manuscrits dans les grottes des bords de la Mer Morte pour qu'il soit nécessaire d'y insister. Qu'il nous suffise d'indiquer que pour la première fois nous disposons des restes de la bibliothèque de la secte des Esséniens, dont on ne savait l'existence que par quelques passages de Josèphe ou de Philon d'Alexandrie, que certains des écrits contenus dans cette documentation sont entièrement neufs et que d'autres ne nous étaient connus que par des traductions, enfin qu'ils éclairent d'un jour nouveau l'histoire juive des deux siècles qui ont précédé l'ère chrétienne et le premier siècle après J.-C. et donc les orgines chrétiennes.

Deux études se rapportent précisément aux livres des Paraboles d'Hénoch éthiopien et à Joseph et Aséneth, deux ouvrages connus depuis longtemps mais qu'il importait de réétudier à la lumière des découvertes de Qoumrân pour tenter de déterminer leur milieu d'origine. Pour le premier de ces écrits, un réexamen du problème s'imposait parce que certains contestent le caractère essénien du livre des Paraboles en raison de son absence parmi les fragments hénochiens trouvés à Qoumrân. Le caractère juif du livre de Joseph et Aséneth a été souvent contesté et, pour ce motif, son étude a été reprise.

Deux articles de ce recueil intéressent plus spécialement les néotestamentaires: l'un a trait à l'institution de tribunaux dans l'église de Corinthe et à Qoumrân. L'autre essaie de montrer l'origine médiévale et catalane de la traduction hébraïque d'un manuscrit des quatre évangiles conservé à la Bibliothèque vaticane.

Enfin, en hors-d'œuvre, un article qu'il nous a semblé utile d'inclure ici parce qu'il a paru dans une revue peu diffusée. La dernière étude de ce volume illustre à travers une correspondance, le grave dilemme auquel l'exégèse catholique a été confrontée, en France, à l'époque moderniste, car il lui a fallu choisir, parfois de façon douloureuse, entre deux fidélités, soit aux directives de l'Église, soit aux méthodes mises en œuvre par la critique historique.

Presque tous les travaux publiés ici sont relativement récents, le plus ancien datant de 1956. Étant donné le mode de publication retenu, il n'a pu être apporté ni correction ni complément au contenu des articles, ce que nous regrettons vivement.

M. Delcor

Table des matières

Errata

Exclusion et Communion à Qumrân

Dans cet article, l'éditeur a rendu habituellement le ʿain hébraïque par un esprit doux au lieu de l'esprit rude. Par ailleurs, le point au-dessous du «h» transcrivant le «ḥeth», a été souvent omis.

p. 338, ligne 7 lire: $\delta\iota\alpha\vartheta\acute{\eta}\kappa\eta\varsigma$ au lien de $Z\iota\alpha\vartheta\acute{\eta}\kappa\eta\varsigma$

Les tribunaux de l'Eglise de Corinthe et les tribunaux de Qumrân

p. 313, note 2, ligue 4, insérer Josèphe avant Ant. Jud.
p. 315, note 3, lire: Ägypten avec un tréma.
p. 318, einquième paragraphe, ligues 4–5 lire: recourir à cet Inspecteur au lieu de «recourir auprès de ...»
p. 320, quatrième paragraphe, ligue 3 supprimer la parenthèse après yš'lw
p. 325, ligue 10, lire: verus Israel sans tréma.

Réflexions sur l'investiture sacerdotale sans onction ... d'après le Rouleau du Temple de Qumrân

p. 370, Corriger le titre. Lire: (XV, 15–17) au lieu de XIV, 15–17.
p. 370, troisième paragraphe, lire: (Col XV, 15–17) au lieu de XIV, 15–17

La portée liturgique de la suscription «Lehazkîr» des Psaumes 38,1 et 70,1*. Problèmes et solutions.

p. 176, Corriger ainsi le titre: La portée liturgique de la suscription «Lehazkîr» des Psaumes 38,1 et 70,1*. Problèmes et solutions.

Le livre des Paraboles d'Hénoch éthiopien

p. 240, note 61 lire: prouverait au lieu de prouveraient

Le livre de Joseph et Asénath

p. 256, deuxième paragraphe, lire: $\tau\grave{o}\ \Theta\acute{\epsilon}\rho\iota\sigma\tau\rho\sigma\nu$

Le culte de la «Reine du Ciel»

p. 155, ligue 1 lire: Θεὰ
p. 155, ligues 5–6 lire: ἐν Ἀπφάκοις. Lire: καὶ ῥητὴν ἡμήραν au lieu de καὶ έητην ἡμεραν.
p. 155, ligue 7, lire: κάθάπερ ἀστὴρ au lieu καάπερ ἀστὴρ
p. 155 ligue 8, lire ὡδί au lieu de ὡδε.
p. 156, quatrième paragraphe, ligue 7 lire: τίσιν ἄρτον προτιθέασι au lieu de τισν ἄρτον προτιέασι.

Les trônes d'Astarté

p. 28,   ligue 19, lire: du seul trône en pierre au lieu de du seul pierre,
p. 29,   ligue 3, lire: ensemble au lieu de ensamble,
p. 30,   quatrième paragraphe, lire: une inscription grecque au lieu de inscription greque,
p. 31,   ligue 3, lire: sommé d'une fleur de lotus,
p. 31,   ligue 7, lire: extrémités,
p. 31,   ligue 8, lire: est gravée au lieu de est grave,
p. 31,   troisième paragraphe. lire: il est à peu près
p. 31,   note 3, lire: Egypte au lieu de Egipte
p. 32,   note 27, lire L. Pontus Leander
p. 34,   premier paragraphe, lire: le personnage au lieu de pessonnage

LE PERSONNEL DU TEMPLE D'ASTARTÉ À KITION D'APRÈS UNE TABLETTE PHÉNICIENNE

(CIS 86 A ET B)

M. Delcor – Toulouse

Ce fut en 1879 que fut trouvée à Chypre près de Larnaka, sur l'emplacement de l'ancienne nécropole de Kition, la colline de Bamboula, une tablette rectangulaire en albâtre en partie fragmentaire. Elle est inscrite sur les deux faces: la face A porte 18 lignes d'écriture et la face B 12 lignes seulement; les caractères ont été peints à l'encre noire. La tablette est actuellement conservée au British Museum, inventaire 125080. Publiée en 1881 dans le Corpus des Inscriptions Sémitiques[1] sous le numéro 86 A et B, elle a fait l'objet de plusieurs études, notamment ces dernières années, qui ont fait progresser de façon notable l'interprétation de l'inscription phénicienne[2]. Je songe en particulier à celles de Mme Masson et Sznycer et de Mme Guzzo Amadasi. Nous nous attacherons plus spécialement ici à essayer d'identifier les divers membres du personnel attaché de près ou de loin au sanctuaire d'Astarté à Kition en le comparant à ceux qui nous sont connus par d'autres religions sémitiques et plus spécialement par l'Ancien Testament. Au début du siècle, le P. Lagrange avait déjà fort bien compris l'importance de ce document lorsqu'il écrivait: "Nous serions relativement bien informés sur le personnel du culte chez les Phéniciens si l'inscription double de Cittium (sic) (Larnaca) était plus complète et plus claire. Elle est attribuée par les éditeurs du CIS à l'an 400 ou 350 av. J.C. C'est une sorte de tarif des redevances dues aux prêtres et aux personnes employées dans le temple."[3] Il est vrai que depuis l'époque où écrivait le P. Lagrange, nous possédons sur le personnel du culte cananéen ou plus exactement ugaritique des données nouvelles[4].

Pour bien saisir la nature des renseignements que nous pouvons attendre de ce document, il importe avant tout de préciser son genre littéraire et son *Sitz im Leben*. Le premier mot de la première ligne de la face A et de la face B fournirait l'indication désirée, si d'une part la lecture était bien assurée et, si d'autre part, son sens

---

[1] Corpus inscriptionum semiticarum, Paris, 1881, n⁰ 86 A et B et Atlas pl. XII.

[2] G.A. Cooke, A Textbook of North-Semitic Inscriptions, Oxford, 1939; M. Lidzsbarski, Kanaanäische Inschriften, Gießen, 1907, p. 29; H. Donner et W. Röllig, Kanaanäische und Aramäische Inschriften, Wiesbaden, 1964, t.II, p. 54; A. van den Branden, Elenco delle spese del tempio di Cition CIS 86 A et B, dans Bibbia e Oriente, t.8, 1966, pp. 245-262; J.B. Peckham, Notes on a Fifth-Century Inscription from Kition, dans Orientalia NS t. 37, 1968, pp. 304-324; J. Teixidor, Bulletin d'Epigraphie Sémitique, 1969, dans Syria 1969, pp. 338-339, n⁰ 86; O. Masson – M. Sznycer, Recherches sur les Phéniciens à Chypre, Genève – Paris, 1972, pp. 21-68; J. Teixidor, Bulletin d'épigraphie sémitique 1973, dans Syria 1973, pp. 423-424; P. Magnanini, Le iscrizioni fenicie dell'Oriente. Testi, traduzioni, glossari, Rome, 1973, pp. 109-111, n⁰ 83; J.P. Healey, The Kition Tariffs and the Phoenician Cursive Series, dans BASOR, n⁰ 216, 1974, pp. 53-60; Maria Giulia Guzzo Amadasi et Vassos Karageorghis, Fouilles de Kition. III. Inscriptions phéniciennes, Nicosie, 1977, pp. 103-126.

[3] cf. Marie-Joseph Lagrange, Etudes sur les religions sémitiques, Paris, 1905 (2ème édition) p. 219.

[4] cf. J. Gray, The Legacy of Canaan, Leiden, 1957, pp. 152-159.

exact était parfaitement établi. Le premier mot de la face A doit se lire, semble t-il, TKLT; les épigraphistes contemporains sont d'accord sur ce point, alors que le Corpus hésitait entre P'LT, TKLT et T'LT. La lecture TKLT est acceptée par l'ensemble des savants qui, ces derniers temps, ont réétudié les tablettes de Kition: Donner-Röllig, Masson-Sznycer, Healey, Guzzo-Amadasi, van den Branden, Peckham. Mais les traductions proposées par ces derniers divergent les unes des autres: comptes, dépenses (CIS), liste des dépenses (e[len]co di spese) (van den Branden), comptes (accounts) (Peckham), total (Cooke), total (des dépenses) (Masson-Sznycer), total (Guzzo-Amadasi), the payment list (Healey), Ausgabe (Donner et Röllig). Masson et Sznycer ont consacré une longue étude aux sens possibles à donner de ce substantif rattaché tantôt à la racine YKL "être capable, prévaloir", tantôt à la racine KLH. La racine YKL n'étant pas attestée en phénicien, c'est à la racine KLH qu'il convient de rattacher notre terme. Au piel, le verbe hébreu KLH signifie "achever, terminer", ce qui se dit notamment d'une contruction (1 R 6,9), du temps (Ez 43,27) et "consumer, exterminer". La racine KLI existe aussi en ugaritique avec le sens de "être à sa fin"[5]. Les deux substantifs hébraïques formés sur cette racine verbale: tklt (Ps 119,96) qui est un hapax legomenon, et tklyt (Jb 11,7) (Jb 28,3, etc.) ont approximativement la même signification "achèvement, perfection". Dans le Ps 119,96, le Psalmiste exprime cette réflexion: lkl tklh r'yty qṣ "J'ai vu des bornes à tout ce qui est parfait," tandis que l'un des contradicteurs de Job dira' "Prétends-tu sonder les profondeurs de Dieu, atteindre la perfection du Tout-Puissant?" 'd-tklyt šdy,[6]. Mais ce sens de l'hébreu biblique ne convient pas à la tablette de Kition. On ne peut en effet traduire: Fin du mois d'Etnm puisqu'à la ligne 2, il est question de la néoménie ḥdš qui se situe au début du mois. Cette possibilité était déjà rejetée par les éditeurs du Corpus. TKLH est attesté dans les textes épigraphiques phénico-puniques d'Oumm el-'Amed en Phénicie[7], de Leptis Magna en Tripolitaine[8], de Bitia en Sardaigne[9] et dans une inscription latino-punique de Tripolitaine[10]. BTKLT MQM dans l'inscription de Tripolitaine paraît bien signifier "aux frais du sanctuaire"; et l'inscription sarde de Bitia BTṢ T WTKL T où le mot comporte un aleph qui est une mater lectionis peut se traduire "aux frais et aux dépens". Or le sens de "dépenses"[11] dans l'inscription de Kition convient parfaitement au contexte puisqu'il s'agit dans ce document de sommes payées à divers membres du personnel du temple, même si "total" est le sens premier de TKLT. Aussi Masson-Sznycer proposent-ils de traduire finalement le mot TKLT par "total (des dépenses); nous ne pouvons qu'acquiescer à leur suggestion qui nous semble tout à fait raisonnable[12].

Quel sens faut-il donner à 'qb le premier mot de la face B? Déjà l'éditeur du *Corpus inscritionum semiticarum* se montrait hésitant entre trois possibilités: forte "finis", seu "continuatio" seu "retributio"[13]. La même incertitude de sens est reflétée dans le Dictionnaire des Inscriptions sémitiques de l'ouest. Pour 'qb II, il note: substantif de signification incertaine; interprétation possible, continuation, suite, plutôt que rétribution, et il renvoie à CIS,1 86 B,1. De fait, l'hébreu connaît le substantif 'qb au sens de "conséquence" (Ps 40,16), de "fin" du temps (Ps 119,112) et même de "récompense" (Ps 19,12; Prov. 22,4). Le mot 'qb mentionné dans un texte ugaritique où il est question de propriétés foncières n'a rien à voir avec le terme de notre inscription. En effet šd snrym.

---

[5]   cf. Joseph Aistleitner, Wörterbuch der ugaritischen Sprache, Berlin 1974 (4ème éd).
[6]   Pour l'étude de la racine hébraïque KLH et de ses dérivés, cf. Jenni-Westermann, Theologisches Handwörter-buch zum Alten Testament, München-Zürich, 1971, t.I, col. 831-833.
[7]   cf. Jean et Hoftijzer, Dictionnaire des Inscriptions sémitiques de l'Ouest, Leiden 1963, p. 328.; cf. M. Dunand — R. Duru, Oumm el-'Amed, Une ville de l'époque héllénistique aux échelles de Tyr, 1962, pp. 181-184. pl. XXXIX,2.
[8]   Tripolit. n° 37, dans Donner-Röllig, Kanaanäische und aramäische Inschriften, n° 119, ligne 5.
[9]   cf. Donner et Röllig, op. cit., n° 173, ligne 1.
[10]   cf. J.M. Reynolds and J.B. Perkins, The Inscriptions of Roman Tripolitania, Londres, 1952, n° 906, p. 224.
[11]   L'accadien connaît le terme tākaltu au sens de "poche, bourse". Mais Meissner — von Soden, Akkadisches Handwörterbuch rattache ce substantif à la racine akālu "manger".
[12]   cf. Masson et Sznycer, op.cit. p. 31.
[13]   cf. CIS Pars prima, tome I. fasc. I, p. 98.

dt. 'qb   b. ayly   doit se traduire: "champs des gens de Snr qui sont montueux dans le pays d'Ayly", ainsi que l'a bien vu son éditeur Ch. Virolleaud qui rapproche le *'qb* ugaritique de l'hébreu *'aqôb* "terrain montagneux" (cf. Is 40,4)[14]. L'ugaritique n'est donc ici d'aucune utilité à la compréhension du texte de Kition. Le sens de "rétribution" paraît le mieux convenir à la tablette de Kition et c'est celui qui est retenu, par exemple, par van den Branden qui traduit en italien "salario" et par Masson et Sznycer. Peckham a lu devant *'qb* le mot DT. Cette lecture a paru indubitable à Mme Guzzo-Amadasi d'après l'examen de l'original et elle comprend: "Conformément(?) à la rétribution(?)". L'explication de Peckham a été acceptée par Healey qui traduit DT par "the ordinance or regulation". Le mot DT est, d'après Peckham, un emprunt au perse avec le sens de "décret royal" que l'on trouve aussi en araméen biblique et en syriaque. Aussi pour le même commentateur l'emprunt de ce mot en phénicien n'est pas du tout surprenant[15]. Mais pour Mme Guzzo-Amadasi DT serait l'équivalent de l'hébreu day "ce qui est conforme à", "ce qui suffit à". Si l'on retient cette explication, DT 'QB présente alors comme une sorte d'en-tête dont le sens pourrait être celui de "ce qui est conforme au salaire dû à chaque individu", ce qui voudrait dire que les sommes dépensées sont conformes au salaire dû à chaque individu ou catégorie d'individus rémunérés." Mme Guzzo-Amadasi commente ainsi sa traduction: "Cette signification, si elle était exacte, montrerait bien que les dépenses étaient sujettes à un contrôle de la part du temple, comme le supposent O. Masson et M. Sznycer."[16] Ces derniers auteurs ont souligné que le mot *'qb* est écrit en caractères plus petits et qu'il semble provenir d'une autre main. On a nettement l'impression, précisent-ils, qu'il a été ajouté après coup par un autre scribe, peut-être le même qui a également ajouté les petites barres horizontales devant chaque ligne pour les "cocher", et qui serait donc en quelque sorte un contrôleur[17].

A la dernière ligne de la face A et de la face B on lit le nom du mois sur lequel portent les rétributions du personnel. Il s'agit respectivement du mois d' TNM et du mois de P'LT. Le mois d'Etanim est connu de l'Ancien Testament en 1R 8,2; c'est le septième mois (septembre-octobre), précise une glose deutéronomique du texte et c'est à cette époque que se fait l'installation de l'arche dans le temple de Salomon nouvellement construit. Le nom de ce mois est attesté ailleurs dans le monde phénicien, notamment à Tamassos en Chypre[18] et dans un ostrakon néopunique de Tripolitaine[19]. Apparemment le mois d'Etanim devait être le premier mois de l'année cananéenne et de l'ancien calendrier israélite et, par la suite, l'équivalent du mois de Tishri, le septième mois du calendrier judéo-babylonien[20]. C'est le mois des pluies, celui où les cours d'eaux coulent en abondance comme paraît l'indiquer l'étymologie à partir de l'arabe *watana*, "couleur toujours".

Le mois de P'LT est bien attesté dans l'épigraphie phénicienne et punique[21] et à Chypre même à Idalion[22], Lapethos (Narnaka)[23], mais n'est pas connu de l'Ancien Testament. L'étymologie semble indiquer qu'il s'agit du mois où se font les travaux agricoles (P'L signifie "faire, travailler") et Koffmahn suppose qu'il s'agit du mois de mai-juin, tandis que Cooke opte pour le sixième mois. Mais dans ce cas, il n'y aurait pas de continuation du septième mois indiquée à la face A. Mieux vaut donc, en l'état actuel de la recherche, ne pas préciser le mois dont il s'agit.

---

[14] cf. Le Palais royal d'Ugarit V publié sous la direction de Claude F.-A. Schaeffer. Textes cunéiformes alphabétiques des archives du sud, sud-ouest et du Petit Palais par Charles Virolleaud, Paris, 1965, texte n° 26, ligne 1 [= KTU 4.645:1f.]; cf. aussi Masson-Sznycer, op.cit. p. 57.

[15] art. cit.

[16] cf. Guzzo-Amadasi, op. cit. p. 120.

[17] op.cit. pp. 57-58.

[18] cf. Donner et Röllig, KAI, n° 41.

[19] cf. G. Levi della Vida, Ostrakon neopunico della Tripolitana, Or 33 (1964) pp. 1-14.

[20] cf. E. Koffmahn, Sind die altisraelitischen Monatsbezeichnungen mit den Kanaanäisch-phönikischen identisch?, dans Biblische Zeitschrift, Neue Folge 1966, p. 201.

[21] On trouvera les références dans l'article cité de Koffmahn, p. 209.

[22] CIS, 88, 1:

[23] Donner et Röllig, KAI, n° 43,8 et G.A. Cooke, A Text-Book of North-Semitic Inscriptions, Oxford, 1903, n° 23.

A la ligne 2 des faces A et B est mentionnée la néoménie, c'est à dire la nouvelle lune (ḥdš); avec sa parution commence le nouveau mois. C'était un jour festif chez les Phéniciens comme chez les Israélites. A Chypre même, elle était célébrée aussi à Larnaka et à Tamassos. L'inscription de Larnaka-Lapethou, datant du IIIème-IIème siècle de notre ère, ordonne de célébrer des sacrifices *bḥdšm wbks'm yrḥ md 'd 'lm kqdm* "aux nouvelles lunes et aux pleines lunes, de mois en mois, à perpétuité comme par le passé"[24]. Dans ce texte (ligne 4) il s'agit du temple de Melqart et le sacrifice que l'on y célèbre à la nouvelle lune porte un nom spécial *zebaḥ šiššim* pour lequel on n'a pas donné jusqu'à présent d'explication satisfaisante[25]. Dans l'inscription bilingue de Tamassos datée de l'année 363 av. J.C., *ḥdš* apparaît uniquement dans l'anthroponyme BNHDŠ "fils de la néoménie" dont l'équivalent grec est Νωμήνιος, nom qui est également porté à Athènes par des Phéniciens de Kition[26]. A Ugarit on célébrait aussi le jour de la nouvelle lune: *ym ḥdt*. Dans un rituel mentionnant une liste d'offrandes adressées à diverses divinités, on précise même le nom du mois pendant lequel on fêtait cette néoménie: *yrḥ r'išyn bym ḥdt*. Le mot *r'išyn* a été compris par Virolleaud "le début du vin". Il s'agirait donc du mois où l'on faisait le vin nouveau. A. Herdner qui estime cette exégèse comme étant la plus probable, signale qu'on pourrait y voir aussi un dérivé en *-yn* de *r'iš* avec le sens de "premier": il s'agirait alors du premier mois. Dans cette dernière hypothèse, le mois de Etanim étant aussi le premier mois de l'année phénicienne, la célébration de la néoménie le premier mois à Kition aurait donc derrière elle une longue tradition s'enracinant dans le monde cananéen[27].

Mais c'est surtout par le culte de l'Israël ancien que nous connaissons bien les néoménies. Dans le rituel du second Temple, chaque début de mois lunaire était également marqué par des sacrifices (Ez. 45,17). Le règlement de la néoménie est donné dans le calendrier liturgique de Nombres 28. Après avoir traité des sacrifices quotidiens (28,3-8) et de ceux propres au jour du sabbat (28,9-10), il est spécifié pour les néoménies: "Au commencement de vos mois (*bero 'še ḥodšekem* = ἐν ταῖς νεομηνίαις) vous offrirez en holocauste à Yahvé . . ." (28,11-15). Cette fête devait être marquée par des sonneries de trompette (Nb 10,10). Les exégètes s'accordent habituellement à admettre l'existence de la fête de la néoménie dans l'Israël préexilique à partir de simples mentions dans les anciens textes historiques ou prophétiques (1 Sam 20,5 et sq; II Reg 4,23; Os 2,13; Is 1,13; Am 8,5). Mais comme des prophètes réprouvent la fête de la néoménie et les codes antérieurs à l'exil font le silence sur elle, J. Wellhausen s'est demandé quelle était la raison de cette défiance. Il a pensé notamment que la fête a été laissée intentionnellement de côté dans les codes en raison des superstitions païennes qui s'y étaient attachées. Cette opinion semble être corroborée d'une part par des témoignages intrabibliques et les attaques des anciens prophètes[29] et d'autre part extrabibliques, par le texte de Kition qui associe la néoménie du mois d'Etanim au culte d'Astarté. En effet Mme Guzzo-Amadasi estime à juste titre que les dépenses,dont la tablette a conservé une liste, doivent avoir été effectuées au cours de toute la période jusqu'à la nouvelle lune des mois cités sur les deux faces du document sans exclure que, pendant ces mois, on ait célébré des festivités particulières[30]. De fait il est question à la ligne 4 face A, des "constructeurs du Temple d'Astarté de Kition": LBNM Š BN 'YT BT 'ŠTRT

---

[24] cf. G.A. Cooke, A Text-book of North Semitic Inscriptions, Oxford, 1903, n° 29, ligne 12; Donner et Röllig KAI, n° 43, ligne 12; Guzzo-Amadasi, op. cit. p.

[25] cf. RES, n° 1211.

[26] cf. Olivier Masson, Les Inscriptions chypriotes syllabiques. Recueil critique et commenté, Paris, 1961, n° 215 (p. 225).

[27] cf. A. Herdner, Un nouvel exemplaire du rituel RS 1929, n° 3, dans Syria t.33, 1956, pp. 104-112 et C.H. Gordon, Ugaritic Textbook, Rome, 1965, texte 173 [= KTU 1.41]. P. Dhorme dans RB 40, 1931, pp. 39-41 avait déjà donné une transcription de ce texte qui, bien que contemporain du déchiffrement (décembre 1930), reste aujourd'hui en grande partie valable. Le texte a été traduit par Gordon, Ugaritic Literature, Rome, 1949, pp. 112-113.

[28] cf. R. de Vaux, Les Institutions de l'Ancien Testament, Paris, 1960, t.II, pp. 365-366 et surtout A. Caquot, Remarques sur la fête de la néoménie, dans Revue de l'Histoire des Religions, t.158, 1960, pp. 1-18.

[29] cf. Julius Wellhausen, Prolegomena to the History of Israel, 1878, p. 112 et s.

[30] op. cit. p. 107.

K/BT. Il y a tout lieu de penser qu'on célébrait à la néoménie d'Etanim une fête commémorant la construction et non pas seulement la réparation[31] comme l'ont pensé certains, du temple d'Astarté. En raison des sommes minimes reçues par les architectes par rapport aux autres fonctionnaires du Temple, il ne semble pas que cette fête se situe lors de la dédicace qui a suivi immédiatement la construction du sanctuaire nouvellement bâti mais à une date anniversaire de cette dédicace[32].

Il n'est pas sans intérêt de noter qu'en Israël, d'après le Ier livre des Rois, (8,2) le transfert de l'arche dans le Temple de Salomon nouvellement construit se fait aussi au mois d'Etanim. Le texte biblique, il est vrai, ne dit pas que cette sorte de dédicace du Temple eut lieu à la néoménie mais pendant la fête (ḥag), entendons la fête des Tabernacles, qui d'après les règlements des fêtes du Lévitique (23,34) et des Nombres (29,12) commençait le quinzième jour du septième mois et tombait à la pleine lune de Tishri. Nous savons qu'Israël célébrait de façon très solennelle la néoménie du septième mois qui, nous l'avons dit, correspond au mois d'Etanim des Phéniciens. Le Lévitique ordonne un jour de repos avec sacrifice, assemblée cultuelle et acclamation (teru 'ah): "Au septième mois, le premier jour du mois, vous aurez un repos solennel, un rappel à son de cor, une sainte assemblée. Vous ne ferez aucune oeuvre servile, et vous offrirez à Yahvé des sacrifices faits par le feu." (Lev 23,24-25). La prescription du Lévitique est développée dans Nb 29,1-6 qui donne à la fête le nom de "Jour de l'Acclamation" (ywm trw'h)[33]. Cette néoménie du septième mois est plus solennelle que les autres, non pas seulement en raison du caractère sacré du chiffre sept, mais parce qu'on célébrait la fête du nouvel an dans l'ancien calendrier qui commençait aux environs de la fête de la récolte. Le texte phénicien que nous commentons semble bien indiquer l'importance de cette néoménie dans le monde phénicien et plus spécialement à Kition où l'on commémorait l'anniversaire de la construction du temple d'Astarté. C'était un jour cultuel spécial sur lequel l'inscription insiste particulièrement "BYM Z" "ce-jour là" répété trois fois aux lignes 6,15,17. Contrairement à la traduction courante des anciens épigraphistes l'expression 'LN ḤDŠ de la ligne 3 face A ne peut être compris comme "les dieux de la néoménie" auxquels on ferait une offrande en argent. En effet 'LN ḤDŠ qui est mis en parallèle avec les autres fonctionnaires du temple percevant un salaire désigne, semble t-il, "des membres du personnel attaché au temple, exerçant une fonction particulière liée au culte de la néoménie"[34]. C'est aussi l'opinion de Van den Branden qui traduit par un singulier "dignitario della Neomenia"[35] et de Mme Guzzo-Amadasi "les magistrats de la néoménie". Nous nous permettons de renvoyer le lecteur aux explications données par Masson et Sznycer qui rattachent 'ln à la racine 'WL "être fort" et citent les parallèles d'Ex 15,15; Ez 17,13; 31,11; 32,11 où le mot 'elîm signifie "chef", "prince". En Ex 15,15 'eyley mo 'ab "les chefs de Moab" est précisé par l'expression parallèle 'alluphey 'Edom "les princes d'Edom". Mais il est bien difficile de dire en l'absence d'autre précision en quoi consistait le rôle de ces 'ln et la variété des versions montre le désarroi des traducteurs "dignitario della Neomenia", "magistrats(?) de la néoménie". S'agit-il de celui ou de ceux qui veillent à l'ordonnance des fêtes de la nouvelle lune?

Le personnel du sanctuaire comprend ceux qui participent de près au culte proprement dit et ceux qui occupent divers postes dans le fonctionnement du temple. Les uns et les autres sont apparemment nommés sans ordre de préséance.

---

[31] Pour rendre l'idée de restauration le phénicien disposait du verbe ḥdš qui peut signifier "restaurer, renouveler" et aussi "consacrer", "dédier" CIS I, 132,1; 175,1; II, 349,3 etc. et Jean-Hoftijzer, Dictionnaire des inscriptions sémitiques de l'ouest, sub verbo.

[32] cf. B. Peckham, Notes on a Fifth-Century Phoenician Inscription from Kition, Cyprus (CIS 86) art.cit. p. 324.

[33] cf. Paul Humbert, La Terou'a. Analyse d'un rite biblique, Neuchâtel, 1946, p. 40.

[34] cf. Masson et Sznycer, Recherches . . . p. 33-34.

[35] Cet auteur opte pour un singulier plutôt que pour un pluriel en raison de la modicité de la somme perçue qui se conçoit mieux pour une seule personne que pour plusieurs.

A la ligne 5, à la suite des constructeurs ou architectes du temple d'Astarté (ligne 4), on désigne LPRKM WL ꓷMM Š ʿL DL. Le *Corpus* avait jadis traduit cette ligne: "Velariis et hominibus praepositis januae", explication acceptée par presque tous les épigraphistes. En traduisant PRKM[36] par "velarii" = ceux qui sont préposés au voile, on a évidemment songé à l'hébreu *prkt* qui désigne le rideau placé devant le saint des saints du Tabernacle (Ex 26,31) ou du temple salomonien (2 Chr 3,14). A Rome le velarius était l'huissier de chambre de l'empereur qui écarte les rideaux. C'était aussi le nom du matelot qui étendait et pliait les voiles du navire.

La traduction donnée à PRKM est philologiquement possible même si le mot n'est pas connu par ailleurs, soit en phénicien, soit même en hébreu. Il s'agissait des préposés au voile du temple. Ces rideaux existaient dans le temple de Jérusalem et aussi dans les temples païens du monde gréco-romain où ils prenaient le nom de velum ou de παραπέτασμα[37]. L'Aphrodite de Cnide se plaisait seule au grand jour, sa cella étant ouverte de tous côtés. On utilisait ces rideaux pour voiler l'image d'une divinité et ils n'étaient tirés que dans certaines occasions solennelles. Dans la fable d'Apulée, afin de permettre la vénération de la divinité, on voit les serviteurs du sanctuaire d'Isis écarter les blancs rideaux qui cachent l'idole, rideaux disposés comme ceux de nos fenêtres: *velis candentibus, reductis in diversum, deae venerabilem conspectum adprecamur* (Metam XI,20). Pausanias décrit le rideau de laine (παραπέτασμα) enrichi de broderie à la manière des Assyriens et teint de pourpre phénicienne qu'on voyait dans le temple de Jupiter à Olympie et qui avait été offert au dieu par Antiochus et il ajoute "le rideau ne se remonte pas vers le toit comme celui de la Diane d'Ephèse mais on le baisse à terre en lâchant les cordons". (IV,12,2). On sait que Clermont-Ganneau s'est demandé si le voile du temple d'Olympie offert par un Antiochus dont Pausanias ne précise pas l'individualité, ne serait pas par hasard le propre voile du Temple de Jérusalem, enlevé et emporté du sanctuaire juif par Antiochus IV Epiphane, le grand pilleur de temples (ἱεροσυλήκει δὲ καὶ τὰ πλεῖστα τῶν ἱερῶν Athénée, édition Meinecke, I, 348) avec d'autres objets précieux du sanctuaire juif (cf. I Mach. 1,23,24). Cela trouve une confirmation dans Josèphe qui nous dit expréssément: le pillage d'Antiochus n'épargna même pas les voiles de byssus et d'écarlate (τῶν καταπετασμάτων ··· βύσσου καὶ κόκκου Ant.Jud. XII,V,4)[38].

Quoiqu'il en soit de la solution de ce problème précis, il est fort probable qu'on a utilisé un personnel destiné à prendre soin du voile ou des voiles du temple d'Astarté à Kition, qui sans doute étaient précieux. En effet, dans la liste des employés du temple de Jérusalem, dans le traité Chekalim (4,5,1) de la Michna, on lit qu' Eléazar était préposé aux rideaux *'l hprkwt*. Il s'agit sans doute du même personnage nommé par Josèphe; lors du pillage du temple de Jérusalem par Crassus en l'année 54 av. J.C. un prêtre du nom d'Eléazar était chargé de la garde des voiles du sanctuaire (πεπιστευμένος τὴν τῶν καταπετασμάτων τοῦ ναοῦ φυλακήν), "admirables de beauté, de richesse et de travail", suspendus à une poutre en or massif (Ant. Jud. XIV, VII, 106-107). Le sanctuaire de Jérusalem ne possédait pas moins de treize rideaux, un pour chacune des portes. Mais ceux mentionnés par Josèphe qui étaient très précieux devaient être plutôt destinés au Saint des Saints. On en tissait deux par an auquel travaillaient quatre-vingt deux jeunes filles (Michna, Cheqalim, 8,5). Le Protévangile de Jacques (X,2) précise que le voile du Temple[39] était fait d'or, d'amiante, de lin, de soie, de bleu, d'écarlate et de pourpre véritables tissés ensemble. A la lumière de ces textes, on peut imaginer ce que pouvaient être les voiles du temple d'Astarté.

[36]   Mais certains veulent lire DRKM (cf. Guzzo-Amadasi), dont le sens paraît, si la lecture est fondée, bien difficile à établir.

[37]   Daremberg et Saglio, Dictionnaire des Antiquités grecques et romaines, article "velum", p. 673 et article "aulaea", p. 562.

[38]   cf. Ch. Clermont-Ganneau, Le dieu Satrape et les Phéniciens dans le Péloponèse, Paris, 1878, pp. 57-59. Le problème a été repris par A. Pelletier, Le "voile" du temple de Jérusalem est-il devenu la "portière" du temple d'Olymie? dans Syria, t.32, 1955, pp. 289-307.

[39]   Sur le voile du Temple de Jérusalem, cf. Samuel Kraus, Synagogale Altertümer, Vienne, 1922 (reproduction anastatique Hildesheim 1966) pp. 376 et sq; et André Pelletier, Le grand rideau du vestibule du temple de Jérusalem, dans Syria, t.35, 1958, pp. 218-266; Le "voile du Temple" de Jérusalem en termes de métier, dans Revue des Etudes grecques, t.77, 1964, pp. 70-75; La tradition synoptique du "voile déchiré", dans Recherches de science religieuse, t.46, 1958, pp. 161-180.

Les PRKM sont nommés en même temps que les portiers, littéralement "ceux qui sont préposés à la porte." ʾDMM Š ʿL DL. Ils forment donc une catégorie analogue aux portiers. Masson et Sznycer préfèrent cependant donner à la racine PRK le sens que prend l'accadien *parâku* "fermer, verrouiller" et traduire PRKM par "les gardiens du verrou". Mais comme l'accadien *parakku* désigne "la chambre des dieux", "le sanctuaire", on peut penser qu'il s'agit d'une fonction en relation avec la cella de la divinité normalement fermée par un rideau, en hébreu *paroket*.

Les préposés à la porte. A Jérusalem dans le temple de l'époque royale, il existait "les gardiens du seuil" *šomerey hasaph* (2 R 23,4). Nommés après le grand'prêtre et le prêtre en second, ils constituent les officiers supérieurs du Temple et non pas de simples portiers avec lesquels 2 Chr 34,9 semble les confondre; au nombre de trois, ils étaient chargés de recevoir les contributions du peuple (cf. 2 R 25,18; 2 R 12,10; 22,4). Si l'on en croit Frazer, ces gardiens du seuil seraient quelque chose de plus que de simples portiers; ils auraient eu pour tâche d'empêcher de fouler le seuil du sanctuaire qui était considéré comme sacré, si l'on prête attention aux superstitious étranges qui se sont attachées aux seuils dans les temps anciens et modernes.[40] Mais le texte phénicien n'a rien à voir avec ces "gardiens du seuil"; il s'agit effectivement de portiers du temple. Le phénicien DL équivaut à l'hébreu DELET qui peut désigner la porte du temple (1 R 6,34; 7,50; Ez 41,23). D'après le livre des Chroniques, l'institution des classes de portiers (*šoʿarim*) qui se partagent les vingt-quatre heures de garde (1 Chr 26,1-19) est attribuée à David. Nous savons par des textes plus tardifs que les gardiens étaient postés à vingt-quatre endroits différents (cf. Michna, Middoth chap. 1 et Michna, Tamid 1,1). D'après Josèphe, au moins deux cents gardiens fermaient quotidiennement les portes du sanctuaire[41]. Ils étaient chargés de l'ouverture et de la fermeture des portes, de garder le temple nuit et jour et de veiller que les visiteurs soient rituellement purs[42]. Les gardiens du temple sont aussi bien connus en Mésopotamie[43] et en Egypte. Parmi la foule de gens qui étaient attachés à divers titres au temple d'Amon de Karnak, il y avait le "portier d'Amon" et "le chef des portiers de la maison d'Amon"[44]. On ne sait malheureusement rien sur les fonctions dévolues aux portiers des temples phéniciens. Ce que nous savons du Temple de Jérusalem permet de s'en faire quelque idée.

A la fine de la ligne 5, après DL, un mot a fait difficulté aux épigraphistes. Il s'agit de QṢR qui a été lu différemment par les auteurs: RṢD "garde" (Peckham, Healey). Mais il semble qu'il faille opter pour QṢR avec Masson et Sznycer, Guzzo-Amadasi, qui peut signifier "moisson", mais quel sens donner aux "portes de la moisson"? On a pensé également à QṢR "petite chambre", "cella" d'un temple, mot que l'on trouve en nabatéen, mais à l'état emphatique[45]. Si cette signification était retenue, on obtiendrait un bon sens "les gardiens préposés à la porte de la cella divine".

Ligne 6. La lecture habituelle de cette ligne retenue par la majorité des auteurs est L ʾDM B ʿR Š ŠKNM LMLKT QDŠT BYM Z Q. Mais Peckham lit différemment le premier mot LŠRM, ce qui est accepté par Masson et Sznycer et par Guzzo-Amadasi qui a pu examiner directement le document. On comprend alors "pour les chantres en ville qui sont au service de la reine sainte, ce jour-ci". Le mot ŠRM analogue à l'hébreu *šarîm* "chantres" est attesté également en ugaritique[46] Si nous comprenons bien le texte phénicien, les chantres de la ville de Ki-

---

[40] cf. Frazer, Le Folklore dans l'Ancien Testament, Paris, 1924, pp. 272 et sq.

[41] Contre Apion II,119.

[42] cf. S. Safrai. The Jewish People in the First Century, Assen, 1976, t.II, p. 872.

[43] cf. B. Meissner, Babylonien und Assyrien II, p. 57.

[44] G. Lefebvre (Histoire des grands prêtres d'Amon de Karnak), Paris, 1929, pp. 41 et sq.) a établi la liste des principaux fonctionnaires de ce temple antérieurs à la XXIème dynastie.

[45] cf. J.Cantineau, Le Nabatéen, Paris, 1932, t.II, p. 143.

[46] cf. C.H. Gordon, Ugaritic Textbook, Glossary, no 2409, p. 489.

tion ont pris du service au sanctuaire d'Astarté désignée sous le nom de la reine sainte[47] à l'occasion de la fête de la néoménie. On notera que dans le texte phénicien les chantres font suite aux portiers. Or l'Ancien Testament semble mettre sur le même pied les chantres et les portiers qui sont répartis en diverses classes tirées au sort (1 Chr 25 et 26). Les chantres accompagnaient leurs chants dans la maison de Yahvé à l'aide de cymbales, de cithares et de harpes (1 Chr 25,6). Cette institution, comme celle des portiers est attribuée à David par les livre des Chroniques (1 Chr 25,1,6). Le temple devait avoir ses chantres comme le roi avait les siens (1 Sam 16,14-23; 18,10; 19,9; 2 Sam 19,36; Qohélet 2,8). Les sanctuaires sémitiques faisaient naturellement appel aux chanteurs pour rehausser l'éclat des cérémonies liturgiques. En Mésopotamie, le *nâru* désignait le musicien et aussi le chantre et tout laisse supposer que le chantre s'accompagnait lui-même d'un instrument[48]. Dans les sanctuaires d'Ištar, le *kalû* avait entre autres fonctions celle de réciter des lamentations qui, on le sait, y occupaient une grande place; il connaissait le chant et s'accompagnait d'instruments de musique appelés *balaggû, lilissu, mesû, ḫaḫallatu, tigû*[49]. A Hiérapolis de Syrie, la déesse syrienne était entourée par une multitude de gens attachés au culte et parmi ceux-ci étaient présents des joueurs de flûte et de chalumeau qui faissaient sans doute aussi office de chantres[50].

A la ligne 7, on lit LNʿRM 2QPʿ2. Le sens du terme naʿar employé ici, paraît à première vue assez vague. En hébreu, le sens premier est celui de "jeune homme" ou de "garçon". Mais il prend le sens particulier de "serviteur" dans les expressions NʿR HMLK "serviteur du roi" (Esther 2,2) et NʿR HKHN "serviteur du prêtre" (ISam 2,13). Puisqu'il s'agit du temple d'Astarté, les serviteurs mentionnés dans l'inscription peuvent appartenir à cette dernière catégorie (Masson-Sznycer) sans qu'il soit possible de préciser davantage. Des serviteurs apparaissent aussi à la ligne 11. Le mot se rencontre aussi en ugaritique[51].

A la ligne 8,1a lecture LZBḤM est acceptée par tous. Il s'agit des sacrificateurs qui étaient sans doute des prêtres. En hébreu le verbe ZBḤ a habituellement un sens religieux; il signifie "immoler", "égorger", dans un sacrifice (cf. 1 Sam 15,15). Pourtant, le Dictionnaire de Gesenius note à côté du sens religieux (zum Opfer schlachten) un emploi profane du verbe et il cite pour l'illustrer Dt 12,15,21. Dans le premier passage, l'auteur du Deutéronome envisage pour l'Israélite la possibilité de sacrifier du bétail en dehors du temple de Jérusalem: "Tu pourras néammoins, tant que tu le désireras, tuer du bétail et manger de la viande dans toutes tes portes, selon les bénédictions que t'accordera Yahvé, ton Dieu". Le verset 21 précise dans quelles conditions peuvent se faire ces sacrifices: l'éloignement du sanctuaire de Jérusalem. Casabona[52] conteste le sens profane proposé par Gesenius[53]. Il s'agit, dit-il, d'un sacrifice précédant un festin et rien n'indique que les rites ne soient pas observés. Il estime que l'étude de *zabaḥ* dont les emplois sont parallèles à ceux de ἱερεύω confirment les conclusions auxquelles il a abouti pour le mot grec ἱερεύεω qui signifie à la fois "sacrifier" et "abattre pour manger" l'accent étant mis sur uns aspect ou sur l'autre, suivant les cas[54]. En hébreu le "*zebaḥ*" est le sacrifice sanglant type. La racine *zabaḥ* est commune aux langues sémitiques, sauf à l'accadien où *zibu* "sacrifice" est tenu pour un emprunt aux sémites de

---

[47]   Pour ce titre, voir notre étude: Le culte de la "Reine du ciel" selon Jer, 7, 18; 44, 17-19, 25, à paraître dans Festschrift J. van der Ploeg; cf. aussi M. Weinfeld, The worship of Molok and of the Queen of Heaven and its background, dans Ugarit-Forschungen vol. 4, 1972, surtout pp. 149-154.

[48]   cf. E. Dhorme, Les religions de Babylonie et d'Assyrie, collection Mana, Paris, 1945, p. 209.

[49]   cf. Joseph Plessis, Étude sur les textes concernant Ištar-Astarté, Paris, 1921, p. 226.

[50]   cf. Lucien, De Dea Syria, §43.

[51]   cf. B. Cutler — J. Macdonald, Identification of the na'ar in the ugaritic Texts, dans Ugarit-Forschungen, t.8, 1976, pp. 27 et sq.

[52]   cf. Jean Casabona, Recherches sur le vocabulaire des sacrifices en grec des origines à la fin de l'époque classique (Publication des Annales de la Faculté des Lettres Aix-en-Provence, nouvelle série, nᵒ 56, 1966) pp. 299-300 (appendice sur l'hébreu ZABAḤ).

[53]   R. de Vaux, Les sacrifices de l'Ancien Testament, Cahiers de la Revue Biblique, 1, Paris 1964, p. 19 en note, écrit: zĕbah désigne un sacrifice où une victime animale est immolée (par opposition aux offrandes végétales) et mangée (par opposition aux holocaustes).

[54]   cf. J. Casabona, op. cit. p. 24.

l'ouest[55] et elle comporte l'effusion du sang, sauf en phénicien à basse époque. En effet l'expression ZBḤ ŠMN du grand tarif carthaginois dit de Marseille, ligne 12, signifie "l'offrande d'huile"[56]. A Ugarit, le vocable DBḤ "sacrifice" correspond au ZBḤ hébreu et phénicien; le terme apparaît de fait plusieurs fois dans plusieurs petits textes rituels[57]. Le vocabulaire sacrificiel ugaritique a été étudié à diverses reprises et mis en relation avec celui de l'Ancien Testament[58].

Il est assez étonnant que le terme KHN "prêtre" bien connu en phénicien et en punique n'apparaisse jamais dans notre tablette phénicienne. Aussi Van den Branden a-t-il supposé qu'à Chypre le ZBḤ est devenu synonyme de KHN pour désigner le prêtre dans ce qui était le plus caractéristique de sa charge. Mais il faut objecter qu'à Kition même, dans une inscription du IVème siècle, on emploie le mot KHN qui apparaît suivi du nom de la divinité RŠP ḤṢ "Reshep à la flèche".[59] Par ailleurs, le Tarif de Marseille distingue nettement le "maître du sacrifice", B'L ZBḤ (lignes 4,6,8,10) des prêtres KHNM (lignes 3,7,9,11). Il faut donc supposer que les ZBḤM "les sacrificateurs" constituent une catégorie bien déterminée, équivalant au grec ἱεροθύτης qui occupe une grande place à Malte[60].

A la ligne 9, face A, il faut lire à la suite de Peckham: L PM 2 Š P YT ... ḤLT L MLKT. Il s'agit "des deux boulangers qui ont cuit ... de gâteau pour la Reine Sainte". Du mot qui précède ḤLT, les deux premières lettres sont en partie effacées et aucune des lectures proposées ṬN' (corbeille) ou KKR (rond) ne s'impose. Du point de vue de la lexicographie sémitique comparée il faut rappeler que le substantif PH "cuire" est bien connu de l'hébreu biblique[61], de l'ugaritique[62], de l'accadien[63], du sud arabique et de l'éthiopien[64]. Parmi les professions exercées à l'intérieur du temple d'Astarté de Kition, celle de boulanger trouve notamment des parallèles dans le temple de Jérusalem et dans les sanctuaires égyptiens. D'après le livre des Chroniques, un lévite du nom de Mathathias avait le soin des gâteaux cuits sur la poêle, tandis que d'autres appartenant aux fils des Caathites étaient chargés de préparer pour chaque sabbat les pains de proposition (I Chr 9,31-32). Ces fonctions de pâtissiers ou de boulangers spécialisés étaient héréditaires dans ces familles. Dans le temple de l'époque hérodienne, la famille Garmo était chargée de la confection des pains de proposition, (leḥem hapanîm) dont la fabrication compliquée nécessitait une certaine compétence (Michna, Cheqalim 5,1). Cette famille devait, en outre, faire les gâteaux à la poêle pour l'offrande quotidienne du grand'prêtre (Men 11,3; Tamid 1,3)[65]. Parmi le personnel du

[55] cf. Zimmern, Akkadische Fremdwörter, p. 66.
[56] L'étude importante reste celle de R. Dussaud, Les origines cananéennes du sacrifice israélite, Paris, 1941 (2ème édition), pp. 134-173 (commentaire), 320-323, (traduction); cf. aussi J.G. Février, Remarques sur le grand tarif de Marseille, dans Cahiers de Byrsa VIII, 1958-1959, pp. 35-43.
[57] cf. Gordon, Ugaritic Textbook, Glossary, n° 637. Loren Fisher, A new ritual calendar from Ugarit, dans Harvard Theological Review 63, 1970, pp. 485 et ss.
[58] cf. Th.G. Gaster, The Service of Sanctuary: a Study in hebrew Survivals, dans Mélanges offerts à R. Dussaud, Paris, 1939, t.II, pp. 577-582 et notamment p. 581 n° 17; R. Dussaud, Les origines cananéennes ... pp. 326 et sq.; D.M.L. Urie, Sacrifice among the West-Semites, dans PEQ, 1949, pp. 67-82, spécialement pp. 71-80; J. Gray, The Legacy of Canaan, Leiden, 1957, pp. 140-152; A. de Guglielmo, Sacrifice in the ugaritic Texts, dans CBQ, 17, 1955, pp. 196-216.
[59] cf. A. Caquot et O. Masson, Deux inscriptions phéniciennes de Chypre, dans Syria t.45, 1968, pp. 300-302; Comte de Vogüé, Mélanges d'Archéologie Orientale, 1858, pp. 13-20; Guzzo-Amadasi et Karageorghis, Fouilles de Kition. III. Inscriptions phéniciennes, Nicosie, 1977, pp. 14-15.
[60] cf. CIS, I, 132, ligne 6 et commentaire.
[61] cf. Gen 40,1,2,16,20,22; 1 Sam 8,13.
[62] cf. Loren R. Fisher, Ras Shamra Parallels, vol. II, Rome, 1975, p. 44.
[63] Von Soden, Akkadisches Handwörterbuch, p. 231.
[64] W. Leslau, Ethiopic and South Arabic Contributions to the Hebrew Lexicon, 1958, p. 11.
[65] cf. Joachim Jeremias, Jérusalem au temps de Jésus. Recherches d'histoire économique et sociale pour la période néo-testamentaire (traduction de l'allemand), Paris, 1967, pp. 43-44.

temple d'Amon de Karnak, on relève: le boulanger, le confiseur, le confiseur d'Amon, le chef-pâtissier de la maison d'Amon[66]. L'offrande de gâteaux de farine (*bll*) du tarif de Marseille (ligne 14)[67] rappelant ceux du Lévitique 2,4 et sq qui étaient cuits au four et pétris avec de l'huile (*belulot*), nécessitait la présence d'un personnel spécialisé dans les sanctuaires phéniciens et puniques. Nous en avons maintenant l'attestation pour le temple de Kition, même si le nom porté par cette sorte de gâteaux, appelés ḤLT, (2 Sam 6,19; Num 15,20; Lev 24,5 etc) est différent de celui du tarif de Marseille. On note enfin que l'usage de pétrir et de cuire certains gâteaux en l'honneur d'Astarté, appelée "la reine des cieux", est confirmé par Jer 7,18; 44,19. Mais ce travail confié à Kition à un corps de boulangers ou de pâtissiers spécialisés avait été usurpé, pour ainsi dire, à Jérusalem, par des femmes idôlâtres[68].

A la ligne 12 apparaissent les GLBM. Les épigraphistes traduisent habituellement ce terme par "barbiers", traduction déjà donnée par le Corpus: *tonsoribus qui operantur pro ministerio sancto*. Récemment, J.P. Healey, à partir d'une suggestion de Cross, a proposé de donner à GLBM un sens passif "ceux qui sont rasés", "les tonsurés. Ce serait une forme nominale comme *nazîr*. Il commente sa traduction en précisant: Shaving was apparently part of the cultic preparation of the priests: we know that the Hebrew priests are expressly forbidden to shave their beards for ritual mourning (Lev 21,5), and this was apparently a reaction to certain Canaanite practices"[69]. Mais cette explication n'est pas retenue par Mme Guzzo-Amadasi qui ne voit aucune preuve concrète de cette pratique dans ce ̸cas précis. Par contre, le sens de GLBM "barbiers" paraît bien établi par la philologie sémitique comparée et d'autre part leur présence dans les temples phéniciens est bien attestée. De fait GLB au sens de "barbier" est connu en hébreu (Ez 5,1), en ugaritique, dans le domaine phénicien et punique et même en accadien. D'après Von Soden GLB fait figure de mot voyageur puisqu'il s'agit d'un emprunt à l'accadien (*gallabu*)[70]. A Ugarit, GLB apparaît notamment dans un texte économique intitulé par Ch. Virolleaud "Distribution de vivres" et dans un inventaire fragmentaire d'une maison ou d'un domaine[71]. Mais l'éditeur ne donne aucune traduction de l'expression *prì. glbm* que l'on rencontre dans ces deux textes. En tout cas, cette profession n'est même pas mentionnée dans la liste des métiers d'Ugarit dressée par Tadanori Yamashita[72]. Nous connaissons par l'épigraphie le caractère sacré du GLB 'LM "le barbier de la divinité" que le *Corpus* traduit[73]: "tonsor deorum" id est "tonsor sacer". Il y avait en effet dans certains temples des pays syro-phéniciens ou appartenant aux colonies phéniciennes des barbiers attachés au culte. Cela est dit expressément dans notre inscription chypriote; aussi traduisons-nous la ligne 12: "pour les barbiers participant au culte". Le substantif ML 'KT avec le sens de "travail cultuel", "service religieux" est bien attesté dans l'Ancien Testament où on trouve, par exemple, l'expression ML 'KT 'BDT BT H 'LH 'M (1 Chr 9,13) ou d'autres similaires (1 Chr 28,13,20). Ces barbiers étaient chargés non seulement de couper les cheveux des fidèles, mais sans doute aussi de pratiquer certaines incisions rituelles sur leur corps. L'offrande de la chevelure dans le sanctuaire d'Astarté de Kition est attestée par une coupe inscrite trouvée précisément dans le temple de Kition et datant des environs de 800 av. J.C.[74] Il s'agit d'une chevelure

---

[66] cf. G. Lefebvre, Histoire des grands prêtres d'Amon de Karnak jusqu'à la XXIème dynastie, Paris, 1929, p. 46.

[67] Voir la traduction de Février dans Cahiers de Byrsa, t.8, 1958-1959, p. 14.

[68] Pour la forme des gâteaux offerts à Astarté, je renvoie à mon étude: Le culte de la "Reine du Ciel", selon Jer 7,18; 44,17-19,25 à paraître dans Festschrift J. van der Ploeg. Pour la forme des *belulot* du Tarif de Marseille, R. Dussaud se demandait si ce n'étaient pas des sortes de brioches coniques qu'on voit sur certaines stèles puniques sortant d'un moule cylindrique et la surface striée de losanges (CIS, I, 2017, 2150, 2652 (cf. Les origines cananéennes du sacrifice israélite, p. 153).

[69] J.P. Healey, The Kition Tariffs and the Pheonician Cursive Series, dans BASOR, nº 216, 1974, p. 56.

[70] cf. Von Soden, Akkadisches Handwörterbuch, Wiesbaden, 1965, sub verbo.

[71] cf. Ch. Virolleaud, PRU, t.II, nº 99, ligne 29 [= KTU 4.269:29], nº 152, rev. ligne 4 [= KTU 4.275:16].

[72] cf. Loren R. Fisher, Ras Shamra Parralels. The Texts from Ugarit and the Hebrew Bible, Rome, 1975, vol. II.

[73] CIS, I, 257, 259, 588.

[74] cf. A. Dupont-Sommer, Une inscription phénicienne archaïque récemment trouvée à Kition (Chypre), dans Mémoires de l'Académie des Inscriptions et Belles-Lettres 44 (1972, pp. 275-294.) Voir aussi les observations de J. Teixidor, Bulletin d'épigraphie sémitique, dans Syria 49, 1972, p. 434 nº 818 pour qui l'inscription est si énigmatique qu'il se refuse à risquer une interprétation.

qu'on fait raser (GLB) et qu'on offre à la déesse Astarté[75]. De semblables pratiques sont décrites par Lucien pour le sanctuaire syrien d'Hierapolis[76]. Mais on ne sait pas s'il faut rattacher aux rites d'offrande de la chevelure, les rasoirs puniques mis à jour dans les fouilles, et souvent ornés soit de motifs végétaux, soit de figurations anthropomorphes ou symboliques, soit même de figures de divinités. Parmi ceux-ci, Enrico Acquaro qui a dressé récemment un catalogue de ces objects, ne mentionne pourtant jamais la réprésentation d'Astarté mais celles d'Héraclès, Horus, Harpocrate, Isis, Melqart, Reshef, etc.[77].

Les textes juifs ne semblent pas parler de la présence de barbiers au temple de Jérusalem, peut-être en raison même de leur office cultuel dans les temples païens. Mais J. Jeremias qui a consacré tout un livre d'histoire économique et sociale au temps de Jésus, écrit: "Il fallait qu'il y ait des barbiers au Temple. La cérémonie du voeu de nazir, de la consécration des lévites et de la purification après guérison de la lèpre le suppose."[78] Qu'en est-il de l'Egypte? Au temple d'Amon à Karnak, dans la liste des fonctionnaires, on relève à côté du chef des médecins de la maison d'Amon, le chef des barbiers d'Amon[79]. La présence des barbiers dans les sanctuaires égyptiens s'explique par l'obligation qu'avaient les prêtres de dépouiller leur corps de tout poil et de tout cheveu. Hérodote rapporte en effet que les prêtres se rasent le corps entier tous les deux jours pour que ni pou, ni vermine ne les souille dans l'exercice de leur culte. Les documents archéologiques nous ont du reste habitués au spectacle d'hommes au crâne parfaitement lisse et nous savons que les manquements à l'obligation mentionnée par Hérodote étaient, à basse époque, frappés d'une amende pouvant aller jusqu'à mille drachmes. Divers textes précisent que les prêtres devaient raser ou épiler jusqu'aux cils et aux sourcils de leur visage[80]. A Jérusalem, par contre, les lévites ne se raseront pas la tête et ne laisseront pas croître les cheveux mais ils se tondront la tête (Ez 44,20). Nous avons indiqué plus haut la pratique de l'offrande des cheveux dans certains sanctuaires sémitiques. Cette coutume assez répandue chez les sémites a été étudiée notamment par Joseph Henninger[81] qui essaie d'en saisir le sens religieux profond. Son étude se compose essentiellement de deux parties. Dans la première, il étudie l'extension dans l'espace et dans le temps (Verbreitung) de la pratique de l'offrande des cheveux (Haaropfer). Il cite les coutumes préislamiques, le voeu du naziréat bien connu de l'Ancien Testament, les pratiques rituelles à Hiérapolis et à Byblos. Chez les Arabes, il y avait une coutume bien attestée à l'époque préislamique qui consistait à laisser pousser sa chevelure à la suite d'un voeu et d'aller l'offrir, par la suite, dans un sanctuaire[82] (Le pélerinage de la Mecque a gardé des survivances de ce rite. Le pélerin, après avoir accompli tous les rites obligatoires doit, au dixième jour du mois de pèlerinage, couper sa chevelure)[83]. Chez les Bédouins de Syrie et de Palestine, Henninger rapporte pour l'époque préislamique que les parents, en particulier à la suite d'une maladie, avaient la coutume de laisser pousser la chevelure de l'enfant et, après qu'il ait atteint un certain âge, de la couper et d'aller l'offrir dans un sanctuaire avec de l'or et de l'argent[84]. Ce rite rappelle de près celui dont Lucien a été à la fois le témoin et l'acteur dans le sanctuaire de Hiérapolis de Syrie. Après avoir rapporté que les habitants de Trézène interdisaient le mariage aux jeunes filles et aux garçons avant d'avoir coupé leurs chevelures en l'honneur d'Hippolyte, Lucien ajoute: "Le même usage existe à Hiérapolis . . . Les jeunes gens dédient les prémices de leurs mentons, mais, pour les enfants, on laisse croître leurs boucles, qui, depuis leur naissance, ont été tenues pour sacrées; puis,

[75] cf. E. Puech, Le rite d'offrande des cheveux d'après une inscription phénicienne de Kition vers 800 avant notre ère, dans Rivista di Studi Fenici, t.IV, 1976, pp. 13-21.

[76] cf. De Dea Syria, §55, 60.

[77] cf. Enrico Acquaro, I rasoi punici, Rome, 1971, pp. 100 et sq.

[78] cf. Joachim Jeremias, Jérusalem au temps de Jésus, Paris, 1967, p. 45.

[79] cf. G. Lefebvre, Histoire des grands prêtres d'Amon à Karnak, p. 44.

[80] cf. Serge Sauneron, Les prêtres de l'ancienne Egypte, Paris, éditions du Seuil, 1967, p. 35.

[81] cf. Joseph Henninger, Zur Frage des Haaropfers bei den Semiten: Die Wiener Schule der Völkerkunde. Festschrift zum 25jährigen Bestand. Wien, 1956, pp. 349-368.

[82] cf. J. Wellhausen, Reste arabischen Heidentums, Berlin, 1961 (reimpression) pp. 25, 26, 27, 122-124; I. Godhizer, Le sacrifice de la chevelure chez les Arabes, Revue de l'Histoire des Religions, 14, 1886, pp. 49-52.

[83] cf. J. Wellhausen, op.cit. p. 80.

[84] Henninger, op.cit., pp. 352-253.

lorsqu'ils sont conduits dans le temple, on les leur coupe et on les dépose en des vases, soit en argent, soit le plus souvent en or, que l'on cloue dans le temple, après avoir pris soin, avant de s'en aller, d'inscrire le nom de chaque enfant. Lorsque j'étais jeune encore, j'ai aussi moi-même accompli ce rite, et ma boucle et mon nom sont encore dans le temple" (§60, traduction Mario Meunier). Le Dr Contenau a, de son côté, rappelé que les Babyloniens connaissaient l'usage de la consécration de la chevelure à la divinité. Il signale que les musées du Louvre et de Londres possèdent de petites perruques en pierre sans doute votives, qui pourraient être l'équivalent du sacrifice de la chevelure elle-même, soit le prix du rachat[85]. Quoiqu'il en soit de la signification à donner à ces objets, l'usage d'offrir la chevelure à la divinité pourrait remonter à l'époque cananéenne, souligne Henninger.

Dans la deuxième partie de son étude, l'auteur passe en revue les interprétations proposées pour le rite de l'offrande des cheveux. Il conclut qu'il ne s'agit pas d'un sacrifice proprement dit mais plutôt d'un rite d'initiation et de désécration, en d'autres termes d'un rite de passage: "Wie sich aus dem Vorstehenden ergibt, sind rituelle Haarschur und Darbringung des Haares nicht als Opfer im eigentlichen Sinne eher als *Initiations-* oder *Desakralisation*-Riten aufzufassen."[86] Il ajoute à cette signification celle de la matérialisation de la prière; le voeu étant une consécration à Dieu d'une personne ou d'une chose, "c'est une manière de renforcer la prière par un contrat avec la divinité"[87].

La ligne 13 mentionne des ḤRŠM, c'est à dire des artisans qui ont travaillé dans le temple de Mikal. Telle est la lecture proposée par le *Corpus*: LḤRŠM Š P'L ŠTT 'BN BBT MK[L] et qui a été suivie par la plupart des épigraphistes. Le mot ḤRŠM sert à désigner les ouvriers spécialisés, les artisans en toutes sortes de travaux[88]. Ils peuvent travailler le bois aussi bien que la pierre comme cela semble le cas ici si la lecture 'BN "pierre" était maintenue, car Peckham propose de lire 'DN, auquel on pourrait donner le sens de "base" à partir de l'hébreu *'eden*. "Pour les ouvriers qui ont fait les colonnes en pierre dans le temple de MK[L]." Ces ouvriers seraient au nombre de 20, si on en croit Peckham qui lit le signe du chiffre 20 après ḤRŠM. A propos de ces artisans, probablement des tailleurs de pierre, on observera qu'ils n'ont pas travaillé dans le temple d'Astarté dont il a été question jusqu'à présent mais dans celui de MKL, divinité connue surtout à Chypre. C'est en effet la restitution proposée par tous les auteurs à partir de la ligne 5 de la face B, où le nom divin se trouve en toutes lettres. Ce dieu apparaît seul comme ici ou dans le binôme Rešeph MKL qui a pour équivalent grec Ἀπολλώνι Αμύκλωι dans la version chypriote syllabique du CIS, I, 89. De toutes les explications proposées pour élucider l'origine de ce nom divine, celle qui voit dans Ἀμυκλος ou Ἀμυκλαῖος une transcription de la forme sémitique MKL est la plus plausible[89]. De fait, ce dieu a été lu sous la forme *M'k3r* dans une stèle représentant le dieu sémitique Ba'al égyptisé trouvé à Beth-Shan dans le temple élevé par Thoutmosis III[90]. A la ligne 5 de la face B, il est question du personnel du temple (NPŠ BT) qui est attaché (Š L) aux piliers (ŠTT) de Mikal. Cette phrase a embarrassé les traducteurs et les commentateurs. Cooke commente: "The sense is obscure", et traduit: "To the persons of the house which is by the pillars(?) of Mikal"; Lidzbarski: Für die Tempelsklaven, welche (verwendet wurden) für die (Reparierung der) Grundmauer von Mkl; Donner et Röllig: Den Tempeldienern, die (verwendet wurden) für die (Aufstellung(?) der) Säulen des MKL. Mais Masson et Sznycer observent très justement; "il ne peut s'agir ici aucunement des "serviteurs" ou des "esclaves" qui auraient "construit" ou "réparé" les piliers de MKL mais, encore une fois, du personnel chargé du service cultuel de ces piliers." Et ils ajoutent: "Particulièrement éclairante à cet égard est l'expression Š L – qui est (ou: qui sont) attaché (s) à", différente de l'expression Š 'L ("qui est (ou: qui sont) préposé (s) à" (voir ligne 5 de la face A)."

[85]   cf. G. Contenau, L'épopée de Gilgamesh, Paris, 1939, p. 262.
[86]   art. cit. p. 368.
[87]   cf. R. de Vaux, Les Institutions de l'Ancien Testament, t.II, p. 360.
[88]   cf. M. Sznycer, qui a étudié le mot dans Semitica XV, 1965, pp. 38-41.
[89]   cf. A. Caquot et O. Masson, Deux inscriptions phéniciennes de Chypre, dans Syria, t.45, 1968, p. 308.
[90]   cf. L.H. Vincent, Le Ba'al cananéen de Beisan et sa parèdre, dans RB 37, 1928, en particulier pp. 512-514;
       Henry O. Thompson, Mekal. The God of Beth-Shan, Leiden, 1970; R. Stadelmann, Syrisch-Palästinensische
       Gottheiten in Ägypten, Leiden, 1967, pp. 52-56.

Mais le problème se pose de savoir ce qu'étaient exactement ces piliers et quel acte cultuel on pratiquait sur eux ou auprès d'eux. On pense spontanément aux *maṣṣeboth* bien connus par l'Ancien Testament. C'étaient des pierres dressées, des stèles commémoratives liées notamment au culte cananéen. Elles étaient le symbole de la divinité mâle. On parle par exemple de la massebah de Baal (2 R 3,2). Ces objets de culte ont été condamnés avec les autres accessoires du culte cananéen (Dt 7,5; 12,3). Mais, si des *maṣṣeboth* avaient été consacrées à Mikal, le texte de Kition emploierai sans doute le même terme qu'en hébreu, car il existe aussi en phénicien[91]. Le mot ŠTT a été expliqué à partir de l'hébreu *ŝt*, au pluriel *ŝtwt* avec un aleph prosthétique[92]. Ce terme rare est traditionnellement traduit en Is 19,10 par les "piliers" de l'Egypte dans un sens, il est vrai, figuré. Mais le sens métaphorique de "princes" a évidemment pour point de départ les colonnes ou les obélisques bien connues par les imposants monuments égyptiens. Dans ces perspectives, ne faudrait-il pas songer aux grandes colonnes qui se dressaient devant le vestibule de certains sanctuaires sémitiques? A Jérusalem, ces deux colonnes qui étaient en bronze portaient le nom de Yâkin et de Bo 'az (1 R 7,15-22,41-42). R. de Vaux explique: "ces deux colonnes ne semblent pas avoir supporté le linteau du vestibule, plutôt elles se dressaient isolées devant lui, de chaque côté de l'entrée"[93]. Il ne manque pas d'analogies dans le mond e sémitique. Pour le sanctuaire d'Hiérapolis de Syrie, Lucien essaie d'expliquer leur signification: "Les propylées du sanctuaire s'avancent, cu côté du vent Borée sur une étendue d'environ cent brasses. C'est dans ces propylées que se dressent les phalles (φαλλοί) d'une hauteur de trente brasses, que Dionysos érigea. Sur l'un de ces phalles, un homme monte deux fois par an, et séjourne au sommet du phalle durant sept jours de temps. Voici la raison que l'on donne de son ascension. La plupart des gens croient que cet homme converse en haut avec les dieux, qu'il leur demande la prospérité de toute la Syrie, et que ceux-ci entendent de plus près ses prières. D'autres prétendent qu'il accompli ce rite en faveur de Deucalion et en souvenir de la calamité qui survint, lorsque les hommes, craignant une vaste inondation, grimpaient sur les montagnes et au sommet des arbres. Mais ces motifs ne semblent plus croyables. Je pense qu'ils observent encore cette coutume-là en l'honneur de Dionysos, et je le conjecture du fait suivant. Tous ceux qui dressent des phalles à Dionysos placent sur ces phalles de petits hommes en bois. Pourquoi? Je ne puis pas le dire. Mais cet homme qui monte me paraît imiter le mannequin de bois."[94] Hérodote, de son côté, connaît les deux stèles du temple d'Héraclès de Tyr: "Je vis ce sanctuaire, richement garni d'un grand nombre d'offrandes; entre autres, il renfermait deux stèles (στῆλαι), l'une d'or épuré, l'autre de pierre d'émeraude brillant pendant les nuits d'un grand éclat."[95] A Chypre même, la numismatique révèle quelque chose de la structure du temple de Paphos; on discerne bien sur certaines monnaies deux très hautes colonnes formant pylône, s'élevant fort au-dessus des colonnes des portiques, terminées en fourche[96]. A Idalion, en Chypre, en Transjordanie et à Tell el Fara'h près de Naplouse, on a trouvé des modèles de sanctuaire avec les deux colonnes[97].

L'explication que nous venons de proposer pour le texte phénicien à partir de la traduction traditionelle d'Is 19,10 serait mieux fondée si le sens du texte biblique n'était pas lui-même controversé. En effet on a fait observer à bon droit que le sens de "colonnes" pour *ŝtt(yh)* conviendrait si le mot qui suit *mdk'ym* n'était pas au masculin et si le texte de la LXX ne divergeait pas du T.M.: οἱ ἐργαζόμενοι αὐτὰ ἐν ὀδύνῃ[98]. Aussi a-t-on supposé

---

[91] cf. Jean-Hoftijzer, Dictionnaire des Inscriptions sémitiques de l'Ouest, Leiden, 1965, p. 164.

[92] En hébreu qumranien, on trouve *'wŝym* avec le sens de "pilier", "fondement", "fondation" (IQH III, 13, 30, 35; VII, 4, 9; IQSbIII, 20) cf. Jer 50,15; Esdr 4,12 et l'accadien *aŝitu* "pilier", cf. M. Delcor, Les Hymnes de Qumrân (Hodayot). Texte hébreu. Introduction. Traduction. Commentaire, Paris, 1962, p. 11.

[93] cf. R. de Vaux, Les institutions de l'Ancien Testament, t.II, p. 150 et la bibliographie citée, p. 442.

[94] Lucien, De Dea Syria §28 (traduction Mario Meunier).

[95] II,44 (traduction dans la collection G. Budé).

[96] cf. G.F. Hill, Catalogue of the Greek coins of Cyprus, Londres, 1904, planche XVII; cf. aussi Lagrange, Etudes sur les religions sémitiques, pp. 210 et sq; Th.A. Busink, Der Tempel von Jerusalem, Leiden, 1970, t.I, pp. 299 et sq et surtout pp. 313 et sq.

[97] cf. R. de Vaux, op.cit. pp. 150-151.

[98] La lecture du grand rouleau d'Isaïe de Qumrân diffère également de celle du T.M. *whyw ŝwttyh* semble donner la bonne vocalisation du verbe *ŝth* "tisser" (cf. Juges 16,13).

de détecter derrière *ʾttyh* un verbe en relation avec *ʾty* "tissu". Zimmern a songé à l'accadien *ʾatu* "tisser", correspondant à l'hébreu *ʾth* et à l'araméen *ʾt*. Eitan[99], de son côté, a soupçonné la présence d'un mot d'origine égyptienne et a proposé de rapprocher le vocable hébreu du copte *ʾtit* "tisserand". Aussi Wildberger traduit-il: und die ihn verweben sind niedergeschlagen, ce qui convient beaucoup mieux dans un contexte où il est question de "peigner le lin", "tisser le coton" (19,9)[100]. De même la Bible de la Pléiade: "Les tisserands du pays (littéralement: ses tisserands) seront prostrés".

A la ligne 14, une rétribution de 3QR et xQ[P' est accordée à un certain 'BD ŠMN RB SPRM ŠLḤ BYM Z. On traduit cette phrase: A 'BD ŠMN, chef des scribes, envoyé (ou on a envoyé) en ce jour-ci . . .". Sznycer et Masson signalent que le titre de "chef de scribes" est attesté par plusieurs inscriptions puniques[101] et par les textes d'Ugarit[102]. Le fait que ces scribes aient un chef laisse supposer qu'ils étaient organisés et hiérarchisés. Les titres variés relevés au temple d'Amon à Karnak montrent qu'il y avait dans les temples diverses sortes de scribes: scribe-de-temple-du domaine d'Amon, chef des scribes-de-temple du domaine d'Amon, scribe d'Amon, scribe des pains d'Amon, scribe des offrandes d'Amon, scribe de la comptabilité du domaine d'Amon, scribes en tous monuments du domaine d'Amon.[103] A Jérusalem, on distinguait les scribes de l'administration royale des scribes du temple. Les premiers étaient connus déjà du temps de David et de Salomon (*sopher hammelek*) (2 R 12,11; 2 Chr 24,11; 2 Sam 20,23). Ces *sopherim* étaient de hauts fonctionnaires que l'on rend habituellement dans les traductions par "secrétaires". L'Ancien Testament a gardé des traces de ce personnel royal uniquement pour le royaume de Juda et pour les règnes de David, Salomon, Joas, Ezéchias, Josias, Joakim et Sedécias[104]. Un texte de Jérémie a même gardé le souvenir d'un bureau du secrétaire *lškt hspr* situé dans la maison de Yahvé d'après Jer 36,12. Ce texte distingue nettement deux secrétariats, l'un situé dans le temple et l'autre dans le palais royal et il n'y a pas lieu de les identifier[105]. Les fonctions du secrétaire royal ne sont pas définies dans la Bible. Aussi Mc Kane a-t-il tenté de situer le *sopher* israélite à partir du *šapiru* accadien. Il écrit: "Akkadian *šapirum* is perhaps our best guide to the elucidation of sōpēr as it is used in the Old Testament of a leading minister of the King[106]". Il conclut que le sopher est the ministre préposé à la correspondance royale privée ou destinée à des étrangers et que c'était là essentiellement ce qui constituait sa charge[107]. Mais Mettinger fait observer à juste titre qu'il est toujours incertain de tirer des conclusions sur les activités d'un fonctionnaire exclusivement à partir d'une ressemblance de titre. Il remarque en outre que les *sopherim* étaient de petits fonctionnaires dont la tâche était essentiellement d'écrire[108]. Outre les scribes royaux proprement dits, on connaît en Israël des lévites qui exerçaient la fonction de scribes (*sopherim*), vraisemblablement dans le temple, puisque le livre des Chroniques les nomme à côté des greffiers (*šoterim*) et surtout des portiers (2 Chr 34,15). Un document tardif cité par Josèphe datant du temps d'Antiochus III énumère aussi les catégories suivante du clergé de Jérusalem: "les prêtres, les scribes du temple (γραμματεῖς τοῦ ἱεροῦ), les chanteurs sacrés."[109] Ces points de comparaison tirés principalement des textes de l'Ancien Testament ne nous permettent pas toutefois de connaître au juste les fonctions du RAB SPRM du temple de Kition, mais seulement de les imaginer. Si l'on traduit ŠLḤ comme un pual à la

[99] cf. I. Eitan, An Egyptian Loan Word in Is 19, dans JQR 15, 1924-1925, pp. 419-422.

[100] cf. Hans Wildberger, Jesaja (Biblischer Kommentar Altes Testament), p. 699.

[101] Répertoire d'épigraphie sémitique n° 891; J.B. Chabot, Punica, Paris, 1918, p. 165; A. Berthier et R. Charlier, Le sanctuaire punique d'El-Hofra à Constantine, Paris, 1955, n° 281.

[102] cf. A. Herdner, Corpus des textes alphabétiques, n° 49, revers [= KTU 1.75:10].

[103] cf. G. Lefebvre, Histoire des grands prêtres d'Amon de Karnak, pp. 42, 44 et 48.

[104] On trouvera les références dans Tryggve N.D. Mettinger, Solomonic State Officials. A Study of the civil Government officials of the Israelite Monarchy, Lund, 1971, p. 19.

[105] Contre Kurt Galling, Die Halle des Schreibers, PJB t.27, 1931, pp. 51-57, et avec T.N.D. Mettinger, Solomonic State Officials, pp. 33-34.

[106] cf. William Mc Kane, Prophets and Wise Men, Londres, 1965, p. 27.

[107] cf. Mettinger, op.cit. pp. 35-36.

[108] cf. 1 Chr 24,6; Jer 36, 23, 26, 32; Ez 9,2 et sq.

[109] Josèphe, Ant. Jud. XII, 142, cf. aussi XI, 128.

troisième personne "il a été envoyé", on comprendra que le chef des scribes ne résidait pas dans le temple de Kition et qu'on lui a fait parvenir les sommes qui lui revenaient (Masson et Sznycer). Mais on pourrait aussi traduire ŠLḤ par un participe passif se référant au chef des scribes, ce qui paraît moins probable.

A la ligne 15, tous les épigraphistes proposent de restituer LKLBM à partir du passage parallèle de la face B, ligne 10. Que désignent ces KLBM, ces "chiens"? Cooke, au début du siècle, s'interrogeait déjà sur leur nature. S'agit-il simplement d'animaux ou s'agit-il de personnes? En faveur de la première hypothèse Cooke[110] invoquait une inscription grecque mentionnant des chiens sacrés dans le temple d'Esculape[111]. On sait aussi qu'on employait les chiens à la garde des édifices publics parmi lesquels il faut compter les temples. On signale des chiens gardiens des temples de Vulcain près de l'Etna, et de Minverve-Iliade dans la Daunie. Dans ce dernier temple, très caressants pour les Grecs, ils étaient féroces pour les étrangers. Ceux du temple de Dictynne en Crète passaient pour capables de lutter contre les bêtes les plus farouches. Plutarque (Sol.Anim. 13,11,23) raconte l'histoire d'un chien qui mérita d'être nourri aux frais de l'Etat[112]. L'hypothèse qui identifie les KLBM à de simples animaux fut retenue jadis par J. Halévy[113]. Mais Lagrange observe non sans ironie: "Dans cette dernière opinion il reste à savoir comment les chiens et leurs petits se présentaient avec les autres pour recevoir leur salaire en argent et quel accueil ils lui faisaient, d'autant qu'il est relativement très considérable."[114]

Aussi la majorité des auteurs reconnaît-elle aujourd'hui dans les KLBM WGRM des personnes, comme le faisaient déjà les éditeurs du *Corpus*, qui traduisaient: *scortis virilibus et inquilinis*[115]. Ce qui pouvait faire reculer les tenants de cette interprétation, c'était la marque apparemment dépréciative attachée au mot "chien" dans notre texte. Et Lagrange, par exemple, écrivait: "Peut-on supposer que cette catégorie de personnes ait figuré sous ce nom infâme sur un registre officiel, parmi les fonctionnaires les plus honorables?"[116]. De fait si Keleb revêt, semble t-il, dans le Deutéronome un sens infâme (Dt 23,18), il apparaît difficile d'en dire autant dans le texte phénicien, car on imaginerait plutôt que la désignation "chien" soit donnée aux prostitués sacrés mâles par des gens extérieurs et hostiles à ce milieu.

En réalité, le problème est mal posé. Le chien étant le plus fidèle parmi les animaux, on a pu appeler KLBM, "chiens" certaines personnes attachées au culte, ainsi qu'il ressort d'un excellente étude de Winton Thomas[117]. Le passage du monde profane au monde religieux est attesté notamment dans un hymne au dieu Marduk, cité par cet auteur. Le suppliant dit: "comme un petit chien, ô Marduk, je cours derrière toi." Dans le même sens, si l'on accepte la correction proposée par Torczyner dans 2 Sam 7,21 à partir de 1 Chr 17,19, David lui-même se disait le "serviteur et le chien de Yahvé" (*ba 'abur 'abdeka wekalbeka*, au lieu de: *ba 'abur 'abdeka wekelibka*, "à cause de ton serviteur et selon ton coeur")[118]. Dans le monde mésopotamien, on a signalé des noms théophores composés avec *Kalbu* dans le sens de serviteur: Kalbi-Sin, Kalbi-Šamaš, Kalbi-Marduk[119]. Et l'on peut supposer par voie d'analogie, que le nom phénicien KLB 'LM "chien des dieux" correspond à 'BD 'LM "serviteur des dieux"[120]; de même KLB', le nom théophore hébreu Kaleb documenté dans la Bible[121] et des noms sémi-

[110] cf. G.A. Cooke, A Text-Book of North-Semitic Inscriptions, pp. 67-68.

[111] cf. S. Reinach, Les chiens dans le culte d'Esculape et les Kelabim . . . de Citium, dans Revue Archéologique, 1884, t.II, pp. 129-135.

[112] cf. art. canis, dans Daremberg et Saglio, Dictionnaire des Antiquités, p. 888.

[113] cf. J. Halévy, Mélanges de critique. Paris, 1883, p. 192.

[114] cf. Lagrange, Etudes sur les religions sémitiques, p. 220.

[115] Mais Donner et Röllig se montrent encore hésitants: es ist fraglich, ob Tiere oder Menschen gemeint sind.

[116] cf. Lagrange, Etudes sur les religions sémitiques, p. 220.

[117] cf. D. Winton Thomas, Kelebh "dog": its origin and some usages of it in the Old Testament, dans Vetus Testamentum, vol. 10, 1960, pp. 411-427 et surtout p. 424 et sq.

[118] cf. Harry Torczyner, Lachish I. The Lachish Letters, Londres – New York – Toronto, 1938, p. 39.

[119] cf. K. Tallqvist, Neubabylonisches Namenbuch, Helsingfors, 1905, p. 319, sub verbo *kalbu*.

[120] cf. Frank L. Benz, Personal Names in the Phoenician and Punic Inscriptions, Rome, 1972, p. 331.

[121] Il est donc insuffisant de dire, comme le fait M. Noth, que nous sommes en présence de noms d'animaux donnés comme noms de personnes. (cf. M. Noth, Die israelitischen Personennamen im Rahmen der gemein-semitischen Namengebung, Stuttgart, 1928, p. 228).

tiques analogues doivent avoir le même sens[122]. Pour ce qui concerne notre texte de Kition, KLB a pris en phénicien le sens particulier de "prostitué sacré" mâle attesté en hébreu uniquement en Dt 23,18-19 où il fait sans doute allusion à la pratique cananéenne.

Ce texte interdit formellement d'abord la présence en Israël des hiérodules, les prostitués mâles et femelles (qedešim et qedešot) et, en second lieu, l'offrande au temple du salaire de la prostitution, qu'il provienne d'une prostituée (zonah) ou d'un prostitué, un chien (keleb). La prostitution sacrée a sévi dans les royaumes d'Israël et de Juda jusqu'aux réformes religieuses du VIIème et du VIème siècles, à côté de la prostitution ordinaire ou se manifestaient les zonoth "prostituées". L'interdiction qui est nettement formulée est propre au Deutéronome, car le Lévitique interdit uniquement l'homosexualité (Lev 18,22). L'Ancien Testament fait allusion aux qedešim et aux qedešot spécialement pendant la période monarchique. La présence des qedešim en Israël est mentionnée déjà sous le règne de Roboam (1 R,14,24; Os 4,14) et Asa, roi de Juda, se chargea de les faire disparaître du pays (1 R,15,12). Mais ces abominations reparurent certainement et, si l'on en croit un passage deutéronomique du livre des Rois, les prostitués mâles avaient pénétré jusqu'au temple de Jérusalem (2 R 23,7). Il fallut tout le zèle de Josias pour promouvoir la réforme religieuse à laquelle son nom reste attaché pour oser "démolir la demeure des hiérodules (qedešim) qui était dans le temple de Yahvé et où les femmes tissaient des "voiles"[123] pour Ashéra" (2 R 23,7).

A Ugarit des listes de personnel des temples mentionnent à côté des prêtres (khnm), les qdšm[124] et un groupe féminin désigné sous le nom de inst, compris par Astour comme des "females companions, intimate friends"[125]. La prostitution sacrée était, on le sait, fort répandue à l'intérieur des sanctuaires sémitiques: chez les assyro-babyloniens où particulièrement le culte d'Ishtar comptait toute une catégorie de femmes qui, autour des sanctuaires, s'adonnaient aux rites licencieux[126] et chez les Sémites occidentaux. Outre les textes de l'Ancien Testament[127] déjà cités, les auteurs anciens ont conservé des témoignages pour la Phénicie: Lucien rapporte par exemple ce qui se passait à Byblos où les femmes qui ne veulent pas se tondre doivent en échange être prêtes, durant un jour entier, à tirer profit de leur propre beauté avec uniquement des étrangers. Le salaire qu'elles reçoivent doit être remis en offrande à Aphrodite (De dea Syria, §6). D'après Eusèbe de Césarée, à Hiérapolis du Liban, les filles et les femmes devaient se donner dans le temple d'Astarté[128]. Nous citons ces textes concernant le personnel féminin de ces temples, car à la ligne 9 de la face B du texte de Kition, il est nommément question des 'LMT répété deux fois: L'LMT W'LMT 22 BZBḤ "Pour les jeunes filles et les 22 jeunes filles dans le sacrifice". En hébreu 'almah désigne la jeune fille nubile[129] et se différencie de la betulah "la vierge". Les traducteurs ont cependant hésité sur le sens à donner au terme dans notre inscription. Le Corpus traduit "les cantatrices"; Cooke "the virgins"; Lidzbarski et Röllig "Jungfrauen", tandis que Van den Branden et Peckham, Masson et Sznycer traduisent "les prostituées". Le Corpus faisait déjà observer que chez les Orientaux modernes 'LMT est

[122] cf. G. Ryckmans, Les noms propres sud-sémitiques, Louvain, 1934, t.I, p. 114. Les noms propres ugaritiques Kalbe, Kalby, Klb, etc. pourraient aussi s'expliquer par Klb au sens de serviteur d'un dieu (cf. F. Gröndahl, Die Personennamen der Texte aus Ugarit, Rome, 1967, p. 150).

[123] Il s'agit d'une conjecture à partir de la translittération de la LXX qui lit χεττιεμ supposant ktnym, lecture supportée par la recension lucianique: στολὰς (cf. Burney, Notes on the Hebrew Text of the Book of Kings, Oxford 1903, p. 359).

[124] cf. Gordon, Ugaritic Textbook: 63,3; 81,2; 113,73; 114,1; 169,7 [= KTU 4.29:3; 4.38:2; 4.68:73; 4.47:1; 4.126:7].

[125] cf. Michael C. Astour, Tamar the hierodule. An essay in the method of vestigial motifs, dans JBL, t.85, 1966, p.

[126] cf. E. Dhorme, Les religions de Babylonie et d'Assyrie, Paris, 1945, pp. 213 et 219.

[127] cf. J.P. Asmussen, Bemerkungen zur sakralen Prostitution im Alten Testament, dans Studia Theologica, t. XI, 1957, pp. 167-192.

[128] Eusèbe, Vita Const. III, p. 58; cf. Sozomène, Hist. Ecclés. V,10,7.

[129] cf. W. Gesenius, Hebräisches und Aramäisches Handwörterbuch über das Alte Testament, sub verbo.

à la fois une danseuse et une prostituée. Le sens de "prostituée" est clairement attesté dans le Tarif de Palmyre[130]. J.B. Chabot traduit ainsi le passage concernant ces personnes: "Aussi, le publicain percevra des prostituées (*'lymt'*): de celle qui prend un denier ou plus, un denier par femme, de celle qui prend huit as, il percevra huit as; de celle qui prend six as, il percevra six as"[131]. Cependant en ugaritique, le mot *ǵlmt* est habituellement traduit par "jeune fille"[132]. Les auteurs traduisent quelquefois différemment le mot *'lmt* répété deux fois dans la tablette. Van den Branden: "per il prostitute e le 22 cantanti durante il sacrificio". Peckham: "for the prostitutes and the 22 musicians at the sacrifice" tandis que Healey propose: "For the virgins and the 22 prostitutes at the sacrifice". Ce qui est certain c'est que 22 femmes parmi les *'lmt* ont participé au sacrifice mais, observe justement Mme Guzzo-Amadasi, le même catégorie dans son ensemble devait remplir en général les mêmes fonctions.

A la ligne 15 de la face A, le mot qui suit KLBM est difficile à déterminer. Le sens de GRM suivant qu'on vocalise *Gerim* ou *Gurim*, est traduit par "clients"[133] ou par "jeunes prostitués". Le sens de "clients", entendons clients du temple, dans le cas présent ceux qui se livrent à la prostitution avec les KLBM ne convient pas, car les "clients" de ce type devaient payer, comme on le sait par exemple par le texte de Dt 23,18-19 et non être payés. Aussi faut-il supposer qu'il s'agit d'une catégorie analogue aux KLBM puisqu'ils reçoivent globalement une même somme. Dans ces perspectives, à partir de l'hébreu *gur* signifiant "le petit d'un animal", par exemple du chacal (Lam 4,3) ou du lion (Gen 49,9), on suppose pour le phénicien GR le sens de "jeune garçon" livré à la prostitution (van den Branden) ou de "minet" (Masson et Sznycer, Guzzo-Amadasi), sens qui s'accorde bien avec le contexte.

A la ligne 4 de la face B, Peckham a établi une lecture correcte: LB'L MYM BSBB 'LM. Auparavant les épigraphistes suivaient celle du *Corpus*: LB'L MYM BRB ŠLM. On traduit "pour le maître de l'eau, autour de la divinité", entendons autour de la statue de la divinité, ce qui viserait le préposé à l'eau destinée aux cérémonies cultuelles du temple dont nous ignorons les modalités. A Jérusalem, aux anciennes époques, les Gabaonites réduits en esclavage étaient chargés de fendre le bois et de porter l'eau dans le Temple (Jos 9,27) qui servait notamment aux libations (1 Sam 7,6)[134]. Mais Ezéchiel condamne formellement l'utilisation d'étrangers incirconcis pour le service du Temple (Ez 44,6-9); ils devront être remplacés par des lévites (Ez 44,10 et sq). La Michna mentionne parmi ceux qui servaient dans le Temple, un certain Nehuniah qualifié de *hopher šihin* "qui creuse ces citernes", entendons le maître fontanier[135]. S'agit-il d'une fonction analogue au *ba'al maïm* du temple de Kition? Pour ce qui concerne la Syrie, Masson et Sznycer ont rappelé opportunément divers passages du *De Dea Syria* de Lucien où il est question soit du transport de l'eau depuis la mer jusqu'à Hiérapolis (§ 13,48), soit de l'immersion des statues divines dans le lac sacré qui était à proximité du temple (§ 45-47). Il faut d'ailleurs signaler que Garbini a songé à voir dans B'L MYM la désignation du personnel chargé du bassin d'eau dans lequel, comme à Amrith, devait se trouver un édicule sacré[136].

Récemment Healey a proposé une autre hypothèse, en raison de la graphie du mot MYM "eau" qui en phénicien, devrait être normalement écrit MM[137]. Aussi propose-t-il de couper B'LM YM "les maîtres de la Mer". Il s'agirait de l'état construit *ba'ale* suivi du *mem* enclitique, selon l'usage ugaritique. Dans ce cas, la "mer" dé-

[130] cf. CIS II,31913 II,125,126 et Jean-Hoftijzer, Dictionnaire des inscriptions sémitiques de l'ouest, p. 214.
[131] cf. J.B.Chabot,Choix d'inscriptions de Palmyre, traduites et commentées, Paris, 1922, p. 29.
[132] cf. J. Aistleitner, Wörterbuch der ugaritischen Sprache, Berlin, 1974 (4ème édit.) p. 248.
[133] cf. Jean-Hoftijzer, Dictionnaire des inscriptions sémitiques de l'ouest, p. 53.
[134] A la fête des Tabernacles, en particulier, on puissait de l'eau à Gihon que l'on versait ensuite au pied de l'autel (Michna, Sukka, IV, 9,5).
[135] Michna, Cheqalim, 5,1 et J. Jeremias, Jérusalem au temps de Jésus, Paris, 1957, pp. 33 et 44.
[136] cf. Aion, NS. 33, 1973, p. 134.
[137] cf. J. Friedrich – W. Röllig, Phönizisch-Punische Grammatik, Rome, 1970, §100.

signerait un bassin semblable à la mer d'airain du temple de Salomon (1 R 7,23-26; 2 Chr 4,2-5) à laquelle on reconnaît assez habituellement une signification cosmique[138].

La ligne 8 de la face B est difficile à lire et son interprétation demeure incertaine. On peut lire LR'M 'S BD̊S̊PLKD QR2 Š BK̊[. Le premier mot est traduit: "Pour les compagnons" ou "Pour les bergers". A partir de l'hébreu, on songe en effet soit à re'îm, soit à ro'îm, les deux substantifs étant jusqu'à présent inconnus du phénicien. Mais il est bien difficile de faire des hypothèses en l'occurrence, puisque le reste de la phrase est pratiquement incompréhensible. S'il s'agissait vraiment de bergers, on pourrait songer peut-être aux gardiens des troupeaux paissant dans le domaine du temple de Kition[139]. En effet les temples pouvaient posséder des troupeaux. A Karnak, parmi le personnel du temple d'Amon, on signale: le directeur des troupeaux d'Amon, le pâtre (du domaine) d'Amon[140].

Nous voudrions terminer cette étude par des observations d'ordre général. Les comparaisons que nous avons pu établir avec le personnel des autres temples de l'Antiquité ne doivent pas faire illusion. Elles ont le plus souvent valeur de suggestion plutôt que d'illustration et à plus forte raison de preuve, tant est grande notre ignorance de l'organisation des sanctuaires phéniciens. Il y a toujours quelque danger à établir des comparaisons à partir uniquement d'un titre ou d'une fonction en l'absence d'autres données. Compte tenu de ces réserves, l'inscription de Kition nous donne pourtant une idée du personnel en service dans un sanctuaire phénicien. C'est sans dout du trésor sacré, qui, il est vrai, n'est pas mentionné, que les divers employés du temple d'Astarté[141] qui abritait aussi une chapelle dédiée au dieu MKL, recevaient leurs émoluments. Mais du point de vue des renseignements d'ordre économique que l'on serait en droit d'attendre, la tablette de Kition porte en elle-même ses limites. D'une part, il n'est pas aisé de dire à quoi correspondaient en valeur absolue chacune des sommes versées, dans les cas où le montant de celles-ci nous a été conservé intégralement. D'autre part, le document que nous avons commenté n'a livré que des comptes occasionnels, pour des dépenses contractées par le temple, pour deux mois seulement, lors de la fête de la néoménie, celle du mois d'Etanim correspondant, semble t-il, à l'anniversaire de la construction du sanctuaire d'Astarté.

Nous dédions ces modestes pages à M. Claude F.A.Schaeffer, membre de l'Institut, l'heureux fouilleur de Ras Shamra et d'Enkomi-Alasia dont les prodigieuses trouvailles ont éclairé, pendant des décades, et d'une si vive lumière, les études bibliques et sémitiques.

---

[138] cf. W.F. Albright, Archaeology and the Religion of Israel, Baltimore, 1946, pp. 148 et sq; Th.A. Busink, Der Tempel von Jerusalem, von Salomo bis Herodes, Leiden, 1970, pp. 335-336.

[139] Sur le domaine du temple de Jérusalem, cf. J.W. Doeve, Le domaine du temple de Jérusalem, dans W.C. van Unnik, La littérature juive entre Tenach et Mischna, Leiden, 1974, pp. 118-163.

[140] cf. G. Lefebvre, Histoire des grands prêtres d'Amon de Karnak, p. 50; cf. Walter Otto, Priester und Tempel im hellenistischen Ägypten, Berlin – Leipzig, 1905; A.T. Olmstead, History of the Persian Empire, Chicago, 1948, pp. 77-85. De tels domaines existaient en Babylonie à l'époque perse et l'institution du domaine du temple était bien connue et répandu à l'époque hellénistique.

[141] Au nord de Kition, à Kathari, on a identifié ces dernières années un temple d'Astarté bâti vers la fin du IXème siècle av. J.C., à l'arrivée des premiers occupants phéniciens. C'est un monument imposant de plan rectangulaire de 35m sur 22m qui a subi beaucoup de changements au cours des âges. Les archéologues ont distingué quatre périodes successives. La destruction du temple et son abandon se situent vers la fin du IVème siècle av. J.C. du temps de Ptolémée Ier Soter qui, en 312, brûla les temples phéniciens et démantela les murs de la cité.
Ce temple ne doit pas être confondu avec celui d'Aphrodite-Astarté situé sur l'Acropole. Ce sanctuaire fut établi durant le IVème siècle av. J.C. (cf. Kyriakos Nicolaou, The historical topography of Kition, dans la collection Studies in Medit. Arch. vol. XLIII, Göteborg, 1976, pp. 105-108).

MATHIAS DELCOR

DE L'ASTARTE CANANEENNE DES TEXTES BIBLIQUES
A L'APHRODITE DE GAZA

L'Ancien Testament mentionne incidemment, on le sait,
la divinité phénicienne Astarté et encore s'agit-il surtout de
certains de ses sanctuaires situés en terre d'Israël ou dans les pays
limitrophes. Son nom apparaît vingt-trois fois dans la Bible hébraïque. En sept passages, ʿAštarot désigne un nom de ville: Gn 14, 5;
Dt 1, 4; Jos 9, 10; 12, 4; 13, 12, 31; 1Chr 6, 56. Ces toponymes sont
précieux car ils sont les témoins de la présence d'un culte local
d'Astarté et sans doute d'un sanctuaire. Le nom de lieu ʿAštarot
Qarnaïm „Astarté aux deux cornes" de Gn 14, 5 révèle même
un type iconographique particulier de cette déesse. Cette „Astarté
aux deux cornes" n'est autre que la déesse sémitique représentée
en Hathor, c'est à dire avec une tête de vache. Cette désignation
révèle donc l'influence de la religion égyptienne sur la divinité
cananéenne qui se manifeste jusque dans l'iconographie par un
certain syncrétisme. D'ailleurs déjà les textes et l'iconographie
égyptiens nous révèlent le culte d'Astarté en Egypte même sous
les premiers règnes de la XVIIIème dynastie, c'est à dire postérieurement à 1580 avant Jésus-Christ. C'est l'époque, écrit J. Leclant, où par suite des campagnes en Syrie (au sens large du terme)
les influences étrangères gagnent l'Egypte, et profondément,
jusque dans son Panthéon. Ainsi, durant le nouvel Empire, Reshep,
ʿAnat, Qadesh, Astarté, divinités d'Asie, sont représentées et
nommées sur les monuments pharaoniques. Il est vrai, précise
le même auteur, que, fidèle à son génie assimilateur, l'Egypte

6*

Folia Orientalia – Tome 21, 1980, 83–92

habilla ces dieux à l'égyptienne [1]. Tel paraît être le cas pour Astarté
représentée en Hathor. La date de composition de Gen 14 est malheureusement discutée et on ne peut à partir de ce texte situer
dans le temps cette figuration d'Astarté en Israël. Pour les uns
il date de l'époque post-exilienne tardive, pour les autres il serait
plus ancien [2]. Mais une stèle égyptienne trouvée à Beth-Shan,
datant du XIIIème siècle avant J. C. représente déjà une divinité
féminine de type égyptien dont la tête est ornée de deux cornes,
sans doute une Astarté [3]. Une divinité féminine en bronze trouvée
aux fouilles de Gezer, datée entre 1000 et 500 avant J. C., dont
le nez et les oreilles sont disproportionnés porte aussi une coiffure
ornée de deux cornes [4]. Ce type se perpétue jusqu'à une époque
tardive comme l'atteste au Vème-IVème siècle av. J. C. la stèle de
Yeḥawmilk. Au-dessus de l'inscription phénicienne la Baʿalat
Gebal, la Dame de Byblos, dont le vocable non spécifié recouvre
sans doute celui de l'Astarté de Byblos, est représentée assise en
déesse Hathor avec la coiffure à deux cornes [5]. Philon de Byblos
confirme cette interprétation dans un passage où il est dit „qu'
Astarté plaça sur sa propre tête comme signe de la royauté une
tête de taureau" [6].

Si l'on en croit Abel, ʿAštarot Qarnaïm de Gen 14,5 est la même
ville que celle mentionnée dans le livre de Josué, une des résidences
d'Og, roi de Basan en Transjordanie. Il s'agirait de Tell ʿAštara

---

[1] Cf. Jean Leclant, *Astarté à cheval d'après les représentations
égyptiennes*, Syria XXXVII, 1960, pp. 3—4; R. Stadelmann, *Syrisch-
Palästinensische Gottheiten in Ägypten*, Leyde 1967, pp. 101—110.
[2] Cf. W. Schatz, *Genesis 14: Eine Untersuchung*, (Europaïsche
Hochschulschriften), Bern—Frankfurt 1973 et Cl. Westermann,
Genesis 12—50 (Erträge der Forschung Bd 48), Darmstadt 1975,
pp. 40—42.
[3] Cf. H. Vincent, *Le Baʿal cananéen de Beisan et sa parèdre*, Revue
Biblique 37, 1928, pp. 512 et sq., surtout pp. 541 et sq.
[4] Cf. R. A. S. Macalister, *Excavations of Gezer*, Londres, 1912, t. II,
p. 412, fig. 497; H. Gressmann, *Altorientalische Bilder zum alten
Testament*, pl. CXIX, n° 285.
[5] Cf. M. Dunand, *Encore la stèle de Yehawmilk, roi de Byblos*,
Bulletin du Musée de Beyrouth 5, pp. 71—72 avec planche.
[6] Cf. Eusèbe de Césarée, *Praep. evangelica* I, 10, 31 (édit. Sirinelli-
des Places, dans „Sources Chrétiennes").

située à 6 km au sud-est de Tsil [7]. Elle est mentionnée dans les textes d'El Amarna. De fait, on connaît par ces documents le nom *alu aš-tar-te* (197, 10) et *alu aštarti* (256, 21)': la ville d'Astarté. Elle figure aussi dans la grande liste de Thoutmosis III vers 1480 en rapport avec la première campagne de ce pharaon [8].

De son côté, le 1er livre de Samuel connaît l'existence d'un temple d'Astarté situé en territoire philistin (1 Sam 31, 10). Après la bataille de Gelboé où les Philistins avaient vaincu Israël, ils se mirent à poursuivre Saül et ses fils. Ils tuèrent ces derniers mais ne trouvèrent que le cadavre de Saül qui s'était donné la mort par crainte de tomber vivant entre les mains de l'ennemi. Les Philistins dépouillèrent alors Saül de ses armes et annoncèrent la bonne nouvelle par tout leur pays dans les temples de leurs idoles et parmi le peuple. En guise de trophée, ils déposèrent les armes de Saül au temple d'Astarté *beyt 'Aštarot* que la LXX traduit par Ἀσταρτεῖον, tandis que le cadavre du roi fut attaché au rempart de Beth-Shan. Le texte biblique ne donne pas de précision sur la localisation de ce temple, ce qui semble indiquer qu'il était suffisamment célèbre. Certains, tel Stadelmann, le situent à Beth-Shan même où Rowe avait mis à jour un temple qu'il avait identifié à celui d'Astarté d'après une stèle trouvée sur place remontant à Aménophis III. Le sanctuaire d'Astarté mentionné dans le livre de Samuel aurait pris la suite de celui mis à jour par les archéologues à Beth-Shan [9]. Mais on a fait observer que les Philistins n'avaient pas de temple à Beth-Shan qu'ils n'occupèrent qu'après la victoire de Gelboé [10]. Aussi plusieurs auteurs (Dhorme [11], Lagrange [12], de Vaux [13]) ont-ils songé au temple d'Ascalon à propos duquel Hérodote fournit quelques renseignements. Ce temple, dit-il,

---

[7] Cf. F. M. Abel, *Géographie de la Palestine*, Paris 1938, t. II, p. 255.

[8] Cf. W. Max Muller, *Asien und Europa*, 1893, pp. 162—213; J. Simons, *Handbook for the Study of Egyptian topographical lists*, Leyde 1937, pp. 111 et 116.

[9] Cf. Rainer Stadelmann, *op. cit.* pp. 97—98.

[10] Cf. R. de Vaux, *Les livres de Samuel*, Paris 1953, p. 135 en note.

[11] Cf. P. Dhorme, *Les livres de Samuel*, Paris 1910, p. 200.

[12] Cf. M. J. Lagrange, *Etudes sur les religions sémitiques*, Paris 1905 (2ème édit.), p. 124, note 2.

[13] Cf. R. de Vaux, *op. cit.*

était consacré à Aphrodite Ourania [11]. Il est le plus ancien de tous
les temples élevés à la déesse; celui de Chypre en a tiré son origine,
à ce que disant les Chypriotes eux-mêmes, et celui de Cythère a eu
pour fondateurs des Phéniciens venus de cette partie de la Syrie.
Les Scythes, ajoute-t-il, qui pillèrent le temple d'Ascalon et leurs
descendants à perpétuité furent frappés d'une maladie de femme
(I, 105). Mais le cheminement du culte de la déesse céleste (Ourania)
en Orient est indiqué de façon un peu différente par Pausanias
pour qui le culte de Paphos à Chypre serait plus ancien que celui
d'Ascalon: „Les premiers parmi les hommes à adorer la déesse
céleste furent les Assyriens = les Syriens, après eux les Chypriotes
à Paphos et les Phéniciens d'Ascalon en Palestine". (1, 14, 17).
Il faut donc mettre une sourdine à la prétendue antiquité du temple
d'Ascalon prônée par Hérodote, ce qui empêche d'identifier de
`façon sûre l'Astarteion du 1er livre de Samuel à celui d'Ascalon
(cf. Smith [15] et Stoebe [16]). Par ailleurs il y avait sans doute d'autres
villes de Philistie où l'on vénérait Astarté. Dussaud, il est vrai,
a voulu à tort lire le nom de cette divinité dans un passage probablement fautif de I Mac, 10, 84 où il est question du pillage d'Ašdod
et de l'incendie de ses temples par Jonathan: καὶ ἐνεπύρισεν
Ιωναθαν τὴν ᾽Αζωτον καὶ τὰς πόλεις τὰς κύκλῳ αὐτῆς, καὶ ἔλαδε
τὰ σκῦλα αὐτῶν, καὶ τὸ ἱερόν. Δαγῶν καὶ τὸ ἱερὸν αὐτῆς ἐνεπύρισεν
ἐν πυρί. Mais le texte transmis par l'Alexandrinus [17] τὸ ἱερόν αὐτῆς
„le temple d'elle" n'offre aucun sens après la mention de celui
de Dagon. La correction de Dussaud qui au lieu de τὸ ἱερὸν αὐτῆς

---

[14] D'après deux dédicaces de Délos émanant d'Ascalonites, Aphrodite Ourania n'est autre que l'Astarté palestinienne: ᾽Αφροδίτῃ Οὐρανίᾳ
᾽Ασταρτῇ Παλαιστινῇ (Rousset et Launay, Inscript. de Délos, 1937,
n° 2305; Plassart, Délos, p. 250, n° 4.
[15] Cf. H. P. Smith, A critical and exegetical Commentary on the
Books of Samuel, Edinburgh 1899.
[16] Cf. H. J. Stoebe, Das erste Buch Samuelis (Kommentar zum alten
Testament), Gütersloh 1973, p. 530.
[17] C'est le texte reproduit par H. B. Swete, The Old Testament in
Greek according to the Septuagint, Cambridge 1894. Celui reproduit par
l'édition de Göttingen transmet un texte différent: καὶ τοὺς συμφύγοντας
εἰς αὐτὸ ἐνεπύρισε πυρί faisant ainsi allusion à la crémation des gens qui
avaient cherché asile dans le temple de Dagon.

lit τὸ ἱερὸν Ασταρτης appartient au domaine de la pure conjecture [18]. Ne faudrait-il pas supposer une confusion entre ΑΥΤΗΣ
et ΓΑΤΗΣ? Dans cette hypothèse, Γατη n'est autre que la divinité
Até, qui n'étant pas perçue comme telle par le scribe, a été lue
ἀυτης. Até est le nom d'une déesse que l'on trouve dans divers
documents sémitiques ou grecs. Il est surtout connu par les noms
théophores dans lesquels il entre en composition. A Palmyre, il est
représenté sous les formes ʿtʾ, ʾth [19]. Il entre aussi en composition
ʾdans le second élément du nom d'Atargatis (cf. 2 Mac 12, 26) qui
est une transcription de ʿtrʾth [20]. Damascius nous apprend que
„les Phéniciens et les Syriens appellent Kronos (des noms de)
El, Bel, Bol-'Até" (Βωλαθή) [21]. Le nom de la divinité apparaît
isolément sous la forme Γατις qualifiée de reine des Syriens au
témoignage d'Athénée dans le Deipnosophiste (IIIéme siècle
de notre ère): Γατις ἡ τῶν Σύρων βασιλίσσα (VIII, 37). Le culte
de Até est documenté sous la forme syriaque ʿty à Hiérapolis
de Syrie par un texte du Pseudo-Méliton publié par W. Cureton [22]
et par les émissions monétaires de Mabbog au IVème siècle av. J. C.
où Até alterne avec Atargatis [23]. Mais il faut sans doute renoncer
à lire le nom de la déesse ʿtʾ dans la tablette magique d'Arslan
Tash à la suite du Comte du Mesnil du Buisson [24] suivi entre
autres par Goossens [25]. En effet A. Caquot traduit tout autrement
l'expression lḥšt lʿtʾ de la ligne 1 „conjuration contre la (ou les)

---

[18] R. Dussaud, *Notes de mythologie syrienne*, p. 99, note 5.
[19] Cf. Jürgen Kurt Stark, *Personal Names in Palmyrene Inscriptions*,
Oxford 1971.
[20] Cf. l'origine du nom divin ʿAtrʾth a été expliquée par W. F. Albright, *The Evolution of the West-Semitic Divinity* 'An-ʿAnat-ʿAttah,
AJSL 41, 1925, pp. 88—90. Peu probable paraît, par contre,ʾ l'opinion
de R. Eisler qui explique ʾAtthar Ateh par *Ištar mat Ḫa-ta-a* ou *Ištar
mat Ḫa-ti* (cf. Eisler, *Syrii tumores, Die Krankheit der Göttin Išḫara*,
dans *Mélanges Syriens offerts à René Dussaud*, Paris 1939, t. II, p. 695).
[21] Cf. *Vitae Isidori Reliquiae*, édit. Zintzen, 115.
[22] Cf. W. Cureton, *Spicilegium syriacum*, Londres 1855, p. 44.
[23] Cf. Godefroy Goossens, *Hiérapolis de Syrie. Essai de monographie historique*, Louvain 1943, pp. 60—61.
[24] Cf. Comte du Mesnil du Buisson, *Une tablette magique de la
région de l'Euphrate*, dans *Mélanges Syriens offerts à René Dussaud*,
Paris 1939, t. I, pp. 422—425.
[25] Cf. G. Goossens, *Hiérapolis de Syrie*, p. 59.

Vo[l]antes". Il est improbable, dit-il, que 't' soit le nom de la
déesse connu plus tard dans les anthroponymes théophores araméens et dans le nom divin Atargatis [26].

Quoiqu'il en soit de l'interprétation de ce texte araméen
difficile, notons que le culte d'Atargatis pénétra de Syrie jusqu'en
Philistie où cette divinité était connue à Ascalon sous le nom
grécisé de Δερκετω, forme abrégée de Atargatis, la première syllabe
étant tombée: l'équivalence entre Atarata, Atargatis et Derketo
est indiquée par Strabon 16, 4, 27: „Les Araméens appellent
Atargatis 'Αθάραν bien que Ctésias l'appelle Δερκετο". A la lumière
de ces faits, la lecture ΓΑΤΗΣ proposée en I Mac 10, 84 paraît donc
hautement probable. On observera toutefois que le 'ayn sémitique
est transcrit ici par un gamma comme on le constate couramment
dans la LXX mais qu'il est quelquefois négligé ailleurs, par exemple,
dans Atharates [27].

Si le texte du livre des Maccabées ne contient aucune trace
du culte d'Astarté à Ašdod, et en général en Philistie, il en va tout
autrement de la Vie de Porphyre, évêque de Gaza par Marc le
Diacre. Ce document a été qualifié à bon droit d'unique par ses deux
derniers savants éditeurs Henri Grégoire et M. A. Krugener que
l'on ne peut pas accuser de manquer d'esprit critique [28]. A la fin
du IVème siècle, Porphyre a été appelé à occuper le siège épiscopal
de Gaza, poste des plus difficiles, où les chrétiens n'étaient qu'une
poignée, exactement deux cent quatre vingt, sur cinquante ou
soixante mille citoyens [29]. Aussi l'empereur faisait-il preuve
de tolérance à l'égard de ces gens de la marine, en partie étrangers,
où dominaient les marchands de vin venus d'Egypte et les vrais
habitants de Gaza qui, fiers d'un grand passé, méprisaient facilement les allogènes. Arcadius supportait en effet que les édits qui

---

[26] Cf. A. Caquot, *Observations sur la première tablette magique
d'Arslan Tash*, The Journal of the Ancient Near Eastern Society of
Columbia University 5, 1973 (= Festschrift Gaster), p. 46.

[27] Cf. *Just.* XXXVI, 2, 2.

[28] Cf. H. Grégoire et M. A. Krugener, *Marc le Diacre, Vie de
Porphyre, évêque de Gaza* (collection Byzantine), Paris 1930, p. VII.

[29] La meilleure étude sur Marc Diacre et la Biographie de Saint
Porphyre, évêque de Gaza reste celle de F. M. Abel, dans *Conférences
de Saint-Etienne*, Paris 1910, pp. 221—284.

prohibaient les sacrifices ne fussent pas appliqués aux Gazéeens dans toute leur rigueur. Aussi, à son arrivée à Gaza, l'évêque Porphyre trouva-t-il bien enracinés dans cette ville outre le culte d'Aphrodite dont nous parlerons plus loin, celui de Marnas, le Seigneur-de-la-Pluie, de Tyché, personnification de la Fortune capricieuse et d'autres dieux. Marc énumère huit temples où l'on pratiquait publiquement un culte païen concurrent du christianisme et il n'y a pas lieu de douter de ses dires: il s'agit des sanctuaires d'Hélios, d'Aphrodite, d'Apollon, de Koré, d'Hécate, de celui que l'on appelait l'Heroeion, de celui de la Fortune de la cité que l'on nommait le Tychaeon et du Marneion qu'on disait le temple du Zeus Crétois et qu'on regardait comme le plus illustre des sanctuaires du monde entier [64]. Si Marnas, forme grécisée de l'araméen Maran „notre seigneur" [30] n'est qu'une appellation du Ba'al de la pluie, peut-être Ba'al Shamim, identifié par les habitants de Gaza au Zeus crétois, Aphrodite est par contre nommée en toutes lettres. Outre le temple d'Aphrodite proprement dit, il y avait à Gaza une statue de marbre de cette divinité qui se dressait au lieu dit Tetramphodon ou carrefour. Marc la décrit de façon assez précise ainsi que le culte dont elle était l'objet: „Elle surmontait un autel de pierre et le relief en représentait une femme nue laissant voir toutes ses parties honteuses. Tous ceux de la ville, surtout les femmes, vénéraient ce simulacre en allumant des lampes et en faisant fumer de l'encens. On recontait au sujet de cette statue qu'elle rendait, au moyen des songes, des oracles aux femmes désireuses de contracter mariage. Mais elles se trompaient mutuellement par des mensonges. Après avoir obéi à l'instigation du démon, souvent dans leurs mariages, elles réussissaient si mal qu'elles en arrivaient au divorce, ou faisaient mauvais ménage" [59, traduction Grégoire-Krugener]. Ce texte suscite une interrogation. S'agit-il

---

[30] On ne peut donc dire à la suite de Javier Teixidor, que l'origine du nom Marnas est inconnue (cf. J. Teixidor, *The Pagan God. Popular Religion in the Greco-Roman Near East*, Princeton 1977, p. 97). E. Schürer fait aussi de Marnas à cause de son nom une divinité sémitique costumée à la grecque (cf. *Geschichte des jüdischen Volkes im Zeitalter Jesu Christi*, Leipzig 1907, p. 28 avec une abondante bibliographie en note).

vraiment du culte de l'Aphrodite grecque qui aurait pu fort bien
s'établir en ce point de la côte fortement hellénisé ou s'agit-il
de l'Astarté phénicienne porteuse uniquement d'un nom grec?
Il faut rappeler tout d'abord que les gloires littéraires qui y ont
fortement implanté l'héllénisme à Gaza, qualifiée de φιλόμουσος
„amie des Muses", sont en fait postérieures à l'épiscopat de Porphyre (395—420). Au temps de Zénon (473—491), Zosime représente
la sophistique et le grammairien Timothée sous le règne d'Anastase
(491—516) compose, entre autres ouvrages, quatre livres didacti-
ques de prose rythmée sur la faune indoafricaine. Ces écrivains
et d'autres appartiennent à la brillante floraison d'écrivains qu'il
est convenu d'appeler l'Ecole de Gaza „devenue un des foyers les
plus ardents de l'Hellénisme sous les cieux palestiniens" [31]. On
pourrait théoriquement envisager que l'introduction des cultes
païens grecs sont allés de pair avec la floraison de l'hellénisme
ou l'ont même précédé puisqu'il s'agit d'un port très fréquenté.
Marc n'énumère-t-il pas des temples de divinités typiquement
grecques comme Apollon, Koré, etc? [32] Cependant le témoignage
sur le culte de *l'Aphrodite du Carrefour*, tel qu'il est rapporté
par cet écrivain, invite plutôt à penser à Astarté. Cette statue
qui rend des oracles rappelle curieusement ce que rapporte Avienus
à propos de Gadir, l'actuelle Cadix en Espagne, où une île était
consacrée à la Vénus Marine = Astarté, où se trouvait un temple
de cette divinité, une grotte profonde et un oracle [33]. Par ailleurs
l'inscription phénicienne de l'Astarté phénicienne de Séville
mentionne les *beney šail* „les prêtres oraculaires" de cette déesse [34].
A Gaza, nous sommes, semble-t-il, en présence d'une survivance

---

[31] Cf. F. M. Abel, *Gaza au VIème siècle d'après le rhéteur Chorikos*,
Revue Biblique 44, 1931, p. 5.

[32] Cf. K. B. Stark, *Gaza und die philistaïsche Küste*, Iéna 1852,
pp. 583—589.

[33] Cf. Rufus Festus Avienus, *Ora maritima*, éd. Berthelot, vers 314.

[34] Cf. M. Delcor, *L'inscription phénicienne de la statuette d'Astarté
conservée à Séville*, Mélanges de l'Université Saint-Joseph XLV, 1969
[= *Mélanges offerts à M. Maurice Dunand*, étude reprise dans M.
Delcor, *Religion d'Israël et Proche-Orient ancien*, Leyde 1976, pp.
95—115].

de culte phénicien dont l'origine peut être fort ancienne [35]. Par contre, c'est bien la statue de la divinité grecque Aphrodite qui ornait les bains de Ptolemaïs-Acco au temps du rabbin Gamaliel II à la fin du Ier siècle de notre ère. D'après la Michna, le célèbre rabbin est pris à partie par le philosophe Proclus alors que lui juif était en train de se baigner aux thermes d'Aphrodite (*merhas šele 'aphroditi*): „Pourquoi donc te baignes-tu aux thermes d'Aphrodite?" Gamaliel lui répondit: „On ne dit pas faisons des thermes à Aphrodite mais faisons une Aphrodite comme ornement pour les thermes. D'ailleurs quand bien même on te donnerait beaucoup d'argent, tu n'irais pas adorer tes idoles tout nu ou après un incident nocturne, ni uriner devant elles. Or cette (déesse) se tient à l'orifice de l'écoulement des eaux et tout le monde vient uriner devant elle" (*Traité 'Abodah Zarah* de la Michna III, 4) [36]. L'anecdote rapportée ici ne concerne pas en fait directement le culte d'Aphrodite puisque l'effigie de celle-ci placée dans les bains publics ne constituait qu'un ornement. Mais si les thermes sont placés sous le patronage d'Aphrodite, il y a lieu de croire que cette déesse était particulièrement honorée dans la ville de Ptolemaïs. De fait, des monnaies du IIIème siècle représentent une Aphrodite debout dans sa niche encadrée à droite et à gauche d'un Eros chevauchant un dauphin [37].

Aussi paraît-il douteux qu'à Ptolemaïs comme à Gaza Aphrodite recouvre l'Astarté sémitique car le texte hébreu aurait sans doute parlé d'Astarté et non d'Aphrodite. Par ailleurs, cette ville du littoral a été fortement hellénisée au moins dès l'époque séleucide et l'Aphrodite grecque a du entrer en concurrence avec l'Astarté sémitique [38]. Est-on allé jusqu'au syncrétisme comme à Ascalon?

Aucun texte épigraphique ou autre ne permet de l'affirmer. Mais un culte d'Astarté était pratiqué à Ptolemaïs au témoignage d'une monnaie de Valérien [39].

De l'Astarté des textes bibliques jusqu'à l'Aphrodite de Gaza, il faut donc souligner une remarquable continuité du culte de la déesse cananéenne sur le sol palestinien pendant plus d'un millénaire et demi.

---

[35] On sait que la religion des Philistins a été fortement influencée dès le début par Canaan; cf. M. Delcor, *Yahweh et Dagon ou le yahwisme face à la religion des Philistins d'après I Sam V*, Vetus Testamentum 14, 1964, pp. 136—154.

[36] Cf. traduction de Mireille Hadas-Lebel et commentaire que je dois à son obligeance.

[37] Cf. L. Kadman, *Corpus Nummorum Palestinensium*, Jerusalem 1961, IV, p. 27 et n°s 204, 205, 238, 253, 265.

[38] Sur les dieux de Ptolemaïs cf. M. Avi-Yonah, *Syrian Gods at Ptolemaïs-Accho*, Israel Exploration Journal 9, 1959, pp. 1—12.

[39] Cf. H. Seyrig, *Antiquités syriennes, Sixième série*, Paris 1966, pp. 110, pl. XIV, 17.

LES TRÔNES D'ASTARTÉ

M. DELCOR

Sous le nom de trônes d'Astarté, les archéologues désignent traditionnellement des sièges de pierre vides ou porteurs de symboles trouvés principalement en Phénicie, dans une région où un culte était rendu à la déesse Astarté (¹). Ces trônes sont à distinguer des chars ou des brancards d'Astarté que les numismates ont habituellement reconnus sur les monnaies provenant de l'antique Phénicie, notamment de Sidon. Nous en parlerons plus loin. Il ne semble pas que Renan ait parlé de trônes d'Astarté dans sa *Mission de Phénicie*, bien qu'il ait rapporté, en 1864, de Oumm el-'Amed un de ces objets, le premier à avoir été découvert; il est actuellement conservé dans les réserves du Musée du Louvre (²). De son côté, Ledrain, conservateur adjoint des Musées Nationaux, ne s'engage pas dans l'identification de ce trône en pierre qu'il qualifie sans plus de précisions de sorte de siège votif (³). En 1962, M. Dunand (⁴) écrivait à propos des deux sièges en pierre trouvés à Oumm el-'Amed: « on désigne depuis longtemps ces trônes de pierre sous le nom de trônes d'Astarté ou de trônes vides. Ils étaient destinés à recevoir des bétyles ou quelque image symbolique de la déesse. Tous ceux que l'on connaît actuellement, une dizaine, appartiennent à la Phénicie libanaise, presque tous à la région de Tyr et de Sidon. C'est de là qu'ils ont dû se répandre dans le pays de Carthage où on les rencontre, le plus souvent chargés d'un bétyle » (⁵). Cet auteur ne dit pas à quelle date remonte l'appellation « trône d'Astarté ». Elle est déjà employée par S. Ronzevalle dès 1907 à propos précisément du seul en pierre, porteur d'une dédicace à Astarté (⁶). Nous reviendrons plus loin sur l'inscription. D'abord employée pour le trône provenant de Khirbet et-Taybeh, dans la région de Tyr, et conservé au Musée du Louvre (AO 4565), la désignation fut ensuite étendue à des sièges de pierre similaires. Précisons pourtant que jamais aucun texte ne parle explicitement de trône d'Astarté, pas même l'inscription de l'Astarté de Séville où l'on a voulu lire récemment ǨŠ' 'Z P'L «trône qu'a fait...» au lieu

---

(1) Cf. en dernier lieu P. AMIET, *Département des Antiquités Orientales. Guide sommaire*, Paris 1971, p. 116.

(2) Cf. E. RENAN, *Mission de Phénicie*, Paris 1864, p. 707.

(3) Cf. E. LEDRAIN, *Notice sommaire des monuments phéniciens du Musée du Louvre*, Paris s.d., n. 106, p. 51 Ce petit volume ne contient aucune reproduction photographique

(4) Cf. M. DUNAND - R. DURU, *Oumm el-'Amed. Une ville de l'époque hellénistique aux échelles de Tyr*, Paris 1962, p. 169, pl. LXVII.

(5) Cf. G. CH. PICARD, *Catalogue du Musée Alaoui (Nouvelle série, collections puniques)*, Tunis s.d. I, pp. 19, 37 et ss.

(6) Cf. S. RONZEVALLE, *Le « trône d'Astarté »: Mélanges de la Faculté Orientale (Beyrouth)*, 3 (1909), pp. 755-84, pls. IX-X; ID.: *CRAIBL*, 1907, pp. 589-98; C. CLERMONT-GANNEAU: *CRAIBL*, 1907, pp. 606-608; M. LIDZBARSKI, *Ephemeris für semitische Epigraphik*, III, pp. 52-53; *RES* 800.

de celle initialement proposée MTN' 'Z P'L « don qu'a fait ». La lecture K̊S̊ « trône » est impossible à l'examen direct de la pièce (⁷).

La désignation « trône d'Astarté » est-elle fondée pour l'ensamble de ces objets? Les autres trônes ne portent pas, il est vrai, le nom de la déesse, à l'exception peut-être de celui de Sidon conservé au musée de Beyrouth, porteur d'une inscription grecque datée de l'année 59-60 ap. J.-C. non pas selon l'ére des Séleucides mais d'après celle de Sidon (⁸). Seyrig lit: ἔτους ορ', /α[φιερ]ώθη/ ἐπὶ [τ]ῆς ἀκ/της τεκτόνων.   J. T. Milik, après l'indication de la date, a proposé de lire 'Α[στρ]ωθῆ (?) Astarté, ce qui donnerait le nom de la divinité suivi de son épiclèse « (qui réside) sur le Promontoire des architectes » (⁹). Mais on connaît au moins un trône sur lequel est assise entre deux sphinx en forme d'accoudoir une déesse long-vêtue s'appuyant à un haut dossier, portant à l'angle droit un grand astérisque à huit rais. Cette divinité est identifiée à l'Aphrodite-Astarté céleste par R. Mouterde. Ce trône de pierre jaune conservé au Khan français de Saida est malheureument en mauvais état; il est daté de la fin de l'époque hellénistique et du début de l'époque romaine (¹⁰). Par ailleurs ces trônes sont flanqués de sphinx, animal qui est habituellement associé à Astarté. Pour ces motifs, la désignation « trônes d'Astarté » peut être maintenue pour l'ensemble de ces sièges vides qui ont entre eux un certain air de famille. La Phénicie a fourni une bonne dizaine d'exemplaires de trônes en pierre flanqués de sphinx. H. Seyrig en a établi une liste il y a quelques années, mais elle est déjà incomplète (¹¹). Sophie de Mévius dans un mémoire inédit, présenté en 1977 à l'Université de Louvain, qu'elle a eu l'amabilité de nous communiquer, ne décrit que huit de ces trônes phéniciens en pierre flanqués de sphinx ailés (¹²). Au catalogue donné par Seyrig pour la Phénicie, outre le trône de pierre publié par Mouterde, on ajoutera le trône de la piscine d'Astarté de Bostan ech-Cheick (¹³), deux petits trônes inédits provenant des fouilles du sanctuaire d'Echmoun (¹⁴), enfin un trône porteur d'un bétyle parallélépipédique vu par Brigitte Soyez à Yarzé (¹⁵). Un autre trône flanqué de sphinx découvert près de Tyr au village de Aïn Baal a été signalé par Seyrig (¹⁶). Quatre de ces trônes proviennent de Sidon ou de sa région. Un septième vide — en réalité le premier de ce genre qui a été trouvé — fut ramené au Louvre de Oumm el-'Amed par la mission Renan. Il y a une vingtaine d'années, un deuxième exemplaire fut trouvé *in situ* dans le même endroit

(7) Cf. É. PUECH, *L'inscription phénicienne du trône d'Astarté à Séville*: RSF, 5 (1977), p. 85 ss.

(8) Cf. H. SEYRIG, *Antiquités syriennes*, Paris 1966, p. 25; ID., *Supplementum epigraphicum graecum*, 18 (1962), n. 599.

(9) Cf. J. T. MILIK: *Biblica*, 48 (1967), p. 574.

(10) Cf. R. MOUTERDE, *Antiquités et inscriptions (Syrie, Liban)*: MUSJ, 24 (1944-1946), p. 51, reproduction pl. III.

(11) Cf. H. SEYRIG, *Antiquités syriennes*, cit., p. 25; cf. aussi R. DE VAUX, *Les chérubins et l'arche d'alliance, les sphinx gardiens et les trônes divins dans l'Ancien Orient: Mélanges offerts au Père René Mouterde*, I (= MUSJ, 37 [1960-1961]), pp. 91-124. Cette étude est reprise dans R. DE VAUX, *Bible et Orient*, Paris 1967, pp. 250-52.

(12) Cf. S. DE MÉVIUS, *Les trônes phéniciens en pierre flanqués de sphinx ailés*. Institut supérieur d'archéologie et d'histoire de l'Art, Louvain 1977. Texte dactylographié.

(13) Cf. M. DUNAND, *Rapport préliminaire sur les fouilles de Sidon en 1964-1965*: BMB, 20 (1967), p. 42, pl. VI, 1.

(14) ID., *La piscine du trône d'Astarté dans le temple d'Echmoun à Sidon*: BMB, 24 (1971), pp. 19-25.

(15) Cf. B. SOYEZ, *Le bétyle dans le culte d'Astarté phénicienne*: MUSJ, 47 (1972), p. 157.

(16) Cf. H. SEYRIG, *Antiquités syriennes*, cit., p. 122, note 6.

3, 1983, 777-787

par M. Dunand, dans une chapelle consacrée à la déesse ([17]). La plupart de ces trônes datent de l'époque hellénistique ou romaine. À la série des trônes trouvés sur le sol de Phénicie, il faut ajouter ceux provenant de Carthage ([18]) porteurs d'un bétyle ainsi qu'un petit trône votif en pierre inédit que nous avons pu voir récemment dans une vitrine du musée de Rethymnon en Crète à côté d'objets en bronze égyptiens. Le Directeur des Antiquités de la Canée, que nous avons interrogé au sujet de l'origine de cet objet, n'a pas pu nous donner de précision car le lot d'objets contenu dans la vitrine du Musée de Rethymnon a été donné par un collectionneur. Il s'agit d'un trône votif vide de quelques centimètres de hauteur, orné d'un oiseau (aigle) dont les ailes éployées enveloppent extérieurement le dossier (Tav. CXLVII, 3).

On peut distinguer trois sortes de trônes d'Astarté: les uns vides dont le siège et le dossier sont parfaitement nus. D'autres ont nettement la marque du tenon destiné à mettre en place l'objet des adorations, comme celui de Byblos. D'autres enfin portent des représentations sculptées sur leur dossier. Voici la description archéologique de quelques-uns de ces objets:

I. *Trônes vides en pierre*

1. Provenant de Oumm el-'Amed, musée de Beyrouth: 0,90 m. de haut. Dunand-Duru, *Oumm el-'Amed*, 168, pl. LXVII (Tav. CXLVI, 1). Epoque hellénistique. Le devant du siège est brisé et ne comporte aucune sorte d'ornament. En raison de ses dimensions ce trône se prêterait à être utilisé par une personne humaine.

2. Provenant de Sidon, Musée de Beyrouth: 0,45 m. de hauteur, largeur: 0,36, profondeur: 0,45 m. Seyrig, *Antiquités syriennes*, 6, 25, note 3 (Tav. CXLVI, 3). Le haut dossier et le siège sont très inclinés. Un globe inscrit dans un croissant en bas-relief orne le haut du trône. Les sphinx ont été décapités. Sur le devant du siège, on lit une inscription greque peu distincte dont nous avons donné plus haut la transcription qu'a proposé Seyrig. Date 59/60 ap. J.-C.

II. *Trônes pourvus de symboles sculptés*

1. Excellent état de conservation; calcaire poreux, Musée de Beyrouth, provenant de Tyr. Hauteur: 0,71 m, dont 10 cm pour la plinthe. S.de Mévius, *Les trônes phéniciens*, 12-13. Date non spécifiée (Tav. CXLII, 1). Dossier du trône taillé en forme de stèle trapézoïdale sans ornementation, d'une saillie de 4 ou 5 cm. Devant du siège décoré d'une palmette posée sur les extrêmités en volutes de deux tiges recourbée. Deux sphinx servant d'accoudoirs représentés à l'égyptienne: *pschent* réduit et disproportionnée par rapport au modèle original, némès lisse et tablier, poitrail bombé. Le corps de chaque monstre est sculpté en bas-relief sur le côté.

2. Calcaire patiné. Provenance: Khirbet et-Taybeh près de Tyr, Paris, Musée du Louvre (AO 4565) assez bien conservé. Hauteur: 49 cm, largeur: 37,5 cm, profondeur: 29 cm. RES 800; MAO 3, 1472, fig. 892. RArch, 11 (1908), 278; RA, 7, 500. CRAIBL, 1907, 589-598. S. de Mévius, *Les trônes phéniciens en pierre, cit.*, p. 13 ss. Date: IIIème siècle av. J.-C. (Tav. CXLVII, 2) Manquent les deux têtes de sphinx, un fragment de l'ac-

(17) Cf. M. Dunand - R. Duru, *Oumm el-'Amed, cit.*, p. 168.
(18) Cf. G. Ch. Picard, *Catalogue du Musée Alaoui, cit.*, pp. 19, 37 et ss.; P. Cintas, *Le sanctuaire punique de Sousse: RAfr*, 410-11 (1947), p. 64 ss., fig. 129.

coudoir droit peut-être le sommet du dossier, des fragments de l'arrière du dossier. Le haut des deux bas-reliefs dans la masse. Deux personnages semblables se font face, la main gauche tien un bâton sommé d'une de lotus, effacée à gauche, la main droite est levée, paume tournée vers l'avant. Ils portent une longue robe sous un manteau à manches. Il s'agit peut-être du dédicant et de la déesse. Des deux sphinx sculptés en forme d'accoudoirs de part et d'autre du siège, il ne subsiste plus les têtes. Entre ces deux monstres, une palmette est posée sur les extrêmit's en volutes de deux tiges de lotus recourbées de chaque côté. Une inscription phénicienne dédiée à Astarté est grave sur le socle.

III. *Trônes portant trace de mortaises*

Sur certains de ces objets en pierre, la surface du siège presente des mortaises cu des anathyroses qui ont sans doute servi à y fixer un objet.

Naïsque provenant de Sidon, Musée du Louvre; Aimé-Giron: *Bull. Inst. franç. arch. orient.* 34 (1933), p. 31 ss.; Dussaud: *Syria*, 14 (1933), p. 355 ss. A l'intérieur est un trône aux deux sphinx. Sur les faces latérales, prêtres officiant. Au-dessus du siège, cavité en forme de U destinée à recevoir un objet arrondi en bas, peut-être un bétyle comme celui que l'on voit sur les monnaies de Sidon. Il est peu près certain que ces trônes n'étaient pas destinés à recevoir une statue, car le devant du siège étant sculpté ou inscrit, il ne pouvait être caché par les jambes d'un personnage assis.

L'inscription phénicienne du trône de Khirbet et-Taybeh:

La lecture ne fait pas de difficulté et elle a été généralement acceptée par les épigraphistes: Clermont-Ganneau, Lidzsbarski [19], Donner-Röllig [20].

LRBTY L'ŠTRT 'Š BGW HQDŠ
'Š LY 'NK 'BD' BST BN BDB'L

Je propose la traduction suivante qui était déjà celle de Clermont-Ganneau [21], de Lidzsbarki, et qui a été acceptée récemment par R. de Vaux [22]:

« À ma Dame Astarté qui est à l'intérieur du sanctuaire qui m'appartient, à moi 'Abdoubast fils de Bodba'al ».

Cette traduction appelle quelques remarques, car J. T. Milik [23] et le comte R. du Mesnil du Buisson [24] ont proposé récemment des interprétations fort divergentes de la précédente. Le premier traduit l'inscription: « A ma maîtresse, à Astarté qui réside entre la gent des saints, la mienne (maîtresse), moi, 'Abdu'bast, fils de Bodba'al ». Le second propose, sans hésitation, précise t-il, la version suivante: « À ma Grande, à Ashtart qui (est) à l'intérieur de ce sacrum = le trône-bétyle qui (est) à moi, moi-même, 'Abd'oubast fils de Bodba'al ». Mentionnons enfin l'interprétation de S. Ronzevalle qui donnait au début du siècle une traduction divergente de celle de Clermont-Ganneau, de Milik et du

(19) Cf. M. LIDZSBARSKI, *Ephemeris für semitische Epigraphik*, III, pp. 52-53.
(20) Cf. *KAI* 17.
(21) Cf. *RES* 800.
(22) Cf. R. DE VAUX, *Bible et Orient*, Paris 1967, p. 251.
(23) Cf. J. T. MILIK, *Les papyrus araméens d'Hermoupolis et les cultes syro-phéniciens en Égypte perse: Biblica*, 48 (1967), pp. 572-73.
(24) Cf. R. DU MESNIL DU BUISSON, *Études sur les dieux phéniciens hérités par l'empire rcmain*, Leiden 1970, pp. 122-23.

comte du Mesnil du Buisson. Il traduit la phrase centrale: « sur le dossier de cet objet sacré qui m'appartient » ([25]).

Ces différences de traduction ont pour origine une interprétation différente de deux mots essentiels: BGW et HQDŠ. Pour le premier mot, on obtient deux sens différents de l'inscription, selon qu'on interprète ou non BGW comme un aramaïsme. De fait, *gew* en hébreu signifie « dos », cf. Is 50,6; 38,17; 51,23. S. Ronzevalle opte pour ce sens en donnant à *gew* le sens de « dossier » du trône, ce qui l'entraîne à traduire HQDŠ par « cet objet sacré », alors qu'on attendrait plutôt le mot « siège » KS' bien documenté en phénicien. Aussi les auteurs sont-ils enclins à reconnaître plutôt un aramaïsme dans BGW vocalisé *begaw*. On peut citer plusieurs textes bibliques parallèles, Job 30,5: מִן־גֵּו יְגֹרָשׁוּ : « Ils sont chassés du milieu (des hommes) »; Dn 3,6; 3,26: לְגוֹא אַתּוּן « dans une fournaise »; מִן־גּוֹא נוּרָא « (ils sortirent) du milieu du feu ». On peut également invoquer la présence de *bgw* dans les textes araméens d'Elephantine ([26]) avec le sens « à l'intérieur de ». La présence d'un aramaïsme dans un texte phénicien tardif n'est pas à exclure, d'autant plus que la suite de la phrase: HQDŠ 'Š LY décalque une construction périphrastique araméenne bien connue dans la langue d'Empire ([27]). On peut citer à ce sujet la formule parallèle 'RQ' ZY LY « la terre qui m'appartient », BYT'ZY LY « la maison qui est à moi », que l'on trouve dans les textes d'Eléphantine ([28]).

Pourtant, J.T. Milik se refuse à reconnaître un aramaïsme dans l'expression BGW qui, dit-il, est gratuit et sans parallèle dans l'épigraphie phénicienne. De fait, Donner et Röllig citent, pour illustrer notre inscription, celle araméenne de Zakir, les *papyri* d'Elephantine, le nabatéen et le palmyrénien, c'est à dire des textes uniquement araméens ([29]). Aussi Milik propose-t-il de comprendre GW au sens de « peuple », dont il trouve au moins un exemple dans l'inscription phénicienne bilingue du Pirée où HGW est traduit par le grec τὸ κοινόν ([30]) et dans Job 30,5, déjà cité plus haut, mais qu'il faudrait vocaliser, selon lui, GAW au lieu du T.M. GEW.

Il traduit finalement la phrase: « Astarté qui est dans le peuple des "saints" ». Dans ces conditions, le HQDŠ de l'inscription ne serait pas, dit-il, un qualificatif du mot peuple (le peuple saint) mais plutôt un substantif collectif « les saints », attesté plusieurs fois dans les textes de l'Ancien Testament. La phrase « Astarté qui est dans le peuple des saints » ne serait pas une description proprement dite de la déesse, mais une épiclèse cultuelle, le nom propre de la titulaire dans le sanctuaire situé au lieu de la trouvaille. Et Milik de conclure: « À Tyr on croyait donc au caractère quasi-personnel des pierres sacrées: Astarté réside entre les Saints, figurés sur les stèles en ministres liturgiques ». Cette explication est acceptée sans critique par J. Teixidor ([31]). Mais je doute qu'elle soit la bonne, car les « saints » désignent, semble-t-il, les êtres divins plutôt

(25) Cf. S. Ronzevalle: *MUSJ*, 3 (1909), pp. 755-83 et pls. IX-X; Id., *Note sur un monument phénicien dans la région de Tyr: CRAIBL*, 1907, pp. 589-98.
(26) Cf. A. Cowley, *Aramaic Papyri of the Fifth Century B.C.*, Oxford 1923; 2, 9; 4, 4; 5, 15 etc.
(27) Cf. L. Pontus, *Laut und Formenlehre des Ägyptisch-aramäischen*, Göteborg 1928 (réimpression à Hildesheim 1966) p. 32.
(28) Cf. A. Cowley, *Aramaic Papyri of the fifth Century B.C.*, cit., n. 4, 5; n. 6, 5.
(29) Cf. *DISO*, p. 48.
(30) Cf. *RES* 1215.
(31) Cf. J. Teixidor, *The Pagan God. Popular Religion in the Greco-Roman Near East*, Princeton 1977, p. 14, note 30.

que les ministres du culte, comme par exemple, dans l'Ancien Testament (Ps 89, 6-8; Job 5,1; 15,15) et dans les inscriptions phéniciennes d'Arslan Tash, si toutefois il faut traduire HQDŠ par « les saints », ce qui me paraît douteux. É. Puech, qui a senti sans doute la même difficulté que moi propose en partant du sens donné par Milik GW de traduire HQDS « parmi la sainte corporation = parmi le panthéon sacré ». L'ensemble de la dédicace est alors ainsi rendu: « À ma Dame, Ashtart, qui parmi la panthécn (sacré) est ma favorite, moi, 'Abdubast, fils de Bodba'al ». Mais le phénicien dispose au moins de deux termes appropriés pour désigner le panthéon, la famille des dieux. L'inscription de Karatepe parle de KL DR BN' 'LM « toute la famille des fils de dieux ([32]) », ce qui est à rapprocher de KL DR QDŠM « toute la famille des saints » dans l'amulette d'Arslan Tash ([33]). Une inscription de Byblos use encore d'un terme différent MPḤRT dans l'expression MPḤRT 'L GBL « la totalité des dieux de Gebal » ([34]). De fait, GW peut avoir en phénicien le sens de communauté. Ce sens est reconnu par les dictionnaires ([35]). On le trouve en particulier dans l'inscription phénicienne trouvée au Pirée et conservée au Musée du Louvre où le terme apparaît trois fois et équivaut au grec τὸ κοινόν. Il y est notamment question du « chef de la communauté préposé à la maison des dieux » 'Š NS' HGW 'L BT'LM ([36]). Le même mot se rencontre dans une inscription néopunique de Constantine à propos d'un voeu accompli par une femme au nom de la communauté LHGW ([37]). L'emploi du terme dans ces différents textes ainsi que le recours à la philologie comparée (hébreu *goy*, akkadien *ga'u*, syriaque *gawa'*) montrent à l'évidence que GW ne désigne qu'une communauté d'hommes et que le mot n'est jamais employé dans la sphère du divin. Pour ces motifs, on ne peut donner à BGW HQDŠ le sens de « parmi le panthéon sacré » ou « parmi le peuple des saints » et il faut revenir, comme nous l'avons déjà dit, à l'hypothèse tout à fait plausible d'un aramaïsme. Dans le même sens, Tomback qui admet fort bien dans son récent lexique comparé du phénicien et du punique, le mot GW au sens de « communauté » ne le reconnaît pas non plus dans l'inscription phénicienne de Khirbet et-Taybeh où il maintient le sens de « au milieu du sanctuaire ». En 1909, peu après la publication de ce petit monument par S. Ronzevalle, le grand épigraphiste Marc Lidzsbarski admettait aussi la présence d'un aramaïsme: « Meiner Herrin, der Astarte, welche in meinem Heiligtum ist, ich Abdubast, Sohn des Bodba'al ([38]) ».

On ne peut davantage suivre le comte du Mesnil du Buisson qui, tout en traduisant BGW par « à l'intérieur de » veut donner à HQDŠ le sens de *sacrum*, de trône-bétyle. Outre qu'on aurait employé un autre terme pour trône — de fait le phénicien utilise le mot KS' ou KS'T (néopunique) pour traduire « trône » — il est étrange de dire d'Astarté qu'elle est à l'intérieur du trône. Tout au plus le dédicant aurait-il pu écrire qu'elle est assise, même invisible, sur le trône, et dans ce cas, il aurait employé la formule 'L HKS' « sur le trône ». Nous pensons, par contre, que HQDŠ désigne le sanctuaire proprement dit d'Astarté qui dans le cas présent apparaît comme une sorte de cha-

---

(32) Cf. *KAI* 26, III, 19.
(33) *Ibid.* 27, 12.
(34) *Ibid.* 4.
(35) Cf. *DISO*, p. 48; R. S. TOMBACK, *A Comparative Semitic Lexicon of the Phoenician and Punic Languages*, Missoula 1978, p. 63.
(36) Cf. *RES* 1215, 2, 5, 8.
(37) Cf. A. BERTHIER-R. CHARLIER, *Le sanctuaire punique d'El-Hofra à Constantine*, Paris 1955, n. 24.
(38) Cf. *Ephemeris für semitische Epigraphik*, III, p. 53.

pelle privée appartenant au dédicant qui l'avait peut-être construite. C'est dire que 'Š LY « qui est à moi », paraît se rapporter au sanctuaire plutôt qu'au nom divin qui est trop éloigné de la relative, d'où les traductions « qui est ma favorite » (Puech) « la mienne (maîtresse) » (Milik). Ce personagge qui offre un trône votif à Astarté se situe dans une tradition très ancienne provenant de Mésopotamie, pour laquelle nous mentionnons plus loin plusieurs textes. Plus près de nous, on peut citer l'inscription araméenne de Teima, datant du IVème siècle, faisant état de l'offrande d'un trône MYTB' au dieu Ṣalm par un certain Ma'nan pour la vie de son âme ([39]).

La signification et la destination des trônes d'Astarté

Nous distinguerons les trônes vides de ceux porteurs de symboles. Les trônes vides, comme ceux porteurs de symboles ne sont pas propres à Astarté. Ils sont répandus dans les religions de l'Asie antérieure et on en trouve même en Inde, en Crète, en Ethiopie. Il y a une quarantaine d'années, Hélène Danthine a consacré à ce thème une substantielle étude intitulée: *L'imagerie des trônes vides et des trônes porteurs de symboles dans le Proche-Orient ancien*, publiée dans les *Mélanges Syriens offerts à M. René Dussaud* ([40]). Les trônes des dieux occupaient une grande place dans les sanctuaires de l'Orient ancien, comme les textes s'en font l'écho dès la IIIème dynastie d'Ur. Il n'est guère de règne où le souverain des dynasties d'Ur, d'Isin, de Larsa n'offre un trône à quelque divinité. On trouve, par exemple, pour Gudéa la mention suivante: « année où le trône de Nina fut placé ». De même, sous le règne de Idin-Dagan, on lit l'indication suivante: « il a placé le trône du sanctuaire pour Iškur = Adad ». On trouvera d'autres exemples dans l'article *Datenlisten* du *Reallexikon der Assyriologie* ([41]) signalés d'ailleurs par H. Danthine. Ces trônes divins avaient une telle importance que l'on date trois années consécutives du règne du roi Zimrilim de Mari par l'offrande d'un trône aux divinités, en l'occurrence Šamaš, Dagan qui est à Terqa ou Adad de Mahânîm ([42]). Comme pour quelques trônes d'Astarté, ceux représentés sur certains monuments figurés de Mésopotamie étaient porteurs des symboles des dieux. On connaît l'exemple des Kudurrus où l'on représente de nombreux symboles placés sur des escabeaux semblables à ceux sur lesquels les dieux sont assis. La glyptique du IIème millénaire et les bas-reliefs de Tell-Halaf ([43]) illustrent le thème du siège en forme d'escabeau élevé par deux génies sous le symbole divin du disque ailé, sans que l'on voie toujours si ce dernier repose directement sur le trône ou s'il le surmonte.

Les trônes porteurs de symboles

Sur certains trônes d'Astarté, avons-nous noté, on distingue des mortaises ou des anathyroses destinés à recevoir un objet arrondi en bas, sans doute un bétyle. Sur un petit trône en bronze retrouvé par Seyrig est placé un symbole de forme ovoïde couronné d'un double tore ([44]). Ce symbole représente sans doute le bétyle d'Astarté tel

---

(39) Cf. G. A. Cooke, *A Text-Book of North Semitic Inscriptions*, Oxford 1903, n. 70.
(40) Cf. *Mélanges Syriens offerts à Monsieur René Dussaud*, Paris 1939, II, pp. 857-66.
(41) A. Ungnad, *Datenlisten*: RIA, p. 133b, n. 3; p. 148a, n. 44; p. 158b, n. 167; p. 160, n. 195; p. 178a, n. 98.
(42) Références citées par H. Danthine, *cit.*, p. 858.
(43) Cf. H. Danthine, *cit.*, p. 860 avec illustrations.
(44) Cf. H. Seyrig, *Divinités de Sidon: Antiquités Syriennes*, 6, p. 25, pl. X, 3 et 5.

que les numismates (⁴⁵) l'ont reconnu depuis longtemps, et récemment Seyrig, sur certaines monnaies phéniciennes de Tyr et de Sidon (⁴⁶) à l'intérieur de naïsques portatifs ou dans un char à roues (⁴⁷). La figuration du symbole de la divinité varie parfois dans le détail et, dans certains cas, la question se pose de savoir s'il s'agit d'un bétyle ou d'un vase. Ces petits monuments illustrent apparemment le mythe de la conception céleste ou astrale d'Astarté rapporté dans un passage de Philon de Byblos, d'après lequel la déesse aurait recueilli un astre tombé du ciel et l'aurait dédié dans l'île de Tyr. Ces traditions mythologiques recueillies par Philon de Byblos sont conservées par Eusèbe de Césarée dans sa *Préparation évangélique*. Après avoir exposé la légende de Cronos, Philon ajoute:

« La très grande Astarté et Zeus Démarous ou Adôdos, roi des dieux, régnaient sur cette contrée avec l'assentiment de Cronos. Astarté plaça sur sa propre tête comme insigne de la royauté un tête de taureau, et comme elle parcourait la terre habitée, elle découvrit un astre tombé du ciel (ἀεροπετῆ ἄστερα), qu'elle emporta pour le consacrer dans la sainte île de Tyr » (*Praep. Evangelica* I, 10,31) (⁴⁸). On notera que nous avons traduit ἀεροπετῆ « tombé du ciel », littéralement « tombé des airs » et non pas « qui vole dans les airs », comme le font Sirinelli-des Places, car dans ce cas nous aurions ἀεροπέτην De toutes façons, la légende fait sans doute allusion à un aérolithe où l'on a vu probablement, par la suite, un symbole d'Astarté. D'autres textes anciens font allusion à de semblables traditions muythologiques astrales à propos de la déesse Aphrodite Ourania, c'est à dire Astarté.

Sozomène rapporte (II,5) qu'au « sanctuaire de 'Afqa, une flamme semblable à un astre sortait de la montagne à jour fixe et se jetait dans le fleuve et qu'elle était regardée comme la déesse Ourania ». Selon Hérodien (V,6,4), Astroarchè, c'est à dire la reine des astres était le nom que les Phéniciens donnaient à Aphrodite Ourania, c'est à dire Astarté.

Ces objets de forme sphérique placés sur les trônes de pierre étaient amovibles. Ils pouvaient être extraits de leur mortaise et portés en procession sur des chars bien attestés par les figurations de la numismatique des empereurs à l'époque romaine et notamment pour Sidon (Tav. CL) (⁴⁹). Ces chars à deux roues transportent un naïsque à quatre colonnes: du toit émergent parfois des palmes, symboles de fertilité. À l'intérieur est posé un objet sphérique identifié au bétyle symbole d'Astarté, dont nous avons déjà parlé plus haut. Aucun texte littéraire de l'époque gréco-romaine ne fait à notre connaissance mention de ces sortes de déplacements d'Astarté en char. Mais Philon de Byblos connaît le « naos porté par des boeufs » (ναός ζυγοφορούμενος) utilisé par les Phéniciens pour leur dieu Agroureros ou Agrotès (cf. Eusèbe de sarée, *Praep. Evangelica* I, 10, 12) (⁵⁰).

(45) Cf. E. Babelon, *Catalogue des monnaies grecques de la Bibliothèque Nationale. Les Perses achéménides (Cypre et Phénicie)*, Paris 1895, pp. 344-47.
(46) Cf. Hill, *BMC, Phoenicia*, 435 et 471.
(47) S. Ronzevalle a prétendu à tort que rien ne permettait d'attribuer à la grande déesse de Sidon l'objet porté sur un char (*MUSJ*, 16 [1932], pp. 8-10).
(48) Traduction modifiée de celle de Sirinelli-des Places dans les « Sources chrétiennes », Paris 1974, p. 199.
(49) Cf. E. Babelon, *cit.*, 344, 347; Hill, *BMC, Phoenicia*, pp. 435, cp. 471; M. Chéhab, *Monnaies gréco-romaines et phéniciennes du Musée National, Beyrouth*, Paris 1977, p. 51, invent. n. 1248, 1243, p. 52, n. 1263.
(50) Toutefois un épisode de l'âne, de Lucien fait allusion aux déplacements de la statue de la grande déesse syrienne que des prêtres font transporter à dos d'âne de maison en maison.

Nous avons dit plus haut qu'il n'est pas toujours facile de dire si sur les monnaies il s'agit d'un objet rond ou d'un vase. Or Brigitte Soyez a identifié dix-sept urnes votives mises à jour dans la piscine du trône d'Astarté de Bostan ech-Cheikh. Elle n'hésite pas à qualifier ces objets en pierre en forme de vase d'« urnes d'Astarté », l'urne constituant un attribut de la divinité de la fécondité tout comme le « vase jaillissant » mésopotamien ([51]).

Les trônes vides

Nous ne possédons pas de textes littéraires concernant le trône vide d'Astarté. Un passage du *Dea syra* de Lucien (XXXIV) signale à Hiérapolis de Syrie la présence d'un trône vide réservé au Soleil ([52]): « Quand on entre dans le temple, à gauche, on trouve un trône réservé au Soleil, mais la figure de ce dieu n'y est pas. Le Soleil et la Lune sont les seules divinités dont ils ne montrent pas les images. Pourquoi agissent-ils de la sorte? Voici ce que j'en ai su. Ils disent qu'il est permis de représenter les autres dieux parce qu'ils ne se manifestent pas à la vue des hommes, tandis que le Soleil et la Lune brillent à tous les yeux, et que tout le monde peut les voir. Pourquoi alors faire les statues de divinités qui se montrent dans le ciel? » (traduction Talbot).

Faut-il imaginer que les trônes d'Astarté étaient représentés vides pour les mêmes motifs? Ce n'est pas impossible, d'autant plus qu'Astarté avait été identifiée à Astéria, la déesse céleste. Sous la forme d'Astérie ou de Θέα οὐρανία, Astarté apparaît comme une divinité astrale sur une monnaie de Sidon ([53]), le char d'Astarté étant entouré de signes du zodiaque. Sur une monnaie de Philadelphie, l'actuelle Amman, la divinité est représentée drapée et voilée avec une étoile au-dessus de la tête, accompagnée de l'inscription Θέα ἀστερία permettant de l'identifier ([54]). Le nom d'Astéria est à rapprocher de ceux d'Astronoè ou d'Astroarchè qui sont manifestement des variantes du premier. Astronoè recouvre le phénicien 'STRNY (*CIS* I, 260, 261, 3351, 3352; *RES* 553, 54). Il faut d'ailleurs signaler qu'on n'a pas trouvé jusqu'ici en Phénicie de représentation certaine de la déesse céleste. Serait-ce pour les motifs indiqués par Lucien? De toute façon, cette divinité nous est surtout connue par les textes épigraphiques ([55]) ou littéraires ([56]).

En dehors du monde syro-phénicien on a énuméré plusieurs exemples de trônes divins vides. Nous indiquerons plus bas une bibliographie du sujet. À propos des trônes d'Ashtart, le Dr. Contenau écrivait: « Ces trônes accusent l'influence de la Syrie du Nord et peuvent être mis en relation avec les trônes divins taillés dans le sommet des montagnes en pays hittite; tantôt ces trônes sont représentés vides, tantôt ils sont occupés par la divinité comme sur un bas-relief relevé dans le Kizil-Dagh » ([57]). En réalité, seule l'étude des figurations des sphinx sculptés en forme d'accoudoirs permet de situer ces

(51) Cf. B. Soyez: *MUSJ*, 47 (1972), p. 162 et ss.

(52) G. Goossens, *Hiérapolis de Syrie. Essai de Monographie historique*, Louvain 1943, p. 115; il écrit à propos de cet objet: « le trône du soleil était certainement une oeuvre d'inspiration orientale », en arguant de la présence de trônes semblables un peu partout en Asie antérieure, en Mésopotamie dès le IIIème millénaire, en Phénicie au Ier siècle et en Asie mineure hittite.

(53) Monnaie conservée au Cabinet des médailles n. 1896; cf. aussi Hill, *BMC, Phoenicia*, Sidon, 260.

(54) Cf. Hill, *BMC, Arabia*, Philadelphia 12 (pl. VI, 9), 17, 21 et ss.

(55) Cf. H. Seyrig, *Antiquités Syriennes, cit.*, p. 122 et ss.

(56) Cf. les textes de Sozomène et Hérodien cités plus haut.

(57) Cf. G. Contenau, *La civilisation phénicienne*, Paris 1949, p. 152.

objets. Le monstre à corps de lion et à tête humaine apparaît dès IIIème millénaire dans la glyptique mésopotamienne mais c'est une création proprement égyptienne ([58]), qui depuis la IIIème dynastie se maintiendra jusqu'à l'époque romaine. Il a été adopté dès le IIème millénaire par les civilisations orientales et égéenne. Il apparaît alors non pas comme un dieu mais comme le gardien de l'arbre sacré et l'assesseur du trône ([59]). Il est tout naturel de le trouver en Phénicie, region où se sont exercées à la fois les influences égyptienne et mésopotamienne. Quel sens faut-il donner à ces trônes vides? Pour répondre à cette question, il faut évoquer le cadre architectural et cultuel qui entourait les trônes de pierre d'Astarté. Fort heureusement les archéologues ont trouvé *in situ* deux de ces objets. L'un d'eux a été trouvé à Sidon par M. Dunand en 1965 dans une chapelle qui était initialement conçue comme une piscine. Le trône placé dans une niche haute et étroite et surélevé par un haut socle mouluré émergeait de l'eau ([60]). À Oumm el-'Amed, une chapelle de plan rectangulaire était accolée à la cella du grand temple de l'est. À l'intérieur de la chapelle un podium surélevé de 1,20 m, au-dessus du sol, flanque de quatre marches supportait le trône d'Astarté. Dunand a trouvé les fragments d'un trône à proximité du podium ([61]). Ces trônes situés en position haute dans des chapelles avaient incontestablement un rôle cultuel. Mais lequel?

Certains de ces trônes, en raison de leur taille se prêteraient à être utilisés par une personne humaine, par exemple un prêtre, comme c'est le cas par exemple pour le trône de Oumm el-'Amed conservé au musée de Beyrouth, qui mesure 0,90 m, de haut.

Par contre, pour un autre trône provenant de Sidon conservé également au musée de Beyrouth le dossier et le siège sont tellement inclinés qu'il est difficilement utilisable par une personne assise.

On peut aussi supposer que certains d'entre eux portaient la statue assise de la déesse, en raison des traces de mortaises ou des anathyroses relevées sur la surface du siège ([62]). Mais il est certain que le siège conservé au Louvre, qui est sculpté et inscrit sur le devant, ne portait pas une statue car cette partie du trône ne pouvait être cachée par les jambes d'un personnage assis. Aussi faut-il s'orienter vers une autre explication.

Du fait que ces trônes ne portaient pas de statue divine et parce qu'ils étaient situés dans le naos — l'inscription phénicienne que nous avons commentée plus haut le dit explicitement — ils matérialisaient en quelque sorte la présence de la divinité. Ils ont pu être aussi objets d'adoration. Il est également possible que ces trônes aient joué le rôle d'autels sur lesquels on posait des offrandes, comme on le pratiquait par exemple chez les Hittites ([63]). Les sphinx du trône d'Astarté rappellent aussi curieusement les chérubins de l'arche d'alliance, trône de Yahvé, ce que R. de Vaux a souligné avec bonheur: « Les chérubins du trône de Yahvé ne portaient, dit-il, aucune image divine. Mais cela n'est pas, ajoute-t-il, sans parallèles: plusieurs religions antiques ont eu dans leur mo-

---

(58) Cf. A. DESSENNE, *Le sphinx, étude iconographique*, I. *Des origines à la fin du second millénaire*, Paris 1957.

(59) Cf. R. DE VAUX, *Bible et Orient*, Paris 1967, p. 235 et ss., et la bibliographie citée à la note 3.

(60) Cf. M. DUNAND, *La piscine du trône d'Astarté*: BMB, 24 (1971), p. 19 et ss. La piscine ne fut comblée qu'au premier siècle av. J.C.

(61) Cf. M. DUNAND - R. DURU, *Oumm el-'Amed, cit.*, p. 68.

(62) Cf. G. CONTENAU, *La civilisation des Hittites et des Mitanniens*, Paris 1934, pp. 195 et 210.

(63) Un seul trône publié par Mouterde portait de fait la statue de la déesse, cf. *supra*.

bilier cultuel, des « trônes vides ». Ils ne portaient aucune image divine, mais il arrivait qu'on y représentât ou qu'on y déposât un symbole du dieu: ils étaient le lieu où la divinité était censée se rendre présente » [64]. Les auteurs bibliques exprimaient la présence invisible de Yavhé au-dessus des chérubins de l'arche qui constituait son trône, au sanctuaire de Jérusalem, par une expression qui est une véritable épiclèse: « Yahvé qui siège sur les chérubins » יֹשֵׁב הכרובים (I Sam 4, 4; II Sam 6, 6, etc.). Une périphrase semblable aurait pu également s'appliquer à Astarté dont le trône était orné de deux sphinx protecteurs, au-dessus desquels, invisible, elle siègeait.

BIBLIOGRAPHIE DES TRÔNES DIVINS

Pour l'Inde ancienne: cf. J. AUBOYER, *Le trône vide dans la tradition indienne*: *Cahiers Archéologiques*, 6 (1953), pp. 1-9.

Pour l'Ethiopie, cf. A. KAMMERER, *Essai sur l'Histoire antique d'Abyssinie. Le royaume d'Aksum te ses voisins d'Arabie et de Méroé*, Paris, p. 133 et ss.; J. LEROY, *L'Ethiopie, archéologie et culture*, Paris 1973, pp. 35-39. À Aksum, en Ethiopie, on connaît les dédicaces, en cas de victoire, faites par les rois de trônes ou de chaises de pierre vides. C'étaient des trônes-mémoriaux.

Pour l'Orient, la Grèce ancienne et l'Antiquité chrétienne: cf. J. BOUSQUET, *Callimaque Hérodote et le trône de l'Hermès Samothrace*: *Mélanges Charles Picard*, Paris 1949, I, pp. 105-31; H. DANTHINE, *L'imagerie des trônes vides et des trônes porteurs de symboles dans le Proche-Orient ancien*: *Mélanges Syriens offerts à M.R. Dussaud*, Paris 1939, II, pp. 857-66; A. GRABAR, *L'empereur dans l'art byzantin*, Paris 1936, pp. 199-200, 214-15; S. DE MÉVIUS, *Les trônes phéniciens en pierre flanqués de sphinx ailés*, Institut supérieur d'archéologie et d'histoire de l'Art, Louvain 1977 (Thèse dactylographiée); G. CH. PICARD, *Le trône vide d'Alexandre dans la cérémonie de Cyinda et le culte du trône vide à travers le monde gréco-romain*: *Cahiers Archéologiques*, 7 (1954), pp. 1-17; ID., *Un monument rhodien du culte princier*: *BCH*, 83 (1959), pp. 409-29; S. RONZEVALLE, *Le trône d'Astarté*: *Mélanges de la Faculté Orientale*, Beyrouth 1909, pp. 755-84, pls. IX-X; H. SEYRIG, *Trônes phéniciens vides flanqués de sphinx,*: *Antiquités Syriennes*, 6, Paris 1966, pp. 25-26; article *Thronus* de CHAPOT: DAREMBERG et SAGLIO, *Dictionnaire des Antiquités gréco-romaines*; articles *Lectisternium* et *Sellisterium*: PAULY-WISSOWA, *Realencyclopädie...*; article *Etimasie*: *Dictionnaire d'archéologie chrétienne*, de CABROL et LECLERCQ.

_____

(64) Cf. R. DE VAUX, *Bible et Orient*, cit., p. 250.

A PROPOS DU SENS DE ṢPR DANS LE TARIF SACRIFICIEL DE MARSEILLE (CIS I, 165, 12) : PARFUM D'ORIGINE VÉGÉTALE OU PARFUM D'ORIGINE ANIMALE ?

Le grand tarif sacrificiel de Marseille découvert dans cette ville en 1844 et conservé depuis lors au musée Borély de la cité phocéenne, provient à coup sûr de la région de Carthage. En effet Dieulafait, à partir de l'examen de la pierre, conclut au siècle dernier que « la pierre phénicienne de Marseille n'a pas été empruntée aux carrières de la région de Marseille » [1]. Il établit également que certaines stèles carthaginoises du Musée du Louvre et en particulier le n° 79 étaient par leur aspect extérieur, la dureté, la densité et surtout par leur composition chimique, absolument identiques à la pierre de Marseille. Aussi admet-on aujourd'hui que cette pierre a été transportée jadis, peut-être comme lest, de Tunis à Marseille, et que nous avons affaire à un tarif carthaginois. On a d'ailleurs trouvé à Carthage même d'autres exemplaires sacrificiels très mutilés d'un contenu proche de celui de Marseille : CIS I, 167, 168, 170, 3915, 3916 et 3917. J. B. Chabot a pu regrouper quatre textes portant dans le Corpus les numéros 167, 3915, 3916 et 3917 [1].

Si le texte punique de Marseille ne présente pas de grandes difficultés de lecture, par contre le vocabulaire offre toujours des obscurités redoutables que les efforts conjugués des sémitisants n'ont pas toujours réussi à dissiper. Nous voudrions ici examiner les problèmes que pose aux philologues le sens de *ṣpr* au début de la ligne 12.

La première lettre visible est un *lamed*; aussi restaure-t-on un

(1) Cf. *CIS* I, pp. 221-222.
(2) Cf. *CIS* I, 3917.

'ayn, d'où la lecture 'L. On notera que jusqu'ici chaque article du tarif commençait par un *beth* « dans, en ce qui concerne ». Pourquoi, se demande-t-on, ce changement de préposition ? Donner et Röllig supposent que 'L avec le sens de « pour, en ce qui concerne » introduit les offrandes régulières faites au temple (die reguläre Tempelangabe) tandis que le *beth* introduirait un sacrifice spécial (speziellen Opfergehörige) (¹). Mais je ne saisis pas bien ce qui motive cette hypothèse. Lagrange, de son côté, commente : « On pourrait croire qu'il ne s'agit plus ici de victimes à immoler, ce qui s'indiquerait par beth, mais d'autres offrandes, 'L comme ligne 14 et le n° 167 ligne 9 et 10 » (²). Cette observation paraît plus fondée, mais on pourrait envisager également qu'il s'agit d'une variante stylistique. Mais il faut donner sans doute à 'al un sens distributif et au *beth* le sens d'un *beth* de relation « en ce qui concerne ». Mais la nuance est à peine perceptible. Compte tenu de ces observations et surtout du contexte, comment faut-il traduire 'L ṢPR? Les épigraphistes ont habituellement compris « pour un oiseau » (Cooke avec hésitation (³), Dussaud, Donner et Röllig « für einen (anderen) Vogel » (⁴), Guzzo Amadasi (per un uccello) (⁵). Le Corpus des Inscriptions sémitiques avait déjà bien posé le problème : « Necesse est ṣpr hic non significare aves, aut, si significat, alia de avibus hic statui quam in versu praecedente, quod fortasse praepositio 'l indicat vocabulo ṣpr praeposito, loco particulae beth quae in prioribus articulis legitur » (⁶). Selon le Corpus, on ne peut donc donner à ṣpr le sens d'oiseau, ou s'il faut lui donner cette signification, il doit s'agir d'autre chose que des oiseaux de la ligne précédente qu'indiquerait l'emploi de la préposition 'al au lieu de *beth*, employée précédemment dans les divers articles du tarif.

Aussi deux nouvelles interprétations se font-elles jour chez les récents exégètes du texte de Marseille. Tandis que A. Van den Branden propose pour ṣpr le sens de fleur de farine (⁷), Février proposait naguère celui de parfum. Le premier auteur n'a pas suivi

(1) H. Donner et W. Röllig, *Kanaanäische und Aramäische Inschriften...*, Wiesbaden, 1964.
(2) M. J. Lagrange, *Études sur les religions sémitiques*, Paris, 1903, p. 400. Le Corpus faisait déjà la même observation : « Nota beth in nostro titulo de sacrificiis cruentis usurpari, 'al de sacrificiis incruentis » *(CIS* I, 1, p. 233).
(3) Cf. G. A. Cooke, *A Text-Book of North-Semitic Inscriptions*, Oxford, 1903.
(4) Cf. H. Donner-W. Röllig, *op. cit.*
(5) Maria Giulia Guzzo Amadasi, *Le Iscrizioni fenicie e puniche delle Colonie in Occidente* (Studi Semitici 28), Roma, 1967, p. 172.
(6) *CIS* I, 1, p. 233.
(7) Cf. A. Van den Branden, « Lévitique 1-7 et le tarif de Marseille *CIS* 1, 165 », dans *Rivista degli Studi Orientali* 40, 1965, pp. 107-130.

Février. La ligne 15 de notre inscription stipule, dit Van den Branden, que le sacrifice d'un pauvre « en bétail » *(dl mqn')* et d'un pauvre en « *ṣpr* » ne comporte aucune redevance pour le prêtre. Le mot *mqn'* est un terme général, dit-il, désignant le bétail en tant que possession, et résume les animaux qu'on vient de citer dans le tarif. Le parallélisme, précise-t-il, demande que *ṣpr* soit également un terme de portée générale, ce qui exclut le sens d'oiseau et de parfum. D'autre part, ajoute Van den Branden, il est significatif que le Lévitique ne cite que des produits végétaux comme matières d'oblation, et le tarif fait de même pour les trois autres oblations citées à la ligne 12. Le parallélisme demanderait, selon lui, un sens analogue pour le premier terme *ṣpr*, qui, en arabe, désigne soit le blé tamisé, soit le pain rond et mince. Le *ṣpr* de notre inscription correspondrait au *solet* « fleur de farine » du Lévitique. On doit objecter à cette interprétation que jamais *ṣpr* ne signifie « fleur de farine » en sémitique nord-occidental; par contre, nous allons le voir, *ṣpr* au sens de parfum est bien attesté.

Février, quant à lui, s'est exprimé à ce sujet dans son étude sur le vocabulaire du sacrifice punique ([1]). Il serait étrange, écrit-il, qu'on ne trouvât nulle part nulle mention des offrandes de parfums dans les tarifs sacrificiels puniques et en particulier dans le tarif dit « de Marseille », qui énumère avec une précision si méticuleuse toutes les catégories de sacrifices et d'offrandes. Il observe que la liturgie officielle utilisait les parfums, le *qṭrt (tus rufum)* et le *lbnt (tus candidum)*, mentionnés dans un fragment de rituel (*CIS* I, 1, 166, lignes 3 et 6). Enfin, en replaçant la ligne 12 du tarif de Marseille dans son contexte, il fait remarquer que ce document énumère par ordre d'importance décroissante les taxes afférentes aux sacrifices d'animaux, depuis le bœuf jusqu'aux oiseaux, puis passe en revue les sacrifices non sanglants. Pour bien marquer la différence, ajoute-t-il, le tarif n'emploie plus la préposition *beth* avec le sens de « par » (par bœuf, par veau) mais la préposition *'al* « à l'occasion de ». Aussi *ṣpr* ne saurait-il désigner ni le bouc (hébreu *ṣapir*), ni l'oiseau (hébreu *ṣippor*), car le bouc figure déjà à la ligne 7 sous le terme générique de *'es* « la chèvre » et les oiseaux sont déjà mentionnés à la ligne 11. Février propose de donner le sens de « parfum » à *ṣpr*, en rattachant le mot à la racine désignant l'ongle ou la griffe (*ṣupru* en accadien; hébreu *ṣipporen* Dt 21, 12). Il existait, précise-t-il, un aromate obtenu en brûlant les coquilles

(1) Cf. J. G. Février, « Le vocabulaire du sacrifice punique », dans *Journal Asiatique*, 1955, pp. 50 et sq.

d'un mollusque appelé ὄνυξ en grec et, en latin, *unguis odoratus* en raison de leur forme.

Février ne cite malheureusement aucun texte précis en phénico-punique ou en hébreu biblique où *ṣpr* ou *ṣprn* signifie « parfum ». En hébreu biblique on trouve en effet deux fois *ṣipporen* soit au sens d'ongle, soit au sens de pointe de diamant (Dt 21, 12; Jer 17, 1). Mais depuis les recherches de Février, on peut citer maintenant un fragment araméen du livre d'Hénoch 32, 1 provenant de la grotte IV de Qoumran ([1]). Le mot *ṣpr* y est mentionné en compagnie du nard, du cardamone et du poivrier qu'Hénoch a vu pousser sur sept montagnes : « Au-delà de ces montagnes, on me fit voir d'autres montagnes pleines de nard de choix, de separ (?), de cardamone et de poivrier ».

[MLYN N]RD ṬB WṢPR WQRDMN [WP]LPYLYN

On lit dans le texte grec correspondant :

εἰς βορρᾶν πρὸς ἀνατολὰς τεθέαμαι
ἔπτα ὄρη πλήρη νάρδου χρηστοῦ καὶ σχίνου
καὶ κινναμώμου καὶ πιπέρεως ([2])

Dans le grec *separ* est traduit par σχίνος « lentisque ». C'est un arbuste cultivé dans le Proche-Orient dont le tronc fournit une résine appelée mastic. C'est l'arbre-à-mastic. Mais ce sens ne convient guère dans ce contexte où sont énumérés des aromates ([3]). Aussi semble-t-il préférable de corriger σχίνος en σχοῖνος (σχῦνος) qui est le jonc ([4]). Le grec aurait sans doute compris *ṣpr* comme étant le jonc odoriférant, le « *juncus odoratus* » de Pline l'Ancien qui poussait dans la vallée du Merǧ située dans la Beqaʿ. Mais, si l'on en croit Löw, *ṣpr* en araméen est un synonyme du *lepidium sativum* ([5]) qui correspond au καρδαμον « le cresson » confondu souvent avec le καρδάμωμον qui est une plante aromatique. Ces divergences montrent les hésitations sur l'identification de la plante aromatique qu'est le *ṣpr*.

On notera que dans les fragments araméens d'Hénoch cités plus haut *ṣpr* apparaît comme un hébraïsme, car on attendrait plutôt

(1) Cf. J. T. Milik, « Hénoch au pays des aromates », *RB* 65, 1958, p. 74.

(2) Cf. M. Black, *Apocalypsis graece Henoch*, Leiden, F. J. Brill, 1970, p. 36.

(3) Cf. J. T. Milik, « Hénoch au pays des aromates », dans *RB* 65, 1958, p. 74.

(4) Cf. J. T. Milik, *The Books of Enoch. Aramaic fragments of Qumran Cave 4*, Oxford, 1976, p. 202.

(5) Cf. Immanuel Löw, *Aramaïsche Pflanzennamen*, Leipzig, 1881 (réimpression Olms, Hildesheim, 1973), nº 269 qui met toutefois un point d'interrogation après *lepidium sativum*.

ṭpr d'après les lois des équivalences consonantiques entre l'hébreu et l'araméen. Si on trouve *ṣpr* et non *ṭpr*, c'est qu'il ne faut pas le confondre avec *ṭepar* qui, en araméen ou en syriaque, est un parfum d'origine animale, l'*unguis odoratus*.

Quoi qu'il en soit de ces équivalences philologiques entre l'araméen et l'hébreu, il reste que *ṣpr* dans le fragment d'Hénoch est une plante aromatique. Par contre, en hébreu rabbinique, *ṣipporen*, un mot de même racine, peut désigner l'onyx, coquillage en forme d'ongle, une sorte de murex dont on tirait un produit servant à la fabrication de l'encens destiné au Temple (Y. Yoma IV, 41 d). Comme nous le verrons plus loin, c'est, selon certaines versions anciennes, l'équivalent du *šeḥelet* biblique d'Exode, 30, 34. Mais assez curieusement, les rabbins classaient le *ṣipporen* parmi les *gidduley qarqaʾ* « les produits de la terre » (Kerithot 6 a). En conclusion, à s'en tenir au parallèle le plus proche, à savoir le fragment d'Hénoch, le *ṣpr* du Tarif de Marseille peut désigner un parfum d'origine végétale plutôt qu'un parfum d'origine animale, l'équivalent de *ṣipporen* invoqué par Février. Cela nous amène à étudier les interprétations que la LXX et les anciennes versions sémitiques ont donné d'Exode 30, 34. Le texte biblique énumère diverses sortes d'aromates destinés à la fabrication de l'encens. On y mentionne le *naṭaf* (le storax), le *šeḥelet* (l'onyx), le *ḥelbenah* (le galbanum) et le *lebonah* (l'encens blanc). Comme on le voit, le terme *ṣipporen* y fait défaut, mais par contre, on retrouve son équivalent dans certaines traductions anciennes de *šeḥelet*. De fait, la LXX rend le mot *šeḥelet* qui est un hapax en hébreu, par ὄνυχα littéralement « l'ongle ». Ici, ce n'est pas la pierre précieuse l'onyx mais le produit tiré d'un coquillage, l'*unguis odoratus* de Pline l'Ancien. Ce terme est employé également dans la version grecque de Sir 24, 15 parmi une liste d'aromates. La Sagesse se présente comme participant au culte dans le Tabernacle. Elle donne diverses sortes de parfums naturels, entre autres, l'onyx, traduit dans la Vulgate par *ungula* et dans la version syriaque par *ṭeproʾ*. La Vulgate en Ex 30, 34 suit la LXX en traduisant par « onyx », qui chez Pline l'Ancien, désigne une sorte de mollusque (1).

Une enquête dans les Targoums et la version syriaque présente ici de l'intérêt puisqu'il s'agit de versions sémitiques susceptibles de nous révéler peut-être mieux le sens précis de *šeḥelet*. On lit dans le Targoum d'Onqelos : « Et Yahvé dit à Moïse : procure-toi des parfums, du storax, du *ṭepar* » (TWPRʾ, littéralement l'ongle). Le terme hébreu *šeḥelet* est traduit en araméen par un mot signi-

(1) Pline, Hist. nat. 32, 103.

fiant « *unguis odoratus* ». Le Targoum Neofiti porte : « Et Yahvé
dit à Moïse : procure-toi les principaux encens (¹), de bons aromates :
du baume épi de nard, myrrhes, galbanum, encens pur ». L'hapax
hébreu *šeḥelet* est rendu ici par MRYY' « myrrhe ».

Dans le Targoum de Jérusalem, dit du Pseudo-Jonathan (Add
27031 du British Museum), on peut lire : « Yahvé dit à Moïse :
Procure-toi des aromates, du baume, du costus, du galbanum,
aromates de choix et de l'encens pur ». On doit noter que l'édition
de Ginsburger (²) est ici fautive, car elle lit *bšt* au lieu de *kšt* qui
correspond à l'hébreu *šeḥelet*. De fait, le *kešat* — on trouve aussi
kost ou *qost* — est le *costus*, plante aromatique d'origine indienne.
Le dictionnaire de J. Levy précise : « eine gewürzige dem Pfeffer
ähnliche Wurzel, ein indischer Strauch » (³).

Pour traduire *šeḥelet*, la Pechitta porte *ṭepro'* que le Thesaurus
de Payne-Smith rend par « *unguis odoratus* ». Au terme de cette
enquête dans les versions sémitiques d'Ex 30, 34 on peut faire les
observations suivantes :

1º Il n'y a pas de traduction commune aux divers Targoums, ce
qui montre qu'ils ne savaient déjà plus le sens exact de l'hébreu
šeḥelet qui, répétons-le, constituait un hapax dans la Bible hébraïque. Un mot semblable, il est vrai, apparaît dans la Michna
sous la forme *šiḥlaim* (⁴). Le dictionnaire de Jastrow indique pour
ce terme : « a kind of cress or pepperwort » tandis que, selon Löw,
c'est le *lepidium sativum* (⁵). Si nous comprenons bien, il s'agirait
d'une sorte de cresson.

2º Les targoums se partagent en deux groupes : ceux qui
comprennent le *šeḥelet* comme un parfum d'origine végétale
(Neofiti et Yerushalmi) et ceux qui y reconnaissent un parfum
d'origine animale. Encore doit-on observer que le Neofiti comprend
qu'il s'agit de la myrrhe, tandis que le Targoum de Jérusalem c'est
le *costus*, plante d'origine indienne.

3º La Pechitta s'accorde ici avec le Targoum d'Onqelos et avec
la LXX suivie par la Vulgate.

---

(1) C'est la traduction de A. Diez Macho, *Neophyti I Exodo* t. II, Madrid-Barcelone,
1970, p. 202. R. Le Déaut traduit *R'ŠY QṬRN* « des encens de première qualité »,
dans le même volume.
(2) Cf. M. Ginsburger, *Pseudo-Jonathan ... nach der Londoner Handschrift* (Brit.
Mus. add. 27031), Berlin, 1903.
(3) Cf. J. Levy, *Wörterbuch über die Talmudim und Midrashim.*
(4) Michna, *Maaserot* IV, 5.
(5) Cf. Löw, *Aramaïsche Pflanzennamen...*, p. 397.

4º Il est impossible de concilier les deux traditions (parfum végétal ou animal) et l'on s'étonne de la position adoptée par Rachi qui commente ainsi le *šeḥeleṭ* d'Ex 30, 34 : « C'est la racine d'une plante aromatique lisse et brillante comme l'ongle. Dans la langue de la Michna on l'appelle *ṣipporen* et c'est ainsi qu'Onqelos traduiṭ *ṭupra'* ».

5º On doit noter enfin qu'aucune des versions araméennes ne rend *šeḥeleṭ* par *ṣepar*, terme qui, selon nous, signifie parfum dans le Tarif de Marseille et dans le fragment araméen d'Hénoch. Par contre certaines versions traduisent par *ṭpr* dont le sens fondamental est ongle. Le lexique syriaque, il est vrai, possède trois substantifs trilittères *ṣpr'* signifiant : temps du matin, oiseau ou bouc qui n'ont rien à voir avec l'ongle. Ce dernier sens est, par contre, celui de l'accadien *ṣupru*. Mais le Dictionnaire de Chicago ne mentionne pas le sens de coquillage ou de parfum tiré du coquillage, mais uniquement celui d'ongle humain, ongle de l'orteil ou de l'impression de l'ongle sur les tablettes d'argile (¹).

6º Le *šeḥeleṭ* d'Ex 30, 34 ne peut donc être identifié au *ṣpr* du Tarif de Marseille et du fragment araméen d'Hénoch.

M. DELCOR.

---

(1) Cf. *The Assyrian Dictionary of the Oriental Institute of the University of Chicago*, Chicago, 1962, *sub verbo*, pp. 250 et sq.

LE TEXTE DE DEIR 'ALLA ET LES ORACLES BIBLIQUES DE BALA'AM

par

M. DELCOR

Paris

En 1967 une expédition hollandaise découvrit à Deir 'Alla [1] à la sortie du Jabbok, une inscription en araméen en mauvais état de conservation. Parce qu'elle comprend divers fragments, il est souvent difficile de reconstituer le discours primitif, ce qui rend assez problématique l'interprétation de l'ensemble du document.

Dans la première partie de cet exposé, je voudrais marquer les points qui me semblent acquis dans la lecture du texte araméen, puis ce qui reste hypothétique. Dans un second temps, je voudrais examiner si le texte de Deir 'Alla permet de résoudre certains problèmes posés par les oracles bibliques de Bala'am.

I. L'inscription de Deir 'Alla

L'édition princeps des textes araméens de Deir 'Alla est due à J. Hoftijzer et à G. van der Kooij.[2] Ce dernier est l'auteur d'une très longue et minutieuse analyse paléographique. La transcription, la traduction et le commentaire philologique des textes sont l'œuvre de Hoftijzer. Ce dernier n'a pas ménagé sa peine pour élucider le texte araméen grâce à de très abondantes remarques philologiques; aussi lui sera t-on très reconnaissant d'avoir mis à la disposition des exégètes de l'Ancien Testament ce très riche matériel. Par la suite, A. Caquot et A. Lemaire ont de leur côté proposé de notables améliorations au texte araméen, notamment dans le regroupement de certains fragments.[3] H. Ringgren, dans une conférence donnée à Paris au Collège de France, accepta la disposition préconisée par ces derniers auteurs du groupement I des fragments.[4] Les spécialistes de l'épigraphie

---

[1] Selon F.-M. Abel, *Géographie de la Palestine* (Paris, 1933) 1, p. 309, Deir 'Alla serait Beth Succoth.

[2] *Aramaic Texts from Deir 'Alla* with contributions by H. J. Franken, V. R. Mehra, J. Voskuil, J. A. Mosk, Preface by P. A. H. de Boer (Leyde, 1976).

[3] "Les textes araméens de Deir 'Alla", *Syria* 54 (1977), pp. 189-208.

[4] "Balaam et l'inscription de Deir 'Alla". Je le remercie d'avoir bien voulu me communiquer le texte de sa conférence au Collège de France. Il doit la publier

montrent quelque hésitation sur la datation exacte de l'inscription faite avec de l'encre, à partir de critères purement paléographiques. A la suite d'une très sérieuse comparaison de chacun des caractères de Deir ʿAlla avec ceux de 17 documents allant de l'ostrakon A de Nimrud publié par J. B. Segal en 1957 [5] jusqu'au sceau ammonite d'Adonipelet étudié par Ch. Clermont-Ganneau [6] et par Ch. C. Torrey [7], G. van der Kooij (p. 96) date l'inscription de Deir ʿAlla vers 700 av. J. C. avec un écart possible de + ou - 25 ans. Cette date diffère de celle proposée par J. Naveh [8] et F. M. Cross.[9] Le premier préfère la deuxième moitié du VIIIème siècle, date aussi retenue par Caquot et Lemaire (p. 192). Le second propose de la dater du milieu du VIIIème siècle. G. Garbini, de son côté, la situe entre le VIIIème et le VIème siècle av. J. C.[10]

Ce texte met en scène un personnage du nom de Balaam bar Beor dont la mention, soit partielle, soit plus complète, apparaît notamment aux lignes 2 et 3 du premier regroupement. Ce personnage est l'objet pendant la nuit (*blylh*) de visions émanant des dieux (*'lhn*) qui sont venus à lui. Ils lui annoncent quelque chose qui semble concerner sa postérité ou "ce qui viendra après lui". En effet on ne peut préciser davantage le sens de *'ḥr'h* étant donné la fragmentarité du texte que l'on peut traduire: "selon ces paroles (*kml(y)' 'l*), ils parlèrent à Balaam fils de Beor: ainsi fera de sa postérité un homme destiné à [11] ou fera de son avenir un feu (*'š*) pour...". On ne sait donc pas exactement le contenu du message adressé à Balaam par les dieux, pendant la nuit (lignes 1 et 2). On sait seulement que Balaam se leva le lendemain: *wyqm blʿm mn mḥr* et pleura (*ybkh*), ce qui semblerait indiquer que le contenu du message délivré par les dieux annonce des événements malheureux. Un certain 'Eliqah se présente alors à lui et lui demande: [*lm*]*h tbk* "Pourquoi pleures-tu?" (lignes 3-4). Les éditeurs ont rapproché cet Eliqah du héros de

sous le titre "Balaam and the Deir ʿAlla Inscription" dans la Festschrift I. L. Seeligmann à Jérusalem.

[5] "An Aramaic Ostracon from Nimrud", *Iraq* 19 (1957), pp. 139-45.

[6] *Etudes d'archéologie orientale* (Paris, 1895), I, pp. 85-90.

[7] "A Few Ancient Seals", *AASOR* 1-2 (1923), pp. 103 et sq.

[8] "The Date of the Deir ʿAlla Inscription in Aramaic Script", *IEJ* 17 (1967) pp. 156-8; du même auteur, *The Development of the Aramaic Script* (Jerusalem, 1970), p. 67, n. 14.

[9] "Epigraphic Notes on the Amman Citadel Inscriptions", *BASOR* 193 (1969), pp. 13-19, spécialement p. 14, n. 2.

[10] "L'iscrizione di Balaam Bar-Beor", *Henoch* 1 (1979), p. 168.

[11] C'est la traduction de Caquot et Lemaire, p. 194.

David *ʾĕlîqāʾ* portant un nom apparemment semblable en 2 Sam.
xxiii 25, bien qu'ils n'aient rien de commun. Ce dernier était originaire
de Harod situé aux environs de Bethléhem et identifié par Abel au
Khirbet Khareidan,[12] dans une région bien éloignée de la vallée du
Jabbok. Ce nom biblique est formé comme *ʾlbʾ* mais on ne sait quel
sens lui donner. Au cas où il ne s'agirait pas d'un diminutif de Eliqam,
M. Noth a proposé la traduction: El hat ausgespeien " ʾEl a vomi",
sens qui paraît peu vraisemblable.[13] Mais le nom de l'inscription
porte un *he* final et non un *aleph* comme dans le T. M. On discute
pour savoir quelle relation avait Eliqah avec Balaʿam. Le texte araméen
porte: *wẙʿl. ʿmh. ʾlqh*. Certains, dont Caquot-Lemaire et Ringgren
ont traduit: "Et Eliqah entra chez lui" (littéralement: "avec lui").
Mais G. Garbini a fait observer que parmi les nombreuses construc-
tions que le verbe *ʿll* est susceptible d'avoir, on ne rencontre pas à
sa suite la préposition *ʿm* (p. 17). De fait on aurait plutôt un *ʿal* ou
un *beth* si on avait voulu traduire qu'Eliqah entra dans la maison de
Balaʿam.[14] Il faut donc revenir à la traduction initiale proposée par
Hoftijzer: "et son oncle paternel entra". La réponse de Balaʿam qui
emploie des verbes au pluriel semble indiquer que d'autres personnes
sont venues avec lui auprès du visionnaire. Après avoir invité ses
visiteurs à s'asseoir (*šbw*), Balaʿam leur délivre, à la première personne,
sans doute le message transmis par les dieux: "Je vous montrerai combien sont grandes" (*ʾhwkm mh sgyʾ*) — il manque ici le mot essentiel —
sans doute s'agit-il des décisions ou desseins divins ou de quelque
chose d'approchant (ligne 5). "Venez et voyez, dit-il, l'œuvre des
dieux" *lkw rʾw pʿ[l]t ʾ[lh]n̊*. On notera que l'expression "œuvre des
dieux" a un relent tout à fait biblique et qu'elle est à rapprocher,
par exemple, de *pĕʿullōt yhwh*, "les œuvres de Yahvé", en Ps. xxviii
5 ou mieux encore du Ps. lxvi 5 où l'on trouve, presque mot pour
mot, les mêmes termes: *lĕkû ûrĕʾû mipʿălôt ʾĕlōhîm*. Voir aussi Ps.
xlvi 9: *lĕkû-ḥăzû mipʿălôt yhwh*, qui contient d'ailleurs un verbe
d'origine araméenne (*ḥāzāh*) alors que dans l'inscription *rʾw* est un
hébraïsme. Dans le dernier passage cité, "les œuvres de Yahvé"
sont mises en parallèle avec les dévastations (*šammôt*) opérées par
lui sur la terre et visent des faits de guerre: il a fait cesser les combats

---

[12] cf. F. M. Abel, *Géographie de la Palestine* (Paris, 1938) 2, p. 343.
[13] *Die israelitischen Personennamen im Rahmen der gemeinsemitischen Namengebung* (Stuttgart, 1928; réimpression, Hildesheim, 1966), p. 40, n. 1.
[14] Cf. C. F. Jean-J. Hoftijzer, *Dictionnaire des Inscriptions sémitiques de l'Ouest*, *sub verbo, ʾel.*

jusqu'au bout de la terre, il a brisé l'arc, il a rompu la lance, il a consumé par le feu les chars de guerre. Par contre, dans le premier psaume, "les œuvres de Dieu" se réfèrent à sa geste salvifique lors de l'Exode: "il a changé la mer en terre sèche, on a passé le fleuve à pied", sont autant d'allusions au franchissement miraculeux de la Mer Rouge et du Jourdain. "Les œuvres des dieux" de l'inscription araméenne, à en juger par la description qui suit, visent toutes sortes de bouleversements de l'ordre naturel des choses. Ces "œuvres des dieux" concernent donc plutôt, semble-t-il, un temps de malheur qu'un temps de bonheur.

Les dieux *šdyn* se sont réunis et se sont rassemblés, peut-être pour délibérer entre eux, mais surtout pour s'adresser à une déesse dont nous savons seulement que la première lettre commençait par *š*. A cette divinité féminine, que certains, à la suite de Caquot-Lemaire, pensent être *Šmš* le soleil plutôt que *Šegar* [15] — à Ugarit il s'agit d'une déesse — les *Šdyn* "les puissants" demandent de provoquer l'obscurité et les ténèbres en fermant le ciel avec des nuages noirs (*ʿāb*):

tpry škry šmyn bʿbky
šm ḥšk wʾl ngh

"Couds, ferme le ciel par tes nuages; que là soient les ténèbres et non point la splendeur . . ." (lignes 6, 7). La Bible combine aussi les nuages et l'obscurité, par exemple en Ez. xxxiv 12 et en Joël ii 2. L'expression "le jour de nuages et de ténèbres" apparaît chez les prophètes pour décrire, comme on le sait, le jour du jugement. Selon toute vraisemblance, c'est dans le même sens qu'il faut comprendre l'inscription araméenne.

A partir de la ligne 7, le texte mentionne toute une liste de noms d'animaux dont certains ne sont pas toujours faciles à identifier. Les interprétations des auteurs diffèrent notamment sur la lecture et le sens de la fin de la ligne 7 et du début de la ligne 8. La phrase commence par *kš* introduisant la proposition explicative de la grave injonction des dieux au Soleil (?) lui demandant de fermer le ciel: *ky ssʿgr ḥrpt nšr*: "car l'hirondelle a réprimandé le vautour", ce qui

---

[15] Ringgren observe toutefois qu'il serait plus logique d'adresser la demande non pas au soleil mais à un dieu qui commande les nuages. Il ajoute: "Si nous savions le caractère de la déesse Shegar, il serait plus facile de faire un choix entre les deux possibilités. Or si elle est une déesse de la fécondité, la pluie et les nuages relevaient sans doute de sa compétence". En l'absence d'arguments décisifs, Ringgren laisse la question ouverte sur le choix de la déesse.

est aussi la traduction de Ringgren et de Garbini. L'editio princeps a lu *ss ʿgr* qui est apparemment un mot composé de deux noms différents que l'on rencontre en Is. xxxviii 14 sous la forme *sûs ʿāgûr*. Mais en Jer. viii 7 on trouve *sîs* dans une liste d'oiseaux migrateurs (*sîs wĕʿāgûr*) comprenant *tōr*, la tourterelle. Dans son *Hierozoicon*, Samuel Bochart consacre tout un chapitre fort savant à cet oiseau et démontre qu'il s'agit de l'hirondelle et non de la grue (Symmaque) ou de la cigale (St Jérôme). Cet oiseau tire son nom de son chant: il s'agit d'une onomatopée tout comme en Italie, dans la région de Venise, où, dit-il, zizilla est l'hirondelle qui chante de façon spéciale (zizillare).[16] D'après Bochart, *ʿgr* désignerait la grue.[17] En effet St Jérôme traduisait par "ciconia" et le Targum et la version syriaque par *kurkĕyā*ʾ. En traduisant "swift", "martinet" (Hoftijzer) ou "passereau" (Ringgren) ou "hirondelle" (Garbini), on ne prête, semble t-il, attention qu'à la première partie de ce nom double. Quoiqu'il en soit du sens précis du mot dans le monde ornithologique, il est probable, comme l'a bien compris Hoftijzer que les oiseaux ont ici une valeur symbolique (*Aramaic Texts*, p. 201). L'hirondelle ou le passereau ainsi que le *nešer*, "l'aigle" ou "le vautour" représentent d'autres réalités, selon un procédé bien connu de la Bible.[18] De petits oiseaux, sans doute les hommes, prétendent insulter d'énormes oiseaux de proie plus puissants symbolisant probablement les dieux, ce qui est contraire à l'ordre des choses établi par les dieux mêmes. Pour ce motif Garbini comprend dans les mêmes perspectives la suite du texte qu'il lit ainsi: *wq[n] r[ḥp]n yʿnh*, et non comme le font les éditeurs *wql rḥmn yʿnh*, que l'on traduit habituellement "et la voix des vautours répondra". En effet Garbini se refuse à comprendre *yʿnh* comme un verbe à l'imparfait "il répondra", qui, dit-il, n'a aucun sens dans la succession d'explications introduites par *kî* "parce que". Aussi propose t-il de voir dans *yʿnh* (*yaʿănāh*) l'autruche et il traduit la phrase: "la nichée (*qn*) qui couve l'autruche (*rḥpn*)", ce qui donne un sens tout à fait satisfaisant dans la ligne même de la phrase précédente. Les petits oiseaux qui vivent encore dans le nid et qui sont encore dégarnis de plumes prétendent, explique t-il, couver des œufs d'autruche. L'objection que l'on pourrait faire à

---

[16] *Hierozoicon sive Bipartitum opus de animalibus S. Scripturae* (Leyde, 1712) II, cap. X, col. 59-68.
[17] *Hierozoicon* II, cap. XI, col. 68-80; cf. aussi G. R. Driver, "Birds in the Old Testament, II. Birds in Life", *PEQ* 37 (1955), pp. 129-40, et spécialement p. 132.
[18] cf. les réféerences dans Hoftijzer, *Aramaic Texts*, p. 201.

cette explication est que dans le texte araméen il n'y a pas en fait mention des "œufs de l'autruche" mais seulement des autruches. Mais on pourrait supposer que l'on est en présence d'une sorte de proverbe dont l'écriture très ramassée est destinée à piquer la curiosité des auditeurs. Nous aurions à faire alors à une sorte de brachylogie: "l'autruche" pour "les œufs de l'autruche", l'allusion aux œufs étant suggérée par le verbe *rḥpn* participe pluriel du verbe *rḥp* "couver" documenté en Gen. i 2 et en Dt. xxxii 11. De fait, la lecture *rḥmn* préconisée par Hoftijzer n'est pas sûre et lui-même a précisé que la troisième lettre pouvait être *k, p, n* ou *m*. La lecture *ql* de l'édition princeps n'est pas davantage assurée pour la deuxième lettre. Aux lignes 8 et 9, on énumère une liste d'oiseaux dont on ne sait pas le rôle qu'ils jouent, en raison des lacunes du texte araméen.

On peut, par contre, donner un sens cohérent pour une partie de la ligne 9 si on suit la distribution des mots dans la phrase que donnent Caquot-Lemaire: *b'šr rḥln yybl ḥtr 'rnbn 'klw*: "dans le lieu où la houlette (du berger) [19] conduisait les brebis, les lièvres brouteront (litt.: mangeront)". Si nous comprenons bien, le verbe *'ākal* est à entendre comme un parfait prophétique décrivant un châtiment. Dans les pâturages des bergers il n'y aura plus de brebis mais des lièvres, ce qui semble indiquer que l'herbe deviendra rare en signe de malédiction. On sait que dans l'A.T. *'arnebet* "le lièvre" est compté parmi les animaux impurs (Lev. ix 6; Dt. xiv 7). Mais ces considérations de pur ou d'impur n'ont sans doute rien à faire dans l'inscription araméenne. Le lièvre représente plutôt ici l'animal sauvage qui sur les pâturages prendra la place des brebis, ce qui est considéré comme un châtiment. Ce passage se rattache donc au thème des animaux sauvages dévoreurs d'un pays sur lequel s'est abattue la malédiction, selon les formules prévues dans les traités de vassalité. [20] Dans les inscriptions araméennes de Sfiré, parmi les animaux sauvages qui gîteront dans Arpad transformé en ruine au cas où son roi violerait le traité qu'il a conclu avec le roi de KTK, on nomme précisément le lièvre: "Et qu'Arpad soit un monceau de ruines servant de gîte à l'animal du désert et à la gazelle et au chacalet au lièvre et au chat sauvage et

---

[19] En syriaque *ḥuṭrā'* désigne le bâton que porte le berger Jacob (Gen. xxxii 21). En araméen *ḥōṭer, ḥuṭrā'* peut également désigner le bâton du berger, sa houlette (cf. Jastrow, *Dictionary*). Pour ce motif je ne pense pas que dans l'inscription araméenne *ḥṭr* puisse signifier le bâton du châtiment comme le soutient Hoftijzer, *Aramaic Texts*, p. 205.

[20] Cf. Delbert H. Hillers, *Treaty-Curses and the Old Testament Prophets* (Rome, 1964), pp. 54 et sq.

au hibou. . .” (I 33).[21] Il faut aussi mentionner les châtiments prédits
par Isaïe contre Edom: “D’âge en âge, elle (la terre) sera désolée,
personne n’y passera plus jamais. Le pélican et le hérisson la possè-
deront, la chouette et le corbeau y habiteront . . . ce sera un repaire
de chacals et un parc pour les autruches. Les chats et les chiens
sauvages s’y rencontreront et les satyres s’y appelleront les uns les
autres” (Is. xxxiv 10-14). A la ligne 10 le thème du châtiment continue,
à condition toutefois de bien traduire *štyw ḥmr*. En effet *ḥmr* dans
le contexte ne peut guère signifier “colère” (Hoftijzer) et pas davantage “vin”. Car si la traduction “ils boiront du vin” est philologiquement possible, le fait de boire du vin, notamment dans la tradition
biblique est lié plutôt à des perspectives de bonheur. On sait, par
exemple que, chez le prophète Osée, le fait pour Israël de ne plus
avoir de vin nouveau est lié au malheur de l’exil (Os. ix 2). En sens
contraire, le banquet eschatologique décrit dans l’apocalypse d’Isaïe
comprendra, outre les viandes grasses, un festin de vin clarifié.
(Is. xxv 6) Dans ces conditions, la traduction proposée par Garbini
qui recourt à l’hébreu *ḥōmer* “boue” nous paraît devoir être retenue
“ils boiront de la boue”, sans qu’on sache pour autant quel est le
sujet de cette phrase. Dans les lambeaux d’inscription subsistant
aux lignes 9 et suivantes, il n’est plus semble-t-il, question de châtiment
proprement dit mais de phénomènes insolites, contraires à l’ordre
normal des choses de ce monde. On peut en effet comprendre, à
la suite de Caquot-Lemaire suivis par Garbini et Ringgren les phrases
suivantes: *wqb‘n šm‘w mwsr gry š*[‹*l*] (ligne 10): “et les hyènes écouteront
l’enseignement des petits renards”. *lḥkmn yqḥk w‘nyh rqḥt mr* (ligne
11) *wkhnh*: “et on rira des sages et une pauvresse se parfumera de
myrrhe et une prêtresse. . .”.

wšm‘w ḥršn mn rḥq: “et les sourds entendront de loin”. A la ligne
14 on se retrouve, semble t-il, à nouveau dans un contexte de malédiction. Mais les traductions de la ligne 14 diffèrent sensiblement d’un
auteur à l’autre selon qu’on reconnaisse ou ne reconnaisse pas dans
les derniers mots deux noms de divinités: *wkl ḥzw qqn šgr w‹štr l*.
Ringgren et Garbini, suivant en partie les éditeurs, proposent: “Et
tous verront l’oppression de Shegar et de ‘Aštart”. Caquot-Lemaire:
“Et tous voient restreint le croît des bovins et des ovins”. Mais peu
importent au fond ces divergences de traductions, si l’on observe

---

[21] Cf. A. Dupont-Sommer et J. Starcky, *Les inscriptions araméennes de Sfiré*
(*Stèles I et II*) (Paris, 1958), p. 20; J. A. Fitzmyer, *The Aramaic Inscriptions of
Sefîre* (Rome, 1967), pp. 14-15.

que les déesses Šegar et ʿAštart étaient de fait liées à la fécondité des troupeaux bovins et ovins (cf. Dt. vii 13, xxviii 4, 18, 51).[22] Dire que ce sont les divinités Šegar et ʿAštart qui seront opprimées ou comprendre que le croît des bovins et des ovins sera diminué revient finalement au même. En tout cas, c'est bien de la description d'un malheur survenu aux troupeaux qu'il s'agit, si l'on se souvient que dans l'ancien Orient la stérilité des hommes et des animaux apparaît comme un malheur dans les malédictions contenues dans les traités de vassalité, par exemple dans les inscriptions araméennes de Sfiré: "[Que sept béliers] couvrent une brebis et qu'elle ne conçoive pas]"[23] De même dans le traité de vassalité d'Assarhadon on lit:

435 [May Sarpanitu who gives] name and seed
436 destroy your name and your seed [from the land].[24]

A la ligne 15, l'inscription araméenne de Deir ʿAlla continue, semble-t-il, par un oracle de malheur au parfait prophétique (*hqrqt*) qui se réfère à la destruction des animaux domestiques, ici le goret, par les bêtes sauvages (la panthère): *nmr hnyṣ hqrqt* que l'on peut traduire avec tous les auteurs: "la panthère fera fuir le goret".

Avant de passer au deuxième regroupement de textes, résumons nos observations. Si nous comprenons bien le premier regroupement de l'inscription, nous avons affaire à un oracle de malheur prononcé par Balaʿam à la suite d'une vision qu'il a eue peut-être dans un sanctuaire où il aurait passé la nuit. Il s'agirait alors d'une incubation. Des malédictions sont décidées à la suite d'une assemblée des dieux. Ces derniers enjoignent à une divinité féminine dont nous ignorons le nom d'obscurcir le ciel par des nuages. Comme dans les prophéties bibliques, les ténèbres règneront. Balaʿam communique à un certain ʾEliqah et à d'autres personnes ce qu'il appelle "l'œuvre des dieux". Dans un langage imagé, une proposition introduite par *kî* "parce que" explique les motifs des malédictions. Les hommes symbolisés sans doute par les petits oiseaux (hirondelle ou nichée) ont osé réprimander les dieux symbolisés peut-être par de grands oiseaux (aigle, autruche). Si cette exégèse est recevable, il s'agit, si nous comprenons bien, d'une sorte de révolte des humains contre les dieux, d'une faute

---

[22] Cf. M. Delcor, "Astarté et la fécondité des troupeaux en Deut. 7, 13 et parallèles". *Ugarit-Forschungen* 6 (1974), pp. 7-14. Cet article est repris dans M. Delcor, *Religion d'Israël et Proche-Orient ancien* (Leyde, 1976), pp. 86-93.
[23] Cf. Dupont-Sommer et Starcky, p. 19; Fitzmyer, p. 15.
[24] Cf. D. J. Wiseman, *The Vassal-Treaties of Esarhaddon* (Londres, 1958), p. 62.

qu'on pourrait qualifier d'hybris et qui rappelle maints passages bibliques, tels, par exemple, Is. xiv 13-14. Les malédictions décidées par les dieux atteindront la nature et les animaux domestiques frappés de stérilité ou décimés par les animaux sauvages. Parallèlement à ces malédictions Balaʿam annonce un certain nombre de faits insolites, un bouleversement de l'ordre des choses.

Le deuxième regroupement n'est pas sans présenter de sérieux problèmes d'interprétation en raison de l'état du texte dont souvent on ne peut lire que le début des lignes. Essayons d'établir quelques données fermes susceptibles de permettre une exégèse d'ensemble. A la ligne 4 on lit sans difficulté: *ʿlmh rwy ddn k*. A la fin de la ligne précédente, on lit *w ʿyn* "et l'œil", qu'on peut joindre au premier mot de la ligne 4, d'où la traduction: "le regard de la jeune fille enivrera les amants", en comprenant avec Garbini *rwy* comme un parfait plutôt que comme un impératif. Mais on pourrait aussi comprendre: "le regard de la jeune fille enivrera d'amour", en pensant au complexe de mots *nirweh dōdîm* bien connu de Prov. vii 18. A la ligne suivante, il est question d'un rejeton *nqr* comme l'ont bien compris les traducteurs à la suite de Caquot-Lemaire. Par la suite, le mot se rencontre trois fois (lignes 5, 12, 14). Ringgren a attiré l'attention sur l'importance de ce terme qui peut donner la clef de tout l'ensemble de la deuxième partie. La première fois qu'il apparaît, dit-il, il pourrait avoir le sens propre de rejeton poussant sur un sol fertile. On peut en effet traduire la ligne 5: "à elle (?) le rejeton et la terre tout à fait fertile" (*lh lm nqr wmdr kl rṭb*). Ailleurs, comme Caquot et Lemaire l'ont bien souligné, le mot est pris au sens figuré, ainsi que le prouvent les termes qui l'accompagnent: *blbb mň n'nh blbb n'nh* (ligne 12): "dans quel cœur soupire le rejeton? C'est dans son cœur qu'il soupire" (Caquot-Lemaire), A la ligne 14 ces mêmes auteurs proposent de traduire ainsi: *ykň lbb nqr šhh ky 'th l*: "le cœur hésitant du rejeton deviendra ferme car il est venu pour ré[pondre]. ." On a rapproché à juste titre le sens figuré de *nqr* "rejeton" de l'hébreu *ṣemaḥ* en Zach. iii 8 et du phénicien *šrš* dans les inscriptions de Larnaka II 16 et III 3 qui ont une signification analogue. Il faut ajouter le *nēṣer* d'Is. xi 1 qui est l'équivalent de l'araméen *nqr*. Dans les exemples bibliques et phéniciens certes, il s'agit toujours d'une descendance humaine, de progéniture et plus spécialement de l'héritier royal. Le texte en son état actuel ne nous dit pas de qui est issu le *nqr* "le rejeton". Est-ce de la *ʿalmāh* "la jeune fille"? A la ligne 6, *yrwy 'l wyʿbd 'l byt 'lmn by[t]*, on ferait allusion, semble-t-il au rôle joué par le dieu ’El dans l’acte sexuel, si l’on comprend l’imparfait *yrwy* au sens de “il arrosera abondamment, il fécondera”, ou “il envirera (d’amour)”.[25] La phrase pourrait se traduire: “El fécondera, El fera de la maison des jeunes une maison de. . .” C’est le sens que donnent à ’El Hoftijzer et Garbini. Mais Caquot-Lemaire et Ringgren sont plus hésitants; le dernier écrit notamment: “Quel-qu’un — peut-être un dieu — va enivrer d’amour la jeune femme . . . et l’endroit où cela se passe est appelé ‘maison de la jeunesse’ et maison pour le fiancé (*ḥtn*). Cela évoque l’idée d’un mariage sacré.” Les traducteurs, en tout cas, écartent avec raison le sens de “tombeau” (litt.: “maison d’éternité”) pour *byt ‹lm* proposé par Hoftijzer, car cette expression apparaît dans des documents postérieurs de plusieurs siècles (Palmyre, Eccl. xii 5, etc.) par rapport à l’inscription araméenne.

Le sens des lignes qui suivent demeure bien mystérieux. La traduction de la ligne 8: *byt ly ly‹l ḥlk wly‹l ḥtn šm byt* “maison pour l’utilité du voyageur et pour l’utilité du fiancé”, offre en elle-même un sens acceptable. Mais on ne sait quelle signification lui attribuer par rapport au contexte global. La ligne 8 est à peu près inintelligible, tandis que la ligne 9 demeure hermétique. En effet quel est le sujet de la phrase: *ly ḥl‹ṣh bk lyt‹ṣ ’wlmlkh lytmlk yšbr* que Caquot et Lemaire traduisent: “. . .ne prendra t-il pas vraiment conseil à ton sujet (ou auprès de toi) ou (ne) délibèrera t-il (pas) vraiment? Il brisera. . .”. S’agit-il du peuple ou s’agit-il d’un vassal ou d’une tout autre personne qui vient prendre conseil auprès du rejeton royal? On ne sait et tout essai de réponse à cette question court le risque d’être erronné, car il est impossible de combler les lacunes du texte. A la ligne 15 en tout cas, c’est le roi qui présente une requête: *š’lt mlk ssh wš’lt* “. . .la requête du roi c’est son cheval et la requête de . . .”. A la ligne 10: *mtksn lbš ḥd* “ceux qui sont couverts d’un seul vêtement” pourraient désigner les pauvres. La partie de la phrase qui est perdue parlait-elle d’un sort meilleur réservé à cette catégorie sociale? Mais on n’ose pas spéculer sur tant d’incertitudes. Et si à la fin de la même ligne il y a vraiment opposition entre la haine (*tšn’n*) et l’amitié (*y’nš*), on peut imaginer que l’oracle annonce des temps meilleurs que ceux qui ont précédé.

A la ligne 24 on décrit vraisemblablement l’acte sexuel. Garbini lit *r’š* (tête) à la fin de la ligne 23 qu’il relie à la ligne 24: *r’š ’št[k] tḥt r’šk*. On peut traduire: “la tête de ta femme (sera) sous ta tête”.

---

[25] L’usage de *rwḥ* avec le sens sexuel au piel est documenté en hébreu en Prov. v 29.

La suite *tškb mškby* ʿ*lmk* peut se comprendre "tu coucheras à la
manière dont tu couchais en ta jeunesse", en tenant compte du
parallèlisme de Lev. xvii 22 et xx 13, où l'hébreu *miškěbê* ʾ*iššāh* signifie
"l'action de coucher avec une femme". Mais il est plus difficile de
savoir ce à quoi fait allusion au juste à la ligne 13 *lyš bmy rḥmwt*
"pétri avec les eaux de tendresse" (traduction Caquot-Lemaire)
suivi par Garbini et Ringgren. Il n'est pas impossible de penser à
un gâteau comme dans 2 Sam. xiii 6-10 où Amnon se fait préparer
des gâteaux par Thamar. Mais les deux mots qui suivent ʿ*l rḥm* "sur
le sein" ne suggèrent-ils pas plutôt qu'il s'agit de l'acte de procréation,
l'eau désignant le semen virile? C'est ce sens qu'il aurait à Qumrân,
par exemple, où on emploie il est vrai le substantif *mgbl* suivi de
ḥmym (1QH I 21) ou de *bmym* (1QH III 25): "Que suis-je, moi,
pétri avec de l'eau?",[26] Mais à notre explication on pourrait objecter
que l'emploi du verbe *lûš* en hébreu biblique au sens de "pétrir"
est toujours lié à l'action du pâtissier ou du boulanger (Gen. xviii 6;
Jer. vii 18; Os. vii 4; 1 Sam. xxviii 24) et jamais à celui de l'acte de
procréation. Mais en toute hypothèse on pourrait envisager que
l'oracle emploie ici un langage imagé, comme on en trouve plusieurs
exemples dans notre inscription. En raison du but que nous nous
proposons ici, mieux vaut ne pas nous attarder sur le sens de la ligne
17 tant sont divergentes les lectures proposées par les auteurs et
aussi leurs interprétations. Si nous avions un choix à faire nous
opterions pour la lecture et l'interprétation de Garbini qui nous
paraît cohérente: *ldʿt spr dbr lʿnh ʿl lšn lk mšpt wmlq[y]* ʾ*mr*: "Pour
la connaissance. Ecris le mot qu'il faut répondre; sur ta langue il y a le
jugement et la punition. A dit. . .". Hoftijzer commente qu'il s'agit
de la réponse des dieux à une question de Balaʿam, ce qui paraît
tout à fait vraisemblable.

Telles sont les quelques bribes lisibles, les quelques lambeaux de
phrases, presque toujours incomplètes que nous livre le deuxième
groupement de textes. Aussi est-il bien difficile d'y lire un discours
cohérent et continu. Il y est question d'une jeune fille amoureuse, la
ʿ*almāh*, de relations sexuelles avec une épouse, d'un rejeton probablement d'origine royale et, semble-t-il, de l'annonce ce temps heureux.
Peut-être le dieu ʾEl intervient-il comme partenaire d'une union qui,
à ce titre, deviendrait un hieros gamos. Malgré l'absence matérielle

---

[26] Selon P. Wernberg-Møller, *The Manual of Discipline* (Leyde, 1957), p. 155,
mayim désignerait le "semen virile"; cf. M. Delcor, *Les Hymnes de Qumrân* (*Hodayot*) *Texte hébreu — Introduction — Traduction — Commentaire* (Paris, 1962), p. 86.

de liens entre les bribes de phrases que l'on a pu sauver de la destruction, Ringgren a conclu que le groupement II "parle d'un nouveau
roi, sorti d'un mariage sacré et de qui on attendait qu'il introduise
une époque nouvelle, un temps de succès et de bonheur. Il est à
remarquer, ajoute t-il, que selon la théorie de la royauté sacrale,
l'avènement d'un roi nouveau est souvent précédé d'une période
de chaos, où toutes les conditions normales sont bouleversées".
Cela correspond bien, dit-il, à la description du groupement I telle
que nous l'avons comprise ici. Malgré la part réelle d'hypothèse
que comporte l'interprétation globale proposée par Ringgren, sa
théorie me paraît dans l'ensemble recevable. Elle a d'ailleurs pris
comme point de départ les améliorations certaines apportées par
Caquot-Lemaire à l'édition princeps.

Il nous reste maintenant à nous demander s'il y a quelque relation
entre cette inscription araméenne et les oracles bibliques de Balaʿam
et si du moins elle peut apporter quelque solution aux problèmes
divers que le texte hébreu pose toujours aux exégètes.

II. *Les oracles bibliques de Balaʿam à la lumière du texte de Deir ʿAlla*

Ces oracles ont suscité ces dernières années une abondante littérature.[27] Mais ils posent toujours un certain nombre de problèmes,
soit d'ordre littéraire, soit d'ordre historique. On s'est interrogé
notamment pour savoir l'origine des oracles de Balaʿam: il n'est
que de rappeler par exemple les titres de trois études, l'une déjà
ancienne de A. von Gall (*Zusammensetzung und Herkunft der Bileam-
Perikope in Num. 22-24* [Giessen, 1900]) et les deux autres plus récentes
de S. Mowinckel ("Der Ursprung der Bilʿāmsage", *ZAW* 48 [1930],
pp. 233-71) et de J. Coppens ("Les oracles de Biléam: leur origine
littéraire et leur portée prophétique").[28] On s'accorde généralement à
reconnaître dans les chapitres xxii-xxiv du livre des Nombres l'aboutissement de deux ensembles littéraires d'origine différente que l'on
attribue à l'Elohiste et au Yahviste. Mais les auteurs sont loin de
s'entendre sur la répartition des deux sources ou traditions, notamment pour le récit du chapitre xxii. L. M. von Pákozdy a mis en
garde les critiques à propos de l'utilisation du changement des noms

---

[27] Bibliographie. Pour la littérature antérieure à 1960, cf. Otto Eissfeldt,
Einleitung in das Alte Test. 3ème édition, (Tübingen, 1964), p. 251; et dans
l'édition anglaise *The Old Testament. An Introduction* (Oxford 1965), p. 189, n. 9.
Les études plus récentes seront citées au fur et à mesure en note.
[28] Dans *Mélanges Eugène Tisserant* (Cité du Vatican, 1964) I, pp. 67-80.

divins Elohim Yahvé comme critère décisif pour l'analyse des sources.
Il rappelle le jugement porté par B. Baentsch sur Num. xxii 7-21 qui
soulignait l'impression d'unité que laisse ce récit. L'emploi des noms
divins correspond, rappelle-t-il, à un plan précis. Le nom de Yahvé
est toujours mis dans la bouche de Balaʿam qui est présenté comme
son prophète (xxii 8, 13, 18, 19), tandis que le nom d'Elohim est
employé quand on parle de Balaʿam à la troisième personne (xxii
9, 10, 12, 20). Selon Pákozdy, il faut attribuer sans aucun doute
tout le morceau à E alors qu'il est impossible de reconstruire le récit
yahviste parallèle.[29] Pour le même auteur, ʾElohim dans certains
passages des oracles de Balaʿam ne désigne pas ʾElohim le dieu
d'Israël selon l'emploi qu'en fait l'Elohiste mais le *daimon* du devin
et du magicien Balaʿam, un ʾElohim, un *numen*.[30]

Ces considérations nous amènent à nous poser une double question:
1°) le texte biblique conserve t-il les traces d'une source païenne?
2°) quelles sont les relations entre les oracles de Balaʿam et l'inscription araméenne? Ces deux questions sont d'ailleurs étroitement
liées. Il faut d'abord dire qu'il s'agit de part et d'autre d'un même
personnage: Balaʿam fils de Béor est nommément désigné dans l'inscription avec le nom de son père. C'est un visionnaire qui entre en
communication avec les dieux pendant la nuit pour en recevoir un
message qu'il doit communiquer à des hommes. Or les faits rapportés
à son sujet sont en accord avec la Bible. D'après certaines traditions
bibliques, Balaʿam fils de Beʿor appartient au monde païen, c'est
un devin, *qōsēm* (Josué xiii 22) et un magicien: il va à la rencontre
de signes magiques: *hlk . . . lqrʾt nhśym* (Num. xxiv 1). Le Targum
Neofiti va dans le même sens lorsque interprétant le *pětôrāh* (Num.
xxii 5) du texte massorétique, où l'on voit assez communément un
nom de lieu, il dit de Balaʿam qu'il est "l'interprète des songes"
(*ptwrh hlmyyh*) qui se trouvait sur la rive du Fleuve dans le pays des
fils de son peuple". Cette exégèse du Targum appuyée par la Vulgate
(*ariolus*) et la Peschitta (*pāšōrāʾ*) paraît être la vraie interprétation
du terme hébreu *pět(ô)rāh* qui ne peut pas correspondre à nom de
lieu pour des motifs divers que nous examinerons plus loin. Il faut
en effet supposer que le texte primitif portait comme dans le Penta-

---

[29] "Theologische Redaktionsarbeit in der Bileam-Perikope", *Von Ugarit nach Qumran* (Festschrift O. Eissfeldt), *BZAW* 77 (1958), pp. 161-76.

[30] P. 169. Pákozdy a étudié avec attention le sens que peut prendre le mot ʾělōhîm qui ne désigne pas seulement Dieu mais par exemple l'esprit des morts (1 Sam. xxviii 13), des hommes puissants (Ex. iv 16), etc., pp. 165 et sq.

teuque samaritain *ptrh* vocalisé *pātĕrāh* "l'interprète", "le devin";
il s'agirait du participe kal araméen du verbe *pĕtar* "interprèter" à
l'état emphatique. Ailleurs dans le Targum, le même verbe *pĕtar*
signifie "interprèter des songes", notamment en Gen. xl 12 où ce
don est prêté à Joseph. On peut donc comprendre Num. xxii 5:
"Il envoya des messagers auprès de Balaʿam fils de Beor le devin
qui se trouvait auprès de la rivière du pays des fils d'Ammon". Dans
notre hypothèse, il faudrait donc supposer que le texte hébreu avait
conservé sous sa forme araméenne le nom de la fonction de Balaʿam
qui, par la suite a été compris comme un nom de lieu suivi du-*āh*
final de direction. Le syntagme araméen *blʿm pt(w)rāh*, "Balaʿam
le devin" est tout à fait régulier et parallèle par exemple à *šimšay
sāpĕrā'* "Šimšai le scribe" d'Esdras iv 8. Si cette hypothèse était
recevable, le texte hébreu ferait indirectement allusion à une source
araméenne connue maintenant par l'inscription de Deir ʿAlla et
d'ailleurs soupçonnée par les éxègètes bien avant sa découverte:
Mowinckel écrivait déjà il y a une cinquantaine d'années que les
légendes relatives à Balaʿam étaient d'origine extra-israëlite ("ausser-
israelitischen Ursprungs") et qu'elles étaient parvenues aux Israélites
d'Edom ou de Nordarabie.[31] Comme nous le verrons plus loin,
c'est tout simplement dans le territoire ammonite qu'il faut chercher
l'origine de ces traditions, si on lit dans le texte hébreu *bĕnê ʿammôn*
"les fils d'Ammon" à la suite de certains manuscrits hébreux, du
texte samaritain, de la Vulgate et de la Peschitta.

Quoiqu'il en soit de notre explication, il y a quelques rares contacts
de vocabulaire ou de phraséologie entre les oracles bibliques et
l'inscription araméenne, dont il importe d'apprécier la portée.

Dans le texte araméen on lit: *hʾwy ʾtw ʾlwh ʾlhn blylh*: "Vers lui
venaient les dieux pendant la nuit", ce qui correspond presque à
la lettre au texte hébreu: *wayyābōʾ ʾĕlōhîm ʾel-bilʿām laylāh* (Num.
xxii 20). Mais cette même phraséologie apparaît ailleurs dans la Bible
pour décrire l'entrée en communication de Dieu avec un individu au
moyen de songes (Gen. xx 3, xxxi 24). Il faut aussi mettre en parallèle
la phrase araméenne: *wyqm blʿm mn mḥr* "Et Balaʿam se leva le matin"
et le texte biblique *wayyāqom bilʿām babbōqer* de Num. xxii 13, 21.
On doit aussi signaler la présence dans le texte araméen, dans les

---

[31] P. 237; selon J. Lindblom, *Prophecy in Ancient Israel* (Oxford, 1963), p. 91,
Balaam nous est présenté comme un *kahin*, tel qu'il existait dans l'ancienne Arabie;
dans le même sens, cf. G. Hölscher, *Die Profeten. Untersuchungen zur Religionsgeschichte Israels* (Leipzig, 1914), p. 118.

oracles bibliques du verbe *qābab* "maudire" (Num. xxii 11, 17, xxiii 8, 11, 13, 25, 27, xxiv 10). Dans le T.M. il est employé avec les verbes de sens voisin *ʾārar* et *zāʿam* (Num. xxiii 7). Cette diversification du vocabulaire de malédiction permet d'ailleurs à certains critiques de distinguer les sources. Selon von Gall (p. 7) et H. Holzinger [32] par exemple, *ʾārar* appartiendrait à l'Elohiste tandis que *qābab* ferait partie du vocabulaire yahviste, mais B. Bæntsch se refuse à partir de l'alternance de ces verbes pour établir la distinction des sources,[33] opinion partagée d'ailleurs par plusieurs auteurs tels W. Rudolph,[34] Mowinckel, etc.[35] En réalité il s'agirait seulement de variantes d'ordre stylistique. Les contacts littéraires entre le texte biblique et l'inscription araméenne sont trop rares et trop peu significatifs—il s'agit notamment d'une phrase stéréotypée pour décrire l'entrée en relation d'un dieu avec un individu grâce aux songes—pour qu'ils nous permettent d'établir une quelconque relation littéraire entre les deux groupes d'écrits. Mais s'il n'y a pas de contact littéraire, on constate l'existence de traditions communes relatives au devin Balaʿam, au moins sur certains points :

1°) Ce dernier, d'après l'inscription araméenne est lié à la région nord du pays d'Ammon, puisque Deir ʿAlla est situé près du fleuve Jabbok qui constituait la frontière nord du royaume ammonite. Il semble que le bâtiment dans lequel a été trouvée l'inscription était un sanctuaire ou en tout cas un bâtiment auquel le public pouvait avoir accès. Balaʿam y exerçait sa fonction de devin, probablement au service du roi. A l'époque où fut rédigée l'inscription, probablement vers le milieu du VIIIème siècle, Ammon n'était peut-être pas encore le vassal de l'Assyrie mais elle le deviendra après 732. Au septième et au sixième siècle, Ammon devint le plus important état de Transjordanie.[36] La nouvelle position d'Ammon est illustrée par des tombes collectives,[37] des statues et des sceaux datant du VIIème siècle-

---

[32] *Numeri* (Tübingen et Leipzig, 1903).
[33] *Exodus-Leviticus-Numeri* (Göttingen, 1903).
[34] *Der "Elohist" von Exodus bis Josua, BZAW* 68 (Berlin, 1938), p. 107.
[35] On trouvera l'exposé des diverses opinions dans W. Gross, *Bileam Literar- und formkritische Untersuchung der Prosa in Num. XXII-XXIV* (Munich, 1974), pp. 81 et sq.
[36] Cf. W. F. Albright, "Notes on Ammonite History", dans *Miscellanea Biblica B. Ubach* (Montserrat, 1953), p. 135.
[37] Sur la civilisation ammonite, cf. G. M. Landes, "The material civilization of the Ammonites", dans D. N. Freedman et E. F. Cambell (éd.), *The Biblical Archaeologist Reader* 2 (Garden City, New York), pp. 69-88.

VIème siècle av. J.C.[38] La langue employée est l'ammonite,[39] mais on a trouvé aussi des inscriptions en araméen. L'une d'entre elles qui porte le nom de *Yaraḥ* *‹aẓar* (le dieu lune a aidé) *rb rkšn* "chef des chevaux" est datée du VIIème siècle. Parce que le nom n'est pas araméen mais cananéen Albright y a vu une indication de la diffusion de l'araméen comme langue de culture au VIIème siècle plutôt qu'une pièce importée. L'inscription araméenne de Deir ‹Alla montre que l'on employait déjà l'araméen en pays ammonite au VIIIème siècle av. J. C. La figure de Bala‹am, enracinée d'après le texte araméen dans le pays des *bénê* *‹ammôn,* aurait été mieux située dans le temps si l'inscription qui s'intéresse à un rejeton royal (*nqr*) nous avait donné le nom du roi sans doute ammonite régnant dans cette région. D'après les listes royales dressées par Albright, il y a malheureusement un trou entre Ba‹aša (853 av. J. C.) et Sanîp (assyrien Sanipu) (733 av. J. C.) (p. 136, n. 26).

2°) D'après certaines traditions bibliques, on voit également Bala‹am évoluer autour de sanctuaires tels Bamot-Ba‹al (Num. xxii 41) et Ba‹al Pe‹or situé près de Nébo qui sont aussi en territoire ammonite (cf. Num. xiii 28, xxxi 16). C'est d'ailleurs à ce lieu de culte que des auteurs ont voulu rattacher certaines traditions relatives à Bala‹am conservées dans Num. xxii-xxiv, et qui auraient été à l'origine indépendantes de celles de Balaq.[40] Le passage de Num. xxiii 28 appartenant au Yahviste qui rattache Bala‹am à Ba‹al Pe‹or s'accorde d'ailleurs avec ce qui est rapporté en Num. xxxi 16 où "les femmes, sur la parole de Bala‹am, ont entraîné les enfants d'Israël à l'infidélité avec Yahvé dans l'affaire de Pe‹or". La scène de Bala‹am sur le Pisga, qui appartient à l'Elohiste, serait secondaire (Num. xxiii 14) par rapport à celle contenue en Num. xxiii

---

[38] Sur l'épigraphie ammonite cf. G. Garbini, "Ammonite Inscriptions", *JSS* 29 (1974), pp. 159-68; P. Bordreuil, "Inscriptions sigillaires ouest-sémitiques. I. Epigraphie ammonite", *Syria* 50 (1973), pp. 181-95; cf. L. G. Herr, *The Scripts of Ancient Northwest Semitic Seals* (Missoula, 1978), pp. 55-75, qui catalogue jusqu'à 46 sceaux ammonites datant du VIIIe-VIIe siècle; N. Avigad, "Ammonite and Moabite Seals", dans J. A. Sanders (éd.), *Essays in Honor of Nelson Glueck. Near Eastern Archaeology in the Twentieth Century* (New York, 1970), pp. 284-9. P. E. Dion, "Notes d'épigraphie ammonite", *RB* 82 (1975), pp. 24-34; E. Puech-A. Rofé, "L'inscription de la citadelle d'Amman", *RB* 84 (1973), pp, 531-46, et la bibliographie citée dans cette étude.
[39] Sur la langue ammonite, cf. G. Garbini, "La lingua degli Ammoniti", *AION* NS. 30 (1970), pp. 249-58.
[40] Cf. M. Noth, *Uberlieferungsgeschichte des Pentateuch* (Stuttgart, 1948), p. 82; Mowinckel, pp. 238-41; J. de Vaulx, *Les Nombres* (Paris, 1972), p. 257.

28. Martin Noth se demande d'ailleurs si le nom même de Balaʿam ben Beʿor ne serait pas une altération d'un nom primitif Balaʿam ben Peʿor, ce qui signifierait que Balaʿam était l'homme du sanctuaire de Beth Peʿor ou de Baʿal Peʿor (p. 83, n. 217). Ces considérations sont intéressantes mais le texte de Deir ʿAlla met d'une part en relation Balaʿam avec un sanctuaire du nord du pays d'Ammon éloigné de celui de Baʿal Peʿor et, d'autre part, nous donne le même nom du père de Balaʿam que la tradition biblique: il s'agit de Beʿor et non de Peʿor. Pour ces motifs, il y a donc lieu d'être réservé à l'égard de l'hypothèse de Noth sur le nom primitif de Balaʿam. En effet, on pourrait tout aussi bien imaginer que Balaʿam ben Beʿor a été mis en relation avec le sanctuaire de Baʿal Peʿor en raison de la ressemblance des noms.

3°) La tradition biblique connaissait sans doute le sanctuaire de Deir ʿAlla où Balaʿam était en service. C'est là que Balaq roi de Moab envoie des messagers pour aller quérir le devin Balaʿam qui, précise Num. xxii 5 "était sur le bord du fleuve du pays des fils d'Ammon". En effet "le fleuve du pays des fils d'Ammon" ne peut être que le Jabbok. Cette précision géographique sert à le distinguer du Fleuve par excellence, qui dans l'A.T. désignait l'Euphrate (Gen. xxx 21; Ex. xxiii 2; Jos. xxiv 2).

La patrie de Balaʿam

L'interprétation que nous donnons de Num. xxii 5 nous conduit à réexaminer brièvement le problème de la patrie de Balaʿam qui a suscité une abondante littérature.[41] Une des thèses les plus répandues situe Petor sur le Moyen Euphrate.[42] Ses tenants comprennent d'une part le Petorah du T. M. comme un nom de lieu suivi de la finale -āh marquant la direction. Ils invoquent d'autre part le témoignage de Dt. xxiii 5 qui situe Petor en Mésopotamie, littéralement en Aram Naharaïm. Petor est en effet identifiée à Pitru, cité située dans le Moyen Euphrate approximativement au confluent du Sadjur qui vient sur la rive droite se jeter dans le fleuve à une vingtaine de kilomètres en aval de Karkémish au gué de la route de Harran à Alep.[43]

---

[41] Gross, pp. 96-115, consacre un long excursus à ce problème, et l'on y trouvera exposées les diverses thèses en présence.
[42] Cf. par exemple R. T. O'Callaghan, *Aram Naharaim* (Rome, 1948), p. 104.
[43] Cf. René Largement, "Les oracles de Bileʾam et la mantique suméro-akkadienne", *Mémorial du Cinquantenaire de l'Ecole des langues orientales anciennes de l'Institut Catholique de Paris* (Paris, 1964), p. 38.

Cette ville est de fait mentionnée dans les Annales de Salmanasar III qui précisent sa situation géographique: *Pi-it-ru ša 'ili nahar Sa-gu-ra.* Mais Eberhard Schrader qui, au siècle dernier, faisait déjà le rapprochement entre Pitru et Petor dont la Bible semblerait dire (Num. xxii 5) qu'elle était située sur l'Euphrate (*'al-hannāhār*) fait l'observation suivante: les inscriptions assyriennes ne disent rien à ce sujet puisque la ville était située immédiatement sur le Saschûr lui-même (Sadjur cité plus haut).[44] Le même savant ajoute que le Pitru de l'Euphrate ne doit pas être confondu avec un autre lieu portant le même nom Pitu-ru (ra) mentionné dans les Annales d'Assurbanipal II, 104, 112 et situé dans la région du Haut-Tigre. L'obélisque de Salmanasar III (858-824) rapporte que sous Assur-rabi II, roi d'Assyrie (1010-970), les Araméens s'emparèrent de Pitru sur la rivière Sadjur de l'autre côté de l'Euphrate et de la ville de Mut-kînu, sur la rive orientale du fleuve. Salmanasar III réoccupe les villes de Pitru et de Mutkînu où son ancêtre Téglath-Phalasar Ier avait installé des garnisons balayées ensuite par les Araméens.[45] Ces villes devaient faire partie de l'état de Bît-Adini. La ville de Pitru — c'est le nom que lui donnaient les habitants de Hatti—précise l'obélisque noir de Salmanasar conservée au British Museum—était appelée Ana-Ašur-utêr-aṣ-bat par les Assyriens. La ville est aussi mentionnée parmi les conquêtes de Thoutmès III, sur les listes de Karnak, sous le nom de Pe-d-ru[î?].[46] Avant de montrer que l'identification de Petorah à Pitru se heurte à de graves difficultés, il nous faut dire un mot de la thèse qui identifie les *běnê 'ammô* de Num. xxii 5 aux 'Am'au ou aux 'Amaw que l'on situe dans la région d'Alalaḫ.

Le pays des Ama'u

Le T.M. *'ereṣ běnê 'ammô* peut être traduit "le pays des fils de son peuple", expression qui a été rapprochée parfois de "terre de sa naissance" (Gen. xxiv 7, xxxi 13) pour désigner la patrie de Bala'am. Mais on a remarqué à juste titre que cette expression est insolite

---

[44] *Keilinschriften und Geschichtsforschung. Ein Beitrag zur monumentalen Geographie, Geschichte und Chronologie der Assyrer* (Giessen, 1878), pp. 220-1, note et p. 141.
[45] Cf. la traduction anglaise dans D. D. Luckenbill, *Ancient Records of Assyria and Babylonia* (Chicago, 1926) I, n° 603, p. 218. Pour l'histoire assyrienne de Pitru cf. J. R. Kupper, *Les nomades en Mésopotamie au temps des rois de Mari* (Paris, 1957), pp. 117-27.
[46] Cf. S. Schiffer, *Die Aramäer. Historisch-Geographische Untersuchungen* (Leipzig, 1911), p. 69, note 1; W. M. Müller, *Asien und Europa nach altägyptischen Denkmälern* (Leipzig, 1893), p. 98, n° 1, 267.

et en tout cas unique. Aussi certains [47] ont-ils proposé d'identifier les *běnê ʿammô* avec un nom de peuple connu par divers textes égyptiens [48] et aussi par l'inscription de la statue d'Idrimi, trouvée à Atshana-Alalaḫ au printemps de 1939. Cette inscription met dans la bouche du roi Idrimi, roi d'Alalaḫ, le récit d'une rébellion qui a eu lieu à Alep et de disputes familiales qui l'obligent à fuir à *Ammia* [49] en Canaan où "demeuraient des fils de la cité d'Alep, des fils des pays de Mukišḫi et de Niʾ et des guerriers du pays d'*Amau*: [*ṣabe*] *ma-at amaeki*" (lignes 20-23).[50] Sidney Smith, l'éditeur de l'inscription d'Idrimi, situe le pays d'*Amaʾu* entre Alalaḫ et Sfiré et identifie la ville avec *Imma* ou *Emma* connue sous ce nom à l'époque romaine, notamment par la défaite que les troupes d'Aurélien infligèrent à la reine de Palmyre, Zénobie. C'est la moderne Yenishehir dont la forteresse protègeait le défilé sur la route d'Antioche à Alep (p. 57). Sous la forme *Am*, elle est mentionnée par Naraṁ-Sin sur la statue provenant de Nippur (p. 57). Mais on ne voit pas sur quoi on se fonde pour situer *Amaʾu* entre Alep et Karchemish (de Vaulx, p. 267). Si cette identification était exacte on ne voit pas comment Pitru ferait partie du pays des Amʾau, car ce dernier est distant en ligne droite d'au moins 150 km de Karkemish sur l'Euphrate. Mais là n'est pas l'objection la plus grave que l'on peut faire à la thèse identifiant Petor à Pitru dans la région de l'Euphrate. Cette identification a contre elle l'immense distance qui sépare le royaume de Moab de la région de Pitru. Dillmann, par exemple, compte jusqu'à vingt jours de voyage. Comment imaginer que les messagers de Balaq aillent chercher Balaʿam si loin et qu'ils fassent jusqu'à deux voyages auprès du devin afin d'obtenir sa coopération (cf. Num. xxii 7, 15)? Lorsque Balaʿam se met en route, pourquoi utilise-t-il en guise de monture une ânesse et non un chameau qui conviendrait mieux pour parcourir de si grandes distances? Certains critiques, tels par exemple Holzinger (p. 105), ont bien senti la difficulté et nombreux ont été ceux qui ont cherché à situer la patrie de Balaʿam

---

[47] Cf. par exemple H. Cazelles, *Les Nombres* (Paris, 1952), p. 106, qui suit Albright, "The oracles of Balaam", *JBL* 63 (1944), pp. 207-33.

[48] On trouvera rassemblés ces divers textes dans Gross, pp. 107 et sq.

[49] Ammia est connue par la correspondance de El Amarna 88, 74, etc. Certains l'ont identifiée avec Ambi, la moderne Anfa. R. Dussaud, *Topographie historique de la Syrie* (Paris, 1926), p. 117, note 1, avec Amyun sur la côte syrienne mais l'éditeur de l'inscription d'Idrimi propose une autre identification (cf. infra).

[50] Cf. Sidney Smith, *The statue of Idri-mi, with an Introduction by Sir Leonard Woolley* (Londres, 1949), p. 14.

plus près du royaume de Balaq, soit chez les Ammonites, soit même chez les Edomites. Dans ce dernier cas, certains ont identifié Balaʿam avec le roi édomite Belaʿ fils de Beʿor (Gen. xxxvi 32),[51] lu ʾEdom au lieu deʾAram en Num. xxiii 7 et identifié Petor avec la ville de Fathour.[52] Les partisans de la thèse mésopotamienne ont essayé de l'étayer en montrant que Balaʿam était un *bārū* babylonien. En 1909, Samuel Daiches s'y est essayé,[53] et, il y a quelques années, R. Largement a voulu trouver dans "les grandes séries mantiques suméro-akkadiennes la source de l'inspiration de Bileʿam et dans les rituels de même provenance la raison de la manière d'agir du devin". Tout récemment, Leonhard Rost s'est élevé contre cette thèse en raison du rituel sacrificiel utilisé par Balaʿam ("Fragen um Bileam", pp. 377-87). En effet, par deux fois (Num. xxiii 3, 15) le devin offre avec Balaq un holocauste (*ʿōlāh*) comprenant sept taureaux et sept béliers sur sept autels. Or Rost observe que le monde assyro-babylonien connaissait toutes sortes de sacrifices mais non le sacrifice par le feu, l'holocauste.[54] En Mésopotamie on immolait des animaux dont les morceaux de choix étaient offerts aux dieux. Seul le foie des moutons et des chèvres était utilisé pour l'hépatoscopie. Les sacrifices mentionnés en Num. xxiii 3, 15 manifestent, dit-il, une influence israélite, car c'est en Israël que l'on connaissait l'holocauste. Cela montre clairement, conclut-il, que Balaʿam ne peut pas appartenir au milieu de culture de la Mésopotamie ("Bileam nicht dem mesopotamischen Kulturkreis angehören kann: "Fragen um Bileam", pp. 379-80). Aussi revient-il à la vieille thèse de l'origine édomite de Balaʿam qui n'est pas davantage satisfaisante.

A notre sens Balaʿam était d'origine ammonite,[55] ce qui est en accord avec la trouvaille de l'inscription araméenne à Deir ʿAlla et avec Num. xxii 5 dans le sens où nous l'avons interprété plus haut.

[51] Cf. en dernier lieu L. Rost, "Fragen um Bileam", *Beiträge zur alttestamentlichen Theologie* (Festschrift W. Zimmerli) (Göttingen, 1977), p. 386.

[52] Pour le résumé des positions, cf. Gross, pp. 96 et sq.

[53] "Balaam a Babylonian bārū", dans *Hilprecht Anniversary volume* (Leipzig, 1909), pp. 60-70.

[54] "Erwägungen zum israelitischen Brandopfer", dans *Von Ugarit nach Qumran* (*Festschrift O. Eissfeldt*) (Berlin, 1958), pp. 178-9, qui montre que l'holocauste n'est pas connu de tous les Sémites. Il est absent de la religion mésopotamienne et du monde arabe. On le trouve par contre chez les Sémites de l'Ouest en Phénicie et en Israël, et d'après l'A.T. chez les Moabites, les Ammonites et vraisemblablement chez les Edomites. Il est aussi inconnu du monde hittite et du monde égyptien.

[55] Dans le même sens cf. J. Lust, "Balaam an Ammonite", *Ephemerides Theologicae Lovanienses* 54 (1978), pp. 60-1.

La réinterprétation de Petorah comme un nom de ville de Mésopotamie est ancienne puisque Dt. xxiii 5 situe Petor en Aram Naharaïm. Plusieurs siècles après on lit dans la LXX: ἀπέστειλεν πρέσβεις πρὸς βαλααμ υἱὸν βεὼρ φαθουρα (Num. xxii 5). Le traducteur s'est contenté de transcrire le mot hébreu φαθουρα qu'il n'a pas fait précéder d'une préposition. Il en a fait sans doute une apposition à Βαλααμ υἱὸν Βεώρ. En effet certains manuscrits portent ὅ ἐστι ἐπὶ τοῦ ποταμοῦ γῆς... qui semblerait se référer à φαθουρα pris comme nom de lieu; [56] mais d'autres (AF) lisent ὅς... ce qui indiquerait que φαθουρα n'est pas senti comme un nom de lieu mais bien comme un nom de fonction qui n'était plus compris du traducteur grec. Celui-ci l'a trouvé dans le texte hébreu sous sa forme primitive araméenne et l'a tout simplement transcrit. Ce fait est à lui seul révélateur de l'existence d'une tradition en langue araméenne qui a transmis aux Israélites la figure de Bala῾am.[57] Or nous connaissons maintenant un texte en langue araméenne qui nous a transmis son souvenir. Même s'il ne contient pas le mot technique *pătĕrāh* ou *pātôrāh*, interprète des songes, il nous apprend la même chose de manière équivalente puisqu'il nous dit de lui: c'était un homme qui voyait les dieux (*'š ḥzh 'lhn*); les dieux venaient à lui pendant la nuit (*blylh*). Par ailleurs la tradition biblique (Num. xxiii 7) fait venir Bala῾am d'Aram, des montagnes de l'Orient (*mhrry qdm*) qui aux yeux du rédacteur hébreu ne pouvaient désigner que les montagnes de Transjordanie.[58]

Il faut ajouter enfin que l'onomastique elle-même favorise l'origine ammonite de Bile῾am. Le nom de *bil῾ām* est, semble t-il, composé du nom de *ba῾al* (Bel) et de *῾am*, "oncle paternel": "Ba῾al est mon oncle", comme dans *Bel-am-ma = Amma Ba'li*.[59] Or l'onomastique ammonite, à commencer par le nom du peuple des *bĕnē ῾ammôn* révèle l'existence d'un dieu *῾am*. On retrouve ce dernier dans *Ammi-nadbî*, nom du roi de Bît-Ammani au temps d'Assurbanipal [60] et dans *῾mndb = ῾m + ndb*

---

[56] Cf. G. Vermes, *Scripture and Tradition in Judaism* (Leyde, 1961), p. 129, qui comprend le Phatoura de la LXX comme un nom de lieu.

[57] Cf. dans le même sens L. Yauré, "Elymas-Nehelamite-Pethor", *JBL* 79 (1960), pp. 311 et sq.

[58] Pour la discussion du problème cf. Gross, pp. 98-101.

[59] Cf. K. L. Tallqvist, *Assyrian Personal Names* (Helsingfors et Leipzig, 1914; réimpression, Hildesheim, 1966). C'est l'explication que retient le *Hebrew and English Lexicon* de F. Brown-S. R. Driver-C. A. Briggs. Pour d'autres étymologies, cf. L. Koehler-W. Baumgartner, *Hebräisches und aramäisches Lexikon*, sub verbo.

[60] Cf. E. Dhorme, *Recueil Edouard Dhorme. Etudes bibliques et orientales* (Paris, 1951), p. 254.

des deux sceaux trouvés à Amman.[61] Comme on le voit, le Balaʿam d'une certaine tradition biblique s'enracine parfaitement bien dans la terre, l'onomastique, et sans doute aussi la religion ammonite dont l'inscription araméenne nous livre quelques noms de dieux: ʾEl, Šegar, ʿAštart, Šaddin.[62] Ajoutons que le texte de Deir ʿAlla permet de situer dans le temps la personne de Balaʿam, c'est à dire vers le milieu du VIIIème siècle avant J.C. Cette constatation rend donc caduques les hypothèses de certains savants tels Albright qui faisait remonter Balaʿam au XIIIème siècle av. J.C. et la mise par écrit des oracles au Xème et au plus tard au IXème siècle av. J.C. A plus forte raison est-il impossible de souscrire aux vues de von Gall qui situait la composition des chap. xxii-xxiv de Nb. à l'époque post-exilienne, voire maccabéenne (pp. 46-7). La date fournie par l'inscription, compte tenu d'une certaine marge d'évaluation toujours possible en épigraphie, fournit donc l'époque à laquelle il faut situer Balaʿam; elle ne semble pas trop éloignée de celle que l'on donne habituellement à l'Elohiste que l'on date du VIIIème siècle, en tout cas avant la chute de Samarie et du royaume du Nord en 722.[63] Le prophète Michée, contemporain d'Isaïe connaissait la consultation que fit Balaq à Balaʿam (Mich. vi 5), ce qui prouve que cette tradition avait déjà pénétré en Juda au VIIIème siècle. Si nos déductions étaient recevables, l'attribution au Yahviste, que l'on date habituellement vers le Xème siècle av. J.C. à l'époque salomonienne,[64] de certaines traditions concernant Balaʿam serait donc à reconsidèrer sérieusement. Mais il faudrait alors reprendre tout le problème des sources littéraires de l'oracle de Balaʿam si discuté parmi les critiques.[65] Cela nous conduirait trop loin des questions envisagées ici.

[Depuis la rédaction de cet article, J. C. Greenfield a soutenu que l'inscription n'était pas écrite en araméen dans le compte rendu de l'édition princeps. Faute de pouvoir tenir compte de la recension du *JSS* 25 (1980), pp. 248-52, nous renvoyons à cette critique.]

---

[61] Garbini, "Ammonite Inscriptions", p. 165.

[62] Cf. à ce sujet Hans-Peter Müller, "Einige alttestamentliche Probleme zur aramäischen Inschrift von Deir ʿAlla", *ZDPV* 94 (1978), pp. 62-7.

[63] Cf. H. Cazelles, *Introduction critique à l'Ancien Testament* (Paris, 1973), p. 215.

[64] Cf. par exemple Cazelles. pp. 203-4, et les opinions citées en note.

[65] Cf. par exemple le résumé que donne du problème Coppens, pp. 72-6.

BALA'AM PÂTÔRÂH, « INTERPRÈTE DE SONGES » AU PAYS D'AMMON, D'APRÈS NUM 22,5.

LES TÉMOIGNAGES ÉPIGRAPHIQUES PARALLÈLES

Dans notre communication au Congrès de Vienne, au mois d'août 1980 (¹), nous avions interprété le *petôrāh* biblique de Num. 22, 5 non pas comme un nom de lieu (Pitru), comme on le dit habituellement, mais comme un nom de fonction, grâce à un léger changement de la vocalisation massorétique. Il s'agirait en effet d'une épithète araméenne de Bala'am interprète de songes, « *pâtôrāh* », si l'on en croit l'interprétation du Targoum Neofiti *ptwrh ḥlmyyh* suivi par la Peschitta *(pašora')* et la Vulgate *(ariolus)*. Nous avions pourtant hésité à invoquer comme parallèle précis au *petôrâh* du livre des Nombres le syntagme judéo-araméen *petôrâh ḥylmy'* « interprète de songes » mentionné dans le Midrash Rabbah de Qohelet (X, 10) (²), étant donné que l'on date la composition de cet écrit du VIIIᵉ siècle de notre ère (³), c'est-à-dire à seize siècles d'intervalle par rapport à la date présumée de la rédaction de Num 22, 5. Ce serait en effet une mauvaise méthode que d'utiliser pour l'interprétation du texte hébraïque des données lexicographiques sans tenir compte de la diachronie. Par contre, il nous avait paru plus rationnel d'invoquer le témoignage du Targoum Neofiti, sans doute d'abord puisqu'il s'agit d'une interprétation sémitique du texte hébreu de Nombres 22, 5 mais aussi parce que ce Targoum est un témoin ancien de l'araméen palestinien. Le nom de fonction « *ptwrh* » à l'état emphatique y est écrit,

---

(1) Cf. M. Delcor, « Le texte de Deir 'Alla et les oracles bibliques de Bala'am », dans *Congress Volume*, Vienne, 1980 *(Supplements to Vetus Testamentum*, vol. XXXII), Leyde, E. J. Brill, édit. 1981, pp. 64-65.

(2) Il est d'ailleurs enregistré par J. Levy, *Chaldäisches Wörterbuch über die Targumim.*

(3) Cf. article « Ecclesiastes Rabbah », dans *Encyclopeadia Judaica*, col. 355.

notons-le, avec un hé final au lieu du aleph habituel. Mais le témoignage du Targoum Neofiti n'est pas isolé, si l'on se souvient que la forme *pâtôrâ'* « interprète de songes », existe dans l'araméen de Pétra et de Ḥatra.

On connaît en effet trois inscriptions nabatéennes où apparaît le *nomen agentis patwra'* avec le sens de « devin », d'« interprète de songes ». La première, découverte en 1944, provient du Djôf, longue chaîne d'oasis qui marque au sud la limite du désert de Syrie. Un estampage de cette inscription datant de l'an 44 de notre ère avait été confié à R. Savignac à fin de déchiffrement. Elle a été publiée après la mort de cet épigraphiste par J. Starcky, qui en a amélioré l'interprétation (1). Ce dernier, à la ligne 4, a immédiatement reconnu dans le syntagme MLK PTWR' un nom de personne suivi d'un nom de fonction, qu'il comprenait avec le sens d'interprète de songes à la suite d'une suggestion envisagée par Julius Euting(2) (mais il est vrai, abandonnée aussitôt par ce dernier, trouvant que la racine *ptr* était spécifiquement hébraïque) (3).

Une autre inscription nabatéenne provenant du téménos du grand temple de Pétra éditée par J. Starcky et J. Strugnell mentionne un certain 'Abdu PTWR' qui a érigé une statue à Arétas IV (4). Il faut aussi probablement donner le sens d'« interprète de songes », « devin » au même terme araméen dans l'inscription n° 290 de Ḥatra (5). Ce document est daté de l'année 193/192 de notre ère.

Il y avait donc en araméen le *pâtôrâ'*, sorte de devin, qui existait aussi bien à Ḥatra qu'à Pétra. Starcky a rapproché le *pâtôrâ'* des textes nabatéens qui était un prêtre-devin, du kâhin de l'Arabie préislamique.

Sans doute ces documents araméens témoignant de l'existence de l'institution du *pâtôrâ'* « devin » attaché vraisemblablement à des rois — l'un d'eux à Pétra érige une statue en l'honneur du roi Arétas IV — sont-ils tardifs par rapport au texte des Nombres concernant Bala'am. Mais, à notre sens, il n'y a aucune raison de

---

(1) Cf. R. Savignac et J. Starcky, « Une inscription nabatéenne provenant du Djôf », dans *RB*, 64, 1957, pp. 196-217.

(2) Cf. Julius Euting, *Nabatäische Inschriften aus Arabien*, Berlin, 1885, p. 36.

(3) Il s'agit de l'inscription nabatéenne du *CIS* II, 201, le n° 5 d'Euting. Il y est question d'un certain Malkion *pâtôrâ'* que les éditeurs du *Corpus* ne tentent pas de traduire, pas plus d'ailleurs que Julius Euting.

(4) Cf. J. Starcky et J. Strugnell, « Pétra : deux nouvelles inscriptions nabatéennes » dans *RB*, 73, 1966, p. 242.

(5) Cf. Basile Aggoula, « Remarques sur les inscriptions hatréennes. III », *Syria*, LII, 1975, p. 205.

douter qu'une telle institution ait existé déjà sur les bords du fleuve Jabbok « le fleuve du pays des fils d'Ammon » de Num 22, 5. Balaʿam y exerçait la fonction de devin, comme c'est désormais démontré par les textes de Deir ʿAlla. D'après la Bible, il portait le titre araméen de *pâtôrâh*. Pour ce motif, nous croyons inutile de lire *pāterāh*, participe à l'état emphatique du verbe *ptr* « interpréter des songes», comme nous l'avions proposé dans notre communication de Vienne. Balaʿam était donc un *pâtôrâh* ou un *pâtôrâ'* au pays d'Ammon. Il y a en effet une continuité entre ce devin vivant sur les bords du fleuve Jabbok et le *pâtôrâ'* rencontré plusieurs siècles plus tard, notamment en Arabie du Nord, d'après certains témoignages épigraphiques. Si notre interprétation est recevable, cette institution du *pâtôrâ'* a donc derrière elle une longue histoire.

Par ailleurs, nous avions soupçonné que le texte hébreu de Num 22, 5 avait conservé sous sa forme araméenne le nom de la fonction de Balaʿam transformé ensuite par les Massorètes en un nom de lieu suivi du -*āh* final de direction. Cette modification aurait entraîné par la même occasion la transformation des *beney ʿAmmon* « les fils d'Ammon » du texte primitif en *beney ʿammo* « fils de son peuple ». Les motifs d'un tel changement nous échappent. N'aurait-on pas voulu éloigner du voisinage immédiat des frontières d'Israël un personnage païen bien suspect?

Quoi qu'il en soit de cette hypothèse, il reste que se trouve désormais confirmée la présence d'une source araméenne, ou mieux d'une fonction bien documentée dans le domaine araméen dont nous avions soupçonné naguère l'existence.

M. DELCOR.

L'INTERDICTION DE BRISER LES OS DE LA VICTIME PASCALE D'APRÈS LA TRADITION JUIVE

Mathias Delcor

Une remarque préalable sur la place de l'interdiction de briser les os de la victime dans les documents bibliques. Dans le livre de l'Exode, cette interdiction est mentionnée à deux endroits différents, en *Ex* 12,10 (LXX) et en *Ex* 12,46. En dehors de l'Exode on ne la rencontre qu'en *Nb* 9,12. La LXX d'*Ex* 12,10, mais non le T.M. fait état de cette interdiction. Elle se situe après mention de l'obligation de rôtir la victime avec sa tête, ses pattes et ses tripes et de l'interdiction de rien manger qui soit cru ou bouilli et de ne rien en garder pour le lendemain, d'où l'obligation de brûler les restes au point du jour. Cette interdiction est située d'après la version grecque dans le premier récit sacerdotal. Mais nous sommes sans doute en présence d'une glose provenant d'*Ex* 12,46. Le second texte *Ex* 12,46 appartient à ce qu'il est convenu d'appeler la deuxième loi sur la Pâque ou *Normes complémentaires*[1] sur la Pâque (*Ex* 12,43-51). Elle appartient d'après les critiques à P. B. Baentsch qui, dans son commentaire[2], l'attribue plus précisément à *Ps*, de même A. Kuenen[3]. Il est en effet question dans cette section (12,43-51) d'un complément apporté à *Ex* 12,1-14, qui de toute évidence, est dans l'esprit de l'auteur sacerdotal soucieux de précisions rituelles. Le texte de *Nb* 9,12 appartient également à la tradition sacerdotale, mais plus tardive (*Ps*)[4]. Il se situe dans un passage contenant une nouveauté dans les traditions de l'*AT* puisqu'il permet la célébration de la Pâque le deuxième mois pour ceux qui se trouveraient dans un état d'impureté légale prévue par la loi ou qui seraient absents, lors d'un voyage. Une première observation s'impose au regard de ces textes : l'absence d'explication du rite dans la tradition biblique, sans doute parce que la pratique de garder intacts les os de la victime sacrificielle allait de soi.

En raison de la carence de justification, déjà la tradition juive ancienne et les historiens des religions actuels ont proposé diverses explications. On ne s'étonnera donc pas outre mesure si les historiens des religions ou les ethnologues ont cherché des parallèles. Un des derniers savants qui a examiné le problème avec quelque

---

[1] G. VON RAD, (*Die Priesterschrift im Hexateuch*. Leipzig 1934, 45-61) parle d'addition (Zusatz); G. FOHRER (Überlieferung und Geschichte des Exodus. *BZAW* 91, Berlin 1964, 89) l'interprète comme un ajout (Nachtrag); H. HOLZINGER dans son commentaire du début du siècle (*Exodus*. Tübingen 1900) intitulait ces versets: Kasuistische Novelle zum Passahgesetz.

[2] Cf. B. BAENTSCH, *Exodus (HKAT)*. Göttingen 1900, 108.

[3] Cf. A. KUENEN, *An Historical-Critical Inquiry into the Origin and Composition of the Hexateuch (Pentateuch and Book of Josua)*. Londres 1886, 331.

[4] Cf. D. KELLERMANN, Die Priesterschrift von Numeri 1,1 bis 10,10. *BZAW* 120, Berlin 1970; P. LAAF, Die Pascha-Feier Israels. Eine literarkritische und überlieferungsgeschichtliche Studie. *Bonner Biblische Beiträge* 36, Bonn 1970, 64-67; SANTOS ROS GARMENDIA, *La Pascua en el Antiguo Testamento*. Vitoria 1978, 61-71.

ampleur est J. Henninger dans deux études successives parues en 1956[5] et en 1971[6] et résumées dans son ouvrage sur les *Fêtes de printemps chez les Sémites et la Pâque israélite* paru en 1975[7]. Mais ce problème a préoccupé depuis longtemps les spécialistes. Je veux citer pour mémoire les brèves remarques de K. Kohler[8] et une plus longue étude de J. Morgenstern[9]. Le problème a d'abord été étudié chez les Sémites où l'on a cherché des parallèles d'une part, dans les coutumes des Arabes soit préislamiques, soit modernes, d'autre part, chez les Sémites occidentaux, voire chez les Égyptiens. Une des études les plus récentes sur ce sujet est l'œuvre de Franz Josef Stendebach intitulée : l'interdiction de briser les os chez les Sémites[10]. J. Henninger a eu le mérite dans les deux études signalées plus haut d'étendre son enquête bien au-delà des limites du monde sémitique, dans les peuples de chasseurs et de pasteurs de l'Eurasie, voire d'autres continents, surtout l'Afrique.

Le monde sémitique

Deux théories essentielles ont vu le jour. L'une à partir d'idées sur la nature de la victime pascale, exposée notamment par S. H. Hooke, estime que l'interdiction de briser les os a pour but de rendre possible sa résurrection ; la victime pascale est le substitut et le symbole du dieu. Hooke souligne d'abord que la Pâque est avant tout une fête de printemps. La nuit du 14 du mois d'Abib, dit-il, le Destructeur constitue un danger pour tout individu qui sortirait de la maison. Aussi des mesures spéciales, de nature apotropaïque, étaient prises pour empêcher l'entrée du Destructeur dans la maison. À partir des rituels babyloniens d'incantation, il cherche à interpréter dans la même ligne de pensée la manducation de la victime pascale. Il cite, à titre d'exemple, le porc tué et démembré dans les rituels d'incantation et dont les membres sont posés sur la personne malade, identifiée par là avec la victime tuée. Il suggère que l'usage de manger la chair de la victime n'était qu'un des moyens de substitution et d'identification du fidèle avec le dieu dans le but d'être délivré d'une puissance hostile. Par là, s'expliquerait l'obligation de ne rien laisser de la victime afin de ne pas annuler la valeur magique et apotropaïque de l'identification : pour que celle-ci soit totale, il faut tout manger[11]. Pourtant Hooke ne dit rien de la défense de briser les os, mais d'autres auteurs en partant de l'idée que la victime pascale représente la divinité, expliquent que la défense de briser ses os a pour but

---

[5] Cf. Joseph HENNINGER, Zum Verbot des Knochenzerbrechens bei den Semiten. *Studi orientalistici in onore di Giorgio Levi Della Vida.* Roma 1956, I, 448-458.

[6] Cf. Joseph HENNINGER, Neuere Forschungen zum Verbot des Knochenzerbrechens. *Studia Ethnographica et Folkloristica in honorem Béla Gunda*, redegerunt J. SZABADFAKVI - Z. UJVARY, Debrecen 1971, 673-702.

[7] Cf. J. HENNINGER, *Les fêtes de Printemps chez les Sémites et la Pâque israélite.* Paris 1975, 147-157.

[8] Cf. K. KOHLER, Verbot des Knochenzerbrechens. *Archiv für Religions-Wissenschaft*, 13 (1910), 153-154.

[9] Cf. Julian MORGENSTERN, The Bones of the Paschal Lamb. *Journal of the American Oriental Society* 36 (1916), 146-153.

[10] Franz Josef STENDEBACH, Das Verbot des Knochenzerbrechens bei den Semiten. *BZNF* 17 (1973), 29-38, avec une abondante bibliographie.

[11] Cf. J. H. HOOKE, *The Origins of Early Semitic Ritual.* Londres 1938, 49.

d'assurer sa résurrection dans une forme parfaite, le jour du jugement. C'est par exemple la théorie de Mowinckel[12]. L'exégète scandinave a soin de préciser que la victime représentait la divinité aux époques préhistoriques. Ceux qui en mangeaient absorbaient quelques-unes de ses qualités divines. Pour ce motif, le repas pascal était pris en hâte et on prenait soin qu'aucun des os de la victime ne soit brisé en sorte qu'elle puisse revivre en son intégrité, à la résurrection. Les tenants de cette théorie se basent notamment sur des croyances observées encore en Palestine et en dernier lieu par le Dr. T. Canaan. Ce dernier rapporte que les Palestiniens croyaient qu'un mouton offert auparavant en sacrifice apparaîtrait au jour du jugement les yeux peints et avec de beaux ornements et qu'il servirait à l'offrant à monter au Paradis. De là provient, souligne Canaan, le dicton arabe : «Les animaux offerts en sacrifice nous servent de monture.» Plus précisément, selon le même auteur, lorsqu'on sacrifiait la victime de *ed-ḏhiyeh* on veillait avec le plus grand soin à ne pas briser ses os afin qu'il puisse se montrer en son intégrité et sans défaut au jour du jugement. Au dernier jour, le mouton offert en sacrifice rendait le service à l'offrant de mettre dans la balance ses bonnes actions afin de contrebalancer ses fautes et ses péchés[13].

Par contre, on notera que lors du sacrifice du mois de Raǧab, les Arabes ne semblent pas avoir pris de précautions spéciales en vue de conserver indemnes les os de la bête[14]. Dans l'explication qui relie à l'idée de résurrection de la victime sacrificielle l'interdiction de briser les os de cette dernière, il est clair que les ossements maintenus en leur intégrité doivent servir nécessairement de charpente à la résurrection de la chair. De là J. Henninger a conclu que les os étaient considérés comme le support de l'âme[15]. Il n'a pas de mal à étayer cette explication à partir de l'*AT* : d'une part, pour traduire «moi-même», l'hébreu dit «mon os», les os devenant le synonyme de la personne et du moi et d'autre part, il invoque la description de la revivification des ossements desséchés d'*Ez* 37,1-14, qui exprime à merveille ces conceptions sous une forme poétique.

On a voulu quelquefois trouver[16] des traces de ces croyances déjà chez les Cananéens. Dans l'épopée de *Danel et Aqhat*, Danel se met à chercher les restes du héros Aqhat qui a été tué par la déesse 'Anat. Le poète répète à diverses reprises ces mots mis dans la bouche de Danel :

«Que je regarde s'il y a un lambeau (de chair)
ou s'il y a un os,
pour pleurer et l'enterrer,
pour le placer dans la terre, le cimetière divin.»[17]

---

[12] Cf. Sigmund MOWINCKEL, *Psalmenstudien*, t. II, 34, 54.
[13] Cf. Dr T. CANAAN, Mohammedan Saints and Sanctuaries in Palestine. *JPOS* VI (1926), 41.
[14] Cf. Joseph CHELHOD, *Le sacrifice chez les Arabes*. Paris 1955, 151.
[15] Cf. J. HENNINGER, *Les fêtes de Printemps chez les Sémites*. 156.
[16] Cf. J. B. SEGAL, *The Hebrew Passover, from the Earliest Times to A.D. 70*. Oxford 1963, 171, note 2 qui remarque que le texte est imparfait de ce point de vue.
[17] Cf. *Danel et Aqhat*, ID III, 110, traduction dans A. CAQUOT et N. SZNYCER, *Textes Ougaritiques. 1. Mythes et Légendes*. Paris 1974, 452.

Finalement, Danel a pu rassembler les restes de Aqhat et, en particulier, ses os pour procéder à sa sépulture. Il s'exprime en ces termes:

«Il y a un lambeau (de chair) et il y a un os», et le poète de continuer:
«Sous cette forme, il prend Aqhat.
Il mène grand deuil, il pleure et il l'enterre.
Il l'enterre dans un lieu ténébreux,
dans une sépulture.
Il élève la voix et s'écrie:
Que Ba´al brise les ailes des rapaces,
Que Ba´al brise les oiseaux,
s'ils volent au-dessus de la tombe de mon fils
et l'empêchent de dormir.»[18]

Il est clair que ce texte ne parle ni de résurrection, ni de l'interdiction de briser les os du mort. L'accent y est mis sur la nécessité de préserver les restes du héros de la voracité des rapaces afin de lui donner une sépulture décente. Mais le soin avec lequel Danel cherche à rassembler les os du héros et l'allusion au sommeil du mort pourraient laisser croire que c'est en vue de son réveil, c'est à dire de la revivification de ses ossements dans des perspectives osiriennes. On ne peut cependant presser davantage le sens du texte, si bien qu'il ne peut pas être utilisé pour expliquer *Ex* 12,46 et parallèles mais uniquement *Ez* 37,1-14 avec les réserves qui s'imposent.

Une deuxième explication met en relation l'interdiction de briser les os de la victime avec la préservation de la santé et de l'intégrité physique de l'offrant. Cette exégèse se manifeste particulièrement dans la tradition juive mais non exclusivement.

La tradition juive

A. *Le livre des Jubilés*

Il s'agit du plus ancien témoignage littéraire selon lequel l'interdiction de briser les os de la victime pascale a pour but de préserver les os des enfants d'Israël. Le texte essentiel apparaît dans Jubilés éthiopien 49,13 mais non dans le texte latin où on lit tout autre chose. Ce passage important retiendra particulièrement notre attention. Il est situé dans un contexte décrivant le rituel pascal tel évidemment qu'il se pratiquait de son temps, c'est à dire au IIe siècle av. J.-C. Il comporte notamment l'usage du vin, mentionné ici pour la première fois (*Jub* 49,6). L'auteur se réfère plutôt à *Dt* 16 qu'à *Ex* 12. La Pâque doit en effet être célébrée au sanctuaire central d'après la législation deutéronomique. Rien n'est dit dans les Jubilés sur la tenue vestimentaire que doivent porter les participants au repas pascal; or sur ce sujet le Deutéronome est également muet. Par contre l'interdiction de briser les os présente dans le livre des Jubilés est absente du Deutéronome mais se trouve en *Ex* 12. La tradition textuelle de *Jub* 49,13 présente quelques difficultés, car il y a désaccord

---

[18] Cf. `Danel et Aqhat`, ID III, 145 (traduction CAQUOT-SZNYCER).

entre les versions éthiopienne et latine. On lit littéralement dans la version éthiopienne: «car ne sera pas brisé des enfants d'Israël aucun os». La version latine qui a
été faite sur un texte grec[19] porte: *et non erit tribulatio eis filiis Istrahel in die hac*[20].
Le verbe quadrilittère éthiopien *qatqata* signifie «briser». Mais selon R. H. Charles,
dans son édition du texte éthiopien[21], ce verbe serait à comprendre métaphorique-
ment comme en latin «non erit tribulatio», qui suppose, dit-il, probablement en
grec οὐ γὰρ ἔσται συντριβή. Dans son commentaire[22], le même auteur ajoute
quelques considérations de critique textuelle: si on suppose, dit-il, deux traductions
grecques différentes de l'hébreu et que l'original hébreu de *in die hac* est *b'ṣm hywm
h3h* on pourrait expliquer l'éthiopien par la chute de *hywm h3h* et par le changement
de: *b'ṣm* en *'ṣm*. La corruption du texte semble, précise-t-il, d'origine éthiopienne.
Si, ajoute-t-il, le texte se référait au brisement des os, on aurait le verbe *sabara*
comme avant et après dans le texte éthiopien, que le latin traduit respectivement
«frangere» et *«confringere»*. L'idée qu'aucun mal n'arrivera aux Israélites dans
l'année est reprise en 49,15 où elle est même accentuée: «*et non eveniet ab illo plaga
ut perdat et exterminat eos in anno illo*».

Les remarques de critique textuelle faites par Charles ne sont pas entièrement
convaincantes pour deux motifs principaux:

1) Nous ne possédons pas le texte grec intermédiaire[23] entre le texte hébreu
original et le texte latin.

2) Parmi les fragments hébreux qumraniens représentant l'original des Jubilés,
il n'y a pas, dans l'état actuel de la publication des textes, de correspondant au
passage expliqué plus haut. Pour ces motifs, toute restauration du texte hébreu
original reste conjecturale.

3) Au lieu de supposer que le texte éthiopien est corrompu, comme le fait
Charles, on pourrait envisager, tout au contraire que la corruption s'est faite au
niveau soit de la version latine, soit même au niveau de l'une des deux versions
grecques qui est à l'origine de la version latine. De fait, le caractère sémitique
primitif me paraît se refléter dans le texte éthiopien, comme nous le montrerons plus
bas. Aussi le texte hébreu original devait-il porter quelque chose comme:

kî lô' yššaber 'eṣem beney 'Isra'el.

Ce texte hébreu aurait été correctement traduit par la version grecque qui est à
l'origine de la version éthiopienne. Par contre, on pourrait supposer que la version
grecque qui est à l'origine du latin n'aurait pas compris la référence aux os des

[19] Sur les problèmes de l'histoire du texte de Jubilés, voir l'étude récente de James C. VANDER KAM, *Textual and Historical Studies in the Book of Jubilees. Harvard Semitic Monographs* 14, Missoula, Montana 1977 (chapitre 1).
[20] Le texte latin a été édité par Hermann RÖNSCH, (*Das Buch der Jubiläen*) à Leipzig en 1874. (Reprint à Amsterdam en 1970).
[21] Cf. R. H. CHARLES, *The Ethiopic Version of the Book of Jubilees*. Oxford 1895, 172.
[22] Cf. R. H. CHARLES, *The Book of Jubilees*. 255-256.
[23] On trouvera aisément les fragments grecs conservés dans A. M. DENIS *Fragmenta Pseudepigraphorum quae supersunt graeca*. Leiden 1970.

enfants d'Israël, en raison du contexte sacrificiel mentionnant les os de la victime. Pour ce motif, elle aurait d'une part compris le verbe briser «*šabar*» au sens figuré en le traduisant probablement par συντριβή, d'où le latin «*tribulatio*» influencé peut-être par la LXX d'*Ex* 12,46 qui rendait par συντρίβειν «briser» au sens propre le verbe «*šabar*» et d'autre part, elle aurait supposé que *'eṣem* ne signifiait pas «os» mais ne représentait qu'un lambeau de l'expression plus complète *b'ṣm hywm hʒh*. Si l'on accepte cette hypothèse, le schéma d'histoire du texte de ce passage des Jubilés serait le suivant:

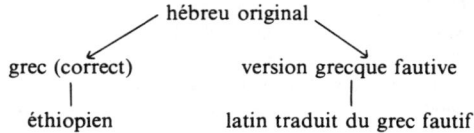

```
                        hébreu original
                       /                \
        grec (correct)                    version grecque fautive
              |                                    |
          éthiopien                       latin traduit du grec fautif
```

Mais, répétons-le, en l'absence de texte hébreu original cette reconstruction reste hypothétique.

4) Nous avons noté plus haut le caractère sémitique et primitif de la tradition transmise par le texte éthiopien. De fait, on connaît aussi chez les Arabes le caractère apotropaïque de l'interdiction de briser les os de la victime. Dans le sacrifice *'aqiqa* immolé au septième jour après la naissance d'un enfant, les Arabes ne brisent pas les os de la victime pour préserver de tout accident les os de l'enfant [24]. En Abyssinie existent aussi de semblables coutumes. On sacrifie des vaches à l'occasion d'un enterrement. Tandis que la viande de la victime sacrificielle est mangée par les participants au deuil, ses os ne sont pas brisés de peur que les parents du défunt, désignés comme ses os, ne meurent aussi [25].

Il nous reste à expliquer la signification à donner aux enterrements d'os dans des vases de terre révélés par les fouilles archéologiques de Qumrân et leur éventuelle relation avec *Jub* 49,13. Selon R. de Vaux, les dépôts d'os sont au nombre de 39. Jamais aucun enterrement ne contient, précise-t-il, le squelette complet d'un animal et les os ont été rassemblés quand la chair n'y était plus attachée. Vingt-six de ces dépôts contiennent des os provenant d'un seul animal. Ces os sont certainement les restes d'un repas, ajoute-t-il, et la plupart des ossements sont nets tandis que d'autres sont calcinés, ce qui signifie que les viandes ont été généralement bouillies et quelquefois rôties. Ces os appartiennent à des animaux divers: moutons adultes 5, moutons ou chèvres sans distinction possible 26, agneaux ou chevreaux 10, veaux 6, vaches ou bœufs 4, et un animal non identifié [26]. Ils sont très vraisemblablement des restes des repas cultuels mais

[24] Cf. HENNINGER, *Zum Verbot des Knochenbrechens bei den Semiten*, 449, notes 1 et 2; CHELHOD, *Sacrifice*, 137-139.

[25] Cf. Maria HÖFNER, dans H.W. HAUSSIG, *Wörterbuch der Mythologie* 1,1. Stuttgart 1965, 561-563.

[26] Cf. R. DE VAUX, L'archéologie et les manuscrits de la Mer Morte. *The Schweich Lectures of the British Academy* 1959, Londres 1961, 10-11; du même auteur, *Archaeology and the Dead Sea Scrolls*. Londres 1973, 12-15.

qui ne proviennent pas, semble-t-il, exclusivement de la Pâque, pour deux motifs principaux. En effet d'après le livre des Jubilés où l'on reconnaît généralement un écrit essénien[27], on sait d'une part que les Esséniens offraient des agneaux (*Jub* 49,3) et d'autre part qu'on devait exclusivement les rôtir et non les bouillir dans de l'eau (49,13). Or les restes osseux de Qumrân montrent qu'on bouillait généralement les viandes et qu'on ne les rôtissait que plus rarement. Par ailleurs, on n'a pas trouvé que des os d'agneaux dans les fouilles archéologiques. Les archéologues et les historiens des religions ont été assez embarrassés pour expliquer le sens à donner à ces enterrements d'os[28]. Ils y ont habituellement vu la preuve qu'ils étaient les restes de repas sacrés, ce qui est pourtant discuté par certains auteurs[29]. Mais Henninger a écrit qu'aucun texte n'expliquait directement ces énigmatiques dépôts d'ossements[30] A. Scheiber a pourtant mis en relation cette pratique avec l'interdiction biblique: «tu ne briseras pas d'os»[31]. Mais il faut avouer que dans ce cas, il s'agirait d'une extension de l'interdiction à des repas cultuels autres que celui de la Pâque, car, répétons-le, une telle interdiction est liée dans les textes bibliques uniquement à la victime pascale. Il en va de même pour *Jub* 49,6 que Scheiber cite sans soupçonner que le livre des Jubilés appartient au milieu essénien, qui est précisément le même milieu religieux auquel appartenaient les habitants de Qumrân. Il a pourtant souligné le sens apotropaïque de l'interdit que lui donne le livre des Jubilés. Cet interdit, précise-t-il, était d'origine prémosaïque mais ne se limitait pas aux Hébreux. Il s'efforce de trouver des parallèles empruntés à l'ethnologie. Il mentionne en effet la pratique des Mongols nestoriens: chacun des participants au repas pascal consomme sur place sa propre part mais apporte de la viande d'agneau aux membres de la famille restés à la maison tout en ayant soin de ne pas briser les os de la bête. Il cite également la coutume des Permi-Vogules d'autrefois qui enterraient les os des animaux sacrifiés afin de les protéger. Il conclut que vraisemblablement beaucoup de peuples primitifs croyaient que les os conservés au cours des temps se couvraient de chair et que les animaux revenaient à la vie. Or, pour qu'ils puissent ressusciter, les os ne devaient pas être brisés.

Mais revenons aux dépôts d'animaux qumraniens. Soulignons qu'aucun texte trouvé à Qumrân n'explique la pratique d'enterrement des os provenant des repas cultuels. Le seul texte que l'on puisse citer est celui de *Jub* 49,13 avec son explication apotropaïque. Dans la mesure où les os enterrés n'étaient pas brisés, ce que de Vaux ne précise pas, ce texte pourrait expliquer en partie la pratique de les conserver. Mais, répétons-le, il s'agit alors d'une extension à toutes sortes de repas cultuels de l'interdit pascal.

---

[27] Cf. M. DELCOR, The Apocrypha and Pseudepigrapha of the Hellenistic Period. W. D. DAVIES and L. FINKELSTEIN (eds), *The Cambridge History of Judaism* t. II. Cambridge, à paraître.
[28] On trouvera les diverses hypothèses dans R. DE VAUX, *Archaeology* ..., 14-15.
[29] Cf. J. VAN DER PLOEG, The Meals of the Essenes. *JSS* 2 (1959), 163-175 et surtout p. 172 et ss. Il considère que les os des animaux étaient impurs, d'où leur enterrement.
[30] Cf. J. HENNINGER, *Les fêtes de printemps chez les Sémites* ..., 156.
[31] Cf. A. SCHEIBER, Ihr sollt kein Bein dran zerbrechen. *VT* 13 (1963), 95-97.

B. *L'interprétation targoumique*

Le targoum d'Onkelos n'ajoute rien au texte biblique d'*Ex* 12,46. Il en va tout autrement du targoum de Jérusalem appelé targoum de Jonathan;

wgrm' l' ttbrwn byh bdyl lmykwl mh dbgwyh
«Vous ne briserez pas les os pour manger ce qui est à l'intérieur.»

Ce targum interdit de briser les os à moëlle afin de manger cette substance qui était considérée comme de la viande. Il ne suffit donc pas de dire que les os sont considérés comme le support de l'âme ou mieux comme le siège du principe vital. Telle n'est pas la signification que le targum de Jérusalem donne à *Ex* 12,46 qui est interprété dans un sens alimentaire: ne cherchez pas à briser les os pour manger la moëlle.

Il est vraisemblable que le sens original d'*Ex* 12,46 n'a rien à voir avec l'interprétation targoumique et il est possible qu'il relève de conceptions en relation avec la vie, voire la survie des êtres. De fait, on dit en hébreu *'aṣmy* «mon os» pour dire moi-même. La partie la plus intime d'un être, son essence ou son moi, est désignée par l'os. Or la moëlle est située au plus intime de l'os et constitue pour ainsi dire le principe vital. De Yahvé qui protège le juste, le psalmiste dira:

«Il garde (*šomer*) tous ses os (*'aṣmotayw*)
Aucun d'eux ne sera brisé» (*Ps* 34,21)

Aussi les os sont-ils le symbole de la force, comme semble l'indiquer *Ps* 31,11 qui met en parallèle la force (*kohy*) et les os. La présence des os, charpente du corps, est nécessaire à leur revivification comme le montre la vision des ossements desséchés dans *Ez* 37.

C. *La Michna* (Pesaḥ VII,10-11)

La Michna s'est intéressée au sort des os de la victime pascale. Il est spécifié que les os (*'ṣmwt*) et les nerfs (*gydym*) doivent être brûlés (*ysrpw*) avec ce qui reste le 16 (*Pes* VII,10a). Mais si le sabbat tombe le 16, les os et les nerfs doivent être brûlés le 17 (*Pes* VII,10b). Par ailleurs, celui qui brise un os d'une victime pascale pure (*'t h'ṣm bpsh hthwr*) sera frappé de 40 coups de bâton. Mais s'il laisse quelque chose de pur de la victime et s'il brise un os d'une victime impure il ne recevra pas 40 coups de bâton (*Pes* VII,11b)[32].

La Michna, comme on le voit, ne donne aucune explication de l'interdiction de briser les os. Mais les peines appliquées au contrevenant à cette interdiction atteignent le maximum prévu par *Dt* 25,3, ce qui marque l'importance que l'on attachait à l'interdit.

D. *Le Talmud de Jérusalem* (Pesaḥ 6,4)

Le Talmud de Jérusalem fait écho à des conceptions semblables à celles du targoum de Jérusalem.

---

[32] Cf. Georg BEER, *Pesachim (Ostern) Text. Übersetzung und Erklärung*. Giessen 1912.

«On enseigne encore: ce sacrifice de fête (hagigah) offert en même temps que l'agneau pascal devra être consommé en premier lieu, afin que l'on mange le sacrifice pascal à l'état de rassasié. Mais qu'importe si l'on mangeait ce dernier en ayant faim? C'est que, répond R. Yosé b. R. Abou... il s'agirait d'éviter (ce qui pourrait arriver à l'affamé) de briser un os (*Ex* 12,46)» (Traduction M. Schwab).

L'homme affamé en présence de la viande sacrificielle courait le risque, dans sa précipitation de briser les os et donc de manger la moëlle. C'est ainsi que la Torah Šelemah comprend ce passage du Talmud de Jérusalem[33].

E. *L'exégèse médiévale*

La tradition rabbinique s'est demandé si l'ordre de manger la viande rôtie de la victime pascale d'*Ex* 12,8 n'abroge pas l'interdiction de briser les os en *Ex* 12,46, puisque dans les os à moëlle, cette matière est considérée comme étant de la viande.

La Mekhilta de Rabbi Ishmael prend nettement position à l'égard de ce problème. Il s'agit en effet d'un midrash de l'Exode dont la date de composition est controversée. Si l'on en croit une étude récente de Günter Stemberger[34], il s'agirait d'un midrash tannaïque datant de la 2e moitié du IIIe siècle de notre ère. D'après Wacholder, par contre, la Mekhilta attribuée à Rabbi Ishmael serait un midrash apocryphe qu'il faudrait situer peu après l'an 800 et dont l'auteur était sans doute un palestinien. En effet Wacholder remarque que le VIIIe siècle était une époque productrice d'écrits apocryphes aussi bien chez les Chrétiens que chez les Musulmans[35]. L'interprétation que donne la Mekhilta pour *Ex* 12,46 est nette: «Tu ne dois pas briser un os (*Ex* 12,46), soit qu'il s'agisse d'un os avec de la viande, soit qu'il s'agisse d'un os sans viande (*Ex* 12,46,21b). Selon la Mekhilta, l'obligation de manger la viande de la victime pascale en *Ex* 12,8 se réfère à la viande qui est autour de l'os, non à la viande qui est à l'intérieur de l'os.

Le commentaire de Rashi. Rashi commente ainsi le texte biblique: «Et vous ne romprez pas d'os» sur lequel il y ait de quoi manger. S'il s'y trouve de la viande de la grosseur d'une olive, l'interdiction de briser les os ne s'y applique pas.» L'exégète juif de Troyes se situe donc dans la ligne de la Mekhilta. L'obligation faite par *Ex* 12,8 «Cette nuit-là, on mange la chair rôtie au feu» concerne la viande située autour des os. Comme il est souvent difficile de les rendre absolument, il estime qu'il y a de la viande si les os en contiennent une quantité de la grosseur d'une olive; dans ce cas on ne peut pas les briser. Mais par contre, s'il ne s'y trouve pas de la viande de la grosseur d'une olive, l'interdiction de briser les os ne s'y applique pas. Apparemment notre auteur ne se préoccupe pas des os à moëlle pas plus que des os sans moëlle, mais de savoir quand il y a de quoi manger sur un os.

---

[33] Cf. Kasher, *Encyclopedia of Biblical Interpretations*. Vol. VIII, 92.
[34] Cf. Günter Stemberger, Der Datierung der Mekhilta. *Kairos* 21 (1979), 81-118.
[35] Cf. B. Wacholder, The Date of the Mekhilta de-Rabbi Ishmael, *HUCA* 39 (1968), 117-144.

L'exégèse du Zohar

Cet écrit se présente sous forme de commentaire du Pentateuque. Il est attribué à un écrivain cabbaliste de Grenade, Moïse de Léon, qui vivait au XIIIᵉ siècle[36]. Le Zohar s'oriente vers une tout autre explication de l'interdit biblique. Ce dernier y est mis en relation avec la religion égyptienne que les Hébreux cherchent à humilier. «Pourquoi est-il dit: 'Et tu ne rompras pas un seul os?' C'était pour froisser les Égyptiens et les blesser dans leurs idoles; car les os ont été jetés dans la rue et les chiens venaient et les traînaient d'un endroit dans un autre, et c'était la chose la plus dure pour les Égyptiens, car ces os leur rappelaient leurs idoles. Il est dit: 'Vous ne les briserez point', mais les chiens les briseront; et lorsque les Égyptiens virent ce spectacle, ils enfouirent les os dans la terre pour les enlever aux chiens. Et c'était la façon la plus éclatante de reconnaître eux-mêmes l'inanité de leurs adorations.» (Zohar II 2,41b)[37].

Cette manière d'expliquer les choses — quelle que soit d'ailleurs sa valeur — s'inscrit dans la perspective des croyances religieuses des Égyptiens. Ceux-ci adoraient en effet des dieux qui n'étaient autres que des animaux divinisés, tel, par exemple, Knub, dieu à tête de bélier vénéré par les Égyptiens, mais sacrifié par les Hébreux. En interdisant de briser les os de la victime pascale et en les laissant traîner dans les rues, c'était les livrer aux dents des chiens et du même coup humilier les idoles égyptiennes.

Que conclure?

Cette diversité d'opinions de l'exégèse juive montre à elle seule qu'on ne comprenait déjà plus le sens ancien de l'interdiction de briser les os de la victime pascale. Aussi est-il bien difficile de retenir une interprétation plus qu'une autre pour connaître le sens primitif du texte biblique. Pour ce motif, on doit revenir au contexte d'Exode et parallèles pour essayer de comprendre le sens profond et sans doute ancien de l'interdiction de briser les os de la victime. Deux explications principales ont été proposées par les exégètes modernes: l'une de caractère communautaire, l'autre de nature culinaire.

Selon M. Noth, l'intégrité de la victime maintient la cohésion de la famille qui l'offre. Chacun de ses membres, commente-t-il, est l'os de ses os et la chair de sa chair et il renvoie à Gn 2,23 et à 2S 19,13. Le caractère communautaire du sacrifice pascal trouverait son expression dans le fait de ne pas briser les os de la victime[38].

De son côté, R. Dussaud a proposé une explication très simple. Si on interdit de briser les os de la victime, c'est pour faire respecter l'usage de la rôtir[39]. De fait

---

[36] Cf. L'introduction de J. ABELSON, dans *The Zohar translated by Harry SPERLING and Maurice SIMON, Londres et New-York (The Soncino Press) 1933, t. I, p. x*.

[37] Cf. traduction de Jean DE PAULY, *Sepher ha-Zohar (Le livre de la Splendeur)*. Paris 1908, t. III, 191.

[38] Cf. Martin NOTH, *Das zweite Buch Mose, Exodus, (Das Alte Testament Deutsch)*. Göttingen 1965.

[39] Cf. René DUSSAUD, *Les origines cananéennes du sacrifice israélite*. Paris 1941, 2ᵉ édition, 210 et 211.

briser les os signifierait que l'on veut cuire l'animal dans une marmite avec de l'eau comme pour les sacrifices de communion ou qu'il était dépecé comme pour les sacrifices du Temple. Par ailleurs, introduire l'usage du bouilli à la place du rôti ferait oublier la pratique nomade et certainement antique du rite pascal. Si l'auteur sacerdotal demande de ne pas briser les os de la victime pascale, c'est sans doute parce qu'il combat la pratique du bouilli.

Il faut d'ailleurs souligner que les deux explications, communautaire et culinaire, ne s'excluent pas nécessairement mais peuvent se compléter mutuellement. Enfin il ne serait pas invraisemblable que l'interdiction de briser les os, charpente du corps, doit être mise en relation avec la croyance que l'animal sera un jour revivifié selon une croyance relevée plus haut chez les Palestiniens. Mais, répétons-le, en l'absence d'une explication biblique, nous sommes réduits à faire des hypothèses.

1981, 71–81

La signification de l'*E*
delphique et Exode 3,14-15

MATTHIAS DELCOR, École Pratique des Hautes-Études (Paris)

Plutarque, à la fois prêtre au service de l'Apollon de Delphes et écrivain grec au Iᵉʳ siècle de notre ère — il était né à Chéronée en Béotie entre les années 40 et 50 de notre ère — a écrit tout un traité concernant l'*E* delphique.

Dans un préambule, il introduit son livre par des considérations d'ordre général sur le rôle que joue son dieu, Apollon, qu'il qualifie de *philos,* à la fois dans les questions pratiques et dans les difficultés intellectuelles de ses fidèles. Tandis que, pour la conduite de la vie, le dieu delphique donne des solutions aux consultants en rendant des oracles, par contre, précise Plutarque, quand il s'agit de difficultés d'ordre intellectuel, c'est plutôt lui-même qui les suscite et les propose aux esprits naturellement philosophiques ; il inspire à ceux-ci, ajoute-t-il, un appétit de l'âme qui les pousse vers la vérité, comme on peut le voir par maint exemple et en particulier par l'*E* consacré [1].

Plutarque introduit alors quelques brefs renseignements sur l'*E* mystérieux de Delphes : « Ce n'est sans doute pas par hasard ou comme pour avoir été tiré au sort entre les lettres que cet *E* seul occupe une place d'honneur auprès du dieu et a pris le caractère d'une offrande sacrée, d'un objet d'une religieuse contemplation, mais c'est pour en avoir remarqué la signification spéciale et profonde ou pour avoir vu en lui un symbole de quelque grande vérité que les premiers sages qui ont médité sur le dieu l'ont mis à cette place [2]. »

Ce texte fait état de deux choses différentes. Il mentionne d'abord la présence d'un objet en forme de *E* installé en bonne place *(en proédriai)* dans le temple auprès du dieu *(para tôi théôi)* et qui fait figure d'offrande sacrée *(anathèma hiéron)* et est l'objet d'une religieuse contemplation *(théama).* En second lieu, Plutarque opine que cet objet en forme de *E* a été placé à cet endroit par les sages, soit parce qu'ils lui ont attribué une signification spéciale et profonde *(dynamin autoû katidontas idian kai périttèn),* soit parce qu'ils y ont vu un symbole de quelque grande vérité *(symbolôi chrôménous pros hétéron ti tôn axiôn spoudès).*

1. Les spéculations de Plutarque

La présence de cet objet en forme d'*epsilon* au sanctuaire d'Apollon est corroborée par la numismatique delphique de l'époque impériale. En effet, certaines monnaies de Faustine et d'Hadrien figurent un *E* suspendu verticalement, dans l'axe de la façade sous l'architrave et entre les colonnes du temple de Delphes [3]. D'ailleurs les auteurs n'ont pas manqué de faire le rapprochement de ces pièces avec le texte de Plutarque. Mais que représentait au juste cet objet ? Était-ce réellement une lettre de l'alphabet ? Il faut d'abord rappeler qu'au témoignage de Plutarque qui avait interrogé à ce sujet les gens du sanctuaire, la matière de cet objet avait varié au cours du temps. Celui qui était en bois, le plus ancien, avait été offert par les sages. Le *E* en or aurait été donné par Livie, l'épouse d'Auguste, tandis que le *E* en bronze remonterait aux Athéniens [4].

Il faut ensuite observer que le *E* de Delphes ne nous est connu qu'au temps de Plutarque, qu'il n'y a aucune allusion à cette offrande étrange ni avant lui, ni après lui. En effet, il est remarquable que le *E* n'a jamais été figuré sur les monnaies delphiques antérieures à l'époque impériale contemporaine de Plutarque, et que Pausanias qui visita le sanctuaire au IIe siècle de notre ère n'en souffle mot. Nous ignorons la date exacte de sa visite à Delphes mais nous savons qu'il écrivit sa description de la Grèce en 173 [5]. Tout se passe donc, a-t-on écrit, comme si cet objet dont l'origine était si vénérable, eût été seulement découvert et célébré au temps de Plutarque, pour n'être déjà plus connu lorsque Pausanias visita le sanctuaire [6].

Un fait permet peut-être d'identifier l'objet offert en *ex-voto* au temple de Delphes. Plutarque rapporte, avons-nous dit, que le premier et le plus ancien *E* en bois *(to prôton kai palaiotaton tèi d'ousia xylinon)* avait été offert non pas par un sage mais par l'ensemble des cinq sages [7]. Or, Diogène Laërce, au début du IIIe siècle de notre ère, raconte que les pêcheurs de Milet avaient tiré un trépied de la mer qu'ils devaient attribuer au plus sage d'entre les sages. Ces derniers se le passèrent de l'un à l'autre et finirent par le consacrer à l'Apollon de Didymes [8], et désormais, ils furent mis en relation avec l'Apollon de Delphes pour qui ils inventèrent les fameuses maximes, telles : *gnôthi sauton, mèdén agan,* etc. Il est donc probable que l'objet en forme de *E* n'était autre qu'un trépied [9] suspendu en guise d'offrande à l'architrave du pronaos par l'un de ses pieds, ce qui le faisait ressembler, du fait de sa position verticale, à la lettre *E*.

Cette hypothèse semblerait d'ailleurs trouver une certaine confirmation dans deux observations, l'une tirée de Plutarque lui-même, l'autre de la numismatique. Le prêtre de Delphes met dans la bouche d'Ammonios, son maître, un certain nombre de questions concernant le dieu delphique et qui font problème : « Par exemple, pour le feu perpétuel, l'usage qu'on a à Delphes de ne brûler que du bois de sapin et d'employer du laurier en guise d'encens ; le fait que les Moires n'y ont que deux statues, alors que partout ailleurs on pense qu'elles sont au nombre de trois ; l'interdiction faite aux femmes de s'approcher de l'oracle ; enfin la signification du trépied..., etc. » (385c, traduction Flacelière). Si la signification du trépied delphique, qui jouait un rôle notable dans les pratiques oraculaires, faisait problème pour Ammonios et sans doute davantage encore pour Plutarque, esprit curieux de l'histoire des religions, on conçoit qu'il ait songé à lui donner un sens en l'interprétant comme une lettre de l'alphabet. D'ailleurs la numismatique pouvait prêter aussi à cette interprétation si l'on en juge, par exemple, par un statère de bronze représentant le trépied delphique : il pouvait faire penser à un E de grande taille posé horizontalement à l'extrémité de ses trois hastes figurant, pour ainsi dire, les pieds [10].

Cette interprétation du E n'est pas évidemment la seule proposée par les savants modernes qui y ont vu tantôt un ancien caractère de l'alphabet minoen, tantôt un signe sémitique signifiant « maison », tantôt l'image de trois pierres dressées reliées par une poutre transversale et symbolisant les trois Charites, tantôt un triglyphe à signification mystique, etc... [11]. Mais de toutes les exégèses que l'on a proposées, celle du trépied me paraît la plus plausible. A supposer que l'objet en forme de E était effectivement un tripode, ce qui constitue une pure hypothèse, il faut rappeler que l'interprétation qu'a reçu le trépied delphique au cours des âges avait déjà varié ches les Anciens. Il y ont vu tantôt une sorte de trône d'Apollon ou de la Pythie, tantôt un récipient destiné à recevoir les sorts que cette dernière agitait avant de les tirer [12]. Mais peu nous importent au fond ces exégèses et celles qu'ont pu ajouter les modernes en mal d'explications plus ou moins rationalistes. L'essentiel est pour nous de savoir comment Plutarque interprétait ce qu'il a appelé le E delphique. Plutarque fait état de sept explications différentes défendues par divers interlocuteurs d'Ammonios.

—1. Il met dans la bouche de Lamprias, qui était son propre frère, l'exégèse suivante : E est le signe du nombre cinq. Or si les Sages ont choisi cette lettre pour la dédier au dieu, c'est pour montrer qu'ils étaient au nombre de cinq et non de sept, car deux d'entre eux — des tyrans — avaient été exclus à cause de leur indignité (385,D-E).

—2. Comme deuxième explication, Plutarque prête à un étranger anonyme, un Chaldéen, une théorie astrale, comme on pouvait s'y attendre de la part d'un tel exégète. Il y a, dit-il, sept voyelles comme il y a sept planètes. La voyelle E occupe la seconde place, qui est celle aussi occupée par le Soleil venant immédiatement après la lune dans l'ordre des planètes. Or, Apollon étant identifié au soleil, la lettre E symboliserait la divinité delphique (386 A-B).

—3. Un troisième personnage, Nicandre, un prêtre, propose une explication qui ne lui est pas particulière. Ce serait celle des Delphiens et c'est en leur nom qu'il prend la parole. *E* ou *EI* serait le signe interrogatif par lequel commence toute consultation delphique. Il en donne plusieurs exemples. On demande, dit-il, à l'oracle : si l'on sera vainqueur, si l'on se mariera, si l'on fera bien de s'embarquer, si l'on doit cultiver la terre, s'il est bon d'entreprendre tel voyage (386 B-C).

—4. Le même Nicandre avance une quatrième exégèse possible : *ei* peut équivaloir à *eithé*, « plaise au ciel », et introduire une prière à Apollon (386,D).

—5. Une cinquième exégèse est proposée par un certain Théon dont le nom apparaît également dans le *Dialogue sur les oracles de la Pythie* de Plutarque. *E* équivaudrait à *ei*, « si », qui introduit une conditionnelle exprimant un jugement hypothétique, ce qui convient à Appolon qui est le dialecticien par excellence, car, dit-il, il sait aussi bien résoudre les énigmes que les proposer (386 E).

—6. Théon ayant terminé de parler, l'Athénien Eustrophe exprime son idée sur le sens de l'*E* delphique. Nous, dit-il, qui voyons dans le nombre le principe de toutes choses sans exception, de toute substance et de toute existence, aussi bien divine qu'humaine, nous qui faisons de lui tout spécialement la cause première et efficiente de tout ce qui est beau et précieux, il ne convient pas non plus que nous restions sans rien dire ! En effet, selon nous, ce n'est ni la signification, ni la forme, ni la prononciation de l'*E* qui le distingue en soi parmi toutes les lettres, mais il mérite une place d'honneur parce qu'il désigne le nombre cinq, ce nombre souverain qui a tant d'importance dans l'Univers... Eustrophe fait un développement sur la valeur de l'*E* en mathématique, en physiologie, en musique, en philosophie (387 E et sq). On perçoit ici des échos de la mystique pythagoricienne des nombres.

—7. Mais Ammonios n'est satisfait par aucune des explications précédentes. A mon avis, dit-il, ce n'est ni un nombre, ni un rang dans une série, ni une conjonction, ni aucune autre partie du discours de sens incomplet que désigne cette lettre ; non, c'est une manière d'interpeller et de saluer le dieu qui se suffit à lui-même et qui donne à celui qui prononce ce mot, au moment même où il le fait, l'intelligence de l'essence divine. *E* est à comprendre : « Tu es » ; et Ammonios voit dans le « Tu es », que le fidèle adresse à son dieu, une réponse à la salutation que lui adresse Apollon comme pour l'accueillir : « Connais-toi toi-même ». « Tu es », ajoute t-il, est une appellation exacte et véridique, la seule qui ne convienne qu'à lui seul, et qui consiste à déclarer qu'il existe (392 a). Il explique que l'homme ne participe pas du tout à l'existence réelle, puisque toute nature périssable placée entre la naissance et la mort n'offre d'elle-même qu'une image et une apparence dépourvue de netteté et de consistance (392 B). L'être qui existe réellement, précise t-il, est celui qui est éternel, qui n'a pas eu de commencement et n'aura pas de fin, qui ne subit de changement à aucun moment du temps. Il s'agit évidemment de l'être divin « qui est unique » *(heis ôn)* « et qui est seul à exister réellement ». C'est pour cela que ceux qui l'honorent doivent le saluer en disant : « Tu es », ou même : « Tu es un » *(ei hén)*, comme le faisaient certains anciens (393 B).

2. Le E delphique et le Dieu des Juifs

L'intérêt de l'exégèse proposée par Ammonios, et qui est évidemment retenue par Plutarque, n'échappera pas aux exégètes de l'Ancien Testament. Elle appelle quelques observations.

1° On remarquera tout d'abord que Plutarque ne s'emploie nullement à trouver un sens plus ou moins mystérieux au nom de son dieu. Or, il aurait pu le faire, car de son temps, ce vieux nom divin avec ses diverses formes dialectales [*Apellôn (dorien), apeilôn (chypriote), aploun (thessalien)*] n'était déjà plus sans doute compris de ses fidèles. D'ailleurs, faut-il le rappeler, les tentatives des philologues modernes pour élucider son étymologie ne semblent pas avoir été davantage couronnées de succès [13]. De fait, les vieux noms divins, souvent incompréhensibles, ont reçu par la suite des interprétations plus ou moins discutables du point de vue étymologique mais qui reflètent en tout cas les croyances théologiques de leurs adorateurs. Ce fut le cas précisément pour le nom d'Apollon, interprété tardivement par les Grecs comme signifiant le « Destructeur » *(apolyôn)* ou le « Purificateur » *(apolouôn)* [14]. Plutarque ne s'est livré à aucun de ces exercices à partir du nom divin ; il s'est contenté d'interpréter un objet cultuel en forme d'*epsilon* pour affirmer l'existence de son dieu dans un sens qui reste à préciser.

2° Les choses sont bien différentes dans les données bibliques, à propos des noms divins 'ÉHYÉH 'AŠER 'ÉHYÉH et YHWH d'Ex 3, 14-15, qui sont apparemment mis en relation avec le verbe hébreu *hwh/hyh*, « être », du moins dans l'état actuel du texte massorétique d'Ex 3. Dans ce chapitre, on amalgame deux traditions différentes appartenant à l'Élohiste et au Yahwiste. Les critiques considèrent que les vv. 14 et 15, qui nous intéressent ici, remontent à la source élohiste (ainsi Eissfeldt, Baentsch, Beer) [15]. Mais le texte est en réalité surchargé comme l'a encore souligne Werner H. Schmidt, son dernier commentateur [16]. Le v. 14 est considéré, de fait, comme une addition par de nombreux auteurs [17], qui allèguent la répétition de deux *wy'mr* introduisant la parole de Yahweh. En effet, le lien littéraire se fait normalement sans solution de continuité entre le v. 13 et le v. 15 par-dessus le v. 14. D'ailleurs, certains auteurs, tels Holzinger, Baentsch, Grether, Noth, Richter, considèrent également le v. 15 comme une addition postérieure au texte. Mais ces questions rédactionnelles important peu pour notre propos.

Il est plus intéressant de souligner que le texte massorétique mentionne en fait deux noms divins ou deux formes d'un nom divin aux versets 14 et 15 : 'ÉHYEH et YHWH. En réponse à la question de Moïse faite à Dieu sur l'identité de son nom, Élohim dit à Moïse : *'éhyéh 'ašèr 'éhyéh*, et il dit : Ainsi tu parleras aux enfants d'Israël : 'ÉHYÉH m'envoie vers vous » (3,14). Au v. 15, on lit « Élohim dit de nouveau à Moïse : Ainsi tu parleras aux enfants d'Israël, YHWH le Dieu de vos pères, le Dieu d'Abraham, le Dieu d'Isaac, le Dieu de Jacob m'envoie vers vous » Gardons-nous, pour harmoniser [18] les deux traductions de corriger le 'ÉHYÉH en YHWH, comme l'ont proposé dans le passé certains exégètes [19], car la forme 'ÉHYÉH est à rapprocher très probablement du nom divin 'HYW dans le nom théophore ' BD'HYW, connu par des inscriptions nabatéennes — il est vrai, tardives — du IIe siècle de notre ère trouvées dans le Sinaï central et qui peuvent remonter à une ancienne divinité locale. Le rapprochement avait été jadis proposé par Mark Lidzbarski [20] et je l'ai repris à mon compte dans un article de 1955 [21].

J'écrivais à ce propos :

> « Les divers personnages portant ce nom « Serviteur de 'HYW » ne sont pas apparemment des Juifs en pèlerinage aux sources, comme jadis Élie. Il resterait à prouver que ces Nabatéens adorateurs du dieu 'HYW ont été amenés à ce culte par l'influence juive. Or, aucun indice ne le montre. Le vocable divin constituerait alors un précieux témoignage que le culte du Dieu de l'Exode se serait perpétué dans la région même de la Révélation du Sinaï, jusqu'au IIe ou au IIIe siècle de notre ère, et qu'il y avait encore des adorateurs. Le patronyme viendrait ainsi apporter un nouveau *confirmatur* à l'hypothèse de l'origine kénite du nom de Yahweh. Elle viendrait également montrer que le nom divin 'HYH ou YHWH n'est qu'une interprétation chargée d'une signification plus riche d'un vieux vocable 'HY dont on avait probablement perdu le sens. »

Je n'ai rien à changer à ces lignes, qui ont reçu récemment l'approbation du destinataire de ces *Mélanges*[22]. Lors de la rédaction de mon étude, on connaissait une demi-douzaine de personnages se nommant « ' Abd'eyhu, serviteur de 'HYW ». L'un des graffites attestant cet anthroponyme avait été relevé par Bénédite au Jebel Moneijah qui domine l'oasis de Feiran [23]. A. Negev a publié de nouvelles inscriptions nabatéennes qui ne sont pas du type commun des grafitti sinaïtiques gravés sur les rochers naturels des wadis. Ils apparaissent sur des blocs de granit qui font partie d'une enceinte circulaire identifiée à un haut-lieu remontant au moins à l'époque nabatéenne. Il n'est pas sans intérêt de souligner que les traditions bédouines locales rattachent ce sanctuaire au souvenir de Moïse. Lors des fêtes, on lit dans le Coran les chapitres se référant au personnage biblique et on immole un bouc dont le sang est répandu sur le sol de l'enceinte [24]. Une prospection récente du Sinaï organisée par l'*École biblique et archéologique française de Jérusalem* a mis à jour de nouvelles inscriptions avec le nom divin ' HYW [25].

3° Il importe maintenant de déterminer le sens de la phrase hébraïque : *'eheyh 'ašer 'ehyeh* (Ex 3, 14), qui a fait couler beaucoup d'encre [25].
Malgré les divergences d'interprétation de détail, l'immense majorité des
exégètes estiment que ce texte nous livre le sens du nom de Yahweh.
Voici quelques observations préliminaires essentielles. Il faut rappeler
qu'en hébreu le verbe de la proposition relative se met à la même
personne que celui de la proposition principale, alors que le français
moderne ne tolère plus l'attraction de la personne du verbe dans la
relative [27]. Pour ce motif, la proposition relative doit se traduire par la
troisième personne : « celui qui est », et non : « celui qui suis », comme l'a
fait la Vulgate : « Ego sum qui sum » [28] et comme l'ont fait beaucoup de
traducteurs modernes. Le premier « Je suis » est un prédicat et le second
concerne sa propre existence, mais dans quel sens ? En traduisant la
proposition relative hébraïque par un participe *ho ôn*, « l'Étant », le
traducteur grec des LXX a donné au verbe hébraïque *hāyāh* une connotation statique marquant la permanence, l'éternité de l'être divin. Mais en
fait cette conception est plus grecque qu'hébraïque [29]. Il faut donner au
verbe hébraïque *hāyāh* un sens dynamique marquant la présence effec-
tive, et ici aidante, de Yahweh. Il faut donc comprendre ainsi la phrase
hébraïque : « Je suis celui qui sera effectivement présent en soutenant
Moïse, son envoyé, » ce qui est dit de manière équivalente en Ex 3,12 « Je
serai avec toi » [30]. La traduction de Théodotion et d'Aquila : *ésomai os
ésomai*, « Je serai celui qui serai » est donc plus exacte que celle de la
version des LXX.

4° L'affirmation de Plutarque relative à l'existence du dieu de
Delphes diffère essentiellement de la révélation de l'Exode. Alors que
pour Moïse l'existence active et dynamique de Yahweh est manifestée par
une révélation particulière, celle d'Apollon paraît se situer plutôt au
terme de l'expérience personnelle de Plutarque et de ses convictions
philosophiques platoniciennes. On notera que le prêtre de Delphes affirme de son dieu : « Tu es », et non pas seulement : « Il est », parce que
précisément il sait qu'Apollon, qui est devenu le plus grec de 'ou. les
dieux [31], a supplanté pour ainsi dire, les autres divinités, en étant par ses
réponses oraculaires au centre des décisions politiques du monde hellénique et des préoccupations personnelles des consultants individuels innombrables. En effet, il est peu probable que Plutarque, fort curieux
d'histoire des religions et qui a certainement pu connaître à Alexandrie,
lors de son voyage en Égypte, la Bible grecque, ait voulu polémiquer
contre les prétentions du monde juif pour lequel son Dieu était l'unique
existant *ho ôn* (Ex 3, 14). Plutarque, certes, a prêté attention à toutes les
religions orientales et, en bon grec, a marqué son hostilité à l'égard de
certaines d'entre elles et en particulier, à la religion des Juifs [32], mais il
faut penser que c'est par d'autres voies toutes personnelles qu'« il a tiré
Dieu d'un dieu », pour reprendre une expression heureuse de Marie
Delcourt [33].

[1] Traduction de R. FLACELIÈRE, dans *Plutarque : Dialogues delphiques*, t. 6, coll. « Guillaume Budé », Paris 1974, p. 13.

[2] Cf. IMHOOF-BLUMER et P. GARDINER, *Numismatic Commentary on Pausanias*, pl. X, n° 22 et 23.

[3] Cf. R. FLACELIÈRE, *Dialogues pythiques* (Œuvres morales de Plutarque, t. 6) Paris 1974, p. 2 ; G. ROUX, *Delphes, son oracle et ses dieux*, Paris 1976, p. 216 ; J. DEFRADAS, *Les thèmes de la propagande delphique*, Paris, 1954.

[4] Cf. *De E delphico*, 385, F.

[5] Cf. A. et M. CROISET, *Histoire de la littérature grecque*, Paris 1899, t. 5, p. 679.

[6] Voir à ce sujet les remarques de J. DEFRADAS, *op. cit.* p. 273.

[7] *De E delphico*, 386 A.

[8] Diogène Laerce I, 28

[9] Cf. sur ce point J. DEFRADAS, *Les thèmes...*, p. 273.

[10] Voir la reproduction, pl. XX dans l'ouvrage de G. ROUX, *Delphes, son oracle et ses dieux*.

[11] On trouvera le résumé de ces opinions dans G. ROUX, p. 216.

[12] cf. H.W. PARKE et D.E.W. WORMELL, *The Delphic Oracle*, Oxford 1956, vol. 1, pp. 24-26.

[13] Cf. M.P. NILSSON, *Geschichte der griechischen Religion*, t. 1., Munich, 1941, pp. 523-527. E. Laroche estime possible le rapprochement des deux noms *Apollôn* et Hittite Appûliuna *(Recherches sur les noms des dieux hittites*, Paris 1947, p. 80).

[14] Cf. G.R. DRIVER, « The original form of the name of Yahweh », *ZAW* 46 (1928) pp. 7-25

[15] Cf. O. EISSFELDT, *Hexateuch-Synopse*, Darmstadt 1962 (réimpression), p. 112 ; B. BAENTSCH, *Exodus-Leviticus*, HKAT, Göttingen 1900, *in loc.* ; G. BEER, Exodus, HAT Tübingen 1939, p. 29.

[16] W. H. SCHMIDT, *Exodus*, BKAT, p. 131.

[17] Schmidt cite les noms de Arnold, Elliger, Noth, Fohrer, Hyatt, Delekat.

[18] Cf. à ce propos : A. CAQUOT, « Les énigmes d'un hémistiche biblique », dans *Dieu et l'Être* (Exégèses d'Exode 3,14 et de Coran 20, 11-24), Publication de l'Ecole Pratique des Hautes Études, Paris 1978, p. 23. ·

[19] J. WELLHAUSEN, *Die Composition des Hexateuches*, Berlin 1899, p. 70 ; H. HOLZINGER, *Exodus*, Kurzer Hand-Kommentar, Tübingen 1900, p. 14.

[20] M. LIDZBARSKI, dans *Ephemeris für semitische Epigraphik*, vol. 3, Giessen 1912, p. 270 (en note).

[21] M. DELCOR, « Des diverses manières d'écrire le tétagramme sacré dans les anciens documents hébraïques », *RHR*, 1955, pp. 162-165. Cette étude est reprise dans : *Études bibliques et orientales de religions comparées*, Leyde 1979, pp. 18-21.

[22] Cf. H. CAZELLES, « Pour une exégèse d'Ex 3, 14 » dans *Dieu et l'Être*, pp. 27 ss. ; *A la recherche de Moïse*, Paris 1979, p. 52 note 22.

[23] *CIS* t. 2, n° 2678.

[24] A. NEGEV, « A Nabatean Sanctuary at Jebel Moneijah, Southern Sinaï » *IEJ* 27 (1977), pp. 220-231.

[25] Cf. J. STARCKY, « Les inscriptions nabatéennes du Sinaï », dans *Le Monde de la Bible*, n° 10 (1979) p. 40

[26] Cf. entre autres études, celles de J. KINYONGO, *Origine et signification du nom divin Yahvé à la lumière des récents travaux et de traditions sémitico-bibliques* (Bonner Biblische Beiträge, n° 35), Bonn, 1970, pp. 102ss.

[27] Cf. à ce sujet les observations de A. CAQUOT, *art. cit.* pp. 19-20

[28] Cf. BERTIL ALBREKTSON, « on the syntax of '*hyh 'šr 'hyh* en Ex 3, 14 », dans P.R. ACKROYD and B. LINDARS, *Words and Meanings :* Essays presented to David Winton Thomas, Cambridge 1968, pp. 15-28.

[29] Cf. T. BOMAN, *Das hebräische Denken im Vergleich mit dem griechischen*, Göttingen 1968, pp. 27-37.

[30] Dans le même sens : A. CAQUOT, *art.cit.*, p. 20 ; K.H. BERNHARDT, art. « HYH », *TWAT*, t.2, p. 407.

[31] Cf. M. P. NILSSON, *Geschichte der griechischen Religion*, p. 498.

[32] *De la superst.*, 7, 169 ; *Quaest. conv.*, 4, 4-5, et les observations de Jean HANI, *La religion égyptienne dans la pensée de Plutarque*, Paris 1976, p. 8ss.

[33] Marie DELCOURT, *L'oracle de Delphes*, Paris : Payot 1955, p. 220.

REFLEXIONS SUR LA PÂQUE DU TEMPS DE JOSIAS
D'APRES 2 ROIS 23,21-23

Mathias Delcor, *Paris*

Un fait paraît établi. Durant toute l'époque monarchique, les textes sont silencieux sur la fête de la Pâque. Celle-ci est mentionnée de façon sûre sous le règne de Josias (2R 23, 21-23). Elle apparaît dans ce livre à l'occasion de la réfor me religieuse dont le roi d'Israël s'est fait le champion. Les critiques acceptent habituellement l'historicité de ce fait, bien que dans la très brève notice qui est consacrée à l'ordre donné par Josias de célébrer la Pâque à Jérusalem, aucune précision ne soit formulée concernant ses rites de cé lébration. Peter Laaf[1], un des derniers savants à avoir trai té du sujet, écrit: "La notice sur la Pâque au temps de Jo sias repose sur un événement historique"[2]. Cet auteur préci se avec raison que les versets 22-23 dans lesquels la Pâque de Josias apparaît comme la reprise d'une pratique ancienne remontant à l'époque des Juges sont dépendants des conceptions deutéronomiques. En cela il s'accorde avec la plupart des auteurs[3].

---

[1] Cf. P. Laaf, *Die Pascha-Feier Israels. Eine literarkritische und überlieferungsgeschichtliche Studie* (Bonner Bibli sche Beiträge, 36), Bonn 1970, p. 94.

[2] Voir dans le même sens J. Gray, un des derniers commentateurs du livre des Rois, (The Old Testament Library), Londres 1964.

[3] Cf. M. Noth, *Überlieferungsgeschichtliche Studien*, I, Darm stadt 1963, p. 86, note 4; S. Ros Garmendia, *La Pascua en el Antiguo Testamento*, Vitoria 1978, p. 169.

De fait la phrase עשית פסח ליהוה אלהיך "Tu feras une Pâque pour Yahvé ton Dieu" de Dt 16,1 est reprise presque à la
lettre dans 2R 23,21; on remarquera plus précisément que l'
expression "Yahvé ton Dieu" ou "Yahvé votre Dieu" dans le con
texte de la Pâque ne se retrouve que dans le passage deutéro
nomique que je viens de mentionner, et dans ce verset du livre des Rois. Il y a donc tout   lieu de penser que Josias
a demandé de célébrer la Pâque à Jérusalem conformément aux
prescriptions deutéronomiques.
     L'historicité de la Pâque sous Josias semblait plus dou-
teuse, par contre, à W. Baumgartner pour qui les versets 21-
23 ne manquent pas à l'ensemble du récit[4]. En d'autres termes, pour cet exégète, on pourrait facilement, sans nuire à
l'unité du chapitre, retrancher la notice sur la Pâque qui
s'insère apparemment assez mal d'une part, entre le récit de
la destruction des hauts lieux et de l'immolations des prêtres préposés à leur service (23,19-20) et, d'autre part, la
suppression des nécromants, devins et idoles de Juda et de Jé
rusalem (23,24). Compte tenu de cette observation, on pourrait envisager que ces trois versets ont été insérés à cette
place par le rédacteur deutéronomiste[5].
     Mais nous verrons plus loin que cette hypothèse ne s'impo
se pas. Si l'on peut accepter l'historicité de la fête pour
des motifs que nous examinerons plus bas, il semble pourtant
que la date de la célébration de la Pâque, la 18ème année du
roi Josias, soit secondaire. En effet, c'est aussi la dix-
huitième année de son règne que le livre de la Loi a été trou
vé dans le temple de Yahvé par le grand-prêtre Hilqiyyahu
(2R 22,3-8). Aussi y a t-il tout lieu de penser que le rédac
teur a voulu mettre en relation étroite avec la découverte
du Deutéronome, l'ordre de célébrer la Pâque à Jérusalem, c'
est à dire dès le début de la réforme centralisatrice[6].
Mais on sait qu'une opération de cette envergure qui boule-
versait si profondément dans ses rites et finalement dans sa
nature une très ancienne fête d'Israël dont les racines plon
geaient dans la vie nomade, devait requérir quelques ménage-
ments de la sensibilité populaire et demandait du temps.

---

[4] Cf. W. Baumgartner, *Der Kampf um das Deuteronomium*, dans
ThR I, 1929, p. 15.

[5] Dans le même sens, cf. Garmendia, *op. cit.*, p. 117.

[6] Cf. dans le même sens J.A. Montgomery – H.S. Gehman, *A
Critical and Exegetical Commentary on the Books of Kings*
(ICC), Edinburgh 1951.

Aussi est il peu vraisemblable qu'une telle réforme ait
pris place dès la dix-huitième année du règne de Josias.
Car, notons-le bien, dans cette Pâque deutéronomienne, il ne
s'agit pas purement et simplement d'un retour à un usage ancien remontant à l'époque des Juges - on n'avait pas célébré
une Pâque comme celle-là, précise la notice, depuis les jours
des Juges qui avaient régi Israël et pendant tout le temps
des rois d'Israël et des rois de Juda (23,23) -, il s'agit
d'un événement vraiment révolutionnaire par rapport à ce qui
est prescrit dans la plus ancienne tradition en Ex 12,21-28.
D'ailleurs sur la nature de cette dernière source et donc
sur sa date les commentateurs se montrent hésitants au point
de l'attribuer soit au yahviste (Noth)[7], soit au sacerdotal
(Holzinger)[8], soit à la *Laienquelle* (Eissfeldt)[9], soit à une
source nomade[10]. Michaeli, le dernier commentateur français
du livre de l'Exode, se montre très perplexe sur l'origine
des versets 21-28: "Est-ce une forme seconde (ou première?)
de la tradition sacerdotale rencontrée dans les versets 1-14?
Est-ce un élément de la tradition yahviste comme beaucoup le
pensent? Est-ce un texte purement rédactionnel dans le style
et la pensée de la tradition deutéronomiste, comme pourraient
le faire croire les vv. 26-27 et leur souci pédagogique? Ces
diverses hypothèses sont possibles mais rien ne permet de
trancher réellement".
     D'après ce récit, selon nous le plus ancien, la Pâque ap-
paraît comme une fête familiale s'enracinant, semble-t-il,
dans le monde nomade. Elle comporte un rite apotropaïque essentiel constitué par l'aspersion de l'entrée de la maison
avec le sang de la victime, rite lié, semble-t-il, à la protection des familles contre un démon destructeur. Ce rôle du
sang avec sa vertu protectrice contre le fléau destructeur
est aussi bien souligné dans le document sacerdotal (Ex 12,
7.13) qui véhicule d'anciennes traditions.
     Or ce rite du sang, avec son rôle particulier, nous ne le
retrouvons plus dans la brève notice du livre des Rois con-

---

[7] Cf. M. Noth, *Das zweite Buch Mose. Exodus* (Das Alte Testament Deutsch), Göttingen ²1961, au verset.

[8] Cf. H. Holzinger, *Exodus* (Kurzer Hand-Commentar zum Alten
Testament), Tübingen 1900, au verset.

[9] Cf. O. Eissfeldt, *Hexateuch-Synopse*, Darmstadt 1962 (2ème
édit.)

[10] Cf. G. Fohrer, *Überlieferung und Geschichte des Exodus*
(BZAW 91), Berlin 1964, pp. 82 et sq.

cernant la fête ordonnée par Josias et pas davantage dans le
récit détaillé de la même Pâque tel que le donne le livre
des Chroniques qui reflète sans doute sur bien des points l'
époque de sa rédaction. Il est dit à ce sujet: "Ils immolè-
rent la Pâque, les prêtres répandirent le sang (ויזרקו) de
leurs mains et les lévites dépecèrent leurs victimes" (2Chr
34,11). Parce que la fête a pénétré dans le temple, elle est
devenue un sacrifice du temple et a donc été entièrement sou
mise aux prêtres en étant intégrée dans le culte officiel.
Elle a donc perdu son caractère familial si marqué dans la
plus ancienne source du Pentateuque et jusqu'à la plus récen
te, le document sacerdotal. Du même coup a disparu tout l'as
pect nomade et apotropaïque que l'on avait reconnu dès la
plus ancienne source de l'Exode et qu'on retrouve dans la tra
dition sacerdotale. Enfin la Pâque a été assimilée à une fête de pèlerinage à Jérusalem qu'il fallait renouveler annuel
lement pour être en accord avec la Loi. Une fois admise l'
historicité de la Pâque ordonnée par Josias, il faut nous de
mander quelles ont pu être les motivations du roi pour une
telle célébration au temple de Jérusalem. Nicolsky notamment
les a étudiées il y a plus d'un demi-siècle dans une étude
en allemand intitulée "La Pâque dans le culte du temple de
Jérusalem"[12].
    Dans l'étape historique antérieure au Deutéronome, dit-il,
les livres historiques et prophétiques ont passé sous silence la Pâque. On a expliqué cette apparente oblitération de
la fête par le fait que celle-ci était célébrée au sein des
foyers. Pour cette raison la Pâque fut reléguée au second
plan parce qu'elle n'appartenait pas au cycle des fêtes na-
tionales. Nous ne pensons pas en effet qu'on puisse à la sui
te de Procksch[13] retrouver la fête de Pâque en Is 30,29 où le
prophète parle d'un chant qui sera "comme la nuit de fête
(כְּלֵיל הִתְקַדֶּשׁ-חָג) où les coeurs sont joyeux". En effet ce n'
est qu'à l'époque gréco-romaine que le repas pascal était ac
compagné de chants[14]. Par ailleurs, il faut remarquer qu'il

[11] Cf. F. Michaeli, *Le livre de l'Exode* (Commentaire de l'Ancien Testament, II), Neuchâtel-Paris 1974, p. 107.

[12] Cf. N.M. Nicolsky, *Pascha im Kulte des Jerusalemischen
Tempels*, dans ZAW 45, 1927, pp. 171-190; 241-253.

[13] Cf. O. Procksch, *Jesaja I übersetzt und erklärt* (Kommentar
zum Alten Testament), Leipzig 1930, pp. 401-402.

[14] Cf. G. Beer, *Pesahim (Ostern)*. Text, Übersetzung und Erklä
rung, Giessen 1912, p. 73.

s'agit ici d'une fête célébrée pendant la nuit (ליל), alors
que l'agneau pascal était immolé le soir.

De fait, la plupart des auteurs estiment que la fête visée
dans le verset d'Isaïe est celle de Sukkot parce que, déjà
au temps du prophète, comme plus tard dans le Judaïsme tardif, cette fête avait un caractère populaire avec notamment
une procession nocturne aux flambeaux[15]. Procksch dans son
commentaire a donc tort de rejeter la fête des Tabernacles
et de dire que l'ancienne liturgie ne connaissait aucune fête nocturne. De fait, la fête de Sukkot était la plus populaire de toutes et il n'est guère possible de dire que la Pâque célébrée du temps d'Ezéchias était déjà une fête populaire comme le soutient Procksch. Il resterait d'abord à démontrer le caractère historique de la Pâque célébrée sous Ezéchias telle que la décrit 2 Chr 30.

Le Deutéronome, a-t-on dit, a sorti cette fête de son milieu ambiant familial et privé dans un but de centralisation.
De fait, c'est ainsi que l'on a expliqué généralement toutes
les innovations que l'on trouve dans le Deutéronome.
Mais cette motivation centralisatrice, est-elle suffisante
pour expliquer une telle révolution non seulement en ce qui
concerne le lieu de la célébration de la Pâque, mais aussi
dans la manière même dont elle allait être célébrée? Personel-
lement je ne le pense pas. C'est ailleurs ce qu'ont senti plusieurs spécialistes qui ont essayé de trouver d'autres explications, du reste peu convaincantes. Mowinckel[16], par exemple,
suppose que, si Josias a demandé de célébrer la Pâque à Jérusalem, c'était parce qu'il avait choisi ce jour pour conclure une alliance avec Yahvé. Rien pourtant dans 2R 23,1 et sq.
n'indique que la lecture solennelle de la Loi et la conclusion de l'Alliance avec Yahvé aient eu lieu à l'occasion de la
Pâque. En Israël la fête de l'Alliance ou du renouvellement
de l'Alliance n'étaient pas célébrée à Pâque mais à la Pentecôte ou fête des semaines, du moins à l'époque exilienne et
postexilienne. La fête des semaines (ḥag haśabu'ot), essentiellement fête des prémices, était devenue la fête des serments (ḥag haśebu'ot), c'est à dire de l'Alliance grâce à un
jeu de mots bien compréhensible. C'était certainement chose
faite au moment de la rédaction du livre des Chroniques, car

---

[15] Pour le résumé des diverses opinions cf. H. Wildberger,
Jesaja (Biblischer Kommentar Altes Testament, X,3), Neukirchen-Vluyn 1978-1979, p. 1220.

[16] Cf. S. Mowinckel, *Psalmenstudien*, II, Oslo 1921-1924, p.
206.

ce livre mentionne, au 3ème mois de la 15ème année du règne
d'Asa, un rassemblement et une fête où le peuple, après un
grand sacrifice de boeufs et de brebis, fait une alliance
avec Yahvé (2 Chr 15,10-14); l'acte essentiel de cette péné-
gyrie religieuse apparaît aux yeux du chroniqueur comme étant
un serment (hašebu'ah)[17].

Les arguments avancés habituellement par les auteurs pour
expliquer la grande célébration de la fête de Pâque au temple de Jérusalem sont insuffisants. Car, ni les préoccupations centralisatrices du roi, ni son désir de renouveler l'
Alliance avec Yahvé n'expliquent qu'il ait choisi plus spécialement la Pâque pour une célébration à Jérusalem. Pourquoi en effet Josias a-t-il osé disloquer la Pâque avec ses
rites familiaux propres en l'introduisant dans le cycle des
fêtes célébrées au Temple? Pourquoi par la même occasion,
s'il agit uniquement dans une perspective centralisatrice,
n'a t-il pas édicté une ordonnance royale pour que soient cé
lébrées aussi à Jérusalem la fête des semaines et celle des
tentes? En effet sur ce point, les prescriptions du Deutéronome sont formelles: "Trois fois par an, on verra tous les
mâles de chez toi, devant Yahvé ton Dieu, au lieu qu'il aura
choisi: à la fête des Azymes, à la fête des Semaines, à la
fête des Tentes" (Dt 16,16).

Il y a donc d'autres motifs que l'examen du contexte de la
réforme religieuse de Josias permet, je crois, de découvrir.
Notons tout d'abord que l'ordre de célébrer à Jérusalem une
Pâque en l'honneur de Yahvé se situe après la destruction
des hauts-lieux des villes de Samarie et la mise à mort de
leurs prêtres sur leurs autels. L'annaliste ajoute tout de
suite après: "Il brûla (וישרף) des ossements humains ('et-
'aṣmot 'adam) sur eux (c.a.d. sur les autels) et il s'en retourna à Jérusalem" (2R 23,20). Si nous comprenons bien, Josias pratique sans doute en manière de représailles contre
les prêtres des hauts-lieux les mêmes rites que ceux-ci pratiquaient, sans doute un peu partout dans le royaume du Nord
(en Samarie), et plus spécialement à Jérusalem dans la vallée
de Ben-Hinnom (2R 23,10):

---

[17] Pour le détail cf. M. Delcor, art. *Pentecôte* dans DBS VII,
col. 865-866 et du même auteur *Das Bundesfest in Qumran
und das Pfingsfest*, dans Bibel und Leben, 1963. Cette dernière étude a été reprise dans *Religion d'Israel et Proche
Orient ancien*, Leiden 1976, pp. 281-297.

וטמא את-התפת
אשר בגי בני-הנם לבלתי
להעביר איש את-בנו ואת-בתו
באש   למלך

"Le roi profana le tophet qui était dans la vallée de Ben-Hinnom pour que personne ne fît plus passer son fils ou sa fille par le feu en sacrifices molk (en l'honneur de Molek)".

Quelques développements sont ici nécessaires:

1°) le texte ne dit pas que le tophet ou brûloir situé aux portes de Jérusalem est un haut-lieu. Mais d'autres textes sont formels sur ce point précis, en particulier trois passages du livre de Jérémie. Citons les côte à côte, car sur quelques détails ils sont complémentaires.
Le prophète s'attaque aux habitants de Jérusalem ou aux Judéens en raison de leurs étranges pratiques religieuses:
"Ils ont construit un haut-lieu de Tophet (*banu bamat hattophet*)[18] dans la vallée de Ben-Hinnom, pour brûler (*lisroph*) leurs fils et leurs filles, ce que je n'avais pas ordonné, à quoi je n'avais jamais songé. C'est pourquoi voici que des jours viennent - oracle de Yahvé - où l'on ne dira plus Tophet ni vallée de Ben-Hinnom mais vallée du carnage (*ge' haharegah*). On enterrera au Tophet même s'il n'y a pas de place, et les cadavres de ce peuple serviront de pâture aux oiseaux du ciel et aux bêtes de la terre que nul ne chassera" (Jer 7,31-33).
Si nous comprenons bien, à l'emplacement du tophet détruit on fera des enterrements, même s'il n'y a plus de place et, en conséquence, les cadavres entassés seront livrés en pâture aux oiseaux et aux bêtes.
"Ils ont rempli ce lieu du sang d'innocents (*dam neqiyyim*). Ils ont construit les hauts-lieux de Ba'al (*banu 'et bamot habba'al*) pour brûler (*lisroph*) leurs fils par le feu, en holocauste à Ba'al (*'olot Ba'al*); cela, je ne l'avais jamais ordonné, je n'en avais jamais parlé, je n'y avais jamais songé. C'est pourquoi, voici que des jours viennent - oracle de Yahvé - où ce lieu ne sera plus appelé Tophet ni vallée de Ben-Himmon, mais vallée du carnage" (Jer 19,4-6).
Par rapport au passage cité précédemment on trouve ici des indications complémentaires. Les hauts-lieux (T.M.) sont construits en l'honneur de Ba'al et les habitants de Jérusalem y consument par le feu leurs fils en holocauste. Il faut peut-être joindre la fin du verset 4 à ce qui suit. Dans ce cas,

---

[18] Il faut lire un singulier avec la LXX et le Targum.

on pourrait comprendre que l'holocauste des enfants était précédé d'une immolation "Ils ont rempli ce lieu (c'est à dire Jérusalem) du sang d'innocents". L'expression *dam neqiyyim* ne se trouve qu'en Jer 19,4. Mais on rencontre une expression semblable dans le Dt 19,10; 27,25 (*dam naqî*) "sang innocent" et dans Jer 7,6; 22,3; 26, 15. Dans ces passages, le sang innocent n'a rien à voir avec le sang des petits enfants préablement égorgés avant d'être brûlés. En effet la mention du "sang innocent" dans Jérémie apparaît en dehors de notre passage dans un contexte d'injustices sociales: l'oppression de l'étranger, de la veuve ou de l'orphelin (Jer 7,6; 22,3) ou dans le cas précis de l'arrestation du prophète Jérémie par ses ennemis (Jer 26,15). Tuer ce dernier, ce serait verser du sang innocent. De toutes façons on ne peut pas traduire *dam neqiyyim* "sang des innocents" car on aurait plutôt *dam hanneqiyyim*. On notera que l'adjectif au pluriel ne s'accorde pas avec *dam*. On attendrait le pluriel de composition *damim* puisqu'il s'agit de sang versé[19]. On ne peut donc traduire, semble t-il, "sang innocent", mais plutôt "sang d'innocents".

   "Ils ont construit les hauts-lieux à Ba'al dans la vallée de Ben-Hinnom pour faire passer au feu (*leha'abir*) leurs fils et leurs filles en sacrifice molk, ce que je n'avais point ordonné, ce à quoi je n'avais jamais songé: commettre une telle abomination (*to'ebah*) pour faire pêcher Juda" (Jer 32,35). Ce texte comme d'autres de Jérémie insiste sur le fait que ces rites n'ont jamais été voulus par Yahvé et donc qu'ils n'appartiennent pas au Yahvisme.

2°) Si les textes de Jérémie que nous avons cités mentionnent en toutes lettres que les tophet étaient des hauts-lieux consacrés à Ba'al où l'on brûlait des enfants, ils ne disent rien en clair de l'égorgement préalable de ces enfants. Il est douteux en effet qu'il faille comprendre de la sorte Jer 19,4. Par contre les textes littéraires en particulier sont formels sur cette pratique chez les Carthaginois et déjà chez les Phéniciens. Parmi les textes littéraires, je ne citerai que les témoignages limpides de Plutarque et de Philon de Byblos: " Les Carthaginois égorgeaient leurs propres enfants au pied des autels. Ceux qui n'en avaient point achetaient aux pauvres des petits qu'ils égorgeaient comme on fait des agneaux ou des oiseaux. La mère assistait au sacrifice sans verser une larme, sans pousser un gémissement. Cependant au pied de la statue, toute l'enceinte était rem-

---

[19] Cf. P. Joüon, *Grammaire de l'hébreu biblique*, Rome 1923.

plie de   joueurs de flûte et de tambour, afin que les cris
et les gémissements des victimes ne pussent pas être entendus"[20].

Les sacrifices d'enfants existaient déjà en Phénicie. Phi
lon de Byblos est formel à ce sujet ainsi que Quinte-Curce.
Le premier auteur nous dit que chez les Phéniciens les enfants étaient immolés selon un rite secret: κατεσφάττοντο δὲ
οἱ διδόμενοι μυστικῶς, et que le rite avait été inauguré par
Kronos lui-même immolant son propre fils[21]. Selon le témoignage de Quinte-Curce, à l'occasion du siège de Tyr par Alexandre le Grand, "certains conseillaient de reprendre un rite que je ne saurais croire agréable aux dieux et qu'on avait
suspendu pendant des siècles: le sacrifice à Saturne d'un en
fant de famille libre; ce rite sacrilège plutôt que sacré a
été transmis par ses fondateurs à Carthage où, dit-on, il fut
pratiqué jusqu'à la destruction de la ville; et si le conseil
des anciens qui détenait l'autorité n'y avait fait obstacle,
une superstition barbare aurait triomphé du sentiment d'huma
nité"[22].

Les auteurs classiques emploient en effet les verbes κατα
σφάζω, *mactare*, *immolare*. L'égorgement des enfants est donc
clair d'après les auteurs anciens, non seulement à Carthage
mais déjà en Phénicie[23]. De là, il a dû passer en Israël,
mais en Phénicie, il a cessé plusieurs siècles avant le siège de Tyr par Alexandre le Grand en 330 av. J.C. Il est possible qu'il y ait dans 2R 23,20 une allusion indirecte à ces
pratiques si, dans notre hypothèse, le roi Josias, en guise
de représailles, immolait (*wayyizbaḥ*) et brûlait les prêtres
des hauts-lieux sur leurs autels, comme le faisaient les Phé
niciens et leurs adeptes en Israël pour les petits enfants.
Mais, soulignons le, la documentation biblique n'a surtout

---

[20] Cf. *De superst.* XIII,171d. Voir d'autres textes, tel celui
de Diodore de Sicile, recueillis par R. de Vaux, *Les sacri
fices de l'Ancien Testament*, Paris 1964, pp. 72 et sq.

[21] Cf. Eusèbe, *Praep. Evangelica* IV,16,6.

[22] Cf. Quinte-Curce, *Hist.* IV,III,23,trad. H. Bardon, dans la
collection Budé.

[23] Ce fait a été établi par J. Guey, dans *Mélanges d'archéolo
gie et d'histoire*, (Rome) t. LIV, 1937, pp. 94-99. Il est
admis aussi par J. Février, *Essai de reconstitution du sacrifice molek*, dans Journal Asiatique 248, 1960, pp. 167-
187 et par R. de Vaux, *Les sacrifices de l'Ancien Testament*, Paris 1964, p. 74.

retenu que la deuxième phase du rite, la crémation. Ezéchiel 16,21 mentionne cependant l'égorgement des victimes avant que celles-ci ne passent par le brûloir.

3°) Il est également possible que déjà du temps de Josias on ait pratiqué en Phénicie et aussi sur le territoire d'Israël des sacrifices de substitution, en d'autres termes, qu'on ait immolé un agneau au lieu et place d'enfants. Nous sommes, il est vrai, réduits à des hypothèses en raison du silence des textes hébreux et phéniciens. Mais le silence sur ce point des inscriptions provenant de Phénicie ne signifie pas que de tels rites n'aient pas existé, car la documentation épigraphique antérieure au VIème siècle av. J.C. d'une part est rare et, d'autre part, n'est pas par nature consacrée aux rites. Notre hypothèse exprimée plus haut paraîtra plus plau sible si l'on tient compte du fait qu'un sacrifice de substi tution du type *molk* existait déjà à Malte, comme en témoignent deux inscriptions puniques datant du VIIème ou du VIème siècle av. J.C., découvertes en 1820 et aujourd'hui disparues. Mais les éditeurs du Corpus des Inscriptions sémitiques ne les avaient point comprises[24].

Il s'agit de deux stèles. Au début de la première on lit: NSB MLK B'L 'S SM etc.[25]. A la suite de Dussaud, le début de la seconde stèle doit se lire: NSB MLK 'MR 'S SM etc. En effet, au lieu de la lecture MLK 'ŠR où Gesenius[26] a vu un nom divin composé "Osiris règne", lecture adoptée ensuite par le Corpus des Inscriptions sémitiques, il faut lire MLK 'MR. Il s'agit en réalité d'un sacrifice d'agneau bien connu par les quatres stèles de Ngaus dédiées à Ba'al Ḥammon sous la transcription latine de molchomor[27]. C'est un sacrifice de substitution. Parallèlement la première stèle doit se tradui re: "Stèle de sacrifice (molk) à la place d'un nourrisson qu' à érigé N...". De fait, B'L ne désigne pas Ba'al mais un mot composé de la préposition *beth* au sens de "à la place"

---

[24] Cf. CIS I,123a et 123b.

[25] Cf. R. Dussaud, *Précisions épigraphiques touchant les sacrifices puniques d'enfants*, CRAIBL 1946, pp. 371-387.

[26] Cf. G. Gesenius, *Scripturae linguaeque Phoeniciae monumenta quotquot supersunt*, Leipzig 1837, p. 107-114, p. VIII.

[27] L'expression MLK 'MR ne se rencontre que quatre fois dans les inscriptions d'Afrique du Nord: CIS I,307; Costa n° 58; Hofra n° 54 et 55 (cf. A. Berthier et R. Charlier, *Le sanctuaire punique d'El Hofra à Constantine*, 1955).

suivie de 'L (hébreu עויל) "nourrisson"[28].

La présence en Israël de sacrifices du type molk étudiés en particulier par Otto Eissfeldt[29] serait-elle confirmée par une stèle dédiée à Eshmoun trouvée en Palestine à Nebi Yunis entre Jaffa et Ashdod? Elle commence par [N]ṢB MLK et fut pu bliée pour la première fois par le P. Lagrange[30]. Lidzbarski en contesta l'authenticité[31], ce qui lui valut une lettre de protestation du savant dominicain en date du 26 mai 1900[32]; pour ce dernier, en effet, le document est bien authentique. Cette stèle étudiée récemment par Delavault et Lemaire[33] con tiendrait dès le deuxième mot MLK une indication qu'au IIIème -IIème siècle av. J.C. il y avait encore en Palestine un sa crifice molk. Mais Mme Colette Picard a fait de sérieuses objections à cette interprétation[34]. En premier lieu elle re marque que le sacrifice (MLK) était habituellement offert à Ba'al Hammon et à Tanit et que ce serait la première fois qu' on aurait un sacrifice à Eshmoun. En second lieu, elle obser ve qu'aux IIIème-IIème siècle av. J.C. les sacrifices d'en fants étaient tombés en désuétude à Tyr et qu'il devait y avoir à cette époque un sacrifice de substitution. Compte te nu de ces observations nous ne feront donc pas état de ce tex te épigraphique.

---

[28] Cette explication est proposée par H. Donner - W. Röllig, *Kanaanäische und Aramäische Inschriften*, II, Wiesbaden 1964, pp. 76-77.

[29] Cf. O. Eissfeldt, *Molk als Opferbegriff im punischen und hebräischen und das Ende des Gottes Moloch*, Halle 1935.

[30] M.-J. Lagrange, *Une inscription phénicienne*, dans RB 1, 1892, pp. 275-281.

[31] Cf. M. Lidzbarski, *Handbuch der nordsemitischen Epigraphik*, Weimar 1898.

[32] La lettre est reproduite par H. Lidzbarski, *Ephemeris für semitische Epigraphik*, I, Giessen 1902, p. 285.

[33] Cf. B. Delavault - A. Lemaire, *Une stèle "molk" de Palesti-ne, dédiée à Eshmoun? RES 367 reconsidéré*, dans RB 83, 1976, pp. 569-583.

[34] Cf. C. Picard, *Le monument de Nebi-Yunis*, dans RB 83, 1976, pp. 584-589. Voir aussi J. Teixidor dans syria 56, 1979, p. 383, pour qui la lecture [N]ṢB MLK "Stèle molk" paraît incertaine.

4°) Quoi qu'il en soit du sens à donner à cette stèle, il res
te que la Pâque célébrée au temple de Jérusalem sous Josias
me paraît constituer une réplique yahviste aux sacrifices
phéniciens d'enfants qui avaient pénétré à Jérusalem, même
si à cette époque commençaient déjà à apparaître des sacrifi
ces de substitution pour lesquels on utilisait l'agneau. En
effet, pour pouvoir lutter efficacement contre de tels rites
païens il fallait leur opposer des rites présentant extérieu
rement quelques ressemblances, tels celui de la Pâque, mais
non identiques.

   a) On devait les célébrer à des heures sinon identiques,
du moins voisines. Or la Pâque était célébrée le soir tandis
que les sacrifices d'enfants se faisaient de nuit comme l'in
dique l'inscription I de Ngaus: *sacrum magnum nocturnum mor-
chomor*[35].

   b) Il fallait que dans les deux cas la victime sacrificielle soit égorgée dans un premier temps puis brûlée[36].
Or c'est vrai de la Pâque et du sacrifice molk.

   c) Il fallait aussi qu'on prête à ces sacrifices des vertus analogues. Or J. Février[37] a rappelé opportunément le tex
te de Philon de Byblos pour qui les sacrifices d'enfants
avaient un rôle apotropaïque comme l'ancienne Pâque hébraïque et aussi après son historicisation qui la met en relation
avec la libération du peuple israélite de la servitude égyptienne (cf. Dt 16,3). Il était d'usage chez les Anciens lors
que survenaient de grands dangers que les chefs de la ville
ou du peuple immolassent (εἰς σφαγὴν ἐπιδιδόναι) le plus cher
de leurs enfants, pour éviter la ruine de tous, comme rançon
à l'égard des divinités de la vengeance (λύτρον τοῖς τιμωροῖς
δαίμοσι); les victimes étaient égorgées de façon mystérieu-
se".

   d) enfin il fallait faire sortir le rite pascal du cercle
familial et le faire entrer dans le sanctuaire de Jérusalem
dont l'influence était précisément contrecarrée par les sacrifices barbares du tophet voisin de la vallée de Ben-Hinnom.
C'est pour ce motif, semble t-il, que la Pâque a été centra-
lisée à Jérusalem, car les sacrifices molk d'enfants semblent

---

[35] Cf. J. Février, *Essai de reconstitution*, art. cit., p. 174.

[36] Mais dans le Dt 16,7, pour se conformer aux sacrifices du
Temple, on passe du rôti au bouilli pour les victimes pascales.

[37] Cf. J. Février, *Essai de reconstitution*, art. cit., p. 175.

avoir été essentiellement localisés dans le voisinage immédiat du Temple. J'ajoute que les victimes pascales n'étaient
plus uniquement du petit bétail comme dans la plus ancienne
mention de la Pâque, mais qu'elles comptaient aussi du gros
bétail. Le Deutéronome est formel à ce sujet (cf. 16,2), ain
si que le récit des Chroniques relatif à la Pâque du temps
de Josias (2 Chr 35,7 et sq.). Du fait que le sacrifice pascal comportait aussi du gros bétail, il ne pouvait être assi
milé aux sacrifices phéniciens de substitution où l'on utili
sait des agneaux.

Le remède préconisé par Josias n'a pas extirpé pour autant
le mal que, dans notre hypothèse, il entendait combattre. Jé
rémie nous est témoin que de son temps ces sacrifices barbares avaient repris dans la vallée même de Ben-Hinnom, surtout sous le roi Joiaqim (609-597), à la veille de l'Exil.
Le prophète insiste sur le fait que jamais un tel culte n'à
été voulu par Yahvé et il se réfère ici à une interprétation
abusive que l'on a donné au code de l'Alliance: "Le premier-
né de tes fils, tu me le donneras. Tu feras de même pour ton
gros et ton petit bétail: pendant sept jours il restera avec
sa mère, le huitième jour tu me le donneras" (Ex 22,28-29),
car cette loi des premiers-nés en ce qu'elle semble avoir d'
absolu est corrigée par Ex 13,11-15; 34,19-20 qui ordonne de
racheter les premiers-nés de l'homme (cf. aussi Num 18,15-
16).

Le prophète Ezéchiel, se référant à la loi des premiers-
nés semble dire que cette loi qui était bonne a été interpré
tée abusivement par le peuple qui en a profité pour suivre
les errements des peuples voisins (Ez 20,25-26). On n'entend
plus parler de sacrifices molk d'enfants postérieurement au
prophète Ezéchiel. D'ailleurs parallèlement, sur le sol même
de Phénicie, de tels rites avaient disparu depuis des siècles, antérieurement à la prise de Tyr par Alexandre le Grand,
selon le témoignage de Quinte-Curce cité plus haut.

Que devient alors l'ordre de Josias qui avait demandé de
célébrer à Jérusalem la fête de la Pâque? La législation sacerdotale contenue dans Ex 12,1-13 (P) montre que la célébra
tion au sanctuaire de Jérusalem selon la législation deutéro
nomique est abandonnée et que l'on revient au cadre familial
des anciens temps. R.J. Thompson naguère ne savait comment
expliquer ce changement: "The usual analysis which assigns
Exod. 12,1-13 to P does not explain why P having gained the
advantages for the priesthood of the centralized rite in Deut
16 should go back to a house rite in Exod 12,1-13" [38]

---

[38] Cf. R.S. Thompson, *Penitence and Sacrifice in Early Israel*

Dans notre hypothèse, le retour au rite pascal célébré en famille s'expliquerait par le fait que les sacrifices d'enfants avaient complètement cessé dans la vallée de Ben-Hinnom. Le mal ayant disparu, le remède pouvait lui aussi prendre fin et il n'y avait plus aucun inconvénient pour le sacerdoce de Jérusalem de demander que l'on revienne à l'ancien rituel nomade.

Si notre explication est recevable, elle répond aux questions essentielles qu'on ne pouvait manquer de se poser à propos de la célébration de la Pâque au sanctuaire de Josias que je veux rappeler en terminant:

Pourquoi a t-il privilégié cette fête de la Pâque par rapport aux autres fêtes religieuses d'Israël en ordonnant de la célébrer à Jérusalem?

Pourquoi n'a t-il pas hésité du même coup à changer la nature même de cette fête familial en modifiant le rituel antique de célébration?

Pourquoi enfin le document sacerdotal n'a t-il pas tenu compte des avantages acquis par les prêtres de Jérusalem et est-il revenu aux rites ancestraux et familiaux?

---

outside the Levitical Law, Leiden 1963, p. 134, note 1.

(Ricevuto il 17.IX.1981)

- - -

Riassunto

Non sembra che l'esegesi biblica sia arrivata a spiegare perché la Pasqua, rito puramente familiare, venga celebrata da Giosia, e per qualche tempo anche dopo di lui, nel tempio di Gerusalemme, per divenire poi di nuovo rito familiare con la fonte Sacerdotale.

La celebrazione della Pasqua fatta da Giosia nel tempio va vista nel quadro delle riforme religiose intraprese dal re, ma è impossibile spiegarla semplicemente con la sua politica di centralizzazione. Il fatto che anche la Pasqua sia stata centralizzata è la risposta yahwista alla pratica di tipo fenicio dei sacrifici di bambini, pratica che era penetrata anche in Gerusalemme e che in Gerusalemme ancora persisteva nonostante che già esistessero proprio nel mondo fenicio riti di sostituzione, per cui invece di bambini si sacrificavano agnelli.

4, 1982, 205–219

*Per poter lottare efficacemente contro simili riti paga-
ni, bisognava opporre loro dei riti yahwisti che presentasse
ro delle affinità almeno esteriori coi riti del tofet. Ora,
il rito della Pasqua presentava queste affinità. Bisognava
che il rito della Pasqua fosse celebrato, se non alla stes-
sa ora, almeno in ore vicine a quelle in cui si celebrava il
rito del tofet; che in entrambi i casi la vittima fosse prima sgozzata e poi bruciata; che si attribuissero a entrambi
i sacrifici fini analoghi; infine che si togliesse il rito
pasquale alla ristretta cerchia familiare per farlo entrare
nel tempio di Gerusalemme, nelle cui vicinanze precisamente
erano celebrati i riti fenici di tipo "molk". Con la legisla
zione del Sacerdotale si ritornerà ai riti celebrati in seno
alla famiglia come alle origini, perché in seguito scompari-
rà ogni pericolo di contaminazione.*

Les cultes étrangers en Israël au moment de la réforme
de Josias d'après 2R 23.

Etude de religions sémitiques comparées.

par Matthias DELCOR

Le chapitre 23 du deuxième livre des Rois fournit un certain nombre de
données précieuses permettant de brosser un tableau des diverses influences
religieuses païennes qui se sont exercées sur Israël antérieurement à la
réforme de Josias.[1] Mais étant donné la nature du sujet traité, l'état des
cultes idolâtriques, il est possible que durant la transmission du texte du
chapitre 23 des données provenant de la polémique contre les idoles d'époques diverses aient été amalgamées au texte primitif. Aussi, pour avoir une
idée exacte de la nature des différents cultes païens existant sur le sol
israélite lors de la réforme de Josias, il faut être assuré que la description qui en est donnée dans le livre des Rois est d'une seule venue, en
d'autres termes, qu'il ne contient pas d'additions provenant d'une autre
main. Que faut-il en penser?[2]

Le problème de l'unité littéraire du chap. 23.

De fait, le texte original est interrompu par des intrusions postérieures. Par exemple, le verset 5a avec sa référence dépréciative aux faux prê-
res, les *Kemarîm*, qui sacrifiaient sur les *bamot* est en contradiction avec
le traitement de faveur qui d'après le verset 9 est accordé au clergé rural
(Kittel, Montgomery-Gehman, Gray, Bible du Centenaire). On observe par ail-

---

[1] On consultera les commentaires du livre des Rois: I. Benzinger, Die Bücher
der Könige (Kurzer Hand-Commentar zum Alten Testament) Freiburg, 1899; R.
Kittel, Die Bücher der Könige (Handkommentar zum Alten Testament) Göttingen, 1900; A. Šanda, Die Bücher der Könige (Exegetisches Handbuch zum Alten Testament), Münster en Westphalie, 1911; Montgomery and Gehman, The
Books of Kings (The International Critical Commentary) Edinburgh, 1951;
C.F. Burney, Notes on the Hebrew Text of the Book of Kings, Oxford 1903;
John Gray, I and II Kings. A Commentary (The Old Testament Library) Londres,
1964; R. de Vaux, Les livres des Rois (La Sainte Bible) Paris, 1949.

[2] Outre les commentaires, on consultera les études de Alfred Jepsen, Die Re-
form des Josia, dans Festschrift Friedrich Baumgärtel (Erlanger Forschungen Band 10) Erlangen, 1959, pp. 97-108, et de H. Hollenstein, Literarkritische Erwägungen zum Bericht über die Reformmaßnahmen Josias 2 Kön XXIII,
4 et sq, dans V.T. vol. 27,1977,pp. 321-336.

leurs que la forme au parfait *hišbit* précédée d'un waw dénote une intrusion
faite postérieurement dans un récit plus ancien (Benzinger). De même le verset 5b, qui donne un résumé du culte des astres, semble avoir été gauchement
introduit dans la narration, même si les faits rapportés semblent correspondre à la réalité. Pour ces motifs, les critiques considèrent comme une
addition l'ensemble du verset 5 qui, se référant aux cultes des villes de
Juda, interrompt l'histoire de la réforme à Jérusalem (Kittel, Montgomery-
Gehman, Gray, Bible du Centenaire). De même le verset 4b semble considérer
Béthel comme étant déjà un lieu impur, ce qui ne sera dit qu'aux versets
15-18. Il s'agit donc manifestement d'une anticipation. Montgomery-Gehman
la qualifie même d'"absurde addition". Le verset 8 concernant les prêtres
des villes de Juda et leurs *bamot* interrompt manifestement le récit de la
réforme du culte à Jérusalem. Ces gloses ou interruptions du texte original
n'ont pas toutes la même importance dans cette étude d'histoire des religions. Nous verrons, par exemple, que même si le verset 5 n'appartient pas
au récit primitif, les cultes astraux, tels qu'ils sont rapportés dans ce
passage, étaient sans doute pratiqués du temps de Josias.[1]

   Le contexte littéraire et historique de la réforme.

   Le chapitre 23 décrit les diverses étapes de la réforme du culte par
Josias. Celle-ci, qui allait atteindre la religion populaire au plus profond
d'elle-même, ne pouvait se faire sans l'appui de tous les éléments de la nation. C'est pour cela que le roi commence par convoquer auprès de lui tous
les anciens de Juda et de Jérusalem, davantage sans doute pour s'assurer de
leur accord que pour leur demander conseil. Puis il monte au temple de Jérusalem où sont aussi présents tous les habitants de Juda et de Jérusalem
ainsi que les prêtres, les prophètes, tout le peuple, petits et grands. Josias lit devant toute cette grande assemblée le texte complet du livre de
l'Alliance (*sepher haberith*) trouvé dans la maison de Yahvé. Les critiques
s'accordent à reconnaître dans cet écrit le Deutéronome ou du moins une
partie de ce dernier qui se présente lui-même comme le code de l'Alliance
avec Yahvé (Dt 5,3; 28,69). De fait, les mesures édictées par Josias visant
à instaurer un culte unique centralisé à Jérusalem à l'exclusion de tous
les autres cultes des sanctuaires, et détruisant dans ce but des objets de

---

[1] Pour un examen critique du récit du livre des Rois, voir Adolphe Lods,
  Les prophètes d'Israël et les débuts du judaïsme, Paris, 1950, pp. 157-
  162 et surtout les pp. 160-162.

culte païens ou réputés tels, condamnant le culte de l'armée des cieux, de l'Ashèra, des stèles, et chassant les prostitués sacrés du Temple, sont précisément celles du Deutéronome (cf. 12,2-7; 17,3; 16,21-22; 23,18 etc.).

D'après le texte biblique, ce n'est pas un prêtre, mais le roi en personne qui, debout auprès de la colonne, place qui lui était sans doute réservée, fait une lecture solennelle de la Loi et conclut solennellement une alliance avec Yahvé (karat berît), l'engageant "à garder ses commandements, ses instructions et ses préceptes de tout son coeur et de toute son âme" (Dt 4,44; 6,5). Le texte biblique qui vient d'utiliser une formule deutéronomienne caractéristique, ajoute: "Toute le peuple donna son adhésion à l'Alliance" (2R 23,3). Cet épisode rapporté par l'auteur avant de donner l'analyse des mesures prises pour réorganiser le culte (2R 23,1-3) suscite quelques réflexions: 1) Apparemment la cérémonie du Temple se situe dans le cadre du renouvellement d'un traité de vassalité dont l'Ancien Orient nous a révélé plusieurs exemples.[1] Sans doute le texte n'a pas gardé le détail du formulaire d'alliance, en particulier les bénédictions et les malédictions dont on trouve par exemple les traces dans Jos. 24 et Dt. 27. Mais comme dans les instruments juridiques de cette nature, le roi Josias intervient lui-même comme acteur du pacte en tant que représentant principal du qahal Yahvé, l'autre partenaire étant Yahvé qui, invisible, siège au-dessus des chérubins dans son sanctuaire. C'est pour cela qu'en présence de toute l'assemblée Josias lit personnellement le livre trouvé dans le Temple car wayyqra' (23,2) ne peut se rapporter qu'à lui, et qu'il conclut lui-même l'alliance avec Yahvé et le peuple.[2] En proclamant solennellement la Loi, il se situe dans la ligne de Josué qui, à Sichem "lut toutes les paroles de la Loi, la bénédiction et la malédiction" (Jos 9,34) ou de Moïse (Ex 24,7). Esdras n'agira pas autrement (Neh 8,1-4).

2) Le Deutéronome prescrivait au roi, lors de son avènement, d'écrire sur un rouleau, pour son usage, une copie de la Loi, sous la dictée des prêtres (Dt 17,18).

---

[1] Cf. Klaus Baltzer, Das Bundesformular, Neukirchen, 1960, pp. 60-62. Dennis J. McCarthy, Treaty and Covenant, Rome 1978, pp. 301 et sq. G.E. Mendenhall, Law and Covenant in Israel and the Ancient Near East, Biblical Archaeologist, vol. XVII, 1954, pp. 26-46; 49-76. J.A. Thompson, The Ancient Near Eastern Treaties and the Old Testament, Londres, 1964.

[2] En contraste, on comparera 2R 11,17 où c'est Yehoyada[c], le chef du sacerdoce de Jérusalem, qui conclut entre Yahvé, le roi et le peuple l'alliance par laquelle celui-ci s'obligeait à être le peuple de Yahvé (2R 11,17).

3) La lecture solennelle de la Loi constituait d'ailleurs l'essentiel
de la Fête du renouvellement de l'Alliance (Dt 27).

4) Enfin, il faut observer que l'alliance dont il est question dans
notre texte ne se limite pas à une alliance du roi avec Yahvé. Il s'agit
aussi d'un pacte entre Josias et son peuple.[1] En effet le roi avait besoin
d'obtenir l'adhésion de Jérusalem et de Juda, entendons de tout le royaume,
à la nouvelle Loi trouvée dans le Temple, le Deutéronome qui devait désormais le régir.[2] Aussi le texte biblique précise t-il que tout le peuple
donna son accord à l'Alliance avec toutes les implications qu'elle comportait et en particulier la réforme du culte.

Tel est le cadre historique immédiat dans lequel le livre des Rois
situe la réforme religieuse de Josias. Mais pour comprendre l'audace dont
a fait preuve le roi pour s'attaquer en particulier aux cultes assyriens,
il importe de situer son action dans le cadre plus vaste de la politique
assyrienne. Le livre des Chroniques place l'action réformatrice du roi la
douzième année de son règne (2 Chr 34,3) mais la découverte du livre de la
Loi est située d'après le livre des Rois, la dix-huitième année de son règne (2R 22,3). Or, à cette époque, l'empire assyrien était en pleine décaden-
ce. En effet ce dernier était parvenu au faîte de sa puissance avec Asarhaddon (681-668). Mais avec Assurbanipal (668-627) on assiste au soulèvement
des peuples divers et disparates de ce vaste empire soumis au joug de l'Assyrie. Le signal de la délivrance commence avec l'Egypte où Psammétique pro-
fitant d'appuis extérieurs rejette le joug d'Assurbanipal en 663. En 652 le
frère d'Assurbanipal, roi de Babylone, se révolte et avec lui, toute la Mésopotamie, puis c'est le tour des Mèdes en 632. Après l'année 640, les Annales de Ninive sont muettes sur les dangers qui menacent l'Assyrie et en
626, Assurbanipal meurt.[3] On comprend que Josias profite de cet abaissement

---

[1] Cet aspect a été bien mis en lumière par G. Fohrer, Der Vertrag zwischen
König und Volk in Israel, dans Studien zur alttestamentlichen Theologie
und Geschichte (1949-1966), BZAW 115 Berlin, 1969, pp. 343-344.

[2] Sur l'histoire deutéronomienne, cf. M. Noth, Überlieferungsgeschichtliche
Studien, Tübingen, 1957, pp. 3-100; G. von Rad, Studies in Deuteronomy,
Londres, 1963, pp. 74-91.

[3] On trouvera aisément la traduction des principales inscriptions concer-
nant Assurbanipal dans D.O. Luckenbill, Ancient Records of Assyria and
Babylonia, vol. II, pp. 395 et sq; J.B. Pritchard, Ancient Near Eastern
Texts, Princeton, 1950, pp. 294 et sq.

de l'Assyrie pour secouer le joug. On situe en effet la réforme de Josias
en 621. Car, comprenons-le bien, rejeter les dieux assyriens c'était du même
coup rejeter le traité de vassalité qui depuis Manassé liait le roi de Juda
au roi d'Assyrie.[1] En effet il est cité parmi les vassaux situés à l'ouest
de l'empire d'Asarhaddon: *Me-na-si-i šar uru Ia-u-di*, entre Ba^{c}al, roi de
Tyr, et Qauš-gabri, roi d'Edom. Or les traités de vassalité émanant des
rois d'Assyrie énuméraient habituellement les diverses divinités assyriennes qui devaient les garantir. C'est le cas précisément sous le règne d'Asarhaddon.[2] Rejeter les divinités d'un pays allié c'était donc pratiquement
pour le roi de Juda rejeter le traité de vassalité. C'est ce qu'a compris
aussi, semble t-il, Martin Noth dans son Histoire d'Israël.[3]

Après ces préliminaires, il nous faut analyser les mesures édictées
par Josias. Elles concernent en premier lieu le Temple (23,4-7), en second
lieu les villes de Juda et de Jérusalem (23,8-14) et enfin l'ancien royaume
du Nord (23,15-20).

Les cultes visés par le roi révèlent des influences venant d'horizons
divers. En dehors de la religion cananéenne toujours vivace sur le sol d'Israël, les cultes phéniciens, moabites, édomites et principalement assyriens
avaient exercé leurs attraits sur les fidèles de Yahvé. Nous allons passer
successivement en revue leurs manifestations au moment de la réforme deutéronomienne, en commençant par les cultes astraux.

Les cultes astraux mésopotamiens.

Parmi les astres énumérés au verset 5 on trouve les *mazzalot*. Le lexicon hébreu de Gesenius-Driver-Briggs lui donne avec hésitation le sens de
constellations et celui de Koehler-Baumgartner (3ème édition), celui de signes du zodiaque. Le mot est un hapax legomenon au pluriel que les anciennes
versions ne comprennent déjà plus. C'est pour cela que la LXX s'est contenté
de transcrire le mot μαζουρώθ tout comme le Targoum et le syriaque: *mzlt'*

---

[1] Cf. R. Borger, Die Inschriften Asarhaddons Königs von Assyrien (Archiv für
Orientforschung Beiheft 9) Osnabrück 1967 (réimpression), p. 60, ligne 55.
On trouvera aisément la traduction française de ce texte dans Jacques
Briend, Marie-Joseph Seux, Textes du Proche-Orient ancien et Histoire
d'Israël, Paris, 1977, p. 128.

[2] Cf. D.J. Wiseman, The Vassal-Treaties of Esarhaddon, Londres, 1958, col I,
lignes 13 et sq.

[3] Cf. M. Noth, Histoire d'Israël, Paris, 1954, p. 281.

et *mwzlt'*. Par contre, la Vulgate traduit par "duodecim signa", "les douze
signes" du zodiaque. Le mot hébreu est emprunté à l'accadien mazzaltu qui
signifie "place", "position" ou à mazaltu "phase de la lune".[1] Plus précisément le sens "position des étoiles divinisées" Standort von (Gestirn-)Göt-
tern est bien attesté en Mésopotamie.[2] Le mandéen *mandalta* emprunté sans
doute aussi à l'accadien se rencontre précisément dans le livre du zodiaque
(Sfar Malwašia) édité par Lady E.S. Drower[3] avec le sens de position d'un
astre.[4] A l'accadien il faut sans doute aussi rattacher *mzl* ou *msl* qui apparaît en deux inscriptions phéniciennes de Chypre dans l'expression *mzl/
msl nᶜm* traduite en grec par ἀγαθῇ τυχῇ, qui constitue une formule de bénédiction: bonne chance! *Mzl* signifierait, selon Cooke, l'étoile de la fortune
ou du destin.[5] L'hébreu rabbinique a retenu le sens de "position des étoiles",
"constellation du zodiaque" tandisque l'araméen targoumique, outre la signification de "constellation" connaît aussi celle de "chance", "fortune".[6] Par
exemple, *mazzal biš* signifie "malchance" dans le Targoum de Kohelet 9,3. Ce
terme d'origine astrologique n'apparaît pas moins de quinze fois dans le
Targoum mais avec un sens différent de celui du IIème livre des Rois où il
s'agit manifestement d'une constellation céleste. Levine explique que dans
le Judaïsme postbiblique *mazzal* est un concept très problématique. Dieu dé-
termine le *mazzal* TQoh. (5,18,6,2,10,6) et un bon *mazzal* est donné à ses
fidèles (5,17). D'un autre côté, *mazzal* désigne le destin inéluctable de
sorte que personne ne peut changer son *mazzal* (9,11). Par ailleurs, le Talmud Babli affirme qu'"un homme qui a un bon *mazzal* est aidé par lui" (Sha-
batt 53 B). On lit enfin dans Genèse Rabbah ch. 1: "il n'y a pas un seul
brin d'herbe qui n'ait dans le ciel son propre *mazzal* le concernant et lui
disant: pousse." Et Levine de conclure: on ne peut pas échapper à la conclusion que *mazzal* désigne l'influence planétaire s'exerçant ici-bas qui se
distingue par là de l'idée de Providence, c'est à dire de conduite directe
du monde par Dieu.[7] Le rabbinisme de tradition pharisienne n'avait donc pas

---

[1] Cf. Maximilian Ellenbogen, Foreign Words in the Old Testament, their Origin and Etymology, Londres, 1962, pp. 98 et 99.

[2] Cf. Von Soden, Akkadisches Handwörterbuch 638a.

[3] Cf. E.S. Drower, The Book of the Zodiac (Sfar Malwasia) D.C. 31 (Oriental
Translation Fund, vol. XXXVI) Londres, 1949, 283,3.

[4] Cf. E.S. Drower and R. Macuch, A Mandaic Dictionary, Oxford, 1963, p. 248.

[5] Cf. G.A. Cooke, A Text-Book of North Semitic Inscriptions, Oxford, 1903,
p. 82.

[6] Cf. M. Jastrow, A Dictionary of the Targumim, the Talmud Babli and Yerushalmi .. sub verbo.

[7] Cf. Etane Levine, The aramaic version of Qohelet, New York, 1978, pp. 75-76.

réussi à extirper de la mentalité populaire les croyances astrologiques.
Il faut en dire autant des milieux esséniens de Qoumrân parmi lesquels sé-
vissait l'usage des horoscopes.[1]

L'origine accadienne de l'hébreu *mazzalot* et des formes apparentées
des langues nord-ouest sémitiques ne paraît donc pas faire de doute même si
on observe en araméen targoumique une évolution sémantique par rapport à
l'accadien et à l'hébreu biblique. Il faut d'ailleurs observer que l'arabe
connaît aussi le mot *manzil* sans doute de même origine avec le sens de position de la lune: "C'est lui qui a ordonné ... la lune pour la lumière et
a fixé ses positions" (Coran 10,5). A côté de l'accadien *mazzaltu* provenant de *manzaltu*, il existe en astronomie mésopotamienne une forme voisine,
manzazu. C'est la partie du ciel - le signe du zodiaque - dans laquelle se
meut tel ou tel astre et où, du point de vue de l'astrologie, s'exerce son
influence. Ce terme se rencontre par exemple dans la tablette V, ligne 1,
du poème babylonien de la Création Enuma Eliš.[2] Le *manzazu* équivaut ici à
l'οἶκος du zodiaque dans l'astrologie grecque.[3]

Après ces considérations de philologie sémitique comparée, il importe
de tirer des conclusions du point de vue de l'histoire des religions. Le
terme *mazzalot*, qui dans la Bible désignait les signes du zodiaque en tant
qu'objet de culte, apparaît comme un mot voyageur porteur de croyances d'
origine mésopotamienne. Ce fait montre donc l'influence en Israël des croyances relatives aux signes du zodiaque dès le VIIème siècle av. J.C. Le
témoignage du livre des Rois concorde avec ce que nous savons de l'histoire
du zodiaque en Assyro-Babylonie. Si l'on en croit Van der Waerden, son dernier historien, il faut faire remonter vers 700 av. J.C. la plus ancienne
mention des douze signes zodiacaux en Mésopotamie.[4] Nous sommes en présence

---

[1] Cf. M. Delcor, Recherches sur un horoscope en langue hébraïque provenant
de Qumrân, dans Revue de Qumran 5 n° 20,1966,pp. 521-542, repris dans M.
Delcor, Religion d'Israël et Proche-Orient ancien, Leiden, 1976, pp. 298-
319.

[2] Cf. René Labat, Le Poème babylonien de la Création, Paris, 1935, p. 136,
note 1. Pour *manzazu* et les termes voisins, voir Langdon, The Babylonian
Epic of Creation, Oxford, 1923, 150.

[3] Cf. Bouché-Leclercq, L'astrologie grecque, Paris, 1899, p. 180 et sq. et
192 et sq.

[4] Cf. Van der Waerden, History of the Zodiac, dans Archiv für Orientforschung XVI, 1953, p. 218. Pour E. Dhorme, par contre, ce n'est qu'au Vème

d'un phénomène analogue à celui que nous avons constaté en Jer 7,10; 44,17-
19,35 où la présence du mot *Kawan* emprunté à la langue accadienne pour désigner une sorte de gâteau offert à la "Reine du Ciel", c'est à dire Ichtar, révèle du même coup l'origine assyrienne du culte.[1]

Dans le passage du livre des Rois, les *mazzalot* sont énumérés parmi
d'autres divinités astrales auxquelles on sacrifiait au même titre qu'à
Ba^{c}al: il s'agit du soleil, de la lune et de toute l'armée des cieux, expression par laquelle on désigne apparemment l'ensemble des astres.[2] On notera une semblable énumération en Dt 4,19 avec toutefois une légère différence. Le Deutéronomiste interdit le culte "du soleil, de la lune, des
étoiles et de toute l'armée des cieux" aux fidèles de Yahvé. Les *mazzalot*
du livre des Rois ont pris la place des étoiles du Deutéronome. A un détail près, c'est à l'interdiction du Deutéronome défendant de se proster-
ner devant les astres et de les servir que répondent les mesures prises par
Josias. Les cultes astraux combattus ici sont très vraisemblablement d'origine assyrienne. En effet, une cinquantaine d'années avant la réforme, les
astres considérés comme des dieux sont, par exemple, mentionnés dans le traité de vassalité d'Asarhaddon roi d'Assyrie (681-669 av. J.C.). On relève
parmi les divinités astrales témoins du traité: les cinq planètes Jupiter,
Vénus, Saturne, Mercure, Mars, l'étoile Sirius, à côté de Sin et de Shamash.[3] Dans le rituel des fêtes du Nouvel An, à Babylone, une série d'in-
vocations énumère Jupiter, Mercure, Saturne, Mars, devant d'autres astres
dont la liste se termine par Shamash et Sin. Chacun des astres est qualifié de "Mon Seigneur".[4] Les cultes astraux d'origine assyrienne avaient

---

siècle av. J.C. qu'"on partage le zodiaque en douze signes dans chacun
desquels le soleil passe un mois de l'année. Cf. La Religion de Babylonie et d'Assyrie, collection Mana, Les anciennes religions orientales t.
II, Paris, 1945, p. 81.

[1] Cf. M. Delcor, Le culte de la "Reine du Ciel" selon Jer 7,18; 44,17-19,
25 et ses survivances, à paraître dans Festschrift J. Van der Ploeg.

[2] Sur le culte de la lune en Babylonie, on se référera à l'étude de M. Lei-
bovici dans l'ouvrage collectif La lune. Mythes et rites (Sources Orientales, t. V), Paris, 1962, p. 108.

[3] Cf. D.J. Wiseman, The Vassal-Treaties of Esarhaddon, Londres, 1958, pp.
29-30.

[4] Cf. F. Thureau-Dangin, Rituels accadiens, Paris, 1921, p. 138, ligne 305
et sq.

pénétré de bonne heure en Israël.[1] On doit noter la présence de deux divinités astrales assyriennes *Sikkut* et *Kiwun* dans le T.M d'Amos 5,26. Ces formes hébraïques dont la vocalisation tendancieuse évoque celle de *šiqquṣ*
"abomination" sont une allusion manifeste aux noms divins accadiens *Sakkut*
et *Kayyamanu*[2], ou plus exactement *Kayyawanu* avec permutation m/w, désignant
la planète Saturne ainsi que l'avait déjà reconnu au siècle dernier Eberhard Schrader.[3] Le texte sous sa forme massorétique est en réalité une lecture tendancieuse du texte hébreu consonnantique qui signifie tout autre
chose, étant donné le contexte. Par la suite, une double glose *ṣlmykm kwkb*
"vos idoles, l'étoile" est venue s'ajouter pour expliquer au lecteur le
sens de ces deux noms divins. Speiser a d'ailleurs fait observer que le
terme hébreu *ṣelem* "image", "figure" équivalant à l'accadien *ṣalmu* est fa-
milier à l'astronomie assyro-babylonienne où il est réservé à des astres
représentés sous formes humaines.[4] Cependant plusieurs exégètes (Wellhausen,
Nowack, Marti, Würthwein)[5] trouvent étrange que du temps d'Amos des cultes
assyro-babyloniens aient déjà pénêtré en Israël. Par ailleurs, on a fait observer qu'Amos ne s'en prend pas habituellement à l'idolâtrie. Aussi ces
mêmes auteurs estiment-ils que le verset est une interpolation ajoutée après
la prise de Samarie en 721, lorsque les habitants de l'ancien royaume du
Nord unissaient au culte de Yahvé, le culte syncrétiste des divinités assyro-babyloniennes et notamment *Sukkoth-Benoth* (2R 17,30)[6] dont le second
terme est peut-être une déformation de *Sarpanitu*. Mais il n'est peut-être
pas nécessaire de déclarer purement et simplement inauthentique le verset
d'Amos. Il suffit de dire que le texte hébreu a été réinterprété en premier
lieu grâce à une vocalisation nouvelle du texte consonnantique, ensuite par
deux gloses explicatives des noms divins.[7]

---

[1] Sur l'astrologie chaldéenne on consultera l'ouvrage de Ch. Virolleaud,
L'astrologie chaldéenne, Paris, 1910-1912; Kugler, Sternkunde und Stern-
dienst in Babel (1907-1910); Ergänzungen (1913-1914); Weidner, Handbuch
der babylonischen Astronomie (1915).

[2] Cf. Von Soden, Akkadisches Handwb. p. 420.

[3] Cf. Eberhard Schrader, Die Keilinschriften und das Alte Testament, Giess-
sen, 1883, p. 443.

[4] Cf. E.A. Speiser, Note on Amos V, 26, dans BASOR (108), 1947, pp. 5-6

[5] Cf. E. Würthwein, Am V,21-27, dans Theologische Literaturzeitung, 1947,
n° 3, pp. 143-151.

[6] Cf. M. Delcor, Les petits prophètes, Paris, 1961, pp. 216-218.

[7] C'est à cette explication que s'arrête S. Amsler dans son commentaire
d'Amos, Neuchâtel, 1965, p. 215.

1981, 91-123

On voit donc que la présence des cultes astraux en Israël a derrière
elle une longue histoire. Leur origine assyrienne, qu'elle soit médiate ou
immédiate, paraît assurée, bien que le texte biblique du livre des Rois
semble plutôt indiquer le fait d'une influence directement syrienne. En effet, au verset 5, Ba^{C}al est mentionné avant le soleil et la lune, ce qui
est typiquement syrien. Par exemple, l'inscription de Zakir, roi de Hamat
et de La^{C}ash énumère dans le même ordre Ba^{C}al Shamin ... Shamash et Shahar.[1]
De même l'inscription araméenne de Tarse[2] connaît presque le même ordre de
succession: *Ba^{C}al Shamin* qualifié de grand (*rb'*), *Shahar* et *Shamash*.[3] Dans
le cas présent, la pénétration à Jérusalem des cultes astraux mésopotamiens
semble donc bien être passée par la Syrie.[4]

C'est encore des cultes astraux et plus précisément solaires dont il
est question au verset 11, qui est habituellement traduit: "Il fit disparaître (*wayyašbet*) les chevaux que les rois de Juda avaient consacrés au
soleil à l'entrée de la maison de Yahvé, près de la chambre de l'eunuque
Natanmelek dans les dépendances, et il brûla au feu le char du soleil." Ce
texte décrit deux opérations différentes: l'une concerne les chevaux consacrés par les rois de Juda au soleil, l'autre les chars du soleil qui sont
brûlés. Les auteurs, à l'exception de McKay, y voient généralement une allusion aux cultes astraux assyriens, sans qu'ils soient toujours d'accord
sur les parallèles mésopotamiens pouvant illustrer exactement le verset
biblique ou sur la nature des chevaux. Alfred Jeremias se demandait jadis
s'il ne s'agissait pas de chevaux vivants consacrés au soleil.[5] Plus près
de nous R. de Vaux le commentait dans une note de sa traduction du livre
des Rois: "mention isolée et difficile à expliquer: chevaux (de bronze) at-
telés au char dont il est ensuite parlé? Les texte et les monuments n'indi-
quent pour cette époque et ce milieu aucune coutume analogue.[6] E. Weidner[7],

---

[1] Cf. Donner-Röllig, Kanaanäische und Aramäische Inschriften, Wiesbaden,
    1962, p. 205 (n° 202).

[2] Cf. Donner-Röllig, op. cit., p. 305 (n° 259).

[3] Sur tout ceci cf. le commentaire de Montgomery-Gehman.

[4] On pourra consulter H.G. May, Some Aspects of Solar Worship at Jerusalem,
    ZAW 1937, pp. 269 et sq.

[5] Cf. Alfred Jeremias, Das Alte Testament im Lichte des Alten Orients, Leip-
    zig, 1916, (3ème édition), p. 557.

[6] Cf. R. de Vaux, Les livres des Rois (La Sainte Bible), Paris, 1949, p. 217.

[7] Cf. E. Weidner, Weise Pferde im Alten Orient, dans Bibliotheca Orientalis,
    t. IX, 1952, p. 159.

de son côté, interprétait aussi les chevaux consacrés au soleil non pas comme des êtres vivants mais comme des reproductions de ces animaux. A s'en tenir à ces commentateurs, on voit combien il est difficile de dire ce qu'étaient ces chevaux consacrés, littéralement donnés (*nâtenu*; LXX ἔδωκαν) au soleil. On sait toutefois qu'en Mésopotamie on attribue au dieu Shamash un cheval pour monture, lorsque, quittant son trône, il veut entreprendre son voyage le long du zodiaque. Dans les processions divines, on le représente aussi debout sur un cheval[1], ainsi qu'on peut le voir sur le relief de Maltaya datant vraisemblablement du temps de Sennachérib.[2] Dans ce monument, chaque divinité est représentée debout sur le dos d'un animal différent. Le dieu Aššur, par exemple, est porté par deux animaux fabuleux tandis que la déesse Belit (Ichtar) est figurée sur un lion, etc. Mais la question se pose de savoir si le texte du livre des Rois fait allusion à des animaux vivants consacrés au soleil ou s'il s'agit seulement de figurations, comme sur le bas-relief que nous venons de commenter. Il faut dire que le texte biblique ne s'oppose pas a priori à l'hypothèse des chevaux vivants consacrés au soleil. On peut traduire en effet *wayyašbet* par "il fit se reposer", "il mit au repos" et non pas nécessairement par "il détruisit", comme l'a sans doute compris la LXX, qui a même précisé que cette destruction eut lieu par le feu (κατέκαυσεν). Le sens de "faire chômer", "faire reposer" qu'a le verbe *šabat* au hiphil se trouve, par exemple, en Ex 5,5; 2Chr 16,5 avec comme complément soit *siblot* "charges, corvées", soit *melâ'kâh* "travail". Dans le même chapitre du livre des Rois (23,5), commenté ici, le verbe *šabat* au hiphil est employé avec comme complément *kemarîm* et on peut traduire l'ensemble de la phrase: "il fit cesser", "il mit au chômage", "il destitua" les prêtres que les rois de Juda avaient consacrés". La syntaxe du verset 5 est d'ailleurs exactement parallèle à celle du verset 11. Si donc l'on a adopté pour le verbe *šabat* au hiphil la traduction "il mit au repos"[3], il ne peut s'agir que d'animaux vivants qui auraient été consacrés au soleil par les rois de Juda. Ces chevaux étaient sans doute destinés à tirer le char du soleil dont il est question quelques mots plus loin. A l'époque as-

---

[1] Cf. E. Dhorme, Les religions de Babylonie et d'Assyrie (collection Mana), Paris, 1945, p. 62.

[2] Cf. H. Gressmann, Altorientalische Bilder zum Alten Testament, Berlin, 1927, pl. 135.

[3] Cette traduction est adoptée aussi par M. Weinfeld, The worship of Molech and of the Queen of Heaven and its background, dans Ugarit-Forschungen, Bd 4, 1972, p. 151.

syrienne, des chevaux blancs étaient utilisés pour les processions: quatre
bêtes étaient attelées, par exemple, au char du dieu Aššur[1], de même qu'à
celui du dieu Shamash.[2] Un soin spécial était donné aux chevaux de Shamash
pour lesquels on coupait du foin avec une faucille d'or et auxquels on donnait de l'eau dans des auges en or. La consécration des chevaux au soleil
apparaît aussi en dehors du monde sémitique. W. Robertson Smith mentionne
les quatre chevaux, qui étaient jetés en sacrifice à la mer par les Rho-
diens lors de la fête annuelle du soleil.[3] En 219 ap. J.C., les pratiques
sémitiques d'Emèse en Syrie pénètrent à Rome par l'intermédiaire de Varius
Avitus Bassianus, prêtre du dieu soleil, Elagabal[4] devenu empereur romain.
En effet l'empereur Elagabal arriva à Rome emmenant avec lui le symbole de
son dieu d'Emèse: une énorme pierre conique noire portée par un chariot divin traîné par six chevaux blancs (Hérodien V,6,6-9). Ce texte a été invoqué par John W. McKay pour illustrer le passage du livre des Rois[5], car cet
auteur soutient que la présence des chevaux et du char du soleil au Temple
de Jérusalem étaient un signe de l'influence ouest-sémitique plutôt qu'assyrienne.[6] Mais outre que le texte d'Hérodien est tardif, on peut objecter
à McKay que le culte du soleil avec ses chevaux et son char est bien attesté en Assyrie. Par ailleurs, il n'y a aucune difficulté à admettre que le
culte d'Elagabal à Emèse ait été influencé par l'Assyrie voisine.

La deuxième partie du verset 11 mentionne la mise au feu du char du
soleil d'après la lecture de la LXX mais non du Targoum qui porte un pluriel. De toute évidence, ce char servait à Jérusalem à transporter dans
les processions l'image du dieu soleil. L'usage du char n'était d'ailleurs

[1] Cf. E. Weidner, art. cit., p. 159 et Iraq 13, 1951, pl. XV.

[2] Cf. E. Ebeling, Kultische Texte aus Assur, dans Orientalia, t. 22, 1953,
p. 28, lignes 20-21.

[3] Cf. W. Robertson Smith, Lectures on the Religion of the Semites, Londres,
1901, p. 293.

[4] Sur le dieu Elagabal cf. J. Starcky, Stèle d'Elahagabal, dans Mélanges de
l'Université Saint-Joseph, t. 49, 1975-1976, pp. 503-520 et surtout pp.
509-511.

[5] Cf. J.W. McKay, Further Light on the Horses and Chariot of the Sun in the
Jerusalem Temple (2 Kings 23,11), dans Palestine Exploration Quaterly,
1973, pp. 167-169.

[6] Cf. J.W. McKay, Religion in Judah under the Assyrians 732-609 BC. Londres,
1973, pp. 32 et sq.

pas réservé à cette divinité.[1] On connaît, par exemple, en Mésopotamie l'
existence d'un char de Marduk qu'on utilisait notamment pour la fête du
Nouvel An. Un texte sumérien dit que "le char du roi des dieux a été façonné par Enlil".[2] En Phénicie, le char d'Astarté est représenté sur la numismatique de l'époque impériale, notamment à Sidon.[3] Dès le VIIIème siècle av.
J.C., les inscriptions araméennes de Sendjirli révèlent le culte de Shamash
dans une liste de divinités groupées en deux paires: d'une part Hadad et El
et d'autre part Rkb'el et Shamash. Montgomery et Gehman ont rapproché à
juste titre le char du soleil de Rkb'l qui apparaît comme un dieu de la dynastie de Ya'udi puisqu'il est désigné comme "seigneur de la maison".[4] Mais
la vocalisation de ce nom divin fait problème: tandis que Cooke[5] opte pour
Rekub'el, Gibson[6] propose Rakeb ou Rakkab'el avec le sens "conducteur du
char de El". Il entre de toute évidence dans la composition de Bar-rkb, le
fils du roi Panammu. Certains épigraphistes[7] ont identifié Rkb'l avec le
dieu "seigneur de la charrerie de la ville de Samal" (d) *be-'-li-ra-kab-bi
ša uru Sa-ma-al-la*.[8] A Ugarit, on relève aussi dans une liste de noms de
personnes: *bin-ra-kub-il Ba'al*.[9] Ces inscriptions provenant du royaume araméen de Ya'udi[10] offrent incontestablement un parallèle intéressant pour
comprendre la présence de cultes semblables dans la capitale du royaume de
Juda. De part et d'autre, la présence de ces cultes astraux montre l'influ-

---

[1] Cf. T.G. Pinches, The chariot of the Sun at Sippar (Abu Habbah) in Babylonia, dans Journal of the Transactions of the Victoria Institute, t. 60,
1928, pp. 132 et sq. Cet article ne m'a pas été accessible.

[2] Cf. W.G. Lambert, A new fragment from a list of antediluvian kings and
Marduk's chariot, dans Symbolae biblicae et mesopotamicae Francisco Mario Theodoro de Liagre Böhl dedicatae, Leiden, 1973, pp. 277 et sq.

[3] Cf. G.F. Hill, Greek Coins of Phoenicia (British Museum), Londres, 1910,
n° 197 pl. XXXIII, 9, n° 260 et M. Delcor, l'article Astarté à paraître
dans le *Lexicon iconographicum mythologiae classicae* (LIMC).

[4] Cf. Cooke, A Text-Book of North-Semitic Inscriptions, n° 62, 1. 22.

[5] Cf. Cooke, op. cit. n° 61, 1. 11; n° 62, 1. 22; n° 63, 1. 5.

[6] Cf. J.C.L. Gibson, Textbook of Syrian Semitic Inscriptions, vol. 2, Aramaic Inscriptions, Oxford, 1975, p. 70.

[7] Cf. Donner et Röllig, Kanaanäische und Aramäische Inschriften, t. II, p.
34; Gibson, op. cit. p. 70

[8] Cf. Harper, Assyrian and Babylonian Letters, 1892, p. 633,7.

[9] Cf. PRU, 3, p. 195, B. I, 16.

[10] Sur ce royaume appelé aussi Sam'al, voir A. Dupont-Sommer, Les Araméens
(L'Orient illustré), Paris, 1949, pp. 61-62; S. Schiffer, Die Aramäer,
Historisch-Geographische Untersuchungen, Leipzig, 1911, pp. 30-31.

ence religieuse assyrienne sur les deux royaumes vassaux de l'Assyrie mais
avec cette différence qu'à Ya'udi, le dieu soleil, Shamash est nommé après
Rkb'l qui, en tant que divinité protectrice de la dynastie, avait la suprê-
matie dans le panthéon. Notons en passant qu'à Ugarit, la déesse Shpsh équivalant à Shamash joue aussi un rôle secondaire[1], il est vrai à une date antérieure de plusieurs siècles à celle des textes que nous étudions ici.

Même si d'autres mythologies ont imaginé l'existence d'un char du soleil[2], l'allusion du livre des Rois à un culte solaire d'origine assyrienne
ne semble pas faire question. Par ailleurs la présence en Israël de cultes
astraux au moment où Josias entreprend sa réforme est confirmée notamment
par le prédication de Sophonie, contemporain du roi de Juda, qui s'en prend
à "ceux qui se prosternent sur les toits devant l'armée des cieux" (Soph
1,5).

Les cultes moabites et ammonites.

Kamoš

Pour mieux comprendre la portée de l'action entreprise par le roi Josias contre le culte du dieu Kamoš, qualifié "horreur de Moab" (*šiqquṣ
Mo'ab*) en 2R 23,13, il faut rappeler la place que cette divinité occupait
non seulement dans la religion du royaume de Moab, ce qui nous est révélé
principalement par la Bible[3], mais aussi dans les religions sémitiques
voisines. Ce dieu est connu une seule fois dans l'Ancien Testament avec la
vocalisation *Kamiš* en Jer 48,7, au ketib. Cette forme a son intérêt car déjà, à Ebla, on fait mention de cette divinité sous cette forme dans le nom
de personne *i-ti-d ka-mi-iš* que Dahood interprète: "O Kamiš, viens avec
moi" ou "avec moi est Kamiš".[4] Ce nom divin entre, semble t-il aussi en

---

[1] Cf. A. Caquot, La divinité solaire ougaritique, dans Syria 36, 1959, pp.
90-101; cf. H.W. Haussig, Wörterbuch der Mythologie, Götter und Mythen im
Vorderen Orient, Stuttgart, 1965, pp. 308-309.

[2] Pour ne citer que le monde grec, on connaît les traditions littéraires
relatives au char d'Hélios tiré par quatre chevaux, illustrées d'ailleurs
par les monuments (cf. Franz Cumont, art. Sol, dans le Dictionnaire des
Antiquités de Daremberg et Saglio, pp. 1376 et sq.

[3] Sur la religion des Moabites et leur dieu Kamoš cf. A.H. Van Zyl, The Moabites, Leiden, pp. 196-198.

[4] Cf. M. Dahood, Ebla, Ugarit and the Old Testament, dans Supplements to
Vetus Testamentum (Congress Volume, Göttingen, 1977), Leiden, 1978, p. 101.

composition dans le nom de la ville de Kar-kemiš "le quai(?) de Kamiš" du moins d'après la forme hébraïque (Is 10,9; 2Chr 35,20; Jer 46,2), car les formes accadiennes Kar-ga-mis ou Gar-ga-mis sont un peu différentes.[1] Le nom du dieu en accadien est Kammuš.[2] A Ugarit, on le rencontre dans trois tablettes sous la forme *kmt* qui apparaît dans le double nom *tt-w-kmt* et *Ct-w-kmt*; il s'agit d'assesseurs divins de la déesse-soleil.[3] Par contre, il faut rejeter l'identification faite par Borger qui reconnaît Kamoš dans le dieu *Qauš* qui entre en composition dans le nom du roi d'Edom Qauš-gabri mentionné parmi les vassaux d'Asarhaddon, situés à l'ouest de son empire.[4] En réalité, il s'agit du dieu édomite Qaus, Qôs[5] bien connu par les anthroponymes révélés par les anses de jarres estampillées de Tell-el-Kheleifeh[6], par les annales assyriennes[7], par Josèphe.[8] Un sceau récemment trouvé à el-Biyāra porte précisément lqws g..mlk'..qu'il faut probablement restituer: *lqws gbr mlk'dm* "appartenant à Qausgabri, roi d'Edom".[9] A ces références il faut ajouter les noms avec Qôs étudiés par J.T. Milik.[10]

   Le culte du dieu Kamoš a eu une certaine diffusion en dehors des frontières du royaume de Moab dans les pays voisins. Déjà Salomon lui avait fait une place dans les cultes étrangers qu'il avait introduits à Jérusalem en même temps que les femmes étrangères prises pour concubines (IR 11,7,33).

---

[1] Cf. Eberhard Schrader, Keilinschriften und Geschichtsforschung. Ein Beitrag zur monumentalen Geographie, Geschichte und Chronologie der Assyrer, Giessen, 1878, pp. 221 et sq.

[2] Cf. A. Deimel, Pantheon Babylonicum, Rome 1914, n° 1268.

[3] Cf. Ugaritica V, Paris, 1968,7,36; 8,16; 10,A,5 (pp. 565 et sq), Ch. Virolleaud dans GLECS t. IX 1960-1963, p. 50.

[4] Cf. R. Borger, Die Inschriften Asarhaddon, p. 60, ligne 56.

[5] Cf. Th.C. Vriezen, The edomitic deity Qaus, dans Oudtestamentischen Studien, XIV, 1965, pp. 330 et sq. et D.J. Wiseman, Peoples of Old Testament Times, Oxford, 1973, pp. 245-246.

[6] N. Glueck, Ostraca from Elath continued, dans BASOR, 1941, p. 3 et W.F. Albright, ibid., pp. 11 et sq.

[7] Qôs-malak (Kaus-malaku) est un roi d'Edom sous Téglath-Phalasar III (745-727), cf. Luckenbill, Ancient Records of Assyria and Babylonia, t. I, § 801.

[8] Cf. les références dans A. Schalit, Namenwörterbuch zu Flavius Josephus, Leiden, 1968, pp. 565 et sq.

[9] Cf. C.M. Bennett, Fouilles d'Umm el-Biyara. Rapport préliminaire, dans R.B. t. 73, 1966, pp. 399-400

[10] Cf. Syria, XXXV, 1958, pp. 235-241; XXXVII, 1960, pp. 95-96.

Le royaume de Moab constitue le peuple de Kamoš (^C*am Kamoš*) d'après Num 21,
29, tout comme Israël est celui de Yahvé. Dès le IXème siècle av. J.C. Kamoš apparaît comme le dieu national du royaume de Moab dont le roi obéit
à ses ordres, ainsi que nous l'apprend la stèle de Mesha: "Et Kamoš me dit:
va, prends Nebo contre Israël. J'allai de nuit et je combattis contre lui
...". Deux rois de Moab au moins portent un nom destiné à honorer cette divinité: il s'agit du père du roi Mesha (ligne 1) dont le nom est malheureusement mutilé[1] et du roi de Moab, *Kammusunadbi* mentionné en 701 par Sennachérib comme lui payant tribut aux côtés de *Budu-ilu*, l'Ammonite et de *Ma-
lik-rammu*, l'Edomite.[2] Des sceaux d'origine moabite, dont deux sont, il est
vrai, suspects connaissent aussi des anthroponymes avec *Kmš*: *lkmšjhj*, *kmš-
sdq*, *lkmš^Cm*.[3] On a généralement attribué à une confusion due à un éditeur,
l'idée que Kamoš était la divinité principale des Ammonites selon Juges 11,
23 alors que Milkom était leur dieu national.[4] Mais Albright a fait observer dans son Introduction à la réimpression du commentaire des Juges par
Burney que, pour divers motifs, le texte des Juges est sans doute correct.[5]
D'abord parce que l'histoire des filles de Lot montre clairement que Moab
et Ammon étaient considérés comme ayant des relations tribales très étroites remontant à un ancêtre commun. Il remarque par ailleurs que *kmš* et *Mlkm*
sont déjà mentionnés à Ugarit dans des listes de dieux. Et il conclut que
les deux peuples adoraient la même divinité sous deux noms différents qui
ont été spécialisés par la suite. Tels sont les éléments connus de la diffusion du culte de Kamoš chez les Ammonites à partir de Moab. Dans un chapitre considéré par les critiques comme postérieur à l'oeuvre proprement
jérémienne[6], les Moabites honoraient encore Kamoš comme leur dieu national:

---

[1] Le nom entier du père de Mesha semble avoir été retrouvé dans un fragment
d'inscription provenant de Kerak, cf. W.L. Reed and F.V. Winnett, A Fragment of an early moabite inscription from Kerak, BASOR, 172, 1963, pp. 1-
9 et D.N. Freedman, BASOR, 175, 1964, pp. 50-51.

[2] Cf. D.D. Luckenbill, The Annals of Sennacherib, Chicago, 1924, p. 30, ligne 56.

[3] Cf. F. Vattioni, I sigilli ebraici, Biblica, vol. 50, 1969, p. 371, n°
111,112,113; RES, 1263.

[4] Sur ce point de vue, cf. par exemple, le commentaire de Moore dans The
International Critical commentary, p. 295.

[5] C.F. Burney, The Book of Judges with Introduction and Notes, New York,
1970, p. 21. Dans le même sens, cf. John Gray, The Legacy of Canaan (Supplements to Vetus Testamentum, vol. V), Leiden, 1957, p. 125.

[6] Cf. Paul Volz, Der Prophet Jeremia (Kommentar zum Alten Testament), Leipzig, 1928, p. 381.

Moab est toujours considéré comme le peuple de Kamoš (Jer 48,46) dont le prophète annonce d'ailleurs l'exil (48,7).[1] Rien n'empêche donc de penser que du temps de Josias son culte était encore vivant à Jérusalem.

Milkom

Au verset 13 il est appelé l'abomination des Ammonites. Mais quelle es·son identité? La plus ancienne mention du dieu ammonite proprement dit appa·raît dans une inscription provenant de la citadelle d'Amman datée du IXème-VIIIème siècle av. J.C. sous la forme /m/lkm. La première lettre *m* du nom de la divinité est restituée par Horn, Cross, Albright, Garbini, Kutscher, Puech-Rofé, Fulco.[2] Certains épigraphistes supposent qu'il s'agit d'un nom théophore dont la première partie a disparu (Matan-Milkom), d'autres lisent uniquement le nom de la divinité ammonite. Malheureusement, le sens de cette inscription est loin d'être établi et sa traduction varie d'un auteur à l'autre. Milkom apparaît peu souvent dans les textes bibliques. On peut citer: 1R 11,5,33; notre passage; Jer 49,3; Soph 1,5. Certains exégètes veulent en outre décrypter ce nom divin dans quelques passages où le T.M porte, par exemple, malkam, "leur roi",· comme c'est le cas en Am 1,15[3]; 2Sam 12,30; 1Chr 20,2. En effet, pour ce dernier passage, la LXX lit Milkom et sans doute avec raison car il n'y a aucune allusion dans le texte au roi de Rabbat-Ammon ni au peuple mais seulement à la ville, si bien que dans la

---

[1] On mentionne encore des adorateurs de *Kamušu* en Babylonie au VIème siècle av. J.C. comme l'attestent les noms théophores: *Kamušu-šarra-uṣur* et *Ka-mušu-ilu*, cf. Ran Zadok, Phoenicians, Philistines and Moabites dans BASOR n° 230, 1978, p. 62.

[2] Bibliographie de l'inscription: S.H. Horn, The Amman Citadel Inscription dans ADAJ, XII-XIII, 1967-1968, pp. 81-83 et pl. LIV; le même auteur dans BASOR, 193, 1969, pp. 2-13; F.M. Cross Jr, Epigraphic Notes on the Amman Citadel Inscription, ibidem, pp. 13-19; W.F. Albright, Some Comments on the 'Amman Citadel Inscription, dans BASOR 198, 1970, pp. 38-40; G. Garbi ni, La lingua degli Ammoniti, dans Annali del Istituto Orientale di Napoli, 30 (XX N.S.) 1970, pp. 249-258, spécialement, p. 253 et sq., repris dans Le lingue semitiche, Naples, 1972, pp. 104-108; J. Teixidor, Bulletin d'épigraphie sémitique, Syria XLVII, 1970, n° 60; R. Kutscher, A new Inscription from 'Amman, Qadmoniot V/1, 1972, pp. 27-28 (en hébreu); E. Puech et A. Rofé, L'inscription de la citadelle d'Amman, dans R.B. t. 80, 1973, pp. 531-546; W.J. Fulco, The 'Amman Citadel Inscription. A new collation, dans BASOR, 230, 1978, pp. 39-43.

[3] Cf. en dernier lieu, E. Puech, Milkom, le dieu ammonite en Amos 1,15 dans V.T., vol. 27, 1977, pp. 117-125.

ponctuation massorétique - am reste sans antécédent.[1] D'après la leçon de la
LXX, il est donc question de la couronne en or du dieu Milkom qui pèse un ta-
lent, c'est à dire plus de 58 kilos et qui tomba dans le butin du roi David.
Etant donné le poids de cette couronne, elle convient davantage à une idole
qu'à un roi. La mention du culte de Milkom à Jérusalem sous le règne de Josias trouve une confirmation dans un passage du prophète Sophonie, contemporain du roi réformateur:

> "Et j'étendrai ma main sur Juda
>
> et sur tous les habitants de Jérusalem
>
> Et je détruirai de ce lieu le reste de Ba[c]al,
>
> le nom de ses desservants en même temps que les prêtres
>
> Et ceux qui se prosternent sur les toits
>
> devant l'armée des cieux;
>
> et ceux qui se prosternent et qui jurent par Yahvé
>
> en même temps qu'ils jurent par Milkom (Soph 1,4-5)"

De fait, tandis que le T.M. porte malkam "leur roi", le grec, le syriaque
et la Vulgate lisent correctement le nom divin: Milkom[2] qui se trouve ainsi
en parallèle à celui de Yahvé. Par ailleurs, au VIIème siècle av. J.C., Milkom a toujours de fervents fidèles si l'on en croit le témoignage fourni par
le sceau d'un certain *Mannu-ki-Inurta*, le béni de Milkom (*brk lmlkm*). Il
s'agirait, selon Avigad, d'un Ammonite exilé en Assyrie (d'où le nom accadien) qui serait revenu dans son pays natal.[3] Mais le dieu ammonite dont la
vocalisation a été volontairement déformée par les Massorètes a déjà une
préhistoire dont on peut saisir des étapes. G. Dossin a identifié jadis à
Mari un dieu Muluk dont la vocalisation rappelle le Molok de la LXX.[4] A Ras

---

[1] Cependant S.H. Horn estime préférable la lecture malkam "leur roi"; cf.
S.H. Horn, The crown of the king of the Ammonites, dans Andrews University Seminary Studies 11, 1973, pp. 170-180.

[2] Cf. L. Sabottka, Zephanja. Versuch einer Neuübersetzung mit philologischem
Kommentar (Biblica et Orientalia - n° 25), Rome, 1972, pp. 24 et sq.; Wilhelm Rudolph, Zephanja (Kommentar zum Alten Testament), Gütersloh, 1975,
pp. 265-266.

[3] Cf. N. Avigad, Seals of Exiles, dans Israel Exploration Journal, vol. 15,
1965, pp. 222-228. De son côté G. Garbini a publié un sceau araméen de
Gadata, cf. G. Garbini, Un nuovo sigillo aramaico-ammonita, dans AION vol.
XVII (NS), 1967, pp. 251-256. Mais l'authenticité de ces sceaux a été con-
testée, cf. J. Naveh et H. Tadmor, Further Considerations on the Aramaic-
Ammonite Seal, ibidem, pp. 453 et sq.

[4] Cf. G. Dossin, dans R.A. t. XXXV, 1938, p. 178.

Shamra, Mlkm apparaît en cunéiforme alphabétique[1] dans une liste de dieux classés selon une certaine hiérarchie, en d'autres termes dans ce que l'on a appelé le panthéon d'Ugarit. Nous ne savons rien d'autre à son sujet sinon que ce nom divin a été vocalisé en clair en cunéiforme babylonien dans une liste où sont traduits en accadien les dieux d'Ugarit. J. Nougayrol a mis face à face sur deux colonnes ces correspondances.[2] A mlkm du cunéiforme alphabétique correspond ᵈMA-LIK MEŠ. Ces deux listes de dieux constitueraient, selon leur commentateur, "une sorte d'aide-mémoire, un document d'administration cultuelle, sans chiffres, mais analogue cependant au fameux Panthéon de Mari (Dossin, Studia Mariana 1,43 et suiv.) ou au plus modeste "Panthéon de Lagaba" (Leemans SLB I,3,19, n° 76), l'un et l'autre heureusement plus explicites." Le même savant remarque que le dieu Malik remonte à une haute antiquité, que son culte a fleuri de très bonne heure chez les Sémites occidentaux et qu'il a été assimilé au dieu infernal Nergal. Enfin il observe, à juste titre, qu'il est malheureusement fort difficile, et pas seulement sous les graphies consonnantiques de l'Ouest, de faire le départ entre *mlk* "conseiller, prince, roi", *mlk* (une forme de sacrifice) et le(s) dieu(x) mlk.[3] Il conclut finalement que les Malik d'Ugarit ne peuvent pas être dissociés des mâlikî de Mari qui sont constamment associés à l'offrande funéraire (kispum)[4] ni des mālkû Anunnaki, soit les dieux chtoniens. J. Gray, de son côté, rapproche le dieu national ammonite Milkom de Mlkm ugaritique. Il observe que le nom du dieu ammonite n'est pas à proprement parler un nom propre mais uniquement un titre mlk "le roi", suivi du suffixe -m. Cela explique d'ailleurs que les Massorètes aient plus d'une fois vocalisé mlkm en malkam "leur roi" au point de rendre le nom divin complètement méconnaissable. Mais, selon Gray, le suffixe -m est à rapprocher d'un

[1] Cf. Andrée Herdner, Corpus des tablettes cunéiformes alphabétiques découvertes à Ras-Shamra-Ugarit de 1929 à 1939, Paris, 1963, p. 110, n° 29.

[2] Cf. J. Nougayrol, Panthéon d'Ugarit (RS 20-24), dans Ugaritica V, Paris, 1968, pp. 42-64, surtout p. 60.

[3] J. Nougayrol renvoie à ce propos aux articles Molok de H. Cazelles dans DBS col. 1337-1346 et dans Biblica 38, 1957, p. 485 et sq. Il faut y ajouter l'étude fondamentale de O. Eissfeldt, Molk als Opferbegriff im Punischen und Hebräischen und das Ende des Gottes Moloch, 1935 et les observations pertinentes de R. de Vaux (Les sacrifices de l'Ancien Testament, Cahiers de la Revue Biblique 1, Paris, 1964, pp. 67 et sq.)

[4] Cf. M. Birot, Archives Royales de Mari, t. IX, Paris, 1960, pp. 286-287.

phénomène grammatical semblable bien établi dans les dialectes sudarabiques.[1] En effet en sudarabique -m marque l'indétermination et cette mimation est à vocaliser -um, -im, -am, selon le contexte.[2] Mais il faut observer que déjà l'ugaritique connaît aussi le mem enclitique qui est souvent
joint à un nom à l'état construit.[3] Le nom du dieu d'Ammon serait, estime
Gray, identique au dieu de Moab Kamoš, ce qui serait impliqué par la réponse de Jephté aux Ammonites en Juges 11,24: "Ce que ton dieu Kamoš a mis en
ta possession, ne le possèdes-tu pas?" Toujours selon le même auteur, le
nom divin composé Athtar-Kamoš de l'inscription de Mesha prouverait que le
véritable nom de la divinité serait le dieu astral Athtar bien connu des
textes sudarabiques: Kamoš et Milkom ne seraient en définitive que ses titres locaux. Mais on hésite à suivre entièrement Gray dans cet échafaudage
d'hypothèses. On doit toutefois observer en faveur de cette explication que
Sophonie associe le culte de Milkom à l'armée des cieux, ce qui se conçoit
bien s'il s'agit d'un dieu astral (Soph 1,5).

   Les cultes phéniciens à Jérusalem.

   Ils sont notamment concrétisés au v. 13 dans le culte d'Astarté "horreur des Sidoniens" que Salomon avait installée avec les cultes moabite et
ammonite en face de Jérusalem, au sud du mont des Oliviers, localisation
qui est précisée uniquement dans le texte grec et dans le Targoum. Notre
texte est particulièrement intéressant puisqu'avec 1R 11,5,33 il fait partie des très rares passages de l'A.T. où le nom divin *ʿaštoret* est employé
au singulier. Il est significatif d'ailleurs que ce singulier soit toujours
accompagné de l'apposition 'lhy Sdnîm ou de šqs Sdnîm. Le culte d'Astarté
visé dans ces passages du livre des Rois concerne donc exclusivement la
déesse phénicienne et non, par exemple, l'Ishtar babylonienne. Que savons-
nous de son culte en Phénicie et plus spécialement à Sidon?[4] Astarté avait

---

[1] Cf. John Gray, The Legacy of Canaan, Leiden, 1957, p. 125 et son commentaire du Livre des Rois, p. 257. Mais on ne sait pourquoi il dit qu'en
sud-arabique la mimation marque la détermination.

[2] Cf. Maria Höfner, Altsüdarabische Grammatik, Leipzig, 1943, n° 29; A.F.L.
Beeston, A Descriptive Grammar of Epigraphic South Arabian, Londres, 1962,
p. 30, n° 27,1.

[3] Cf. Gordon, Ugaritic Textbook, Rome, 1965, p. 56; Hummel, Enclitic Mem in
Early Northwest Semitic, especially Hebrew, dans JBL, 76, 1957, pp. 85-107.

[4] Par Sidoniens on pourrait aussi à la rigueur comprendre les Phéniciens en
général selon IR 5,20 et Homère (cf. H.J. Katzenstein, The History of Tyre,
Jerusalem, 1973, p. 130).

dans cette ville un temple célèbre dont les grands-prêtres devenaient quelquefois rois. C'est le cas, par exemple, de Tabnit, prêtre d'Astarté, roi des Sidoniens.[1] Ce temple avait aussi ses prêtresses, comme nous l'apprend l'inscription d'Eshmun'azar, roi des Sidoniens, dont la mère 'Am^{C}ashtart était prêtresse d'Astarté.[2] Le temple d'Astarté, littéralement la maison d'Astarté, est mentionné dans la même inscription. Le roi Eshmun^{C}azar II y rapporte que lui-même et sa mère avaient bâti (*bn*) les temples des dieux et plus précisément la "maison de ^{C}Ashtart de Sidon" où ils ont installé la statue de la divinité en grande pompe. Cette inscription ne date que des environs de 300 av. J.C. Mais il est impossible d'admettre qu'Astarté, la déesse des Sidoniens n'ait pas en auparavant de temple avant cette date. Aussi ne peut-il s'agir que de restaurations faites à l'ancien sanctuaire, comme l'observe à bon droit Lagrange.[3] On peut imaginer qu'une fois opérés les travaux de restauration, on a réinstallé dans son temple la statue de ^{C}Ashtart.[4] C'est certainement ce temple que visita plus tard Lucien: "Il existe aussi, dit-il, en Phénicie un sanctuaire appartenant aux Sidoniens. Il est, à ce qu'ils disent, consacré à Astarté. Mais je crois, quant à moi, que cette Astarté n'est point autre que Sélénè." (*De dea syra*, IV, trad. Mario Meunier). Les monnaies romaines de Sidon nous renseignent aussi sur le culte d'Astarté. Elles représentent souvent le char de la déesse servant aux processions de l'image cultuelle ou plus exactement de son bétyle. Le char d'Astarté peut varier dans le détail de l'une à l'autre. Par exemple, sur une monnaie de bronze d'Elagabale conservée à Paris au Cabinet des Médailles (n° 392), est représenté un char à deux roues portant un baldaquin à quatre colonnes, plusieurs branches de palmier émergeant du toit. A l'intérieur du baldaquin, un objet sphérique muni soit de deux cornes, soit de deux ailes, considéré comme le symbole d'Astarté, est posé sur un piédestal

---

[1] Inscription de Tabnit, ligne 1, cf. Cooke, A Text-Book of North-Semitic Inscriptions, n° 4 et Donner et Röllig, KAI, n° 13.

[2] Inscription d'Eshmun^{C}azar, lignes 14-15, cf. Cooke, op. cit. n° 5 et Donner-Röllig, KAI n° 14.

[3] Cf. Lagrange, Etudes sur les religions sémitiques, Paris, 1905² p. 486.

[4] A ma connaissance, seul a été fouillé jusqu'à présent le temple d'Echmoun à Sidon, d'abord par Macridy-bey (cf. RB 1902, pp. 489-515; 1903, pp. 69-77) ensuite par W.Fr. von Landau (Mitt. der Vorderasiat. Gesellschaft 1904, 5 et 1905,1), puis par M. Dunand (Syria, 1926, 1-7) et depuis 1963 toujours par ce dernier (Bulletin du Musée de Beyrouth XVIII, 105-109).

drapé.[1] On connaît au moins cinq trônes en pierre dits trônes d'Astarté provenant de Sidon: ils sont tantôt vides, tantôt porteurs de symboles; les
accoudoirs du siège représentent des sphinx, symboles de la déesse. L'un
des trônes provenant de Khirbet et-Taybeh et conservé au Louvre est dédié
nommément à Astarté. Certains de ces trônes sont entaillés, ce qui laisse
supposer qu'ils portaient sans doute un bétyle sphérique disparu, que l'on
extrayait du siège pour le porter en procession dans un char du type représenté sur les monnaies de Sidon.[2] Ces trônes n'étaient pas seulement un élément de mobilier du temple: ils servaient d'autel, ils portaient les symboles divins et enfin ils étaient objet d'adoration.[3] Malheureusement, seul
un de ces trônes est daté avec certitude: il date de 59/60 ap. J.C. Celui
qui porte la dédicace en phénicien à Astarté date du IIème siècle av. J.C.
Or nous sommes éloignés de plusieurs siècles de l'époque de Josias, trop
éloignés pour que ces objets cultuels puissent nous fournir des points de
comparaison solides permettant de nous représenter ce que pouvait être le
culte de l'Astarté sidonienne vénérée à Jérusalem. Il faut pourtant signaler
que le nom d'[C]Aštart est écrit en phénicien sur une boîte en ivoire trouvée
à Ur datée du VIIème siècle et provenant de Phénicie.[4] Faute de documents
explicites sur le temple d'Astarté à Sidon sous le roi Josias, il faut
nous rabattre sur un texte important concernant Tyr. Il s'agit d'un traité
de vassalité entre le roi d'Assyrie Asarhaddon et le roi de Tyr Ba'al. Comme c'est l'usage pour de semblables instruments juridiques, on y donne des
listes de dieux mésopotamiens et phéniciens garants du traité. Parmi les

---

[1] Les numismates ont toujours regardé le globe de Sidon comme un symbole
d'Astarté en se fondant sur un texte de Philon de Byblos qui rapporte que
que cette déesse aurait recueilli "un astre tombé du ciel" et l'aurait
dédié dans un temple de Tyr (Philon de Byblos, Fragm. 2,31). cf. Hill,
Catalogue of the Greek Coins of Phoenicia (British Museum), p. CXIII; H.
Seyrig, Antiquités syriennes (sixième série), Paris, 1966, pp. 22 et sq.

[2] Pour ces trônes, cf. en dernier lieu le mémoire inédit de Sophie de Mévius, Les trônes phéniciens en pierre flanqués de sphinx ailés, présenté
en 1977 devant l'Université de Louvain.

[3] Sur les trônes divins en général, cf. Hélène Danthine, L'imagerie des trônes vides et des trônes porteurs de symboles dans le Proche-Orient ancien,
dans Mélanges syriens offerts à René Dussaud, Paris, 1939, t. II, pp. 857-
866; R. de Vaux, Les chérubins et l'arche d'alliance, les sphinx gardiens
et les trônes divins dans l'ancien Orient, dans Bible et Orient, Paris,
1967, pp. 230-259 et spécialement pp. 250-252; cf. M. Delcor, article
Astarté dans Lexicon iconographicum mythologiae classicae (LIMC).

[4] Cf. Syria 9, 1928, p. 268.

divinités phéniciennes on énumère dans l'ordre: Baal-Sameme, Baal-malage, Baal-saphon, Melqart, Ešmun et Astarté et il y a tout lieu de croire que nous sommes en présence du panthéon tyrien. Il est significatif qu'Astarté porte un nom spécifiquement ouest-sémitique (Astartu) et non pas l'appellation babylonienne correspondante Ištar que l'on pourrait attendre dans un texte accadien. C'est dire que l'on a voulu respecter le caractère phénicien propre à cette divinité. Or, dans ce traité, Astartu apparaît non pas comme la déesse de la fécondité ou de la fertilité mais comme la déesse de la guerre: "Puisse Astarté dans le dur combat briser vos arcs, et vous placer sous les pieds de vos ennemis!"[1] Astarté est déjà nommée avec Melqart (Héraklès) sous le règne d'Hiram qui aurait consacré de nouveaux temples à ces divinités, si on en croit Ménandre cité par l'historien Josèphe.[2] Il est vraisemblable que les dieux vénérés à Sidon étaient approximativement les mêmes que ceux de Tyr. De fait, l'inscription d'EshmunᶜAzar au début du IIIème siècle av. J.C. mentionne les temples d'Eshmun, du Baᶜal de Sidon et de ᶜAshtart, le Nom de Baᶜal. Il s'agit manifestement des divers sanctuaires d'une triade où les divers dieux ont des liens entre eux. Il en va de même des trois derniers dieux de Tyr mentionnés dans le traité d'Asarhaddon: Melqart, Ešmun et Astarté. D'après Eudoxe de Cnide, au IVème siècle av. J.C., les dieux de Tyr, Zeus et Astérie (Astarté) ont pour fils Héraklès, qui est Melqart.[3] A Byblos, à l'époque hellénistique, on adorait El et la Dame de Byblos, accompagnés du jeune dieu que nous connaissons sous le nom d'Adonis. Selon les lieux, il s'agit donc des variantes de la triade phénicienne.[4] En 300 av. J.C., à Sidon même, Astarté semble jouir d'une place spéciale dans la dynastie de Tabnit, prêtre d'Astarté, roi des Sidoniens. C'est elle qui paraît chargée de veiller personnellement sur le repos du roi défunt, son prêtre, enfermé dans le sarcophage. On prête à Tabnit ces paroles: "Je gis dans ce sarcophage, oh! n'ouvre pas au-dessus de moi, ne me trouble pas, car c'est une chose abominable à Astarté." (tᶜbt ᶜštrt). Telle est la documentation relative à Astarté que nous révèlent les textes épigraphiques ou autres de Sidon et de Tyr. Comme on le voit, ils

---

[1] Cf. R. Borger, Die Inschriften Asharaddons Königs von Assyrien, op. cit., p. 109, IV, lignes 18-19. Sur ce traité cf. en dernier lieu H. Jacob Katzenstein, The History of Tyr, Jerusalem, 1973, pp. 274-275; W.F. Albright, Yahweh and the Gods of Canaan, Londres, 1968, pp. 197 et sq.

[2] Cf. Contre Apion I, 118-119.

[3] Cf. H. Seyrig, Antiquités syriennes (5ème série), Paris, 1958, p. 106.

[4] Cf. Baudissin, Adonis und Ešmun, Leipzig, 1911, pp. 15-16.

sont en général postérieurs à la réforme de Josias. Mais comme les cultes
sont de par leur nature conservateurs, on peut se risquer à certaines ex-
trapolations qui ne sont pas nécessairement des anachronismes; je veux dire,
à partir de documents postérieurs essayer d'interpréter des documents antérieurs. En effet la question se pose de savoir pourquoi en définitive Salomon avait introduit à Jérusalem le culte de l'Astarté sidonienne. Ne pourrait-on supposer que le roi d'Israël avait voulu honorer ainsi en Astarté
le dieu tutélaire des femmes sidoniennes[1], sans doute d'origine royale,
qu'il avait prises pour concubines? Desnoyers a écrit fort à propos: "Au
nom de la politique qui comportait la reconnaissance au moins officielle
des divinités du pays avec lequel on traitait, comme en vertu de la croyance antique que chaque nation n'appartenait qu'à une divinité, Salomon
dut élever pour ses femmes des sanctuaires semblables à ceux de leur patrie,
y dresser leurs idoles, y accueillir leurs prêtres, leur fournir des victimes et de l'encens pour le culte et leur concéder, en plein territoire de
Yahvé, des enclaves réservées où le paganisme fleurissait."[2] Lorsque Josias
entreprit sa réforme religieuse, le culte phénicien d'Astarté installé à
Jérusalem par Salomon était depuis des siècles profondément enraciné dans
la ville sainte. Mais les choses avaient bien changé depuis Salomon. A la
cour de Juda il n'y avait plus de mariages avec les filles des dynastes
phéniciens. Au moment de la réforme de Josias la Phénicie venait de se libérer du joug assyrien durant les dernières années du règne d'Assurbanipal
(668-627). Aussi la cité de Tyr devint-elle à nouveau prépondérante sur la
côte phénicienne tandis que Sidon inaugurait une nouvelle lignée dynastique.
On comprend que devant les nouveaux dangers extérieurs le prophète Sophonie,
contemporain de Josias, s'en prenne d'abord aux dangers syncrétistes existant à l'intérieur du pays, tel le culte de Ba^{c}al, peut-être le Ba^{c}al tyri-
en (Soph 1,4), tandis que Josias se met à détruire celui de l'Astarté sido-

[1] D'après Josèphe, Salomon aurait épousé des femmes tyriennes et sidoniennes (A.J, VIII, 191) alors que la Bible, d'après le T.M. mais non la LXX
ne parle que de femmes sidoniennes. Clément d'Alexandrie (Stromates I,
XXI, 140) précise même qu'il aurait épousé la fille de Hiram. Mais certains auteurs ne voient là qu'une légende inspirée par IReg II,1 (cf. Katzenstein, The History of Tyre, p. 88). Cependant Thieberger, un des derniers historiens de Salomon, admet la vraisemblance de ce mariage (cf. F.
Thieberger, Le roi Salomon et son temps, Paris, 1957, pp. 146-148). Dans
cette hypothèse, il ne serait pas impossible que la fille du roi de Tyr,
fût une prêtresse du temple d'Astarté à Sidon.
[2] Cf. L. Desnoyers, Histoire du peuple hébreu, des Juges à la Captivité. Salomon, t. III, Paris, 1930, p. 149.

nienne. Ces cultes sont vraisemblablement pratiqués par le peuple des Cananéens, entendons de Phéniciens, sans doute des marchands. Ils habitaient à Jérusalem dans le quartier du Mortier (Soph 1,11) et avaient introduit dans le pays la mode des vêtements étrangers[1] dénoncée par le prophète (Soph 1,9).[2]

Le problème de l'Ashérah.

En relation avec Astarté se pose le problème de l'Ashérah dans notre chapitre. Trois passages du chap. 23 mentionnent à peu d'intervalle l'un de l'autre, l'ashérah: 23,4; 23,6; 23,7. Comme ailleurs dans l'Ancien Testament, l'asherah paraît désigner deux réalités différentes: un symbole cultuel consistant en un poteau ou pieu que l'on plante dans les *bamot* ou une divinité féminine. En effet c'est d'une déesse qu'il est question au verset 4. Josias donne l'ordre aux gardiens du seuil de "retirer du sanctuaire de Yahvé tous les objets de culte qui avaient été faits pour Ba'al, pour Ashérah et pour toute l'armée du ciel et les brûla en dehors de Jérusalem dans les champs(?) du Cédron". De toute évidence, on énumère ici des divinités parmi lesquelles Asherah apparaît plus ou moins comme une déesse parèdre de Ba[c]al. Pourtant, la LXX, en traduisant 'asherah par ἄλσος "bois sacré" se réfère plutôt à l'idée d'arbre sacré, de pieu ou de poteau sacré, l'ἄλσος étant ici une sorte de nom collectif pour désigner cette réalité. D'ailleurs la version alexandrine traduit la plupart du temps par ἄλσος le mot hébreu 'asherah. En cela elle a été suivie par la Vulgate qui traduit *lucus*. Ce n'est qu'exceptionnellement (3 fois seulement) qu'ἄλσος sert à rendre le nom divin au pluriel [c]Aštarot en 1Sam 7,3,4; 12,10. Deux fois seulement en Mi 3,12 et Jer 33 (26),18 ἄλσος traduit *bamah*, haut-lieu. En traduisant à peu près systématiquement 'asherah par ἄλσος qui évoque pour les Grecs l'idée d'un bocage arrosé de sources et tapissé d'herbes[3], les traducteurs alexandrins ont voulu rendre compréhensible à leurs lecteurs la réalité sémitique assez énigmatique de l'asherah, symbole à leurs yeux du bois sacré aimé des dieux et en particulier d'Aphrodite, l'équivalent d'Astarté. Faut-il rappeler que plusi-

---

[1] Dans le même sens cf. Katzenstein, The History of Tyre, p. 297.

[2] Pour l'histoire du costume voir Léon et Jacques Heuzey, Histoire du costume dans l'antiquité classique. L'Orient, Egypte, Mésopotamie, Syrie, Phénicie, Paris, 1935, pp. 108 et sq.

[3] Cf. André Motte, Prairies et jardins de la Grèce antique. De la religion à la philosophie, Bruxelles, 1973, p. 18.

1981, 91–123

Tandis que pour Lidzbarski[1], la déesse Astronoë serait d'origine grecque et aurait été introduite sous cette forme hellénisée dans le panthéon
phénicien, R. de Vaux[2] et J.G. Février[3] soutiennent au contraire et à bon
droit l'origine sémitique de cette divinité dont le nom phénicien [C]štrny
est connu par l'épigraphie (CIS,1,260,261,3351,3352; RES 553,554,etc.) Tandis qu'Honeyman voulait reconnaître dans [C]Aštrny "une Ištar de Ninive",
hypothèse qui ne peut être soutenue que difficilement, en particulier à
cause du [C]ayn initial[4], Février par contre, y voit l'équivalent inversé de
Uni-Astre nom divin désignant Astarté et la déesse étrusque Uni révélée par
la lamelle étrusco-punique de Pyrgi. "Le nom divin double a été repris par
les Puniques, mais dit-il, en invertissant l'ordre des composants. Il était
tout naturel que les Carthaginois missent à la première place le nom de la
grande déesse. On aboutit ainsi à la forme Astre Uni qui serait à l'origine
des formes [C]štrny et Astronoë, cette dernière étant dérivée du vocable
étrusque remanié, soit beaucoup plus probablement du mot punique [C]štrny.
Le nom [C]Aštrny évoque celui de la déesse moabite [C]štr-kmš connue par la
stèle de Mesha. Il aurait été forgé peu après 500 avant notre ère. La nouvelle divinité aurait donc eu le temps d'implanter solidement son culte
avant la destruction de Carthage, en 146 av. notre ère".[5] Toujours d'après
Février, son culte se serait répandu dans le bassin oriental de la Méditerranée, à Rhodes d'abord, plus tard à Tyr même et à Béryte, supplantant semble t-il, celui d'Astarté."[6] Selon cette explication, on ne peut dire avec
H. Seyrig que dans Astronoë la notion astrale primitive est mêlée à la notion philosophique du *nous*.[7] Le caractère astral de la déesse Astarté paraît par contre découler du nom même d'Asteria que lui donne déjà au IVème
siècle av. J.C. Eudoxe de Cnide; ce dernier fait d'Héraklès le fils d'Astérie et de Zeus[8], ce que paraît illustrer une plaque de calcaire conservée

---

[1] Cf. Lidzbarski, Ephemeris für semitische Epigraphik III, 261, note 2.

[2] Cf. R. de Vaux, Bible et Orient, Paris, 1967, p. 495, note 6.

[3] James G. Fevrier, Astronoë, dans Journal Asiatique, 1968, pp. 1-9.

[4] Cf. A.M. Honeyman, The Phoenician title *mtrh* [C]štrnj, RHR, t. 121, 1940,
pp. 5 et sq.

[5] art. cit., p. 5.

[6] art. cit., p. 3.

[7] Cf. H. Seyrig, Antiquités syriennes, 6ème série, Paris, 1966, p. 126.

[8] Cf. Athénée IX,47,392 d (édition Teubner).

la lune peut être considérée comme une divinité solaire.[1] Même si le traducteur des LXX n'avait pas et ne pouvait pas avoir la moindre idée de la
parenté philologique possible entre l'Asherah hébraïque et l'aṯrt ugaritique
trop éloignée dans le temps, les savants modernes se sont posé la question
de savoir si en fait il existait une relation possible entre les deux divinités. Mais les historiens des religions sémitiques, entre autres A. Caquot[2]
et K.H. Bernhardt estiment impossible de concilier les informations ugaritiques[3] et les informations bibliques relatives à deux déesses portant le même
nom.

La mention de l'Ashérah, divinité féminine, en 2R 23,4 n'est cependant
pas isolée dans l'Ancien Testament. On peut citer, au temps de Jézabel, 1R
18,19 où les 400 prophètes de l'Asherah ne peuvent être considérés que comme les organes d'une divinité, placés d'ailleurs sur le même pied d'égalité
que les 400 prophètes de Baᶜal. Même si la mention des 400 prophètes de l'
Asherah doit être considérée comme une glose[4], cette dernière correspondait,
en tout cas, à une pratique religieuse sans doute ancienne. La présence des
'asherim à côté des idoles (ᶜasabbim) que servent les chefs de Juda en 2Chr
24,18 laisserait croire aussi qu'il s'agit d'images de dieux, mais cela n'
est pas sûr. Tout aussi problématique est l'identité de l'ashérah en 2R 23,
7. S'agit-il d'un pieu sacré ou s'agit-il de l'image de la déesse? Il nous
faut reprendre les données du problème et d'abord examiner les difficultés
que pose la tradition du texte et sa signification.

  wytṣ 't bty hqdšîm

 'šr bbyt yhwh

 'šr hnšîm 'rgwt šm btîm l'šrh

Le T.M. pose un problème d'interprétation quand on le prend en lui-même ou
quand on le compare aux versions. On lit dans le ms Vaticanus de la LXX:

---

[1] Cf. Lipinski, art. cit., p. 101.

[2] Cf. A. Caquot et M. Sznycer, Textes Ougaritiques t. I. Mythes et légendes,
Paris, 1974, pp. 66-73.

[3] Cf. K.H. Bernhardt, Asherah in Ugarit und im Alten Testament, dans Mittei-
lungen des Instituts für Orientforschung, 13, 1967, p. 68, note 2.

[4] Parmi les auteurs modernes qui estiment le texte glosé, on peut citer Benzinger, Kittel, de Vaux dans leurs commentaires du livre des Rois. Voir
aussi James B. Pritchard, Palestinian Figurines in relation to certain
Goddesses known through Literature, dans American Oriental Series, vol.
24, New Haven, 1943, p. 62.

καθεῖλε τόν οἶκον τῶν καδησίμ
τῶν ἐν τῶ οἴκω τοῦ Κυρίου, οὐ αἱ γυναῖκες
ὕφαινον ἐκεῖ (χεττιεῖν, Alexandrinus χεττιεῖμ) τῷ
ἄλσει

En effet on peut traduire littéralement le texte massorétique:

"Il démolit la demeure des hiérodules,
qui était dans le temple de Yahvé
et où les femmes tissaient des maisons
pour Ashérah."

Mais comme le verbe tisser ('arag) est difficilement compatible avec son
complément "maisons" (battîm)[1], certains exégètes ont pensé qu'il s'agissait
en réalité de tentes que les prostituées sacrées tissaient à l'intérieur du
temple pour Ashérah. Mais on doit objecter que dans ce cas, on attendrait
miškanot "tentes" plutôt que battîm "maisons". Par ailleurs la tradition
manuscrite du mot battîm est mal assurée car la LXX en son lieu et place
porte χεττιειν ou χεττιειμ à partir duquel on a supposé un original hébreu
ktnîm mis pour kuttanot "tuniques", qui est la forme habituelle. Cette lecture est aussi celle de la recension lucianique qui porte στολάς. Elle est
acceptée par la plupart des commentateurs modernes (Benzinger, Burney, de
Vaux, Gray). La Bible de la Pléiade, à partir de la LXX propose une lecture
de sens voisin: ketîm provenant de l'assyro-babylonien kîtû "lin", d'où
kitinnû, hébreu ketoneh "tunique". La Bible du Centenaire laisse prudemment
en blanc le mot complément du verbe "tisser". Kittel qui maintient le texte
massorétique battîm écrit: Il est plus que douteux que l'on doive conclure
à partir de la LXX χεττιειν(μ) à ktnîm "vêtements", puisque Théodotion lit
βεττιειμ qui est une transcription de battîm. Aussi pour cet exégète les
battîm "maisons", ne peuvent être que des gaines ou des étuis destinés à recouvrir la statue divine. Bien qu'il tempère son jugement, en disant qu'il
est difficile de savoir ce que le glossateur voulait dire, il faut avouer que
l'interprétation proposée n'a guère trouvé d'adeptes. L'explication qui veut
voir dans ce passage une référence au tissage de gaines ou de maisons, voire
de tentes par les hiérodules ne semble pas pouvoir être retenue, même si St
Jérôme qui a senti la difficulté a cherché à l'atténuer en traduisant battîm

---

[1] L'objection vaut même si battîm = tentes de nomades en Gn 27,15; 33,17.

"quasi domunculas". En contrepartie, l'explication qui propose de comprendre
que les qedeshîm s'occupaient au tissage de tuniques ou de vêtements pour
Asherah est plus cohérente, même si on est obligé de supposer une forme originale *ktnîm* ou mieux *kitîm* avec le sens de tunique qui est, en fait, un hapax legomenon en hébreu. Mais la lecture *kitîm* ne serait pas impossible si
nous étions en présence d'un mot voyageur emprunté à l'accadien *kîtû*, comme
par exemple, les *mazzalot* du verset 5. En accadien, *kîtû* désigne soit le
lin comme matière première, soit des ornements en lin dont certains pouvaient avoir un usage cultuel.[1] Par exemple, d'après les inscriptions de Cam-
byse, c'est en lin qu'était fait le rideau servant à voiler l'image de Adad:
GADA ša dalat šame ša Adad.[2] On sait aussi que la statue d'Ishtar portait
en certaines occasions des vêtements somptueux.[3] C'est avec une pièce de
lin (*kîtû*) que l'on réparait le lit de la Dame de Sippar (erši ša Bēlet Sippar).[4] Mais l'usage d'habiller les statues cultuelles n'était pas réservé
à Ishtar. En Israël, des images divines dont nous ignorons l'identité étaient vêtues de pourpre violette et rouge que le prophète Jérémie accable de
ses sarcasmes (Jer 10,9). On voit, par exemple, que la coutume de vêtir les
images divines n'était pas propre au monde assyro-babylonien. Pour le monde
syro-phénicien, il faut aussi rappeler ce que rapporte Plutarque dans le *De
Iside et Osiride* § 17: la déesse Isis consacra à Byblos un pilier en bois
qu'elle recouvrit de lin (ὀθόνῃ περικαλύψασαν) et sur lequel elle versa de
l'huile parfumée. Griffiths, un des récents commentateurs du *Iside et Osiride*[5], a justement fait observer que le pieu cultuel de Byblos appartenait
primitivement au sanctuaire d'Astarté et que le ξύλον pourrait être l'obélisque ou cône que l'on voit sur certaines monnaies de Byblos au centre du
temple de cette divinité. Au moment où la déesse Isis a fusionné avec Astarté on aurait identifié le djed osirien avec ce cône. A Athènes, la prêtres-

---

[1] Cf. The Assyrian Dictionary de Chicago, sub verbo, pp. 473-475.

[2] Cf. The Assyrian Dictionary de Chicago, sub verbo, p. 474, qui cite J.N.
Strassmaier, Inschriften von Cambyses 415:9.

[3] Cf. W.F. Leemans, Ishtar of Lagaba and her dress, Leiden, 1952; cf. M. Delcor, Allusions à la déesse Ištar en Nahum 2,8?, dans Biblica vol. 58, 1977,
pp. 78-79 où l'on trouvera cités plusieurs textes relatifs à Ishtar.

[4] Texte cité dans The Assyrian Dictionary, sub verbo, p. 475.

[5] Cf. John Gwyn Griffiths, Plutarch's, De Iside et Osiride, edited with an
Introduction, translation and commentary, University of Walles Press, 1970,
pp. 329-330.

se d'Athéna, aidée des jeunes filles était chargée de tisser le péplos de
la déesse.[1] Tels sont les quelques parallèles que l'on peut citer pour illustrer la mention des tuniques de l'Ashérah.[2] Un texte permettrait même
d'envisager que les prostituées sacrées tissaient des rideaux destinés à
voiler l'image cultuelle d'Asherah, car l'accadien kitû peut avoir ce sens.
Ce genre de rideaux existait dans le temple de Jerusalem et aussi dans les
sanctuaires païens du monde grec. On connaît par exemple celui du temple de
Zeus à Olympie enrichi de broderies et décrit par Pausanias (IV,12,2). Au
Vème siècle av. J.C., il y en avait peut-être aussi à Chypre à Kition dans
le sanctuaire phénicien d'Astarté dont les PRKM, "les préposés au voile"
devaient sans doute prendre soin.[3] Quel que soit le travail manuel précis
accompli par les qedeshîm dans le sanctuaire de Jérusalem, que les kitîm
désignent les tuniques destinées à habiller la statue divine ou les vêtements sacrés pour les desservants de l'Ashérah ou même les voiles de son
sanctuaire, une chose est certaine: elles s'adonnaient au tissage ('oregot).
C'est aussi ce qu'a compris la LXX en traduisant le verbe hébreu par ὑφαί-
νουσι qui signifie proprement "tisser un voile" et plus généralement un vêtement. A. Lemmonyer a jadis attiré l'attention sur un parallèle sémitique
à notre passage du livre des Rois.[4] Il est constitué par une tablette de
Drehem remontant au deuxième roi de la dynastie d'Ur, publiée par L. Legrain.[5] Elle contient une liste de dix femmes "revenant de chanter à la fête de la néoménie", à Nippur, la ville sainte d'Enlil, et qui sont remises
aux mains d'U-bar-um, le chef de tissage, qui était vraisemblablement chargé de les utiliser comme tisseuses. Ces femmes ne seraient pas des chanteu-
ses occasionnelles mais des prêtresses de la classe des nârâti. Legrain pré-
cisait même que les tisseuses, les meunières ou boulangères attachées aux
temples formaient sans doute ces collèges de prostituées, fameux plus tard
dans la religion babylonienne.[6] J. Plessis, bon juge en la matière, accep-

---

[1] Cf. E. Cahen, art. panathenaia dans le Dictionnaire des Antiquités de Daremberg et Saglio, pp. 305-307.

[2] Voir d'autres textes dans J. Plessis, Etudes sur les textes concernant
Ištar-Astarté, Paris, 1921, p. 188.

[3] Cf. sur ces problèmes M. Delcor, Le personnel du temple d'Astarté à Kition
d'après une tablette phénicienne (CIS 86,A et B) dans Mélanges Claude F.A.
Schaeffer. On y trouvera cités divers parallèles mésopotamiens.

[4] Cf. A. Lemonyer, Les tisseuses d'Achéra (II Rois XXIII,7), dans Revue des
sciences philosophiques et théologiques, t. 7, 1913, pp. 726-727.

[5] Cf. L. Legrain, Le temps des rois d'Ur, Paris, 1912, pp. 55 et sq.

[6] Cf. L. Legrain, op. cit., pp. 55 et sq. et n° 7.

tait le rapprochement invoqué par Lemonnyer.[1] Mais la présence de tisseuses dans le sanctuaire de Jérusalem peut être illustrée par des textes plus rapprochés du verset biblique, à la fois dans le temps et dans l'espace. En effet, à Jérusalem, selon le témoignage de la Michna, quatre vingt deux jeunes filles qui n'étaient pas évidemment des *qedešim* tissaient annuellement deux voiles destinés au Saint des Saints (Michna, Cheqalim 8,5). De même, d'après une tradition apocryphe conservée dans le Protévangile de Jacques (chap. X), les prêtres ayant appelé sept jeunes filles vierges de la tribu de David destinées à tisser le voile du Temple, le sort tomba sur Marie qui fut chargée de "filer l'or, l'amiante, le lin, la soie, le bleu, l'écarlate et la pourpre véritable".[2] Rappelons enfin que ceux pour qui l'Asherah désigne l'arbre sacré en 2R 23,7 invoquent parfois l'usage arabe, voire palestinien actuel de placer des pièces d'étoffe dans les branches de certains arbres afin d'y laisser la fièvre.[3] Malheureusement ces auteurs ne semblent pas être en mesure de citer des parallèles anciens de cet usage antérieurs à la réforme de Josias voire contemporains. Pour ce motif, il nous semble préférable d'identifier l'Ashérah de 2R 23,7 à une divinité cananéenne.

Un troisième texte concernant l'asherah se situe en 2R 23,6. Là, elle paraît être un symbole cultuel, un pieu ou poteau sacré situé dans le *bamah*[4] de Jérusalem (cf. 2R 23,14). Ce texte ne permet pas de dire toutefois s'il s'agit d'un arbre vivant que l'on plante (Dt 16,21) ou que l'on arrache (Mi 5,13) ou seulement d'un pieu en bois. On sait uniquement que l'asherah pouvait être brûlée, comme en Dt 12,13. En faisant disparaître le pieu sacré, Josias applique strictement les prescriptions du Deutéronome: "Tu ne planteras pas d'asherah de n'importe quel bois auprès de l'autel de Yahvé ton Dieu que tu feras. Tu ne dresseras pas de stèle (maṣṣebah) que Yahvé a eue en abomination" (Dt 16,21-22). Les contemporains de Josias étaient donc confrontés à une attitude radicale d'un yahvisme jaloux de sa pureté. Pourtant il importe de rappeler que les arbres sacrés (chênes, tamaris, térébinthes),

---

[1] Cf. J. Plessis, op. cit., p. 189.

[2] Cf. Emile de Strycker, La forme la plus ancienne du Protévangile de Jacques (Subsidia Hagiographica n° 33), Bruxelles, 1961, pp. 112-113.

[3] Cf. Lagrange, Etudes sur les religions sémitiques, Paris, 1905 (2ème étition), p. 175; R. Smith, Lectures on the Religion of the Semites, Londres, 1894, p. 186; A. Lemaire dans RB 84, 1977, pp. 606-607.

[4] Sur le *bamah*, cf. Patrick H. Vaughan, The meaning of "bamâ" in the Old Testament. A Study of etymological, textual and archaeological evidence, Cambridge, 1974.

tout comme les stèles (*massebot*) ou pierres dressées ont fait partie pendant longtemps des sanctuaires yahvistes de l'époque patriarcale.[1] Abraham,
par exemple, planta un tamaris à Bersheba (Gen 21,33) qui par la suite
semble avoir été condamné comme étant une asherah, même si ce terme technique est absent du passage biblique. De fait, les traditions anciennes
aiment parler plutôt d'arbres que d'*asherim* et de pierres que de *massebot*,
comme c'est le cas par exemple en Jos 24,26.[2] Selon A. Lemaire et d'autres,
il faudrait même reconnaître l'asherah de Yahvé dans des inscriptions hébraïques provenant de Khirbet el-Qom et datant de 700 av. J.C.[3] Mais ce syntagme étrange relève d'un yahvisme peu orthodoxe. W.G. Dever qui a étudié
le matériel épigraphique de ce site, coupe différemment les mots et interprète tout autrement cette inscription[4], mais à tort car la lecture est certaine.

Quoiqu'il en soit de la solution de ce problème épigraphique qui n'af-
fecte en rien celui de 2R 23,6, il faut souligner ici que la réforme de
Josias ne concerne pas ici les *massebot*, symboles de la divinité mâle condamnés par Dt 16,21-22.[5] La *massebah* de Ba^Cal est mentionnée par exemple,
sous le règne de Joram en 2R 3,2, et aussi de Jéhu en 2R 10,26-27, bien que
certains considèrent ce dernier texte comme incertain.[6] Ces deux textes
font en tout cas état de la destruction de la stèle de Ba^Cal.

Si le culte de l'Astarté sidonienne constituait au temps de Josias
une survivance de la religion phénicienne à Jérusalem, il en va de même,
semble t-il, pour le culte des asherim "les arbres sacrés". En effet Philon
de Byblos mentionne côte à côte les batons sacrés (ῥάβδους) et les stèles

---

[1] Cf. A. Lemaire, Les inscriptions de Khirbet El-Qôm et l'Asherah de Yhwh,
dans RB, t. 84, 1977, p. 605; E. Dhorme, L'Evolution religieuse d'Israël,
t. I. La religion des Hébreux nomades, Bruxelles, 1937, pp. 128 et sq.

[2] Cf. R. de Vaux, Les Institutions de l'Ancien Testament, Paris, t. II, pp.
116-117.

[3] Art. cit., pp. 597 et sq.

[4] Cf. W.G. Dever, Iron Age epigraphic Material from the Area of Khirbet el-
Kom, dans Hebrew Union College Annual, vol. 40-41, Cincinnati, 1960-1970,
pp. 159 et sq.

[5] Il est question de pierres brisées à propos du haut-lieu de Bethel uniquement dans le texte grec de 2R 23,15 mais non dans le T.M. qui parle
de brûler le haut-lieu.

[6] Cf. R. de Vaux, Les livres des Rois, p. 163, qui lit *mizbeah* "autel" au
lieu de *massebah* "stèle".

sacrées (στΐλας) qui sont consacrés à Hypsouramios et à Ousoos.[1] Déjà le
P. Lagrange, au début du siècle, avait fait à juste titre le rapprochement
de ces bâtons avec les asheras de l'Ancien Testament et il avait en cela
quelque mérite.[2] Car, bien que Renan ait consacré jadis tout un mémoire de
l'Académie des Inscriptions et Belles Lettres défendant la véracité des dires de Philon de Byblos, le scepticisme continua de règner longtemps chez
les orientalistes, tels, par exemple, Graf Baudissin, sur l'authenticité
et l'ancienneté des matériaux contenus dans son *Histoire phénicienne*. Il
a fallu attendre les découvertes de Ras Shamra pour que Philon de Byblos
fût peu à peu réhabilité, notamment avec les travaux de Dussaud, Eissfeldt,
Virolleaud et d'autres encore.[3]

Nous dédions ces quelques éléments de synthèse sur les cultes étrangers
en Israël au temps de Josias à M. Henri Cazelles qui guida jadis nos premiers pas dans l'exégèse biblique.

---

[1] Cf. Eusèbe, Praeparatio evangel. lib. I,10 (éd. Sirinelli-des Places dans
les Sources chrétiennes).

[2] Cf. Lagrange, Etudes sur les Religions sémitiques, p. 176; et C. Clemen,
Die phönikische Religion nach Philo von Byblos, Leipzig, 1939, p. 18.

[3] Parmi les études récentes sur Philon de Byblos, on pourra consulter l'important travail de James Barr, Philo of Byblos and his "Phoenician History", dans Bulletin of the John Rylands University Library of Manchester,
vol. 57, 1974, pp. 17-68.

LE CULTE DE LA "REINE DU CIEL" SELON JER 7,18;

44,17-19,25 ET SES SURVIVANCES.

Aspects de la religion populaire féminine aux alentours
de l'Exil en Juda et dans les communautés juives d'Egypte.

M. Delcor

En plusieurs passages du livre de Jérémie est mentionnée une divinité
anonyme qualifiée de "reine du ciel": Jer 7,18; 44,17-19,25. Son culte était
pratiqué dans les villes de Juda (7,17) et en Egypte dans les milieux de
Judéens émigrés (44). La "reine du ciel" y était l'objet de la vénération
surtout de la part des femmes: elles lui offraient des gâteaux dont il faudra déterminer la nature, de l'encens et des libations. Aucun autre texte
de la littérature vétérotestamentaire ne mentionne la "reine du ciel".

Avant d'examiner le contenu des passages jérémiens afin de percer l'
identité de cette divinité, grâce surtout à la littérature comparée du Proche-Orient, il importe de déterminer le contexte littéraire et historique
où apparaît la "reine du ciel".

Le contexte littéraire et historique

Le premier texte (7,18) se situe à la suite du discours sur le Temple
qui prend fin en 7,15. De toute évidence, il n'en fait pas partie, comme
d'ailleurs les critiques le soulignent à bon droit (Marti, Rudolph, Weiser).
Marti écrit: "En Jer 7,16-20, le prophète subitement ne se tient plus au
vestibule du Temple devant tout Juda, mais quelque part devant Yahvé et
l'auteur de ce fragment n'a pas tenu nécessaire d'introduire la formule
"Yahvé m'a dit" ou a oublié de le faire." Ce commentateur se demande même
si "on n'aurait pas affaire à une autre main": "Ob daraus zu folgern ist,
daß hier eine andere Hand schreibt, das ist die Frage."[1]

Le verset 16 est essentiellement une parole de Yahvé adressée au prophète qui lui interdit d'intercéder en faveur de son peuple: "n'élève pour
lui ni plainte ni prière" (*we 'al-tissâ' ba 'adam rinnah utephillah*). On

---

[1] Cf. Bernhard Duhm, Das Buch Jeremia (Kurzer Hand-Commentar zum alten Testament) Tübingen, 1901, p. 78; cf. W. Rudolph, Jeremia (Handbuch zum alten
Testament) Tübingen, 1947, p. 47; A. Weiser, Das Buch des Propheten Jeremia (Kapitel 1-25,13) (Das Alte Testament Deutsch), Göttingen, 1956, p. 70.

retrouve cette interdiction à peu près dans les mêmes termes, plus loin dans le livre de Jérémie (11,14 cf. 14,11). Le motif de cette défense est exprimé aux versets 17 et 18. Les Judéens se donnent en spectacle dans leurs villes et dans les rues de Jérusalem en pratiquant ouvertement le culte de la "reine du ciel". Ce culte idôlatre est non seulement public mais pratiqué sciemment par ses adeptes qui veulent offenser Yahvé. Mais en réalité c'est eux-mêmes qu'ils offensent à la honte de leur visage (v. 19). Aussi s'ensuivra-t-il le châtiment divin qui frappera le pays: il n'épargnera ni les hommes ni les animaux ni les récoltes des champs (v. 20). A la suite de notre péricope (7,16-20) on lit un autre discours du Temple (7,21-26) qui n'a plus rien à voir avec ce qui précède. Tel est donc le contexte littéraire immédiat mais notre passage se situe dans une vaste compilation littéraire de discours comprenant les chap 7-10 rassemblés par le rédacteur. L'essentiel de cet ensemble littéraire date du début du règne de Joakim, roi de Juda (609-608 av. J.C.) si on se réfère au chap. 26 de Jérémie qui fait état d'un discours du prophète qui a lieu au Temple.

Auch chapitre 44, le prophète s'adresse à tous les Judéens qui s'étaient enfuis en Egypte après le meurtre de Godolias, gouverneur de Juda en 586 (chp. 40). Le texte biblique fait état de trois villes d'Egypte où résidaient les Juifs transfuges: il s'agit de Migdol, de Noph et du pays de Patourès. Tandis que Migdol[1], Noph (Memphis)[2] et Tahpanhes[3] sont situées en Basse-Egypte, le pays de Patourès (d'après la transcription de la LXX Παθουρης) est au sud. En effet l'hébreu Patros et le grec Παθουρης transcrivent l'égyptien Pa-to-ris "le pays du midi". Nous savons par les fouilles d'Eléphantine et par la découverte en ce lieu de papyri araméens datant du Vème siècle av. J.C. qu'une colonie juive y était établie, ce qui vient confirmer et surtout préciser l'indication plutôt vague de Jérémie. Ce dernier s'adresse donc à l'ensemble des ressortissants juifs, ceux qui résident dans le Delta et en Haute Egypte. Le prophète, qui apparemment réside à Daphné avec les trans-

---

[1] Migdol qui en hébreu signifie "tour", est devenu mktr en égyptien. Cette ville était située à la frontière sur la route d'Egypte en Asie. C'est le tell el-Ḥer; cf. A. Mallon, Les Hébreux en Egypte, Orientalia (3) 1921, pp. 167 et sq.

[2] Cf. Alan H. Gardiner, Ancient Egyptian Onomastica, Oxford, 1947, t. II, p. 122.

fuges qui l'ont entraîné dans leur fuite (43,8), s'en prend vertement aux
pratiques idolâtriques de ses compatriotes en Egypte. Son discours comprend
deux parties: dans la première, il tente de démontrer aux Juifs que les maux
qui se sont abattus sur Jérusalem et sur Juda ont pour cause les hommages et
l'encens offerts aux dieux étrangers (44,1-6). Dans la deuxième partie (44,
7-15), le prophète essaie de persuader ses compatriotes de renoncer au culte
des dieux étrangers en terre d'Egypte. Avez-vous, dit-il, oublié les crimes
de vos pères, les crimes des rois de Juda, vos crimes et les crimes des femmes (de Juda) qu'elles ont commis dans le pays de Juda et dans les rues de
Jérusalem? (44,9).

La réponse insolente des Juifs (44,15-19) ne se fait pas attendre. Ils
défendent la thèse contraire de celle de Jérémie: ils continueront à offrir
de l'encens et à offrir des libations à la "reine du ciel" comme l'ont fait
leurs pères et leurs rois dans les villes de Juda et dans les rues de Jérusalem parce qu'ils avaient alors du pain à satiété et qu'ils étaient heureux.
Le prophète revient à la charge (44,20-25) et prononce de nouvelles menaces
contre les Juifs (44,26-30).

L'identité de la "reine du ciel".

D'abord une remarque préliminaire s'impose au sujet de cet appellatif
de la divinité. Dans tous les passages jérémiens le texte hébreu est vocalisé systématiquement non pas *malkat haššamajim* que l'on attendrait
mais *"meleket h"* montrant ainsi la mauvaise humeur des Massorètes à l'
égard d'une déesse qu'ils ont sans doute en abomination. La vocalisation
actuelle du mot représente l'état construit de *melaka* qui a, en hébreu,
le sens de "mission", "ouvrage", "travail", "affaire", "office". Ainsi
meleket bjt jhwh signifie "les offices de la maison de Yahvé" en 1 Chr
23,4. Mais en Gen 2,2 il s'agit de l'oeuvre de Yahvé comprenant le ciel et
la terre et toute leur armée. C'est ce dernier texte qu'ont sans doute en
mémoire les Massorètes et le traducteur alexandrin τῇ στρατιᾷ τοῦ οὐρανοῦ
"l'armée du ciel". La ponctuation massorétique est donc tendancieuse comme
pour le nom du dieu Molek qui devrait être vocalisé Melek en 1 R 11,7. Ici
les Massorètes ont utilisé les voyelles de boshet "la honte" pour ridiculi-
ser le dieu.

La vraie vocalisation de l'appellatif de la divinité anonyme est de
Jérémie sans conteste *"malkat h"* "la reine du ciel" comme l'a fort bien

FS J. van der Ploeg (AOAT 211)

compris la LXX en Jer 44 (51),18 et ss qui traduit par βασιλίσσα τοῦ οὐρανοῦ tout comme d'ailleurs Symmaque.

D'après les indications de 7,17-18, le culte de la "reine du ciel" se concrétise dans la fabrication de gâteaux (kawwānīm) qui lui sont offerts, tandis qu'on offre surtout des libations à d'autres dieux. Ces gâteaux dont nous essaierons de déterminer la nature sont spécifiques du culte offert à la "reine du ciel". Leur préparation apparaît comme une entreprise familiale à laquelle participent le père, la mère et les enfants. Tandis que les enfants ramassent le bois nécessaire à la cuisson, le père se charge de préparer le feu tandis que la mère pétrit la pâte. Lāšot est le participe féminin pluriel du verbe lūš "pétrir" au kal. L'emploi du mot bāsēq "pâte" dans l'Ancien Testament ne permet guère de préciser son mode de fabrication. Son usage en plusieurs passages de l'Exode montre que bāsēq peut signifier de la pâte non levée (Ex. 12,34,39). De son côté, Os 7,4 parle de deux moments essentiels de la préparation de la pâte à pain par le boulanger ('opheh) "depuis son pétrissage jusqu'à sa levée": millūš bāsēq ᶜad humsātô

On ne sait pas non plus comment Thamar prépara la pâte (bāsēq) destinée à faire des gâteaux pour son frère (2 Sam 13,8).

Les gâteaux fabriqués par les femmes de Juda en l'honneur de la "reine du ciel" sont appelés kawānim. Ce terme ne se rencontre pas dans la Bible hébraïque en dehors des passages de Jérémie se référant à cette divinité. C'est apparemment un terme technique. Jérôme rattachait ce mot à l'araméen kawwēn "praeparavit", ce qui n'est guère satisfaisant du point de vue étymologique. Il décrit même la préparation de ce genre de gâteaux faits de graisse et de farine: "Mulieres conspergunt adipem cum farina ut faciant chavonim quas [LXX chavonas], nos placentas interpretati sumus sive praeparationes a Chald. kawwēn praeparavit".[1] Le traducteur alexandrin ne comprenant pas ce mot se contenta de le transcrire: χαυῶνας. Le Targoum de Jérémie traduit ainsi le texte hébreu de 7,18:

wnśj' ljšn ljš' lmᶜbd

krdwtjn lkwkbt šmj'

"Les femmes pétrissaient de la pâte pour faire des kardutim pour l'étoile des cieux". De fait, le mot krdwtjn et sa variante textuelle krdjtjn

---

[1] St Jérôme, Patrologie Latine.

se rencontrent uniquement en deux passages du Targoum de Jérémie 7,18 et
44,19 toujours pour traduire *kawânim*. Ce pluriel absolu araméen transcrit
un substantif grec que les lexicographes n'ont pas toujours su identifier.
Pour Dalman, *kardôtā'* décalque maladroitement le grec χειριδωτὸς "habit
à manches longues", sens qui convient à la rigueur au Targoum de Samuel
2,18 où il traduit l'hébreu *'ephod* mais non aux deux passages de Jérémie.[1] Il est plus vraisemblable de reconnaître sous le pluriel araméen *kar-
ditim* de Jérémie préférable à la graphie fautive *kardutin*, la transcription
maladroite voire corrompue lors de sa transmission textuelle de χονδρίται
"pain de gruau". Cette explication a été adoptée par M. Jastrow[2] et, à sa
suite, par Samuel Krauss[3] et elle est satisfaisante. Mais le mot rare *kawânim* ne trouve pas toute la lumière désirable dans la traduction araméenne
même si le Targoum permet de déterminer la nature de la farine qui entre
dans la composition des gâteaux offerts à la "reine des cieux". En effet
kawân est un emprunt à l'accadien *kamānu* comme l'ont reconnu depuis longtemps les exégètes tels Volz[4] et Rudolph[5], etc. L'hébreu *kawân* suppose une
forme accadienne *kawānu* qui n'est pas mentionnée dans les Dictionnaires
accadiens de Von Soden ou de Chicago. Le substantif *kamānu* désigne un gâteau sucré préparé avec des figues ou du miel.[6] D'après certains textes accadiens, il est cuit sous la cendre, ce qui indiquerait, semble-t-il, qu'il
s'agit d'une nourriture de berger. Un passage des traités de vassalité d'
Asaraddon (680-669 av. J.C.) permet même de se faire une certaine idée de sa
forme: il était percé de trous et sans doute rond. Parmi les longues listes
de malédictions divines contenues dans ces documents juridiques, on peut lire
en effet: "Tout comme le *kamānu* est percé de trous, puissent-ils (les dieux)
transpercer votre chair, la chair de vos femmes, etc." (594-596).[7] Le *kamānu*
sert de nourriture à Gilgamesh (tablette XI,216), à Dumuzi (Tammuz) qui "man-

---

1 Cf. Gustav Dalman, Aramäisch-Neuhebräisches Handwörterbuch zu Targum, Talmud und Midrasch, Göttingen, 1938 (3ème édition), sub verbo.

2 Cf. M. Jastrow, A Dictionary of the Targumim, The Talmud Babli and Yerushalmi, and the Midrashic Literature, sub verbo.

3 Samuel Krauss, Griechische und Lateinische Lehnwörter im Talmud, Midrasch
und Targum, Hildesheim, 1964 (reproduction anastatique), sub verbo.

4 Cf. Paul Volz, Der Prophet Jeremia übersetzt und erklärt (Kommentar zum
alten Testament) Leipzig, 1928, p. 100.

5 Cf. W. Rudolph, op. cit., p. 48.

6 Cf. The Assyrian Dictionary of the Oriental Institute of the University of
Chicago, vol. 8, K, p. 111.

7 Cf. D.J. Wiseman, The Vassal-Treaties of Esarhaddon, Londres, 1958, pp. 73-
74.

ge du pur *kamānu* cuit dans la cendre" (PSBA 31,62,15) et également à Ichtar.
Ce n'est donc pas une nourriture réservée exclusivement, comme nous allons
le voir, à cette dernière divinité, comme semble le soutenir Volz dans son
commentaire de Jérémie lorsqu'il écrit: "L'Ichtar assyrienne était vénérée
grâce à un gâteau qui portait le nom de *kamānu*."[1] En effet, si le mot hébreu *kawān* apparaît dans la Bible hébraïque avec le sens spécialisé de gâteau offert à la "reine du ciel", il en va autrement du terme accadien *kamānu*, comme on peut le constater par l'examen des emplois du mot catalogués
dans le Dictionnaire de l'Institut oriental de Chicago. Mais cela ne veut
pas dire qu'on ne puisse pas faire état d'hymnes à Ichtar où est mentionné
le *kamānu* parmi les offrandes faites à cette divinité. Volz cite à juste
titre un hymne à Ichtar où l'on peut lire: "O Ichtar, je t'ai préparé une
préparation faite de lait, de gâteau (*kamānu*), de pain grillé et salé ...,
exauce moi et sois favorable."[2] On peut citer aussi un autre hymne à la déesse babylonienne où est encore mentionné le *kamānu*: "O Ichtar, souveraine
miséricordieuse, je contemple ta face. Une offrande faite avec de l'herbe
pure dans du lait pur, avec un gâteau de four (*ka-man tum-ri*) j'ai préparé
dans un vase, etc. (Hymne à Ichtar K 2001, lignes 19-21).[3]

La forme des *kawānim* pétris par les femmes israélites semble trouver
en Jer 44,19 une nouvelle précision. Le texte hébreu indique en parlant des
femmes: "nous lui faisions des gâteaux *laha^{ca}sîbāh*". Le sens du verbe
^{c}*āsab* au hiphil est ambigu car l'hébreu biblique possède deux verbes ^{c}*sb*.
Le premier signifie "peiner", "faire de la peine" et est employé avec ce
sens au hiphil dans le Ps. 78,40. Le verbe ^{c}*sb* (II) est rare. On le rencontre uniquement au piel en Job 10,8 au sens de "façonner avec les mains" et
au hiphil dans notre passage si l'on en croit les lexicographes.[4] La plupart
des traducteurs modernes retiennent ce dernier sens. La Bible de la Pléiade,
Crampon, la Bible oecuménique traduisent "pour la représenter". Dans ce cas,

---

[1] Op. cit., p. 100.

[2] Cf. Schrader, Die Keilinschriften und das Alte Testament, Berlin, 1902
(3ème édition), pp. 441 et sq.

[3] Cf. F. Martin, Textes religieux assyriens et babyloniens. Transcription,
traduction et commentaire, Paris, 1903, p. 61.

[4] Cf. Brown-Driver-Briggs, Hebrew and English Lexicon; Gesenius Hebräisch
und aramäisch Handwörterbuch über das Alte Testament; L. Koehler, Lexicon
in Veteris Testamenti Libros; F. Zorell, Lexicon hebraicum et aramaicum
Veteris Testamenti.

on fait de ^{c}*aṣab* un verbe dénominatif formé sur les substantifs ^{c}*aṣab* ou
^{c}*oṣeb* "idole", tous les deux documentés en hébreu biblique. Dans ces perspectives, certains exégètes tel Volz expliquent que les gâteaux offerts à
la "reine des cieux" avaient la forme ou portaient l'empreinte de l'image
de la déesse[1], comme les σελῆναι que les Grecs offraient à Artémis et qui
prenaient la forme de la pleine lune. En effet Artémis Munychia était notamment adorée dans la presqu'île du Pirée où elle avait un sanctuaire,
le 16 du mois de Munychion, date anniversaire de la bataille de Salamine.
Ce jour-là, la pleine lune avait brillé dans le ciel pour éclairer la victoire des Grecs. A propos de cette fête, les auteurs anciens (Plutarque)
nous permettent de préciser qu'on offrait à la déesse des gâteaux autour
desquels étaient plantées de petites torches.[2]

Mais on a objecté que le sens "pour la représenter" était douteux puisque ^{c}*āṣab* signifie "façonner", "former", mais non "représenter".[3] De fait,
le verbe en question devrait se traduire plutôt "pour la façonner" ou "de
manière à la façonner"[4], ce qui d'ailleurs peut avoir un sens satisfaisant
en parlant de la pâte. Aussi Plessis préfère t-il rattacher ha ^{c}*aṣibāh* au
verbe ^{c}*āṣab* "peiner" avec le sens "le fait d'être chagrinée, pour son chagrin", c'est à dire à l'occasion de ses lamentations, ce qui nous ramène-
rait au mythe d'Ichtar pleurant son amant.[5]

Tels sont les deux sens que l'on a proposés pour le texte hébreu. Mais
dans l'hypothèse de Plessis, le lamed suivi de l'infinitif ne peut avoir
qu'un sens consécutif.[6] Aussi devrait-on traduire la phrase: "nous avons
fait pour elle des gâteaux de sorte qu'elle soit affligée" ou "pour qu'elle
soit affligée", ce qui n'offre pas de sens. En bonne logique, c'est lors du
chagrin de la déesse ou parce qu'elle a du chagrin qu'on devrait lui offrir
des gâteaux, dans le but sans doute d'apaiser sa douleur.

---

[1] C'est aussi l'explication de Duhm, de Rudolph, de Condamin, etc.

[2] Cf. art. Munychia ou Munichia, dans Daremberg et Saglio, Dictionnaire des
Antiquités grecques et romaines, p. 2046.

[3] Cf. Joseph Plessis, Etude sur les textes concernant Ištar-Astarté. Paris,
1921, p. 204.

[4] Cf. Joüon, Grammaire de l'hébreu biblique, 124 l.

[5] J. Plessis, op. cit., p. 204.

[6] Cf. Joüon, 124 l.

Aussi, malgré les objections faites plus haut, nous estimons plus satisfaisante la traduction "pour la façonner" et par extension de sens "pour
la figurer" en parlant de l'image de la "reine du ciel".[1] Les anciennes versions corroborent-elles cette exégèse? Il faut répondre par la négative à
cette interrogation: ou bien elles se sont contentées de transcrire l'hébreu
sans le comprendre, ou bien elles ont opté pour une leçon facilitante c_{sb}
"idole". La version alexandrine porte: ἐποιήσαμεν αὐτῇ χαυῶνας καὶ ἐσπείσαμεν
αὐτῇ σπονδάς. Comme on le voit, le verbe hébreu au hiphil n'a pas été traduit. Le texte de la LXX peut s'expliquer de deux façons: ou bien elle n'a
pas compris le mot hébreu et ne l'a pas traduit, ou bien elle disposait d'un
texte où il n'existait pas. Cette dernière hypothèse est adoptée par la Bible du Centenaire selon laquelle le c_{osbah} "pour sa statue" serait une glose
explicative de "pour elle". En effet Symmaque: τῷ γλυπτῷ αὐτῆς a lu le c_{os}-
bāh et a compris que les gâteaux étaient offerts à la statue de la "reine
du ciel". Quant à la Vulgate "ad colendum eam" elle a interprété sans doute
le verbe au hiphil qui peut signifier "traiter en idole", d'où "adorer". De
son côté Aquila porte χαυωνας αὐτῇ ἀσιβα et a transcrit purement et simplement le mot hébreu sans le comprendre. Le Targoum a compris pratiquement
comme Symmaque "nous avons fait pour elle des gâteaux, pour l'idole ($t^c wt'$)".
Ce substantif se rattache à la racine araméenne $te^c\bar{e}$ qui signifie "errer",
"adorer les idoles", "être licencieux". On pourrait même grâce à une légère
correction lire $t\bar{a}^c\bar{i}t\bar{a}'$ "la prostituée" comme en Targ. de Nahum 3,4. Dans
ce cas, la prostituée viserait tout spécialement la déesse Ichtar qui se
qualifie elle-même de "céleste hiérodule" ($I\check{s}tar\bar{i}tum$), par exemple dans
une lamentation sur son temple dévasté.[2] Elle était ainsi désignée en raison de la prostitution sacrée qui se pratiquait couramment dans ses sanctuaires, le substantif $i\check{s}tar\bar{i}tu$ étant formé à partir du nom de la déesse
Istar.[3]

---

[1] Dans le monde paien, on représentait sur les gâteaux cultuels des animaux,
des scènes mythologiques ou sacrificielles, une ornementation, etc. (cf.
Reallexicon für Antike und Christentum, art. Brotstempel et Brotformen).

[2] Cf. F. Thureau-Dangin, Une lamentation sur la dévastation du temple d'
Ištar, Revue d'Assyriologie, 1936, pp. 105 et sq., lignes 14,25.

[3] Le Dictionnaire assyrien de Chicago, sub verbo $i\check{s}tar\bar{i}tu$ observe qu'en
vieux babylonien le statut de l'$i\check{s}tar\bar{i}tu$ aussi bien que celui des femmes
d'un statut spécial qui sont énumérées en même temps qu'elle dans les li-
stes ou les textes littéraires, telles que $qadi\check{s}tu$, $kulma\check{s}\bar{i}tu$, $amal\bar{i}tu$,
etc. n'est pas clair. Elles étaient consacrées à un dieu et elles avaient
des enfants mais le contexte ne permet pas de préciser davantage.

Après l'analyse du contenu des textes de Jérémie, la question se pose d'identifier la déesse anonyme qualifiée de "reine du ciel". Au début du siècle Duhm écrivait dans son commentaire de Jérémie: "Welche Göttin gemeint ist, das wissen wir nicht; jedenfalls war es eine Gottheit, deren himmlisches Symbol in den Kuchen nachgebildet werden konnte".[1] Les exégètes postérieurs à Duhm ont été heureusement plus affirmatifs. Tel est le cas de Volz, Rudolph, Weiser, etc. qui n'hésitent pas à reconnaître la déesse Ichtar sous l'appellation "reine du ciel". Mais les arguments qu'ils ont fait valoir - je pense notamment à ceux de Volz - ne sont pas toujours contraignants. Nous avons déjà dit que le gâteau *kamānu* n'était pas exclusivement offert à Ichtar et l'on ne saurait prouver l'identité de cette divinité à partir uniquement du fait que ce genre de pâtisserie constituait une offrande à la déesse babylonienne.

L'emprunt à l'accadien du mot *kawān* constitue par contre un indice très fort en faveur d'un culte babylonien introduit en Juda et dans les colonies juives d'Egypte. En effet, dans le cas présent, un mot voyageur est hautement révélateur d'un voyage d'idées et de pratiques cultuelles. Cette constatation est corroborée par le fait que le titre "reine du ciel" était porté en Mésopotamie notamment par la déesse Ichtar qualifiée dans maints textes accadiens de *šarrat šamê*[2], de *šarrat šamāmi u kakkabē* (reine du ciel, reine du ciel et des étoiles) ou de *malkat šamāmi*.[3] Un hymne que l'on a intitulé l'exaltation d'Ichtar montre clairement le rôle astral joué par cette déesse dont on chante l'élévation à la royauté céleste lors de son intronisation comme épouse d'Anu, le roi des dieux. Celui-ci s'adresse à Ichtar en ces termes:

"Comme des épis se dresse la masse des étoiles du ciel.

Comme des boeufs, les dieux qui sont en avant ont appris les bornes.

Là Ištar, jusqu'à la royauté d'eux tous hausse-toi.

O Innin, sois la plus brillante d'entre eux, qu'ils t'appellent "Ištar des étoiles".

Que, à côté d'eux, triomphalement se change ta haute place.

Sous la garde de Sin et de Šamaš, que ton éclat soit surabondant.

---

[1] Op. cit., p. 79.

[2] Cf. par exemple P. Dhorme, Choix de textes religieux assyro-babyloniens. Transcription, Traduction, Commentaire, Paris, 1907, p. 368, ligne 10.

[3] Cf. K. Tallqvist, Akkadische Götterepitheta, Helsingfors, 1938, pp. 129, 237, 239, etc.

Que l'étincelant éclat de ta torche au centre du ciel s'allume.
Comme parmi les dieux tu n'as personne qui approche de toi,
Que les peuples qui t'admirent." (traduction Thureau-Dangin)[1]

Une lettre de Tušratta à Amenophis III trouvée à El Amarna se termine
par ces souhaits: "Puisse Ištar la dame du ciel (*Ištar bēlit ša-me-e*) protéger mon frère et moi-même! Puisse cette dame (*bēltum*) nous accorder à
tous les deux 100.000 ans et une grande joie!"[2]

Mais Ichtar partage dans les rituels accadiens avec d'autres déesses
le titre de "Dame des cieux". Damkianna est appelée par exemple *bēlat šamê*
"souveraine du ciel", "ma Dame est son nom". Ce passage apparaît dans un
contexte où *Bēltia* "ma dame" est assimilée à divers astres.[3] Toujours dans
les rituels accadiens *šarrat šamê* "reine du ciel" apparaît comme épithète
d'une déesse dont nous ignorons le nom.[4]

Le titre de "reine" n'est d'ailleurs pas réservé à l'Ichtar mésopotamienne. Il a pénétré dans la religion sémitique de l'Ouest puisqu'un texte
épigraphique phénicien fait état de cette épithète pour la déesse Ashtart.
Une inscription phénicienne datant du IVème siècle av. J.C. provenant du
temple d'Astarté à Kition de Chypre, appelle la déesse "*mlkt qdšt*"[5] "la
reine sainte", tout comme Ichtar est qualifiée de sainte dans l'hymne exaltant Ichtar que nous venons de citer.[6] Cette inscription énumère la liste du personnel salarié attaché d'une manière ou d'une autre au temple d'
Astarté qu'a dégagé M. Karageorghis, Directeur du Département des Antiquités de Chypre.[7] Or à côté d'autres employés[8], la face A de ce texte mentionne à la ligne 9:

---

[1] Cf. F. Thureau-Dangin, L'exaltation d'Ištar, Revue d'Assyriologie, vol.
11, 1914, p. 151, lignes 29 et sq.

[2] Cf. J.A. Knudtzon, Die El-Amarna-Tafeln mit Einleitung und Erläuterung,
Leipzig, 1915, pp. 180-181, lettre 23, ligne 26.

[3] Cf. F. Thureau-Dangin, Rituels accadiens, Paris, 1921, ligne 324.

[4] Cf. F. Thureau-Dangin, Rituels accadiens, p. 100, ligne 16 (texte) et p.
104, ligne 16 (traduction).

[5] CIS, I, 86, face, ligne 6.

[6] Thureau-Dangin, art. cit., p. 150, ligne 14.

[7] Cf. V. Karageorghis, Fouilles de Kition, Nicosie, 1977.

[8] Nous traiterons du personnel du temple d'Astarté de Kition dans le Festschrift C.F.A. Schaeffer.

L'PM(II)'Š 'P 'YT T̂N̂' HLT LMLKT QDŠT "Pour les deux boulangers qui ont
.ri ... du gâteau pour la Reine Sainte".

On cuisait donc au temple d'Astarté de Kition des gâteaux destinés à
déesse. On notera toutefois que ceux-ci ne sont pas désignés sous le nom
kawān comme dans le texte hébreu de Jérémie. L'épigraphiste emploie ici
terme *ḥlt* qui n'est pas comme ailleurs en phénicien[1] ni en ugaritique
is qui est bien documenté en hébreu biblique où *ḥallāh* était uniquement
.ployé comme offrande cultuelle. Ce terme apparaît une seule fois dans un
:xte historique et ailleurs seulement dans des documents appartenant au
)de sacerdotal. A l'occasion du retour de l'arche à Jérusalem, David offre
:s holocaustes et des sacrifices pacifiques et distribue à chacune des per-
)nnes présentes un gâteau *ḥallāh*, une portion de viande et une pâte de rai-
in (2 Sam. 6,19). Les douze gâteaux (*ḥalloth*) que l'on placera sur la tab-
e d'or pur devant Yahvé servait de pain du souvenir (*leḥem le 'azkarāh*)
Lev. 24,5-9). Ils sont considérés comme une chose très sainte (Lev. 24,9).
n notera que si les tarifs sacrificiels puniques mentionnent des sacrifi-
:es de gâteaux, le terme employé est différent de celui de la Bible hébrai-
̨ue et de l'inscription de Kition: il s'agit du *bll*[2] que l'on explique par
.ne racine *bll* "mêler".[3]

     L'étymologie du mot *ḥallāh*, que l'on rattache à la racine *ḥālal* "per-
cer", indique que l'on a affaire à des galettes sans doute rondes percés
d'un trou en leur milieu ou même de plusieurs trous sur la surface, tout
comme le *kamānu* mésopotamien dont nous avons parlé plus haut. Même si le
mot employé ici est différent de celui utilisé par Jérémie et par les textes mésopotamiens, tout semble indiquer qu'il y a continuité dans la forme
même des pâtisseries offertes traditionnellement soit à l'Ichtar mésopotamienne, soit à l'Astarté phénicienne de Kition.[4] Il ne faut pas s'étonner

---

[1] Le mot est absent du Dictionnaire des Inscriptions sémitiques de l'Ouest
de Charles F. Jean-Jacob Hoftijzer, publié à Leiden en 1965 et de l'Ugaritic Handbook de Cyrus Gordon.

[2] Cf. H. Donner-W. Röllig, Kanaanäische und Aramäische Inschriften, Wiesbaden, 1964, n° 69, ligne 14.

[3] Sur les offrandes de pain dans les textes rituels, cf. F. Blome, Die Opfer-
materie in Babylonien und Israel, Rome, 1934, 1 Teil, pp. 236-239.

[4] Bibliographie de l'inscription de Kition (CIS,1,86): A. van den Branden,
Elenco delle spese del tempio di Cition CIS,1,86 A e B, dans Bibbia e Oriente,8,1966,pp. 245-262; J.B. Peckham, Notes on a Fifth-Century Inscription

de cette constation car il n'y a rien de plus conservateur que les formes
et les gestes rituels.

La "reine du ciel" avait aussi un temple à Syène dans l'Egypte de l'époque perse comme nous le savons maintenant par une des lettres araméennes
d'Hermoupolis publiées à Rome par E. Bresciani et M. Kamil, il y a une bonne
dizaine d'années, par les soins de l'Accademia Nazionale dei Lincei.[1] Alors
que les papyri araméens d'Eléphantine émanaient d'un milieu en grande partie
juif, ces lettres trouvées en 1945 dans une jarre à Touna el-Gebel, l'antique Hermoupolis, appartiennent à un milieu exclusivement araméen. Les expé-
diteurs de la correspondance résidaient à Memphis (*Mpy* II,3), capitale de
l'Egypte de l'époque perse et leurs destinataires habitaient à Ophi (*'py*),
un quartier de l'antique Thèbes, et à Syène (*Swn*). Le courrier, pour une
raison inconnue, n'arriva qu'à mi-chemin et échoua finalement dans le temple
hermopolitain de Thot où on le retrouva.[2] Le début de la lettre IV commence
ainsi: *šlm bjt bt'l wšlm bjt mlkt šmjn*.

"Salut au temple de Bethel et au temple de la reine du ciel". Alors que
nous connaissions l'existence d'un dieu Bethel à Eléphantine par les papyri
araméens que l'on y découvrit (mais non de son temple), nous ne savions rien
de la présence d'un sanctuaire à la "reine du ciel" à Syène. Cette lettre
jette donc une clarté particulière sur le texte de Jer 44,15 et sq où il est
question d'une assemblée d'hommes et de femmes originaires de Juda réunie à
Pathurès, c'est à dire le pays du sud; en réponse aux discours de Jérémie,

---

from Kition, dans Orientalia NS 37,1968,pp. 304-324; J. Teixidor, Bulletin
d'Epigraphie sémitique 1969, Syria 46,1969,pp. 338-339, n° 86; J. Teixidor,
Bulletin d'Epigraphie sémitique 1973,pp. 423-424; O. Masson-M. Sznycer,
Recherches sur les Phéniciens à Chypre, Paris, 1972, pp. 20-68 et surtout
les pages 48-49; J.P. Healey, The Kition Tariffs and the Phoenician Cursive Series, BASOR, 216,1974,pp. 53-60; M.G. Guzzo Amadasi et V. Karageorghis, Fouilles de Kition III, Inscriptions de Kition, Nicosie, 1977,pp.
103-126, surtout pp. 113-114.

[1] Cf. E. Bresciani e M. Kamil, Le Lettre aramaiche di Hermopoli (Atti della
Accademia Nazionale dei Lincei. (Memorie. Classe di Scienze morali, stori-
che e filologiche, serie VIII - vol. XII, fasc. 5). Rome, 1966, pp. 398
et sq.

[2] J.T. Milik a consacré une importante étude à ces documents: Les papyri araméens d'Hermoupolis et les cultes syro-phéniciens en Egypte perse, dans
Biblica 48,1967,pp. 546-622 avec une planche; voir aussi P. Grelot, Documents araméens d'Egypte (Littératures anciennes du Proche-Orient) Paris,
1972,pp. 144-168); B. Porten et J.C. Greenfield, The Aramaic Papyri from
Hermopolis, dans ZAW, vol. 80,1968,pp. 219-234.

invitant avec insistance ses compatriotes à abandonner les cultes des divinités étrangères, la communauté juive fait le voeu de vénérer la "reine du
ciel". Nous savons désormais qu'il y avait au moins un temple consacré à
la "reine du ciel" dans le sud de l'Egypte, à Syène. Ces lettres d'Hermoupolis sont datées paléographiquement du milieu du Vème siècle av. J.C.[1] et
se situent à la même époque que les lettres de Arsham[2] et que les papyri
araméens d'Eléphantine.[3] L'évènement auquel se réfère Baruch, l'éditeur de
Jérémie, se situe donc à une date bien antérieure à la correspondance d'Hermoupolis. Faut-il supposer déjà l'implantation d'un sanctuaire de la "reine
du ciel" par la colonie des Juifs réfugiés en Egypte peu après 586 ou même
avant? Les textes que nous allons citer prouvent la très haute antiquité
de son culte en Egypte, dès le IIème millénaire av. J.C. En Egypte, le nom
en clair d'Astarté figure en composition dans un nom propre araméen ^cstry
[tn], témoin en tout cas d'un culte de cette divinité sur le sol égyptien,
à Memphis. Malheureusement le papyrus araméen sur lequel apparaît cet anthroponyme est dans un état de conservation bien misérable.[4] Il doit dater vraisemblablement du Vème siècle av. J.C. Mais Astarté a été adorée en Egypte
au moins à partir d'Aménophis II[5] et elle était l'objet d'un culte à Memphis où elle était appelée "fille de Ptah"[6] et plus tard "Astarté syrienne"[7]
et "Astarté étrangère" toujours à Memphis, d'après Hérodote.[8] Mais cette divinité est aussi connue avec son épithète "dame du ciel" dans les textes
proprement égyptiens. Un fragment de stèle trouvée à Memphis datant du règne
de Merenptah représente la déesse avec l'inscription: "Astarté, maîtres-

[1] Cf. E. Bresciani-Kamil, op. cit., p. 370 et Porten-Greenfield, op. cit.,
    p. 216.
[2] Cf. G.R. Driver, Aramaic Documents of the Fifth Century B.C., Oxford, 1954,
    p. 4.
[3] Cf. A. Cowley, Aramaic Papyri of the Fifth Century B.C., Oxford, 1923, p.
    XIV.
[4] Cf. Noël-Aimé-Giron, Textes araméens d'Egypte, Le Caire, 1931,25,7. pl. VI.
[5] Cf. Rainer Stadelmann, Syrisch-Palästinensische Gottheiten in Ägypten, Lei-
    den, 1967, pp. 96 et sq; W. Helck, Die Beziehungen Ägyptens zu Vorderasien
    im 3 und 2 Jahrtausend v. Chr., Wiesbaden, 1971 (2ème édit.), p. 456; J.
    Leclant, Astarté à cheval d'après les représentations égyptiennes, dans
    Syria t. 37, 1960, p. 3 et sq.
[6] Cf. le papyrus d'Astarté dans Gardiner, Late Egyptian Stories, 79:5; M.S.
    Holmberg, The God Ptah, Lund, 1946, p. 193.
[7] Cf. O. Koefoed-Petersen, Les stèles égyptiennes, Copenhague, 1948, fig. 44
[8] Cf. Hérodote, II,112.

se du ciel, régente de tous les dieux."[1] La divinité est d'ailleurs associée
à Ptah et armée d'une lance et d'un bouclier. Un bol de granit inscrit relatant une campagne asiatique d'Horemheb (XIVème siècle av. J.C.), opérée
à partir de Byblos jusqu'à Carchemish, fait état d'offrandes faites par le
roi à diverses divinités égyptiennes et sémitiques. Outre le dieu Ptah sont
mentionnés: Astarté "dame des cieux", Anath la fille de Ptah, "la dame de
vérité", Resheph "seigneur des cieux", Qodsha, "dame des étoiles du ciel".[2]
On sait que dans les décennies qui suivent 1580 av. J.C., par suite des
campagnes égyptiennes en Syrie, les influences étrangères gagnent l'Egypte
et les dieux sémitiques Astarté, Resheph, Anat, Qadesh entrent dans le panthéon égyptien.

L'identification de la "reine du ciel" à la planète Vénus dans le Targoum.

Le Targoum de Jérémie a traduit la "reine du ciel" du texte hébreu par
kwkbt "l'étoile du ciel", Vénus, qui est l'étoile par excellence, la plus
brillante, celle qui apparaît la première le soir et qui est aussi l'étoile
du matin. On doit souligner la forme féminine du mot étoile dans le Targoum (*kokabat*) en raison sans doute de la divinité féminine avec laquelle
elle s'identifie, alors que le substantif *kokab* est habituellement masculin. Cette identification du Targoum n'a en soi rien d'étonnant; en Mésopotamie déjà la théologie aime à confondre l'astre et la déesse Ichtar.
Comme nous l'avons vu plus haut, dans un hymne exaltant Ichtar, Anum invite
les dieux à donner à Innin le nom d'"Ichtar des étoiles", comme étant la
plus brillante d'entre eux. A Uruk elle sera l'étoile du soir et à Accad,
elle sera l'étoile du matin. Ce double aspect de sa nature est chanté par
la déesse elle-même:
    "Ichtar, déesse du soir, c'est moi;
    Ichtar, déesse du matin, c'est moi!"
L'astre lui-même était figuré sur les monuments par l'étoile à huit ou seize
rayons inscrite dans un cercle.[3]

---

[1] Cf. J. Leclant, Astarté à cheval d'après les représentations égyptiennes,
    fig. 1 et pp. 10-13.
[2] Cf. Donald B. Redford, New Light on the Asiatic Campaigning of Horemheb,
    dans BASOR, n° 211,1973,pp. 36-49.
[3] Cf. E. Dhorme, Les Religions de Babylonie et d'Assyrie (collection Mana),
    Paris, 1945, 68; Joseph Henninger, Zum Problem der Venussterngottheit bei
    den Semiten, dans Anthropos vol. 71,1976,pp. 150-151.

Survivances du culte de la "reine du ciel" et de son caractère
astral dans la mythologie gréco-orientale tardive.

Dans le domaine syro-palestinien, la mytholgie gréco-orientale a exprimé la royauté d'Astarté parmi les astres dans un titre plutôt rare ἀστροάρχη c'est à dire "la reine des astres". Au témoignage de l'historien Hérodien dont la vie doit se circonscrire entre 165 et 255 ap. J.C.[1], les Phéniciens donnaient à Aphrodite Ourania, c'est à dire Astarté le nom d''Ἀστροαρχη et l'identifiaient à la lune, reine des étoiles: Λίβυες μὲν οὖν αὐτην Οὐρανίαν καλοῦσιν, Φοίνικες δ'Ἀστροάρχην ὀνομάζουσιν, σελήνην εἶναι ἕλοντες (Herodien V,6,4). Cette épithète ἀστροάρχη n'a pas été confirmée jusqu'à présent par l'épigraphie.

Par contre, deux inscriptions grecques de Tyr révèlent dans cette ville le culte d'Astronoé, nom divin où l'on a voulu voir des traces du caractère astral de cette déesse. Avec Asteria, il est en tout cas manifestement une variante d'Astarté. Dans une des inscriptions grecques de Tyr d'époque impériale, Astronoé est associée à Héraklès.[2] L'autre inscription grecque tyrienne a été trouvée dans une nécropole tyrienne et date du Vème ou du VIème siècle de notre ère. Il s'agit d'une épitaphe qui mentionne en passant le port d'Astronoé: "Lieu (de sépulture) de Kolaikos petit-fils de Monimos le pêcheur de murex du port d'Astronoé".[3]

Antérieurement à ces découvertes épigraphiques, le nom de la déesse Astronoé était uniquement connu par le philosophe Damaskios qui fut un temps chef de l'école d'Athènes au début du VIème siècle de notre ère. Dans sa vie d'Isidore[4] Astronoé est qualifiée de mère des dieux à propos d'un mythe qui se situe non pas à Tyr mais à Béryte. Eshmun jeune homme d'une grande beauté se livrait à la chasse lorsqu'Astronoé s'énamoura de lui. Pour échapper aux entreprises de la déesse, Eshmun se châtra d'un coup de hache. Mais Arsinoé le ranima et en fit un dieu.

---

[1] Cf. Alfred Croiset et Maurice Croiset, Histoire de la littérature grecque, Paris, 1899, p. 814.

[2] Cf. R. Dussaud, dans la Revue de l'Histoire des Religions, t. 53, 1911, pp. 311 et sq.

[3] Cf. H. Seyrig, Antiquités syriennes (6ème série), Paris, 1966, pp. 123-124.

[4] Cf. Damascii Vitae Isidori Reliquiae (edit. Clemens Zintzen), Hildesheim, 1967, nº 302.

Tandis que pour Lidzbarski[1], la déesse Astronoë serait d'origine grecque et aurait été introduite sous cette forme hellénisée dans le panthéon phénicien, R. de Vaux[2] et J.G. Février[3] soutiennent au contraire et à bon droit l'origine sémitique de cette divinité dont le nom phénicien Cštrny est connu par l'épigraphie (CIS,1,260,261,3351,3352; RES 553,554,etc.) Tandis qu'Honeyman voulait reconnaître dans CAštrny "une Ištar de Ninive", hypothèse qui ne peut être soutenue que difficilement, en particulier à cause du Cayn initial[4], Février par contre, y voit l'équivalent inversé de Uni-Astre nom divin désignant Astarté et la déesse étrusque Uni révélée par la lamelle étrusco-punique de Pyrgi. "Le nom divin double a été repris par les Puniques, mais dit-il, en invertissant l'ordre des composants. Il était tout naturel que les Carthaginois missent à la première place le nom de la grande déesse. On aboutit ainsi à la forme Astre Uni qui serait à l'origine des formes Cštrny et Astronoë, cette dernière étant dérivée du vocable étrusque remanié, soit beaucoup plus probablement du mot punique Cštrny. Le nom CAštrny évoque celui de la déesse moabite Cštr-kmš connue par la stèle de Mesha. Il aurait été forgé peu après 500 avant notre ère. La nouvelle divinité aurait donc eu le temps d'implanter solidement son culte avant la destruction de Carthage, en 146 av. notre ère".[5] Toujours d'après Février, son culte se serait répandu dans le bassin oriental de la Méditerranée, à Rhodes d'abord, plus tard à Tyr même et à Béryte, supplantant semble t-il, celui d'Astarté."[6] Selon cette explication, on ne peut dire avec H. Seyrig que dans Astronoë la notion astrale primitive est mêlée à la notion philosophique du *nous*.[7] Le caractère astral de la déesse Astarté paraît par contre découler du nom même d'Asteria que lui donne déjà au IVème siècle av. J.C. Eudoxe de Cnide; ce dernier fait d'Héraklès le fils d'Astérie et de Zeus[8], ce que paraît illustrer une plaque de calcaire conservée

---

[1] Cf. Lidzbarski, Ephemeris für semitische Epigraphik III, 261, note 2.

[2] Cf. R. de Vaux, Bible et Orient, Paris, 1967, p. 495, note 6.

[3] James G. Fevrier, Astronoë, dans Journal Asiatique, 1968, pp. 1-9.

[4] Cf. A.M. Honeyman, The Phoenician title *mtrh Cštrnj*, RHR, t. 121, 1940, pp. 5 et sq.

[5] art. cit., p. 5.

[6] art. cit., p. 3.

[7] Cf. H. Seyrig, Antiquités syriennes, 6ème série, Paris, 1966, p. 126.

[8] Cf. Athénée IX,47,392 d (édition Teubner).

au Musée de l'Université américaine de Beyrouth provenant de Tyr et étudiée
par E. Will[1] et par H. Seyrig.[2] Malheureusement aucun document tyrien n'a
livré encore le nom d'Asteria.

Du nom d'Asteria donné à Astarté, il faut rapprocher celui d'Ourania,
la déesse céleste, dont le plus ancien temple en Palestine était, aux dires
d'Hérodote, celui d'Ascalon. "Le temple d'Aphrodite Ourania, dit-il, est
d'après ce que nos informations permettent de savoir, le plus ancien de tous
les temples élevés en l'honneur de la déesse; celui de Chypre en a tiré son
origine, à ce que disent les Cypriotes eux-mêmes; et celui de Cythère a eu
pour fondateurs des Phéniciens venus de cette partie de la Syrie. Les Scythes, ajoute t-il, pillèrent le temple d'Ascalon et leurs descendants à perpétuité furent frappés d'une maladie de femme." (traduction Ph.E. Legrand).[3]
Le cheminement du culte d'Ourania en Orient est indique de façon assez différente par Pausanias pour lequel le culte de Paphos à Chypre serait plus
ancien que celui d'Ascalon: "Les premiers parmi les hommes à adorer la déesse céleste furent les Assyriens (= les Syriens), après eux le Chypriotes
à Paphos et les Phéniciens d'Ascalon en Palestine." (I,14,17). Deux dédicaces de Délos émanant d'Ascalonites s'adressent à Aphrodite céleste Astarté
de Palestine: Ἀφροδίτη Οὐρανίᾳ Ἀσταρτῇ Παλαιστινῇ. Elles identifient ainsi Astarté à l'Aphrodite Ourania.[4] La déesse céleste paraît également dans
deux dédicaces de Gerasa de la Décapole datant des années 159-160 et 238 de
notre ère.[5] A Sidon, on a trouvé une demi-colonne de calcaire dédiée à la
"déesse céleste Aphrodite".[6] De Byblos, Renan a ramené au Musée du Louvre,
au retour de sa mission en Phénicie, un cippe sur lequel est sculpté le ca-
lathos, haute coiffure des divinités syriennes, accompagné d'une inscription
grecque datant du IIème-IIIème siècle de notre ère attestant le culte de la

[1] Cf. E. Will, Au sanctuaire d'Heraclès à Tyr, Berytus X, 1950-1951, pp. 1-
12, planche.

[2] Cf. H. Seyrig, Antiquités syriennes, 6ème série, Paris, 1966, pp. 125-126,
pl. XL,1.

[3] Cf. Hérodote, Hist. (I,105).

[4] Cf. Roussel et Launay, Inscriptions de Délos, Paris, 1937, n° 2305; Plassart, Délos XI,280, n° 4.

[5] Cf. C.H. Kraeling, Gerasa, City of the Decapolis, New Haven, 1938, p. 387,
n° 24 et 388 n° 26.

[6] Cf. R. Mouterde, Antiquités et inscriptions (Syrie, Liban), Mélanges de
l'Université St Joseph, t. 26, 1944-1946, pp. 46-47 et pl. III.

ἐ∂ οὐρανία dans cette ville.[1] A Beryte, R. Mouterde signale deux dédicaces latines à la *Deae Uraniae* datant de l'époque impériale.[2] Au sanctuaire
de ᶜAfqa, une flamme semblable à un astre sortait de la montagne du Liban
à jour fixe et se jetait dans le fleuve; elle était regardée comme étant la
déesse Ourania, au témoignage de Sozomène II,5: Ἐυ Ἀφακοις δέ, κατ' ἐπιχ-
λησύν τινα, καὶ ἐπτην ἡμεραν ἀπο τῆς ἀκρωρειας τοῦ Λιβανου, πῦρ διαῖσσον,
καθπερ ἀστήρ εἰς τὸν παρακείμενον ποταμὸν ἐδυεν. Ἐλεγον δε τοῦτο τὴν
Οὐρανίαν εἶναι ὧδε τὴν Ἀφροδύτην καλοῦντες. Ce feu qui sort de la montagne
fait songer à quelque météore, d'où l'origine du culte du bétyle comme symbole d'Astarté. En Syrie-Palestine, la déesse céleste nous est donc connue
surtout par les textes épigraphiques. On n'a pas encore, semble t-il signalé
jusqu'ici de représentation certaine de la déesse céleste dans le domaine
phénicien, syrien ou palestinien qui nous intéresse.[3] Faudrait-il voir sur
une monnaie sidonienne de l'empereur Elagabale représentant le char d'Astarté porteur du bétyle de la déesse entouré des signes du zodiaque, la représentation symbolique de la déesse céleste?[4] Ce n'est pas impossible. De fait,
les numismates ont toujours reconnu dans le globe posé sur un char proces-
sionnel des monnaies sidoniennes le bétyle d'Astarté[5], en se fondant sur un
texte de Philon de Byblos d'après lequel cette déesse qui s'arroge la royauté parmi les dieux aurait recueilli un astre tombé du ciel et l'aurait dédié dans un temple de Tyr: "Astarté placa sur sa propre tête comme insigne
de la royauté (Βασιλεύας παράσημον) une tête de taureau et, comme elle parcourait la terre habitée, elle découvrit un astre volant dans les airs
(ἀεροπετη ἀστέρα) qu'elle emporte pour le consacrer dans la sainte île de
Tyr."[6] Manifestement ce passage se présente comme une interprétation du titre d'Asteria, mère de Melqart, que la déesse portait à l'époque hellénistique en raison de la nature céleste d'Astarté. La ressemblance fortuite entre
le mot sémitique ᶜAstart et le mot grec ἀστήρ "astre", qui n'ont entre eux

---

[1] Cf. E. Renan, Mission de Phénicie, Paris, 1864-74, p. 162.

[2] Cf. R. Mouterde, Antiquités et Inscriptions, art. cit., pp. 45-46.

[3] Cf. R. Mouterde, Antiquités et Inscriptions ..., p. 50.

[4] Cf. George Francis Hill, Catalogue of the Greek Coins of Phoenicia (British Museum), Londres, 1910, p. 187 et Pl. XXIV,10.

[5] Cf. en dernier lieu H. Seyrig, Antiquités syriennes (6ème série), pp. 22
et sq. Une voix discordante s'est pourtant élevée, celle de Ronzevalle
dans Mélanges de l'Université St Joseph de Beyrouth XVI,1932,pp. 164 et sq.
et pl. 8-10.

[6] Cf. Eusèbe de Césarée, Praep. évangélique I,10,31 (édit. Sources chrétiennes de Sirinelli-des Places).

aucune étymologie commune possible, n'a sans doute pas été étrangère à l'
origine du mythe rapporté par Philon de Byblos.

Les titres de "reine du ciel" et de ses synonymes Asteria, Astroarché,
Ourania, successivement donnés à Ichtar, à Astarté, à l'Aphrodite orientale[1] manifestent une étonnante continuité. Cette déesse déjà appelée par les
Sumériens Innina, ce qui signifiait la "dame du ciel", se maintiendra donc
avec son caractère et ses épithètes astraux pendant plus de deux millénai-
res dans un vaste domaine géographique allant de la Mésopotamie aux rivages
de la côte syro-palestinienne et au-delà. Parfois certaines pratiques du
culte de la "reine du ciel" telles que Jérémie nous les a décrites se sont
perpétuées en pleine époque chrétienne dans le culte de Marie.

Survivances cultuelles dans certains milieux chrétiens.

Celles-ci sont assez tardives puisqu'elles se manifestent encore au IV-
ème et au Vème siècle de notre ère comme en témoignent Isaac d'Antioche et
St Epiphane.

Dans le Panarion (Haer LIX), Epiphane s'en prend à la secte des Collyridiennes où des femmes se signalent en Arabie par certaines pratiques idolâtriques empruntées au culte d'Astarté (la reine céleste) et transférées à
Marie. Pour réfuter cette secte l'évêque de Salamine de Chypre n'hésita pas
à leur écrire une lettre: τινὲς γὰρ γυναῖκες κουρικον τινα κοσμοῦσιν ἤτοι
δίφρον τετράγωνον, ἁπλώσασαι ἐπ' αὐτον ὀθόνην ἐν ἡμερᾳ τινὶ φανερᾷ τοῦ ἔτους,
ἐν ἡμέραις τισὶ ἄρτον προτιέασι, και ἀναφέρουσι εἰς ὄνομα τῆς Μαρίας. Αἱ
πᾶσαι δὲ ἀπὸ τοῦ ἄρτου μεταλαμβάνουσιν.[2] "Certaines femmes ornent un char
ou un siège de forme quadrangulaire et, après avoir étendu par-dessus un
linge à un certain jour de fête de l'année, ils placent par devant des pains
pendant quelques jours et ils les offrent en l'honneur de Marie. Toutes prennent de ce pain (pour le manger)." Un peu plus loin (col. 752), Epiphane met
en relation directe ces pratiques avec le culte de la "reine du ciel" décrit
dans Jérémie dont il cite deux passages 7,18 et 44,25. Le texte, il faut le
souligner, ne mentionne pas de statue ou d'image de Marie, mais simplement
un char ou un siège quadrangulaire κουρικὸν ... ἤτου δίφρου qui rappelle

---

[1] Cf. art. Aphrodite, dans Roscher, Ausführliches Lexicon der griechischen
   und römischen Mythologie, col. 390-395.

[2] Adv. Haereses P.G. t. 42, col. 741 et 752.

FS J. van der Ploeg (AOAT 211)

étonnamment ceux dont on faisait usage pour les processions en l'honneur
d'Astarté. Ces chars sont bien connus par les monnaies provenant de l'antique Phénicie et notamment de Sidon représentant un objet sphérique, sans
doute un bétyle, symbole d'Astarté. Une monnaie de bronze de l'empereur
Elagabale provenant de Sidon conservée au Cabinet dans Médailles de la Bibl.
Nationale n° 392,54, représente au revers un char à deux roues portant une
sorte de baldaquin à quatre colonnes; du toit tombent des festons et émergent plusieurs branches de palmier. A l'intérieur du baldaquin on reconnaît
un objet sphérique muni, semble t-il, de deux cornes considéré comme le symbole d'Astarté posé sur un piédestal drapé. Le symbole divin est surmonté
d'une sorte de pétase qui est en réalité un pilier à double chapiteau; il
est flanqué de deux colonnes.[1] Le piédestal drapé est sans doute le siège
(δίφρος) dont parle Epiphane et qui est à proprement parler le siège d'un
char. Les pratiques idolâtriques en question sont situées en Arabie sans que
nous ayons malheureusement d'autres indications plus précises. Il s'agit évidemment de la province romaine d'Arabie réorganisée par Dioclétien à la fin
du IIIème siècle comprenant un territoire fort vaste: Moab, l'Ammanitide,
la Batanée, le Ledja, le Safa.[2] Epiphane, qui était né à Gaza vers 315, devait bien connaître cette région où sévissaient les Collyridiennes qui tiraient leur nom de κολλυρίς un petit pain ovale fait de farine d'orge. Cette coutume d'offrir des petits pains à Marie était, si l'on en croit Epiphane, importée en Arabie à partir de la Thrace et de la Scythie. Mais il est
plus vraisemblable de supposer que ces pratiques existaient déjà dans le domaine syro-palestinien autour d'Astarté.

C'est encore à l'Arabie que se réfère le témoignage d'Isaac d'Antioche[3]
au Vème siècle après J.C.: "Les femmes, parce qu'elles sont délaissées par
leurs maris emploient des artifices paiens pour s'attirer l'amour de ces
derniers. Chaque jour, par des sacrifices et des libations, elles supplient
la Kaukabtâ (kwkbt') de faire briller la beauté de leurs visages et de susciter l'amour de leurs maris. Qui donc, je vous prie, a appris à ces sortes
de femmes à vénérer la Kaukabtâ de préférence à tous les autres astres céles-

---

[1] Cf. aussi G.H. Hill, Catalogue of the Greek coins in British Museum (Phoenicia), pl. XXIV.

[2] Cf. Robert Devreesse, Le patriarcat d'Antioche depuis la paix de l'Eglise
jusqu'à la conquête arabe, Paris, 1945, pp. 208-209 et R. Aigrain, article
Arabie, dans le Dictionnaire d'Histoire et de Géographie ecclésiastique.

[3] Sur Isaac d'Antioche, voir Anton Baumstark, Geschichte der syrischen Literatur mit Ausschluß der christlich-palästinensischen Texte, Bonn, 1922, pp.
63 et sq.

tes? Si ce pouvoir lui appartenait en raison d'un plus grand éclat, ce serait alors plutôt le soleil et la lune qui mériteraient l'adoration, parce qu'une plus grande dignité correspondrait à une plus grande taille. Les Chaldéens, dans leur erreur professée vainement, ont donné des noms de bêtes aux étoiles et à diverses constellations brillantes: le taureau, l'agneau, le chevreau, le lion, le poisson, le Cancer. Bien plus, ils ont placé dans le ciel l'image d'un scorpion rampant. Ils ont appris ce mensonge à cause de l'étoile de l'impure Vénus et ils ont cessé de louer le Dieu créateur. Avec les mêmes mains qu'ils étendent pour saisir le saint corps du Christ, ils répandent aussi des libations pour apaiser le diable. Elles montent sur le toit, et de la même bouche qui a bu au calice de Notre Sauveur, elles supplient la Kaukabtâ d'augmenter leur beauté. A cette Kaukabtâ (ici al-ᶜUzza, Vénus chez les Arabes[1]), la tribu des fils d'Hayar a jadis offert des sacrifices: cependant leurs femmes sont comme toutes les femmes, les unes jolies, les autres laides. Mais depuis que les femmes arabes ont reconnu le Soleil de Justice, elles ont renoncé à la Kaukaubtâ tandis que les chrétiennes ont chagé le Christ pour la Kaukabtâ".[2]

410	
420	
430	
440	

(texte syriaque sur deux colonnes, lignes 410–440)

---

[1] Sur Al-ᶜUzza cf. J. Wellhausen, Reste arabischen Heidentums, Berlin, 1897, 4ème édit. (réimpression anastatique 1961), pp. 34 et sq.

[2] Opera I, edit. Bickel, pp. 244-245.

ܠܐ ܠܢܐ ܡܚܐ ܘܐܡܬ. ܚܡܡܚܐ ܕܡܡܐܝ ܠܥܝܠ ܠܗ.
ܝܚܬܚܕ ܝܩܬܠܐܝ ܚܠܚܗܐ. ܡܥܕܐ ܡܠ ܐܦ ܕܐܝ ܡܠ.
ܘܘܩܕܚ ܙܚܕ ܚܡܢܗܐ. ܣܝܗܐ ܒܠܐ ܥܡܥܚܐ.
ܠܚܩܕ ܡܥܡܚܐ ܕܥܣܡ ܗܘܗ. ܡܝܨܚܐ ܕܥܠܕ ܗܝܘ.
ܘܠܡܬܘܗܝ ܐܘ ܡܠ ܠܥܡܝ. ܐܝܢ ܕܢܘܪܝܒ ܘܐܝܢ ܕܡܚܣܝ. 450

[419]) In marg. ܝܠܝ ܚܥܘܪܝܒܠܝ ܕܘܥܡܐ ܠܘܩܡܐ ܕܐܝܩܚ ܗ.

Jusqu'à une époque avancée de l'ère chrétienne, le culte de la "reine du ciel" se perpétue donc malgré les attaques des Pères de l'Eglise, dans certains milieux féminins d'où il a été sans doute bien difficile de l'extirper.

Cabinet des Médailles. Bibl. Nationale de Paris (Sidon ?? A 39254.
Monnaie d'Elagabale 26. 9. C. 392)
- voir description p. 120 de notre article -.

Une allusion à 'Anath, déesse guerrière en Ex. 32: 18?

M. DELCOR

ÉCOLE PRATIQUE DES HAUTES ÉTUDES, PARIS

Un des maîtres regrettés de la critique biblique écrivait récemment à propos de l'épisode du veau d'or rapporté au chapitre 32 du livre de l'Exode: "Cette histoire du 'veau d'or' est hérissée de difficultés: on ne s'y accorde ni sur la critique littéraire, ni sur son interprétation religieuse, ni sur ses rapports avec l'histoire des 'veaux' de Jéroboam".[1] De fait, la littérature pourtant abondante sur le sujet pendant ces dernières années diverge sur bien des questions que pose ce chapitre.[2] Aussi voudrions-nous faire porter uniquement nos efforts sur un problème d'histoire des religions. Le verset 18 a t-il conservé une trace du culte de la déesse Anath bien connue notamment par la littérature mythologique d'Ugarit? Notre étude comprendra deux parties: dans la première, nous examinerons les problèmes que pose le texte massorétique pour ce verset et les solutions que les anciennes versions ont apportées à l'intelligence du texte hébreu. Dans la deuxième partie, nous montrerons pour quels motifs il faut retrouver dans le texte original la déesse Anath aujourd'hui oblitérée dans l'hébreu massorétique. La remise en place de cette divinité dans l'épisode du veau d'or aura nécessairement des incidences sur l'exégèse de l'ensemble du récit.

I. *Le texte massorétique et les anciennes versions*

La majorité des commentateurs situent le verset 18 dans la source primitive du chapitre 32 qui comprend les versets 1-6, 15-20, etc. tandis qu'ils reconnaissent dans les vv 7-14 une addition deutéronomique et dans les vv 25-29 une tradition indépendante plus tardive.[3] Les critiques par contre discutent la question de savoir si cette source appartient à la tradition yahviste ou élohiste. Tandis que Beer et Beyerlin,[4] par exemple, estiment que la plus grande partie du récit appartient à E. Childs, le dernier commentateur du livre de l'Exode, écrit: "le chapitre 32 reflète une source

---

[1] Cf. R. de Vaux, *Histoire ancienne d'Israël. Des origines à l'installation en Canaan*, Paris, 1971, p. 426.
[2] Bibliographie (voir dans page séparée).
[3] Cf. en dernier lieu la prise de position de Brevard S. Childs, *Exodus. A Commentary* (The Old Testament Library), Londres, 1974, p. 558.
[4] Cf. G. Beer, *Exodus* (Handbuch zum Alten Testament), Tübingen 1939, p. 153; W. Beyerlin, *Origins and History of the Oldest Sinaitic Traditions*, Oxford, 1965, pp. 131 et sq.

fondamentale, probablement J à laquelle ont été faites deux additions, les
versets 7-14 qui sont saturés de la langue deutéronomique et les versets 25-29
qui appartiennent à une tradition indépendante.''[5] Voici dans quel contexte
littéraire apparaît notre verset. Moïse s'est attardé sur la montagne et le
peuple inquiet de son absence prolongée demande à Aaron de lui faire un
dieu qui marche devant lui. Aaron façonne à partir de bijoux un veau d'or
et lui bâtit un autel. Le peuple offre des sacrifices à cette image, prend part à
un repas sacré et se livre à des divertissements (ṣaḥeq) en sa présence
(32: 1-6). Moïse finit par redescendre de la montagne et Josué, entendant le
bruit que fait le peuple en poussant des cris (re'oh), conclut en s'adressant à
Moïse: "Il y a un cri de bataille dans le camp" (32:17). Mais ce dernier, peu
convaincu de cette interprétation, prononce ces paroles:

> 'eyn qôl 'anoth gebûrah
> w'eyn qôl 'anoth ḥalûšah
> qôl 'annoth 'anokî šomea'

On a reconnu habituellement dans ces lignes une composition poétique,
même si on n'est pas d'accord pour inclure les deux derniers mots dans le
poème ou pour les en exclure. La *Biblia Hebraïca* de Kittel a disposé cette
poésie sur trois lignes. De leur côté, par exemple, la *Bible du Centenaire* et
la *Bible de Jérusalem* ont marqué le caractère poétique du morceau. Le
T. M. appelle plusieurs remarques. En premier lieu, sous sa forme actuelle,
il y a apparemment un jeu de mots entre les deux premiers 'anoth à
l'infinitif kal et le troisième 'annoth à l'infinitif piel. En second lieu,
plusieurs exégètes ont signalé à partir du parallélisme des deux phrases
précédentes, qu'un mot est tombé après le deuxième verbe 'annoth
(Holzinger, Beer, Bible du Centenaire). Les traducteurs modernes ont
proposé pour combler ce vide diverses hypothèses: *teru'ah* ou *ḥilulim*
(Holzinger),[6] *rêa'* d'après le verset 17 (Bible du Centenaire). Par contre, ni
Dhorme, dans la Bible de la Pléiade, ni Couroyer, dans la Bible de
Jérusalem, ne suppléent aucun mot. Le premier auteur essaie même de
rendre le jeu de mots par l'utilisation du verbe *'anah* au kal "chanter", et
au piel "chanter en choeur". "Ce n'est pas un bruit de chant de victoire, ni
un bruit de chant de défaite, c'est un bruit de chants redoublés que j'entends
moi." De fait, certains commentateurs, tels Baentsch comprennent le
second *'annoth* au piel au sens de chanter en choeur (Kuntsmässige Singen
der Chore); il renvoie au Ps.88,1 et il traduit finalement: Das ist kein

[5] Cf. S. Childs, *op. cit.* p. 559.
[6] Cf. H. Holzinger, *Exodus* (Kurzer Hand-Commentar zum Alten Testament), Tübingen 1900, p. 111.

Geschrei von Siegern und auch kein Geschrei von Unterliegenden, vielmehr Gesanglärm vernehme ich.[7] Par contre, Beer[8] propose de corriger le dernier *ʿannoth* dont le sens ne le satisfait pas en lisant tout simplement *ʿanoth* comme les deux premiers, de suppléer le mot *ʿinnug* de la racine *ʿanag* "prendre du plaisir", de supprimer *ʿanokî* et de lire *ʿešmaʿ*. Il traduit finalement:

> Das ist kein Geschrei von Siegern . . . und kein Geschrei von Besiegten . . .
> Geschrei (vergnügter) vernehme ich!

Mais la grande objection à la restitution de Beer vient de ce que le substantif *ʿinnug* n'existe pas en hébreu biblique, qui connaît, par contre, le substantif *ʿoneg* "délice" (Is. 13,22; 58,13). Comme on le voit par cette rapide revue des opinions, les commentateurs modernes butent souvent sur la dernière partie de ce morceau poétique. La Bible du Centenaire se garde même de traduire le dernier *ʿannoth:*

> "Ce ne sont pas des cris de victoire,
> Ce ne sont pas des cris de détresse,
> Ce sont des cris . . . que j'entends."

Mais antérieurement aux traducteurs ou aux critiques modernes, les versions anciennes se sont déjà heurtées aux derniers mots de ce poème et la variété des traductions proposées montre suffisamment leur désarroi. Pour la commodité de l'exposé nous examinerons successivement les versions grecques (la plus ancienne étant la LXX) et les versions sémitiques.

Les versions grecques:

La LXX:

> οὐκ ἔστιν φωνὴ ἐξαρχόντων κατ᾽ ἰσχὺν
> οὐκ φωνὴ ἐξαρχόντων τροπῆς
> ἀλλὰ φωνὴν ἐξαρχόντων οἴνου ἐγὼ ἀκούω

Sir Lancelot Lee Brenton traduit ainsi ce texte grec: Ce n'est pas la voix de ceux qui commencent la bataille, ni la voix de ceux qui commencent (à crier) à la défaite mais la voix de ceux qui commencent (un banquet) avec du vin que j'entends.[9] Le texte grec de la LXX appelle quelques remarques. Le

---

[7] Cf. B. Baentsch, *Exodus-Leviticus* (Handkommentar zum Alten Testament), Göttingen, 1900, p. 271.
[8] Cf. G. Beer, *Exodus* (Handbuch zum Alten Testament), Tübingen, 1939, p. 154.
[9] Cf. Sir Lancelot Lee Brenton, *The Septuagint Version of the Old Testament and Apocrypha with an English Translation,* Londres, 1976 (réimpression), p. 114.

traducteur a rendu mécaniquement de la même façon les trois *ʿanoth* (ἐξαρχόντων) sans avoir perçu le jeu de mots présent dans le texte hébreu. Par ailleurs, déjà la LXX a senti qu'un mot était tombé après le troisième *ʿannoth* et elle a suppléé le mot "vin". Les commentateurs modernes n'ont pas fait autrement même s'ils n'ont pas suivi la suggestion de la version alexandrine.

Aquila:

> οὐκ ἔστι φωνὴ καταλεγόντων κατ᾽ ἰσχυν
> οὐδὲ ἔστι φωνὴ καταλεγόντων ἀπὸ τροπῆς
> ἀλλὰ φωνὴν καταλεγόντων ἐγω ἀκούω

La version d'Aquila qui est, comme on sait, très littérale, traduit systématiquement de la même façon les trois *ʿanoth* par le verbe καταλέγειν au sens peut-être d'enrôler, de passer en revue des troupes. D'ailleurs en Dt 19,6 καταλέγειν traduit *ʿnh* mais au sens de "répondre comme témoin", "accuser".

Symmaque:

> οὐκ ἔστι βοὴ κελευόντων ἀνδρείαν
> οὐδὲ βοὴ κελευόντων τροπὴν
> ἀλλὰ φωνὴν κακώσεως ἐγὼ ἀκούω

Cette version a senti la difficulté de traduire de la même façon les trois *ʿnwt*. Tandis que Symmaque rend les deux premiers *ʿnwt* par le verbe κελεύειν "ordonner" il semble avoir lu autre chose à la place du dernier *ʿnwt*. De fait κάκωσις "l'action de maltraiter quelqu'un" traduit dans la LXX le substantif hébreu *ʿoni* en Ex. 3, 7, 17 et Dt. 16, 13. Mais ce nom *ʿoni* appartient ici à la racine *ʿnh* III "être affligé". Le traducteur joue dans les deux cas sur les possibilités que lui fournit l'homonymie,[10] car la racine *ʿnh* I signifie "répondre", d'où peut-être il est passé au sens d'"ordonner" (κελεύειν).

Théodotion:

> οὐκ ἔστι φωνὴ πολεμοῦ ἐξαρχόντων κατ᾽ ἰσχυν
> οὐδὲ ἔστι φωνὴ ἐξαρχουσῶν τροπῆς
> φωνὴν ἐξαρχουσῶν ἐγω εἰμι ἀκούων

---

[10] Sur ce problème, cf. M. Delcor, 'Homonymie et interprétation de l'Ancien Testament', dans *Journal of Semitic Studies* 18, 1973; cette étude est reprise par le même auteur dans *Religion d'Israël et Proche-Orient ancien*, Leiden, 1976, pp. 124-138.

Cette version traduit les premiers *'nwt* par un participe présent ἐξαρχόντων "ceux qui donnent le signal", comme la LXX qu'il paraphrase: "ce n'est pas la voix de ceux qui commencent la guerre par la force." Mais les deux autres *'nwt* sont traduits par un participe présent au féminin ἐξαρχουσῶν qui n'offre guère de sens.

Les versions sémitiques:

Les Targoums:

Les Targoums (Onqelos, Targoum de Jérusalem ou du Pseudo-Jonathan et Targoum Neofiti) s'accordent tous sur la manière de comprendre les deux premiers *'nwt*. En effet *'nh* est traduit en araméen par le verbe *nṣḥ* "vaincre" ou même par le verbe *tbr* "briser", tantôt avec un sens actif, tantôt avec un sens passif. La première fois *'nh* est rendu par un participe présent et la seconde fois par un participe passif, ce qui montre que le traducteur joue manifestement sur l'homonymie de deux racines hébraïques: *'nh* I "répondre", "commencer", auquel il donne le sens particulier "d'avoir l'initiative du combat", d'où "vaincre", et *'nh* II "être opprimé", d'où "être vaincu". Citons, par exemple, la traduction du targoum d'Onqelos: "Ce n'est pas la voix de guerriers (*gibrîn*) qui sont vainqueurs (*nṣḥîn*) dans la bataille, ni la voix des faibles qui sont vaincus dans le combat (*mtbrîn*)."

Le troisième *'nwt* est rendu par trois verbes différents dans les targoums qu'on peut diviser en trois groupes différents. Celui d'Onqelos (*mḥikîn*) "ceux qui rient" est isolé; *ḥwk* II signifie "rire", "plaisanter". Isolée est également la traduction du targoum de Jérusalem (Pseudo-Jonathan) qui rend *'nwt* par le participe pael du verbe *geḥak* "rire". Ce verbe araméen correspond à l'hébreu biblique *sḥq* "rire" et dans le targoum du IIème livre des Chroniques 15, 16, il est employé à propos de pratiques idolâtriques obscènes. Le targoum de Jérusalem pour notre passage de l'Exode tourne à la redondance: "c'est la voix de gens qui rendent un culte à une idole étrangère et qui se divetissent devant elle que j'entends."[11] Le targoum Neofiti et le targoum fragmentaire s'accordent dans l'emploi du participe pael du verbe *qalas* avec le sens de "louer bruyamment" "trépigner". On lit dans Neofiti: "C'est le bruit de gens qui trépignent dans le culte idolâtrique que j'entends, un bruit de gens qui trépignent."[12]

---

[11] Traduction Le Déaut-Robert, dans *Le Targum du Pentateuque*, t.II (Sources chrétiennes), Paris, 1979, p. 255.
[12] Traduction Le Déaut-Robert, *op.cit.* p. 254.

En bref, les versions araméennes se partagent en deux groupes: celles qui interprètent le troisième *ʿnwt* avec le sens de "rire" et celles qui traduisent par "louer de façon bruyante", "trépigner". Dans les cérémonies de deuil ou dans les manifestations joyeuses, *qalas* peut même signifier "claquer, battre des mains" (cf.Jastrow). Dans les deux cas, il n'y a pas lieu de croire que les targoumistes ont lu autre chose que l'hébreu *ʿnwt*. Dans le deuxième groupe de traductions, il faut supposer qu'à partir du sens "chanter en choeur" on est passé à celui, voisin, de trépigner. On peut remarquer que tous les targoums, à l'exception de celui d'Onqelos, se livrent à une paraphrase qui ne constitue pas un contresens mais explicite le texte, quand ils ajoutent que ces divertissements s'adressent à une idole étrangère.

Le Pentateuque samaritain et la version syriaque:

Bien que le Pentateuque samaritain ne constitue pas, il est vrai, une version mais représente un état ancien du texte hébreu, nous citons ici son témoignage. De fait, certains manuscrits, au lieu du verbe *ʿnwt* ont lu le substantif *ʿwnwt* "les iniquités".[13] En cela le texte samaritain s'accorde avec la version syriaque. Mais dans les deux cas, nous avons affaire à une leçon facilitante d'un mot hébreu qui apparemment n'était plus compris.

De l'examen des versions grecques ou sémitiques qui ont proposé des solutions variées à l'interprétation de la fin du verset 18, il faut conclure que l'on ne peut rien tirer des traductions anciennes pour l'intelligence de *ʿnwt*. Il faut donc recourir à une autre voie.

II.   ʿAnath déesse guerrière

Au lieu de lire un verbe dans le troisième *ʿannot* R. Edelmann[14] a proposé naguère de reconnaître dans ce terme le nom de la déesse *ʿAnath* si bien que le jeu de mots entre les deux premiers *ʿanoth* et le dernier *ʿannot* est d'une autre nature que celui que l'on a proposé jusqu'ici et qui porterait sur les formes kal et piel de la racine *ʿnh*.

L'explication de Edelmann me paraît devoir être retenue pour plusieurs motifs tirés notamment de l'archéologie et de l'histoire des religions.

1) Comme on l'a justement noté, *ʿannot* du T.M. représente une variante dialectale de prononciation du nom de la déesse *ʿAnath* qui est mentionnée sous cette forme dans le toponyme *beit ʿanot* de Jos. 15:59[15] et dans une

---

[13]   Cf. A. von Gall, *Der hebraische Pentateuch der Samaritaner*, Giessen, 1918.
[14]   Cf. R. Edelmann dans une courte note du *JBL* NS. t.1, 1950, p. 56 et dans *V.T.* t.16, 1966, p. 355.
[15]   Cf. R. N. Whybray dans *V.T.* t.17, 1967, p. 122.

stèle araméenne trouvée en Egypte datant du VIème siècle av.J.C.[16]

2) Des indications concernant le culte de la déesse 'Anath en Egypte et dans les régions soumises à l'influence égyptienne, en particulier Edom, militent aussi dans ce sens. 'Anath, divinité sémitique, a pénétré dans le panthéon égyptien[17] sans doute avec l'arrivée des Hyksos. Un de leurs rois porte le nom de Anat-Her.[18] Mais les plus anciennes attestations de son culte remontent à la période ramesside et Ramsès II semble avoir eu un penchant particulier pour cette déesse. A Tanis une sculpture montre 'Anath protégeant le roi qui est appelé "l'homme nourri par Anta", "le bien-aimé de Anta". 'Anath est appelée sa mère.[19] Ramsès II donne à l'un de ses chevaux de guerre un nom contenant celui de 'Anath et il appelle sa propre fille Bent-'Anat, "la fille de 'Anath".[20] Sous le règne de Séthi Ier, on lit sur les chevaux figurés sur les bas-reliefs de Karnak: Anath ('n-ty-t) est satisfaite.[21] Sur le temple de Bet-el-Walli sont figurées les guerres de Ramsès II et on peut lire au-dessus d'un chien du roi qui combat contre les Libyens: Anath ('nty) est protection.[22] 'Anath joue le rôle d'une déesse guerrière: elle est représentée assise et armée; elle tient un bouclier et une lance de la main droite et de la gauche une sorte de massue. On lit à côté de cette représentation: 'Anath, dame du ciel, dame des dieux.[23] Dans les papyri magiques 'Anath protège des démons et avec Astarté elle combat Smn, le démon de la maladie.[24] H. Bonnet fait remarquer que 'Anath n'est pas uniquement une déesse guerrière, puisque dans certains documents se fait jour aussi l'idée que 'Anath est une vache à lait que tête son protégé. Il renvoie à Pap. de Leyde (I.343,R.5,5).[25] Par la suite, 'Anath a perdu son caractère guerrier et elle a été identifiée à Hathor et à Isis.[26] A Bethshan, en Palestine, sur une stèle votive émanant d'un fonctionnaire égyptien sous le règne de Ramsès III, la déesse ne porte pas d'armes mais le sceptre et le

[16] Cf. André Dupont-Sommer, 'Une stèle araméenne d'un prêtre de Ba'al trouvée en Egypte', *Syria* 33, 1956, pp. 81 et sq. Mais J. T. Milik conteste que *B'l 'nwt* puise être traduit "époux de 'Anat" et propose de comprendre "citoyen de 'Anot" (cf. *Biblica* 1967, p. 566).

[17] Cf. Rainer Stadelmann, *Syrisch-Palästinensische Gottheiten in Ägypten*, Leiden, 1967, pp. 91-96; art. 'Anat, dans Hans Bonnet, *Reallexikon der ägyptischen Religionsgeschichte*, Berlin, 1952, pp. 37-38.

[18] Cf. P. Montet, *Le drame d'Avaris. Essai sur la pénétration des Sémites en Egypte*, Paris, 1940, p. 81; J. van Seters, *The Hyksos. A New Investigation*, New Haven, 1966, p. 178.

[19] Cf. P. Montet, *Les nouvelles fouilles de Tanis*, pp. 70 et sq.

[20] Cf. Erman, *Religion der Ägypter*, 1934, p. 151 et les citations de A. S. Kapelrud, *The Violent Goddess Anat in the Ras Shamra Texts*, Oslo, 1969, p. 15.

[21] Cf. J. H. Breasted, *Ancient Records of Egypt*, New York 1962, t.III, n°84.

[22] Cf. Breasted, *op.cit.* t.III, n°467.

[23] Voir la reproduction dans Bonnet, *op.cit.* p. 37.

[24] Cf. Stadelmann, *op. cit.* p. 95.

[25] *Op.cit.* p. 37.

[26] Cf. Kapelrud, *op.cit.* p. 15.

signe de vie tandis qu'une inscription nous indique son identité: ʿAnath, dame du ciel et dame des dieux. Dans une courte prière le donateur de l'ex-voto demande à la déesse la vie, la prospérité et la santé.[27]

Comme l'épisode du veau d'or du livre de l'Exode met en scène d'une part Moïse qui a vécu, on le sait, en Madian, et d'autre part Aaron domicilié dans la région d'Edom, où d'ailleurs il mourra d'après Nb. 21,26, il n'est pas sans intérêt de recueillir ce que nous savons dans ces parages du culte de ʿAnath ou même de Hathor avec laquelle on l'a confondue. Quelques explications sont nécessaires.

On sait que la région d'Edom intéressait les Egyptiens en raison de la présence de mines de cuivre notamment dans l'Arabah et particulièrement à Timna où elles étaient exploitées au XIIème siècle et au XIème siècle et non aux époques postérieures, si l'on se réfère aux fouilles pratiquées par Beno Rothenberg. Selon cet archéologue, on doit d'ailleurs reconsidérer l'interprétation historique admise, qui voyait dans les industries du cuivre de la région ''les mines du roi Salomon'' et regardait ''les Edomites, peut-être conjointement avec les Kénites-Madianites, comme les anciens mineurs et fondeurs de cuivre de la ʿArabah.''[28] Or, à Timna, Rothenberg a mis à jour un temple égyptien (XIVème-XIIeme siècle) consacré à Hathor dont il a retrouvé des représentations. Les inscriptions avec les noms des rois égyptiens fournissent des indications sur l'époque pendant laquelle ce sanctuaire a été utilisé. On mentionne les noms de Séthi Ier (1318-1304), Ramsès II (1304-1237), Menerptah (1232-1222), Séthi II (1226-1210), de la reine Twosret (1209-1200 av.J.C.). Ils appartiennent tous à la XIXème dynastie. On trouve aussi les noms de Ramsès III (1198-1166), de Ramsès IV (1166-1160) et de Ramsès V (1160-1156) appartenant tous à la XXème dynastie. Nous sommes en pleine époque mosaïque. Dans le temple de Timna on a aussi trouvé des traces d'un sanctuaire sémitique avec ses maṣṣeboth caractéristiques auprès desquelles étaient enterrées des étoffes rouges et bleues appartenant à la seconde phase de l'histoire de l'édifice, vers le milieu du XIIème siècle. Rothenberg suppose que le sanctuaire avait été recouvert d'une tente; ce temple serait, dit-il, celui des Madianites retournés à Timna après les expéditions des Egyptiens en relation avec l'exploration minière de la région.[29] H. Cazelles s'est demandé si ce n'est pas là qu'auraient officié Aaron et ses fils pour rendre un culte au veau d'or. Il écrit: ''Etait-ce pendant la présence égyptienne ou pendant les quelques années d'interruption de cette présence entre 1210 et 1198 (début de Ramsès

---

[27] Cf. Stadelmann, *op.cit.* p. 96.
[28] Cf. *R.B.*, t.74, 1967, pp. 80-85.
[29] Cf. Beno Rothenberg, *Timna, Valley of Biblical Copper Mines*, Londres, 1972, pp. 128 et sq.

III)? Ce serait un peu tardif, puisque vers 1225 Israël était déjà dans le nord de Canaan d'après la stèle de Ménephta.'' Il ajoute prudemment: ''Il faut nous garder de toute conclusion hâtive. Retenons que cette découverte nous permet d'entrevoir comment il put y avoir contact entre Moïse en Madian et un Aaron domicilié près d'Edom où il mourra, la tradition ayant gardé d'une manière diffuse des traces de luttes communes contre un peuple adorateur du veau d'or. Il s'agit probablement de Sémites employés par les mineurs égyptiens et ayant partie liée avec eux . . .''.[30] Mais on peut aussi envisager que le culte de Hathor en Edom à l'époque mosaïque recouvre en réalité celui de la déesse sémitique ʿAnath représentée aussi sous forme d'une vache, comme nous le verrons tout de suite. On sait d'ailleurs que les bédouins Shosou établis en Edom, dans la montagne de Seir, sous le règne de Ramsès II qui mène contre eux une campagne militaire,[31] vénéraient la déesse Hathor dite ''Hathor de Shosou''.[32] Giveon soupçonne à bon droit que cette divinité recouvrait une divinité sémitique et il mentionne le papyrus Sallier où, par exemple, ce peut être une épithète d'Astarté.[33] Mais l'identification avec ʿAnath nous paraît également possible si l'on observe qu'à l'époque mosaïque, sous Ramsès II, le culte de cette déesse a été particulièrement en honneur en Egypte.

Le culte de ʿAnath est documenté en diverses régions de Palestine. Outre la stèle de Bethshan dédiée à cette divinité par un fonctionnaire égyptien dont nous avons déjà parlé, elle est connue en particulier par des toponymes et un anthroponyme. On peut citer les noms de lieux suivants: *Beth ʿAnath* en Nephtali (Jos. 19:38), *Beth ʿAnoth* en Juda (Jos. 15:59), *ʿAnatoth* en Benjamin, patrie de Jérémie (Jer. 1:1). Un héros du livres des Juges porte le nom de *Samgar ben ʿAnath* (Jud. 5:6) dans lequel ʿAnath représente sans doute un hypocoristique avec le nom de la déesse. Le traité d'Asarhaddon avec le roi de Tyr mentionne parmi les dieux témoins du pacte Bethel et Anath-Bethel (*dBa-a-a-ti-ilî, dA-na?-ti-Ba-[a]-[a-ti-il]î*).[34] Un peu plus tard, au Vème siècle av.J.C., on rencontre encore les mêmes divinités dans la colonie juive d'Elephantine.[35]

Nous avons dit plus haut que la déesse sémitique ʿAnath était représentée sous la forme d'un bovidé. En effet un texte ugaritique du poème intitulé

---

[30] Cf. H. Cazelles, *A. la recherche de Moïse,* Paris, 1979, pp. 111 et 112.
[31] Cf. Raphaël Giveon, *Les bédouins Shosou des documents égyptiens,* Leiden, 1971, doc. 16a, doc 25.
[32] Cf. Giveon, *op.cit.,* doc. 43, p. 149.
[33] Cf. Giveon, *op.cit.,* p. 149.
[34] Cf. Rielke Börger, *Die Inschriften Asarhaddons Königs von Assyrien* (Archiv für Orientforschung Bhft 9), 1956, p. 109.
[35] Cf. A. Vincent, *La religion des Judéo-araméens d'Eléphantine,* Paris, 1937, pp. 622 et sq.

"Baʿal et la génisse" mentionne en toutes lettres les cornes de ʿAnath. Le poète prête à Baʿal ces paroles:

ḥwt aḥt wnar [*k*]
qrn dbatk btlt ʿnt
qrn dbatk bʿl ymšḥ
bʿl ymšḥ hm bʿp

Ce texte est traduit un peu différemment par les auteurs. E. Lipinski propose de traduire:

"Que vive (ma) soeur et que ses jours soient prolongés!
Tes deux cornes vigoureuses, o vierge ʿAnat,
tes deux cornes vigoureuses, Baʿal les oindra,
Baʿal les oindra pendant le vol."[36]

De leur côté, Caquot-Sznycer proposent la traduction suivante:

"Salut, ma soeur! Que (tes jours) se prolongent.
Les cornes dont tu frappes, vierge ʿAnat,
les cornes dont tu frappes Baʿal va (les) aiguiser,
Baʿal va les aiguiser en vol."[37]

D'après ce texte ʿAnath est donc représentée sous la forme d'une génisse et l'on reconnaît sans difficulté que cette déesse tout comme Baʿal peut avoir l'aspect d'un bovidé.[38] Il faut aussi rappeler que l'iconographie ougaritienne a conservé une stèle où Claude F. A. Schaeffer a cru reconnaître une représentation de ʿAnath. Drapée dans une aile d'oiseau, la déesse à tête de vache tient une arme, ce qui confirme son caractère belliqueux, parfois même sauvage sur lequel insistent les poèmes mythologiques d'Ugarit. Le fouilleur de Ras Shamra explique: "Il se peut qu'en plaçant dans sa main droite le signe égyptien ankh, le sculpteur ait voulu l'assimiler à Isis-Hathor dont le caractère et la vie offrent tant de parallèles avec notre déesse ailée. En effet, sous la forte influence exercée par l'Egypte du Moyen-Empire sur le pays d'Ugarit, il a pu se produire une sorte d'assimilation, ou même une fusion entre Isis-Hathor et Anat de nos textes alphabétiques, toutes deux voilées."[39]

Il est vrai d'après les renseignements assez maigres que nous possédons

[36] Cf. E. Lipinski, 'Les conceptions et couches merveilleuses de ʿAnat', dans *Syria,* t.4, 1965, p. 69.
[37] Cf. Caquot-Sznycer, *Textes ougaritiques. Mythes et légendes.* Tome I, Paris, 1974, p. 284.
[38] Cf. Caquot-Sznycer, *op.cit.* p. 278.
[39] Cf. Cl. F. A. Schaeffer, *Ugaritica* II, Paris, 1949, p. 97, pl.XXII et Ch. Virolleaud, 'Cultes Phéniciens et Syriens au IIème millénaire', dans *Journal des Savants,* 1931, pp. 164 et 169, et sq.

sur religion édomite, que le nom de la déesse n'est pas mentionné en clair.[40] Mais c'est sans doute là l'effet du hasard car les textes bibliques nous font connaître indirectement par l'onomastique le nom du dieu *'Anah,* divinité masculine et parèdre de *'Anath.* Nous apprenons par Gen. 36: 2-3 qu'Esaü prit ses femmes parmi les filles de Canaan. L'une d'entre elles, Oholibamah est fille de 'Anah, fils de Sibon le Horite. Un autre passage de la Genèse explique l'origine de ce 'Anah qui est mentionné parmi les fils de Seir, le Horite. Il est qualifié avec d'autres de chef des Horites, fils de Séir au pays d'Edom (Gen. 36: 20-21). Un peu plus loin, on dit de ce 'Anah qu'il trouva dans le désert des *yêmîm* en faisant paître les ânes de son père (Gen. 36:24). Les versions anciennes, telles la Vulgate (aquae calidae) et le syriaque, ont donné à ce terme hébreu de signification inconnue le sens "eaux chaudes", en le rattachant peut être à *maïm* "eau". De son côté, Rachi, à la suite du Targoum de Jérusalem (*kodnayytâ'*) a compris qu'il s'agissait de "mulets". Si la Vulgate et le syriaque avaient raison, nous aurions là la trace d'une tradition nomade de nature à fonder l'origine de la propriété de puits d'eau chaude par le clan de 'Anah. Quoiqu'il en soit de la solution donnée à ce problème, il convient de remarquer que le nom que porte 'Anah, chef d'un sous-clan, est identique au nom divin. D'après une coutume ouest-sémitique bien établie, les villes et les montagnes tirent leur nom des dieux qui y résident, tandis que ceux des clans proviennent de la divinité tribale. Ici 'Anah est donc un nom divin vénéré sans doute en territoire édomite. Il est bien attesté notamment par l'onomastique ougaritique et phénicienne.[41] On trouve par exemple *'Ab'n, ml'n, šm'n, bin-a-nu, Nur (NE)-a-na.* Mais le sens de *'nil* est douteux, car on peut le comprendre soit "Anu est mon dieu", soit "oeil de dieu". 'Anah correspond à la divinité féminine 'Anat comme *'ttr* correspond à *'ttrt.*

Toutes choses étant considérées, l'existence d'un culte de 'Anath en Edom à l'époque mosaïque n'est pas à exclure. Sur l'origine de ce culte en Edom deux hypothèses au moins sont à envisager: ou bien la déesse sémitique 'Anath a été introduite directement de Canaan. D'après Gen. 36: 2-3, soulignons-le, l'une des femmes d'Esaü d'origine cananéenne n'est-elle pas fille de 'Anah? Une autre possibilité serait que 'Anath, déesse chère au coeur Ramsès II, aurait pénétré en Edom lors de ses campagnes militaires contre ce pays. Selon une troisième hypothèse, le culte de Hathor et celui de

---

[40] Cf. J. R. Bartlett, 'The Moabites and Edomites', dans D. J. Wiseman, ed., *Peoples of Old Testament Times,* Oxford, 1973, pp. 244 et sq.

[41] Cf. F. Grøndahl, 'Die Personnennamen der Texte aus Ugarit' (*Studia Pohl* I), Rome, 1967, p. 110; Frank L. Benz, 'Personal Names in the Phoenician and Punic Inscriptions' (*Studia Pohl* 8), Rome, 1972, p. 380.

ʿAnath auraient fusionné, ce qui, étant donné les parallèles entre les deux divinités, ne serait pas impossible.

3) D'après la tradition biblique, le dieu que s'est façonné le peuple apparaît comme une divinité guerrière qui marche en tête du peuple (Ex. 32:1). Le veau d'or une fois fabriqué à partir de la fonte des anneaux d'or que les femmes portaient aux oreilles est présenté au peuple en ces termes: "'Israël, voici ton dieu (litt:tes dieux) qui t'a fait monter d'Egypte.'" (Ex. 32:4). Comme cette même phrase se retrouve dans le récit du schisme de Jéroboam qui fit faire les veaux d'or de Béthel et de Dan (I Rois 12:28),[42] les critiques ont supposé que cette pratique palestinienne a été transposée au temps du séjour dans le désert. Pour cette raison la majorité des exégètes ont vu dans le chap. 32 d'Exode une interpolation tardive composée par le Deutéronomiste, dirigée contre la politique religieuse de Jéroboam et projetée à l'époque mosaïque.[43]

Mais il y a des exceptions à cette prise de position. R.de Vaux, par exemple, écrivait naguère: "Je crois qu'on peut maintenir que l'histoire du veau d'or se rattache réellement à un événement du séjour au désert: un groupe concurrent du groupe de Moïse ou une fraction dissidente de ce groupe a eu, ou a voulu avoir, comme symbole de la présence de son dieu, une figure du taureau au lieu de l'arche d'Alliance.'"[44] Selon cet historien, ce n'est pas le taureau de Baʿal mais le taureau de 'El conformément à l'assimilation qui avait été faite en Canaan de 'El-taureau qui marchera en tête du groupe (Ex. 32:1). Il pense qu'il y a trace dans la péninsule sinaïtique d'un culte du dieu 'El, plus précisément à Sérabit el-Khadim où les Cananéens qui travaillaient aux mines du Sinaï ont laissé des inscriptions. Selon les derniers essais de déchiffrement de Cross et de Albright[45] on y a lu le nom du dieu *El* et de' *El dû ʿolam* qui en Gen. 21:33 avait été assimilé au dieu d'Abraham. Que faut-il penser de cette identification ou assimilation du veau d'or avec le dieu 'El?

'El, il est vrai, apparaît dans la littérature ugaritique comme un dieu guerrier à propos duquel on peut citer un certain nombre de textes réunis il y

---

[42] La connexion des deux récits a été habituellement reconnue par les auteurs. On a énuméré pas moins de 13 points d'identité ou de contact, cf. M. Aberbach et L. Smola 'Aaron, Jeroboam, and the Golden Calves, dans *JBL* 86, 1967, pp. 129, 140.

[43] On peut citer H. Holzinger, *Exodus* (Kurzer Hand-Commentar zum Alten Testament), Tübingen, 1900, p. 110; E. Nielsen, *Schechem. A. Traditio-Historical Investigation,* Copenhague, 1959, pp. 276 et sq; S. Lehming, 'Versuch zu Ex XXXII', dans *V.T.* t.10, 1960, p. 17; W. Beyerlin, *Origins and History of the Oldest Sinaitic Traditions,* Oxford, 1961, pp. 126 et sq; M. Noth, *Überlieferungsgeschichte des Pentateuchs,* Stuttgart, ˀ1960, pp. 158 et sq.

[44] Cf. R.de Vaux, *Histoire ancienne d'Israël. Des origines à l'installation de Canaan,* Paris, 1971, p. 427.

[45] Cf. Fr. M. Cross dans *HTR* 55, 1962, p. 258 et W. F. Albright, *The Proto-Sinaitic Inscriptions and their Decipherment,* Cambridge, Mass., 1966, p. 24, n. 358.

a quelques années par Miller.[46] 'El est aussi appelé *ṯr* "le taureau".[47] Par ailleurs une tradition biblique ancienne rapportée dans un oracle de Balaam de Nb. 23:22 (cf. 24:8) dont le sens n'est pas certain, attribue en clair à 'El et non, soulignons-le, à Elohim, la sortie d'Egypte. On y compare même peut-être la rapidité ou la vigueur (*to'aphoth*) de 'El à celle du buffle. Par contre, certains traducteurs rattachent par fois au peuple et non à 'El la phrase du T.M.: "comme la rapidité (ou la vigueur) du buffle est à lui".[48] Aussi le parallélisme du livre des Nombres ne saurait être invoqué, comme le fait, par exemple, Michaeli dans son récent commentaire de l'Exode.[49] Car, outre qu'il n'est pas sûr que 'El soit comparé à un buffle, le récit de l'Exode n'associe jamais à ce dieu le culte du veau d'or mais bien à Yahvé. Le texte biblique dit explicitement après la confection de l'image divine: "Demain il y aura fête en l'honneur de Yahvé" (Ex. 32:5). Pour le même motif, bien que Ba'al dans la littérature ugaritique[50] ait été aussi un dieu guerrier, on ne doit pas assimiler le veau d'or à cette divinité et rapprocher comme le font certains commentateurs, les festivités décrites au verset 6 de Nb. 25: 1-9 où il est question d'un culte licencieux en l'honneur de Baal Péor. A plus forte raison on ne saurait identifier le veau d'or à une quelconque divinité égyptienne, telle, par exemple, le boeuf Apis ou la déesse Hathor, comme l'avaient proposé d'anciens exégètes,[51] car comment pourrait-on dire au peuple, d'un dieu vénéré par les oppresseurs d'Israël: "Voici ton Dieu qui t'a fait monter du pays d'Egypte?" (Ex. 32:5).

Le récit de l'Exode, du moins sous sa forme actuelle, met donc en relation l'effigie du veau avec Yahvé. Par ailleurs le bovidé est à identifier, pensons-nous, à la déesse 'Anath pour deux motifs principaux. D'abord cette divinité est connue comme une déesse guerrière; ensuite, dans certains milieux on a parfois associé dans le culte 'Anath à Yahvé. Les textes et les monuments égyptiens de l'époque ramesside cités plus haut font de 'Anath une déesse guerrière. Mais déjà à Ugarit on associe étroitement cette divinité dans les guerres menées par Ba'al contre ses ennemis tels Yam, Mot, etc.[52] 'Anat était féroce et sans pitié dans les combats et un texte la qualifie peut-être de déesse guerrière. Miller écrit à ce propos: "The epithets of 'Anat,

[46] Cf. Patrick D. Miller Jr., *The Divine Warrior in Early Israel,* Cambridge, Mass., 1973, pp. 48-63.
[47] Cf. Gordon, *Ugaritic Textbook, Glossary,* sub verbo, et Marvin H. Pope, *El in Ugaritic Texts,* Leiden, 1955, pp. 35 et sq.
[48] Cf. E. Dhorme (*L'Ancien Testament* dans la Bible de la Pléiade) qui renvoie à Dt. 33:17 où "ses cornes sont deux cornes de buffle" se réfère à Joseph.
[49] Cf. F. Michaéli, *Le livre de l'Exode* (Commentaire de l'Ancien Testament), Neuchâtel, 1974, p. 271.
[50] Cf. Patrick D. Miller, *op.cit.* pp. 24 et sq.
[51] Voir le commentaire de Holzinger, p. 110.
[52] Cf. Miller, *op.cit.,* pp. 24 et sq; Arvid S. Kapelrud, *The Violent Goddess, Anat in the Ras Shamra Texts,* pp. 48 et sq.

unlike those of Baʿal, do not reflect the warrior activity of this goddess. There may be, however, one occurrence of an epithet pointing to 'Anat's bellicose character.''[53] En effet Virolleaud lit dans un texte [*l.e*] *lt qb*[*l*] qu'il rapproche de l'épithète de l'Ištar mésopotamienne: *i-lat qab-li* "déesse de la guerre''.[54]

La volonté pour Israël d'avoir une divinité guerrière est marquée dès le premier verset du récit: "Le peuple voyant que Moïse tardait à descendre de la montagne s'adresse à Aaron en ces termes: Fais nous un dieu qui marche devant nous." Les Israélites prennent cette décision parce qu'ils croient avoir perdu Moïse, "l'homme qui les a fait monter du pays d'Egypte" (Ex. 32:1). Comme l'a bien compris O. Eissfeldt, ce dieu marchant en tête du peuple était destiné à jouer le rôle d'une sorte d'enseigne militaire. Il cite plusieurs documents archéologiques provenant d'Egypte et de Mésopotamie. A Mari, par exemple, dans le temple d'Ištar on a mis au jour une mosaïque représentant une procession triomphale en tête de laquelle un personnage porte une perche surmontée d'un taureau, qui est manifestement un étendard. A Bethshan, en Palestine, a été trouvée une extrémité d'étendard représentant une tête de Hathor avec les cornes, datant du règne d'Aménophis III (1421-1375).[55] L'association de 'Anath à Yahvé a été poussée si loin que l'on est parvenu dans certains milieux à la création d'une hypostase divine. Cela a été fait par exemple dans la communauté juive d'Eléphantine au Vème siècle av.J.C. où était pratiqué un certain syncrétisme. D'après un papyrus d'Eléphantine, un Juif prête serment par le temple (*msgd'*) peut-être divinisé et par *'ntyhw*.[56] Pour le deuxième mot, il s'agit manifestement d'une déesse, parèdre de Yaho que l'on a rapprochée du nom propre 'Antotyah de 1 Chr. 8:24.[57] Mais *'ntyhw* ne peut pas se traduire "'Anat est Yaho" en concluant à l'identification des deux divinités car Yaho, le nom du dieu d'Israël, apparaît isolément dans les papyri émanant de la communauté juive d'Elephantine.[58] *'Anatyaho* est tout au plus une hypostase de Yaho. Rien n'indique d'ailleurs que dans le récit de l'Exode on soit allé aussi loin dans le syncrétisme: il s'agit seulement dans notre hypothèse d'une association du culte de 'Anath, déesse guerrière, à celui de Yahvé.

Si notre explication de l'identification du veau avec la déesse 'Anath est

[53] Cf. Miller, *op.cit.*, p. 47.
[54] Cf. Ch. Virolleaud, *Le Palais Royal d'Ugarit*, t.II, Paris, 1957, p. 13 (15. 130 ligne 12).
[55] Cf. Otto Eissfeldt, Lade und Stierbield, dans *ZAW* 58, 1940-1941, pp. 190-215; article repris dans *Kleine Schriften*, Tübingen, 1963, t.II, pp. 282-305. Voir aussi l'article récent de H. Weippert, dans K. Galling, *Biblisches Reallexikon*, Tübingen, 1977, pp. 77-79.
[56] Cf. A. Cowley, *Aramaic Papyri of the Fifth Century B.C.*, Oxford, 1923, n.44, ligne 3.
[57] J. T. Milik, ('Les papyrus araméens d'Hermoupolis et les cultes syro-phéniciens en Egypte perse', dans *Biblica* vol. 48, 1967, p. 579) propose de traduire "Présence de Yaho".
[58] Cf. A. Cowley, *op.cit.*, Index, p. 290.

recevable on attendrait de ce fait dans le texte hébreu plutôt la mention
d'une génisse (ʿaglah) que d'un veau (ʿegel). Mais l'objection n'est pas
insurmontable. On peut faire en effet deux observations. D'une part, il faut
souligner que les écrits bibliques ne semblent pas avoir attaché beaucoup
d'importance au vrai sexe du bovidé vénéré à Béthel. En effet, d'après le
livre d'Osée, le prophète faisant clairement allusion au culte honni de Béthel
parle du moins dans le texte hébreu, "des génisses (ʿagloth) de Beit ʾAwen"
(Os. 10:5)[59] alors que d'après le livre des Rois Jéroboam, fit deux veaux d'or
et non deux génisses en or, l'un pour Bethel et l'autre pour Dan (1 Rois
12:28). D'autre part, on pourrait supposer que si dans un état ancien le texte
hébreu de l'Exode a effectivement porté un féminin (ʿaglah) "la génisse",
un rédacteur postérieur a changé le féminin en un masculin (ʿegel). Ce
changement aurait pu s'opérer le jour où l'on n'a plus très bien perçu le lien
existant entre la génisse et ʿAnath, mais où l'on a par contre saisi la relation
possible entre Yahvé et le veau en raison du culte de Béthel[60] mentionné
dans le livre des Rois.

Si nos explications sont recevables, il faut faire remonter à une date
antérieure sans doute à la traduction des LXX l'oblitération du nom divin
de ʿAnath en Ex. 32:18. On aurait cherché à faire disparaître délibérément
de la tradition biblique la mention même du culte de cette divinité jugée sans
doute compromettante pour la pureté du Yahvisme, en démythisant le texte.
C'est alors qu'est tombé probablement un mot après le troisième qol du
verset 18, comme la LXX l'a senti et le mètre le réclame. Selon F. L.
Andersen, il faudrait restituer ṣeḥuqâh "rire" à partir du Targoum.[61] Mais
ce terme a l'inconvénient de n'être pas attesté en hébreu biblique. Aussi
proposons nous de restaurer soit le mot meholoth "danses", soit plutôt
teruʿah "clameur guerrière, hourrah". De fait meholoth "danses" apparaît
au verset 19, tandis que la restitution du substantif teruʿah[62] est fondée,
comme nous le verrons plus loin, sur un mot de même racine au verset 18.
Le résultat final de la disparition d'un mot a été que ʿnwt n'a plus été senti
comme un nom divin et a pu être diversement compris par les anciennes

[59] La LXX (μόσχος) et le syriaque lisent "le veau" au singulier mais Aquila (τάς
δαμάλεις) un pluriel, "les génisses". Les auteurs corrigent habituellement le pluriel du T.M. en
un singulier, "le veau", en accord avec la LXX et le syriaque.

[60] On a trouvé à Béthel un cylindre égyptien datant du bronze récent représentant deux
divinités qui se font face, l'une masculine et l'autre féminine. Pour cette dernière, dont le nom
Astarté est écrit en égyptien, on a fait remarquer qu'elle est armée d'une lance et que son
costume rappelle celui de la déesse ʿAnath sur la stèle de Bethshan (cf. J. Kelso et al, 'The
excavations of Bethel (1934-1960)', dans AASOR vol. 39, 1968, p. 86 et pl. 43).

[61] Cf. F. L. Andersen, 'A lexicographical note on Exodus XXXII, 18', dans V.T. t.16,
1966, p. 111.

[62] Sur les sens que prend ce terme en hébreu cf. P. Humbert, La "Terou ʿa", analyse d'un
rite biblique (Recueil des travaux publiés par la Faculté de Lettres de l'Université de Neuchâtel,
23ème fascicule), Neuchatel, 1946.

versions qui en ont fait soit un nom commun "péché", soit un verbe "se divertir". Un tel procédé de démythisation n'est pas isolé dans la Bible hébraïque. Nous l'avons reconnu, par exemple, en Dt. 7:13 et parallèles, où l'écrivain deutéronomiste a transformé deux noms divins en de simples substantifs.[63] Nous proposons donc de restituer finalement le texte hébreu d'Ex. 32:18: אנכי שמע קיל תרועה לענות: "J'entends le bruit d'un hourrah en l'honneur de ʿAnath". La restitution de substantif *teruʿah* peut se recommander de fait qu'un nom de même racine *reaʿ* se trouve au verset 17. Par ailleurs, Humbert a fait remarquer que la *teruʿah* "cri de guerre" est un rite de bataille, qu'il est associé au rituel de Yahvé comme *melek* et qu'il est mentionné à propos de son arche (1 Sam. 4:5,6; 2 Sam. 6:15). De même que dans 1 Sam. 4:5,6 une *teruʿah* salue l'arrivée de l'arche de Yahvé au camp israélite, de même on peut envisager que ce rite guerrier ait pu être pratiqué en l'honneur de ʿAnath, déesse guerrière, symbolisée par le veau d'or marchant en tête du peuple.

BIBLIOGRAPHIE
Outre les commentaires, on peut citer les études suivantes:

— Francis I. ANDERSEN, 'A lexicographical Note on Exodus XXXII, 18', dans *V.T.* 16, 1966, pp. 108-112.
— R. EDELMANN, *'To ʿannot Exodus XXXII, 18', dans V.T.* 16, 1966, p. 355.
— R. EDELMANN, dans *Journal of Theological Studies,* N.S. vol. 1, 1950, p. 56.
— R. N. WHYBRAY, "ʿannot in Exodus xxx, 18', dans *V.T.* 17, 1967, p. 22.
   Voir aussi la récente bibliographie citée dans le commentaire de Brevard S. CHILDS, *Exodus. A. Commentary* (The Old Testament Library), Londres, 1974, p. 353, et particulièrement O. EISSFELDT, 'Lade und Stierbild' dans *ZAW* 58, 1940/1, pp. 190-215 et *Kleine Schriten,* t.II, 1963, pp. 282 et sq.
— E. LIPINSKI, 'Les conceptions et les couches merveilleuses de ʿAnat', *Syria,* t.42, 1965, pp. 45-73.
— A. S. KAPELRUD, *The Violent Goddess Anat in the Ras Shamra Texts.* Oslo, 1969, pp. 27 et sq.
— U. CASSUTO, *The Goddess Anath,* Jérusalem, 1971, spécialement pp. 64 et sq.
— GESE-HOFFNER-RUDOLPH, *Die Religionen Altsyriens, Altarabiens und der Mandäer,* Stuttgart, 1970, pp. 156 et sq.
— A. CAQUOT-M. SZNYCER, *Textes ougaritiques,* t.1. *Mythes et Légendes,* Paris, 1974, pp. 85 et sq.
— A. VINCENT, *La religion des Judéo-Araméens d'Eléphantine,* Paris, 1937, pp. 659 et sq.
— H. MOTZKI, 'Ein Beitrag zum Problem des Stierkultes in der Religionsgeschichte Israels', dans *V.T.* t.25, 1975, pp. 470-485.
— M. ABERBACH et L. SMOLAR, 'Aaron, Jeroboam and Golden Calves', dans *JBL* t.86, 1967, pp. 129-140.
— L. R. BAILEY, 'The Golden Calf', dans *HUCA* t.42, 1971, pp. 97-115.
— J. LOZA, 'Exode XXXII et la rédaction de JE, *V.T.* t.23, 1973, pp. 31-55.
— H. VALENTIN, *Aaron. Eine Studie zur vor-priesterschriftlichen Aaron-Uberlieferung* (Orbis Biblicus et Orientalis 18), Fribourg (Suisse) — Göttingen, 1978, pp. 205 et sq.
— W. BEYERLIN, *Origins and History of the Oldest Sinaitic Traditions,* Oxford, 1965, pp. 18 et sq et 126 et sq.
— J. LEWY, 'The Story of Golden Calf Reanalysed', dans *V.T.* t.9, 1959, pp. 318-322.

[63] Cf. M. Delcor, 'Astarté et la fécondité des troupeaux en Deut 7, 13 et parallèles', dans *Ugarit-Forschungen* t.6 1974, pp. 7-14. Cette étude est reprise par le même auteur dans *Religion d'Israël et Proche-Orient ancien,* Leiden, 1976, pp. 86-93.

LA PORTÉE LITURGIQUE DE LA SUSCRIPTION
« Lehazkîr »
DES PSAUMES 38,1 et 70,1. *
PROBLÈMES ET SOLUTIONS

École Pratique des Hautes Études (Paris)

On a récemment essayé d'établir le choix des péricopes du Pentateuque et des Prophètes (les *haphtarot*) lues en Palestine lors du service synagogal, le jour du sabbat et des fêtes [1]. On sait que la lecture de la *Torah* y était répartie sur trois années consécutives ; aussi le texte était-il divisé en 154 *sedarim* comportant environ 21 versets chacun, suivant le nombre des sabbats existant dans les années d'un cycle [2]. La *haphtarah* qui était un morceau emprunté aux livres prophétiques suivait la lecture du *seder* [3].

Mais que savons-nous de l'utilisation du Psautier dans le culte juif, d'abord durant la période du second Temple, puis dans le service synagogal ? Depuis les travaux de E.G. King, au début du siècle, on a soutenu à diverses reprises que le Psautier était utilisé sur une période de trois ans, comme la *Torah* [4]. H.S. Thackeray fit siennes, quelques années plus tard, les vues de King : « Recent study of the Psalters has more and more convinced me of the correctness of the suggestion put forward some years ago by Dr. E.G. King that the Psalter, like the Pentateuch, was arranged for continuous use in a triennial cycle » [5]. De leur côté, certains savants juifs ont soutenu que le *Midrash Tehillim* ou *Midrash* des Psaumes reflétait l'influence d'un cycle triennal de Psaumes. Plus précisément, L. Rabinowitz, parmi d'autres, affirme qu'à un moment donné, il existait en Palestine la coutume de lire le livre des Psaumes, le samedi soir, dans un cycle triennal correspondant au cycle triennal du Pentateuque commençant, comme pour la *Torah* au mois de Nisan [6]. W.G. Braude fait écho à cette théorie dans l'Introduction à sa traduction du *Midrash* des Psaumes [7]. On peut citer aussi plusieurs exégètes des Psaumes qui prennent à leur compte la correspondance au moins formelle entre la division du Psautier en cinq livres correspondant aux cinq livres de la *Torah* [8] appelée pour ce motif Pentateuque par les Grecs. Ils font remarquer que chacun des cinq livres se termine par une doxologie. Mais H.J. Kraus met en garde ceux qui voudraient faire coïncider nécessairement le contenu des Psaumes avec les livres du Pentateuque. On

---

* Dans cet article, exceptionnellement, les psaumes seront cités, sauf indication contraire, selon la numérotation de l'Hébreu.

serait conduit, dit-il, à une série de combinaisons absurdes : « Würde man
eine inhaltliche Entsprechung zwischen Büchern des Pt und den Büchern
des Psalters konstruiren, so würde eine Reihe absurder Kombinationen die
Folge sein » [9].

Les titres des Psaumes 38 et 70, il est vrai uniques dans tout le
Psautier, nous permettent d'étudier de près le problème que nous venons
d'évoquer. On lit, en tête du *Ps* 38 : *Mizmor ledawid lehazkîr*. L'intitulé du
Ps 70 est, à peu de choses près, semblable : *lamenasseah ledawid lehazkîr*. Si
les deux premiers mots de chaque titre sont habituellement traduits de la
même façon : « Psaume de David » (*Ps* 38,1), « Au Maître de chœur. De
David » (*Ps* 70,1), *lehazkîr*, par contre, est rendu différemment par les
traducteurs et commentateurs du Psautier [10]. Ils se partagent en deux
groupes ; le premier qui fait de *hazkîr* l'infinitif hiphil du verbe *zakar*, d'où
les traductions : *Zum Bekennen* (Weiser) ; *Um in Erinnerung zu bringen*
(Herkenne, König) ; *To bring to remembrance* (Kirkpatrick) ; *For remembrance* (Dahood) ; « Pour commémorer » (Osty, Tournay) ; « En mémorial »
(Bible œcuménique). Un deuxième groupe rattache *lehazkîr* à un certain
type de sacrifice désigné en plusieurs passages du Pentateuque sous le nom
de *'azkarah*. Nous y reviendrons plus loin. Aussi rencontrons-nous les
traductions suivantes : *Beim Darbringen des Duftteils* (à l'occasion de l'offrande d'une partie de l'encens) (Kittel) ; *Zur Darbringung des Duftopfers* (?)
(Nötscher) ; *Zur Weihrauchaspende* (Schmidt) ; *Zum Duftopfer* (?) (Gunkel) ;
Zum Weihrauchopfer (?) (Kraus) ; *Bei Darbringung der Askara* (Baethgen).
Dans la même ligne, on peut signaler la traduction hésitante, il est vrai, de
O. Eissfeldt dans la version anglaise de son Introduction à l'Ancien Testament : *For the odour offering* (?) [11]. Le contenu des deux psaumes ne permet
pas, semble-t-il, de dirimer le débat. En effet, le *Ps* 38 se présente comme
une supplication individuelle d'un malade qui voit dans ses péchés la cause
de ses maux [12]. Le *Ps* 70 est aussi la supplication individuelle de quelqu'un
en butte à la persécution. On a quelquefois expliqué que la traduction
« Pour commémorer » se référait dans les deux cas au contenu des deux
psaumes comme un souvenir du souffrant ou comme une prière destinée à
rappeler à Dieu le souvenir du suppliant (Kirkpatrick). Mais cette exégèse
ne s'impose pas. Il faudrait en effet prouver que ces titres n'ont pas été
ajoutés après coup par les éditeurs. Certains commentateurs, tels Duhm ou
Briggs, qui ne les traduisent même pas, semblent se placer dans cette
perspective. Faut-il, d'ailleurs, rappeler que parmi les anciennes versions,
la *Pechitta* a délibérément omis de traduire les titres des Psaumes de la Bible
hébraïque [13] pour en substituer d'autres de nature historique tendant à
situer chaque poème à un moment précis de l'histoire. Sans doute, comme
l'a écrit Baethgen, le traducteur syriaque des Psaumes a-t-il considéré les
titres hébraïques comme inauthentiques (ψευδεῖς) et c'est pour ce motif
qu'il s'est dispensé de les traduire [14]. L'opinion que les titres des Psaumes
ne reflètent pas leur contenu était celle de Isho ᶜdah de Merw, vers l'année
850 de notre ère : « Il faut savoir, dit-il, que tous les psaumes ont été
primitivement écrits sans titre. Les titres ont été ajoutés plus tard d'après la

vue personnelle d'aucuns, mais ils ne correspondent pas au contenu des psaumes » [15]. Sans le nommer, Isho꜀dah fait écho ici à Théodore de Mopsueste qui, d'après Léonce de Byzance, rejetait tous les titres des psaumes, hymnes et cantiques [16].

Pour le *Ps* 38,1, on lit, par exemple, dans le Mss A (British Museum *Add* 17110), antérieur à l'année 600 de notre ère : « Prière de David qui avait maudit Dieu à cause de son péché par ce qu'Il avait maudit Bethsabée » [17].

En tête du *Ps* 70,1, dans le mss du British Museum précédemment cité, on trouve : « Prière de David lorsqu'il gémissait lors de la persécution d'Absalom » [18]. Comme on le voit, ces titres imaginaires n'ont plus rien à voir avec les titres hébraïques. On a tout simplement imaginé pour ces deux psaumes, compris comme ayant David pour auteur, des circonstances de sa vie où ils auraient été composés.

Le témoignage des versions anciennes

Si, dans certains manuscrits syriaques, les titres des Psaumes divergent totalement de ceux du texte hébreu, les autres versions sémitiques ont admis les titres transmis par la Bible hébraïque et ils ont tenté de les traduire. Comme chez les traducteurs modernes, on observe déjà deux groupes de versions.

Les versions grecques

La LXX traduit ainsi : *Ps* 37,1 (38 dans l'hébreu) : ψαλμός τῷ Δαυίδ εἰς ἀνάμνησιν περὶ σαββάτων *Ps* 69,1 (70 dans l'hébreu) : εἰς τὸ τέλος τῷ Δαυίδ εἰς ἀνάμνησιν. Dans les deux cas, il est évident que les traducteurs comprennent *lhzkír* comme un hiphil du verbe *zakar :* d'où la traduction « en mémorial ». Mais, dans le premier cas, la LXX ajoute en plus « pour le sabbat » [19]. Cette indication liturgique, qui met nommément en relation la récitation du psaume avec le sabbat a son intérêt. Mais comment expliquer cette précision liturgique apportée au texte hébreu d'où elle est absente ? Deux réponses, divergeant l'une de l'autre, se présentent à l'esprit :

1) Nous savons que la *Mishna* connaissait déjà les lectures de la Torah que l'on faisait à la synagogue les jours de fêtes et aux quatre sabbats extraordinaires du mois de Addar. Or ces derniers tiraient leurs noms des péricopes de la *Torah* qu'on lisait ces jours-là : *sheqalím* d'*Ex* 30,11-16 ; *pârah* de *Nbr* 19,1-22 ; *ḥodesh* d'*Ex* 12,1-20 et *zâkor* de *Dt* 25,17-19 [20]. Dans ce dernier cas, il faudrait supposer que le traducteur connaissait déjà au IIᵉ siècle avant J.C. la lecture de *Dt* 25,17 « Souviens-toi de ce que fit Amalec... (*zâkor*) » le jour de sabbat. Mais cela reste à prouver [21].

2) Aussi peut-on envisager une autre explication : le traducteur aurait en mémoire le passage de *Lev* 24,7-8 où, à propos des pains de proposition, il est prescrit que l'on mette sur chaque pile de l'encens pur en offrande

'azkarah (le'azkarah), ce qui se fait chaque sabbat. En d'autres termes, ici le traducteur grec a, semble-t-il, mis en relation *lehazkîr* (εἰς ἀνάμνησιν) avec *'azkarah*. Il paraît donc recueillir une double tradition pour *lehazkîr*: «en mémorial» et à l'occasion du sacrifice *'azkarah*», le jour du sabbat.

3) Quoi qu'il en soit de la solution adoptée — la deuxième a notre préférence —, il faut souligner que la mention περὶ σαββάτου «pour le sabbat» n'est pas isolée dans le Psautier de la LXX. Elle se situe parmi quelques titres de Psaumes assignant à tel ou tel poème soit «le premier jour de la semaine» (τῆς μιᾶς σαββάτων, Ps 23), soit «le second jour de la semaine (δευτέρᾳ σαββάτου Ps 47), soit «le quatrième jour de la semaine» (τετράδι σαββάτων Ps 93), soit le jour qui précède le sabbat» (εἰς τὴν ἡμέραν τοῦ σαββάτου Ps 93). Notons d'ailleurs que le Psaume hébreu 92 porte déjà comme titre «Cantique pour le jour du sabbat».

Dans le Psautier d'Aquila, le titre du *Ps* 37 n'a pas subsisté; le *Ps* 69,1 est traduit: τῷ νιχοποιῷ τοῦ Δαυὶδ, τοῦ ἀναμιμνήσκειν «Pour mettre en mémoire», ce qui n'est qu'une variante de εἰς ἀνάμνησιν, «en mémorial».

Les versions latines

Les versions latines du Psautier ont retenu également des noms ou des verbes en relation avec la commémoration ou le souvenir. Dans le Psautier de saint Jérôme *juxta Hebraeos*, on trouve, pour le *Ps* 38,1: *Canticum David in commeratione*, et pour le *Ps* 70,1: *Victori David ad recordandum* [22]. Dans le Psautier Romain, on lit, pour le *Ps* 37,1: *Psalmus David in rememoratione de Sabbato* et, pour le Ps 69,1: *In finem David in rememoratione eo quod salvum me fecit Dominus* [23].

Le Targoum

Le Targoum des Psaumes [24] semble présenter une véritable *lectio conflata* de deux traductions: l'une en référence avec la commémoration, l'autre en référence à l'offrande de l'encens lors du sacrifice *'azkarah*. On lit, en effet, pour le *Ps* 38,1: *twshbht' ldwd, srîr lbwnt' dkrn' tb' 'l Isr'l*. «Louange de David, une poignée d'encens comme bon mémorial pour Israël», et pour le *Ps* 70,1: *lshbh' 'l yd dwd lmdkr 'l srîr lbwnt'* «Pour louer par l'intermédiaire de David. Pour se souvenir, pour une poignée d'encens».

Une tradition juive tardive

Nous citerons le témoignage du *Midrash Tehillim*. Le *Midrash Tehillim*, de l'avis de plusieurs critiques, n'a pas été composé d'un seul jet. Comme le *Midrash* des *Ps* 119-150 n'existe pas dans la plus ancienne édition de Constantinople datant de 1512, Buber a soutenu que cette deuxième partie aurait été ajoutée entre 1241 et 1340 à une première partie plus ancienne [25]. Le même auteur estime que la partie la plus ancienne aurait été composée en Palestine durant la période talmudique [26] et non en Italie durant la période gaonique, c'est-à-dire pendant la deuxième moitié du IXᵉ siècle, comme le soutenait Zunz [27]. Quoi qu'il en soit de la date exacte de composition du *Midrash Tehillim*, le midrashiste bâtit son interprétation du *Ps* 70,1-2 sur le sens qu'il donne à *lehazkîr* « mettre en mémoire ». Le mot « mémorial », dit-il, doit être lu à la lumière du verset *Zach* 10,9 : « Je les disperserai parmi les peuples et ils se souviendront de moi dans les pays lointains ; et ils vivront avec leurs enfants et ils reviendront ». De même Jérémie dit : « Partez, ne vous arrêtez pas ; de la terre lointaine, souvenez-vous du Seigneur » (*Jer* 51,50).

Que conclure du sens à donner à *lehazkîr*, compte tenu de cette divergence d'interprétation dans l'exégèse judéo-chrétienne ?

1) En premier lieu, il faut observer que les anciennes versions hésitaient déjà sur le sens exact de *lehazkîr*.

2) Si l'interprétation « en mémorial » est largement répandue parmi les anciennes versions et chez les exégètes modernes, il faut avouer qu'elle ne semble pas s'imposer aux deux psaumes en question. Le *Ps* 38 se présente comme la plainte d'un malade (*Klagelied*), tandis que le *Ps* 70 exprime la prière d'un individu dans la détresse. Toute prière de demande, toute supplication individuelle a pour but finalement de rappeler à Dieu le souvenir des besoins de son fidèle. Aussi elles auraient dû être normalement toutes précédées de la suscription *lehazkîr* avec le sens supposé « en souvenir, en mémorial ». Or, ce n'est pas le cas.

3) On remarquera par ailleurs que dans le Psautier le verbe *zâkar* au kal est souvent employé, en tout quarante quatre fois, à l'intérieur des poèmes, soit pour connoter les hauts faits de Yahvé (*Ps* 77,12), ses merveilles (*Ps* 105,5), ses faveurs (*Ps* 106,7), sa bonté et sa fidélité envers Israël (*Ps* 98,3), soit aussi pour demander à Dieu de ne pas se souvenir des péchés du psalmiste (*Ps* 25,7 ; 79,8). En plusieurs psaumes, *zâkar* sert à décrire les événements du passé (*Ps* 78,42 ; 106,7 ; *Dt* 32,7, etc.) ; dans d'autres psaumes, c'est l'action présente qui est visée (*Ps* 105,5) [28]. Mais si le verbe *zâkar* au kal est présent dans le Psautier, il est rare, par contre au hiphil (Ps 20,8 ; 45,18 ; 71,16 ; 87,4) outre les Ps 38,1 et 70,1. Dans tous les cas, sauf pour les deux derniers psaumes, *hizkîr* est suivi d'un complément : deux fois le nom de Yahvé (Ps 20,8 ; 48,15) ; sa justice (Ps 71,16). Une seule fois *'azkîr*, « je mentionnerai », a comme complément deux noms de pays : Rahab (l'Égypte) et Babylone (Ps 87,4).

Cet examen sémantique montre l'isolement du hiphil pour les titres des *Ps* 38 et 70 et, à notre sens, rend problématique la traduction « en mémorial », « en souvenir ». Car on attendrait, dans les deux cas, un complément au verbe.

L'explication de B. Jacob

C'est sans doute pour ce motif que B. Jacob a tenté de suppléer jadis un complément en expliquant que *lehazkîr* dans ces Psaumes signifiait « afin de remettre en mémoire (les péchés)» *(um [die Sünde] in Erinnerung zu bringen)*, au sens de s'avouer coupable [29]. S. Mowinckel, qui a fait sienne l'explication de Jacob, est obligé de reconnaître que le *Ps* 70 n'est pas un Psaume de confession des péchés. Aussi suppose-t-il qu'il ne s'agissait pas des péchés du psalmiste lui-même, mais « de ceux de ses ennemis qui l'ont rendu malade» [30]. Mowinckel met en rapport cette explication avec *Nbr* 5,15. Dans ce passage, le mari jaloux soupçonnant l'infidélité de l'épouse qui ne s'est pas souillée fera une offrande de farine d'orge ne comportant ni huile ni encens; c'est l'offrande de jalousie, une oblation du souvenir *(minhat zikkaron)*, qui rappelle la prévarication *(mazkeret 'awon)*. A partir de l'interprétation du Targoum qui met en relation *lhzkîr* avec le sacrifice *'azkarah* de *Lev* 2,2ss et surtout avec *Lev* 5,12 où *'azkarah* est associé au sacrifice pour le péché, Mowinckel justifie donc l'explication de Jacob et la construction elliptique de *lehazkîr* des suscriptions des Psaumes dont le complément supposé est *'awôn*, «iniquité». Cette explication se heurte à deux objections sérieuses:

1) Le terme *'azkarah* dans les cinq passages du Pentateuque où il apparaît n'est mis que deux fois en relation avec le sacrifice pour le péché : en *Lev* 5,12 et en *Nbr* 5,15. En *Lev* 2,2,9,16 le terme est utilisé pour l'encens brûlé en même temps qu'une partie de l'offrande de fleur de farine. En *Lev* 24,7, on dit des douze pains de proposition sur lesquels on place de l'encens qu'il s'agit d'une *'azkarah*. D'après *Sir* 45,16 hébreu, Aaron a été choisi pour faire fumer l'encens agréable et l' *'azkarah*. Mais en *Lev* 5,11-12, l'encens est absent de l' *'azkarah* car, précise le texte, c'est un sacrifice pour le péché, de même dans l'oblation de jalousie *(Nbr* 5,15) considérée comme une *'azkarah (Nbr* 5,26) [31].

2) Dire que la suscription *lehazkîr*, dans cette explication, est elliptique constitue déjà une hypothèse hardie ; ajouter qu'elle vise la confession des péchés des ennemis relève de l'imagination. On ne s'étonnera donc pas qu'elle n'ait pas été retenue par la suite.

L'interprétation à partir de 'Azkarah

Par contre, la solution que l'on trouve exprimée assez souvent chez les exégètes modernes lie la suscription des *Ps* 38 et 70 à la *'azkarah*, terme traduit — souvent, il est vrai, avec interrogation — comme «offrande d'encens ou de parfum». Mais les traducteurs pèchent par excès de précision car, comme nous l'avons déjà constaté, ce type d'offrande ne comportait pas toujours de l'encens et du parfum. On ne peut donc pas traduire *lehazkîr* par « pour offrir l'encens». On aurait sans doute, dans ce cas, ajouté *lebonah* au verbe, comme dans *Is* 66,3 où l'on trouve *mazkîr lebonah*. Aussi, si l'on voulait à tout prix faire de *hazkîr* un verbe dénominatif de *'azka-rah* [32], faudrait-il sans plus de précision se contenter de traduire prudemment, comme le faisait Baethgen: «à l'occasion de l'offrande de la *'azka-rah*.»

L'invocation de la divinité lors de l'offrande 'Azkarah

Mais certains auteurs se sont orientés vers une autre solution : ils ont rapproché *lehazkîr* de l'expression accadienne *šumka azkur* [33] « j'invoquerai ton nom » employée dans le culte — On trouvera les références dans le *Akkadisches Handwörterbuch* de von Soden — ou, ce qui est plus près du domaine hébreu, de l'inscription araméenne de Sendjirli (*Hadad* ligne 16). Dans ce texte (*yzbḥ. Hdd. wyzkr. 'sm. Hdd*) on associe au sacrifice à *Hadad* la mention du nom de ce dieu [34]. Dans la Bible, on trouve d'ailleurs l'expression parallèle à celle de Sendjirli : *hizkîr šem Yhwh* (*Is* 26,13 ; *Ex* 23,13), dans le sens de « louer, invoquer Yahvé ». En même temps que l'on invoque le nom de Dieu, on lui fait une offrande *'azkarah*. Cette opinion semble avoir reçu l'approbation d'un certain nombre d'exégètes [35]. Elle dépend d'ailleurs en partie du sens que l'on donne à *'azkarah*, qui est discuté [36]. Selon A. Vincent [37], ce rite semble avoir pour objet de rappeler de façon symbolique à la divinité la présence du fidèle, l'acte religieux qu'il accomplit et la prière qu'il désire voir exaucée. A ce propos, il mentionne l'opinion déjà exposée de Beathgen ; pour qui *lehazkîr* signifie « A chanter lors de l'offrande de l' *azkarah* » et celle de R. Dussaud qui note avec raison que le verbe *hizkîr* a le sens de « prononcer le nom de la divinité » [38]. L'explication de G.R. Driver est par contre plus simple : il rattache aussi *'azkarah* à la racine *zâkar* au hiphil avec le sens de « se souvenir », mais il donne à ce substantif la signification *token offering*. C'est, dit-il, le terme technique pour cette petite partie de l'offrande qui est brûlée comme substitution pour sa totalité. C'est un signe, précise-t-il, par lequel l'adorateur doit se rappeler que toute l'offrande est due à Dieu, mais qu'il s'est plu à en accepter une partie [39].

Dans la ligne de la conception selon laquelle *hazkîr* signifie « invoquer le nom de Dieu en lui faisant une offrande d'encens (l' *'azkarah*) », Schottroff propose de voir en *Is* 66,3 où l'on trouve *hizkîr lebonah* une forme abrégée pour *hizkîr bšm 'lhym 'l lbnh* « invoquer le nom de Dieu sur l'encens » [40]. Mais cette thèse, pour alléchante qu'elle soit, a contre elle d'abord le fait qu' *'azkarah* ne comporte pas nécessairement une offrande d'encens et en second lieu le fait que le verbe est employé absolument dans les *Ps* 38 et 70, c'est-à-dire sans complément d'objet. On ne peut donc qu'être perplexe en présence de cet échafaudage d'hypothèses.

*
**

Que conclure, au terme de notre enquête ? Il faut avouer qu'aucune opinion n'emporte vraiment la conviction. Toutes sont partiellement ou totalement hypothétiques. Pour le moment, on n'entrevoit pas davantage de réponse du côté de l'ugaritique d'où la racine *ḏkr* ou *zkr* est pratiquement absente [41]. La plus ancienne mention de *zkr* apparaît une seule fois parmi les gloses cananéennes des lettres d'El Amarna [42] et en phénico-punique une douzaine de fois sous la forme *skr* [43], mais sans apporter aucune lumière à notre problème.

Tout indique que nous sommes en présence d'un vieux terme techni-que liturgique dont l'origine, comme celui de *'azkarah* se perd dans la nuit des temps et que l'on a rattaché d'une manière plus ou moins arbitraire soit à l'idée de mémorial soit à celle de l'offrande de l'encens, déjà dans les anciennes versions. Ne serions-nous pas là devant un problème analogue à celui de l'origine de *pesah*, la Pâque, que la Bible a tenté d'expliquer par le verbe *pasah* avec le sens d'« épargner en passant par dessus quelque chose » (Ex 12,23,27), sans que nous soyons pour autant en présence de son véritable étymon ?

Si on ne veut pas se résigner à ignorer, peut-être pourrait-on accepter l'explication de P.A.H. de Boer [44] selon lequel *lehazkîr* signifie « Pour faire connaître » (*Zum Bekanntmachung*), « pour la récitation officielle » (*Zum öffentlichen Rezitation*). Cette interprétation présente un double avantage sur les précédentes : en premier lieu, elle ne supplée aucun complément d'objet et en second lieu on peut citer un passage concernant les fonctions des lévites devant l'arche emprunté à I Chr 16,4 où apparaît l'infinitif hiphil de *zkr* précédé du lamed *lehazkîr* [45]. Il y est dit que « Yahvé établit devant l'arche de Yahvé des lévites de service pour proclamer (*lehazkîr* ; LXX : ἀναφονοῦντας) pour remercier (*lehodot*) et pour louer (*lehallel*) Yahvé, le Dieu d'Israël ». Dans ces perspectives, la suscription des Ps 38 et 70 serait donc destinée aux lévites, quel que soit son sens.

---

[1] Cf. C. PERROT, *La lecture de la Bible. Les anciennes lectures palestiniennes du Shabbat et des fêtes*, Hildesheim, 1973.

[2] I. ELBOGEN, *Der jüdische Gottesdienst in seiner geschichtlichen Entwicklung*. Hildesheim, 1967 (réimpression), pp. 155-174.

[3] On trouvera le tableau des lectures festives des Prophètes dans PERROT, *op. cit.*, pp. 282-285.

[4] Cf E.G. KING, *The Influence of the Triennial Cycle upon the Psalter*, JTS 5, 1904, pp. 203-213 ; I. ABRAHAMS, *E.G. King on « The Influence of the Triennial Cycle upon the Psalter »*, in *Jewish Quarterly Review* 16, 1904, pp. 579-583.

[5] Cf. H. St. J. THACKERAY, *The Songs of Hannah and others Lessons and Psalms for the Jewish New Years Day*, JTS 16, 1915, pp. 171-204, 197.

[6] Cf. R. RABINOWITZ, *Does Midrash Tillim reflect the triennial Cycle of Psalm*, in *Jewish Quarterly Review* 26, 1936, pp. 349ss.

[7] Cf. W.G. BRAUDE, *The Midrash on Psalms translated from the Hebrew and Aramaic*, New Haven, 1959, pp. XXI-XXII.

[8] Cf. NÖTSCHER, *Die Psalmen*, Würzburg, 1962 (*Echterbibel*), p. 14 ; O. EISSFELDT, *Einleitung in das Alte Testament*, Tübingen, 3ᵉ éd. 1964, p. 680 ; H. HERKENNE, *Das Buch der Psalmen*, Bonn, 1936, p. 2 se montre par contre hésitant sur la théorie des cinq livres correspondant à ceux du Pentateuque. Les cinq livres du Psautier porteraient la marque d'une croissance littéraire en cinq recueils de poèmes, selon certains auteurs.

[9] Cf. H.J. KRAUS, *Psalmen*, Neukirchen, 1960 (*Biblischer Kommentar Altes Testaments*), pp. XIV-XV. On trouvera commodément résumées les diverses opinions sur les relations entre les divisions du Pentateuque et du Psautier dans l'ouvrage de A. ARENS, *Die Psalmen im Gottesdienst des Alten Bundes*, Trier, 1961, plus spécialement au chapitre intitulé : *Die Entste-hung des kanonischen Psalters in Sabbatgottesdienst der Synagoge*, pp. 160ss.

[10] Bibliographie des divers commentaires modernes. Nous renvoyons à celle donnée par H.J. KRAUS, *op. cit.*, p. XXXI. Nous retiendrons spécialement : F. DELITZSCH, *Biblischer Kommentar über die Psalmen*, Leipzig, 5ᵉ éd. 1894 ; J. WELLHAUSEN, *The book of Psalms*, 1898 ; F. BAETHGEN, *Die Psalmen*, Göttingen, 1904 (*Handkommentar z.A.T.*)) C.A. BRIGGS, *Psalms*, Edimburg, 1906-1907 (*International critical commentary*) ; B. DUHM, *Die Psalmen*, Tübingen,

1922 (*Kurzer Handkommentar*); H. GUNKEL, *Die Psalmen*, Göttingen, 1926; E. KÖNIG, *Die Psalmen*, 1927; R. KITTEL, *Die Psalmen*, Leipzig, 5ᵉ et 6ᵉ éd. 1929 (*Kommentar zum A.T.*); H. SCHMIDT, *Die Psalmen*, Tübingen, 1934 (*Handb. zum A.T.*); H. HERKENNE, *Das Buch der Psalmen*, Bonn, 1934; J. CALÈS, *Le livre des Psaumes*, Paris, 1936; F. NÖTSCHER, *Die Psalmen*, Würzburg, 1947 (*Echterbibel*); E. PODECHARD, *Le Psautier*, Lyon, 1947; R. TOURNAY, *Les Psaumes*, Paris, 1950 (*Bible de Jérusalem*); A. CLAMER, *Les Psaumes*, Paris, 1950 (*La Sainte Bible*); E.J. KISSANE, *The Psalms*, 1953-1954; A. WEISER, *Die Psalmen*, Göttingen, 1965 (*Das Alte Testament Deutsch*); OSTY-TRINQUET, *Les Psaumes*, éd. Rencontres, 1978; M. DAHOOD, *Psalms*, New York, 1966 (*The Anchor Bible*).

[11] Cf. O. EISSFELDT, *The Old Testament. An Introduction*, Oxford, 1965, p. 454; éd. allemande, *op. cit.* (note 8), p. 613.

[12] Cf. K. SEYBALD, *Das Gebet des Kranken im Alten Testament*, Stuttgart, 1973, pp. 98-105.

[13] Cf. W. BLOEMENDAAL, *The Headings of the Psalms in the East Syrian Church*, Leiden, éd. E.J. Brill, 1960, pp. 1ss et *Vetus Testamentum syriace, Liber Psalmorum* (édition critique de la *Pechitta*), Leiden, 1980.

[14] Cf. F. BAETHGEN, *Untersuchungen über die Psalmen nach der Peschitta*, 1 Abteil., Kiel, 1878, p. 15.

[15] Cf. M.R. DEVREESSE, *L'œuvre exégétique de Théodore de Mopsueste au IIᵉ Concile de Constantinople*, in *Revue Biblique* 38, 1929, p. 542.

[16] Cf. DEVREESSE, *ibid.*

[17] Cf. W. BLOEMENDAAL, *op. cit.*, p. 48.

[18] Cf. *ibid.*, p. 61.

[19] Dans le grec biblique, on emploie parfois περί à la place de ὑπέρ. Cf. M. ZERWICK, *Biblical Greek illustrated by exemples*, Rome, 1963, p. 96 et MOULTON-MILLIGAN, *The vocabulary of the Greek Testament*, Londres, 1949, p. 504.

[20] Cf. I. ELBOGEN, *op. cit.*, p. 163.

[21] H. St. J. THACKERAY, *The Septuagint and Jewish Worship. A Study in Origins*, Londres, 1923, pp. 127-128. Le fait que l'on attribuait à Moïse les lectures pour les quatre sabbats extraordinaires prouverait la haute antiquité de cette coutume.

[22] Cf. HENRI DE SAINTE-MARIE, *Sancti Hieronymi Psalterium juxta Hebraeos*. Édition critique, Rome, 1954 (*Collectanea Biblica Latina* 11).

[23] Cf. R. WEBER, *Le Psautier romain et les autres anciens psautiers latins*, Édition critique, Rome, 1953 (*Collectanea Biblica Latina* 10).

[24] Cf. P. de LAGARDE, *Hagiographa Chaldaice*, Osnabrück, 1967 (réimpression de l'éd. de 1873), pp. 20 et 40.

[25] Voir le résumé des opinions dans W.G. BRAUDE, *op. cit.*, pp. XXVIss.

[26] Voir aussi H.L. STRACK, *Einleitung in Talmud und Midrash*, Munich, 1930, p. 215.

[27] L. ZUNZ, *Die Gottesdiestlichen Vorträge der Juden*, Hildesheim, 1966 (réimpression), p. 361.

[28] Cf. W. SCHOTTROFF, « *Gedenken* » *im Alten Orient und im Alten Testament. Die Würzel zakar im semitischen Sprachkreis*, Neukirchen, 1964, pp. 127-132.

[29] Cf. B. JACOB, *Beiträge zu einer Einleitung in die Psalmen II : lhzkir*, in *Zeitschrift für die Alttestamentliche Wissenschaft* 17, 1897, pp. 48-80.

[30] Cf. S. MOWINCKEL, *Psalmenstudien*, Amsterdam, 1961 (réimpression de l'éd. d'Oslo), IV, pp. 15-16.

[31] Pour la traduction de la LXX, cf. S. DANIEL, *Recherches sur le vocabulaire du culte dans la Septante*, Paris, 1966, pp. 232-237.

[32] On trouve en hébreu biblique des hiphil dénominatifs. Dans ce cas, le nom d'où dérive la forme verbale est objet ou effet de l'action (cf. P. JOÜON, *Grammaire de l'hébreu biblique*, 54d).

[33] Cf. SCHOTTROFF, *op. cit.*, pp. 27, 328-338 et article *zkr* in JENNI-WESTERMANN, *Theologisches Handwörterbuch zum Alten Testament*, München, 1971, col. 508; EISING, article *zakar* in *Theologisches Wörterbuch zum Alten Testament*, col. 589-590.

[34] Cf. DONNER-RÖLLIG, *Kanaanaische und aramaische Inschriften*, n. 214, Wiesbaden, 1964.

[35] Cf. par exemple W. SCHOTTROFF, *op. cit.*, p. 335.

[36] Cf. R. de VAUX, *Les Institutions de l'Ancien Testament*, Paris, 1960, t. II, p. 300; G.R. DRIVER, *Three Technical Terms in the Pentateuch*, in *Journal of Semitic Studies* I, 1956, pp. 57-105.

[37] Cf. A. VINCENT, *La religion des Judéo-araméens d'Éléphantine*, Paris, 1937, pp. 205-206.

[38] Cf. R. DUSSAUD, *Les origines cananéennes du sacrifice israélite*, Paris, 1941, pp. 93-95.

[39] Cf. G.R. DRIVER, *art. cit.*, pp. 99ss.

[40] Cf. W. SCHOTTROFF, *op. cit.*, p. 335.

[41] Cf. toutefois F. GRØNDAHL, *Die Personnennamen aus Ugarit*, Rome, 1967, pp. 71 et 196 et W. SCHOTTROFF, *op. cit.*, p. 44-45.

[42] Cf. J.A. KNUDTZON, *Die El-Amarna-Tafeln*, Allen, 1954 (réimpression), *Lettre* 228, ligne 19 (p. 768).

[43] H.C. JEAN - J. HOFTIJZER, *Dictionnaire des inscriptions sémitiques de l'Ouest*, Leiden, 1965.

[44] Cf. P.A.H. DE BOER, *Gedenken und Gedächtnis in der Welt des Alten Testaments* (Franz Delitzsch-Vorlesung 1960) Stuttgart 1962, p. 42.

[45] Le *Hebrew and english Lexicon of the Old Testament* de BROWN-DRIVER-BRIGGS fait aussi ce rapprochement. Mais le commentaire des Chroniques de CURTIS, dans *International critical commentary*, met en relation *lehazkîr* avec *le'azkarah* du Pentateuque.

LE PASSAGE DU TEMPS PROPHÉTIQUE
AU TEMPS APOCALYPTIQUE

Les prophètes se présentent comme des témoins de Dieu en leur temps, c'est-à-dire qu'ils se proposent d'agir sur l'Histoire en faisant entendre à leurs contemporains, en des circonstances bien déterminées, une parole de ce Dieu qui soit pour eux une lumière. Pour ces motifs, lorsqu'ont été recueillies les diverses prophéties en un corpus, les éditeurs ont pris le soin de dater ces prophéties par les règnes des rois d'Israël et de Juda. C'est ainsi par exemple, qu'on a fait précéder les prophéties de Jérémie de l'indication suivante : « La parole de Yahweh lui fut adressée aux jours de Josias, fils d'Amon, roi de Juda, la treizième année de son règne ; et elle le fut aux jours de Joakim, fils de Josias, roi de Juda, jusqu'à la fin de la onzième année de Sédécias, fils de Josias, roi de Juda, jusqu'à la déportation de Jérusalem au cinquième mois. » (Jer 1,2-3) [1]. Au sein même du recueil prophétique de Jérémie, on indique parfois en tête d'un oracle l'année du roi de Juda et quelquefois même l'année du roi de Babylone correspondant, synchronisme qui est précieux à l'historien : « La parole qui fut adressée à Jérémie touchant le peuple de Juda, en la quatrième année de Joakim, fils de Josias, roi de Juda – c'était la première année de Nabuchodonosor, roi de Babylone. » (Jer 25,1-2). Quelquefois on met dans la bouche même du prophète des précisions chronologiques touchant son activité prophétique : « Depuis la troisième année de Josias, fils d'Amon, roi de Juda, jusqu'à ce jour, voici vingt-trois ans que la parole de Yahweh m'a été donnée et que je vous ai parlé, vous parlant dès le matin, et que vous ne m'avez pas écouté. » (Jer 25,3).

Mais le prophète n'est pas seulement le témoin de Dieu en son temps : il a aussi des vues d'avenir ; aussi fait-il des annonces relatives à un nouvel ordre de choses, à des transformations futures. Mais précisons tout de suite que ce nouvel ordre de choses n'implique pas nécessairement une « *fin* », entendons la *fin* du monde et la création d'un

---

(1) Cf. aussi Is. 1,1 ; Am 1,1.

autre. Lindblom, à juste titre, a souligné fortement que si l'eschatologie est la doctrine relative à la fin du monde et de l'histoire humaine, il n'y a pas d'eschatologie du tout chez les prophètes [2]. Il serait en effet d'une mauvaise méthode de partir des idées sur l'*eschaton* issues de l'apocalyptique juive et chrétienne, pour l'étude du temps prophétique. En effet la distinction entre l'âge présent et l'âge qui vient (*ha ʿolam hazzeh et ha ʿolam habba'*) apparaît proprement avec un emploi technique bien déterminé dans l'apocalyptique juive, dans la littérature rabbinique et dans le Nouveau Testament. Cette double expression remonte en effet à l'apocalyptique à laquelle le Nouveau Testament l'a empruntée. Chez les Rabbins, antérieurement à l'année 70 de notre ère, les témoignages sur les deux aions sont très rares et incertains (sehr spärlich und unsicher) comme le note Sasse dans son article aiôn dans le *Theologisches Wörterbuch zum Neuen Testament* dirigé par Gerhard Kittel [3]. Mais dans l'apocalyptique juive proprement dite, on en trouve des traces dès le Iᵉʳ siècle avant J.C., par exemple dans deux passages séparés du livre des Paraboles d'Hénoch éthiopien 48,7 et 71,15. En 48,7 il est question des justes « qui ont haï et méprisé ce monde d'injustices » (trad. Martin). Dans le second passage, la Tête de jours, c'est-à-dire Dieu, appelle sur le voyant « la paix au nom du siècle à venir » [4].

Mais ainsi que nous le verrons plus loin, l'idée même de deux âges, de deux périodes bien déterminées l'une historique et l'autre transhistorique, apparaît pour la première fois [5] en Daniel, qui oppose l'ère des quatre empires et le royaume des saints, les premiers appartenant au passé et le second au futur.

Il faut dire pourtant que déjà chez les prophètes nous avons les débuts de ce que sera la terminologie tardive sur les deux éons, car ils reconnaissent eux aussi l'existence de deux âges, comme le montrera l'étude des expressions : « les jours qui viennent » « en ce jour-là ». Or la distinction entre âge présent et âge futur est un élément essentiel de toute eschatologie et caractéristique de la prédication prophétique. Pour ces motifs, on peut donc parler d'une eschatologie prophétique, et avec Lindblom dire que les passages qui décrivent une ère nouvelle

---

(2) Cf. J. Lindblom, *Prophecy in Ancient Israel*, Oxford, 1963, p. 360.

(3) Th. W.z.N.T., t. I, p. 207.

(4) Nous admettons la thèse traditionnelle de l'origine préchrétienne du livre des Paraboles d'Hénoch.

(5) D. Wilhelm Bousset, *Die Religion des Judentums im neutestamentlichen Zeitalter*, Berlin, 1906, p. 279, reconnaît aussi que cette nouvelle conception est nettement formulée pour la première fois en Daniel : Der erste, der für uns diese neue Anschauung in deutlich erkennbar Ausbildung vorträgt, ist Daniel.

expriment une eschatologie positive, tandis que ceux qui parlent uniquement de la fin expriment une eschatologie négative[6]. Si les oracles concernent l'avenir d'Israël, on pourra parler d'une *eschatologie nationale* tandis que s'ils incluent le monde et l'humanité on pourra parler d'*eschatologie universelle*. Si l'âge à venir décrit est heureux, on pourra parler d'une eschatologie de salut (Heilseschatologie) et si les oracles sont de sombres prédictions on pourra parler d'eschatologie de malheur (Unheilseschatologie).

Dans les écrits des prophètes se détachent un certain nombre de chapitres annonçant les Apocalypses. Les notions de temps qui y sont exprimées permettront sans doute de mieux comprendre le passage du temps prophétique au temps apocalyptique. Il s'agit d'Isaïe, 24-27 appelé communément apocalypse d'Isaïe, de Joël 4 et de Zach. 9-14.

I. *Premières ébauches apocalyptiques chez les Prophètes*

L'Apocalypse d'Isaïe : Il ne faut pas se méprendre sur cette désignation des chapitres 24-27 d'Isaïe qui est traditionnelle, mais, il faut le reconnaître. inadéquate[7]. Duhm l'employait déjà dans son grand commentaire d'Isaïe au début de ce siècle[8], de même Otto Kaiser, un de ses derniers commentateurs[9], bien qu'on ne trouve pas dans ces chapitres les caractéristiques habituelles des apocalypses : pseudonymie, visions, anges interprètes. Ceux qui considèrent ces chapitres comme une apocalypse ont été sans doute impressionnés par le langage symbolique et mystérieux qui s'y manifeste. Mais si on compare Is 24-27 à Daniel 7-12, les différences entre ces deux écrits, reconnaissons-le, sont plus grandes que les ressemblances. On peut distinguer dans cet ensemble littéraire deux séries d'éléments : des oracles eschatologiques suivis de chants lyriques où il est question de la destruction d'une ville (24,10 ; cf. 5,2 ; 26,5 ; 27,10). Bien des problèmes se posent encore à propos de ces difficiles chapitres d'Isaïe, et notamment celui de leur

---

(6) Op. cit. p. 362.

(7) G.W. Anderson, Isaiah XXIV-XXVII reconsidered (Supplements to Vetus Testamentum vol. IX) Leiden, 1963, p. 118 souligne à bon droit que le titre « Apocalypse d'Isaïe » fait doublement question ; cf. aussi Th. Chary dans *Introduction critique à l'Ancien Testament* sous la direction de H. Cazelles, Paris, 1973, p. 448.

(8) Cf. Bernhard Duhm, *Das Buch Jesaia übersetz und erklärt*, dans Handkommentar zum Alten Testament, Göttingen, 1902, p. XXI.

(9) Cf. Otto Kaiser, *Isaiah 13-13. A Commentary* (The Old Testament Library) 1974, pp. 173 et sq. C'est la traduction de l'allemand de *Der Prophet Jesaja 13-39* (Das Alte Testament Deutsch 18) Göttingen, 1973.

datation. On admet aujourd'hui unanimement que ces chapitres ne peuvent pas être l'œuvre du prophète du VIIIe siècle, et on les situe tantôt à l'époque perse, en relation avec la destruction de Babylone par Xerxès Ier en 485 [10], tantôt à l'époque grecque, avec la prise de Babylone sans destruction par Alexandre le Grand en 331 [11], tantôt plus tardivement, au IIe siècle avant J.C. Les hésitations des exégètes sont significatives pour le problème qui nous occupe ici. De fait, l'Apocalypse d'Isaïe n'est pas datée, comme le sont fréquemment les oracles prophétiques, et pour ce motif les critiques tâtonnent à la fois sur l'identification précise de la ville et sur la datation des faits historiques qui sont visés. En effet, les seules indications de temps se trouvent dans quatre passages : Is 24,21 ; 25,9 ; 26,1 ; 27,1 avec la mention de l'expression apparemment assez vague, *bayyom hahu'* « en ce jour-là ». Il faut y ajouter « après un grand nombre de jours » (Is 24,22). Comment faut-il comprendre « en ce jour-là » ?

1) Il faut observer tout d'abord que cette expression est mise trois fois en relation avec des temps à l'inaccompli *yipqd* (il visitera), 24,21 ; *ywšr hšyr* (on chantera un cantique), 26,1 ; *yipqd* (il visitera), 27,1 ; une fois *bayyom hahu'* est mis en connexion avec le verbe *we'amar* « et on dira » (25,9) qui prend un sens futur. Toutes les propositions dans lesquelles on mentionne « en ce jour-là » se rapportent donc à des événements futurs.

Cette constatation ne va pas de soi, car il est de nombreux cas dans l'A.T. (90 selon Jenni) où l'expression « en ce jour-là » se réfère à des événements passés [12]. Précisément, dans deux passages d'Is 22,8,12, l'expression « ce jour-là » qui apparaît en conclusion d'un discours de reproches vise un jour historique connu des auditeurs d'Isaïe. Il se réfère vraisemblablement au même jour décrit au verset 5 comme « un jour de confusion » (*yom mehumâh*), d'écrasement (*mebusâh*) et de perplexité (*mebukah*) ».

En Is 22,8,12, « ce jour-là » recouvre donc une réalité analogue au « jour de Madian » d'Is 9,3 qui fait allusion aux événements historiques décrits en Juges 7,9 et sq.

---

(10) Cf. G. Lindblom, op. cit., p. 155 ; G.W. Anderson, op. cit. p. 118 et sq. La position de Marie-Louise Henry qui a tenté d'associer récemment les hymnes relatifs à la cité avec la conquête de Babylone par Cyrus ne semble pas avoir trouvé d'écho (cf. M.L. Henry, *Glaubenskrise und Glaubensbewährung in den Dichtungen der Jesajaapokalypse* (Beiträge zur Wissenschaft vom Alten und Neuen Testament, fünfte Folge 6), Stuttgart, 1966.

(11) Cf. W. Rudolph, *Jesaja 24-27*, Stuttgart, 1933.

(12) Cf. E. Jenni, art. Yom, dans Jenni-Westermann, *Theologisches Handwörterbuch zum alten Testament*, Munich-Zurich, 1971, t. I, col. 715.

2) Une deuxième constatation s'impose, « en ce jour-là » est lié deux fois à un contexte de jugement eschatologique : c'est le jour où Yaweh visitera les puissances du ciel et de la terre (24,21) ainsi que les monstres cosmiques (27,1). Les deux autres fois, les chants d'actions de grâce sont introduits par la formule « en ce jour-là » (25,9 ; 26,1). Ces constatations demandent quelques explications, car elles ne sont pas toujours acceptées. Deux questions en effet se sont posées aux exégètes au sujet de l'expression *bayyom hahu'* dans les livres prophétiques : un problème de critique littéraire et un problème d'interprétation.

On sait que pour B. Duhm, l'expression *bayyom hahu'* est une formule chère aux compilateurs et aux auteurs de compléments si bien qu'à ses yeux on doit presque toujours la tenir pour suspecte [13]. De son côté, du point de vue du sens, P. A. Munch a soutenu, notamment contre Hugo Gressmann [14] que jamais *bayyom hahu'* n'est un terme technique eschatologique [15]. Le sens obvie de cette expression « ce jour-là », « le même jour » est pour ce dernier auteur à la fois un adverbe de temps et une formule de liaison. Pour le montrer il a examiné son emploi en dehors des livres prophétiques, en contexte narratif. Munch a conclu son enquête en soulignant la valeur stylistique que les écrivains bibliques donnent à l'expression *bayyom hahu'*, dont ils usent pour souligner l'élément important d'un récit ou pour amener le trait final [16]. Pour les livres prophétiques il parvient aux mêmes conclusions. A la fin d'une action symbolique, « en ce jour-là » introduit une réflexion pour en faire connaître la portée (Is 20,6). Les chants d'actions de grâce de l'Apocalypse d'Isaïe sont introduits par *bayyom hahu'* (Is 25,9 ; 26,1 ; 27,2, etc.). Munch rappelle à bon droit les introductions semblables du Cantique de Moïse (Dt 31,22) et du chant de Débora (Jud 5,1). Ces chants de l'Apocalypse d'Isaïe, comme l'a justement remarqué A. Lefèvre, qui a fait un examen critique de la thèse de Munch, jouent le même rôle que les réflexions finales d'Is, 3,7 ; 4,1 ; 20,6. Les destinataires de la prophétie, précise-t-il, en soulignent la portée, comme Débora faisait le bilan de la victoire [17]. Je ne puis que souscrire à ces conclusions de

---

(13) Cf. B. Duhm, *Buch Jesaia*, Göttingen, 1902, (deuxième édition), p. 14.

(14) Cf. Hugo Gressmann, *Der Messias*, Göttingen, 1929, p. 84, qui soutient que « en ce jour-là » comme « le Jour de Yahweh » a toujours un sens eschatologique.

(15) Cf. P.A. Munch, The expression bayyom bahu, is it an eschatological terminus technicus ? Oslo, 1936.

(16) Op. cit., p. 8.

(17) Cf. André Lefèvre, l'expression « en ce Jour-là » dans le livre d'Isaïe, dans *Mélanges bibliques rédigés en l'honneur de André Robert*, Paris (sans date), p. 175.

Munch et, à sa suite, de Lefèvre pour ce qui concerne exclusivement les formules introduisant les chants d'actions de grâce dans l'Apocalypse d'Isaïe. Mais dans les deux passages où se fait jour l'expression « en ce jour-là » dans un contexte de jugement, on peut qualifier ce jour d'eschatologique. Car si la formule n'a pas par elle-même de sens eschatologique sa portée *temporelle* dépend uniquement du contexte.

3) L'expression « en ce jour-là » recouvre une certaine épaisseur temporelle eschatologique puisque l'eschaton qu'elle vise est séparé par une longue durée du jugement définitif (24,21-22). En effet, c'est bien un second jugement que concerne, semble-t-il, l'expression *wmrwb ymim yipqdw* « et après un grand nombre de jours, ils seront visités ».

Les versets 21 et 22 décrivent la visite, c'est-à-dire le jugement eschatologique à la fois des puissances célestes (l'armée d'en haut) et des rois terrestres [18]. Trois termes marquent le déroulement de la punition divine : ils sont rassemblés (*'asaph*), liés (*'asîr*) et enfermés dans l'abîme (*bor*) considéré comme une prison (*misgar*). Là ils attendront un second jugement qui surviendra « après un grand nombre de jours » (24,22). En effet tel semble être le sens de l'expression *mrwb ymin* (cf. Lindblom [19] et Kaiser [20]) et non pas seulement l'équivalent de *b'ḥrît hymîm* « dans la suite des temps » comme le voudrait Procksch dans son commentaire. Ce second jugement trouve d'ailleurs un excellent parallèle dans le livre d'Hénoch 18,16 et surtout en Ap. 20 où mille ans séparent cet événement final du premier jugement. Pour ces motifs, l'expression *bayyom hahu'* doit être traduite non pas « en ce jour-là » mais « en ce temps-là ».

4) L'utilisation de l'expression « en ce jour-là » en Is 27,1 confère une dimension historique et eschatologique au vieux mythe du chaos primitif. Les auteurs bibliques ont en effet présenté quelquefois la Création comme un combat de Dieu contre le monstre du chaos, c'est-à-dire à l'aide d'un mythe emprunté aux anciennes littératures orientales, babylonienne et ougaritique. Ce monstre du chaos est désigné sous divers noms pratiquement interchangeables : Léviathan, Tannin, Rahab (cf. Ps 89,10-11 ; Is 51,9, etc.).

Dans l'Apocalypse d'Isaïe, le mythe sous-jacent d'origine cananéenne a été historicisé et transféré à la fin des temps. Les monstres Tannin

---

(18) Sur ce passage cf. M. Delcor, Le festin d'immortalité sur la montagne de Sion à l'ère eschatologique en Is 25,6-9, à la lumière de la littérature ugaritique, dans *Mesianismo y Escatologia. Estudios en memoria del Prof. Dr Luis Arnaldich Perot*, Salamanca, 1976, p. 92 et sq.

(19) Cf. Lindblom, op. cit.

(20) Otto Kaiser, *Isaiah 13-39* (The Old Testament Library), London, 1974, p. 195.

et Léviathan ne sont plus sentis comme des réalités mythiques de la Création, ils sont devenus des réalités historiques. Selon qu'on a distingué dans ce passage trois monstres ou deux monstres, on a identifié ces derniers soit à trois royaumes, soit à deux royaumes différents. En tout cas ils représentent les empires des « rois de la terre » que Yahweh visitera « en ce temps-là », mentionnés dans un langage exempt de symboles en Is 24,21. Nous avons donc affaire à une sorte d'inclusion, Is 27,1 répondant à Is 24,21.

Non seulement le mythe a été historicisé, il a été aussi eschatologisé selon un principe mis en œuvre par les apocalypticiens ; la Endzeit « la fin des temps » sera comme la Urzeit « le début des temps ». Au jour de Yahweh son règne sera définitivement marqué par sa victoire sur les empires ennemis [21].

Joël 4 et le Jour de Yahweh : Le livre de Joël est divisé en deux parties. La première (1-2) décrit une invasion de sauterelles et une sécheresse, véritables fléaux agricoles et sociaux tout à la fois qui affectent gravement Juda. Dans la seconde partie, Yahweh « juge » les nations en leur imposant la loi du talion, c'est-à-dire en leur infligeant les mêmes souffrances qu'elles ont fait subir à Juda dans le passé (3-4). Dans les deux parties il y a des allusions au Jour de Yahweh. Mais ainsi que l'a bien montré Bourke, les deux jours sont distincts. Dans la première partie, le Jour de Yahweh est lié à une réalité locale et transitoire, une invasion de sauterelles et une sécheresse. En effet ce Jour est une occasion de crainte et de lamentation pour chacun des groupes sociaux de Juda. Dans la seconde partie, le Jour de Yahweh a une dimension plus large : il est cosmique et eschatologique. Dans chacune des deux parties, pour décrire le Jour de Yahweh on met en œuvre des clichés prophétiques, mais les deux descriptions sont très semblables l'une à l'autre, comme on peut s'en rendre compte si on place les divers éléments sur deux colonnes parallèles. On peut distinguer quatre traits essentiels du Jour de Yahweh dans chacune des parties : le Jour de Yahweh est grand et il est proche ; le soleil, la lune et les étoiles s'obscurcissent ; la voix de Yahweh se fait entendre ; les cieux et la terre tremblent [22]. Dans chaque section, les termes sont quasi identiques comme le montre une comparaison attentive du vocabulaire que nous ne reprendrons pas ici.

Ces faits littéraires posent la question d'unité des deux parties qui a son importance pour les problèmes concernant le temps dans Joël. On

---

(21) Cf. M. Delcor, Mythologie et Apocalyptique, dans *Apocalypses et Théologie de l'espérance* (Congrès de Toulouse, 1975), Paris, 1977, p. 153 et sq.

(22) Cf. J. Bourke, Le Jour de Yahvé dans Joël, R.B. 66, 1950, p. 6 et sq.

connaît la thèse à laquelle est attaché notamment le nom de B. Duhm. Joël serait seulement l'auteur de 1,1-2, 17, les passages concernant l'invasion des sauterelles. Le reste par contre, serait l'œuvre d'un apocalypticien et sa prose serait des plus médiocres. Ce dernier, dans le but de relier les deux parties entre elles, aurait inséré dans la première partie les passages sur le Jour de Yahweh, en donnant ainsi aux sauterelles une valeur eschatologique qu'elles n'avaient pas primitivement. Une fois écartées ces interpolations sur le Jour de Yahweh la première partie décrirait une calamité purement agricole tandis que les deux derniers chapitres concerneraient un événement eschatologique [23]. La théorie de Duhm a été acceptée par un grand nombre d'auteurs avec quelques modifications : Hölscher [24], Sellin [25], Bewer [26], Robinson [27]. Mais plusieurs exégètes ont défendu la thèse de l'unité littéraire du livre avec de bons arguments ; qu'il suffise de citer Dennefeld [28], Rinaldi [29], Kapelrud [30], Bourke [31], Weiser [32], Delcor [33], Wolff [34]. De fait, les passages relatifs au Jour de Yahweh de la première partie sont trop fortement liés à leur contexte pour qu'on puisse les retrancher comme on le ferait pour des interpolations. Par ailleurs, on a exagéré les différences existant entre les deux événements qui constituent le noyau essentiel de la prophétie : le fléau de sauterelles de la première partie et la crise eschatologique de la seconde partie. Ces deux événements sont en réalité liés l'un avec l'autre : le Jour de Yahweh est envisagé d'abord sur le plan historique, puis sur le plan eschatologique. Il n'est point besoin de conclure de cette dualité thématique à une dualité d'auteur.

---

(23) Cf. B. Duhm, Anmerkungen zu den Zwölf Propheten, ZAW 31, 1911, pp. 1-43 ; 184-188.

(24) Cf. G. Hölscher, *Die Profeten. Untersuchungen zur Relionsgeschichte Israels*, Leipzig, 1914, p. 430 et sq.

(25) Cf. E. Sellin, *Das Zwölfprophetenbuch*, Leipzig, 1929, t. I, p. 146.

(26) Cf. A. Bewer, dans *The International Critical Commentary*, Edinburg, 1911.

(27) Th. H. Robinson, *Die Zwölf Kleinen Propheten*, Tübingen, 1954, p. 56.

(28) Cf. L. Dennefeld, *Les problèmes du livre de Joël*, Paris, 1926, p. 11 et sq.

(29) G. Rinaldi, *Profeti Minori* (La Sacra Bibbia), Turin-Rome, 1960, fasc. 2.

(30) Cf. Arvid S. Kapelrud, *Joel Studies*, Uppsala-Leipzig, 1948, p. 176 et sq.

(31) Cf. J. Bourke, art. cit.

(32) Cf. A. Weiser, *Das Buch der zwölf Kleinen Propheten* (Das Alte Test. Deutsch), Göttingen, 1956, p. 19.

(33) Cf. M. Delcor, *Les petits prophètes*, Paris, 1961, VIII, 1ᵉ partie, p. 134 et sq.

(34) Cf. H.N. Wolff, *Dodekapropheton*, 2, 1969.

Nous ne pouvons que faire nôtres les conclusions de A. Weiser : « Le caractère différent des chap. 1-2 d'une part et des chap. 3-4 d'autre part peut aussi être interprété de la façon suivante : le prophète Joël a mis par écrit ses paroles dites à l'occasion de la plaie des sauterelles et de la sécheresse (2,18 et sq.) après l'heureux achèvement de ces événements (chap. 1-2). Ensuite il a développé l'annonce du Jour de Yahweh dans les chap. 3-4. »

Ces considérations préliminaires faites, il faut revenir à notre sujet. Quel sens faut-il donner au Jour de Yahweh ? Faut-il considérer nécessairement le jour du chap. 4 comme eschatologique ?

Nous croyons qu'il y a lieu de bien distinguer le Jour de Yahweh mentionné dans la première partie de celui de seconde partie.

1) Le Jour de Yahweh dans la première partie concerne uniquement le peuple d'Israël qui habite Juda. Il s'inscrit dans un contexte historique déterminé, le fléau des sauterelles qui frappe cruellement le pays. Ce malheur de nature agricole dont pâtissent toutes les classes sociales est pour ainsi dire l'annonciateur du « Jour de Yahweh » qui est « proche ». (qârôb) (1,15) Cela signifie, est-il besoin de le souligner, que le prophète n'entend pas identifier le Jour de Yaweh avec le fléau décrit mais précisément le distinguer de lui. Les prêtres, à la suite de l'invasion des sauterelles, sont invités à publier un jeûne collectif, à se réunir dans la maison de Yahweh et à supplier le dieu d'Israël en criant : Ah, quel Jour ! (1,15). Or, si nous comprenons bien, ce jour effrayant concerne un événement précis, l'invasion de sauterelles que seule la prière peut détourner. L'expression 'ahâh layyom est inhabituelle ; elle est, semble-t-il, l'organe témoin d'une supplication collective qui, sous une forme plus complète, commence habituellement par 'ahâh 'adonay yahweh « Ah Seigneur Yahweh » (cf. Jos 7,7 ; Jer 4,10 ; 14,13 ; 32,17 ; Ez 4,14 ; 9,8 ; 11,13 ; 21,5). Le seul parallèle précis à Joël 1,15 se trouve en Ez 30,2 où « Hurlez ! Ah ! ce jour ! » introduit : car le jour est proche, le jour est proche pour Yahweh. Ce jour concerne d'ailleurs l'Égypte à laquelle le prophète Ezéchiel annonce les pires malheurs. Pour revenir au texte de Joël, il faut donc dire que ce qui est pour le prophète le plus à craindre, ce n'est pas la calamité présente mais le Jour de Yahweh qui doit venir. Les jours de malheurs que vit le peuple sont les signes avant coureurs de plus grandes afflictions.

2) La distinction entre deux Jours de Yahweh en Joël semble bien justifiée. Le prophète distingue trois moments dans le cours du temps. Il y a d'abord l'avenir immédiat avec l'invasion de sauterelles. (On notera la succession des verbes au parfait pour décrire l'action ou les effets des insectes destructeurs : 'âkal (1,4), nikrat (1,5), 'âlâh (1,6), sâm (1,7),

hokrat (1,9), *šuddad* (1,10), etc. qui peuvent s'interpréter plutôt comme des parfaits prophétiques que comme des verbes à l'accompli). Le prophète envisage une période intermédiaire pendant laquelle Yahweh répare les calamités subies par le peuple, littéralement, d'après le T.M., les années *šânîm* qu'ont dévorées la sauterelle et le *yeleq*, etc. 2,25. Il faut sans doute comprendre qu'il s'agit de la perte des années de récolte qui a pour origine les graves méfaits commis par les insectes rongeurs.

Enfin, dans un troisième temps, Joël situe le Jour de Yahweh dans un horizon plus large, car le jugement concerne tous les peuples du monde 3-4) et non plus seulement Israël. Tandis que Joël se sert de *qârob hayyom* (1,15 ; 2,2) comme formule introductrice à son premier Jour, il utilise la formule *wehayah 'aharey-ken* (3,1) pour introduire le second Jour. Les deux Jours sont donc fortement mis en contraste, car, tandis que le premier Jour est imminent et a pour ainsi dire déjà commencé, le second aura lieu après une longue période de prospérité (2,25-26)[35]. La première formule stéréotypée appartient à la tradition prophétique (Soph 1,7,14 ; Ez 30,3 ; Is 13,6 ; Abdias 15). Pour mieux cerner son contenu, il importera d'établir plus loin, autant que possible, le milieu où s'enracine le concept de Jour de Yahweh. Mais qu'en est-il de la seconde formule d'introduction ? Puisque *'aharey-ken* sert de formule de transition, par exemple en 1 Sam 2,1 ; 8,1 ; 10,1 ; 13,1 ; 21,18, certains commentateurs se sont demandé si cette expression ne serait pas une addition ultérieure du rédacteur ayant pour but de relier le chap. 3 à ce qui précède. Selon Robinson[36], un indice de ce fait serait que *'aspoq* devrait être précédé du waw consécutif. Mais Kapelrud[37] a fort opportunément rappelé que, quand la formule *wehayah* est employée, de préférence avec la formule *bayyom hahu'*, le verbe qui suit à l'imparfait ne comporte pas de waw (cf. Is 7,18,21 ; 11,11 ; Os 2,18,23). Pour ces motifs « Et il arrivera après cela » occupe donc une place normale dans le contexte[38]. Ce complexe de mots équivaut pratiquement à *ba'aharit hayyamim* « dans la suite des jours, dans l'avenir » comme dans Os 3,5 ; Is 2,2[39] et il a le même sens que l'accadien *ana aharat ûmê* ainsi que l'a mis en lumière E. Lipinski[40]. Mais il n'a pas en soi un sens eschatologique malgré la traduction stéréotypée

---

(35) Cette explication est proposée par Bourke, art. cit. p. 194.
(36) Cf. Th. H. Robinson, *Die zwölf Kleinen Propheten*, op. cit., pp. 65-66.
(37) Cf. A.S. Kapelrud, *Joël Studies*, pp. 126-127.
(38) Cf. M. Delcor, *Les petits prophètes*, p. 164.
(39) Cf. M. Delcor, Sion, centre universel (Is 2,1-5), dans Assemblées du Seigneur 5, Paris, 1969, pp. 6-7.
(40) cf. E. Lipinski, « be'aharit ha-yamim » dans les textes préexiliques, dans V.T. 20, 1970, pp. 445-450.

de la LXX ἐπ' ἐσχάτων ἡμερῶν « à la fin des jours », ou d'autres formules approchantes.

3) Le Jour de Yahweh en Joël 4 a-t-il une portée eschatologique ?
M. Treves a écrit à ce propos : « Je ne trouve rien d'eschatologique dans le livre de Joël, à moins qu'on n'appelle eschatologie chaque promesse de délivrance pour le malheureux et de punition pour le coupable. Le « Jour du Seigneur » est simplement le Jour que le Seigneur choisit pour intervenir dans les choses humaines, afin de punir le mauvais et de délivrer l'opprimé »[41]. Nous connaissons les discussions des exégètes suscitées depuis des décades autour du sens qu'il faut donner à ce mot, qui d'ailleurs n'appartient pas au vocabulaire biblique[42]. Mais même en acceptant de donner au terme le sens le plus vague, il est difficile d'accepter la conception si restrictive de l'eschatologie et en tout cas sans relation aucune avec l'eschaton, proposée par M. Treves. Si nous entendons par eschatologie l'annonce ou l'attente d'un monde entièrement nouveau, il faut reconnaître que le second Jour de Joël s'accorde avec les termes de cette définition que l'on trouve, par exemple, exprimée ainsi par Mowinckel : « En règle générale, ce nouvel ordre a le caractère d'un commencement nouveau, une restitution ad integrum, un retour aux origines sans la corruption qui avait subséquemment surpassé et déformé la création originale. L'eschatologie comporte aussi la pensée que ce drame a un caractère universel cosmique... Il en résulte qu'il n'est pas amené par des forces humaines ou historiques ou par quelque procès immanent d'évolution. La transformation est nettement de caractère catastrophique et est amenée par des puissances surnaturelles, divines ou démoniaques »[43]. En effet on trouve dans Joël l'effusion de l'Esprit (3,1-2), les prodiges cosmiques (3,3-5), le jugement de tous les peuples (4,1-4). Or tout cela marque la fin soudaine de l'état présent des choses et de l'ordre présent du monde. En outre les versets 18 à 21 qui décrivent l'ère paradisiaque et la restauration d'Israël constituent un ordre nouveau tout à fait différent du précédent. Munch, il est vrai, estime que le verset 18 est une interpolation tardive introduite par *wehayah bayyom hahu'*. Il souligne à bon droit que ce verset brise le lien entre les versets 17 et 19. Mais même si l'on admet la position de Munch, pour qui cette interpolation serait à mettre au compte d'une

---

(41) Cf. M. Treves, The Date of Joel, dans Vetus Testamentum 7, 1957, p. 150.

(42) Cf. Sur l'usage abusif du terme eschatologie, J. Carmignac, Les dangers de l'eschatologie, dans New Testament Studies, Cambridge, 17, 1970-1971, pp. 365-390 ; *Le mirage de l'eschatologie*, Paris, 1979.

(43) Cf. S. Mowinckel, He that Cometh, The Messiah Concept in the Old Testament and Later Judaism, Oxford, 1959, pp. 125-126.

faction plus pacifiste située à l'intérieur de l'estachologie[44], cela ne change en rien le caractère eschatologique du Jour de Yahweh en Joël 4.

4) Le milieu d'origine du Jour de Yahweh en Joël 4.

On pourrait envisager à première vue que le jour de Yahweh était le jour où Yahweh était plus spécialement honoré dans le culte et un peu l'équivalent de ce que sera plus tard ἡ κυριακὴ ἡμέρα d'Apoc 1,10, le *dies dominica*, qui deviendra par la suite le dimanche chrétien. Mowinckel s'était orienté vers cette ligne de pensée ; il faisait du Jour de Yahweh un jour où ce dernier était plus spécialement honoré au cours d'une cérémonie cultuelle. Pour lui, le Jour de Yahweh n'était autre que le jour de la fête de son intronisation ; et c'était là, selon ses vues, la clé de toute l'eschatologie : la fête de l'intronisation de Yahweh à la fin des temps ne serait qu'une répétition de la fête de l'intronisation de Yahweh au début. Mais rien dans les textes de l'A.T. n'indique que le Jour de Yahweh ait jamais désigné la fête de son intronisation, fête dont l'existence même est des plus problématiques[45]. Les tenants de l'origine cultuelle du Jour de Yahweh s'appuient en particulier sur le contexte d'Am 5,18 et sq. où il est question de fêtes en l'honneur de Yahweh, fêtes qu'il a prises en dégoût (5,21 et sq.). Le Jour de Yahweh, dit-on, serait exactement l'équivalent des « jours du Baʿal » qui en Os 2,15 signifient des fêtes destinées à célébrer Baʿal. On invoque aussi le parallèle des textes accadiens où un *um ili* « le jour du dieu » marque un jour de fête cultuel[46].

De son côté, Von Rad semble avoir montré définitivement que les passages de Joël 2,1-11 ; 4,9-11 à côté de ceux de Zach 14,1-3 ; Soph 1,5 et sq. ; Is 13,14 ; Ez 30 prouvent que la conception du « Jour de Yahweh » s'enracine dans la notion de guerre sainte[47] et non dans la fête cultuelle de l'intronisation de Yahweh[48]. Cela est si vrai que

---

(44) Cf. P.A. Munch, The expression bayyom bahu', op. cit., pp. 30-31.

(45) Cf. R. de Vaux, *Les Institutions de l'Ancien Testament*, Paris, 1960, t. II, p. 409 et sq.

(46) Cf. J. Lindblom, *Prophecy in Ancient Israel*, Oxford, 1963, pp. 317-318. Il cite Landsberger, *Der Kultische Kalender der Babylonier und Assyrer*.

(47) Cf. Gerhard von Rad, *Théologie de l'Ancien Testament*, t. II, pp. 107-108.

(48) Cf. S. Mowinckel, *Psalmenstudien*, Oslo, 1921-1924, p. 229 et sq. Semblablement R. Largement et H. Lemaitre (Le Jour de Yahweh dans le contexte oriental, dans *Sacra Pagina*, Gembloux, 1959, t. I, p. 259 et sq.) font du Jour de Yahweh une fête liturgique analogue au Jour du dieu en Mésopotamie qui désigne l'ensemble de la fête du Nouvel An ou plus précisément le Jour de la fixation des destinées.

l'invasion de sauterelles annonciatrice du Jour de Yahweh est décrite à la manière d'une puissante invasion armée dont les soldats escaladent les murailles de la ville, courent sur les remparts et pénètrent dans les maisons (2,7,9) ; c'est un peuple nombreux et fort, tel qu'il n'y en a jamais eu, tel qu'il n'y en aura jamais jusqu'aux années des générations les plus lointaines, (littéralement les années de générations et de générations) (Joël 2,2).

Au chapitre 4, l'enracinement de l'idée du Jour de Yahweh est des plus transparentes en raison du contexte guerrier dans lequel s'inscrit cette notion : l'assaut des nations contre Israël (4,9 et sq.). Aussi peut-on se demander avec Von Rad si la formule stéréotypée « il est proche le Jour de Yahweh » qui apparaît en Joël 4,14 (cf. 1,15) et qui se situe dans une tradition littéraire (Is 13,6 ; Ez 30,3 ; Abdias 15 ; Soph 1,14-17) n'aurait pas été un appel invitant les troupes à la conscription ou le cri poussé par les soldats allant au combat avec Yahweh. Roberston Smith admettait déjà que dans l'expression « le Jour de Yahweh », le mot « jour » signifiait le jour du combat comme chez les anciens Arabes[49].

En raison du lien du « jour de Yahweh » avec un événement guerrier, on peut donc légitimement se demander si ce dernier ne rappelait pas un événement du passé, une guerre sainte de Yahweh où celui-ci aurait exercé plus particulièrement sa puissance, tel le Jour de Madian, entendons la victoire de Yahweh sur Madian (Is 9,3 cf. Jud 7).

La notion du Jour de Yahweh liée au jugement d'Israël a derrière elle une longue histoire depuis sa première apparition bien datée en Am 5,18-20, dans un contexte littéraire de malédiction : « Malheur à ceux qui soupirent après le Jour de Yahweh ». C'est un jour qui se situe dans le futur, un jour vers lequel le peuple soupire et qu'il souhaite devoir être un jour de lumière, c'est-à-dire un jour de bonheur mais le prophète annonce qu'en réalité ce jour sera pour le peuple un jour de calamité, « un jour de ténèbres ». Le jour de Yahweh dans la première partie de Joël se situe dans la tradition prophétique qui envisage le jugement du peuple élu (Is 2,12 ; Soph 1,12-15 ; Ez 7,19 ; Zach 14,2). Dans la seconde partie, l'avènement punitif de Yahweh concerne les nations : Is 61,2 ; Ez 30,3 (l'Égypte) ; Is 34,8 (Edom) ; Ez 39,8 (Gog) ; Zach 14,3. Là aussi il s'inscrit dans toute une tradition prophétique. Cependant il faut souligner que Zach 14,2-3 est le seul passage où, comme dans le livre de Joël, le Jour de Yahweh concerne les premières ébauches d'apocalypses (Joël 1-4 et Zach 14) associent donc les deux courants qu'ils ont rencontrés dans la littérature prophétique antérieure.

---

(49) Cf. Robertson Smith, *The Prophets of Israel and their place in History*, Londres, 1895, pp. 397-398.

5) Dans le complexe de mots « Jour de Yahweh », l'accent n'est pas mis sur le mot Jour mais sur le mot Yahweh. C'est de son avènement guerrier qu'il s'agit, de sa venue en tant que juge de tous les peuples. Ce Jour de Yahweh ne peut donc s'inscrire avec précision à un moment donné du calendrier, car aucun des textes n'essaie de supputer la date exacte de l'avènement de Yahweh. Joël insiste plutôt sur le contenu réel ou psychologique du Jour, qualifié de grand, de redoutable, de proche et de ténébreux. En effet, à propos du Jour de Yahweh, le livre de Joël met l'accent sur l'élément ténèbres en chacune des deux parties (2,1,10 ; 3,3-4 ; 4,15).

L'expression rhétorique élaborée « Jour d'obscurité et de sombres nuages, jour de nuées et de ténèbres » (2,2) a été empruntée littéralement à Sophonie 1,15. Parallèlement la phrase : le soleil et la lune s'assombrissent, les étoiles perdent leur éclat (2,10 b ; 4,15) est très proche d'Is 13,9-10 : « Car les étoiles et leurs Orions ne feront plus briller leur lumière, le soleil s'obscurcira dès son lever, la lune ne donnera pas sa lumière ».

La présence de ces ténèbres et de ces nuages de ténèbres en rapport avec le Jour de Yahweh a pour but de rappeler les ténèbres primordiales d'avant la Création, lors du chaos initial [50].

Un certain nombre d'autres composantes du Jour de Yahweh en Joël tels le tremblement des cieux et de la terre, la voix de Yahweh sont empruntées aux descriptions des théophanies. Aussi a-t-on pu écrire justement que les descriptions de théophanies ont exercé leur influence sur la tradition concernant le Jour de Yahweh et vice-versa [51].

Les notations de temps dans le Deutéro-Zacharie

La nature du Jour de Yahweh telle qu'elle se manifeste dans l'apocalypse d'Isaïe ou le livre de Joël est peu modifiée dans les chapitres 9-14 du Deutéro-Zacharie. Cet ensemble littéraire pose plusieurs problèmes, entre autres ceux de son unité et de sa datation. Pour ma part, j'ai soutenu l'unité de l'ouvrage même si un auteur-éditeur final peut avoir organisé des morceaux plus anciens. Par ailleurs un certain consensus semble s'être fait autour de la datation du chapitre 9 qui serait de

---

(50) Cf. S. Aalen, *Der Begriff « Licht » und « Finsternis » im Alten Testament, im Spätjudentum und im Rabbinismus*, Oslo, 1951, pp. 14-15.

(51) Cf. Jörg Jeremias, *Theophanie. Die Geschichte einer alttestamentlichen Gattung*, Neukirchen, 1965, p. 98.

l'époque d'Alexandre le Grand (Elliger[52], Delcor[53], Chary[54]). Ces dernières années il n'y a guère que Otzen qui attribue Zach. 9-13 à un auteur travaillant depuis la fin du règne de Josias jusqu'au début de l'exil (cf. B. Otzen, Studien über Deuterosacharja, Copenhague, 1964).

Dans cet ensemble littéraire, quelle que soit la position retenue pour la question d'auteur, on distingue les chap. 9-11 des chap. 12-14[55]. Les chap. 9-11 offrent un genre littéraire et un contenu bien déterminés. Ils sont composés en vers et présentent des liens assez nets avec l'histoire (9,1-8 ; 9,11-17 ; 10,3-12 ; 11,4-16). L'eschatologie y occupe une place mesurée. Les chapitres 12-14 sont en prose et leur contenu est presque exclusivement eschatologique, ayant un lien très ténu avec l'histoire. Le caractère particulier du chapitre 14 où est mentionné le Jour de Yahweh est reconnu par un certain nombre d'auteurs[56].

La distinction entre Zach. 9-11 et Zach. 12-14 est notamment marquée par une fréquence différente de l'emploi de la formule « en ce Jour-là » dans ces deux ensembles littéraires. Le complexe de mots *bayyom hahu'* n'apparaît que rarement dans Zach. 9-11, exactement deux fois, en 9,16 ; 11,11. Par contre, il est fréquent dans Zach 12-14 : 12,3 ; 12,4 ; 12,6 ; 12,8 ; 12,9 ; 12,11 ; 13,1 ; 13,2 ; 13,4 ; 14,6 ; 14,8 ; 14,9 ; 14,13 ; 14,20 ; 14,21. La récurrence de la formule « en ce Jour-là » qui apparaît 15 fois environ dans les chap. 12-14 contribue-t-elle à donner à cet ensemble littéraire un contenu eschatologique ?

Examinons d'abord le problème pour les chap. 12-13,6 :

1) Le fait que chaque nouvelle étape de la pensée est introduite huit fois par la formule *hayyom hahu'* a fait penser à Sellin qu'il s'agissait d'une formule sur laquelle l'auteur bâtissait la description de l'assaut

---

(52) Cf. K. Elliger, Ein Zeugnis aus den jüdischen Gemeinde in Alexander-jahr 332 v. Chr. Eine territorialgeschichtliche Studie zu Zach 9,1-8, dans ZAW 62 (1949), pp. 63-115.

(53) Cf. M. Delcor, Les allusions à Alexandre le Grand dans Zach. 9,1-8, dans V.T.1 (19-51), pp. 110-124 et *Les petits prophètes*, Paris, 1964, ff. 545 et ss.

(54) Cf. Th. Chary, *Aggée-Zacharie. Malachie* (Sources bibliques), Paris, 1969, pp. 137-13 .

(55) Cf. par exemple, Otto Plöger, *Theokratie und Eschatologie*, Neukirchen, 1959.

(56) Cf. par exemple, Otto Plöger, *Theokratie und Eschatologie*, Neukirchen, 1959, pp. 109 et sq. ; E. Sellin, *Das Zwölfprophetenbuch*, Leipzig, 1930, t. 2, p. 543.

des peuples contre Jérusalem (in achtmaligem an jenem Tag baut der Verfasser seine Schilderung auf) [57].

2) Nous retrouvons ici P. A. Munch pour contester ces vues. Pour cet exégète, l'auteur n'est pas un grand poète, mais ce dernier s'est contenté de grouper sans beaucoup d'ordre et de progrès dans la pensée une série d'idées eschatologiques qui n'ont guère de lien entre elles. Il rejette finalement l'unité littéraire des chap. *12,1-13,6* pour dire qu'il s'agit d'une collection de citations empruntées à divers poèmes, introduites par « en ce Jour-là » ou « il arrivera en ce Jour-là » ». L'auteur, qui est ici un compilateur a essayé, dit-il, de remédier au manque de suite des idées en introduisant ces formules qui servent seulement d'organes grammaticaux de liaison avec un sens adverbial. Bien que le contexte soit eschatologique, précise-t-il, *bayyom ha hu'* n'a pas en soi une valeur eschatologique [58].

3) Quelle que soit la solution apportée au problème de l'unité littéraire de 12,1-13,6 qui nécessiterait toute une étude – il y a en effet un certain manque de suite dans les idées, avec des retours en arrière – il reste que même si *bayyom ha hu'* n'a qu'une valeur de suture, le contexte confère à cette expression une valeur temporelle et eschatologique. Mais du point de vue du temps, il est évident que tout ce qui est annoncé dans ces deux chapitres n'arrivera pas le même jour et que la formule « en ce Jour-là » doit se comprendre « en ce temps-là ». En d'autres termes, ce temps eschatologique recouvre une certaine durée.

Le problème du Jour de Yahweh en Zach. 14 :

On a écrit qu'en passant du chapitre 13 au chapitre 14, on a l'impression d'entrer dans un autre monde tellement la composition littéraire et les perspectives d'avenir diffèrent de celles des chapitres précédents [59].

Pour nous en tenir à l'horizon eschatologique des chapitres 9-13, les différents tableaux du combat final (9,11-17 ; 10,3-11 ; 12,1-8) n'envisageaient aucune défaite préliminaire de Jérusalem. Or c'est le contraire que l'on constate dès le début du chapitre 14. En effet, comme dans le livre de Joël, le Jour de Yahweh se déroulera en deux phases : il verra d'abord la défaite de Jérusalem par les nations (14,1-2), puis celle des nations grâce à l'intervention personnelle de Yahweh qui mènera la

---

(57) Sellin, op. cit., p. 570. Mais P. Lamarche, *Zacharie IX-XIV, Structure littéraire et Messianisme*, Paris, 1961, p. 74, conteste cette idée.
(58) Cf. P.A. Munch, The expression bajjôm hahu'. Is it an eschatological terminus technicus ?, op. cit., pp. 17-20.
(59) Cf. Th. Chary, op. cit., p. 209.

bataille au milieu de cataclysmes cosmiques (14,3-4). Le personnage important de ce chapitre est en effet Yahweh-Roi dont la victoire définitive sur les nations conférera à sa royauté un caractère universel et unique. « Yahweh deviendra roi sur toute la terre en ce jour-là : Yahweh sera unique et son nom unique. » (14,9).

La notion de Jour de Yahweh ne s'enrichit guère sous la plume de l'auteur du chapitre 14. Car on est plutôt en présence d'une sorte de synthèse des données prophétiques antérieures.

1) Le Jour de Yahweh continue à être décrit dans son contenu, du point de vue qualitatif. Il se présentera, semble-t-il sous un double aspect[60] : ce sera d'abord un temps de ténèbres (14,6) (il n'y aura plus de lumière, mais de la froidure et du gel), puis un jour de lumière san fin et unique (14,7). Si cette exégèse est recevable, il faudrait supposer que l'aspect funeste de l'intervention divine concerne la défaite de Jérusalem, tandis que l'aspect positif est en référence à sa victoire sur les nations, selon les deux phases différentes du Jour de Yahweh décrites au début du chapitre (14,1-4).

2) Il semble pourtant qu'un lecteur a compris le *yom 'eḥad* « le jour unique » comme étant un jour du calendrier « un certain jour », d'où le besoin de préciser qu'il est connu de Yahweh (*hu' ywada' lyhwh*), que c'est « son » Jour (14,7). Ce jour sera unique en ce sens qu'il n'aura pas de déclin et qu'il ne sera suivi d'aucun autre.

3) Le caractère guerrier du Jour de Yahweh est fortement souligné comme dans le livre de Joël. Si, selon la thèse de Von Rad, les guerres saintes d'Israël constituaient des jours de Yahweh, l'eschatologisation de cette réalité illustrerait déjà un principe qui sera cher plus tard aux apocalypticiens : la Endzeit sera comme la Urzeit.

4) Selon la thèse chère à Munch, les six prophéties eschatologiques du chap. 14 introduites par *bayyon hahu'* v. 6, 7, 8, 9, 10-11, 13-14, 20-21 seraient des additions à un texte dont le noyau primitif serait constitué uniquement par Zach. 14,1-5, 12,15 17,19, ce que soutenait déjà Sellin. Dans ces conditions « en ce Jour-là » servirait uniquement de suture destinée à introduire les additions postérieures[61].

Mais là aussi, il faut le répéter, même si Munch avait raison, l'expres-

---

(60) Cette interprétation du texte est celle du Targum, de la Vulgate et de la Pechitta et à leur suite d'un certain nombre d'auteurs ; il ne s'agit que d'un seul jour de lumière et ils traduisent : « Il arrivera en ce jour-là, il n'y aura plus de lumière, ni froidure, ni gel. Et ce sera un jour unique – il est connu de Yahweh celui-là – il ne sera ni jour ni nuit et au temps du soir il fera clair. »

(61) P.A. Munch, op. cit., pp. 48-49.

sion *bayyom ha hu'* prend de toute façon un sens eschatologique en raison des réalités apocalyptiques qu'elle introduit.

Conclusion

Concluons brièvement cette première partie :

Chez certains prophètes, le temps dans lequel se déroule l'histoire, jour après jour, est désigné par le complexe de mots « dans la suite des jours », *ba'aharit hayyamim*. Il recouvre pratiquement ce que les apocalypticiens appelleront plus tard « le monde présent » par opposition au « monde à venir ». Le temps de la fin est désigné habituellement par l'expression « le Jour de Yahweh ». Il se caractérise par l'intervention soudaine et imprévue de Yahweh qui, par son action, bouleversera, lors d'une bataille contre les nations, le cours de l'histoire. Le jour et l'heure de cette intervention de Yahweh ne sont pas précisés, car ils sont connus de lui seul. Ce « jour de Yahweh » qui est en fait le « temps de Yahweh » se présente avec une certaine épaisseur durant laquelle il y aura un double jugement. Plutôt que sur l'aspect quantitatif de ce temps, on insiste sur le contenu qualitatif réel du « Jour de Yahweh » qui sera grand, proche, redoutable, funeste ou heureux, selon qu'il sera ténèbres ou lumière. L'expression « en ce Jour-là » peut se référer à la venue eschatologique de Yahweh mais pas nécessairement car, en certains cas, il n'a qu'une valeur purement adverbiale et sert de simple suture.

II. *Le livre de Daniel et les notations de temps.*

Dans l'étude des notations de temps en Daniel, nous distinguerons la première partie constituée par des récits (chap. 2-6) de la seconde partie qui est proprement apocalyptique (7-12).

A) Les chapitres araméens (2-7) contiennent des indications de temps de deux sortes : d'une part les récits sont datés par les années des rois de Babylone et d'autre part, à l'intérieur des récits on trouve un vocabulaire du temps qu'il nous faut examiner. En général, les indications chronologiques sont erronées et il importe de comprendre pourquoi.

Les indications chronologiques et leur signification :

Les songes du roi Nabuchodonosor sont datés de la deuxième année de son règne (1). C'est alors que Daniel, un inconnu à la cour (2,25) intervient auprès du roi pour lui faire connaître le songe et son interprétation (2,24). Mais la date donnée est en contradiction avec celles du chap. 1 où on nous dit que Daniel et ses compagnons ne furent introduits auprès du roi Nabuchodonosor qu'après avoir reçu une éducation pendant trois ans (1,5-8). Les exégètes ont tenté de réduire ces antinomies, mais d'une façon peu satisfaisante, soit en corrigeant le texte (Montgomery et Nötscher), soit en supposant une interpolation datant d'Antiochus Epiphane. Mais le problème n'est pas pour autant résolu, et il reste toujours à expliquer, dans cette hypothèse, la deuxième année de Nabuchodonosor. Aussi mieux vaut-il penser, avec la majorité des auteurs que ce chiffre existait dans le document de base qui était indépendant du chapitre 1. Cette anomalie chronologique n'est pas la seule de ce chapitre. Il y a plus grave : la datation de la vision de la statue est du point de vue historique en contradiction formelle avec les conclusions tirées de l'analyse de la vision. En effet le chapitre 2 possède toutes les caractéristiques d'une apocalypse. L'auteur, sous forme allégorique, présente comme étant une prophétie la succession historique de quatre royaumes ou empires aboutissant à l'établissement eschatologique du royaume de Dieu. Il est clair qu'il ne s'agit que d'une fiction littéraire, l'auteur vivant au terme de la période historique présentée sous forme de prophétie. Il est le contemporain du quatrième empire établi par Alexandre le Grand. Les versets 41 et 42 se situent au mieux après la mort, survenue en 323 de ce dernier, qui, semblable au fer, a tout écrasé sur son passage (verset 40). Au verset 43, il est fait allusion aux tentatives matrimoniales infructueuses entre les Séleucides et les Ptolémées, destinées principalement à fortifier le quatrième empire. Le premier mariage de ce genre est celui de Bérénice, fille de Ptolémée-Philadelphe avec Antiochus II. Comme cet événement a lieu vers 250[62] et comme le verset qui relate des faits semblables est probablement adventice, il faut conclure que la date de l'ensemble du chapitre 2 de Daniel est à situer entre 323 et 250.

La datation fictive de la vision du chapitre 2, en la deuxième année du roi Nabuchodonosor, relève finalement du genre apocalyptique, tout comme, par exemple, le chapitre 7 de Daniel, qui est daté fictivement de la première année de Balthasar. La révélation apocalyptique se présente en effet comme une prophétie fictive et comme une prophétie réelle. Dans ces perspectives, l'auteur se situe en un point du passé pour décrire des événements déjà arrivés. Dans le cas présent, comme l'auteur du chapitre 2 entendait traiter de la succession des quatre empires depuis l'empire babylonien jusqu'à l'empire fondé par Alexandre le Grand, il s'est situé fictivement en la deuxième année de Nabuchodonosor, souverain bien connu du monde juif et des écrits bibliques. Nabuchodonosor tient la vedette jusqu'au chapitre 4 de Daniel. Mais bien des anachro-

(62) Cf. A. Bouché-Leclercq, *Histoire des Séleucides*, Paris, 1913, p. 88 et

nismes, des erreurs historiques contenus dans la première partie trouvent une autre explication. Si plus d'un détail est contraire à la vérité historique, c'est que l'auteur ou les auteurs n'entendent pas écrire de l'histoire. Nous avons affaire à des histoires édifiantes d'allure midrashique. Par ailleurs, du fait que ces récits sont situés dans un passé éloigné de leur date de composition, l'auteur ne se soucie guère d'exactitude historique, tout au plus peut-on y trouver ça et là des traces de couleur locale. C'est le cas des chapitres 4,5 et 6 de Daniel (cf. notre commentaire). De fait, le vocabulaire propre à l'histoire occupe peu de place dans le livre de Daniel, soit dans la première partie, soit même dans la deuxième où le visionnaire entend peindre de grandes fresques historiques.

Tout au plus, dans la deuxième partie, l'auteur recourt-il à la notion de récit conçu comme des « paroles » : c'est le cas dans le premier songe du voyant. Le début du songe est appelé *re'sh millin* « début des paroles » (7,1) tandis que la fin est appelée *sopha' di milleta'* « fin de la parole » (Dn 7,28).

Le vocabulaire du temps est peu employé dans les chapitres araméens en raison même du sujet traité.

« Dans la suite des jours » ou à la « Fin des jours » ?

Une notation de temps intéressante est donnée dans le corps du chapitre 2. L'auteur met dans la bouche de Daniel cette idée qu'aucun des magiciens ou sages de Babylone ne peut faire connaître au roi les secrets divins. Seul Dieu connaît les mystères et seul il peut faire connaître ce qui arrivera à « la suite des jours » (2,28). Mais comment comprendre exactement cette expression ? On sait qu'elle apparaît jusqu'à quatorze fois dans l'Ancien Testament, à la fois dans le Pentateuque (Gn 49,1 ; Nb 24,14 ; Dt 4,30 ; 31,29) et dans les écrits prophétiques (Is 2,2 ; Jer 23,20 ; 30,24 ; 48,47 ; 49,39 ; Ez 38,16 ; Os 3,5 ; Mich 4,1 ; Dan 2,28 ; 10,14).

Il est admis aujourd'hui que son premier sens est « dans la suite de jours », « dans les jours à venir » et non « à la fin des jours ». Par ailleurs *ba'aharit hayamîm* est bien authentique même dans les passages préexiliques[63] où W. Staerk avait voulu voir des interpolations[64].

---

(63) Cf. E. Lipinski, *b'hrit hvmim* dans les textes préexiliques, dans V.T. 20, 1970, pp. 445-450.

(64) Cf. W. Staerk, *Der Gebrauch der Wendung b'hrit hvmim* im alttestamentlichen Kanon, dans ZAW 11, 1891, pp. 247-253 ; cf. aussi G. Hölscher, *Die Propheten. Untersuchungen zur Religionsgeschichte Israels*, Leipzig, 1914, pp. 457-458.

Cette expression vise donc habituellement les événements de l'histoire : c'est la succession des temps, dans lesquels, jour après jour, s'inscrivait la succession des faits historiques. Que ceux-ci aient ou non une portée salvifique, du fait que Dieu intervient ou n'intervient pas dans les événements de l'Histoire, ne change rien à leur caractère. Les jours à venir appartiennent à ce monde-ci et non au monde à venir.

Dans le cas de Dn 2,28, étant donné le contexte littéraire, il est clair que la « suite des jours » se réfère en premier lieu à la succession des quatre royaumes décrits par Daniel (2,38 et sq.), mais aussi au royaume qui subsistera à jamais et qui a été instauré par Dieu ou, pour parler le langage symbolique, « par la pierre qui s'est détachée de la montagne sans l'aide d'aucune main et a mis en pièces le fer, le bronze, l'argile, l'argent et l'or » (2,45). Pour ces motifs, étant donné que le chapitre 2 de Daniel a tous les caractères d'une apocalypse אחרית יומיא peut aussi signifier « à la fin des jours », « à la fin des temps ». C'est le sens qu'ont donné d'ailleurs à ce complexe de mots en araméen, à la fois la LXX et Théodotion, qui traduisent en Dn 2,28 : ἐπ' ἐσχάτων τῶν ἡμερῶν « à l'extrémité des jours ». Mais la portée de cette traduction est affaiblie, il est vrai, par le fait que les traducteurs alexandrins ont traduit systématiquement de manière analogue tous les passages bibliques, prophétiques ou non par ἐπ' ἐσχάτον τῶν ἡμερῶν ou bien par ἐν ἐσχάταις ἡμέραις, ou bien par ἐπ' ἐσχάτων τῶν ἡμερῶν. Ils ont en effet radicalement transformé la portée de l'expression qui, répétons-le, ne visait que « la succession des temps ». En parlant du « dernier des jours » ou « des derniers jours », ils ont visé l'aboutissement de l'histoire et traduit du même coup les préoccupations des esprits dans le milieu alexandrin, au IIIᵉ-IIᵉ siècle avant J.C. Celles-ci, d'ailleurs, ne devaient pas être très différentes de celle qui agitaient le milieu judéen lors de la grande crise qui secoua les Juifs de Palestine du temps d'Antochius Epiphane. C'est pour ces motifs que, dans la partie proprement apocalyptique de Daniel, le voyant est hanté, nous le verrons plus loin, par le temps de la fin, ʿet qeṣ (8,17 ; 11,35-40 ; 12,4-9). Dans ces perspectives on ne sera pas étonné que l'expression hébraïque classique « baʾ aḥarit hayamim » soit reprise en Dn 10,14, mais avec le sens eschatologique « à la fin des jours ». Dans ce passage, il s'agit de l'ange interprète qui annonce à Daniel ce qui arrivera au peuple à la fin des jours. La phrase « ce qui arrivera à ton peuple à la fin des jours » est d'ailleurs reprise presqu'à la lettre de la bénédiction de Jacob en Gn 49,1. Elle constitue un cas d'actualisation d'un vieux texte scripturaire qui se traduit, en fait, par une évolution sémantique du complexe de mots dont le sens traditionnel est, répétons-le, « dans la suite des jours ». Cette modification du contenu d'un concept de temps lié chez les prophètes au repentir ou au salut (cf. Os 3.5 : Is 2.2 : Mi 4.1) est significative d'une mentalité et finalement d'un milieu donné. Elle s'explique bien dans un temps de crise où les esprits attendent impatiemment la réalisation des promesses prophétiques. Nous sommes en présence d'un cas très net d'action d'un milieu déterminé sur les conceptions du temps. Pour le voyant qui croit vivre à la fin des temps, la « succession des jours » devient « les derniers jours ».

Dieu maître des empires et des temps de l'histoire.

Cette donnée fondamentale de l'apocalyptique se fait jour au chapitre 2 de Daniel, dont nous avons déjà dit qu'il avait les caractéristiques d'une apocalypse. Elle est complémentaire d'une autre affirmation contenue implicitement dans ce même chapitre : Dieu seul connaît la fin des temps puisque lui seul peut la faire connaître (2,28). Ce don d'intelligence du temps de l'histoire, Dieu l'a donné à Daniel auquel, dans une vision nocturne, il a révélé le mystère, c'est-à-dire la succession des quatre empires et la venue du royaume définitif (2,19). L'hymne d'actions de grâces qui suit, mis dans la bouche de Daniel, montre que le visionnaire a pris conscience d'une vérité fondamentale. Dieu est le Maître du temps et de l'histoire : « Il fait alterner les temps et les moments, il renverse les rois et rétablit les rois » (2,21). Comment faut-il comprendre exactement ce texte sur l'alternance des temps et des moments ? Faudrait-il voir simplement dans les 'iddanayya' wezimnayya' la succession des années et des saisons, c'est-à-dire le temps cosmique, puisqu' 'iddan peut désigner l'année en 7,25 ? Ou faudrait-il admettre qu'il s'agit du temps cyclique tel qu'il est décrit dans l'Ecclésiaste, où chaque génération répète l'œuvre de sa devancière (3,1-11) ? La dernière partie du verset montre que tel n'est pas le sens qu'il faut donner à la succession des temps et des moments : il s'agit du temps de l'histoire dans lequel s'inscrivent les successions des rois, c'est-à-dire les événements politiques. Comme on le voit, il ne s'agit pas là d'une succession indéfiniment répétée, mais du cours de l'histoire humaine que Dieu dirige et auquel il donne un cadre : les temps et les moments. Il est possible qu'il y ait dans cette affirmation de l'hymne d'actions de grâces une allusion polémique au fatalisme de l'astrologie babylonienne et plus spécialement à son influence dans le monde hellénistique avec sa doctrine du Destin. Or, précisément en Palestine, à partir du IIe siècle avant J.C., se fait jour dans les cercles esséniens de Qumrân la doctrine déterministe de l' εἰμαρμένη. Cela nous est confirmé à la fois par ce que nous en dit Josèphe et par la pratique des horoscopes trouvés à Qumrân [65]. D'après ces documents astrologiques, la conformation du

---

(65) Cf. M. Delcor, Recherches sur un horoscope en langue hébraïque provenant de Qumrân, dans Revue de Qumrân, n° 20, 1966, pp. 521-542.

corps aussi bien que les qualités de l'esprit dépendent des signes zodiacaux ou plus exactement de la position du soleil par rapport aux constellations zodiacales. En effet, selon que les nuits et les jours seront plus
ou moins longs, l'esprit de chaque homme sera plus ou moins sous
l'empire de la Lumière ou des Ténèbres. Parallèlement, les parties du
corps qu'on énumère auront telles ou telles qualités ou tels ou tels
défauts. Il est probable que ces pratiques astrologiques répandues dans
les milieux esséniens de Qumrân ont contribué à forger la doctrine
déterministe de la secte telle qu'elle est affirmée par Flavius Josèphe :
« La secte des Esséniens déclare que le Destin est maître de tout et que
rien n'arrive aux hommes que par sa décision. » (A.J. XIII,V,9 § 172).

   B) Les Visions (7-12).

   Le chapitre 7, qui est en araméen, constitue la charnière entre les
deux parties du livre. Du point de vue de la langue, il se rattache à la
première partie tandis que du point de vue littéraire il appartient à la
seconde.

Le monde présent et le monde à venir.

   Certes ces deux expressions n'apparaissent pas encore en Daniel 7
mais pourtant l'idée y est déjà sous-jacente. La succession des quatre
empires historiques décrits à l'aide de symboles, qui disparaissent les
uns après les autres, appartiennent au monde d'ici-bas, ce que plus tard
les Rabbins appelleront le ʿolam hazzeh. Au monde à venir, le ʿolam
habba', appartient le royaume des saints, c'est-à-dire Israël. Le monde à
venir et le monde présent sont opposés l'un à l'autre sans qu'il y ait
aucune sorte de lien entre eux. La puissance maléfique des empires
mondiaux va croissant jusqu'au jour où brusquement ils sont soumis au
jugement et que commencent des temps nouveaux. De fait, à la vision
des quatre empires fait suite ex abrupto une scène de jugement présidé
par « l'Ancien de Jours » ʿattiq yomin (7,9-12). Sans qu'il y ait de
réquisitoire et sans qu'aucune sentence soit promulguée, la bête représentant le quatrième empire est tuée et son corps livré au feu en vue
de la destruction. Cette punition s'est exercée contre elle, surtout à
cause de l'arrogance de la corne, nommément Antiochus IV Epiphane,
en qui ont culminé, pour ainsi dire, les péchés de l'empire grec d'Alexandre le Grand. Pour ce qui est des autres bêtes symbolisant les empires, la puissance leur est enlevée mais une certaine survie leur est laissée
« jusqu'à un temps et des moments déterminés » ʿad zeman we ʿiddan
(7,12) sans doute en raison de leur impuissance actuelle à l'égard du
peuple de Dieu. Car si les empires perdent leur puissance, les nations
demeurent.

Comment faut-il comprendre la notation « jusqu'à un temps et à des moments déterminés » ? Il faut entendre par là l'avenir historique que le voyant scrute pour en déchiffrer les secrets. Selon H.H. Rowley, ce sursis accordé aux trois empires s'expliquerait par le fait que l'auteur s'attendait à ce que la Médie, la Perse et la Babylonie devinssent des États indépendants pour un temps mais sans qu'ils exercent une domination sur les autres royaumes [66].

Antiochus IV et le changement des temps sacrés.

Un sévère réquisitoire est prononcé contre le roi persécuteur : « il proférera des paroles contre le Très-Haut, il éprouvera les Saints du Très-Haut. Il essaiera de changer les temps et la Loi. Ils seront livrés entre ses mains pour un temps, des temps et la moitié d'un temps. » (7,25).

En attendant le temps qui viendra clore l'histoire (7,12), la vie du peuple juif est rythmée par les temps sacrés (zimnin), c'est-à-dire par le calendrier liturgique sacerdotal. D'après le témoignage de l'auteur du Ier livre des Maccabées, le but que se proposait Antiochus IV était de supprimer le culte juif du temple de Jérusalem pour y substituer le culte grec. Pour y parvenir, le roi envoya à Jérusalem « des édits enjoignant d'adopter les coutumes étrangères à leur pays, de bannir du sanctuaire holocaustes, sacrifice et libation, de profaner sabbats et fêtes » (1Mac 1,44-45). Il est évident que pour instaurer le culte grec à Jérusalem il fallait se référer à un calendrier nouveau, le calendrier séleucide, qui devait prendre la place du calendrier sacerdotal juif. Nous savons que la dédicace du temple à Zeus Olympien fut marquée par un sacrifice de 25 kislev 145 (17 décembre 167) qui était le jour de la naissance du roi (cf. 2Mac 6,7) et qui comportait un repas rituel. Cette fête était célébrée mensuellement au temple (1Mc 1,59 et 2Mac 6,7). Si le sacrifice était offert à Zeus Olympien, on le célébrait à l'occasion de la fête du roi, sa manifestation sur la terre [67]. C'est à ces événements que fait manifestement allusion Daniel à propos du changement des temps liturgiques par le roi persécuteur. Mais ce changement de calendrier allait de pair avec l'abrogation, par des édits, de la loi mosaïque qui avait été reconnue comme loi d'état par la charte d'Antiochus III, document dont Josèphe nous a gardé le souvenir [68]. C'est à ces édits que fait

---

(66) Cf. H.H. Rowley, *Darius the Mede and the Four World Empires in the Book of Daniel, A Historical Study of Contemporary Theories*, Cardiff, 1959, p. 123.

(67) Cf. à ce sujet J. Starcky, *Les livres des Maccabées*, Paris, 1961, p. 74.

(68) Cf. E. Bikerman, La charte séleucide de Jérusalem, dans Revue des Études Juives, t. 100, 1935, pp. 4-35.

allusion 1Mac 1,51. En définitive, changer les temps et la loi du monde juif, c'était pour le roi grec un des moyens de l'helléniser et c'était porter gravement atteinte à ses institutions les plus sacrées.

Nous sommes en présence d'une tentative de transformation d'un milieu donné par la suppression d'un calendrier national et l'introduction autoritaire d'un calendrier étranger avec les implications cultuelles qu'il comporte.

La périodisation du temps de l'Histoire.

Le temps de l'Histoire est divisé par les Apocalypticiens en de vastes périodes de longueur variable selon un schéma que Dieu a préétabli. C'est pour eux une manière de montrer que l'Histoire est conduite par Dieu qui en a fixé à l'avance les étapes successives. Histoire *prévue* et Histoire *conduite* sont des corollaires de l'affirmation que Dieu est le maître des empires qui se succèdent dans le cours du temps. Pour dire que les événements historiques ne sont pas dûs au hasard, Daniel parlera du livre de Vérité (*ketab 'emet*) (10,21), dans lequel le voyant n'a qu'à lire ce qui a été écrit pour connaître le schéma de l'Histoire (cf. Hénoch 81,1-2). Dire que les actions humaines sont inscrites dans les livres ou les tablettes célestes, c'est exprimer équivalemment l'idée que les actions des hommes sont *prédéterminées*. Mais le livre de Daniel insiste plutôt sur l'idée de décision divine : il emploie ḥaraṣ au niphal avec le sens de « être décrété, décidé » « Ce qui a été décrété sera fait. » *Kî neḥeraṣah ne 'esath* (11,36) ; le même verbe au niphal est d'ailleurs utilisé une autre fois en Dn 9,26 pour parler d'une dévastation qui a été *décidée : neḥereṣet šomemot.* D'après les conceptions apocalyptiques, les hommes ne doivent pas *changer* ce qui a été décidé par Dieu. Leur rôle doit se limiter à *déterminer* le moment de l'histoire où ils se trouvent eux-mêmes. De fait le calcul des temps tient une grande place chez les apocalypticiens qui aiment à le scruter pour savoir s'ils ne sont pas près de la fin. La conception de l'Histoire prédéterminée par Dieu n'apparaît pas avant Daniel et sera reprise par les apocalypses plus récentes. Cette conception diffère de celle des prophètes. Isaïe, par exemple, parle du dessein de Dieu, de son *'eṣah* qui s'accomplira. Il s'agit en fait de la destruction d'Assur (Is 14,24). Un peu plus loin, il est question du « dessein arrêté contre toute la terre » *'eṣah haye 'uṣah* (Is 14,26). J. Fichtner a consacré toute une étude au « Plan de Yahvé dans le Message de d'Isaïe » [69] et, en conclusion de son article il se demande quelle est la

---

(69) Cf. J. Fichtner, Yahwes Plan in der Botschaft der Jesaija, dans *Gottes Weisheit. Gesammelte Studien zum Alten Testament*, Stuttgart, 1965, pp. 27-43.

nature du dessein de Yahvé chez ce prophète. Ce dessein de Dieu, dit-il, a en vue le jugement et le salut. Ainsi tout ce qui chez le peuple de Dieu et chez les peuples païens s'oppose au dessein de Yahvé doit disparaître. Et J. Fichtner de conclure que le prophète du VIIIe siècle est le premier dans l'histoire du salut à annoncer le dessein de Dieu sur son peuple et sur les peuples sans que pour autant aucune idéologie historique précise domine son message.

Si la conception déterministe de l'Histoire chez les apocalypticiens n'existe pas chez les prophètes, la question se pose de savoir où les premiers ont pu la trouver. Il semble que ce soit à l'ancienne Mésopotamie qu'ils l'aient empruntée. En effet il existait dans les religions mésopotamiennes des tablettes du destin. Les dieux y inscrivaient leurs décisions concernant les rois et même les simples particuliers. Il n'y a pas d'unanimité dans les apocalypses sur le nombre et la durée des empires mondiaux. Dans la vision du chapitre 7 de Daniel, quatre empires symbolisés par quatre bêtes se succèdent l'un à l'autre. Cette division quadripartite du temps dans lequel se déroule l'histoire mondiale correspond d'ailleurs aux quatre métaux dont est composée la statue colossale du rêve de Nabuchodonosor, représentant le monde (chap. 2). Ce même schéma se retrouve dans le *Livre des Songes d'Hénoch éthiopien* ; l'histoire des soixante-dix pasteurs d'Israël est divisée en quatre périodes comprenant un nombre différent de pasteurs : 12 + 23 + 23 + 12 (chap. 89,59-90). Le IVe Esdras 12,1 et l'Apocalypse syriaque de Baruch 39,3-5 reprennent le schéma des quatre empires de Daniel. Ailleurs, l'auteur de la deuxième partie de Daniel divise la période qui suit l'exil en 70 semaines d'années (9,24) sur la base des 70 ans de la prophétie de Jérémie (29,10 et sq.) dont l'apocalypticien fait l'exégèse. Ces soixante-dix semaines (70 heptades d'années) sont elles-mêmes divisées en trois périodes de longueur variable : sept semaines, soixante deux-semaines et une semaine.

Les conceptions apocalyptiques de la périodisation de l'histoire selon un schéma préétabli diffèrent radicalement de celles des prophètes. A ce propos, S.B. Frost a raison d'écrire : « qu'un royaume puisse être pesé dans une balance et être trouvé léger, c'est une donnée prophétique ; qu'il puisse être divisé, c'est une annonce du jugement qui est dans la manière d'un Isaïe, mais qu'il puisse être numéroté, cela relève uniquement de la pensée de l'apocalypticien. Toute l'école est pénétrée par la conception des périodes prédéterminées par un décret divin »[70].

Le fait de donner un ordre à la succession des empires et de dire qu'il y a un premier, un deuxième, un troisième et un quatrième royaume

---

(70) Cf. S.B. Frost, *Old Testament Apocalyptic*, Londres, 1952, p. 186.

implique que cette succession des empires à un moment donné du temps de l'histoire est conduite par Dieu en vue de préparer l'avènement de son règne à la fin des temps qui est aussi la fin de l'histoire. De là, dans la seconde partie de Daniel, les diverses phases de l'histoire sont ponctuées par ces mots : « Mais ce n'est pas encore le temps de la fin. » (11,24, 27,35). L'Histoire, telle qu'elle est conçue par Daniel, est donc *signifiante*. Les événements et les temps de l'Histoire ne lui paraissent pas isolés, purement successifs, indépendants les uns des autres et dénués de signification réelle. Ils sont, par contre, interdépendants les uns des autres et reliés par un fil conducteur. Ce fil conducteur, même ténu pour un regard humain, est néanmoins réel et confère un sens aux événements qui se succèdent les uns aux autres.

Dans ces perspectives, l'Histoire telle qu'elle est vue par l'apocalypticien tend à être unifiée. Cette idée est-elle absolument neuve ? R.H. Charles a soutenu que c'est l'apocalyptique et non la prophétie qui fut la première à saisir l'idée que toute l'histoire : humaine, cosmique et spirituelle a une unité, que Daniel fut le premier à enseigner l'unité de toute l'histoire humaine, et que chaque nouvelle phase de cette histoire est une nouvelle étape dans le développement du dessein de Dieu[71]. Mais les vues de ce dernier ont été critiquées par D.S. Russell. Déjà les prophètes, dit-il, savaient que l'histoire était une. Leur regard, précise-t-il, passe indistinctement sur le passé, le présent et le futur, unissant toute l'histoire dans un plan unique, conçu et contrôlé par Dieu. C'est surtout dans le Deutéro-Isaïe que se manifeste l'idée que Yahweh est le Dieu de toute la terre et que son dessein embrasse tout[72]. Ces observations sont intéressantes. Mais on doit noter que déjà dans le monde babylonien avec la chronique de Weidner et la liste des rois sumériens il y a eu tendance à schématiser et à unifier l'histoire[73]. Pour ce qui concerne la prophétie biblique, on doit observer qu'elle ne traite du passé qu'incidemment puisqu'elle se consacre surtout au présent et au futur qui découlent logiquement du passé. L'apocalyptique, par contre, même si son intérêt porte principalement sur le futur où il y aura la solution des problèmes du passé et du présent, embrasse d'un seul et même regard l'histoire passée, présente et future. Les apocalypticiens voient et interprètent les événements de l'histoire *sub specie aeternitatis* parce qu'ils trouvent dans leur apparente confusion un ordre et

(71) Cf. R.H. Charles, *A critical and Exegetical commentary on the Book of Daniel*, Oxford, 1929, p. CXIV-CXV.

(72) Cf. D.S. Russell, *The Method and Message of Jewish Apocalyptic* (Old Testament Library), Londres, 1964, pp. 218 et sq.

(73) Cf. H. Dentan, *The idea of History in the Ancient Near East*, Yale, 1955, p. 59 et sq.

un but. Cette manière de concevoir l'histoire a pour point de départ une certaine manière de concevoir Dieu. Ils croient en effet à son dessein sur le monde, mais, pour eux, il n'a pas seulement le contrôle de l'histoire comme l'admettaient les prophètes, il en a aussi l'initiative afin de la mener à son terme. Parce que Dieu fait alterner les temps et les moments « il renverse les rois et les rétablit ». (Dn 2,21). Les conceptions des apocalypticiens sur la périodisation du temps de l'Histoire, constituent, avons-nous dit, quelque chose de tout à fait différent par rapport aux idées des prophètes. D'où vient ce changement ?

On a invoqué quelquefois l'influence iranienne pour expliquer la théorie des quatre âges du monde. C'est le cas, par exemple, de Frost [74]. D'après une doctrine indo-iranienne contenue dans le Bahman Yašt (IV,20), écrit d'âge indéterminé, il y aurait trois ou quatre périodes cosmiques : le monde étant le corps de Dieu, les âges cosmiques sont les âges du dieu conçu soit comme un homme, soit comme un arbre à quatre branches. A chaque période, un sauveur intervient. Au bout de quatre périodes, le processus recommence, le monde se renouvelant indéfiniment. Mais Duchesne-Guillemin a fait de sérieuses réserves à l'existence même des quatre âges du monde de la doctrine indo-iranienne [75]. Par ailleurs, le Bahman Yašt est très tardif [76]. Plus précisément le Denkart contiendrait, dit-on, un parallèle encore plus étroit au livre de Daniel : les quatre périodes de mille ans qui suivent la naissance de Zoroastre sont figurées par l'or, l'argent, le fer et une substance mêlée de terre. Mais le Denkart date du IXe siècle de notre ère [77] et on ne saurait invoquer ce parallèle si tardif pour expliquer Daniel, même si cet écrit pehlevi contient des sources plus anciennes. Pour ces motifs, il semble préférable de chercher dans un autre milieu culturel et d'envisager une influence possible de la pensée grecque sur les idées juives, puisque les chapitres 2 et 7 de Daniel datent sans conteste de l'époque grecque. De fait, Hésiode développe déjà au VIIe siècle avant J.C. le mythe des différentes races d'hommes se succédant sur la terre symbolisées par divers métaux. Dans Les Travaux et les Jours (vers 110 et suivants) le poète évoque successivement les races d'or, d'argent. de bronze et de fer. L'influence grecque sur l'eschatologie juive est

(74) Cf. op. cit., p. 187.

(75) Cf. J. Duchesne-Guillemin, La religion de l'Iran Ancien, Paris, 1962. p. 212.

(76) Cf. art. Zoroastrianism de J.H. Moulton, dans le Dictionary of the Bible de Hastings, p. 990.

(77) Cf. J. de Menasce, Le troisième livre de Denkart traduit du pehlevi. Paris, 1973. p. 8.

soutenue notamment par T. Francis Glasson[78] et elle semble vraisemblable, notamment à l'époque de Daniel. Par contre, l'influence de la conception grecque du temps cyclique[79] sur la théorie des deux âges, l'âge présent et l'âge à venir, déjà ébauchée en Daniel 7, paraît plus hypothétique. Sans doute l'idée que le temps de la fin sera comme le temps des origines est-elle une constante des apocalypses – par exemple le paradis de la fin reproduira celui des origines – mais la théorie apocalyptique des deux âges diffère radicalement de l'idée populaire du retour cyclique des âges du monde. Dans l'apocalyptique, l'âge à venir sera totalement différent de l'âge présent. Daniel ainsi que ses successeurs insistent sur l'eschaton, c'est-à-dire sur la Fin de l'histoire où Dieu triomphera définitivement des puissances mauvaises pour instaurer son règne. Tel est l'espoir que nourrit Daniel avec tous les apocalypticiens. C'est tout autre chose d'espérer en un retour cyclique de l'histoire se répétant indéfiniment dans une série de révolutions.

La réinterprétation apocalyptique de la supputation des temps chez les prophètes.

Les apocalypses sont essentiellement une révélation sur la fin des temps et, par voie de conséquence, elles ne s'intéressent à l'histoire présente ou passée que dans la mesure où elles préparent la fin de l'histoire. Aussi les auteurs d'apocalypses ont-ils cherché à connaître la date de la fin des temps. Une des méthodes utilisées est de réinterpréter certaines données chiffrées de l'Écriture. C'est le cas notamment du chapitre 9 de Daniel. Une introduction (1-3) situe dans le temps – la première année de Darius – la révélation faite à Daniel et en explique le point de départ ; sa méditation sur la prophétie des soixante-dix ans de Jérémie (25,12). L'exil des Juifs à Babylone, selon cet oracle, devait durer soixante-dix ans et prendre fin après la ruine de Babylone (cf. 29,10). Or l'auteur de Daniel, grâce à une curieuse exégèse, réinterprète les soixante-dix ans de Jérémie comme étant soixante-dix semaines d'années (490 ans). Le point de départ du comput est le début de l'Exil en 587. Une première période dure sept semaines d'années jusqu'à ce

---

(78) Cf. T. Francis Glasson, *Greek Influence in Jewish Eschatology*, Londres, 1961, p. 3.

(79) Sur la conception du temps cyclique chez les Grecs et les Juifs, cf. James Barr, *Biblical Words for Time* (Studies in Biblical Theology n° 33), Londres, 1962, pp. 137-143 et D.S. Russell, *The Method and Message of Jewish Apocalyptic*, pp. 213-217.

que vienne un chef oint (425) où on reconnaît soit Cyrus, soit le grand-prêtre Josué. De fait les sept premières semaines de 587 à 538 font en gros une cinquantaine d'années ; au terme de cette période, Cyrus autorise la reconstruction du Temple, ce qui permet le retour des prêtres sadoquites. Une seconde période dure soixante deux semaines d'années soit 434 ans, qui vont en gros depuis le retour de captivité jusqu'à l'époque des Maccabées [80], période durant laquelle on rebâtira Jérusalem ; c'est un temps de restauration qui se termine par l'assassinat d'un oint saint, c'est-à-dire d'un prêtre que l'on identifie habituellement à Onias III (v. 26). La dernière semaine d'années (v. 27) se réfère au temps de persécution d'Antiochus IV Epiphane. Il importe de se demander pourquoi au temps de Daniel s'est fait sentir le besoin de réinterpréter la vieille prophétie de Jérémie.

1) On doit noter tout d'abord que l'étude que Daniel fait des Écritures, ici le prophète Jérémie, et l'interprétation qui sera donnée par la suite du texte jérémien, évoquent les pesharim qumraniens, encore que le mot technique pesher employé dans cette littérature ne soit pas mentionné. (En Daniel 4,3 ; 5,15,26 ; 7,16, le mot *peshar* a un sens technique précis : c'est l'interprétation d'un songe, d'une écriture, d'une vision). Au chapitre 9, on dit simplement de Daniel qu'il eut l'intelligence des écritures. Mais il reste que malgré une différence de forme, les pesharim qumraniens et l'exégèse donnée par le livre de Daniel de la prophétie de Jérémie ont ceci de commun qu'ils sont une actualisation de l'Écriture [81].

2) Mais dire qu'il y a actualisation de l'Écriture, ce n'est encore rien expliquer.

Jérémie plaçait la fin des tribulations de l'exil et le début de la restauration après soixante-dix ans, c'est-à-dire dix cycles sabbatiques complets [82]. Mais l'oracle ne s'était qu'imparfaitement accompli. Aussi est-ce d'une part le constat de la non-réalisation des anciennes prophéties, et d'autre part la dure expérience de la persécution qui a fait comprendre à Daniel la nécessité d'actualiser Jérémie. On a suggéré [83]

---

(80) A. Lacoque, un des récents commentateurs de Daniel fait partir les 62 semaines d'années en 605, date de l'oracle de Jérémie (cf. Jer 25,1,11), ce qui nous conduit en 171, date de l'assassinat d'Onias III (cf. *Le livre de Daniel*, Paris, 1976, p. 145). Cette manière de compter a l'avantage de mieux s'accorder avec la date de l'assassinat d'Onias III.

(81) Sur ce problème cf. A. Szörenyi, Das Buch Daniel, ein Kanonisierter Pescher ? dans Supplements to Vetus Testamentum XV, 1966, pp. 278-294.

(82) Cf. P. Grelot, Soixante-dix semaines d'années, dans Biblica 50, 1969, p. 171.

que la réinterprétation du texte jérémien pouvait être inspirée à Daniel
par la comparaison des données de Jérémie en 2 Ch 36,21 et Lv 26,34.
Le premier texte dit que le peuple fut emmené en captivité à Babylone
« pour accomplir la parole de Yahvé par la bouche de Jérémie, jusqu'à
ce que le pays ait joui de ses sabbats ; car il se reposa tout le temps de
sa dévastation jusqu'à l'accomplissement de soixante-dix années. »
D'après Lv 26,34 la terre jouira de ses sabbats tout le temps qu'Israël
sera en exil ; or le châtiment doit durer sept fois plus (26,18). Il est
possible que ces deux textes conjugués aient inspiré à Daniel l'idée que
chaque année de Jérémie comptait pour une année sabbatique. Il a pu
concevoir que soixante-dix années signifiaient non pas dix cycles
sabbatiques mais dix cycles *jubilaires*. Alors viendra le temps de la Fin.
En somme, pour les Juifs du IIᵉ siècle av. J.C., la prophétie jérémienne
est devenue une sorte d'oracle chiffré sur la fin de temps parce que,
répétons-le, la promesse prophétique ne s'était pas réalisée pleinement.
Un certain nombre d'auteurs ont d'ailleurs soutenu que le non-
accomplissement des prophéties était à l'origine de l'apocalyptique [84].

3) Une dernière constatation s'impose. Le texte de Jérémie a été
réactualisé selon une conception de l'histoire et de l'eschatologie nettement sacerdotale. Les trois tranches d'histoire qui divisent les soixante-
dix semaines d'années se terminent par un événement concernant soit
un oint (probablement le grand-prêtre Josué et Onias III), soit le
Temple de Jérusalem appelé le Saint des Saints. Il y a lieu de croire que
cette réactualisation sacerdotale de la prophétie jérémienne a été imposée par le milieu assidéen [85], proche, on le sait, du sacerdoce maccabéen
dans lequel est née la deuxième partie du livre de Daniel. Cette hypothèse est d'autant plus probable s'il est vrai que le livre de Daniel utilisait le calendrier sacerdotal.

Le calendrier sacerdotal de Daniel.

La seule date du livre indiquée par le quantième du jour et du mois se
trouve au début du chapitre 10,4. Après trois semaines de jeûne qui
constituent une préparation à la révélation, le 24ᵉ jour du premier mois,
Daniel a sa grande vision. Cette date, selon le calendrier sadoqite,
tombe un vendredi. Ce vendredi correspond à la fin du jeûne et à la fin

---

(83) Cf. D.S. Russel, *The Method and Message of Jewish Apocalyptic*, op.
cit., p. 196.

(84) Cf. R.H. Charles, *A Critical History of the Doctrine of a Future Life*,
in Israël, in Judaism, and in Christianity, Londres, 1899, pp. 168-173 ; cf. D.S.
Russell, *The Method and Message of Jewish Apocalyptic*, op. cit., pp. 181-183.

(85) Cf. M. Delcor, *Le livre de Daniel*, Paris, 1970, pp. 15-19.

de la semaine car on ne jeûnait pas le vendredi. Les trois semaines entières de deuil se comptent donc depuis le premier jour jusqu'au vingt-quatrième excepté les sabbats. Telles sont les explications de J. van Goudoever[86] qui avec A. Jaubert[87] s'accorde à voir dans le livre de Daniel l'utilisation du même calendrier que celui du livre des Jubilés, c'est-à-dire le calendrier sacerdotal. Les deux livres, précise-t-on, ont beaucoup en commun car au chapitre 9 nous trouvons la spéculation apocalyptique sur les soixante-dix semaines, soit dix années de Jubilés et aussi les groupements de sept septénaires 7 × 7 soit un jubilé (cf. 9,25), et Annie Jaubert de conclure : « Si Daniel s'intéresse aux périodes de sept semaines et Daniel 10 à la période partant du 25/1 qui est le premier jour de la période de cinquante jours du livre des Jubilés, l'analogie avec le calendrier du Qumrân où l'on trouve au moins trois périodes de sept semaines (jusqu'à la fête de l'huile au 22/VI)[88] permet de penser que Daniel connaissait un comput avec une succession de périodes de sept semaines[89]. »

La Fin des Temps.

La fin des temps est préparée par les grandes étapes de l'histoire perse et surtout grecque qui précèdent la phase finale. Dans cette ultime période de persécution violente, le voyant n'hésite pas à supputer la fin des temps et même à proposer des chiffres précis. C'est la situation critique dans laquelle se trouve la communauté juive de Palestine qui dicte au voyant cette attitude.

1) Daniel est préoccupé par l'idée de la fin des temps, surtout dans la grande fresque historique qu'il a contemplée en vision (chap. 11). Le prophète se situe fictivement en la troisième année du roi Cyrus, selon la précision rapportée par 10,1 afin de décrire l'époque perse (11,1-2) et surtout l'intervention grecque avec Alexandre le Grand (vv. 3-4) qui sont brièvement évoquées. A mesure qu'on avance dans le temps, la prophétie devient plus abondante : elle se divise en trois parties. Une première partie concernant l'époque des Diadoques, spécialement les

---

(86) Cf. J. van Goudoever, *Fêtes et Calendriers bibliques*, Paris, 1967, pp. 127 et sq., traduction de l'édition anglaise du même auteur : *Biblical Calenders*, Leiden, 1961 (2e édition).

(87) Cf. A. Jaubert, *La date de la Cène. Calendrier biblique et liturgie chrétienne*, Paris, 1967, p. 49.

(88) Cf. Y. Yadin, Le Rouleau du Temple, dans Comptes rendus de l'Académie des Inscriptions et Belles-Lettres, 1968, p. 612.

(89) Cf. A. Jaubert, Fiches de calendrier, dans M. Delcor et alii, *Qumrân, sa piété, sa théologie et son milieu*, Paris-Gembloux, 1977, pp. 305-306.

Séleucides et les Ptolémées, conduit le lecteur jusqu'a l'avènement
d'Antiochus III (vv. 5-9). Les versets 10,19 décrivent les exploits d'Antiochus le Grand et constituent la deuxième période. (Ce qui concerne
Seleucus IV n'occupe qu'un seul verset au v. 20). La troisième période,
la plus importante, du point de vue de l'auteur et des événements, se
rapporte au règne d'Antiochus IV Epiphane (vv. 21-45). Il est significatif que dans cette partie, les notations de temps sont plus fréquentes que
dans la première où elles restent sporadiques : 11,3 (*leqeṣ ha ʿittim
šanim*), 11, (*ba ʿittim hahem*) ; v. 20 (*beyamim ʾahadîm*). Le déroulement des événements sous Antiochus IV est noté par rapport à la fin du
persécuteur impie (*qiṣṣô*) au verset 45 qui aura lieu « au temps de la
Fin » (v. 40). Aussi Daniel indique-t-il çà et là, en énumérant la succession de ses entreprises malfaisantes, que le temps de la fin n'est pas
encore arrivée : v. 24 (*we ʿad ʿet*) ; v. 27 (*Kî ʿod qeṣ lammo ʿed*) ; v. 29
(*lammo ʿed*) ; v. 35 (*ʿad ʿet qeṣ*). Avec le verset 40, commence une
section nouvelle et vraiment prophétique se référant à la fin du persécuteur et introduite par l'expression (*qeṣ*) « au temps de la Fin ». Normalement la prophétie contenue dans le « livre de Vérité » devrait se terminer
avec le dernier verset du chapitre 11 qui annonce la mort d'Antiochus.
Mais le début du chapitre 12,1 commence par ces mots « en ce temps
là » *be ʿet qeṣ* ; mais quel sens faut-il donner à cette formule ? S'agit-il
d'une suture rédactionnelle destinée à relier l'apocalypse de 12,1-3 à ce
qui précède, ce qui ne doit pas être exclu a priori, ou s'agit-il d'une
réelle indication de temps qui renverrait au verset 40 du chapitre précédent où il est question du « temps de la Fin » ? De fait, tous les maux
qui s'étaient abattus sur le peuple juif ne devaient pas prendre fin avec
la disparition du grand persécuteur. D'après le témoignage de 1Mac
9,23 et sq., après la mort de Judas Maccabée, en l'année 160, les sans-
loi reparurent en Israël et l'historiographie ajoute que sévit alors en
Israël une telle oppression (Θλίψις μεγάλη) qu'il ne s'en était pas
produit de pareille depuis le jour ou l'on n'y avait plus vu de prophète. »
On pourrait penser que la même situation est visée en 12,1 ; il y est
aussi question d'un temps de détresse *ʿeth ṣarah* (LXX, Theodotion :
ἡμέρα ou καιρὸς θλίψεως) comme il n'avait jamais été vu. »

En tout cas, au verset 4, se termine la vision proprement dite, puisque
l'ordre est intimé à Daniel de la sceller pour assurer son inviolabilité.

2) La date de la fin des temps.

Le livre de Daniel donne quatre indications chiffrées pour le temps
de la Fin.

a) trois ans et demi, littéralement un temps, des temps et une moitié
de temps (7,27 : 12,7). Au bout de ce temps le royaume des saints sera
établi.

b) 1 150 jours, littéralement 2 300 soirs et matins (8,14), temps après lequel le sanctuaire sera rétabli dans son droit.

c) 1 290 jours (12,11).

d) 1 335 jours (12,12).

Quelques observations s'imposent à propos de ces chiffres qui sont loin d'être concordants. Les 1 150 jours représentent probablement la durée exacte pendant laquelle le culte juif a été interrompu dans le temple de Jérusalem, c'est-à-dire d'automne 167 au 14 décembre 164. Le comput en soirs et matins a été probablement suggéré par le fait que l'holocauste était offert quotidiennement le matin et le soir (cf. Ex 29,38-42). Le soir est indiqué avant le matin parce que la journée commençait le soir (Ne 13,19).

Quant aux trois années et demie, elles représentent, semble-t-il, une date symbolique plutôt qu'un chiffre exact, car si l'on compte les mois de 30 jours, on arriverait à 1 260 jours. De fait, trois et demi, la moitié de sept, chiffre parfait, indique sans doute que l'entreprise d'Antiochus IV contre le culte juif était destinée à l'échec.

Il est plus difficile de justifier les deux derniers chiffres de 1 290 jours et de 1 335 jours (12,11-12). Venant après que la révélation faite à Daniel a été close (12,9), ils donnent l'impression d'être deux gloses successives destinées à prolonger les 1 150 jours annoncés en 8,14. Cette dernière prophétie n'ayant pas été réalisée à la lettre, un glossateur aurait rallongé une première fois le nombre des jours, d'abord en 1 290 puis en 1 335 jours comptés à partir de l'abolition du sacrifice perpétuel.

C'est l'impatience apocalyptique d'hommes qui souffrent qui contraint de calculer toujours à nouveau la date de la venue du Royaume.

Les spéculations chronologiques à l'époque de Daniel.

Josèphe avait déjà parfaitement saisi la différence essentielle qui distinguait les prophéties de Daniel. De ce dernier il dit : « il ne se bornait pas en effet à annoncer les événements futurs, ainsi que les autres prophètes, mais il détermina l'époque où ils se produiraient » (A.J. X,XI,7). Mais il est difficile de dire d'où Daniel a hérité ce souci de précision mathématique pour dater les événements de la Fin. Sans doute n'est-il pas vain de penser que le document sacerdotal est pour une part dans ces préoccupations, d'autant plus qu'il a aussi des vues eschatologiques. Certes les écrits de l'Ancien Testament croient à la durée du monde. Mais celle-ci n'est devenue l'objet de spéculations mathématiques qu'à partir du document sacerdotal. En effet P, d'après

le texte massorétique, fournit une chronologie systématique et ininter-
rompue depuis la Création jusqu'à l'Exode couvrant une durée de 2 666
ans, c'est-à-dire les deux tiers de la durée totale du monde, qui selon une
hypothèse de Gutschmid [90] prendrait fin 4 000 ans après avoir été créé,
précisément du temps de Daniel [91].

La chronologie du texte massorétique ne s'accorde pas, il est vrai,
avec celle du Pentateuque samaritain, de la LXX, du livre des Jubilés
ou de Josèphe [91]. Mais ces systèmes chronologiques divers montrent
que circulaient au temps de Daniel plusieurs sortes de spéculations
auxquelles les apocalypticiens ont pu avoir recours pour calculer la
date de la fin du monde [93]. Dans ces perspectives, il n'est pas impossible
que l'auteur de l'apocalypse danièlique qui est, comme nous l'avons
montré ailleurs dans notre commentaire, d'origine assidéenne ait trouvé
dans le milieu sacerdotal sadoquite le chiffre de 490 ans qui occupe une
place si importante dans ses spéculations sur la fin des temps : de là
pourrait provenir sa réinterprétation des 70 ans de Jérémie qui constituait répétons-le, un véritable pesher de type qumranien.

Cette hypothèse semble avoir quelque consistance si on prête attention au fait suivant. On retrouve en effet dans le *Document de Damas* le
chiffre de Daniel si on totalise plusieurs données contenues dans cet
écrit [94]. La naissance de la secte de la Nouvelle Alliance a lieu 390 ans
après la prise de Jérusalem par Nabuchodonosor (1,6), 20 ans après
les débuts de la secte, apparaît le Docteur de Justice (1,10) ; le même
document donne 40 ans d'intervalle entre la disparition du Docteur et
la visite finale (20,14). Si l'on ajoute 40 ans, c'est-à-dire la durée du

---

(90) Hypothèse citée dans Skinner, *Genesis* (ICC), Edinburg, 1930, p. 135.

(91) Cf. E. Jacob, *Theology of the Old Testament*, Londres, 1958, p. 318,
note 1.

(92) Pour un tableau de ces divers systèmes chronologiques cf. S.R. Driver,
The book of Genesis with Introduction and Notes, Londres, 1904, pp. XXVI-
XXVIII.

(93) Pour les diverses théories sur la durée du monde, cf. P. Volz, *Die
Eschatologie der jüdischen Gemeinde im neutestamentlichen Zeitalter*, Tübingen, 1934, pp. 142-145. Pour les computs sur le temps du Messie, cf. *Strack-
Billerbeck, Komm. zum N.T.* ... t. IV, 2, p. 977 et sq., surtout 990 et sq. Sur les
problèmes posés par les 430 ans d'Ex 12,34 et autres textes similaires, on se référera aux articles de P. Grelot, dans *Hommages à André Dupont-Sommer*,
Paris, 1971, pp. 383-394 et dans *Homenaje a Juan Prado*, Madrid, 1975,
pp. 559-570.

(94) Ce rapprochement avec Daniel a déjà été signalé par A. Dupont-
Sommer, *Les écrits esséniens découverts près de la Mer Morte*, Paris, 1959,
p. 137. Il est repris par D.S. Russell, *The Method and Message of Jewish Apocalyptic*, pp. 199-200.

ministère du Docteur qui, dans la Bible équivaut à une génération, on aboutit à 490 ans (390 + 20 + 40 + 40).

Mais précisons bien notre pensée. Dans cette hypothèse, nous ne prétendons pas pour autant que l'auteur de Daniel ait emprunté les 490 ans au Document de Damas qui lui est évidemment postérieur. Mais étant donné la continuité de milieu des Assidéens aux Esséniens et l'existence de part et d'autre d'une spéculation sur le chiffre 490, en relation avec la fin des temps, il ne serait pas invraisemblable que Daniel ait déjà trouvé ce chiffre dans la tradition sacerdotale assidéenne.

Conclusions.

Sur les notions de temps, l'apocalypse danièlique, par rapport aux écrits eschatologiques des prophètes étudiés plus haut, apporte des données nouvelles et parfois radicalement différentes.

1) Le complexe de mots *ba'aharit hayyamim* et son équivalent araméen ne signifie plus comme chez les prophètes « dans la suite des jours » mais « à la fin des jours ». Ce changement de perspective s'explique par le milieu apocalyptique dans lequel cette expression a été reprise : à un moment de crise redoutable pour le peuple juif dont l'existence même était menacée, on n'attendait plus la suite des temps de l'Histoire mais sa cessation. Celle-ci devait coïncider avec la fin du persécuteur et la fin du temps.

2) On assiste dans l'apocalyptique à une périodisation du temps de l'Histoire orientée vers le temps de la Fin qui n'a jamais existé sous cette forme dans la prophétie. Les prophètes annonçaient simplement le jugement des empires païens mais non leur succession prédéterminée, dans un ordre donné et suivant des périodes préétablies.

3) De ce fait, plus que chez les prophètes se fait jour en Daniel l'idée que Dieu est le Maître des empires et du temps de l'Histoire. Un homme, fût-il roi, ne peut changer les temps de l'histoire ou même imposer par voie d'autorité un calendrier liturgique destiné à transformer un milieu donné. L'idée que Dieu est le Maître des temps et des moments sera plus tard exprimée à nouveau avec force dans une autre grande apocalypse : le IVᵉ Esdras : « Il a pesé la durée sur la balance. Il a mesuré les heures au cordeau et compté le nombre des temps. Il ne les trouble pas, ne les éveille pas, tant que la mesure prévue n'est pas remplie. » (4.36 et sq.).

4) Les conceptions du temps et de l'histoire sont intimement liées chez Daniel. Or si Dieu est le Maître des temps et de l'histoire, celle-ci sera par voie de conséquence, une histoire *prévue*, une histoire *conduite*, une histoire *signifiante* et, en définitive, une *histoire qui tend à l'unité*.

5) L'apocalypse de Daniel est essentiellement, comme toutes les apocalypses, une révélation sur la fin des temps que le voyant essaie de supputer en avançant des chiffres précis. Sur ce point, il diffère radicalement des prophètes qui restaient dans le vague à propos du Jour de Yahweh. L'auteur du livre de Daniel a emprunté, semble-t-il, à la tradition sacerdotale du milieu assidéen, qui est apparemment le sien, ce genre de spéculations arithmétiques. Dans la perspective de la fin des temps, il réinterprète la supputation des temps chez les prophètes, ce qui se présente comme une réactualisation des 70 années annoncées par Jérémie dont il donne une sorte de *pesher* de type qumranien.

6) Pour expliquer cette transformation des conceptions sur le temps de l'Histoire et du temps de la fin que l'apocalyptique a en partie héritées de la Prophétie, il faut faire appel à la fois au *milieu sacerdotal* qui a vu naître l'apocalypse danièlique et à des *influences extérieures*. Pour ce qui concerne l'idée d'histoire prédéterminée par Dieu, elle a été sans doute empruntée à l'ancienne Mésopotamie qui connaissait les tablettes du destin où les dieux inscrivaient leurs décisions concernant les rois et aussi les simples mortels [95].

Par contre, il est vraisemblable que la succession quadripartite des empires mondiaux symbolisées par divers métaux provient du monde grec, bien qu'Hésiode ne donne aucune date. Là encore se vérifie une des attitudes des apocalypticiens : leur grande ouverture aux milieux ambiants.

---

(95) Cf. Sh. M. Paul, Heavenly Tablets and the Book of Life, dans The Journal of the Ancient Near Easter Society of Columbia University, The Gaster Festschrift, t. 5 (1973), pp. 335-345.

Le livre des Paraboles d'Hénoch Ethiopien

Le problème de son origine à la lumière des découvertes récentes.

Le livre éthiopien d'Hénoch fut, on le sait, rapporté d'Ethiopie en Europe au XVIIIème siècle par le voyageur écossais James Bruce (1) qui était parti à la recherche des sources du Nil (2). En effet la principale gloire de cet explorateur ne fut pas d'avoir découvert les sources longtemps mystérieuses de ce grand fleuve —ce qui avait été déjà fait en 1618 par le jésuite espagnol Paez qui publia en portugais une importante *Historia da Etiopia*— mais d'avoir rapporté en Europe une collection de manuscrits éthiopiens parmi lesquels se trouvait le livre d'Hénoch. Le voyageur écossais avait mis la main sur trois exemplaires de cet ouvrage. L'un des manuscrits fut présenté à la Bodleian Library d'Oxford, un autre fut gardé par l'explorateur et le troisième et non le moindre aboutit dans la bibliothèque du roi de France. En effet il fit présent au roi Louis XV d'un texte d'Hénoch, spécialement calligraphié à cet effet en Ethiopie, avant même de rentrer à Londres, ce qui provoqua quelques remous diplomatiques rapportés par le donateur lui-même: "Amongst the articles I consigned to the library at Paris, was a very beautiful and magnificent copy of the prophecies of Enoch, in large quarto (3), another is amongst the books of Scripture, which

---

(1) Sur ce voyageur voir les quelques pages qui lui sont consacrées dans E. ULLENDORFF, *The Ethiopians. An introduction to Country and People.* Londres, Oxford University Press 1965 (2ème édition) pp. 12-14 et surtout du même auteur, JAMES BRUCE OF KINNAIRD, dans *Studies in semitic Languages and Civilizations,* Wiesbaden, 1977, pp. 266-281.

(2) Cf. J. BRUCE, *Travels to discover the Source of the Nile,* Edinburgh, 1790 (Ière édition en 5 volumes). Diverses éditions de cet ouvrage ont paru en anglais; nous possédons une traduction française de cet ouvrage publiée à Paris l'an VII (Voyage aux sources du Nil par James Bruce. Traduit de l'anglais par P. F. Henry) en cinq volumenes dans la Bibliothèque portative des voyages.

(3) Ce magnifique exemplaire a été exposé de novembre 1974 à février 1975 au Petit Palais, à Paris (cf. le catalogue de l'exposition Ethiopie millénaire).

I brought home, standing immediatly before the Book of Job, which
is its proper place in the Abyssianian Canon; and a third copy I
have presented to the Bodleian Library at Oxford by the hands of
Dr Douglas, the Bishop of Carlisle" (4). A peine fut connue à Londres la nouvelle de la donation au roi de France du manuscrit éthiopien que le Dr Woide partit pour Paris, porteur d'une lettre du
Secrétaire d'Etat à l'ambassadeur d'Angleterre en France, le priant
d'aider le savant anglais à avoir accès au précieux livre. En effet,
muni de toutes les autorisations désirées, le Dr Woide fit faire une
traduction d'Hénoch qui ne parut, semble t-il, jamais. Il faut dire
que le présent fait au roi de France avait été fort bien accueilli à
Paris: "Pour gage public de ma reconnaissance envers une nation
humaine, bienfaisante, savante et polie, et principalement envers le
roi Louis XV, dit Bruce, j'ai présent à son cabinet d'une partie
des choses curieuses que j'ai rapportées des pays lointains, hommage
qui a été accueilli avec une honnêteté et ·une attention dignes
d'engager tous les voyageurs dont l'âme est généreuse à suivre mon
exemple" (5).

La première édition du texte éthiopien suivie d'une traduction
fut celle de Richard Laurence publiée à Londres en 1821 (6). Le
texte est celui du manuscrit donné par Bruce à la Bodleian Library.
De l'avis de Charles, la transcription du manuscrit n'est pas très
exacte (7). De bonne heure, les critiques remarquèrent que le livre
d'Hénoch était composite et que ses diverses parties dataient d'époques fort diverses.

Le résumé des différentes théories concernant la critique littéraire et la datation se trouve commodément dans les ouvrages de
François Martin (8), paru en 1906, et de Charles (9), publié en 1912.
L'histoire de la recherche est conduite depuis le début du XIXème
siècle jusqu'à la fin environ de la première décade du XXème siècle.

Pour ce qui concerne la section d'Hénoch désignée sous le nom
de Paraboles d'Hénoch qui nous occupe ici, les anciens critiques ont
oscillé entre deux hypothèses extrêmes. Ils ont reconnu dans les
chap. XXXVII-LXXI, soit une oeuvre chrétienne, soit une compo-

---

(4) Cf. *Travels to discover the Source of the Nile*, vol. II, p. 422.
(5) Cf. traduction française, t. II, 91.
(6) Cf. RICHARD LAURENCE, *The Book of Enoch the Prophet... now first translated from an Ethiopic MS. in the Bodleian Library*, Oxford, 1821. La troisième
édition revue et corrigée parut en 1838.
(7) Cf. R. H. CHARLES, *The Book of Enoch or I Enoch, translated from the
Editor's Ethiopic Text*, Oxford, 1912, p. XXVII.
(8) Cf. F. MARTIN, *Le livre d'Hénoch, traduit sur le texte éthiopien*, Paris,
1906, pp. LXII et s.
(9) Cf. CHARLES, *op. cit.*, pp. XXX et sq.

sition d'origine juive, opinion qui a fini par prévaloir jusqu'a une date récente.

La gloire quasi divine dont est entourée la figure du Messie dans les Paraboles, écrit à juste titre A. Lods, a amené plusieurs critiques à soutenir que cette partie du livre d'Hénoch était l'oeuvre d'un chrétien. Il cite à ce propos les noms de Hilgenfeld, Volkmar, König, Cornill (10). A l'extrême limite, il faut mentionner quelques critiques ayant imaginé que le livre d'Hénoch tout entier a été bâti à partir de la citation de l'épître de Jude (Hofmann, Weisse, Philippi). Mais cette position radicale n'a pas trouvé beaucoup d'échos. Aussi, jusqu'à la découverte des fragments du livres d'Hénoch à Qumrân à l'exclusion de ceux des Paraboles, on tenait à peu près unanimement le livre des Paraboles comme un écrit purement juif.

Les textes qumrâniens et les positions nouvelles.

J. T. Milik, le savant éditeur des fragments araméens d'Hénoch de la grotte 4 de Qumrân, s'est exprimé très nettement le premier sur l'origine chrétienne des Paraboles, revenant ainsi à la thèse ancienne du XIXème siècle émise après la découverte de l'Hénoch éthiopien. Il a livré son jugement à ce sujet d'abord en 1971 dans une importante étude sur la littérature hénochique: Aucun fragment manuscrit, écrit-il, qui puisse correspondre d'une façon quelconque à la deuxième section de l'Hénoch éthiopien, à savoir les chapitres 37 à 71 ou "livre des Paraboles", n'a été identifié dans la masse innombrable des fragments de 4Q (restes de la bibliothèque centrale du monastère essénien du Ḥirbet Qumrân) ni non plus dans le lots plus réduits de manuscrits retrouvés dans dix autres grottes de la région qumranienne. Cet indice négatif, mais assez éloquent au terme du calcul des probabilités, en faveur de la date post-qumranienne de ce livre se laissera facilement renforcer par des considérations d'ordre littéraire". Il affirme dans la même étude que le livre des Paraboles n'existait pas à l'époque paléochrétienne, dans un texte araméen, hébreu ou grec, puisqu'aucun fragment sémitique ou grec n'en a été repéré dans les très riches lots manuscrits des grottes de Qumrân. D'où sa conclusion: "C'est donc une composition grecque chrétienne (on y a déjà signalé l'emploi du texte des LXX) qui s'inspire visiblement des livres du Nouveau Testament, en particulier des Evangiles, en commençant par les titres du Messie préexistant "Fils de l'homme" (Mat 9,6; 10,23, etc) et "Elu" (Luc 23,35).

---

(10) Cf. A. Lods. *Histoire de la littérature hébraïque et juive des origines à la ruine de l'Etat juif (135 ap. J. C.)*, Paris, 1950, p. 880.

En raison de l'absence de citations de cet écrit dans la littérature patristique entre le Ier et le IVème siècle, il précise même que le livre des Paraboles n'est pas paléochrétien. Il s'apparenterait par son contenu à la littérature sibylline dont les oracles fleurissaient entre les IIème et le IVème siècles (11).

En 1976, J. T. Milik devait revenir plus longuement sur ces questions dans son introduction à l'édition des fragments araméens du livre d'Hénoch (12). En reprenant presque mot pour mot ce qu'il avait dit précédemment, il ajoute quelques précisions nouvelles. L'existence du livre grec des Paraboles n'est attestée, dit-il, qu'à la période ancienne du Moyen-Age et encore indirectement par la stichométrie de Nicéphore et par l'Hénoch slave. Il souligne l'absence de versions anciennes en dehors de celle d'Hénoch grec et spécialement le silence absolu sur les Paraboles dans la littérature copte et l'absence totale de fragments de trouvailles de papyri grecs ou coptes en Egypte. Il insiste surtout sur la parenté du livres des Paraboles avec les livres II et V des Oracles sibyllins (13). Il situe finalement la date des Paraboles aux alentours de l'année 270 ap. J. C. (14).

Les arguments invoqués par J. T. Milik sont à première vue impressionnants. Mais à y regarder de près, ils sont de nature différente et, pris isolément, de valeur différente. Regroupons-les: absence des "Paraboles" dans le fragments qumrâniens, argument selon lequel ce livre n'est cité dans aucun écrivain chrétien ancien, recours de l'auteur des Paraboles à la LXX et non à la Bible hébraïque, parenté des Paraboles avec les livres II et V des Oracles sibyllins.

Que penser de l'argument du silence, en d'autres termes de l'absence du livre des Paraboles parmi les fragments de la grotte IV de Qumrân?

L'absence des Paraboles parmi les fragments manuscrits de Qumrân pourrait seulement indiquer, en toute hypothèse, que cet écrit n'était pas utilisé ou connu dans la communauté essénienne des bords de la Mer Morte. Il faut d'ailleurs opportunément rappeler que l'argument du silence est toujours d'"un maniement difficile. Aussi a t-il été rappelé fort à propos: "aujourd'hui comme avant les trouvailles de Qumrân, la question de l'origine du livre des Paraboles doit être examinée essentiellement à l'aide des critères in-

(11) Cf. J. T. MILIK, *Problèmes de la littérature hénochique à la lumière des fragments araméens de Qumrân*, dans Harvard Theological Review, t. 64, 1971, p. 333; cf. art. cit. p. 375.
(12) Cf. J. T. MILIK, *The Books of Enoch. Aramaic fragments of Qumran Cave 4*, with the collaboration of Matthew Black, Oxford, 1976, pp. 89 et sq.
(13) *Op. cit.*, p. 92-96.
(14) *Op. cit.*, p. 96.

ternes" (15). En attendant de faire une étude plus détaillée du sujet, faisons ici quelques brèves remarques. Contre l'origine proprement essénienne du livre semble militer le fait que le titre de Fils de l'Homme y est appliqué au Messie. Or jamais encore on n'a trouvé parmi les écrits qumrâniens mention du Fils de l'Homme comme appellation messianique ou dans un tout autre sens, ce qui est étonnant dans l'hypothèse de l'origine essénienne des Paraboles. Il faut par contre rattacher la notion de Fils de l'Homme à l'auteur d'origine assidéenne qui a écrit la deuxième partie du livre de Daniel. Il est le premier à avoir fait usage de ce symbole à portée messianique tout en lui donnant, il est vrai, une valeur collective (16). Mais il est juste de souligner que le concept de "Fils de l'Homme" qui, dans les Paraboles, recouvre incontestablement une réalité individuelle, a été singulièrement retravaillé par rapport à la source danièlique dont il constitue une relecture. Ce fait laisse supposer que le livre des Paraboles est assez éloigné dans le temps de la deuxième partie du livre de Daniel (chap 7 à 12) et indique à lui seul qu'il n'appartient pas à un milieu assidéen.

Le livre des Paraboles n'est donc pas d'origine essénienne voire assidéenne, ce qui expliqe qu'il ne soit pas représenté parmi les fragments de la grotte IV de .Qumrân. En d'autres termes, le livre des Paraboles ne se trouve pas dans les grottes de Qumrân parce qu'il ne pouvait pas s'y trouver étant donné qu'il n'a pas vu le jour dans le milieu essénien, voire préessénien. Mais cette absence n'implique pas pour autant qu'il soit d'origine chrétienne. Bien au contraire, nous essaierons de montrer plus loin qu'il est d'origine juive.

Le problème des allusions ou citations des Paraboles dans l'ancienne littérature chrétienne

Les deux grands commentaires de Martin (17) et de Charles (18) se sont intéressés à ce problème. Martin observe que les citations du livre d'Hénoch et les emprunts directs ou indirects à ses traditions apparaissent dans les écrivains ecclésiastiques dès la fin du Ier siècle de notre ère et portent en majeure partie sur le récit de la chute des anges. Il renvoie aux études de Ch. Robert (19) et

---

(15) Cf. A. DUPONT-SOMMER, Les écrits esséniens. Paris, 1959, pp. 310-311.
(16) Cf. M. DELCOR, Le livre de Daniel, Paris, 1971, p. 157.
(17) Cf. MARTIN, op. cit., pp. CXXII-CXXXIX.
(18) Cf. CHARLES, op. cit., pp. LXXXI-XCV.
(19) Cf. CH. ROBERT, Les fils de Dieu et les filles des hommes, dans R.B.. 1895, pp. 340-373 et 525-552.

de Lawlor (20). Mais les allusions ou citations des Paraboles sont-elles complètement inexistantes comme le soutient J. T. Milik? De fait, elles sont très rares et en raison de cette constatation il importe de les étudier de près.

L'apocalypse de Pierre et le livre des Paraboles

Le texte de cette apocalypse est conservé dans un fragment grec et surtout dans une traduction éthiopienne révélée au début du siècle par l'éthiopisant bien connu Sylvain Grébaut. Le texte grec fragmentaire fut découvert en 1887 à Akhmim en Haute-Egypte et sûrement identifié en raison d'une citation que Clément d'Alexandrie fait de cet écrit. On l'appelle fragment Akhmim et il fut découvert avec un fragment de l'évangile de Pierre (21). On trouvera une traduction anglaise des textes grec et éthiopien dans le Nouveau Testament apocryphe de James (22) et une traduction allemande dans les apocryphes du Nouveau Testament de Hennecke (23). La traduction française fait suite au texte éthiopien de l'édition de S. Grébaut d'après le manuscrit 51 de la collection d'Abbadie conservée à la Bibliothèque Nationale de Paris. L'apocalypse de Pierre en éthiopien est contenue dans les apocryphes pseudo-clémentins en éthiopien (24). M. James eut le mérite de reconnaître dans le texte publié par Grébaut les fragments grecs découverts à Akhmim; il signale en outre de nombreux parallèlismes avec les Oracles sibyllins (25). Cette apocalypse est fort ancienne et elle doit remonter au début du IIème siècle de notre ère puisque Clément d'Alexandrie la cite dans ses Ecloges des Prophètes: 41,2; 48,1 (26) comme l'a parfaitement reconnu James (27). C'est de fait, la plus ancienne des apocalypses apocryphes chrétiennes non canoniques qui sont d'ailleurs rares; elle a été composée vraisemblablement entre 125 et 150 (28).

---

(20) Cf. H. J. LAWLOR, *Early citations from the Book of Henoch*, dans Journal of Philology, vol. 225, 1897, pp. 164-225.

(21) Edition princeps dans U. Bouriant (Mémoires publiés par les membres de la mission archéologique française au Caire), t. IX, Paris, 1892.

(22) Cf. MONTAGUE RHODE JAMES, *The Apocryphal New Testament*, Oxford, 1924, pp. 507-510.

(23) Cf. HENNECKE-SCHNEEMELCHER, *Neutestamentlichen Apocryphen*, Tübingen, 1964, t. II, pp. 472-483.

(24) Cf. S. GRÉBAUT, *Littérature éthiopienne Pseudo-Clementine*, dans Revue de l'Orient chrétien, 1910, pp. 198-214 et pp. 307-323.

(25) Cf. MONTAGUE RHODE JAMES, *A new Text of the Apocalypse of Peter*, dans The Journal of Theological Studies, t. 12, 1911, pp. 36 et sq 362 sq; 573 et sq.

(26) Cf. l'édition de O. STÄHLIN, *Clemens Alexandrinus*, Leipzig, 1909, vol. III, pp. 149-150.

(27) *Art. cit.*, pp. 369-375.

(28) Cf. J. QUASTEN, *Initiation aux Pères de l'Eglise*, Paris, 1955, t. I, p. 164.

Or James a étudié tout spécialement les relations de l'apocalypse de Pierre avec le livre d'Hénoch. Il a relevé vingt-cinq passages de cet écrit dont on trouve un écho dans l'apocalypse de Pierre (29). Ils constituent pour lui la preuve de la dette que l'apocalypse a contractée par rapport à Hénoch et ils montrent l'influence du livre d'Hénoch sur l'apocalypse de Pierre. James a soin de faire observer que les passages relevés appartiennent à toutes les parties d'Hénoch, y compris celles qui sont les plus tardives. Pour ce qui est du livre des Paraboles, l'érudit britannique énumère au moins cinq passages qu'il importe d'examiner dans le détail. A première vue, il ne s'agit jamais de citation pure et simple mais on est plutôt en présence d'allusions ou de réminiscences qui ne sont d'ailleurs pas toutes également significatives. James cite les chap. 39,5-7; 54,3; 56,1; 62,11; 60,8; 61,5; 63,1; 70,4. Ces passages sont essentiellement de deux sortes: ceux qui parlent du lieu de séjour des élus et des justes: 39,5-7; 60, 8; 70,4 et ceux qui mentionnent les anges du châtiment: 54,3; 60,1; 62,11; etc. Un seul pasage concerne le "retour", c'est à dire la résurrection de ceux qui ont été dévorés par certaines bêtes: 61,5. Les textes concernant le séjour des élus et des justes le montrent les plus souvent comme un jardin agréable, lieu de repos et de félicité des bienheureux (60,8); il est appelé même "jardin de vie" (61,12). C'est dans ce lieu qu'Hénoch lui-même est reçu (60,8). Charles se demande dans son commentaire à quoi identifier ce jardin. S'agit-il du jardin d'Eden, le jardin terrestre ou du jardin céleste, ou les deux jardins sont-ils identiques? (30). Dans un autre passage du livre des Paraboles (39,5-7), Hénoch voit les lits de repos de justes à l'extrémité des cieux, au ciel même, semble t-il, passage qui ne s'accorde guère avec le concept de jardin, notamment d'après les Fragments noachiques du chap. 60 (31). Les fragments d'Akhmim de l'apocalypse de Pierre décrivent le jardin séjour des justes avec un peu plus de détails que le livre des Paraboles:

"15 - Le Seigneur me montra une très grande contrée en dehors de ce monde, extraordinairement resplendissante de lumière, l'air de cet endroit était illuminé des rayons du soleil et la terre était fleurie de fleurs qui ne se fanent point, et remplie d'aromates et de plantes bien fleuries et incorruptibles portant des fruits bénis. 16 - La floraison était si considérable que le parfum parvenait de là jusqu'à nous. 17 - Les habitants de cet endroit étaient revêtus de vêtements d'anges

---

(29)   Cf. *art. cit.*, pp. 378-380.

(30)   Cf. R. H. CHARLES, *The Book of Enoch or 1 Enoch, translated from the Editor's ethiopic Text*, Oxford, 1912, p. 115, note 1.

(31)   Sur les diverses conceptions du séjour des élus dans Hénoch cf. P. GRELOT, *L'eschatologie des Esséniens et le livre d'Hénoch*, dans Revue de Qumrân, t. 1, 1958, pp. 126 et sq.

étincelants et leurs vêtements étaient semblables à la contrée. 18 - Là
les anges couraient autour d'eux. 19 - Et la gloire de ceux qui demeuraient là était absolument semblable et d'une seule voix ils
louaient le Seigneur Dieu en se réjouissant dans ce lieu. 20 - Le Seigneur nous dit: "Ceci est la place de vos chefs (ou des grands-prêtres),
les hommes justes" (32).

Ce texte de l'apocalypse mentionné par James en regard des textes hénochiens des Paraboles énumérés plus haut appelle quelques
observations. En premier lieu, le texte de l'apocalypse ne parle pas
nommément d'un jardin, même si la description qui est donnée des
plantes aromatiques et des fleurs exhalant leur parfum convient à
un jardin de plaisance. Les expressions caractéristiques d'Hen 61,12
"jardin de vie" ou "jardin des justes" (60,23) font totalement défaut.
En second lieu, la situation du jardin décrit par l'apocalypse de
Pierre diffère essentiellement de celle des fragments hénochiques.
Le jardin de l'apocalypse est situé "en dehors de ce monde" (15)
alors que le jardin où demeurent les justes et les élus trouve place
sur terre, non loin d'un désert occupé par Behemoth (60,8). Le seul
point de ressemblance entre le jardin de l'apocalypse de Pierre et
celui du livre des Paraboles est que tous les deux sont la demeure
des justes (Hen 60,8). Mais, comme nous le verrons plus loin, cette
idée se trouve en dehors d'Hénoch éthiopien. Par ailleurs l'apocalypse de Pierre, dans la description du jardin des justes fait peut-
être appel à des passages de la littérature hénochique autres que
ceux des Paraboles d'Hénoch, en particulier pour la description des
arbres odoriférants et pour les plantes dont les fleurs ne fanent point.
Dans le Livre des Veilleurs, Hénoch décrit la septième montagne,
séjour du Seigneur lorsqu'il descendra visiter la terre pour le bien:
"La septième montagne... les dépassait toutes comme un trône et
des arbres odoriférants l'entouraient. Parmi eux se trouvait un arbre dont je n'avais encore jamais senti le parfum, et il n'y en avait
pas de semblable parmi ces arbres ou d'autres; il exhale une odeur
au-dessus de tout parfum, et ses feuilles et ses fleurs et son bois
ne se dessèchent jamais; son fruit est beau, et il ressemble aux
grappes du palmier". (chap. 24,3-5). Le passage de l'apocalypse de
Pierre que nous venons de commenter donne l'impression d'être un
développement à partir des écrits hénochiens et pas uniquement à
partir des Paraboles En aucun cas, répétons-le, il ne s'agit de citations d'Hénoch. Retenons que le jardin, séjour des élus, occupe une
certaine place dans le livre des Paraboles d'Hénoch. Par contre, le
livre du changement des luminaires du ciel d'Hénoch ou livre astro-

---

(32) Cf. la traduction anglaise de MONTAGUE RHODE JAMES, *The Apocryphal
New Testament*, p. 508.

nomique, peut-être le plus ancien des écrits hénochiens (33), mentionne simplement le "jardin de justice" (77,3) situé dans la quatrième région de l'univers. Mais c'est sans doute le jardin d'Eden. La description du jardin des élus ou des justes n'est pas un thème très fréquent de la littérature pseudépigraphe ou apocalyptique (34). Outre les textes d'Hénoch éthiopien, on peut mentionner l'apocalypse d'Abraham (35) qui date de la fin du Ier siècle de notre ère: "Et je vis là le jardin d'Eden et ses fruits, la source du fleuve qui coule de là et ses arbres et leurs fleurs et ceux qui se conduisaient comme des justes. Je vis là leurs nourritures et leur félicité" (XXI). De même le livre des secrets d'Hénoch slave ou IIème Hénoch décrit aussi le jardin préparé pour les justes: "Et là je vis tous les arbres qui sentent bon et les nourritures qu'ils portent avec leurs exhalaisons parfumées, et au milieu (il y a) l'arbre de vie dans l'endroit où le Seigneur se repose quand il vient dans le Paradis... Sa racine est dans le jardin à l'extrémité de la terre... Et là il n'y a pas d'arbre sans fruits et chaque endroit est béni... Cette place, ô Hénoch, est préparée pour les justes". (8,2-9,1) L'apocalypse d'Abraham comme l'Hénoch slave (36) sont antérieurs à l'apocalypse de Pierre et, de ce fait, il ne serait pas impossible de percevoir quelque écho de ces écrits dans l'apocalypse de Pierre, même s'il n'y a pas à proprement parler de citation littérale. Plus significative est par contre la parenté entre le livre des Paraboles et l'apocalypse de Pierre signalée par James, qui mentionne Hen 61,5 et un passage du texte éthiopien de l'apocalypse de Pierre concernant la résurrection de ceux qui ont été dévorés par les bêtes.

Hénoch 61,5

Ces mesures révélèrent tous les secrets de l'abîme, et ceux qui ont été détruits par le désert, et ceux qui ont été engloutis par les poissons de la mer et par *les bêtes* afin qu'ils reviennent (éth. yega-

Ap. de Pierre
(p. 512, trad. de James)

Et il commandera *aux bêtes sauvages* et aux oiseaux de rendre la chair qu'ils avaient dévorée parce qu'il veut que les hommes apparaissent; *car rien ne périt devant Dieu* et rien ne lui

---

(33) cf. J. T. MILIK, *Problèmes de la littérature hénochique à la lumière des fragments araméens de Qumrān*, dans Harvard Theological Review 64, 1971, pp. 338 et sq. qui date ce livre de l'époque perse.
(34) Cf. W. BOUSSET, *Die Religion des Judentums im neutestmentlichen Zeitalter*, Berlin, 1906 (2ème édit.), pp. 324 et sq.
(35) Cf. G. H. BOX, *The Apocalypse of Abraham*, Londres, 1918, p. 67 et p. XVI.
(36) Cf. J. T. MILIK, *art. cit.*

be'û) et qu'ils s'appuient sur le jour de l'Elu, *car il n'y a rien qui périsse devant le Seigneur des Esprits* et il n'y a rien qui puisse périr.

est impossible parce que toutes choses sont à lui.

La ressemblance entre les deux passages est frappante comme d'ailleurs le contexte où ils apparaissent dans les deux écrits. C'est en effet lors du Jugement que l'on se préoccupe de savoir ce que deviendront les hommes dévorés par les animaux sauvages. Selon le récit de la vision d'Hénoch, les anges vont, semble t-il, mesurer le séjour destiné aux justes qu'ils leur montrent afin sans doute de les rassurer. Entre les mains des anges ces mesures sont un instrument de résurrection et Dieu les ressuscitera tous pour qu'ils puissent recevoir l'héritage qui leur est dû, lors du jugement de l'Elu (61,3-8). Le contexte de jugement est également bien indiqué dans l'apocalypse de Pierre: "Voici, maintenant il viendra sur eux dans les derniers jours quand viendront le jour de Dieu et les jours de la décision du jugement de Dieu. De l'orient à l'occident, tous les enfants des hommes seront réunis devant mon Père qui vit à jamais. Et il commandera à l'enfer d'ouvrir ses barrières de fer et de livrer tous ceux qui sont à l'intérieur" (37). Les bêtes sauvages ne sont pas les mêmes dans les deux écrits: dans Hénoch il s'agit des poissons de la mer et des bêtes tandis que dans l'apocalypse de Pierre il est question des bêtes sauvages et des oiseaux. Mais par contre dans les deux écrits on trouve soulignée l'idée que "rien ne périt devant Dieu". Ce fait permet à mon sens d'établir une parenté certaine entre l'apocalypse de Pierre et les Paraboles d'Hénoch plutôt qu'entre ce dernier écrit et les Oracles Sibyllins II, 233-37 comme le voudrait Milik (38). Le deuxième livre des Oracles Sibyllins est, on le sait, d'origine chrétienne. Il daterait des environs de 150 ap. J. C. (39). Il décrit la résurrection des corps. L'archange Ouriel brise les portes de l'Hadès et conduit au jugement divin les ombres des Titans, des géants et de tous ceux qui ont péri dans le déluge: "Et tous ceux que le flot de la mer a détruits dans les abîmes, et tous ceux qui ont été donnés en festin aux bêtes, aux serpents et aux oiseaux (ἡ δ' ὁπόσας θῆρες καὶ ἑρπετὰ καὶ πετηνὰ θοινήσαντο), tous ceux-là, il les convoquera au tribunal; et aussi ceux que le feu, qui dévore la chair, a détruits dans la flamme, et les ayant réunis

(37) Cf. James, *The Apocryphal New Testament*, p. 512.
(38) Cf. J. T. Milik, *The Book of Enoch...*, pp. 92-93.
(39) Cf. Hennecke-Schneemelcher, *Neutest. aprocryphen*, t. II, p. 501.

tous ensemble, il les conduira au tribunal de Dieu" (40). Rien n'indique que les Paraboles d'Hénoch sont dépendantes des Oracles Sibyllins mais plutôt le contraire. En effet dans le passage des Oracles Sibyllins sont signalées trois catégories d'espèces animales: les bêtes, les serpents et les oiseaux, dans Hénoch les bêtes et les poissons de la mer et dans l'apocalypse de Pierre les bêtes et les oiseaux. On a bien l'impression que le IIème livre de Oracles Sibyllins harmonise les diverses traditions contenues dans les Paraboles et dans l'apocalypse de Pierre, les reptiles (ἑρπετά) prenant la place des poissons. D'ailleurs les trois espèces animales: bêtes sauvages (θηρίον), poissons (ἰχθύς) et oiseaux (ὄρνεον) se retrouvent plus tard au IVème siècle chez l'écrivain syrien Ephrem, également dans un contexte de résurrection:

δώσει ἡ γῆ τοὺς νέκρους αὐτῆς, ἡ θάλασσα τοὺς ἑαυτῆς νέκρους, καὶ ὁ ἅδης τοὺς ἰδίους νέκρους, καὶ εἴτε θηρίον ἥρπασεν, ἢ ἰχθὺς ἐμέλισεν, εἴτε ὄρνεον διήρπασεν πάντες ἐν ῥιπῇ ὀφθαλμοῦ παραστήσονται καὶ θρίξ μία οὐκ ἀπολειφθήσεται (édit. de Rome II, 213).

On peut, semble t-il, percevoir un autre écho des Paraboles dans l'apocalypse de Pierre: il s'agit de la prière des pécheurs demandant un peu de répit aux anges du châtiment:

Hén 63,1-2,4

En ces jours, les puissants et les rois qui possèdent l'aride supplieront les anges du châtiment à qui ils ont été livrés, de leur donner un peu de repos, afin qu' ils tombent devant le Seigneur des Esprits et l'adorent et pour qu'ils confessent leurs péchés devant lui. Et ils béniront et ils loueront le Seigneur des Esprits et ils diront: Maintenant, nous reconnaissons que nous devons louer et bénir le Seigneur des rois et celui qui règne sur les rois.

Ap. de Pierre
(J.T.S., 12, 1911, p. 50)

D'une seule voix, tous ceux qui sont dans le supplice diront: "Aie pitié de nous, car nous connaissons maintenant le jugement du Seigneur, que le (Seigneur) nous avait fait connaître auparavant et auquel nous n'avions pas cru".

(40) Nous traduisons d'après l'édition critique de Joh. Geffcken (Die Oracula Sibyllina) Leipzig, 1902, p. 39.

Que conclure de la parenté entre l'apocalypse de Pierre et les
Paraboles d'Hénoch? Elle doit, semble t-il, être comprise comme une
dépendance de l'apocalypse par rapport aux Paraboles et non le contraire. En effet James a fait observer que les passages de toutes
les parties d'Hénoch ont des parallèles dans l'apocalypse de Pierre.
Or on concevrait difficilement que les divers écrits d'âges et d'auteurs différents qui constituent le corpus hénochien se soient tous
inspirés de l'apocalypse de Pierre. Mais on s'expliquerait facilement
que l'apocalypse de Pierre se soit inspirée des diverses parties du
corpus hénochien, ce qui nous paraît être le cas. Cela indique donc
pour les Paraboles d'Hénoch une date antérieure à l'apocalypse de
Pierre.

Tertullien et les livres des Paraboles

Les commentaires d'Hénoch de F. Martin (41) et R. H. Charles (42)
ont reconnu tous les deux une allusion très nette au livre des Paraboles dans le *De cultu Feminarum* de Tertullien. De fait, ce dernier
tient le livre d'Hénoch pour canonique et le livre d'Hénoch qu'il
connaissait contenait le livres des Paraboles: "Scio scripturam Enoch,
quae hunc ordinem angelis dedit, non recipi a quibusdam, quia nec
in armarium judaicum admittitur... Sed cum Enoch eadem scriptura
etiam de Domino praedicavit, a nobis quidem nihil omnino rejicien-
dum est, quod pertineat ad nos" (1,3) (43). Ce texte particulièrement
intéressant fait état de deux choses: le rejet du livre d'Hénoch par
les Juifs qui ne l'ont pas dans leur armoire et l'annonce du Seigneur
par Hénoch. Tertullien a lu évidemment dans le livre d'Hénoch l'annonce du Messie. Or à l'exception de la quatrième partie du livre
d'Hénoch (90,37-38), et de la fin du livre de l'exhortation et de
la malédiction (105,2) où il s'agit manifestement d'une glose, le
Messie n'apparaît que dans le livre des Paraboles que l'on a pu
appeler le livre du Messie (44). Dans le livres des Songes d'Hénoch
90,37-38, le Messie est symbolisé par un taureau blanc qui vient clore
l'histoire du monde mais son rôle est tout à fait secondaire et mal
défini: on voit seulement les bêtes sauvages et les oiseaux du ciel
le craindre et le supplier. Quant à la finale du livre de l'Exhortation
et de la malédiction "Car moi et mon fils nous leur serons unis éter-
nellement dans les voies de la vérité pendant leur vie", il y a tout
lieu de croire qu'elle est inauthentique car le Messie y apparaît de

(41)   Cf. F. Martin, *Le livre d'Hénoch*, pp. CXXV et sq.
(42)   Cf. R. H. Charles, *The Book of Enoch or I Enoch*.
(43)   Cf. Migne, *P.L.* t. 1, col. 1307-1308.
(44)   Cf. F. Martin, *Le livre d'Hénoch*, p. XXXVIII.

façon inattendue alors même qu'il n'en a pas été question dans le reste du livre (45). D'ailleurs Charles tient tout le chapitre 105 pour inauthentique et il y voit: "a literary revival of Old Testament thoughts and ideals" (46). Compte tenu de ces observations, il est donc fort vraisemblable que Tertullien, au début du IIIème siècle, fasse allusion au livre des Paraboles où apparaît constamment la figure messianique du Fils de l'Homme que le Père africain identifie évidemment au Seigneur Jèsus. Cette hypothèse est confirmée par la citation assez libre dans Tertullien (Resur. 32,1) d'Hen 61,5 associé à Ez 37,7: "Et mandabo piscibus meis et eructabunt ossa quae sunt comesta et faciam compaginem ad compaginem et os ad os".

Le problème des allusions historiques du livre des Paraboles.

Un passage du livre des Paraboles semble bien contenir une importante donnée historique permettant de le dater. Il s'agit d'une allusion à l'invasion des Parthes et des Mèdes en Palestine (56,5 et sq): "5 - En ces jours, les anges reviendront et se jetteront vers l'orient, chez les Parthes et les Mèdes; ils secoueront les rois, et un esprit de trouble les envahira (les rois): et ils les renverseront de leurs trônes et (ces rois) s'enfuiront comme des lions de leurs tanières et des hyènes affamées au milieu de leurs troupeaux. 6 - Et ils monteront et ils fouleront la terre de ses élus (de Dieu), et la terre de ses élus sera devant eux une aire et un sentier battu. Mais la ville de mes justes sera un obstacle pour leurs chevaux, et ils allumeront la guerre entre eux, et leur droite déploiera sa force contre eux; - l'homme ne connaîtra pas son frère ni le fils son père et sa mère, jusqu'à ce que le nombre des cadavres soit (complet) par suite de leur mort, et que leur châtiment ne soit pas vain".

On a reconnu assez habituellement dans ce passage des Paraboles une nette allusion à l'invasion de la Palestine (la terre des élus) et de Jérusalem (la ville de mes justes) par les Parthes au printemps de l'année 40 av. J.C. sous la direction de Pacoros, fils du roi parthe Orodes et de Barzapharnès, satrape des Parthes (A. J. XIV, 330 et sq). Hérode fut obligé de s'enfuir à Petra en Arabie. Les Parthes, dit Josèphe, pillèrent Jérusalem et le palais, ne respectant que les trésors d'Hyrcan, qui montaient à environ trois cents talents. Ils ne se contentèrent pas du butin qu'ils firent dans la ville, ils se répandirent dans tout le pays environnant qu'ils pillèrent, et ils détruisirent la ville considérable de Marissa (A. J. XIV, 364). C'était sans doute

---

(45) Cf. F. Martin, *Le livre d'Hénoch*, p. XXXVIII.
(46) cf. R. H. Charles, *The Book of Enoch*, p. 262, note au bas de la page.

le chef-lieu du district d'où était originaire la famille d'Hérode (47).
A. Lods a fait quelques objections à l'allusion à l'invasion des Parthes en 40 av. J. C. dans le livre des Paraboles. Selon cet auteur, cet
évenement n'est pas à situer dans le passé mais dans l'avenir. En
effet, dit-il, l'arrivée en Palestine des Parthes qui chassèrent l'im-
populaire Hyrkan II, l'homme de paille des Hérodes et la créature
des Romains et qui établirent à sa place le prétendant national
Antigone, fut saluée par les Juifs comme une délivrance. Lods fait
remarquer également que cette invasion est présentée comme un
événement des temps messianiques. Aussi est-il porté à dater l'allusion
aux Parthes à une date antérieure à 63 av. J. C. L'assaut général des
barbares contre la cité sainte, précise t-il, était depuis Ezéchiel, un
des articles réglementaires du programme des derniers temps. Si au
lieu de l'énigmatique Gog et Magog, l'auteur nomme les Parthes,
c'est parce que dès le temps de Jean Hyrkan qui avait participé à
une campagne contre eux, et surtout depuis le déclin du royaume de
Syrie, après Antiochus VII Sidètès (130), les Parthes apparaissent
comme la puissance la plus menaçante du monde païen. On croyait,
ajoute Lods, avoir tout à craindre du péril parthe et rien des Romains.
Ces illusions s'expliquent avant 63 et non aux environs de 40 (48).
Charles, de son côté, met en doute l'authenticité d'Hén 56,5 et sq. (49)
et pour ce motif il ne fait pas entrer en ligne de compte ce passage
pour la datation des Paraboles dont il situe la composition entre 94
av. J. C. et 64 av. J. C. (50). De même, G. Beer est favorable à la thèse
qui date les Paraboles antérieurement à la prise de Jérusalem par
Pompée en 63 av. J. C. (51). Un certain nombre d'auteurs anciens
ont cependant daté les Paraboles postérieurement à la prise de Jérusalem par Pompée tels Schürer, Bousset, Baldensperger, Messel (52).
Ce dernier précise même entre 63 av. J. C. et 66 ap. J. C. Mais tout
récemment on a tenté d'abaisser l'âge des Paraboles. Outre l'opinion de Milik, il faut citer celle de J. C. Hindley. L'auteur anglais
observe que Josèphe présente l'arrivée des Parthes comme une libération attendue par la plupart des Judéens. En effet, au témoignage
de Josèphe, les Parthes attendaient la foule qui devait, de tout le
pays, venir pour la fête de la Pentecôte. Or, ce jour là, des myriades
d'hommes avec ou sans armes occupèrent le temple et la ville, à

---

(47) Sur cet épisode, cf. ABEL, *Histoire de la Palestine*, Paris, 1952, t. I, p. 327.
(48) Cf. ADOLPE LODS, *Histoire de la littérature hébraïque et juive, des origines
à la ruine de l'Etat juif*, Paris, 1950, p. 881.
(49) Cf. R. H. CHARLES, *The Book of Enoch*, p. 109, note 5.
(50) R. H. CHARLES, *op. cit.*, p. LIV.
(51) Cf. G. BEER, *Das Buch Henoch*, dans E. Kautzsch, Die Apokryphen und
Pseudepigraphen des Alten Testaments, Tübingen, 1900, p. 231.
(52) Cf. NILS MESSEL, *Der Menschensohn in der Bilderreden der Henoch* (BZAW,
35) Giessen, 19-22, pp. 78 et sq.

l'exception du palais qu'Hérode tenait avec quelques soldats (A. J. XV, 338). Les faits relatés par Josèphe au sujet de l'invasion parthe survenue en l'année 40 av. J. C. ne concordent pas avec l'occupation nettement hostile des Parthes et des Mèdes décrite par les Paraboles. Cette observation liée à l'absence des Paraboles parmi les fragments de Qumrân ont amené Hindley (53) à chercher un arrière-plan à cet écrit durant le premier ou le second siècle chrétien. Il estime qu'il y aurait dans les Paraboles une allusion aux campagnes parthes sous Trajan (113-117 ap. J. C.) Voici les principaux points de son argumentation:

1.°) Les allusions aux rivalités internes en Hen 66,7 se référeraient aux divisions entre les maisons royales parthe et arménienne qui suivirent la mort de Pacorus en 110 de norte ère (54).

2.°) Au lieu de reconnaître une image dans la phrase: "les pays de ses élus sera comme une aire et un sentier battu", il y voit une allusion précise à la construction de la voie romaine qui allait des confins de la Syrie jusqu'à la Mer Rouge "a finibus terrae usque ad mare rubrum". Mais observons tout de suite que cette explication ne paraît guère soutenable, car il s'agit incontestablement d'une comparaison.

3.°) La mention des Parthes et des Mèdes des Paraboles viendrait du fait que la Médie fut le principal centre de la révolte des Parthes.

4.°) Hindley voit dans Hen. 53,7 une allusion à un tremblement de terre suivi d'émergence de sources qui eut lieu à Antioche en 115 ap. J. C. Mais tout semble indiquer que là encore nous sommes en présence d'"un langage métaphorique, les montagnes et les collines symbolisant les puissants du monde, comme l'ont compris Charles et Martin. La grande objection que l'on peut faire à la thèse soutenue par Hindley, c'est qu'il n'explique pas l'invasion de la Judée par les Parthes mentionnée dans Hénoch mais qui demeure plus que douteuse sous Trajan.

Milik de son côté a proposé une autre datation pour les allusions aux Parthes contenues dans les Paraboles. Il s'agirait, selon lui, des campagnes victorieuses de Sapor I que le conduisirent en Syrie et culminèrent dans l'emprisonnement de l'empereur Valérien au mois de septembre 260 ap. J. C. Dans la "droite" des Parthes et des Mèdes du texte hénochien (66,7), il voit une référence aux Palmyréniens

(53) Cf. J. C. HINDLEY, *Towards a date for the similitudes of Enoch*, dans New Testament Studies, t. XIV, 1968, pp. 551-567.
(54) Cf. Dion Cassius LXVIII, 26.
(55) Cf. J. T. MILIK, *The Books of Enoch*, pp. 95-96.

appelés *mdy, md*, les Mèdes, dans les inscriptions safaïtiques. C'est un fait, précise t-il, que les Palmyréniens voisins des frontières de l'empire sassanide firent la guerre contre les Parthes qu'ils mirent en échec. Ces mêmes Palmyréniens en 270 détruisirent Bosra en Syrie, traversèrent la Palestine mais épargnèrent Jérusalem. Ce serait à ces événements que l'auteur des Paraboles ferait allusion (55). Mais il faut objecter à cette thèse le fait que Tertullien mort en 250 connaissait très vraisemblablement les Paraboles d'Hénoch dès le début du IIIème siècle de notre ère; cet ècrit ne peut donc être composé aux alentours de 270 ap. J. C. comme le soutient Milik. Nous avons aussi signalé des traces plus anciennes des Paraboles dans l'apocalypse de Pierre. Par ailleurs il me semble bien difficile de voir à la suite de Milik, dans Hén 56,5-7, une influence des Oracles Sibyllins V, 104-110 parlant du roi perse: "Il volera du couchant d'un saut lèger afin d'assièger toute la terre et de la dévaster complètement. Mais lorsqu'au faîte de sa puissance et de son arrogance haineuse, il viendra et détruira la cité des bienheureux (μακάρων πόλιν) alors un roi, envoyé par Dieu contre lui, fera périr tous les grands rois et les nobles éminents et l'Eternel jugera les hommes". Le passage des Oracles Sibyllins ne paraît avoir rien de commun avec le texte des Paraboles (56).

Pour ce qui concerne l'allusion à la campagne des Parthes dans les Paraboles, il faut donc revenir à l'explication qui la situe au Ier siècle av. J. C., mais avec les nuances et les réserves qui s'imposent. De fait, le passage d'Hén 56,5-8, ne paraît pas décrire une invasion historique proprement dite. L'auteur des Paraboles reprend en effet un thème mythique: l'attaque des peuples païens au temps eschatologique contre Jérusalem (Jer 1,15-17; Ez 38-39; Zach 12,1-9; 14,12-13). Par ailleurs Hén 56,5 dépend de Jérémie 51,11 où il est dit que Yahvé excitera l'esprit des rois des Mèdes:

Jer 51,11	*Hén 56,5*
Yahvé *excitera l'esprit* des rois des Mèdes.	En ces jours, les anges reviendront et se jetteront vers l'orient, chez les Parthes et les Mèdes, ils *exciteront* les rois et un *esprit* de trouble les envahira (les rois).

---

(56) L'explication de Hénoch 56,5-7 par Sibyllins V, 104-110 a été déjà rejetée par A. Caquot dans son cours au Collège de France, dans Annuaire du Collège de France, 77ème année. Résumé des cours de 1976-1977, pp. 531.

Dans l'explication d'une invasion historique de la Palestine par les Parthes au Ier siècle av. J. C. ou à une date postérieure (57), les exégètes ne savent comment rendre compte de la présence des Mèdes aux côtés des Parthes mentionnés dans le texte des Paraboles. Tout s'éclaire au contraire si l'auteur des Paraboles a trouvé mention des Mèdes à côté de celle des Perses = les Parthes dans le livre de Daniel 5,28; 6,16 et 8,20, tout comme il a emprunté à cet écrit le symbole du Fils de l'Homme ainsi que nous le montrerons plus loin. Dans un souci d'actualisation de Daniel il a remplacé les Perses par les Parthes qui sont entrés dans l'horizon géographique et historique des Juifs de Palestine au Ier siècle av. J. C. et y sont demeurés durant les deux premiers siècles chrétiens (58). C'est pour cela qu'il les nomme avant les Mèdes.

L'origine juive des Paraboles d'Hénoch

On peut invoquer en faveur de l'origine juive des Paraboles d'Hénoch des arguments positifs et des arguments négatifs.

L'argument négatif essentiel est l'absence totale de christologie dans l'hypothèse d'une origine chrétienne du livre des Paraboles; en d'autres termes il est étonnant qu'aucun lien ne soit établi entre le Fils de l'Homme et la personne de Jésus mort et ressuscité. Le même raisonnement vaut dans l'hypothèse d'un ancien écrit juif christianisé comme c'est le cas par exemple pour les *Testaments des douze patriarches* où l'on reconnaît nettement les gloses christologiques. Il ne suffit donc pas d'invoquer la seule mention du titre Fils de l'Homme appliqué à un individu comme dans les Evangiles pour conclure à une origine chrétienne du livre des Paraboles. Il y manque les allusions, même les plus voilées, à la personne de Jésus, à sa mort, à sa crucifixion et à sa résurrection, traits spécifiques et différentiels qu'"un chrétien n'aurait pas manqué de rappeler.

Joseph Fitzmyer, entre autres, n'a pas manqué d'insister récemment sur cette étonnante absence d'éléments spécifiquement chrétiens dans le livre des Paraboles (59). De son côté, F. Martin écrivait déjà au début du siècle: "Pour prouver l'identité du Messie des Paraboles et du Christ, il faudrait établir le double avènement de ce

(57) E. Sjöberg, *op. cit.*, soutient que "les rois de la terre et les puissants" du chap 48,8 ne peuvent désigner les derniers rois hasmonéens. Les menaces concerneraient les dominateurs païens et les princes juifs leurs alliés ce qui conviendrait mieux à l'époque romaine qu'à l'époque hasmonéenne.

(58) Cf. F. M. Abel, *Histoire de la Palestine, depuis la conquête de la Palestine jusqu'à l'invasion arabe*, Paris, 1952, t. I, pp. 326 et sq.

(59) Cf. J. Fitzmyer, *Notes. Implications on the New Enoch Litterature from Qumran*, dans Theological Studies, vol. 38. 1977, p. 343.

Messie, d'abord comme Messie humilié, puis comme Messie glorieux. On n'en donne aucune preuve décisive: les Paraboles ne connaissent que le Messie qui viendra juger à la fin des temps, au nom de Dieu et avec lui, environné de la splendeur et de la puissance divines. Elles ne savent rien de ce Christ crucifié, qui sera en toute vérité le scandale des Juifs. Hilgenfeld cite bien à l'appui de son opinion XLIII, où nous voyons la sagesse descendre sur la terre pour y chercher une demeure, puis remonter au ciel. Mais il ne s'agit dans ce passage ni de la sagesse divine, ni du Messie; il s'agit de la sagesse en général, que l'auteur oppose à l'injustice dans une allégorie très transparente, comme on en trouve dans tous les recueils d'apologues" (60).

Le caractère spécifiquement juif des Paraboles a été soutenu dans le passé par de nombreux auteurs et continue à l'être aujourd'hui encore (61).Un des arguments positifs mis en avant par ce groupe de spécialistes est la dépendance des Paraboles à l'égard de la vision du Fils de l'Homme de Dn 7. Trois spécialistes d'origine germanique ont repris récemment le problème: Ulrich B. Müller (62), K. Müller (63) et Johannes Theisohn (64). Ce dernier a mené une enquête très approfondie dans le premier chapitre de son livre intitulé: Die Bilderreden und die vordanielischen Menschensohntradition. Theisohn montre que Hen 46,1 et sq a connu Daniel 7,9,13. L'ensemble des passages des Paraboles relatifs au Fils de l'Homme (46,1,2,3,4; 48,2; 60,10; 62,5,7,9,14; 63,11; 69,26,27,29; 70,1; 71,14,17) et à la Tête de Jours (46,1,2; 47,3; 48,2; 55,1; 60,2; 71,10,12,13,14) sont bâtis comme dans la Vorlage de Daniel autour des deux figures essentielles.

La comparaison de Daniel 7,9 et sq, 7,13 et sq et d'Hénoch 46,1 et sq montre une structure semblable des deux scènes de vision:

1) elles sont introduites para la même formule "Là je vis" (Hen 46,1) et ḥazeh hawith (Dn 7,9,13).

(60) Cf. F. MARTIN, Le livre d'Hénoch, op. cit., p. XCI.

(61) Ephraim Isaac, spécialiste de l'Hénoch éthiopien a relevé dans les anciens manuscrits l'absence d'au moins un passage du livre des Paraboles qui aux yeux de Milik prouveraient l'origine récente et chrétienne de cet écrit (cf. J. H. CHARLESWORTH, The SBL Pseudepigrapha Newsletter, décembre 1977, Duke University).

(62) U. B. MÜLLER, Messias und Menschensohn in jüdischen Apokalypsen und in der Offenbarung des Johannes (Studien zum N. T. 6) Gütersloh, 1972.

(63) K. MÜLLER, Menschensohn und Messias, dans Biblische Zeitschrift, nouv. série 16, 1972, pp. 161-187; nouv. série 17, 1973, pp. 52-66.

(64) JOHANNES THEISOHN, Der auserwählte Richter. Untersuchungen zum traditionsgeschichtlichen Ort der Menschensohngestalt der Bilderreden der äthiopischen Henoch, Göttingen, 1975.

2) Dans les deux écrits, la vision est double: d'une part la "Tête de jours" (Hen 46,1) ou l'"Ancien de Jours" (Dn 7,9), d'autre part "celui qui a l'apparence d'un homme" (*kama re'eyata sabe'*, Hen 46,1) ou "comme un Fils d'Homme" (כבר אנש Dn 7,13). La dépendance d'Hénoch par rapport à Daniel est confirmée par certains détails. De fait, l'expression éthiopienne re'esa mawa 'el "Tête de Jours" et sous sa forme développée "quelqu'un qui avait une tête de jours" (46,1), est la traduction approximative de l'araméen עתיק יומיא "l'Ancien de Jours" de Dn 7,9. L'expression éthiopienne designe une tête de vieillard comme le précise d'ailleurs l'auteur des Paraboles "sa tête était comme de la laine blanche" (46,1). Elle ne se trouve que dans le livre des Paraboles d'Hénoch et convient parfaitement à Dieu, l'Eternel, le vieillard par excellence. Semblablement l'expression "Ancien de Jours" apparaît exclusivement en Daniel pour désigner Dieu. En outre la description du vieillard d'Hénoch est en partie empruntée à celle de Daniel "les cheveux de sa tête étaient comme de la laine pure" (Dn 7,9). Le livre des Paraboles omet en effet de signaler son vêtement blanc comme la neige (Dn 7,9). Par ailleurs, l'expression éthiopienne "comme une apparence d'homme" (*kama re'eyata sabe'*, Hen 46,1) rend l'araméen de Daniel כבר אנש   bien que la traduction ne soit pas littérale.

3) le passage de la vision à son interprétation se fait dans les deux cas grâce à un ange interprète qui, interrogé, donne une réponse.

4) les deux visions sont situées dans le ciel. Dans Hen 46,1 la présence du voyant au ciel, lieu de sa vision, est supposée par son voyage "à l'extrémité des cieux": "En ce temps, un tourbillon de vent m'arracha de la face de la terre et me déposa à l'extrémité des cieux" (39,3) (cf. 39,8-12; 52,1).

5) les ressemblances entre les deux visions se limitent aux deux figures essentielles, la description des Paraboles étant d'ailleurs plus courte que celle de Daniel, dont elle paraît être un condensé. Il manque par ailleurs dans les Paraboles certains détails importants de la vision de Daniel: le trône du Vieillard (7,9), l'armée des anges (7,10), les nuées du ciel (7,13). Enfin sont passés sous silence dans les Paraboles le caractère judiciaire de la vision, l'intronisation du Fils de l'Homme et l'investiture qui lui est conférée.

6) la question posée à l'ange en Hénoch (46,2) n'a pas de parallèle en Dn 7. Tandis que le voyant Daniel s'intéresse essentiellement au règne éternel confié aux Saints du Très-Haut au lieu et à la place des bêtes, symbolisant les empires païens, donc à un *évé-*

nement, le voyant Hénoch cherche seulement à percer *l'identité* des personnages de la vision et en particulier celle du Fils de l'Homme. D'où la question posée à l'ange: "J'interrogeai l'ange qui marchait avec moi, et qui me faisait connaître tous les secrets au sujet de ce Fils de l'Homme: "Qui est-il, et d'où vient-il; pourquoi marche t-il avec la Tête des jours?" (Hen 46,2).

7) Si la nature de la question posée à l'ange par Hénoch diffère radicalement de celle de Daniel, la réponse de ce dernier sera aussi tout autre que celle du livre de Daniel. Le Fils de l'Homme des Paraboles symbolise non plus Israël "le peuple des saints du Très Haut" mais un personnage eschatologique appelé aussi l'Elu, juge des peuples lors du jugement final (Hen 46,3 et sq.) (65). Véritable personnage messianique, le Fils de l'Homme d'Hénoch est préexistant à la Création (Hen 48,3).

Si la dette de l'auteur des Paraboles à l'égard de la vision du Fils de l'Homme de Daniel ne paraît pas faire de doute, il est clair qu'il a su garder une certaine indépendance vis à vis de sa source. Il a cherché avant tout dans la vision de Daniel des symboles et non des titres messianiques. De fait, le Fils de l'Homme danièlique n'est pas un titre mais un symbole de la même manière que les quatre bêtes qui montent de la mer. Mais en ce qui concerne la Fils de l'Homme de Daniel, l'auteur des Paraboles a radicalement changé la signification du symbole original (66) en l'enrichissant d'éléments messianiques empruntés à d'autres livres de l'Ancien Testament: l'Elu (48,6; 49,etc.) provient directement des Poèmes du Serviteur (Is 42,1; 49,7), tandis que l'idée de préexistence est empruntée notamment à Prov 8,23 et sq.

Les mêmes conclusions s'imposent quand on compare Hen, 47,3 et Dn, 7,9 et sq. montrant une certaine dépendance du livre des Paraboles vis à vis de la vision danièlique mais en même temps les transformation opérées par l'écrit hénochique au texte de Daniel.

"En ce temps-là, (dit Hénoch), je vis la "Tête des jours", tandis qu'il siègeait sur le trône de sa gloire, et les livres des vivants furent ouverts devant lui, et toute son armée, qui habite au haut des cieux et sa cour se tenaient debout en sa présence". Cette vision d'Hénoch est centrée sur Dieu qui siège sur un trône de gloire pour le jugement

---

(66) M. MESSEL (Der Menschensohn in den Bilderreden des Henoch, BZAW 35, 1922, p. 1) a cependant soutenu que le Fils de l'Homme des Paraboles était une personnification du peuple juif.
(66) MAURICE CASEY, *The Use of Term Son of Man in the Similitudes of Enoch*, dans Journal for the Study of Judaism, t. 7, 1976, pp. 11 et sq, rejette l'opinion de T. W. Manson qui fait du Fils de l'Homme des Paraboles une réalité collective (BJRL t. 32 1949-50, pp. 171-193) et l'idée que "Fils de l'Homme" est un titre.

tandis que les livres des vivants sont ouverts devant lui et que les anges se tiennent en sa présence. Elle est très semblable à celle de Daniel (Dn 7,9) mais d'une part elle est plus brève et d'autre part certains détails manquent touchant la description du vieillard, de son trône de feu, du tribunal. Enfin, ainsi que l'a noté Theisohn (67), l'auteur du livre des Paraboles a fait subir une transformation à la source danièlique: le livre du jugement de Dn 7,10 où sont notées les actions des hommes et devenu un livre de Vie où sont inscrits ceux qui sont destinés à une vie bienheureuse. Le contexte des Paraboles 47,4 mentionnant dans la suite inmmédiate de la vision les saints et les justes en attente du jugement ne laisse pas de doute sur cette interprétation.

De son côté, Ulrich B. Müller précise que l'auteur des Paraboles aurait relu d'une manière originale Dn 7 en rapprochant le Fils de l'Homme de l'Elu du Deutéro-Isaïe à la suite de l'échec des espoirs exprimés en Dn 7,18,27 concernant le royaume éternel promis aux Saints du Très-Haut, promesse qui ne s'est pas réalisée à l'époque maccabéenne (68). Si comme nous le croyons, la thèse de Theisohn-U. B. Müller est recevable, il n'est donc nullement nécessaire de recourir à l'explication d'une source commune à Daniel et au livre des Paraboles soutenue encore·récemment par certains auteurs tels K. Müller (69). Pour ce dernier, Dn 7,2-27 ne serait pas la source du livre des Paraboles. La tradition danièlique et celle transmise par l'Hénoch éthiopien dériveraient toutes les deux d'une source commune aujourd'hui perdue. Le livre des Paraboles manque, dit-il, d'homogénéité et d'unité littéraire et il décèle dans cet ensemble au moins trois identifications distinctes du Fils de l'Homme. Dans la plus ancienne couche qui est celle de la deuxième Parabole (46-47, 4 + 48,2-7), le Fils de l'Homme est nommé en éthiopien *walda sabe'* et ne se confond avec aucun autre personnage. Caché auprès de Dieu il se manifestera pour renverser les rois de leur trône et briser les puissants. Dans la deuxième couche représentée par le troisième Parabole (62,5,7,9,14; 63,11; 69,26-29), apparaît le *walda be'esi* "fils d'homme" (filius viri) ou le *walda eguala emma'chejaw* "fils de la descendance de la mère des vivants" qui est associé à l'Elu. Il apparaît comme un homme et non comme un être divin mais il occupe toutefois le trône céleste, ce que l'on attendrait de l'Ancien de Jours. Il est assimilé au Messie grâce à deux additions rédactionnelles

(67) *Op. cit.*, p. 20.

(68) U. B. MÜLLER, *Messias und Menschensohn in jüdischen Apokalypsen...*, p. 39.

(69) K. MÜLLER, *Menschensohn und Messias*, dans Biblische Zeitschrift, nouv. série, t. 16, 1972, pp. 161-187; nouv. série, t. 17, 1973, pp. 52-66.

(48,10 et 52,4). L'auteur de ces deux additions serait le même que celui que a inséré 56,5-8 où est décrite l'invasion des Parthes survenue en 40-38 av. J. C. C'est sous le coup de ces événements que l'auteur aurait rédigé son texte. Les chapitres 70-71 identifiant le Fils de l'Homme à Hénoch constitueraient une dernière addition au livre des Paraboles. De l'analyse de K. Müller, il résulte que la plus ancienne couche, celle où apparaît un être céleste comme juge eschatologique présente des relations étroites avec plusieurs versets de Dn 7 mais ignore le verset 14 de ce chapitre relatant l'investiture du royaume conférée au Fils de l'Homme. Par ailleurs K. Müller considère trois différences notables avec Dn 7: le Fils d'Homme ne vient pas sur le nuées, il est déjà constitué dans sa fonction de juge avant le jugement final, il n'exerce aucun rôle politique sur Israël comparable à celui décrit dans Daniel. Pour ces motifs cet exégète conclut que Hen 46,1-47,4 + 48,2-7 n'a aucunement subi l'influence de Daniel 7 et se voit obligé de recourir à l'hypothèse d'une source ancienne inconnue qui serait à l'origine des deux traditions plus ou moins parallèles sur le Fils de l'Homme (70). Mais cette hypothèse paraît difficilement soutenable à la suite de la démonstration de Theisohn, même si on admettait par ailleurs un développement dans la composition littéraire du livre d'Hénoch. Encore faut-il rappeler que les exégètes divergent sur la portée à donner à l'utilisation de trois expressions différentes en éthiopien pour désigner le Fils de l'Homme en vue de déterminer diverses étapes dans la rédaction des Paraboles. Pour Charles (71) et Sjöberg (72) qui ont fait valoir de sérieux arguments, ces trois expressions ne sont que des variantes du traducteur. Par contre, pour Ullendorff (73) qui reprend à son compte la thèse de N. Schmidt les expressions éthiopiennes représenteraient trois expressions araméennes différentes: *bar naša', bereh degabra* et *bereh debar naša'* mais, selon Ullendorff, ces expressions diverses, soit en araméen, soit en éthiopien ne présentent pas une différence de sens nettement spécifiée: "It is unlikely that any of these pairs of expressions in either ethiopic or aramaic had a clearly defined and sharply differentiated range of meaning". Mais par la suite, le savant éthiopisant semble avoir abandonné cette exégèse

---

(70) Pour l'analyse de la thèse de B. Müller, cf. J. COPPENS, *Le Fils de l'Homme dans le judaïsme de l'époque néotestamentaire,* dans Orientalia Lovaniensia Periodica (Miscellanea in honorem Josephi Vergote) 6/7, 1975-1976, pp. 61 et sq.

(71) Cf. R. H. CHARLES, *op. cit.,* p. 36.

(72) Cf. E. SJÖBERG, *Der Menschensohn im Äthiopischen Henochbuch,* Lund, 1946, pp. 42-44.

(73) Cf. E. ULLENDORFF, *An aramaic Vorlage of the ethiopic text of Enoch?* dans *Atti del Convegno Internazionale di Studi Etiopici,* dans Ac. Naz. dei Lincei, Rome quad. 48, 1960. Article repris, dans *Studies in semitic languages and civilizations,* p. 178.

pour revenir à l'explication que les trois expressions sont des variantes de traduction (74). Il convient donc d'être réservé sur l'utilisation de cet argument dans la discussion de l'unité littéraire des Paraboles.

Le livre des Paraboles est-il connu des Pseudépigraphes de l'Ancien Testament?

La réponse à cette question a son importance en particulier dans l'hypothèse de l'origine juive de cet écrit qu'elle corroborera dans l'affirmative.

C. L. Mearns a récemment soutenu l'ancienneté du livre des Paraboles. Il invoque un certain nombre d'arguments en faveur de l'antiquité de cette oeuvre qualifiée de judéeo-chrétienne et écrite selon lui entre 40 et 50 ap. J. C. Il indique, outre l'influence de cet écrit sur les textes du Nouveau Testament et l'allusion à l'invasion des Parthes en Palestine en 40-38 av. J. C. dans Hen 56,5-7, une référence probable aux Paraboles dans la recension courte du Testamente d'Abraham (chap. 11) (75). Que faut-il penser de ce dernier argument? D'après la recension courte du Testament d'Abraham, le patriarche demande à l'archange Michel de le conduire au lieu du jugement, c'est à dire au paradis (chap. 10). Abraham une fois parvenu à l'endroit désiré pose à son guide un certain nombre de questions sur l'identité des personnages participant au jugement: "Seigneur, quel est celui qui est juge et quel est l'autre qui manifeste les fautes?". Michel répondit à Abraham: "Vois-tu le juge? C'est Abel le premier des martyrs. Dieu l'a amené ici pour juger. Celui qui manifeste les fautes, c'est le précepteur du ciel et de la terre, le scribe de la justice, Hénoch. Le Seigneur a envoyé ici ceux-là, pour inscrire les bonnes et les mauvaises actions de chacun". Abraham répliqua: "Mais comment Hénoch peut-il porter le poids des âmes sans connaître la mort? Et Michel répondit: "Il ne lui est pas donné de prononcer la sentence sur elles, mais Hénoch ne manifeste rien par lui. C'est le Seugneur qui est le juge et Hénoch n'a rien d'autre à faire qu'écrire. Il pria jadis le Seigneur en disant: "Je ne veux pas, ô Seigneur, statuer sur les âmes, de peur d'être dur pour quelqu'une". Et le Seigneur lui répondit: "Je te commande d'écrire les fautes de l'âme; amendée, elle entrera dans le ciel, mais si elle fut impénitente et sans regret, tu trouveras ses fautes écrites et tu la précipiteras

---

(74) Cf. E. ULLENDORFF, *Ethiopia and the Bible*, London, 1968, p. 61. Voir également les remarques de M. CASEY, *art. cit.*, pp. 17-18.

(76) Cf. C. L. MEARNS, *The Parables of Enoch. Origin and date*, dans Expository Times 89,4 18, pp. 118-119.

dans le malheur" (76). Ce texte explique parfaitement le rôle joué
par Hénoch dans la scène du jugement; sa fonction y est bien précisée; Hénoch se limite à être le scribe juste des actions humaines,
à manifester les fautes des hommes mais non à les juger car il craint
trop d'être dur dans le jugement qu'il pourrait porter à leur égard.
Le Testament d'Abraham paraît même citer une source plus ancienne
pour justifier le rôle de scribe dévolu à Hénoch: "Il pria jadis le
Seigneur en disant: "Je ne veux pas, ô Seigneur statuer sur les âmes
de peur d'être dur pour quelqu'une". A quel texte le Testament
d'Abraham se réfère t-il exactement? La réponse n'est pas simple.
L'expression "le scribe de justice" employée à propos d'Hénoch se
trouve dans le "livre des Veilleurs" éthiopien (12,4; 15,1). Toujours
d'après le "livre des Veilleurs", le livre qu'écrit Hénoch est la "parole
de justice" (13,14; 14,1). On le voit intercéder auprès de Dieu en
faveur des anges déchus qui lui ont demandé d'intervenir, mais il
reçoit en songe mission de reprendre les veilleurs du ciel (13,3-10;
15,1 et sq) Il n'a pas dans le livre des Veilleurs de mission de juge
mais il est chargé d'annoncer la justice divine par ses écrits.

Le livre des Paraboles d'Hénoch ne contient pas, semble t-il, l'expression "scribe de justice" que l'on retrouve dans la recension courte
du Testament d'Abraham. Par contre les Paraboles soulignent fortement la mission de justice confiée à Hénoch en des termes analogues prononcés à propos du Messie; "Toi, tu es le Fils de l'Homme
qui a été engendré pour la justice, et la justice demeure avec toi,
et la justice de la Tête des jours ne t'abandonnera pas". (71,14
cf. 46,3).

Par ailleurs, le livre des Paraboles d'Hénoch connait la conception de la psychostasie ou de la pesée des âmes dont on sait l'importance qu'elle avait prise dans l'eschatologie des anciens Egyptiens,
telle qu'elle nous est révélée dans le Livre des Morts, qui donne
une grande place à la pesée du coeur. Hénoch voit en effet "comment
les actions des hommes seront pesées dans la balance" (14,1). Or
d'après le Testament d'Abraham (recension longue) un ange était
chargé de la pesée des âmes. Ce qui est dit explicitement par la recension longue (chap. 12) est impliqué par la recension courte (chap
9) où semblablement un ange constate que les fautes d'une âme
égalent toutes ses bonnes oeuvres. En effet, le verbe grec employé
ici est ἰσοζυγεῖν signifiant "peser également", "se faire équilibre" ce
qui implique l'idée de pesée. En geez le verbe utilisé dans les Para-

---

(76) Cf. M. DELCOR. Le Testament d'Abraham, Introduction, Traduction du
texte grec et commentaire de la recension grecque longue suivi de la traduction
des Testaments d'Abraham, Isaac et Jacob d'après les versions orientales. Leiden,
E. J. Brill, 1972.

boles est *dalawa* "peser" d'où dérive le substantif *madalwe* "balance" (77).

Tout compte fait, l'opinion de Mearns qui voit une référenec probable aux Paraboles dans la recension courte du Testament d'Abraham ne paraît pas impossible. Soulignons toutefois qu'il n'y a pas à proprement parler de citations du livre des Paraboles dans la recension courte du Testament d'Abraham. Il s'agit tout au plus de réminiscences possibles. Si ces conclusions étaient recevables, il faudrait retenir que le livre des Paraboles est antérieur à la recension courte du Testament d'Abraham daté soit du Ier siècle av. J. C. soit du Ier siècle ap. J. C. (78).

Mais trouve t-on quelque écho des Paraboles dans d'autres écrits apocryphes de nature à corroborer les affirmations de Mearns? On observe en effet un certain nombre d'affinités entre le livre des Paraboles et le IVème Esdras (79) Parmi celles ci, il faut mentionner le thème de Léviathan et Béhémoth qui comporte dans les deux écrits des ressemblances certaines. Dans les deux passages les deux monstres ont été séparés l'un de l'autre (Hen 60,7; IVème Esdr. 6,49) et tandis que Léviathan occupe l'abîme des mers ou la septième partie humide (Hen 60,7; IV Esdr. 6,52), Béhémoth a son habitat dans un désert immense (Hen 60,8) ou sur la terre sèche (IV Esdr 6,51). Mais le IVème Esdras contient une précision qui ne se trouve pas dans le livre des Paraboles: "Léviathan sert de nourriture à ceux que Dieu veut", ce qui est à rapprocher de l'Apocalypse syriaque de Baruch 29,4. Par ailleurs, le livre des Paraboles fait de Léviathan une femelle et de Béhémoth un mâle, et situe l'habitat de ce dernier "à l'orient du jardin où demeurent les élus et les justes", précisions qui sont totalement absentes du IVème Esdras.

Anders Hultgård souligne également la mention dans les deux écrits du "Fils de l'Homme" ou "d'un Homme", personnage messianique qui exerce les fonctions de juge souverain sans faire appel à l'usage des armes à l'égard de ses ennemis (4 Esdr 13,10-11) (89). Il ob-

(77) Pour le détail, cf. M. DELCOR, *Le Testament d'Abraham*, pp. 139-140.
(78) Cf. M. DELCOR, *Le Testament d'Abraham*, p. 76.
(79) Voir sur ce point les brèves remarques de ANDERS HULTGÅRD, *L'eschatologie des Testaments des Douze Patriarches. I. Interprétation des textes*, Uppsala, 1977, p. 312 et déjà F. MARTIN, *Le livre d'Hénoch*, p. CX.
(80) Mais J. THEISOHN, *op. cit.*, pp. 144-145, après avoir comparé le IVème Esdras au livre des Paraboles rejette toute ressemblance entre le Fils de l'Homme des Paraboles et l'Homme qui vole du IVème Esdras, hors leur commune appartenance à l'humanité. Dans les Paraboles, le Fils de l'Homme ne monte pas de la mer et il ne vole pas. Cet auteur conclut que "l'homme qui vole du IVe Esdr. 13 ne reflète pas la conception du Fils de l'Homme des Paraboles". De fait, le chap. 13 d'Esdras semble plutôt une réinterprétation de Dn. 7 (cf. M. DELCOR, *Le livre de Daniel*, Paris, 1971, p. 157).

serve aussi que dans le deux écrits le Fils de l'Homme est caché auprès
de Dieu depuis longtemps. De fait, on peut rapprocher Hen 48,6;
62,7 et IV Esdr; 13,26 où à propos de l'homme qui monte de la
mer, ce dernier écrit explique: *Ipse est quem conservat Altissimus
multis temporibus*. Il est remarquable en tout cas que les deux apocryphes, tous les deux postérieurs au livre de Daniel, ont donné un
sens individuel au "fils de l'Homme" danièlique. Enfin on relève de
part et d'autre une phraséologie semblable pour décrire, par exemple,
la résurrection générale des morts: "En ces jours la terre rendra
son dépôt et le shéol rendra ce qu'il a reçu" (Hen 51,1), ce qui doit
être rapproché de *"Et terra quae in ea dormiunt, et pulvis qui in eo
silentio habitant"*. (IV Esdr. 7,32). Ces affinités entre le livre des
Paraboles et les IVème Esdras qui a été rédigé, on le sait, après la
ruine de Jérusalem de 70 ap. J. C. (81) suggèrent un rapprochement
des deux écrits dans le temps. Mais le livre des Paraboles a été
certainement composé avant 70 de notre ère; dans le cas contraire,
cette oeuvre aurait gardé probablement quelque trace du souvenir
de la destruction de Jérusalem par les armées romaines.

La date de l'insertion du livre des Paraboles dans le corpus hénochien

J. T. Milik situe, on le sait, la composition du livre des Paraboles
vers 270 ap. J. C. Par la suite, cet écrit aurait circulé séparément
et n'aurait été inséré que très tardivement (pas avant le VIème
siècle de notre ère) dans le corpus hénochien. Il aurait pris la place
du livre des Géants représenté parmi les fragments araméens de
la grotte IV de Qumrân en raison de l'utilisation de cet écrit par
les Manichéeens (82). Le savant aramaïsant a publié récemment une
reconstruction du livre des Géants à partir de diverses sources: 6Q
8,1,1-6; 2,1-3; 1Q 23 1 + 6 + 22,15; 9 + 14 + 15,1-6; 4Q Hén. Géants
(a) 1-13; 4Q Hén. Géants (b) 2,3-10; 13-16,20-23; 4Q Hén. Géants (c)
1,3-10; 2,18 (83). Il a repéré de dix à douze manuscrits de cet écrit parmi les fragments publiés ou non publiés qumraniens. Il a montré la
relation existant entre le livre des Géants et le reste de la littérature
de l'Hénoch araméen provenant de Qumrân, même s'il estime que les

---

(81) Cf. M. DELCOR, *L'apocalyptique juive*, dans Encyclopédie de la mystique
juive, Paris, Berg international éditeur, 1977, col. 160.
(82) Cf. J. T. MILIK, *Problèmes de la littérature hénochique, art. cit.*, pp.
373-374.
(83) Cf. J. T. MILIK, *The books of Enoch. Aramaic fragments of Qumran
Cave IV*, Oxford, 1976.

liens sont quelquefois ténus. Cet ouvrage aurait été composé entre le livre des Jubilés qui ne mentionne pas les oeuvres attribuées à Hénoch dans 4,17-24 et le plus ancien manuscrit qumranien (4Q Hén. Géants (b) copié dans le première moitié du 1er siècle avant notre ère (84). Si le Document de Damas 2,18 dépend du livre des Géants, ce qui n'est pas impossible, alors ce dernier aurait été composé entre 128/125 av. J. C. et 110/100 av. J. C. (85). Selon Milik, le livre des Géants occupait la seconde place dans le corpus hénochien après le livre des Veilleurs, comme on peut l'inférer notamment à partir des citations de la littérature hénochienne conservées dans la Chronographie de Georges Syncelle, un écrivain byzantin du IXème siècle de notre ère. Il existait donc au 1er siècle av. J. C. un pentateuque hénochien en araméen comprenant: le livre des Veilleurs, le livre des Géants, le livre des Songes, l'épître d'Hénoch, le livre astronomique, ce dernier étant le plus ancien de tous.

Si ces données ne font guère de difficulté, la date proposée pour l'insertion du livre des Paraboles ne paraît pas soutenable (86). De fait, l'apocalypse de Pierre, dès le premier quart du deuxième siècle av. J. C. reflète la connaissance des diverses parties du livre d'Hénoch, y compris le livre des Paraboles, comme l'a montré James. Il faut donc croire que le corpus hénochien était déjà constitué à cette date et admettre que le livre des Paraboles avait été substitué au livre des Géants dès le 1er siècle de notre ère peu après la date de composition du livre des Paraboles. Reste à savoir pour quel motif le livre des Géants a été retiré du corpus hénochien. Si nos conclusions sur la date d'insertion des Paraboles dans le pentateuque hénochien sont recevables, on ne peut plus dire que le livre des Géants a été remplacé dans le corpus hénochien par le livre des Paraboles en raison de l'utilisation du premier ouvrage par le Manichéens. C'est un fait, le livre des Géants a joui chez ces hérétiques d'une grande diffusion car il a été publié dans six ou sept langues. Les versions grecque et perse proviendraient du syriaque si l'on en croit W. B. Henning, un expert en la matière, tandis que l'édition sogdienne dériverait du moyen perse et le ouigour du sogdien (87). Mais

(84) Cf. J. T. MILIK, The books of Enoch, p. 57.

(85) Cf. J. FITZMYER, Notes. Implications of the New Enoch Literature from Qumran, art. cit., p. 339.

(86) Cf. J. C. GREENFIELD et M. E. STONE, The Henoch Pentateuch, and the Date of Similitudes, HTR 70, 1977.

(87) Cf. W. B. HENNING, The Book of the Giants, dans Bulletin of the School of Oriental and African Studies, t. XI, 1943-1946, p. 55 et J. T. MILIK Turfan et

le manichéisme s'est diffusé du vivant de son fondateur Mani qui
naquit en 215/216 ap. J. C. dans le sud de la Babylonie (88) et après
sa mort, donc à une date trop tardive pour que les arguments proposés par Milik puissent être retenus. Peut-être faut-il simplement
supposer que le livre des Géants a été retiré du corpus hénochien
en raison de son caractère très particulier et remplacé par le livre
des Paraboles auquel le contenu messianique donne une couleur
religieuse plus marquée. Mais nous sommes réduits à faire des hypothèses:

Résumons brièvement les conclusions auxquelles nous sommes
parvenu:

1.°) Le livre des Paraboles n'est pas une oeuvre chrétienne tardive composée aux alentours de 270 ap. J. C.: il est antérieur à
l'apocalypse de Pierre et au IVème Esdras (89).

2.°) Cet écrit n'est pas d'origine qumranienne. Cette oeuvre juive
se présente comme une relecture directe du chap. 7 de Daniel, en
particulier en ce qui concerne le symbole danièlique du Fils de
l'Homme réinterprété dans un sens individuel. L'auteur de cet écrit
l'enrichit d'éléments messianiques empruntés à d'autres livres de
l'Ancien Testament: l'Elu provenant directement du Deutéro-Isaïe
et l'idée de préexistence étant notamment empruntée à Prov. 8. Si
ces conclusions sont recevables, on voit l'importance que revêt dans
cet écrit préchrétien la réinterprétation individuelle du Fils de
l'Homme = l'homme qui sera appliquée dans le même sens à Jésus
dans le Nouveau Testament.

3.°) Le livre des Paraboles date soit du Ier siècle av. J.C. soit
du Ier siècle après J. C. Il est en tout cas composé avant la ruine
de Jérusalem en 70 ap. J.C.

4.°) L'introduction du livre des Paraboles dans le corpus hénochien est antérieure à l'apocalypse de Pierre et peut remonter déjà
à fin du Ier siècle av. J. C., à une date sans doute assez rapprochée
de sa composition.

Qumran, Livre des Géants juif et manichéen. Kuhn Festschrift, Göttingen, 1971,
pp. 117-127.

(88) Cf. la courte biographie de Mani par H. J. POLOTSKY, dans PAULY-
WISSOWA, *Realencycloplädie...*, Suppl. VI, 243 et sq.

(89) JAMES H. CHARLESWORTH, *The Pseudepigrapha and Modern Research*,
Missoula, 1976. p. 98. écrit également: l'idée que le livre des Paraboles a été
écrit aux alentours de 270 ap. J. C. est très hypothétique (very speculative).

5.°) On ne peut dire que l'utilisation par les Manichéens du livre des Géants contenu dans le pentateuque hénochien araméen puisse expliquer son exclusion de cet ensemble littéraire, puisque le livre des Paraboles a pris sa place plusieurs siècles avant la diffusion du manichéisme (90).

6.°) On doit ajouter à ces conclusions que la présence de l'idée de résurrection dans le livre des Paraboles (51,1-2) permet de rattacher, semble t-il, cet écrit au monde pharisien.

Mathias Delcor
31, rue de la Fonderie
Toulouse (Francia)

---

(90) Voir la longue recension critique par G. W. E. Nickelsburg, de l'ouvrage de Milik, dans The Catholic Biblical Quarterly Vol. 40, 1978, pp. 411-419. Il écrit: "Each of Milik's points is open to question".

Un roman d'amour
d'origine thérapeute :

Le Livre de Joseph et Asénath

Le *Livre de Joseph et Asénath* (1) ou la *Confession et la prière d'Asénath* est, à la vérité, depuis longtemps connu. Ce récit apocryphe sur le mariage de Joseph, fils de Jacob, avec Asénath, fille de Putiphar, était conservé dans une version latine du *Speculum historiale* de Vincent de Beauvais (vers 1260). Il fut traduit en français au XIVᵉ siècle, en allemand en 1539 et même en islandais au XVIIIᵉ siècle. Mgr Batiffol, publia, en 1889, pour la première fois, le texte grec de cet écrit sur la base de 4 Mss : A = Vatican.grec 803 ; B = Palatin.grec 17 ; C = Bodleian.Barrocc. 148 ; D = Bodleian.Barrocc. 147 (2). Il y ajouta, l'année suivante, le texte latin et il fit précéder l'ensemble de son édition d'une introduction savante (3). En 1898, M. V. Istrin donna une nouvelle édition du grec, dans les Publications de la Commission de la Société archéologique de Moscou. Outre la version latine depuis longtemps connue, il en existe d'autres : une version éthiopienne aujourd'hui perdue, une version syriaque datant du VIᵉ siècle (4), une version arménienne antérieure au XIᵉ siècle faite sur le même texte grec (5) et même une version en slave (6).

---

(1) Asénath est le nom donné à la femme égyptienne par la Bible hébraïque ; Ασεννεθ le nom que l'on trouve dans la LXX et dans le texte grec de notre apocryphe. On trouvera dans cet article, Aséneth chaque fois que nous traduisons cet écrit.

(2) *Studia patristica* (Etudes d'ancienne littérature chrétienne, 1ᵉʳ fasc.) Paris, 1889, p. 39 à 87.

(3) *Studia patristica* (Etudes d'ancienne littérature chrétienne, 2ᵐᵉ fasc.) Paris, 1890, p. 89 à 118.

(4) Elle fait partie d'une grande compilation mise sous le nom de Zacharie le Rhéteur publiée dans les *Anecdota Syriaca*, vol. III, 1870 et, maintenant, dans le *Corpus scriptorum orientalium Christianorum*.

(5) Elle fut publiée, en 1885, par les Bénédictins mékhitaristes de Venise.

(6) Pour les renseignements sur les divers textes, cf. SCHÜRER, *Geschichte des jüdischen Volkes*, III (4ᵉ édition), p. 401-402 ; E.W. BROOKS, *Joseph and Asenath. The confession and prayer of Asenath Daughter of Pentephres the Priest*, London 1918, et l'introduction de BATIFFOL.

Bien que le *Livre de Joseph et Asénath* ait eu une grande diffusion, il a été jusqu'ici relativement peu travaillé. Avant toute étude particulière, il mériterait une édition critique, après une recherche diligente des divers manuscrits qui peuvent être conservés en Europe. Diverses dates de composition ont été proposées dans les quelques rares articles qui lui ont été consacrés et on l'a rattaché à des milieux divers. Pour Batiffol, ce serait une légende juive haggadique fixée au IVe siècle et devenue chrétienne au Ve siècle. Finalement, elle appartiendrait à la littérature romanesque et mystique et serait née en Asie Mineure. Brooks y voit aussi l'œuvre d'un écrivain chrétien comme le prouveraient la mention de l'Eucharistie et de la Confirmation, l'exaltation de la virginité et la prééminence de la doctrine du pardon mais divers passages trahiraient la main d'un écrivain juif. L'époque de sa composition serait antérieure à l'année 569, date à laquelle aurait été faite la version syriaque (7). Selon James, dans sa forme actuelle, la nouvelle serait une version chrétienne d'un écrit juif qui pourrait remonter au IIIe siècle (8). Kœlher, par contre, estime que le livre est essentiellement juif mais soumis à une révision chrétienne. « Il contient une histoire midrashique de la conversion d'Asénath et de sa magnanimité à l'égard de ses ennemis », une histoire typique de la conversion des païens au judaïsme. L'écrit pourrait remonter au IIe siècle après J.-C. (9). Aptowitzer, dans une importante étude, situe notre livre au milieu du Ier siècle après J.-C. C'est un écrit de propagande juif réécrit par un chrétien (10). Pour Priebatsch, il faudrait chercher l'auteur de *Joseph et Asénath* parmi les disciples de Valentinus, mais il aurait travaillé sur une œuvre juive (11). Kilpatrick a récemment repris le problème dans une brève étude concernant la dernière Cène. Ses conclusions sont nettes : *Joseph et Asénath* n'est pas un écrit chrétien, mais un écrit juif qui a été composé entre 100 et 30 avant J.-C. (12).

Le prof Kuhn de Heidelberg, de son côté, dans un article intéressant concernant la Cène du Seigneur et le repas communautaire de Qumrân (13), a apporté des précisions nouvel-

---

(7) *Joseph and Asenath*, London, 1918.
(8) Art. *Asenath*, dans *Hastings Dictionary of the Bible*.
(9) Art. *Asenath*, dans *The Jewish Encyclopaedia*.
(10) *Asenath, The wife of Joseph* dans *Hebrew Union College* Annual 1924 (1), p. 239-306.
(11) *Die Josephsgeschichte in der Weltliteratur* (Diss. de Breslau) 1937. Nous n'avons pu malheureusement consulter directement cette thèse.
(12) *The last Supper*, dans *The Expository Times*, 1952-1953, (LXIV) p. 4-8.
(13) *The Lord's Supper and the Communal Meal at Qumrân*, dans *The Scrolls and the New Testament*, édité par Krister Stendahl, New-York, 1957, p. 65-93.

les : l'histoire est juive, remonte selon toute probabilité à la communauté juive d'Egypte et, plus spécialement, aux thérapeutes égyptiens décrits par Philon dans le *De vita contemplativa*. Avant lui, P. Riessler avait noté, en passant, l'origine essénienne mais non thérapeute de la nouvelle, en raison des allusions relatives au repas sacré au pain et au vin mentionné dans cinq passages (14).

Ces divergences graves d'opinion entre spécialistes justifient, à elles seules, une étude approfondie. Avant de l'entreprendre, il nous faut donner brièvement une analyse de notre apocryphe.

C'est un roman qui raconte, en vingt-neuf courts chapitres, la rencontre entre Joseph et Asénath, tous les deux d'une très grande beauté ; l'amour qui naît de leur rencontre ; la pénitence et finalement la conversion de la païenne Asénath ; le mariage des deux jeunes gens ; la jalousie du fils du Pharaon, devenu amoureux d'Asénath, à l'égard de Joseph ; le complot manqué contre le patriarche où sont impliqués les fils de Balla et de Zelpha ; et, finalement, la mort du fils du Pharaon et de son père auquel succède Joseph. Ce roman, en ce qu'il a d'idyllique, exprime par la bouche de ses héros, une très grande fraîcheur de sentiments. Aussi, s'est-on demandé s'il n'était pas chrétien.

I. — Le livre de « Joseph et Asénath » est-il chrétien ?

Batiffol croit trouver une allégorie par-delà la lettre de notre apocryphe qui raconte le mariage du patriarche Joseph avec Asénath, une païenne. Il fait en cela écho à un correspondant anonyme du VIᵉ siècle qui, écrivant à Moïse d'Aggel, le traducteur syriaque de notre livret, lui racontait que notre apocryphe comprenait un récit (ἱστορία) facile à comprendre et une allégorie (θεωρία) qu'il n'avait pas saisie. Mais, pour Batiffol, le récit juif recouvrirait en fait une allégorie chrétienne. Joseph serait indubitablement la figure du Christ. On pourrait d'ailleurs alléguer, en faveur de cette interprétation, un témoignage antique dont Batiffol n'a pas fait état : c'est l'exégèse d'Hippolyte de Rome (15) dans son commentaire des bénédictions d'Isaac et de Jacob. « Les bénédictions tombent, dit le

---

(14) P. Riessler *Altjüdisches Schriftum ausserhalb der Bibel*, Augsbourg, 1928, p. 497 et suiv.
(15) Il écrivit entre 200 et 235.

vieux commentateur, sur Celui qui de Juda est né et sur Celui qui en Joseph est préfiguré » (16).

Mais qui est Asénath ? Ici, Batiffol est plus hésitant, il envisage successivement trois possibilités : Asénath serait soit la figure de l'Eglise, soit celle de l'âme chrétienne, soit enfin une vierge consacrée ou même la virginité. Mais Asénath, dit-il, ne peut être la figure de l'Eglise en raison d'une grave difficulté. L'Eglise est la vierge sans tache (Mater illibata et virgo sine ruga). Elle ne saurait devenir l'épouse du Christ par la (μετάνοια) où s'abîme Asénath. Et à peine a-t-il envisagé cette explication que notre auteur la rejette. Asénath serait-elle alors l'âme qui passe du paganisme à la foi chrétienne et son histoire, le commentaire symbolique d'une catéchèse et de l'initiation à la vie sacramentaire ? Ne trouverait-on pas dans notre récit les étapes même de l'initiation chrétienne ? Asénath deviendrait catéchumène par la première imposition des mains et par la prière qui suit, ce qui constituerait une sorte de fiançailles. Les sept jours du récit où elle fait l'aveu de ses fautes et où elle vit dans la prière, le jeûne, la pénitence, correspondraient aux quarante jours où le catéchumène se préparait à recevoir le baptême. Le jour de la cérémonie mystagogique, elle dépouille la tunique, image du vieil homme, reçoit la robe blanche du néophyte et le miel, symbole de son entrée dans la terre promise, puis est admise à la communion eucharistique du pain et du vin.

Mais Batiffol n'est pas satisfait de cette exégèse. Il remarque fort justement que si Asénath est vraiment l'âme qui passe du catéchuménat à la vie chrétienne, il est étonnant que le baptême tienne si peu de place dans notre écrit. Aussi envisage-t-il une troisième hypothèse, la dernière à laquelle il se tient. Nous voyons, dit-il, Asénath devenir chrétienne, mais en même temps, vierge sainte (παρθένος ἁγνή). Notre auteur croit retrouver dans notre récit les deux étapes de la consécration d'une vierge comparée à un mariage mystique avec le Christ auquel elle a été unie par un double lien : celui des fiançailles révocable et celui du mariage définitif. Il invoque, pour éclairer ce rite qu'il reconnaît lui-même obscur, des parallèles empruntés au De Virginitate de saint Ambroise et à une fresque de la cata-

---

(16) Cf. Mariès, Le Messie issu de Lévi chez Hippolyte de Rome, dans Mélanges Jules Lebreton. Recherches de Science religieuse, 1951. (XXXIX) p. 381-396 et édition Brière-Mariès-Mercier dans la Patrologia Orientalis, t. XXVII, p. 126. « Et par Joseph il a été figuré et de Lévi et de Juda en tant que roi et prêtre, selon la chair, il est né ».
Cf. aussi A. W. Argyle, Joseph the Patriarch, dans Patristic Teaching, The Expository Times, 1956, p. 199-201.

combe de Priscille, à Rome, datant du IIIe siècle, qui représen-
terait la *traditio* du *flammeum virginale* par un vieillard, l'évêque, assis sur une *cathedra*. Je ne voudrais pas m'aventurer
dans un domaine qui n'est pas le mien ; cependant, je note
que l'on conteste aujourd'hui l'interprétation de la fresque célèbre de Priscille, pour la simple raison que Wilpert, son principal tenant, fondait son exégèse sur un passage mal compris
du *De virginibus velandis* de Tertullien (17), dans lequel il serait question de l'émission du vœu de virginité à l'église devant l'assemblée.

En réalité, ainsi que R. Metz l'a magistralement démontré
naguère, les premières ébauches d'un cérémonial de consécration comportant une prière de bénédiction suivie de l'imposition du voile, comme d'ailleurs dans le mariage, remonte au
IVe siècle. « De deux choses l'une, écrit-il, ou la fresque date
du IVe siècle et alors l'explication de Wilpert est plausible, ou
bien si on en fait remonter la composition au IIIe siècle, il est
fort risqué d'y voir une *velatio* de vierge, car l'émission publique du vœu de virginité, à cette époque, ne nous est attestée de façon certaine par aucun document » (18). Par ailleurs,
quelques-uns ont même interprété la fresque de Priscille dans
le sens d'une *velatio nuptialis* (19). Mais, il y a plus grave dans
la thèse de Batiffol, et celui-ci l'a bien senti : où voit-on dans
notre apocryphe le rite de l'imposition du voile si essentielle à
une cérémonie de la consécration des vierges ? Tout au contraire, l'Ange prononce, à l'adresse d'Asénath des paroles pour le
moins curieuse dans cette hypothèse : « Ote le voile (τὸ θέριστον)
de ta tête, parce que tu es aujourd'hui une vierge pure (παρθένος
ἁγνή) et que ta tête est comme celle d'un adolescent ». (Ed. Batiffol, p. 60). Pour justifier la pratique mentionnée ici, Batiffol fait appel à Tertullien dans un passage emprunté au *De Virginibus velandis* (20) où celui-ci combat l'usage dans certaines
églises de distinguer leurs vierges par le privilège de la dispense
du voile. Cette coutume viendrait de quelques communautés
grecques qui n'étaient pas sans attaches avec les Montanistes.

Nous ferons à cette dernière explication, proposée par Batiffol, une objection de fond. Est-il bien sûr que nous ayons affaire dans notre apocryphe à la consécration d'une vierge ?
N'avons-nous pas précisément, dans les paroles de l'ange demandant à Asénath d'ôter son voile, les survivances d'une cou-

(17) Chap. **XIV**.
(18) Cf. R. Metz, *La Consécration des Vierges dans l'Eglise romaine.
Etude d'histoire de la liturgie*, Paris, 1954, p. 62.
(19) Cf. R. d'Izarny, *La virginité selon saint Ambroise*. Thèse de la
Faculté de Théologie de Lyon, 1952. T.I. (dactylographié) p. 83.
(20) P.L., t. II, col. 907.

tume matrimoniale juive ? C'est, en effet, le jour où Asénath devient la femme de Joseph qu'on lui demande de se dévoiler. Asénath convertie, renouvelée, revivifiée est digne de devenir la femme de Joseph. L'ange lui dit alors : « Voici qu'aujourd'hui le Seigneur Dieu te donne comme épouse (εἰς νύμφην) à Joseph et qu'il sera pour toi toujours ton époux. » (Ed. Batiffol, p. 61, lignes 8-9) (21).

Si l'ange demande à Asénath d'ôter son voile, c'est, dit le messager céleste, parce qu'elle est maintenant une vierge pure et donc une femme digne de Joseph. Vierge, sans doute, elle l'était avant sa conversion, ainsi qu'il ressort des paroles même des parents d'Asénath à Joseph : « Ce n'est pas une étrangère, c'est notre fille, haïssant tout homme (μισοῦσα πάντα ἄνδρα) et aucun autre homme que toi aujourd'hui ne l'a jamais vue »). (Ed. Batiffol p. 48). Mais sanctifiée par la prière et la pénitence pendant sept jours, elle est maintenant pure (ἀγνή), digne d'épouser Joseph et elle peut donc se dévoiler. Le fait d'ôter son voile pour le mariage est en effet une coutume juive encore pratiquée en Orient ; la fiancée était voilée jusqu'à la chambre nuptiale (Cf. Cantique, IV, 1, 3 ; VI, 7 ; Gen. XXIX, 23-25 et XXIV, 65 (22).

Mais outre ce point particulier, il faut faire de graves objections à l'ensemble de la thèse chrétienne soutenue par nombre d'auteurs. Nous pouvons les formuler ainsi :

1°) Il n'y a aucune espèce de christologie dans Joseph et Asénath, ce qui est assez surprenant pour une œuvre prétendument chrétienne.

2°) On ne peut pas prouver de claires interpolations ou révisions chrétiennes du texte comme on peut en trouver dans l'Ascension d'Isaïe ou dans les Testaments des douze patriarches.

3°) Il n'y a pas davantage de citations ou même des allusions certaines à la littérature néotestamentaire.

Commençons par ce dernier point. Dans sa grande prière, Asénath dit des dieux d'Egypte que le diable est leur père (éd. Batiffol p. 56). On pense d'emblée à la parole de Jésus aux Juifs : ὑμεῖς ἐκ τοῦ πατρὸς τοῦ διαβόλου ἐστε (Jean, VIII, 44) (23). Mais le contexte est tout autre et je pense qu'il y a entre les deux textes une relation purement verbale, et donc fortuite. Dans

(21) APTOWITZER (op. cit, p. 286 et suiv.) rejette aussi d'autres arguments qui ont été apportés parfois en faveur de la thèse chrétienne.
(22) Cf. R. de VAUX, Les Institutions de l'A.T. (t. I), Paris 1958, p. 59.
23) Pour ce passage, STRACK et BILLERBECK, (Kommentar zum neuen Testament aus Talmud und Midrash) ne donnent aucun parallèle rabbinique.

Joseph et Asénath, on veut dire que le père de l'idolâtrie est Satan. Or, cette idée que le diable a incité les hommes à faire des idoles est à rapprocher non pas du texte de *Jean* où il n'est nullement question d'idolâtrie mais bien de celui de *Jubilés*, XI, 4 : « Ils (les fils de Noé) fondirent pour eux-mêmes des images et ils adorèrent chacun l'idole, l'image fondue qu'ils avaient faite pour eux-mêmes... et les esprits malins les assistèrent et les poussèrent à commettre la transgresion et l'impureté ».

A plusieurs reprises, revient la recommandation mise par notre apocryphe dans la bouche de Lévi ou d'Asénath : « Vous ne rendrez pas le mal pour le mal » (μὴ ἀποδώσητε αὐτοῖς κακὸν ἀντὶ κακοῦ (éd. Batiffol, p. 83; cf. p. 84). A première vue, l'expression a une saveur chrétienne qu'il faudrait rapprocher de *Rom.* XII, 17 : μηδενὶ κακόν ἀντὶ κακοῦ ἀποδίδοντες et de *I Thess.* V, 15 : μή τις κακὸν ἀντὶ κακοῦ τινι ἀποδῶ.

Mais, à y regarder de plus près, on s'aperçoit que la pensée était également juive. En effet, Strack et Billerbeck, pour *Rom.* XII, 17, citent plusieurs parallèles rabbiniques : Gn R 38 (23a), Midr Ps. 41 § 8 (131a) et Ex R 26 (87 b). Dans ce dernier texte on lit : « Rabbi Meir (vers 150) disait : Dieu parla à Moïse : sois semblable à moi. Comme moi je rends le bien pour le mal, toi aussi fais le bien pour le mal » (24).

S'il n'y a pas de citations voire d'allusions à la littérature néotestamentaire, il n'y a pas davantage d'interpolations ou même des révisions chrétiennes. Il est faux de penser, comme l'ont prétendu certains auteurs, qu'est mentionnée dans cinq passages de l'apocryphe l'eucharistie chrétienne. Ainsi que le Prof. Kuhn l'a bien montré, nous n'avons là rien qui soit chrétien mais la marque distinctive des juifs pieux (25). « Il n'est pas convenable, dit Joseph, à un homme pieux (ἀνδρὶ θεοσεβεῖ) qui bénit de sa bouche le dieu vivant et qui mange le pain béni de vie (ἄρτον εὐλογημένον ζωῆς) et qui boit la coupe bénie de l'immortalité (ποτήριον εὐλογημένον ἀθανασίας) et est oint de l'onction bénie de l'incorruptibilité (ἀφθαρσία) d'aimer une jeune étrangère etc. ». Tout cela s'oppose à ce que font les païens, et donc Asénath, qui bénissent les idoles, mangent à leur table le pain de la suffocation (ἄρτον ἀγχονῆς) et boivent à leurs libations la coupe de l'embûche (ποτήριον ἐνέδρας) cf. Batiffol, p. 49, lign. 3-8, (26).

---

(24) *Op. cit.*, t. I, p. 372, note b; cf. t. III, p. 299.
(25) *The Lord's Supper and the communal Meal at Qumran*, dans K. STENDHAL, *The scrolls and the new Testament*, p. 65 et suiv.
(26) Pour les autres mentions des repas juifs cf. p. 49 1.18 à p. 50 1.3 p. 61, 1.2.9 p. 64 1.3 et suiv. et 1.14 et suiv. On y rencontre les expressions ἄρτον ζωῆς et ποτήριον ἀθανασίας.

On nous décrit évidemment un repas pieux qui ressemble par bien des côtés à la dernière Cène : la bénédiction suivie de la participation au pain et au vin. D'un côté, l'Eucharistie fait partie de l'initiation chrétienne et est, en même temps, un rite répété par les chrétiens. D'un autre côté, le repas qui nous est décrit dans *Joseph et Asénath* est à la fois un rite d'initiation pour Asénath et un rite habituel pour Joseph et les initiés. Par ailleurs, il est évident que la terminologie rappelle la phraséologie chrétienne : « ἄρτον ζωῆς σου, (cf. *Jean*, VI, 48); ποτήριον εὐλογίας σου (cf. I *Cor.* X, 16) ».

On pourrait aussi trouver maints parallèles chrétiens à l'usage d'ἀθανασία et d'ἀφθαρσία. Enfin, il faut signaler que l'opposition entre la participation à la table des idoles et celle du repas cultuel juif, rappelle étrangement I *Cor.* X, 14-22, où nous avons un contraste analogue.

Cependant, malgré les apparences, il faut dire que les cinq passages où il est question du repas cultuel au pain et au vin n'apparaissent nullement comme des interpolations chrétiennes. La mention du pain et du vin fait partie du texte juif primitif, même si on pensait à une révision chrétienne qui accentuerait les ressemblances entre le repas cultuel juif et la Cène chrétienne.

Il en va de même de « l'onction d'incorruptibilité » mise en étroite connexion avec le repas sacré où l'on mange le pain et où l'on boit le vin, et de la manducation du rayon de miel. Là aussi, il n'y a pas la moindre trace de glose et d'interpolation. D'ailleurs, ces rites ne sont pas nécessairement chrétiens. Dans le livre de *Joseph et Asénath*, l'onction ne se réfère pas obligatoirement à la Confirmation chrétienne comme l'ont prétendu certains auteurs, mais c'est un rite purement judaïque. Les anciens Juifs, on le sait, oignaient d'huile parfumée leurs invités. Le *Ps.* XXIII, 5 et *Math.* XXVI, 6-13 et parallèles prouvent qu'une onction était pratiquée sur les convives au cours d'un repas. De même, dans le *Testament de Lévi* VIII, 4, une onction d'huile sainte précède le repas sacré au pain et au vin lors de la consécration de Lévi et ce texte n'a rien de chrétien. Dans le *Livre des secrets d'Hénoch*, qui pourrait être essénien, Hénoch est conduit au ciel et Dieu commande à l'archange Michel de l'oindre avec une huile douce, XXII, 8 (Texte A). Par cette huile, Hénoch est rendu participant de la nouvelle vie du ciel et, de ce fait, ne prend plus part à aucune nourriture terrestre Cf. LVI, 2 (A) (27). Là encore, l'onction est liée à un repas.

---

(27) Cf. BOUSSET, *Die Religion des Judentums im neutestamentlicher Zeitalter*, Berlin, 1903, p. 183.

Soulignons d'ailleurs qu'en *Joseph et Asénath*, on ne voit jamais Asénath manger le pain, ni boire la coupe, ni recevoir l'onction. On la voit seulement manger, à la suite de l'ange, le rayon de miel et on lui dit qu'elle a mangé le pain, bu la coupe et reçu l'onction. C'est dire que nous sommes en présence d'expressions techniques pour exprimer la participation aux repas pieux des juifs.

Batiffol, entre autres, a vu dans le rayon de miel **mangé** par Asénath un symbole chrétien. On sait en effet que les nouveaux baptisés, après la communion, prenaient du lait mêlé à du miel (28), mais faut-il voir nécessairement dans le livre de Joseph et Asénath un rite chrétien ? Tout d'abord nous devons noter l'absence de lait dans notre apocryphe. Par ailleurs, ainsi qu'on pourra le lire dans le texte que nous traduisons plus loin, il n'y a pas la moindre allusion à un baptême quelconque. Le miel est ici le symbole des biens spirituels. Ainsi que le dit formellement le texte, le miel est la nourriture des anges, c'est donc une nourriture paradisiaque (29). En manger, signifie donc participer dès ici-bas aux biens du paradis et, en quelque façon, à la vie angélique. Le rite de la manducation du miel se situant après l'exomologèse d'Asénath, sa pénitence et sa conversion est comme le symbole de son entrée dans cette nouvelle terre promise qu'est la communauté juive.

C'est en effet après avoir imposé sa main droite sur la tête d'Asénath que l'ange dans une prière de bénédiction explique le symbolisme de la manducation du miel (éd. Batiffol, p. 64, lignes 3-20).

« Bénie es-tu. Asénath, parce que t'ont été révélés les **mystères** ineffables de Dieu (30).

Heureux tous ceux qui se sont donnés au Seigneur dans la pénitence parce qu'ils mangent de ce rayon de miel, parce que ce rayon est l'esprit de vie. Et les abeilles du paradis de délices (Cf. *Joel* II, 3 ; *Ez.* XXVIII, 13) l'ont fait de la rosée des roses de vie, qui sont dans le paradis de Dieu, et de toute fleur.

Les anges, tous les élus de Dieu et tous les fils du Très-Haut en mangent et tout homme qui en mange ne **mourra jamais.** »

Alors l'ange divin étendit sa main droite et prenant une petite partie du rayon il en mangea et jeta le reste de sa propre main

---

(28) Cf. TERTULLIEN, *De coronis*, III et HIPPOLYTE de Rome, *Tradition apostolique*, 23 (éd. Botte).

(29) On sait que dans le paganisme, le miel était la nourriture des dieux. On peut aussi penser au miel de la Terre promise.

(30) Cf. I Q p. Hab. VII, 8.

dans la bouche d'Asénath et lui dit : « Mange » ; et elle mangea, et l'ange lui dit :

« Voici que tu as mangé le pain de vie
et que tu as bu la coupe d'immortalité
et que tu as été ointe de l'onction de l'incorruptibilité
Voici qu'aujourd'hui tes chairs fleurissent (Cf. *Ecclésiastique* XLIX, 10) en fleurs de vie, venant de la source du Très-Haut, et tes os seront engraissés, comme les cèdres du paradis de délices de Dieu et des forces qui ne fléchissent point s'empareront de toi.

Du reste, ta jeunesse ne verra pas la vieillesse (31) et ta beauté ne t'abandonnera jamais mais tu seras pour tous comme une métropole fortifiée. »

Enfin, une objection capitale à la thèse chrétienne, objection qu'il ne faudrait pas sous-estimer, est l'absence totale de christologie dans *Joseph et Asénath*.

Dans l'hypothèse d'une relecture chrétienne de l'ouvrage juif, il devrait y avoir, çà et là, trace d'une christologie même sous une forme rudimentaire. Or, de ce point de vue, notre apocryphe se présente sous un jour bien différent des œuvres comme celles de l'*Ascension d'Isaïe* ou surtout des *Testaments des douze Patriarches*. Le cas de ce dernier ouvrage principalement, est bien éclairant : c'est une œuvre essénienne qu'un auteur chrétien a essayé de christianiser en la truffant de maintes interpolations de caractère christologique. Qu'il y ait des gloses chrétiennes dans les *Testaments*, on ne saurait en douter. De Jonge, naguère, a été à ce point impressionné par les aspects chrétiens des *Testaments* qu'il a, non sans exagération, soutenu l'origine chrétienne de toute l'œuvre (32). A l'opposé, M. Philonenko a essayé de montrer, sans y avoir réussi, que les gloses christologiques se référaient de fait au Maître de Justice. Il a réalisé ce tour de force en mettant littéralement à la torture les textes des *Testaments* où il lit, par de curieux raisonnements, la crucifixion, l'ascension au ciel, la catabase au schéol du Maître de Justice (33). Je ne puis entrer

---

(31) Cf. *Jub.* XXXIII, 20 : Il n'y aura pas de vieillards ni personne qui ne soit satisfait de ses jours, car tous seront comme des enfants et des jeunes hommes.

(32) *The Testaments of the twelve Patriarchs, A study of their Text, Composition and Origin*, Assen, 1953.

(33) *Les interpolations chrétiennes des Testaments des Douze Patriarches et les Manuscrits de Qoumrân*, Paris, 1960. Je note en passant (p. 24) que notre auteur veut lire la descente du Maître de Justice au schéol dans Hymne III, 19-20 :
« Je te rends grâces, ô Adonai :
Car tu as racheté mon âme de la Fosse
et du Schéol Abaddon tu m'as fait remonter vers une hauteur éternelle... »
Ce texte n'est pas à prendre dans sa littéralité et est à comprendre dans un tout autre sens. Nous nous permettons de renvoyer le lecteur à notre commentaire des Hymnes en cours d'impression chez Letouzey.

ici dans le détail, ce qui m'éloignerait de mon propos, mais je
doute que l'on suive cet auteur dans son essai de démonstration (34).

La vérité, croyons-nous, se situe dans un juste milieu.
Les *Testaments* sont un livre essénien transmis par les chrétiens qui l'ont glosé. Une sage critique pourra d'ailleurs réduire les passages chrétiens, car à une époque où l'on ne connaissait pas suffisamment l'Essénisme, on s'est trop vite hâté
de mettre au compte du Christianisme des passages rendant un
son plus ou moins chrétien.

Pour pouvoir comparer utilement *Joseph et Asénath* aux
Testaments, du point de vue de la christologie, cette mise au
point était nécessaire.

II. — L'Origine juive de « joseph et asénath »

Après avoir éliminé le caractère chrétien de *Joseph et
d'Asénath*, il nous faut essayer de le situer dans le Judaïsme.

Là encore, procédons méthodiquement. L'œuvre n'appartient pas à l'époque rabbinique et lui est certainement antérieure.

Dans *Joseph et Asénath*, Asénath nous est présentée comme
une égyptienne, fille d'un prêtre d'Héliopolis (éd. Batiffol, p.
4o, lig. 3). C'est ce que faisait déjà la Bible (cf. *Gen.* XLI, 45),
ce que continuent de faire les *Jubilés* XLIV, 24, et le *Testament
de Joseph* XX, 3 (c, A) (1). Artapanus, un écrivain judéo-
alexandrin, dont on peut seulement affirmer que c'est un
prédécesseur d'Alexandre Polyhistor (2), avait écrit un περὶ
Ἰουδαιων. Un fragment de cet écrit concernant Joseph, conservé dans la *Praeparatio evangelica* d'Eusèbe (3) précise aussi
que le patriarche épousa Asénath, fille d'un prêtre d'Héliopolis, dont il eût des enfants.

La tradition rabbinique touchant les origines d'Asénath
est tout autre. On inventa l'origine juive d'Asénath pour expliquer et excuser tout à la fois son mariage avec Joseph.

On fit d'Asénath la fille de Dinah, violée par Sichem (4)
Mais les sources expliquent de diverses manières comment elle

---

(34) Depuis la rédaction de cet article, voir, entre autres, les sérieuses
réserves de Boismard, dans *Revue Biblique*, 1961, p. 419-423.
(1) B et S¹ lisent au lieu d'Asuneth (*sic*) « Zelpha, votre mère ».
(2) Ce dernier vivait en 80-40 av. J.-C. Cf. E. Schurer, *Geschichte
des jüdischen Volkes*, t. III (3ᵉ édition), p. 356.
(3) Lib. IX (P.G., t. XXI, col. 725).
(4) *Pirke de Rabbi Eliezer*, c. 38 ; *Traktat Sopherim*, XXI, 9 ; *Yalkut
Schimoni*, c. 124 ; *Targum de Jonathan* sur *Gen.* XLI, 45. Ces collections
sont d'époque tardive. Cf. Strack, *Einleitung in Talmud und Midrash*,
München, 1930, p. 217, 220.

vint en Egypte et comment elle entra dans la maison de Putiphar. Pour les uns (*Pirke de Rabbi Eliezer*, ch. 38), c'est Michel qui la transporta en Egypte. Pour d'autres, c'est Jacob lui-même qui l'exposa auprès du mur d'Egypte en ayant soin de pendre à son cou un écrit expliquant son origine. Pour d'autres encore, c'est un aigle qui transporta l'enfant abandonnée jusqu'à Héliopolis, etc. Aptowitzer s'est donné la peine de cataloguer les diverses variantes de cette légende dont la plus ancienne trace remonterait à Rabbi Ammi, à la fin du IIIme siècle.

Une autre légende fut inventée par les juifs pour expliquer le mariage de Joseph et d'Asénath. Celle-ci aurait délivré Joseph accusé par la femme de Putiphar d'avoir tenté de la séduire. Asénath serait venue secrètement auprès de Putiphar et lui aurait exposé la vérité. En récompense, Putiphar aurait donné sa fille en mariage à Joseph. Cette légende était déjà connue d'Origène qui la rapporte dans son commentaire de la Genèse (5). De cette tradition il n'y a pas la moindre trace dans notre écrit. Mais y aurait-il quelque reste de l'origine juive d'Asénath ?

Aptowitzer le soutient. Dans le récit relatif à la beauté d'Asénath, on note, dit-il, que celle-ci ne ressemblait pas aux filles des Egyptiens, mais était en tout point semblable à celle des Hébreux. Cela s'expliquerait bien, puisque, selon certaines traditions, elle est d'origine hébraïque. Plus loin, lorsque le prêtre d'Héliopolis propose de donner à Joseph sa fille Asénath pour femme, celui-ci refuse parce qu'elle est étrangère. Mais Putiphar insiste en lui disant qu'Asénath est vierge et qu'elle n'a jamais connu d'homme. Alors Joseph se reprend en lui disant : « Si elle est vierge, qu'elle vienne, car elle est ma sœur ». Mais on est étonné que dans la suite du récit, immédiatement après, Joseph, qui vient de reconnaître Asénath comme sa sœur du fait de sa virginité, refuse de l'embrasser parce qu'elle est une femme étrangère.

Il semblerait, à première vue, qu'il y ait trace de deux récits mal agencés, l'un faisant d'Asénath une étrangère et l'autre faisant état de son origine hébraïque. Cela avait déjà été remarqué par Battifol qui supposait même que Putiphar aurait révélé la véritable origine d'Asénath, fille de la sœur de Joseph et qu'il y aurait eu primitivement une reconnaissance d'Asénath par Joseph, aujourd'hui disparue du récit, comme il y aurait eu primitivement une reconnaissance de la fille de Dinah par Jacob. Pourtant, il faut avouer que

---

(5) Cf. *Ex Origene selecta in Genesim*, P.G., t. XII, col. 135.

les allusions à l'origine hébraïque d'Asénath dans notre récit paraissent assez ténues. Sans doute, on peut tout à fait considérer comme un hébraïsme la réponse de Joseph qui s'écrie en présence de sa future épouse : « Elle est ma sœur », pour « Elle est ma nièce ». Il y a un bon parallèle en *Gen.* XXIX, 12, 15, où le mot « frère » équivaut à « neveu ». Mais est-il bien nécessaire de voir nécessairement dans ce texte une allusion à la parenté charnelle entre Joseph et Asénath ? Tout le contexte indique qu'il faut donner un autre sens à cette réponse. Asénath est appelée la sœur de Joseph, parce que, comme lui, elle est vierge. La parenté entre ces deux êtres se situe sur un autre plan, celui des affinités spirituelles.

Dans l'hypothèse de Batiffol et d'Aptowitzer, il est pour le moins bien étonnant qu'on ne fasse pas allusion à la naissance d'Asénath, alors que notre récit mentionne l'histoire de Dinah souillée par Sichem.

Voici dans quel contexte le fils du Pharaon, fort amoureux d'Asénath, s'emploie à l'arracher par tous les moyens à Joseph à qui il veut dresser une embuscade pour le tuer. Pour réaliser son exploit, il essaie de soudoyer Siméon et Lévi, frères de Joseph, qui refusent. Ceux-ci alors, pour intimider le fils du Pharaon, tirent leur glaive du fourreau et lui tiennent ce langage : « Eh bien, tu vois ces glaives. Par ces deux glaives le Seigneur a vengé l'orgueil des Sichémites qui avaient mis en fureur les fils d'Israël à cause de notre sœur Dinah qu'a souillée (aussi) Sichem, fils d'Emmor ». (éd. Batiffol, p. 75, lignes 14-16).

Selon Aptowitzer, l'histoire de Dinah aurait été imitée par celle d'Asénath (6). De part et d'autre, on voit en effet intervenir Siméon et Lévi, en faveur de ces deux femmes. Dinah comme Asénath sont filles uniques. D'un côté, c'est le fils du Pharaon qui demande en mariage Asénath ; de l'autre, c'est Sichem qui veut épouser Dinah. Cette imitation littéraire, si elle est vraiment réelle (il s'agit souvent d'une analogie de situations), ne suffirait pas à elle seule à prouver en tout cas que notre auteur avait connaissance de la légende de l'origine hébraïque d'Asénath. Il semble bien que si notre écrit avait vraiment su qu'Asénath était fille de Dinah, il n'aurait pas manqué de le dire précisément dans le passage que nous avons cité plus haut où sont mis en scène Siméon et Lévi.

En résumé, nous ne pensons pas que l'histoire de Joseph et d'Asénath en sa forme actuelle ait connu de façon indiscutable la légende de l'ascendance juive d'Asénath. Cet apo-

---

(6) *Op. cit.*, p. 268.

cryphe ne nous paraît pas dire autre chose qu'Artapanus, le *Livre des Jubilés*, le *Testament de Joseph* ou la Bible.

Aussi la tradition rabbinique touchant l'origine d'Asénath constitue, selon nous, une deuxième étape par rapport à celle conservée dans *Joseph et Asénath*.

Un autre indice montre que *Joseph et Asénath* est antérieur à l'époque rabbinique. Dans notre apocryphe, les deux fils de Lia, Lévi et Siméon, sont favorables à Joseph et à Asénath. Non seulement ils refusent de participer au complot organisé par le fils du Pharaon contre Joseph (7), mais ils leur viennent en aide lorsqu'il sont en danger (p. 73). Siméon veut même tirer le glaive pour tuer le fils du Pharaon, mais Lévi l'en empêche (p. 74). Dans la littérature rabbinique, au contraire, Siméon et Lévi sont hostiles à Joseph. Leur désir de tuer Joseph est spécialement mentionné dans le *Targum* du Pseudo-Jonathan sur *Gen.* XXXVII, 19-20 ; Targum Jér. sur *Gen.* XLIX, 6, etc. (8).

Si le livre de *Joseph et Asénath* n'appartient ni à la littérature chrétienne, ni à la littérature rabbinique, serait-il essénien, ou, à tout le moins, essénisant ?

Disons, tout de suite, que nous ne trouvons pas dans notre apocryphe une phraséologie essénienne caractéristique comme c'est le cas pour les cinq psaumes syriaques que nous avons naguère, pour la première fois, commentés par la littérature de Qumrân (9) ou pour certaines *Odes de Salomon*, en particulier *Od.* XI, comme nous nous proposons de le montrer prochainement. On trouve, par contre, dans l'apocryphe de *Joseph et Asénath* certains thèmes majeurs de la théologie qumranienne et même des pratiques esséniennes : ténèbres et lumière, erreur et vérité, mort et vie, repas rituel au pain et au vin, etc. Le morceau suivant est à cet égard significatif. Joseph, après avoir accepté de prendre pour femme Asénath, pose sa main droite sur sa tête comme pour un exorcisme et prononce la prière suivante demandant à Dieu d'introduire cette païenne dans la communauté juive des élus :

> Dieu de mon père Israël,
> le Dieu Très-Haut et puissant
> qui as vivifié toutes choses (10)

---

(7) Cf. supra.

(8) On trouvera d'autres références à la littérature rabbinique dans DE JONGE, *op. cit.*, p. 156, note 289.

(9) Cf. M. DELCOR. *Cinq nouveaux psaumes esséniens ?* dans *Revue de Qumrân*, I (1958). p. 85-102.

(10) Cf. *Neh.* IX, 6 et 1 *Tim.* VI, 13.

et as appelé des ténèbres à la lumière,
de l'erreur à la vérité
et de la mort à la vie (11),
ô toi, bénis aussi cette vierge
et vivifie-la (ζωοποίησον)
et renouvelle-la (ἀνακαίνισον) (12) par ton esprit saint.
Qu'elle mange ton pain de vie,
et qu'elle boive ta coupe de bénédiction.
Compte-la parmi le peuple que tu t'es choisi,
avant que toutes choses arrivent.
Qu'elle entre dans le repos
que tu as préparé à tes élus,
qu'elle vive dans ta vie éternelle
pour le temps éternel.

(Ed. Batiffol, p., 49, lignes 18-24 et p. 50, ligne 1-3).

Le thème du renouvellement, de la résurrection spirituelle et du passage des ténèbres à la lumière pour exprimer la conversion du paganisme au judaïsme se rencontre ailleurs.

L'ange dit à Asénath : « A partir de ce jour, tu seras renouvelée et tu seras reformée (ἀναπλασθήσῃ) et tu revivras (ἀναζωοποιηθήσῃ) et tu mangeras le pain béni de vie et tu boiras la coupe remplie d'immortalité et tu seras ointe de l'onction bénie de l'incorruptibilité. » (Ed. Batiffol, p. 61, lignes 4-8). Asénath elle-même s'exprime ainsi dans sa prière : « Seigneur Dieu qui m'as vivifiée, qui m'as arrachée aux idoles et à la destruction de la mort » (ἐκ τῆς φθορᾶς τοῦ θανατοῦ) (p. 82, lig. 5-6) et : « Béni soit le Seigneur, ton Dieu, qui m'a envoyé (l'ange) pour m'arracher aux ténèbres et me conduire des profondeurs de l'abîme à la lumière. Que ton nom soit béni à jamais ! » (p. 62, lignes 11-13).

En *Joseph et Asénath*, sont conservés des traditions qui l'apparentent aux *Testaments des douze Patriarches*. Lévi est présenté de part et d'autre comme un prophète du Très-Haut (προφήτης ὑψιστοῦ).

Le livre de *Joseph et Asénath* souligne les motifs de la grande affection que la femme de Joseph témoignait à Lévi : « C'était en effet un homme intelligent et un prophète du

---

(11) L'idée que la nouvelle vie dans la secte essénienne est une résurrection est exprimée dans IQ H, XI, 12.

(12) C'est aussi un homme nouveau que devient le nouveau fidèle de la communauté essénienne. Cf. IQH XI, 11 : hthdsh = ἀνακαινίζω. Ce thème du renouvellement se rencontre dans le N. T. (Cf. II *Cor.* IV, 16), dans l'ancienne littérature chrétienne (Barnabé, VI 11, etc) et dans *Ode de Salomon*, XI, 10 : « Et le Seigneur m'a renouvelé dans son vêtement et il m'a possédé dans sa lumière ». On doit noter que dans le livre de *Joseph et Asénath* la fiancée est guérie spirituellement par l'imposition des mains. Une telle imposition des mains se rencontre aussi à Qumrân. Dans l'*Apocryphon Genesis*, XX, 28-29, Abraham délivre Pharaon d'un esprit mauvais par l'imposition des mains et la prière.

Très-Haut et il voyait les lettres écrites dans le ciel et il les connaissait et il les révélait en secret à Asénath parce que Lévi lui-même aimait beaucoup Asénath et il voyait le lieu de son repos dans les hauteurs ». (Éd. Batiffol, p. 73, lignes 16-20). Ailleurs, on nous dit que Lévi sondait les pensées du cœur de Siméon parce qu'il était prophète (ὅτι ἦν ἀνὴρ προφήτης) (éd. Batiffol, p. 74, ligne 18). Il a même connaissance en esprit du danger que court Asénath et cela en tant que prophète. Aussi va-t-il à son secours (éd. Batiffol, p. 80, lignes 12-13).

Le *Testament de Lévi*, II, 4-10 (Cf. VIII, 15) est, à notre connaissance, le seul apocryphe où Lévi nous soit présenté comme un prophète du Très-Haut en faveur de qui les cieux s'entrouvent et auquel les mystères de Dieu (τὰ μυστήρια) sont révélés pour qu'il les annonce aux hommes.

Le livre de *Joseph et Asénath* fait état d'une tradition qui partage les frères de Joseph en deux camps ennemis. D'un côté, les fils de Bala et de Zelpha ; de l'autre, les autres fils de Jacob. On présente même les fils de Bala et de Zelpha, servantes de Lia et de Rachel, comme étant remplis de haine à l'égard de Joseph et d'Asénath. C'est ainsi que seuls vont à la rencontre de Joseph et d'Asénath, pour les saluer, Siméon et Lévi, fils de Lia et le texte ajoute : « Les fils de Bala et de Zelpha, les servantes de Lia et de Rachel, n'allèrent pas à leur rencontre parce qu'ils les enviaient et leur étaient hostiles » (p. 73, lignes 11-13). Le fils du Pharaon, après avoir essayé en vain de mettre de son côté Lévi et Siméon pour tenter un coup de main contre Joseph, est en proie à un grand chagrin. Alors ses serviteurs lui soufflent à l'oreille : « Voici que les fils de Bala et les fils de Zelpha, les servantes de Lia et de Rachel, femmes de Jacob, sont très hostiles à Joseph et à Aséneth et ils les haïssent ; ceux-ci seront à toi pour faire toute ta volonté » (p. 76, lignes 4-7). Ces paroles ne tombent pas dans l'oreille d'un sourd et le fils du Pharaon pour essayer de soudoyer une armée contre Joseph invente cette histoire qu'il raconte aux fils de Bala et de Zelpha : « J'ai entendu que Joseph votre frère disait à mon père : « Dan, Gad, Nephtali, Aser, ne sont pas mes frères mais les fils des servantes du père... Ceux-ci, en effet, m'ont vendu aux Ismaélites ; moi aussi je le leur rendrai selon l'orgueil qu'ils ont manifesté dans leur méchanceté contre moi » (p. 76, lignes 19-20 et p. 77, lignes 1-5).

Qu'en est-il, d'une part, de l'hostilité des fils de Bala et de Zelpha contre Joseph et, d'autre part, de leur inimitié contre leurs autres frères, dans les *Testaments* ?

Gen. XXXVII, 2, selon une tradition que les critiques attribuent à P, dit simplement que Joseph rapporta à son père le mauvais bruits sur les fils de Bala et de Zelpha. Le *Testament de Gad* I, 4-9 explicite, dans un développement midrashique, les allusions sibyllines de la *Genèse*. Il explique que Joseph raconta à Jacob que les fils de Zelpha et de Bala étaient en train de tuer les meilleures bêtes du troupeau et les mangeaient contre le jugement de Ruben et de Juda (13). Cela est à l'origine de la haine que Dan entretient contre son frère Joseph jusqu'à ce qu'il soit vendu. De son côté, le *Testament* hébreu de *Nephtali* présente Joseph comme orgueilleux et querelleur. C'est lui qui est la cause des malheurs futurs d'Israël. Il y a donc bien, dans les *Testaments* comme dans *Joseph et Asénath*, trace d'une tradition hostile à Joseph de la part de Gad et de Nephtali et plus généralement des fils de Bala et de Zelpha. Ajoutons que pour justifier l'union entre les fils de Bala et de Zelpha le *Testament* grec de *Nephtali* (I, 11) fait même de Bala et de Zelpha deux sœurs comme d'ailleurs *Jubi*. XXVIII, 9.

Un autre détail, prouve l'existence de traditions communes au livre de *Joseph et Asénath* et aux *Testaments*.

Le récit de la *Genèse* rapporte seulement que Joseph devint, à la suite de son savoir-faire, une sorte de grand vizir en Egypte. Mais jamais il n'est gratifié du titre de roi. Le Pharaon lui tient d'ailleurs un langage qui ne peut laisser place à aucun doute : « Par le trône, je serai plus grand que toi » (*Gen.*, XLI, 40). Par contre, le livre de *Joseph et Asénath* va jusqu'à faire régner Joseph sur l'Egypte après la mort du fils du Pharaon et de son père. Le texte est formel. « Joseph régna (ἐβασίλευσε) en Egypte » (p. 85, ligne 14). C'est à une même tradition que fait sans doute écho le *Test. de Lévi* XIII, 9 : « Quiconque enseigne des choses nobles et les pratique aura un trône avec les rois (σύνθρονος) comme Joseph, mon frère ». Il est d'ailleurs probable que cette tradition était née parmi les Juifs d'Alexandrie pour des raisons apologétiques, comme semblerait l'indiquer *Sap.* X, 13-14 : « Elle (la Sagesse) n'abandonna pas le juste vendu mais le préserva du péché, elle descendit avec lui dans la fosse et ne le quitta pas dans les chaînes jusqu'à ce qu'elle lui eût procuré le sceptre royal ».

Mais il y a plus que des traditions communes à *Joseph et Asénath* et aux *Testaments*. Joseph lui-même, le personnage central, occupe dans les deux récits une place éminente comme dans aucun autre apocryphe et jouit d'un renom de bonté, de chasteté et de piété.

---

(13) Le Targum du Pseudo-Jonathan de *Gen.* XXXVII, 2 fait aussi son commentaire dans le sens du *Testament de Gad*.

Le rôle de premier plan de Joseph dans les *Testaments* a été souligné, à juste titre, par de Jonge (14). Il y fait figure du type du juste par excellence comme dans le passage de la *Sagesse* cité plus haut. Et il fut, par la suite, facile d'en faire le type de Jésus, dans la littérature patristique et déjà chez Hippolyte de Rome (15).

Le *Testament de Ruben*, IV, 8, 9, loue la virginité de Joseph qu'il cite en exemple : « Ecoutez au sujet de Joseph comme il se garda d'une femme, purifia ses pensées de toute fornication et trouva grâce devant Dieu et les hommes ; car une Egyptienne fit beaucoup à son endroit : elle convoqua des magiciens, lui offrit des philtres mais le penchant de son âme n'admit aucun désir mauvais ». La virginité du patriarche, dans le livre de *Joseph et Asénath*, est nettement soulignée. Pentephrès, le père d'Asénath dit à sa fille : « Joseph est un homme pieux, sage et vierge (παρθένος) comme toi aujourd'hui ». (Ed. Batiffol, p. 44, ligne 8). Ailleurs, Joseph luimême semble priser beaucoup la virginité. C'est seulement lorsqu'il apprend qu'Asénath est vierge qu'il dira : « Elle est ma sœur » (p. 48, ligne 14).

Plusieurs *Testaments* louent la bonté de Joseph qui sait pardonner à ses ennemis. *Testament de Siméon*, IV, 4 : « Joseph était un homme bon et il avait l'esprit de Dieu en lui ; il était plein de compassion et de pitié », dira Siméon qui avait pourtant voulu le mettre à mort. *Test. de Zab.*, VIII, 4 : « Quand nous vînmes en Egypte, Joseph n'eût pas de malice contre nous ». Dans le *Test. de Benjamin*, III, 6, Joseph demande à son père de prier pour ses frères « pour que le Seigneur ne leur impute pas à péché ». Il est proposé en exemple : « Mes fils, aimez le Seigneur Dieu du ciel et de la terre et gardez ses commandements suivant l'exemple du bon et saint homme Joseph (III, 1) ». Cf. aussi *Test. de Dan*, 1, 4 : « Je vous confesse, mes enfants, que dans mon cœur j'ai résolu la mort de Joseph (mon frère), l'homme vrai et bon (τοῦ ἀγαθοῦ καὶ ἀνδρὸς ἀληθίνου).

Dans le livre de *Joseph et Asénath*, Joseph est présenté comme un homme pieux sur lequel l'esprit de Dieu repose, puissant en sagesse et en science (p. 44, lignes 8-10). Lévi dira même au fils du Pharaon : « Notre frère est comme un fils de Dieu » (p. 75, ligne 4) (16). Mais c'est Asénath qui fait preuve aussi d'une grande bonté en pardonnant à ses ennemis en faveur de qui elle intercède. Elle répète plusieurs fois au groupe

---

(14) *Op. cit.* p. 96.
(15) Cf. supra.
(16) Certains manuscrits B, D portent ἀγαπητὸς τῷ θεῷ.

des fils de Jacob hostile aux fils de Bala et de Zelpha : « Ne rendez pas le mal pour le mal... Vos frères sont aussi de votre père Israël » (p. 83, lignes 14 et 84, ligne 6).

Dans *Joseph et Asénath* et dans les *Testaments*, il y a également place pour le merveilleux.

Dans les *Testaments*, Dieu fait des miracles en faveur de Joseph en desséchant la main droite de Siméon pendant sept jours (*Test. de Siméon*, II, 12), en frappant Gad d'une maladie de foie pendant onze mois (*Test. de Gad*, V, 9-11) (17), ou en faisant mourir de maladie les frères et les enfants des frères de Zabulon (*Test. de Zab.* V, 2, 4). Dans *Joseph et Asénath*, le merveilleux s'exerce non plus en faveur de Joseph mais d'Asénath. Celle-ci est sauvée de la main de ses ennemis à la suite d'une prière. Elle est exaucée et aussitôt les armes tombent de la main de ses ennemis (p. 82, lignes 9-10).

Que faut-il conclure au terme de cette enquête ? Le livre de *Joseph et Asénath* serait-il essénien ? Si notre apocryphe est essénisant par certains aspects (idéal de virginité, mention de repas au pain et au vin, etc.), il y a des silences troublants ou des pratiques qui, du moins dans l'état actuel de nos connaissances de la littérature de Qumrân, semblent heurter de front les pratiques esséniennes.

Il faut noter, dans notre apocryphe, l'absence presque complète d'ablutions qui jouent pourtant chez les Esséniens un rôle de premier plan. Sans doute, Asénath reçoit-elle l'ordre de la part de l'archange Michel de se dévêtir de la robe noire de deuil, et de se laver le visage et les mains dans l'eau pure et de revêtir une robe blanche (Batiffol, p. 60, lignes 2-16). Sans doute, cet acte se situe-t-il avant le repas sacré d'initiation où Asénath mangera du miel d'origine céleste et pourrait ainsi rappeler les ablutions esséniennes avant le repas sacré (18). Mais on doit noter que les Esséniens se lavaient tout le corps et non pas seulement les mains et la tête. En second lieu, le caractère symbolique de purification qu'auraient pu revêtir ces ablutions n'est pas souligné : on parle simplement « d'eau pure ». Enfin, il semble en raison du contexte lui-même, qu'il s'agit plutôt de soins de toilette après la semaine de jeûne qu'elle vient de passer sous le sac et la cendre. Or, cette absence à peu près complète de bains fait plutôt penser aux usages thérapeutes qui étaient abaptistes. Aussi ce fait

---

(17) Gad est guéri à la suite des prières de Jacob. Pour une guérison à la suite d'une prière cf. *Marc* IX, 29 et *Apocryphe de la Genèse* XX, 28, 29. Dans ces récits, selon la conception antique, le péché et la maladie sont liés l'un à l'autre. Cf. A. DUPONT-SOMMER, *Exorcismes et guérisons dans les écrits de Qoumrân. Vetus Testamentum*, supplément, vol. VII, (Congrès d'Oxford) 1960, p. 246-261.
(18) *De bello judaico*, II, VIII, 129.

joint à d'autres indices que nous allons passer en revue nous invitent à considérer notre livret comme une œuvre plutôt thérapeute qu'essénienne, surtout en raison de la participation des femmes aux repas sacrés, comme nous le verrons plus loin.

III. — LE LIVRE DE « JOSEPH ET ASÉNATH »
EST-IL D'ORIGINE THÉRAPEUTE ?

Des Thérapeutes, à la vérité, nous ne connaissons que ce que Philon le Juif nous en a dit dans le *De vita contemplativa*. Les temps sont révolus où, à la suite de Lucius (1), on mettait en doute l'existence des Thérapeutes, qui n'auraient été en réalité que des moines chrétiens, et le *De vita contemplativa*, une apologie de l'ascétisme chrétien composée à la fin du IIIᵉ siècle et mise exprès sous le nom de Philon. L. Massebieau, a, en son temps, porté le coup de grâce à cette théorie et il a montré que le *De vita contemplativa* se rattachait pour la pensée et le style à une certaine partie des œuvres de Philon et à une certaine époque de sa vie (2).

Or, ces Thérapeutes, que Philon nous présente comme des philosophes, sont, sans aucun doute, des Juifs qui vivaient sur les bords du lac Maréa en Egypte (3), On pourrait sans doute penser que Philon a inventé de son propre crû quelques-uns des traits concernant les Thérapeutes, mais, estime Bousset, on ne peut mettre en doute l'authenticité de leurs réunions liturgiques dont la description précise porte la marque du vrai (4).

Ces Thérapeutes, qui présentent tant d'affinités avec les Esséniens, se dépouillent le leurs biens, se livrent à la contemplation et estiment au plus haut point la virginité : la plupart des femmes qui font partie de la secte, nous dit Philon, conservent volontairement leur virginité. Le septième jour de la semaine, hommes et femmes se réunissent dans un sanctuaire

---

(1) *Die Therapeuten und ihre Stellung in der Geschichte der Askese,* Strasbourg, 1879. Sur l'histoire de l'exégèse du *De vita contemplativa.* Cf. WAGNER, *Die Essener in der wissenchaftlichen Diskussion.* Berlin, 1960. p. 194-202.
(2) *Le Traité de la vie contemplative et la question des Thérapeutes,* dans *Revue de l'histoire des Religions,* 1887 (t. XVI), p. 170-198.
(3) Texte grec dans COHN et WENDLAND, *Philonis Alexandrini opera quae supersunt.* Vol. VI, 1915. Traduction française récente de P. Geoltrain dans *Semitica,* t. X, 1960.
(4) *Die Religion des Judentums im neutestamentlicher Zeitalter.* Berlin, 1903, p. 446. Cf. aussi LAGRANGE, *Le Judaïsme avant Jésus-Christ.* Paris, 1931, p. 586, qui va dans le même sens que Bousset.

commun. Toutes les sept semaines, ils participent en vêtements blancs à un banquet sacré solennel où, ce jour-là, on
ne boit pas de vin (5) mais de l'eau pour accompagner le pain
assaisonné de sel et d'hysope. On ne trouve trace dans le
De vita contemplativa d'aucune espèce d'ablution de quelque
ordre que ce soit. Ce n'est pas une secte baptiste. Or, ce dernier trait concorde singulièrement avec notre apocryphe où
on ne trouve pas mentionnées beaucoup d'ablutions en dehors
de celles nécessaires aux simples soins de propreté (Cf. supra).
Asénath, par ailleurs, comme une thérapeutride, se dépouille
de ses biens. Elle pourra dire dans sa longue prière : « Voici
que j'ai abandonné tous les biens de la terre (πάντα τὰ τῆς γῆς ἀγαθά)
et que j'ai fui vers toi, Seigneur, dans le sac et la cendre, etc. »
(Ed. Batiffol, p. 57, lignes 3 et 4). Elle avait effectivement
donné ses belles robes aux pauvres et aux mendiants ainsi que
l'or et l'argent de ses idoles qu'elle avait mises en pièces. (*Ibidem*, p. 52, lignes 9 à 13). La manière de faire d'Asénath,
notons-le bien, est plus semblable à celle des Thérapeutes
qu'à celle des Esséniens. Ceux-ci avaient résolu le problème
de leurs richesses en les donnant à la secte dans laquelle ils
entraient (Cf. Josèphe, *De bello jud.*, II, 8, 122). Mais les Thérapeutes avant d'entrer dans le conventicule distribuaient leurs
biens à leurs parents ou, à défaut, à leurs amis. Il faut d'ailleurs supposer que ceux-ci en revanche se chargeaient de sub-
venir à leurs besoins les plus immédiats.

L'estime de la virginité, elle, n'est pas un trait proprement
thérapeute (6). Celle-ci aussi était appréciée au moins de certains Esséniens (7).

Un troisième trait expliquerait l'origine thérapeute (8) de
Joseph et Asénath : la participation au banquet sacré des
hommes et des femmes, ce qui, rappelons-le, ne se voit pas
chez les Esséniens. Tout au plus, les femmes esséniennes pou-
vaient-elles assister aux réunions de la communauté où étaient
promulguées les ordonnances (*Règle de la Congrégation*, I, 11).

Par contre, la composition du repas offert par Asénath à
l'archange Michel paraît plutôt se rapprocher du repas sacré
des Esséniens que de celui des Thérapeutes. On voit en effet
Asénath se disposer à servir sur une table du pain et du vin
à son hôte. (Ed. Batiffol, p. 62, lignes 19-20). Les repas
sacrés des Thérapeutes étaient composés uniquement de pain.
(*De vita contemplativa*), § 37 et 73). Ils n'y buvaient pas de

---

(5) § 9 οἶνος ἐν ἐκείναις ταῖς ἡμέραις οὐκ εἰσκομίζεται·
(6) *De vita contemplativa*, § 68.
(7) *De bello jud.*, II, VIII, 120.
(8) *De vita contemplativa*, § 69.

vin, ces jours-là, nous précise-t-on, ce qui indique qu'ils pouvaient en boire à d'autres jours, comme le note justement L. Massebieau (9). Par contre, les repas sacrés esséniens se composaient de pain et de moût de raisin (10). Mais hâtonsnous de dire que le détail transmis par notre apocryphe sur la composition du repas de l'archange, qui n'est pas nécessairement un repas sacré, ne constitue pas une objection majeure à la thèse de l'attribution thérapeute. Pareillement, les expressions « manger le pain et boire la coupe », employées par Asénath après avoir mangé le miel d'origine céleste, ne doivent pas nous induire en erreur, tentés que nous pourrions être de les rapprocher des repas cultuels esséniens. De fait, on ne voit jamais Asénath boire du vin ou manger du pain. L'expression « manger le pain et boire la coupe » n'est, comme nous l'avons déjà dit, qu'une formule technique servant à exprimer la participation aux pieux repas des Juifs.

On notera aussi la place du jeûne dans la conversion d'Asénath. Celle-ci s'humilie et s'abstient de nourriture pendant sept jours (éd. Batiffol, p. 61, ligne 1). Or, le jeûne chez les Thérapeutes était habituel (11). Ils s'abstenaient de nourriture pendant toute la journée jusqu'au coucher du soleil et ils étaient en cela plus stricts que les Esséniens qui prenaient un repas à midi (De bello jud., II, 8, 129). Certains Thérapeutes, nous dit Philon, allaient jusqu'à jeûner pendant trois jours et même jusqu'à six jours (De vita contemplativa, § 35). Le jeûne d'Asénath s'apparente donc à celui des Thérapeutes. Le jeûne de la future femme de Joseph a été précédé d'une longue prière faite en direction de l'orient avant le lever du soleil (éd. Batiffol, p. 53, ligne 5 ; p. 58, ligne 12). Ce détail de la prière lors du lever du soleil est commun à la fois aux Thérapeutes et aux Esséniens qui priaient tournés vers l'orient (12). D'autres détails communs aux Thérapeutes (13) et Esséniens (14), comme la participation au banquet sacré en vêtements blancs, se retrouvent aussi dans notre apocryphe (éd. Batiffol, p. 60, ligne 5).

Enfin, il nous faut attirer à nouveau l'attention sur le nom même d'Asénath. Il y a une trentaine d'années, Paul

---

(9) *Art. cit.*, p. 311.
(10) IQS VI, 5.
(11) Cela a été bien remarqué par G. Vermès, *Essenes-Therapeutai-Qumran*, dans *Durham University Journal*, juin 1960, p. 106.
(12) Pour les Esséniens. Cf. *De bello jud.*, II, 8, 128. Pour les Thérapeutes. *De vita contemplativa*, § 27 et 89. Pour Qumrân, cf. Weise, *Kulzeiten und kultische Bundesschluss in der « Ordensregel » vom Toten Meer*, Leiden, 1961.
(13) *De vita contemplativa*, § 66.
(14) *De bello judaico* II, VIII, 123 et 137.

Riessler voulait expliquer le nom d'Asénath par l'assyrien *assinnatu* qui signifierait « servante » et serait l'équivalent du grec thérapeutride (15). Le grand dictionnaire accadien de Chicago donne seulement pour le mot *isinnu*, *asinnu*, la traduction « prostitué mâle » et Labat le sens de « efféminé, castrat ». On trouve, il est vrai, dans le vieux lexique de A. Saubin le sens de « serviteur ». Mais les lexiques hébreux proposent habituellement une étymologie égyptienne pour le nom de la femme de Joseph (16), ce qui est bien plus normal. Je ne pense donc pas que l'interprétation de Riessler, qui paraît assez douteuse, puisse être retenue. D'ailleurs, à supposer que ce nom d'origine égyptienne puisse être expliqué par une étymologie populaire accadienne, il faut dire que nous n'avons rien dans le livre de *Joseph et Asénath*, qui nous autorise à faire une telle hypothèse. Le nom que reçoit Asénath après sa conversion a une signification allégorique selon un genre fort apprécié des Thérapeutes (17) : Tu ne t'appelleras plus Asénath à partir d'aujourd'hui mais ton nom sera ville de refuge πόλις καταφυγῆς ». Or, ce jeu de mots est explicable seulement dans le cas d'un texte hébreu original ou tout au plus d'un Juif helléniste qui savait l'hébreu. Il est bien évident, comme le note Aptowitzer (18), que l'ange joue ici sur les mots *'asenat* et *hasenath*, le deuxième étant rattaché à la racine *hasah* ou *hasan* (être fort, chercher refuge). Il n'y a donc pas de jeu de mots avec un terme qui signifierait « servante ».

Résumons ici brièvement les résultats de notre enquête. D'un côté, nous avons reconnu certains traits qui apparentent notre récit à la littérature essénienne ou essénisante ; de l'autre, des détails sont typiquement thérapeutes. Cela n'est pas étonnant car on admet habituellement au moins une certaine parenté entre les deux groupes religieux esséniens et thérapeutes. Certains même vont plus loin et font des thérapeutes une branche contemplative des Esséniens qui seraient les membres actifs (19). Ce n'est pas ici le lieu d'examiner le bien fondé de cette séduisante hypothèse. Pourtant, il y a quelques traits — et Vermès le reconnaît lui-même — qui me paraissent difficilement explicables si les Thérapeutes n'étaient que des Esséniens. En particulier on ne voit pas que les Thérapeutes soient comme les Esséniens une secte baptiste et la secte égyp-

---

(15) *Op. cit.*, p. 1303.
(16) Cf. aussi J. VERGOTE, *Joseph en Egypte*, Louvain, 1959, p. 148 et suiv.
(17) *De vita contemplativa*, § 78.
(18) *Op. cit.*, p. 281.
(19) Cf. G. VERMÈS, *Essenes-Therapeutai-Qumrân*, dans *Durham University Journal*, juin 1960, p. 97-115.

tienne paraît bien plus hellénisée que la secte palestinienne
(20). Quoi qu'il en soit de la réponse exacte apportée au problème des relations entre Esséniens et Thérapeutes, le livre
de *Joseph et Asénath* nous paraît en tout cas plus thérapeute
qu'essénien.

* * *

Il nous faut maintenant conclure. Le livre de *Joseph et
Asénath* n'est donc ni chrétien ni purement essénien malgré
certaines apparences. Il semble bien appartenir à la littérature
thérapeute dont, jusqu'à présent, on ne connaît guère d'exemple (21). En effet, il nous paraît être d'origine alexandrine
comme certains indices semblent l'insinuer. L'emploi des termes comme ἀθανασία, ἀφθαρσία, à côté d'un vocabulaire nettement juif εὐλογεῖν, εὐλογία, ect., s'expliquerait bien dans les milieux judéo-hellénistes de la diaspora égyptienne. Mais certains jeux de mots sur le nom d'Asénath ne sont guère possibles qu'en hébreu. Aussi, Aptowitzer suppose-t-il, que le livre
avait été écrit originellement en hébreu par un juif palestinien et aurait été traduit en grec par un chrétien familiarisé
avec la langue hébraïque (2). Pourtant, les termes comme
ἀθανασία et ἀφθαρσία ne semblent pas du tout glosés et n'ont pas
d'équivalent en sémitique. Ils apparaissent pour la première
fois dans le livre de la Sagesse dont on s'accorde à reconnaître
l'origine alexandrine. Cela laisserait croire que l'ensemble du
livre a été écrit directement en grec, mais il est possible que
l'auteur ait eu sous les yeux un original sémitique relatif à la
légende d'Asénath, pour certains cas et peut-être pour le passage concernant le nouveau nom donné à Asénath.

Le propos du livre lui-même concernant le mariage d'Asénath, une Egyptienne, avec Joseph, un Juif, s'expliquerait au
mieux si l'œuvre était née en Egypte, car ce roman d'amour
bâti sur les maigres données de la *Genèse* apparaît bien, ainsi
que plusieurs auteurs l'ont compris, comme un écrit de propagande judéo-hellénistique.

Peut-on en préciser la date de composition ? Je crois l'ouvrage antérieur à 30 av. J.-C., où César Octave entra en con-
quérant à Alexandrie, date avec laquelle commence, pour

---

(20) Voir aussi GEOLTRAIN, *op. cit.*, p. 28.
(21) Cf. PHILONENKO, *Le Testament de Job et les Thérapeutes*, dans
Semitica, t. VIII §, 1958, p. 41 et suiv., mais cf. K. KOHLER : *The Testament of Job. An Essene Midrash on the Book of Job*, dans *Semitic
Studies on Memory of Rev. Dr. Alexander Kohut*, 1897, p. 264-388 et
RIESSLER, *Altjüdisches Schriftum ausserhalb der Bibel*, Augsbourg, 1928,
p. 1333-1334.
(22) *Art. cit.*, p. 306.

l'Egypte, la perte de son indépendance. En effet, nous ne voyons aucune allusion aux Romains dans cet écrit et l'Egypte paraît encore jouir de son indépendance.

Cet argument « ex silentio », il est vrai, toujours difficile à manier, nous empêche d'accepter l'hypothèse séduisante d'Aptowitzer qui voudrait mettre la composition de notre livret en relation avec la conversion de la reine Hélène d'Adiabène au Judaïsme vers le milieu du premier siècle de notre ère. Par ailleurs, ce n'est pas au Judaïsme classique que se convertit Asénath mais au Judaïsme thérapeute égyptien, comme nous avons essayé de le montrer. La faveur dont jouissent les Juifs auprès du souverain égyptien exclurait l'époque d'Evergète II (145-166) qui fut un temps de persécution pour les Juifs (23).

Le récit ne pourrait davantage se situer sous Ptolémée VI Philométor (185-146) qui autorisa les Juifs à construire le temple de Léontopolis car la date est trop haute pour expliquer la présence en Egypte des Thérapeutes qui semblent bien dériver des Esséniens. On pourrait au mieux situer la composition du livre sous Cléopâtre III qui, suivant l'exemple de son oncle Philométor, s'appuyait beaucoup sur l'élément juif. On la voit même conduire une armée en Palestine commandée par deux généraux juifs (24). Cette situation politique semblerait se réfléter dans le livre de *Joseph et Asénath* où le fils du Pharaon n'hésite pas à enrôler dans son armée des Juifs. Il ne semble pas qu'on puisse préciser davantage. Disons donc pour terminer que notre écrit pourrait avoir vu le jour en Egypte en milieu thérapeute entre 100 et 30 avant J.-C., à une date assez rapprochée de la composition de la *Sagesse de Salomon*, émanant, il est vrai, d'un milieu différent.

M. Delcor.

(23) Cf. E. Bevan, *Histoire des Lagides*, Paris, 1934, p. 345.
(24) E. Bevan, *op. cit.* p. 371.

Où en sont les études qumrâniennes ?

Il y a plus de vingt-cinq ans, je visitai à la tombée de la nuit, à la lumière de torches improvisées faites de vieux journaux, la première grotte à manuscrits située sur la falaise qui domine le site de Khirbet Qumrân, en compagnie du Père Pierre Benoit, professeur à l'École biblique et archéologique française de Jérusalem, du professeur Henri Grégoire, de l'Université libre de Bruxelles, de sa secrétaire Mademoiselle Lippens et du chanoine Jules Creten, chargé alors par le Vatican de distribuer des subsides aux réfugiés palestiniens. La secrétaire du professeur Grégoire n'était autre que la cousine du lieutenant Lippens dont le rôle fut, on s'en souvient, décisif comme officier de l'ONU dans le repérage de la première grotte à manuscrits trouvée par les bédouins. Le souvenir de cette visite qui ne fut pas des plus aisées est resté vivant dans ma mémoire, tant elle fut fertile en péripéties. Parvenus à Jéricho dans une voiture mise gracieusement à notre disposition par le consulat de Belgique, nous n'arrivions pas à mettre la main sur l'officier de l'armée jordanienne qui devait nous permettre de visiter cette zone des bords de la mer Morte plus ou moins interdite. Une fois trouvée l'autorité jordanienne compétente, il ne fut pas facile de lui arracher l'autorisation tant désirée. J'entends encore les protestations quelque peu véhémentes du savant belge : « Je suis membre de l'Académie Royale de Belgique. Je dîne ce soir avec le gouverneur de Jérusalem et je protesterai auprès de lui ». J'entends aussi Mademoiselle Lippens essayant de calmer les impatiences du professeur Grégoire : « Regardez, Maître, ce magnifique coucher de soleil sur les monts de Moab ; il est plus beau que celui que nous avons contemplé sur le mont Hymette ». Certes, Henri Grégoire était surtout un byzantinologue, mais ses connaissances étaient très vastes et l'annonce de la découverte de manuscrits hébreux réalisée trois ans auparavant par des bédouins allant à la recherche d'un bouc égaré (et non d'une brebis comme on dit habituellement [1]) n'avait pas laissé insensible cet esprit curieux qui avait fait jadis un peu d'hébreu à Paris. Nous étions en effet au printemps de 1950 et la grotte contenant les manuscrits, la première de ce genre, avait été découverte en 1947. Je venais

---

[1] A. Y. SAMUEL, *Treasure of Qumran : My story of the Dead Sea Scrolls*, Philadelphia, 1966.

moi-même d'arriver à l'École biblique et archéologique française de Jérusalem comme pensionnaire de l'Institut de France et, pour justifier ma
bourse, je m'étais attelé non sans quelque témérité à rédiger un mémoire
consacré à l'un des documents trouvés dans la première grotte : le *Pesher
d'Habacuc* ou, comme on disait alors assez inexactement, le *Midrash
d'Habacuc*, celui qui contenait précisément le plus d'allusions historiques
qu'il fallait essayer d'élucider : ce commentaire assez particulier du vieux
prophète avait déjà suscité une retentissante communication ² du savant
français André Dupont-Sommer, suivie, il est vrai, d'une non moins
retentissante polémique.

De l'entrée de la grotte, nous pouvions contempler à nos pieds les
ruines énigmatiques de Khirbet Qumrân et des rangées de tombes recou-
vertes de cailloux et orientées Nord-Sud qui jouxtaient ce site. Nous
nous interrogions sur la nature de ces vestiges. À cette époque-là je me
posais déjà la question de savoir, — et sans doute n'étais-je pas le seul,
— si les anciens habitants de Khirbet n'étaient pas précisément ceux qui
avaient caché les manuscrits. Je m'en étais ouvert, il m'en souvient, au
Père de Vaux, le savant directeur de l'École de Jérusalem. Mais ce dernier était demeuré longtemps sceptique sur la nécessité d'une fouille du
site comme sur l'exploration systématique des grottes dont la falaise voisine est truffée. Jusqu'à preuve du contraire, il s'en tenait, je crois, à
l'opinion de Ch. Clermont-Ganneau, corroborée par un récent sondage de
Mr Harding, qui faisait de Khirbet Qumrân un fortin romain ³. On sait
que le Père de Vaux avait d'abord daté les jarres contenant les rouleaux
de cuir du IIe siècle de notre ère « à la rigueur du début du Ier siècle,
certainement antérieurement à l'époque romaine », ce qui l'empêchait
évidemment d'établir un lien quelconque avec les ruines de Qumrân.
Mais il devait par la suite reconnaître son erreur avec une probité scientifique que certains savants pourraient lui envier. Pendant cinq ans, de
1951 à 1956, des campagnes de fouilles conduites avec beaucoup de
méthode et de soin lui permirent, d'une part, d'établir les diverses phases
d'occupation du site, et d'autre part, d'identifier à partir du IIe siècle av.
J.-C. la nature des ruines qui avaient été le centre d'une communauté
religieuse, celle à laquelle appartenaient précisément les manuscrits.
L'archéologie permettait dorénavant de jeter une certaine lumière sur les
manuscrits comme le contenu de certains manuscrits permettait d'éclairer l'archéologie. Le Père de Vaux s'est expliqué longuement et avec
cette clarté lumineuse qui lui était coutumière sur les liens existant entre

---

2. A. Dupont-Sommer, *Observations sur le commentaire d'Habacuc découvert près
de la mer Morte*, Paris, 1950 ; du même auteur, *Le « commentaire d'Habacuc » découvert près de la mer Morte. Traduction et Notes*, RHR, avril-juin 1950.

3. Cf. M. Delcor, *Essai sur le Midrash d'Habacuc*, Paris, 1951, p. 17.

l'archéologie du site de Qumrân et les manuscrits de la mer Morte, d'abord dans les rapports préliminaires publiés dans la *Revue Biblique*, puis dans les deux éditions successives de son livre : *L'archéologie et les manuscrits de la mer Morte*, paru à Londres en 1961 et en 1973, ouvrage essentiel auquel il faudra toujours se référer. Depuis les faits et les souvenirs un peu trop personnels que je viens d'évoquer, voilà bientôt trente années écoulées, trente années de découvertes et de travaux. Je ne prétends pas tracer ici l'histoire de cette recherche, même dans ses grandes lignes. Elle serait pourtant passionnante, et j'espère bien que quelqu'un l'écrira un jour en toute sérénité en s'inspirant non seulement des articles plus ou moins polémiques des divers chercheurs, mais aussi, je l'espère, des correspondances inédites échangées entre les protagonistes de la recherche qumrânienne. Cette enquête n'aurait pas un intérêt purement anecdotique : certes elle montrerait les hésitations légitimes des premiers savants qui se sont penchés sur les manuscrits, surtout en ce qui concerne la nature de la secte à laquelle ils appartenaient. Mais elle dégagerait aussi les apports souvent mineurs, plus rarement décisifs, de chaque scholar à la recherche qumrânienne. Elle constituerait enfin pour les jeunes générations un singulier avertissement chaque fois que surviendrait une découverte moderne susceptible d'ébranler les positions reçues. Je pense en particulier aux thèses aberrantes et finalement isolées soutenues dès le début de la recherche qumrânienne par Paul Kahle, Godfrey Rolles Driver, Cecil Roth, Solomon Zeitlin, pour ne citer que les plus célèbres. Les uns et les autres étaient pourtant des savants considérables, chacun en leur domaine, mais qui, en raison soit de leur âge, soit de positions scientifiques prises antérieurement, n'ont pas su se libérer de certains préjugés. Je songe aussi aux vues plus justes de E. L. Sukenik et de A. Dupont-Sommer qui, dès le début, ont soutenu l'origine essénienne de la secte et auxquels il convient de rendre un hommage mérité. Pour mener à bien l'histoire de cette recherche, il ne manque pas d'ailleurs de répertoires bibliographiques qui fournissent une documentation de base à une telle enquête. Qu'il suffise de citer les deux compilations bibliographiques de Chr. Burchard, parues en 1957 et en 1965 [4], celle de W. S. La Sor [5], celle toute récente de B. Jongeling [6], sans oublier les bibliographies que W. S. La Sor et J. Carmignac font paraître périodiquement dans la *Revue de Qumrân* depuis 1958.

---

4. Chr. BURCHARD, *Bibliographie zu den Handschriften vom Toten Meer*, t. I, Berlin, 1957 ; t. II, 1965.

5. W. S. LA SOR, *Bibliography of the Dead Sea Scrolls 1948-1957*, Pasadena, 1958.

6. B. JONGELING, *A Classified Bibliography of the Finds in the Desert of Judah (1958-1969)*, dans *Studies on the Texts of the Desert of Judah* VIII, Leyde, 1971.

En attendant que soit écrite l'histoire de cette recherche, nous possédons déjà le récit pittoresque, écrit par Mar Athanasios Samuel, le
métropolite syrien de Jérusalem, de ses tractations aux lenteurs tout
orientales avec les bédouins Taamiré détenteurs des rouleaux manuscrits
de la grotte découverte en 1947. Cette histoire est précédée d'une préface
de William Brownlee qui fut, on s'en souvient, un des principaux et
heureux protagonistes avec Millar Burrows et J. C. Trever de l'American
School of Oriental Research pour authentifier l'antiquité des manuscrits [7]. Je suis heureux de le saluer ici, avec nous. De J. C. Trever nous
possédons aussi sur l'histoire des découvertes le point de vue d'un scientifique. On le trouvera dans un article de la *Revue de Qumrân* publié en
1961-1962 [8] et surtout dans son ouvrage *The Untold Story of Qumrân*,
Westwood, N.J., 1965 traduit en allemand deux ans plus tard avec le
titre : *Das Abenteuer von Qumrân*, Kassel, 1967. On peut aussi entendre le
point de vue du bédouin Muhammad ed-Deeb à travers trois articles de
W. Brownlee [9].

Certes, on n'a pas attendu l'année 1976 pour convier les spécialistes à
faire le point sur leurs découvertes. Ici même, il y a une vingtaine
d'années les IXes Journées Bibliques qui se sont tenues du 5 au 7 septembre 1957 avaient choisi comme thème de recherches : *La Secte de
Qumrân et les origines du Christianisme*, et elles avaient été présidées par
le Père J. van der Ploeg dont les travaux sur Qumrân sont bien connus.
En réalité, sur les onze conférences prononcées à Louvain, quatre seulement se référaient aux relations entre les écrits de Qumrân et le Nouveau
Testament. Elles avaient été prononcées par D. Barthélemy, L. Cerfaux,
O. Betz et J. Schmitt. Ce dernier, dont je suis tout spécialement heureux
de saluer à nouveau la présence parmi nous, avait traité de l'organisation
de l'Église primitive et Qumrân [10]. Deux ans auparavant, un colloque
s'était tenu à Strasbourg du 25 au 27 mai 1955, sous les auspices du
Centre d'Études Supérieures spécialisées d'Histoire des Religions de cette
ville : A. Dupont-Sommer, J. van der Ploeg, B. Reicke, A. Neher, O. Cull-

---

7. Millar BURROWS (with the assistance of John C. TREVER and William H.
BROWNLEE), *The Dead Sea Scrolls of St Mark's Monastery*, vol. I : *The Isaiah
Manuscripts and the Habakkuk Commentary*, New Haven, 1950 ; vol. II, fasc. 2 :
Plates and Transcription of the Manual of Discipline, New Haven, 1951.

8. J. C. TREVER, *When was Qumran Cave I discovered ?*, dans *Revue de Qumrân*,
III, 1961-1962, pp. 135-141.

9. W. H. BROWNLEE, *Muhammad ed-Deeb's Own Story of his Scroll Discovery*,
dans *JNES*, 16, 1957, pp. 236-239 ; du même auteur, *Edh-Dheeb's Story of his Scroll
Discovery*, dans *Revue de Qumrân*, III, 1961-1962, pp. 483-494 ; du même auteur,
Some New Facts concerning the Discovery of the Scrolls of IQ, dans *Revue de Qumrân*,
IV, 1963-1964, pp. 417-420.

10. J. VAN DER PLOEG et alii, *La secte de Qumrân et les origines du Christianisme*,
dans *Recherches Bibliques*, IV, Bruges-Paris, 1959.

mann, K. G. Kuhn, J. Schmitt, J. Daniélou y avaient pris la parole et
de grandes questions y avaient été abordées. En 1961, se tenait à Leipzig
un Symposium international sur les problèmes qumrâniens, réuni à
l'instigation du regretté Hans Bardtke récemment disparu. Certes, en
raison du lieu où il s'était tenu, en Allemagne orientale, peu de spécialistes du monde libre avaient pu y prendre part, ce qui fut fort regrettable
en raison non seulement de la présence de savants venus d'Europe orientale et de l'attachante personnalité du professeur Bardtke, son organisa-
teur, mais aussi de la chaleur de l'accueil. Messieurs Carmignac et van
der Ploeg qui avaient avec votre serviteur répondu à l'appel de Bardtke,
ne me contrediront point, et, en ce qui me concerne, j'ai gardé de cette
rencontre un souvenir inoubliable. Les actes de ce congrès furent publiés
deux ans plus tard à Berlin en 1963 sous le titre: *Vorträge des Leipziger
Symposions über Qumran-Probleme*, et ils constituent désormais, par la
qualité, par la variété des questions traitées, un précieux ouvrage de
référence pour les qumrânologues. Quelques années plus tard, en 1966,
un important volume de mélanges était offert au professeur de Leipzig
sur le thème *Bible et Qumrân* par vingt et un spécialistes dont plusieurs
avaient participé au Symposium [11]. Il faut mentionner aussi les grands
congrès organisés par *Vetus Testamentum* et par la *Studiorum Novi Testamenti Societas* dans lesquels ont été traitées incidemment des questions
qumrâniennes. Je songe en particulier au congrès tenu à Strasbourg en
1956 et à Oxford en 1959 par *Vetus Testamentum*. Le premier avait été
présidé par le Père de Vaux dont nous savons tous la place éminente
qu'il a occupée dans la recherche qumrânienne, notamment dans le
domaine archéologique. Celui d'Oxford avait été organisé par G. R.
Driver, un autre protagoniste des études qumrâniennes. Il fut notamment, ces dernières années, on s'en souvient, avec C. Roth [12] un des
défenseurs de la thèse zélote, en ce qui concerne l'identité de la secte de
Qumrân [13], ce qui lui valut une réplique courtoise, mais ferme et motivée
du Père de Vaux dans un article de la *Revue Biblique*. Dans son gros livre
intitulé *The Judaean Scrolls. The Problem and a Solution*, Oxford, 1965,
le savant hébraïsant d'Oxford, plus philologue, il est vrai, qu'archéologue, n'a pas su tirer tout le parti désirable des fouilles archéologiques du
site de Qumrân en les mettant en connexion avec les textes. Comme
C. Roth, G. R. Driver estime que l'arrière-plan historique des manuscrits
est la guerre menée contre Rome (66-73 ap. J.-C.). Les hommes de
l'Alliance de Qumrân, — ceux qu'il appelle les *Convenanters*, — sont à
identifier au parti des Zélotes et des sicaires qui descendaient du schisme

---

11. *Bibel und Qumrân. Beiträge zur Erforschung der Beziehungen zwischen Bibel-
und Qumranwissenschaft (Hans Bardkte zum 22.9.1966)*, Berlin, 1968.
12. G. R. DRIVER, *The Judaean Scrolls. The Problem and a Solution*, Oxford, 1965.
13. C. ROTH, *The Dead Sea Scrolls. A New Historical Approach*, New York, 1965.

sadoqite qui suivit la déposition ou la mort d'Onias III (170 av. J.-C.).
Tandis que certains acceptèrent la nouvelle situation et devinrent les
Sadducéens du Nouveau Testament, d'autres s'enfuirent en Égypte avec
Onias IV (170 av. J.-C.). Après l'intervention de Pompée, le groupe égyptien retourna à Jérusalem avec le prêtre Boethus qui forma le parti des
Boethusiens. Plus tard Boethus fut rejeté par les siens qui se mirent sous
l'autorité de Judas le Galiléen lequel avec Saddok fonda le parti zélote.
Après l'exécution de Judas par les Romains l'année 6 ap. J.-C., les Zélotes s'installèrent à Qumrân (Période II) et devinrent les Membres de
l'Alliance. Pour l'identification du Maître ou Docteur de Justice et du
prêtre impie, les positions de G. R. Driver sont semblables à celles de
C. Roth. Selon cet auteur, le Docteur de Justice serait Menaḥem ben
Judah, l'un des chefs des Zélotes au début de la Guerre Juive. Ce dernier,
d'après Josèphe, prit la tête de l'insurrection contre les Romains et eut
même l'audace de se présenter au Temple en costume royal et escorté par
ses partisans en armes. Mais Éléazar, le capitaine des gardiens du Temple, — dans cette thèse le prêtre impie de Qumrân, — les dispersa, et
Menaḥem lui-même, poursuivi sur la colline de l'Ophel, fut sommaire-
ment exécuté à l'automne de l'année 66 de notre ère. Comme je l'ai déjà
dit, la thèse de G. R. Driver a été vivement critiquée notamment par
R. de Vaux qui lui reproche de n'avoir pas tenu assez compte des données
archéologiques les plus solidement établies permettant de faire une histoire de la communauté qui occupa le site de Qumrân jusqu'à sa destruction, en juin 66 de notre ère. Aussi les conclusions de G. R. Driver
sont-elles incompatibles avec les faits archéologiques (cf. R. DE VAUX,
Esséniens ou Zélotes? À propos d'un livre récent, dans *R.B.*, t. 73, 1966,
pp. 212-235). Driver a répondu aux critiques de R. de Vaux mais sans
avoir convaincu personne de sa thèse zélote (cf. G. R. DRIVER, *Myths of
Qumran*, dans *The Annual of Leeds University. Oriental Society*, I-6,
1966-1968, pp. 23-48 et spécialement 23-40; du même auteur, *Mythology
of Qumran*, dans *JQRNS*, t. 71 (1970-71), pp. 241-281 et spécialement
241-250).

Outre les Congrès consacrés à Qumrân, il existe aussi des recueils
d'études. Deux d'entre eux parus ces dernières années traitent des relations entre Qumrân et le Nouveau Testament. Le premier, intitulé *Paul
and Qumran*, a été édité en 1968 par J. Murphy-O'Connor. Il regroupe
dans un volume les articles déjà publiés de Pierre Benoit, Joseph A. Fitzmyer, Joachim Gnilka, Mathias Delcor, Walter Grundmann, K. G. Kuhn,
Joseph Coppens, Franz Mussner, Jérôme Murphy-O'Connor [14]. Voici
dans quel esprit son éditeur a voulu réunir dans ce volume les travaux

---

14. J. MURPHY-O'CONNOR et alii, *Paul and Qumran. Studies in New Testament
Exegesis*, Londres, 1968.

des divers spécialistes. Écoutons-le parler: «La contribution que les manuscrits de la mer Morte peuvent apporter à une compréhension profonde et correcte du Nouveau Testament et du milieu dans lequel il a pris forme est devenue de plus en plus évidente ces dernières années, au moins pour ceux qui sont en mesure de garder l'œil ouvert sur l'extraordinaire production savante consacrée à ce domaine. Malheureusement ceux qui sont intéressés au progrès de cette recherche n'ont pas tous accès aux revues dans lesquelles paraissent les travaux les plus originaux et les plus constructifs des savants et, dans certains milieux, on a même accusé les savants chrétiens de conspiration du silence. On dit qu'ils ont peur de publier les résultats de leurs recherches parce qu'ils menacent le caractère unique de la foi chrétienne. Cela n'est pas du tout vrai, mais il est indéniable que le manque de communication est dû à la difficulté de lire les langues étrangères et d'accéder aux bibliothèques spécialisées». E. J. Murphy-O'Connor de conclure: «Mon seul objet en composant ce livre est de combler un vide en rendant plus accessibles quelques-uns des articles les plus significatifs consacrés à l'étude des contacts entre les récits pauliniens et les documents esséniens». Dans un autre recueil de même nature, J. H. Charlesworth regroupe des travaux déjà parus autour du thème *John and Qumran* (Londres, 1972). Ces deux recueils font d'ailleurs pendant au précieux volume que Krister Stendhal publiait en 1957 à New York sous le titre *The Scrolls and the New Testament*.

Ces quelques indications bibliographiques préliminaires montrent que l'intérêt pour les études qumrâniennes ne semble pas avoir faibli, car si les publications sont moins nombreuses que lors des premières quinze années, elles ont gagné en qualité ce qu'elles ont perdu en quantité. Mais des publications ne se conçoivent pas sans des centres de recherches et finalement sans des maîtres qui les suscitent et les stimulent. Quel est le bibliste qui n'a pas consacré un cours aux manuscrits de la mer Morte dans les diverses facultés de théologie ou écoles de sciences religieuses? Mais il y a plus: certaines universités ont même créé des instituts de recherches qumrâniennes. Je songe en particulier au centre dirigé jusqu'à ces derniers temps par Karl Georg Kuhn à l'Université de Heidelberg. La *Qumran-Abteilung* était installée en ses débuts au pied du romantique château à demi-ruiné, dans les locaux de la vieille *Akademie der Wissenschaften*. Nous avions à notre disposition une toute petite salle que nous aimions à appeler la *Qumran Höhle*, la grotte de Qumrân. De combien de veilles laborieuses, prolongées parfois par certains jusqu'au petit matin, ces vieux bâtiments n'ont-ils pas été les témoins? Il y avait là une équipe enthousiaste que je n'ai jamais retrouvée ailleurs de jeunes chercheurs allemands: Werner Eiss, Reinhard Deichgräber, Gert Jeremias, Heinz Wolfgang Kuhn — le petit Kuhn, comme nous aimions l'appeler pour le distinguer du grand, le professeur, — Hartmut Stegemann, pour ne citer que ceux que j'ai connus plus personnellement. Sous la direction

de Karl Georg Kuhn, deux publications faites en collaboration ont été
réalisées par cette équipe de Heidelberg : le *Rückläufiges Hebraïsches
Wörterbuch* paru à Goettingue en 1958 et la *Konkordanz zu den Qumrantexten* publiée deux années plus tard. Le premier ouvrage avait été mis
en chantier en priorité afin d'aider les déchiffreurs des textes de Qumrân
souvent lacunaires. Les racines hébraïques sont classées à rebours de telle
sorte que l'on a facilement sous les yeux les diverses possibilités de
restitution pour un verbe dont il manque une des consonnes. Mais la
Konkordanz zu den Qumrantexten est un des instruments de travail les
plus précieux qui soient sortis de ce laboratoire si l'on y ajoute les
compléments publiés par la suite dans la *Revue de Qumrân* en 1963-1964,
Nachträge zur « Konkordanz zu den Qumrantexten », pp. 163-234. Je pus
utiliser moi-même à Heidelberg cette concordance qui n'était encore que
sur fiches, lorsque je rédigeais mon commentaire des *Hymnes de
Qumrân* [15], et je sais les services précieux qu'elle m'a rendus.

Du séminaire consacré à l'explication des textes de Qumrân que Karl
Georg Kuhn dirigeait avec méthode et beaucoup de rigueur scientifique
sont sorties quelques trop rares études du maître allemand et on doit le
regretter. En effet le professeur Kuhn appartient encore à cette vieille
école pour qui dix pages d'explication rigoureuse de texte sont préféra-
bles à cent pages de théories. Je le lui ai entendu moi-même prôner à
diverses reprises comme un axiome au cours de son séminaire, et nous
regrettons qu'aujourd'hui un état de santé déficient ne lui permette pas
de nous faire bénéficier de ses vastes connaissances. Ce sont surtout ses
élèves qui ont profité de ses travaux. Plusieurs thèses de valeur ont été
dirigées par Kuhn à la fois spécialiste du rabbinisme et du Nouveau
Testament et au demeurant un excellent philologue, et c'est pour cela
qu'elles tournent à peu près toutes autour du thème *Qumrân et le Nouveau Testament*. Elles ont été publiées à Goettingue dans une collection
fondée par le professeur de Heidelberg sous le titre *Studien zur Umwelt
des N.T.* Signalons plus spécialement : *Der Lehrer der Gerechtigkeit*, œuvre
de Gert Jeremias publiée en 1963. Ce beau livre contient la somme des
problèmes que pose le personnage central de la secte de Qumrân dont il
essaie d'esquisser le portrait le plus exact possible en le situant à sa place
dans l'histoire. R. Deichgräber a consacré une importante thèse aux
hymnes adressés à Dieu et aux hymnes adressés au Christ dans le christianisme primitif : *Gotteshymnus und Christushymnus in der frühen Christ-
enheit. Untersuchungen zu Form, Sprache und Stil der frühchristlichen
Hymnen*, Goettingue, 1967. C'est encore aux hymnes que s'est intéressé
H. W. Kuhn dans sa thèse intitulée : *Enderwartung und gegenwärtiges
Heil. Untersuchungen zu den Gemeindeliedern von Qumran*, Goettingue,

---

15. M. DELCOR, *Les Hymnes de Qumrân (Hodayot). Texte hébreu, Introduction,
Traduction, Commentaire*, Paris, 1962.

1966. Cet auteur distingue les hymnes du Maître de ceux de la communauté. Ce livre constitue un progrès par rapport à celui de G. MORA-WE, *Aufbau und Abgrenzung der Loblieder von Qumran*, Berlin, 1961. Ce dernier avait reconnu en gros dans les *Hodayot* des *Danklieder* et des *hymnischen Bekenntnisliedern*. Mais ce qu'il manquait à la recherche de Morawe, c'était une étude du *Sitz im Leben* des hymnes, c'est-à-dire de l'occasion qui les vit naître. Or ce travail a été effectué en partie par H. W. Kuhn. Ce dernier se demande si certains hymnes ne trouvent pas leur origine lors de l'entrée dans la communauté et plus précisément lors de la fête de l'Alliance telle qu'elle est décrite en 1 *QS*, I,II-III,2. Mais j'avais déjà moi-même attiré l'attention sur ces problèmes dans mon commentaire des Hymnes et dans une étude consacrée à la fête de l'Alliance à Qumrân, parue en allemand dont une partie est intitulée : *Das Ritual des Bundesfestes in Qumran und der Sitz im Leben von einigen Hymnen* (dans *Bibel und Leben*, 1963, pp. 195-200). Cette étude est reprise dans M. DELCOR, *Religion d'Israël et Proche-Orient ancien. Des Phéniciens aux Esséniens*, Leyde, 1976, pp. 280-287. Signalons aussi dans la collection *Studien zur Umwelt des N.T.*, l'ouvrage de Peter VON DER OSTEN-SACKEN, *Gott und Belial. Traditionsgeschichtliche Untersuchungen zum Dualismus in den Texten aus Qumran*, Goettingue, 1969. Cet auteur a montré le manque d'unité littéraire du *Traité des Deux Esprits*, section capitale insérée dans le *Serek* pour une des doctrines fondamentales de la secte : le dualisme. Il s'oppose en cela à la thèse de J. Licht qui semble admettre une unité littéraire monolithique pour le *Traité des Deux Esprits*, qui, de fait, dans la forme où il nous est parvenu paraît très structuré [16]. Mais, ainsi que l'a montré P. von der Osten-Sacken, une analyse minutieuse de cette section prouve que le texte actuel est l'aboutissement d'un développement littéraire. En effet, le problème de l'unité du texte se pose à propos des relations littéraires entre 1 *QS*, III, 13-IV, 14 et IV, 15-26, à la fois au niveau du vocabulaire et de la stylistique. Par ailleurs, le même auteur a montré de façon convaincante que les traditions du *Rouleau de la Guerre* ou *Milḥamah* se trouvent à l'arrière-plan des conceptions dualistes de *Serek*, III, 13-IV, 14 et plus spécialement de III, 20-25. On utilise de fait dans le *Milḥamah* et la section du *Serek* en question un vocabulaire théologique ou technique significatif que l'on ne trouve pas ailleurs à Qumrân. Tout semble indiquer que le dualisme qumrânien s'enracine dans l'eschatologie. C'est en effet à la tradition eschatologique du *Milḥamah* que puise la liste de malédictions (*Unheilskatalog*) de 1 *QS*, IV, 12-14 (cf. pour le détail P. von Osten-Sacken, *op. cit.*, p. 122). Signalons en passant que J. Murphy-O'Connor a accepté la thèse relative au manque d'unité du *Traité des Deux Esprits*

---

16. J. LICHT, *An Analysis of the Treatise of the Two Spirits in DSD* (= *Manual of Discipline*), dans *Scripta Hierosolymitana*, 4, Jérusalem, 1958, pp. 88-100.

(cf. J. Murphy-O'Connor, *La Genèse littéraire de la Règle de la Communauté*, dans *Revue Biblique*, 76, 1969, pp. 514-543). Hartmut Stegemann, outre des études particulières consacrées au *Pesher du Ps. 37*, aux *Bénédictions patriarcales de la grotte IV* de Qumrân publiées dans la *Revue de Qumrân* [17], a choisi comme sujet de thèse de doctorat en philosophie les origines de la communauté de Qumrân. Celle-ci soutenue devant l'Université de Bonn en 1965 porte comme titre : *Die Entstehung der Qumrangemeinde*, mais elle est demeurée malheureusement inédite. Signalons enfin toujours dans la collection fondée par K. G. Kuhn les ouvrages de Jürgen BECKER, *Das Heil Gottes. Heils-und Sündenbegriffe in den Qumrantexten und im Neuen Testament*, Goettingue, 1964 ; Georg KLINZING, *Die Umdeutung des Kultus in der Qumrangemeinde und im NT*, Goettingue, 1971 : Johannes THEISOHN, *Der auserwählte Richter. Untersuchungen zum traditionsgeschichtlichen Ort der Menschensohngestalt der Bilderreden des Äthiopischen Henoch*, Goettingue, 1974. Le Centre d'Études qumrâniennes de Heidelberg a donc particulièrement droit à notre reconnaissance, mais il a disparu de cette université lors de la mise à la retraite de son fondateur, le professeur Karl Georg Kuhn. Nous savons pourtant que les études qumrâniennes sont toujours en honneur en Allemagne, puisque le centre de Heidelberg est passé à l'Université de Marbourg, où, sous la direction du professeur Hartmut Stegemann, un des disciples de K. G. Kuhn, il est en d'excellentes mains. Un groupe de jeunes chercheurs que j'ai eu le plaisir de connaître au mois de mai 1975, travaille sous la direction de celui-ci et a conçu de grands projets, en particulier un dictionnaire de l'hébreu de Qumrân. Nous sommes heureux de les avoir à Louvain parmi nous. De ce nouvel atelier de Marbourg, la *Qumranforschungsstelle*, est sortie déjà la belle thèse de Hermann Lichtenberger sur *L'image de l'homme dans les textes de Qumrân*, soutenue en 1975 et jusqu'ici inédite [18]. On annonce trois autres thèses : celle de H. Pabst : *Contribution aux traditions littéraires de l'Apocalypse de Baruch*, celle de N. Ilg consacrée à *L'analyse littéraire de la Règle de la Communauté* (1 QS), celle de Klaus Dieter Stephan sur *L'utilisation de la tradition de l'A.T. dans les manuscrits de Qumrân* [19]. Le professeur H. Stegemann lui-

---

17. H. STEGEMANN, *Der pešer Psalm 37*, dans *Revue de Qumrân*, IV, 1963-1964, pp. 235-270 ; H. STEGEMANN, *Weitere Stücke von 4Q Psalm 37, von 4Q Patriarchal Blessings und Hinweis auf eine unedierte Handschrift aus Höhle 4Q mit Exzerpten aus dem Deuteronomium*, dans *Revue de Qumrân*, VI, 1967-1979, pp. 193-227.

18. H. LICHTENBERGER, *Studien zum Menschenbild in den Texten der Qumrangemeinde*, Diss. Theol., Marbourg, 1975.

19. H. PABST, *Beiträge zur Traditions-und Literarkritik in der syrischen Baruchapokalypse*. — N. ILG, *Literarkritische Analyse der Gemeinderegel* (IQS). — Klaus Dieter STEPHAN, *Die Rezeption der alttestamentlichen Überlieferung in den Qumranschriften*.

même se chargera de vous faire part de ses réalisations et projets dans la *Qumranforschungsstelle* de Marbourg. Puisque nous passons en revue les travaux allemands signalons la thèse de H. J. Fabry de la Faculté de théologie catholique de l'Université de Bonn : *Die Wurzel šûb in der Qumran-Literatur*, publiée en 1975 dans les *Bonner biblische Beiträge*, et nous nous plaisons à constater que se poursuit à Bonn une tradition brillamment inaugurée par un des illustres maîtres de cette université, Friedrich Nötscher. Le Dr. Fabry vous donnera ici un écho de ses travaux. On m'annonce aussi deux autres thèses déjà terminées, l'une de Gerhard Wilhelm Nebe sur *La grammaire de l'hébreu de Qumrân*, dirigée par le professeur Klaus Beyer, de Heidelberg, l'autre de Matthias Küsters : *Aufbau und Struktur der Hodajot* (I QH), dirigée par le professeur G. J. Botterweck de l'Université de Bonn.

La Hollande occupe aussi une place de choix dans la recherche qumrânienne. Il y a quelques années, le professeur A. S. van der Woude fondait à l'Université de Groningue un *Qumran Institute* auquel le Dr. B. Jongeling prêtait son concours. On doit au professeur de Groningue une importante initiative : la publication du *Journal for the Study of Judaism*. Cette revue bisannuelle est spécialisée dans le judaïsme d'époque perse, grecque et romaine et occasionnellement elle publie aussi des articles consacrés à Qumrân. Mais il faut saluer surtout une œuvre scientifique de grande qualité qui a vu le jour dans les Pays-Bas : il s'agit de l'édition du *Targum de Job*, œuvre de J. van der Ploeg, de A. S. van der Woude et de B. Jongeling, publiée sous les auspices de l'Académie Royale Néerlandaise des Sciences [20]. Les critiques ont su apprécier à sa juste valeur ce travail d'édition exemplaire [21]. Ce *Targum de Job* a été à l'origine d'une intéressante thèse de doctorat par E. W. Tuinstra [22] à laquelle A. Caquot a prêté attention en montrant que ce texte provenant de la grotte XI de Qumrân portait aussi la marque essénienne [23]. Je ne saurais quitter la Hollande sans signaler la collection des *Studies on the Texts of the Desert of Judah* dont J. van der Ploeg est l'éditeur à Leyde. Depuis la publication du premier volume : *The Manual of Discipline*, par P. Wernberg-Møller paru en 1957, cette collection s'est enrichie de monographies de valeur ; les deux derniers volumes parus sont dus à E. Y. Kutscher et à E. H. Merrill. *The Language and Linguistic of the Complete Isaiah Scroll*, qui avait déjà paru en hébreu, est l'œuvre de Kutscher. Ce dernier

20. J. VAN DER PLOEG, A. S. VAN DER WOUDE, avec la collaboration de B. JONGELING, *Le Targum de Job de la grotte XI de Qumrân*, Leyde, 1971.
21. Cf. par exemple P. GRELOT, dans *Revue de Qumrân*, t. 8, 1972, pp. 105-114.
22. E. W. TUINSTRA, *Hermeneutische Aspecten van de Targum van Job uit Grot XI van Qumran*, Groningue, 1970.
23. A. CAQUOT, *Un écrit sectaire de Qoumrân « le Targoum de Job »*, dans *RHR*, t. 185, 1974, pp. 10-27.

avait déjà publié des études du même genre consacrées soit à la langue de
l'*Apocryphe de la Genèse*, dans le tome IV des *Scripta Hierosolymitana*
paru en première édition en 1958, et en seconde édition en 1965, volume
tout entier consacré à l'étude de certains aspects des *Dead Sea Scrolls* [24],
soit à la langue des lettres en hébreu et en araméen de Bar Kochba et de
ses contemporains [25]. Le gros volume de E. V. Kutscher sur la langue et
les problèmes linguistiques du grand rouleau d'Isaïe fera date, car nous
avons là une véritable somme de recherches fort poussées. Le dernier
ouvrage paru de la collection, le huitième, n'est pas de la même importance, car il ne compte que 71 pages : *Qumran and Predestination. A
Theological Study of the Thanksgiving Hymns*, Leyde, 1975. L'opuscule de
E. H. Merrill s'attaque à un problème important de la théologie qumrânienne : la prédestination. Sans doute y a-t-il eu quelques essais sur le
même sujet, comme celui de A. Marx : *Y a-t-il une prédestination à Qumrân*, dans *Revue de Qumrân*, 6 (1967), pp. 163-181. Mais Merrill a estimé
qu'en raison de la place centrale de cette doctrine dans la secte de Qumrân il fallait à nouveau traiter le sujet. Il a limité son enquête aux seuls
Hymnes, sans que l'on discerne bien quels ont été les motifs de l'auteur
pour une telle limitation imposée à son sujet. Sans doute est-il vrai de
dire que la prédestination est une des doctrines principales et même pré-
éminentes contenues dans les Hymnes. Mais pourquoi ne pas traiter aussi
par exemple de l'utilisation des horoscopes à Qumrân et même des croyances rapportées par Josèphe sur le fatalisme, puisque Merrill identifie
les membres de la secte aux Esséniens ? Il y a toujours avantage à étudier une question comme celle-là dans toute son ampleur. Quoi qu'il en
soit, E. H. Merrill note avec soin la distinction qu'il y a lieu de faire
entre déterminisme ou prédéterminisme, prédestination ou préconnaissance. Le premier terme, dit-il, se réfère à des concepts non juifs ou non
chrétiens comme le fatalisme ou les conceptions sur les deux esprits de la
religion iranienne : ces doctrines excluent absolument la responsabilité
humaine. Le second terme implique l'arrangement providentiel de l'univers en y incluant l'homme et sa destinée, ce qui est, estime E. H. Merrill, la doctrine même des manuscrits de Qumrân. Le troisième terme, la
préconnaissance, est seulement en rapport avec l'aspect connaissance de
la prédestination. Dieu connaît de toute éternité ce qu'il veut et comment les événements historiques évolueront. Comme on le voit, Merrill
aime à parler de déterminisme perse et hellénistique et par contre de
prédestination qumrânienne. Cette distinction est peut-être vraie dans

24. E. Y. KUTSCHER, *The Language of the Genesis Apocryphon : a Preliminary Study*, dans *Scripta Hierosolymitana*, 4, pp. 1-35.
25. E. Y. KUTSCHER, *The Language of the Hebrew and Aramaic Letters of Bar Cochba and his Contemporaries*, dans *Lešonenu*, 25, 1961, pp. 117-133 (en hébreu moderne).

certains documents de la secte, mais non de toute la doctrine qumrânienne. En effet la présence d'horoscopes trouvés à Qumrân montre bien
la croyance à un certain déterminisme, car le fait de naître sous tel ou tel
signe zodiacal comportait nécessairement pour chaque individu telle qualité ou tel défaut corporels ou moraux. Je ne suis pas sûr d'ailleurs qu'on
puisse affirmer en toute certitude que ces croyances étaient uniquement
propres à certaines couches populaires de la secte, car la facture crypti-
que de tel ou tel horoscope est fort savante.

La Grande-Bretagne, elle aussi, a tenu et tient encore sa place dans la
recherche qumrânienne. Pour un passé récent, qu'il me suffise d'évoquer
le nom du regretté professeur H. H. Rowley, qui dès le début a pris
position dans plusieurs publications sur les documents de Qumrân. Les
problèmes d'histoire de la secte, des relations entre les manuscrits de la
mer Morte et le Document de Damas, — les *Zadokite Documents*, comme
on les appelle outre-Manche —, de l'apocalyptique et des textes de Qumrân ont spécialement retenu l'attention du professeur de Manchester [26].
Nous avons déjà parlé plus haut de la thèse zélote de C. Roth et de G. R.
Driver. J. M. Allegro, un des disciples de H. H. Rowley, a pris une
grande part à l'édition des textes de Qumrân, en particulier dans la
publication d'Oxford University Press pour les textes provenant de la
grotte 4 [27] et pour les rouleaux de cuivre de la grotte 3 [28]. Le volume de
textes de la grotte 4 contient, on le sait, des documents importants : tels
les *Testimonia*, c'est-à-dire une chaîne de textes bibliques — de *Dt.*,
5, 28-29 ; 18, 18-19 ; *Nb.*, 24, 15-17 ; *Dt.*, 33, 8-11. Ces citations bibliques
illustrent le triple aspect des croyances messianiques qumrâniennes :
attente du Prophète, attente du Messie laïque et attente du Messie sacerdotal. Dès le début J. M. A. Allegro a attiré l'attention sur l'importance
de notre document qui jette une lumière nouvelle sur une question très
discutée : l'existence de collections de passages de l'Ancien Testament
groupés autour d'un thème qui auraient été utilisés dans l'ancienne
Église. Cette thèse avait été proposée jadis, on le sait, par F. C. Burkitt,
J. Rendel Harris, H. Vollmer et, plus récemment, avec des nuances par
C. H. Dodd (cf. *Conformément aux Écritures*, Paris, 1968, pp. 28 et sv.).
Le même volume contient aussi ce que J. M. A. Allegro a désigné de
façon peu heureuse comme étant un *Florilège* de divers passages bibli-
ques : *2 Sam.*, 7, 10-14 ; *Ex.*, 15, 17-18 ; *Am.*, 9, 11 ; *Ps.* 1, 1 ; *Is.*, 8, 11 ;

---

26. H. H. ROWLEY, *The Zadokite Documents and the Dead Sea Scrolls*, Oxford,
1952 ; du même auteur, *The History of the Qumran Sect*, dans *BJRL*, 49, 1966-1967,
pp. 203-232 ; du même auteur, *Qumran. The Essenes and the Zealots*, dans *Von
Ugarit nach Qumran* (Festschrift O. Eissfeldt), Berlin, 1958, pp. 184-192 ; du même
auteur, *Jewish Apocalyptic and the Dead Sea Scrolls*, Londres, 1957.

27. John M. ALLEGRO (with the collaboration of Arnold A. ANDERSON), *Qumran
Cave 4*, vol. I, *4Q 158-4Q 186*, dans *DJDV*, Oxford, 1968.

28. Du même auteur, *The Treasure of the Copper Scroll*, New York-Londres, 1960.

Ez., 37, 23 (?) ; *Ps.* 2, 1-2. Mais un florilège est avant tout un choix de beaux textes et sans doute serait-il préférable de désigner ce document sous le nom de *catena*. Mais, de fait, comme l'a justement remarqué J. Carmignac, il appartient à la fois à plusieurs genres littéraires : celui de *témoignage*, car il présente une liste de passages bibliques groupés autour d'un thème, celui des *pesharim* ou interprétations car il fait suivre chaque texte biblique d'un *pesher* à portée allégorique, celui du *midrash* puisque ce document emploie précisément ce terme. Ces textes, et d'autres de ce volume, avaient été publiés préalablement par J. M. A. Allegro dans des articles de revues. Cette manière de faire très louable permet habituellement aux auteurs de susciter des réactions de la part des autres spécialistes et de tenir compte par la suite de leurs suggestions lors de l'édition définitive. Telle n'a pas été malheureusement la méthode suivie par J. M. Allegro qui a pratiquement reproduit sans changement ses études préliminaires en ignorant totalement les remarques des autres scholars. De ce fait, le volume V des *Discoveries in the Judaean Desert* de J. M. Allegro a entraîné une longue mise au point de J. Strugnell parue dans la *Revue de Qumrân*, t. VII, 1970, pp. 163-276 et une étude de J. A. Fitzmyer sur la bibliographie du sujet : *A Bibliographical Aid to the Study of the Qumran Cave IV. Texts 158-186*, dans *CBQ*, 31 1969, pp. 59-71.

G. Vermes, outre une version anglaise des textes de Qumrân : *The Dead Sea Scrolls in English* (Pelikan Books, 1962) qui a eu plusieurs éditions, a publié plusieurs études dont les plus originales sont celles consacrées au thème *Scripture and Tradition* [29] et à l'interprétation qumrânienne de l'Écriture [30]. De son côté, A. R. Leaney, de l'Université de Nottingham, s'est intéressé plus spécialement à la *Règle de la Communauté* de Qumrân dont il nous a donné une traduction anglaise suivie d'un important commentaire et précédée d'une introduction : *The Rule of Qumran and its meaning*, Londres, 1966.

Un thème de recherche capital a retenu depuis de longues années l'attention de Matthew Black : les relations entre les manuscrits et les débuts du christianisme. Dès 1961 il publiait un important ouvrage : *The Scrolls and Christian Origins*, auquel il donnait comme sous-titre : *Studies in the Jewish Background of the New Testament*. En 1969, il est l'éditeur d'un volume consacré au même thème : *The Scrolls and Christianity*, dans *Theological Collections*, II, paru à Londres. Mais l'apport le plus original de M. Black, spécialiste des études araméennes, concerne la langue

---

29. G. VERMES, *Scripture and Tradition in Judaism*, dans *Studia Post-Biblica*, 4, Leyde, 1964.

30. G. VERMES, *The Qumran Interpretation of Scripture in its Historical Setting*, dans *The Annual of Leeds University Oriental Society*, 6, 1966-1968, pp. 85-97.

employée du temps de Jésus [31]. Il faut aussi mentionner les travaux de
F. F. Bruce, en particulier sur l'exégèse biblique dans les textes de
Qumrân [32].

Aux États-Unis d'Amérique, les études qumrâniennes ont eu et ont
encore de beaux développements. À ces recherches sont associés les
noms de Millar Burrows, J. Trever, W. Brownlee, F. M. Cross, J. A.
Fitzmyer, P. Skehan, J. A. Sanders, J. Strugnell, A. Di Lella et d'autres
encore. On sait le rôle décisif joué dès le début par Millar Burrows,
J. Trever, W. Brownlee, sans oublier bien entendu le regretté orientaliste
et archéologue W. F. Albright lors de l'identification de certains rouleaux
qumrâniens à l'American School of Oriental Research de Jérusalem.

W. Brownlee a publié il y a une dizaine d'années un ouvrage sur le
thème Bible et Qumrân : *The Meaning of the Qumran Scrolls for the Bible.
With Special Attention to the Book of Isaiah*, New York, 1964, et ces dernières années il a donné quelques études, notamment sur les manuscrits
de la grotte XI de Qumrân : le rouleau d'Ezéchiel [33], le Psaume 151 [34], les
« compositions davidiques » [35]. Mais nous savons qu'il prépare depuis
longtemps un travail important sur les *Pesharim*. Il y a quelques années,
il nous avait fait l'honneur de nous convier à Claremont Graduate School
à l'Institute for Antiquity and Christianity, pour confronter nos points
de vue sur les commentaires qumrâniens. Aux dernières nouvelles venues
de Jérusalem, il m'annonce qu'il a envoyé à l'impression le tome I des
Biblical Commentaries from Qumran, à paraître dans la collection des
monographies du *Journal of Biblical Literature*. Au professeur F. M.
Cross Jr, de Harvard, nous devons, outre un ouvrage de grande valeur
sur l'ancienne bibliothèque de Qumrân et les études bibliques modernes,
paru en anglais à Londres en 1958 et révisé et augmenté dans l'édition
allemande publiée à Neukirchen en 1967 [36], une précieuse étude sur la
paléographie des textes de Qumrân [37]. Avec les contributions de N. Avi-

---

31. M. BLACK, *Aramaic Studies and the Language of Jesus*, dans *In Memoriam
Paul Kahle*, Berlin 1968, pp. 17-28.

32. F. F. BRUCE, *Biblical Exegesis in the Qumran Texts*, dans *Exegetica*, III, I,
La Haye, 1959 ; édition anglaise, Londres, 1960.

33. W. BROWNLEE, *The Scroll of Ezekiel from the eleventh Qumran Cave*, dans
Revue de Qumrân, IV, 1963-1964, pp. 11-28.

34. W. BROWNLEE, *The 11Q Counterpart to Psalm 151,1-5*, dans *Revue de Qumrân*,
IV, 1963-1964, pp. 379-389.

35. W. BROWNLEE, *The Significance of David's Compositions*, dans *Revue de
Qumrân*, V, 1964-1966, pp. 569-574.

36. F. M. CROSS Jr., *The Ancient Library of Qumran and Modern Biblical Studies*,
Londres, 1958 ; du même auteur, *Die antike Bibliothek von Qumran und die moderne
biblische Wissenschaft*, Neukirchen, 1967.

37. F. M. CROSS Jr., *The Development of the Jewish Scripts*, dans *The Bible and the
Ancient Near East. Essays in Honor of W. F. Albright*, New York, Londres, 1961,
pp. 133-202.

gad et de P. Birnbaum sur le même sujet [38], ces recherches sur le développement des divers types de l'écriture qumrânienne à l'époque asmonéenne et à l'époque hérodienne, constituent un point de repère solide pour la datation des œuvres contenues dans les manuscrits. Quelquefois même, lorsque nous ne possédons qu'un manuscrit unique d'une même œuvre, on peut légitimement se demander si nous sommes en présence de l'original et non d'une copie. Si l'on en croit R. de Vaux, ce pourrait être le cas pour l'*Apocryphe de la Genèse* daté paléographiquement de l'époque hérodienne entre 50 av. J.-C. et 70 ap. J.-C.

La contribution de J. A. Fitzmyer à la recherche qumrânienne fait beaucoup d'honneur au jésuite américain. Ce dernier, spécialiste chevronné des études araméennes et du Nouveau Testament, a écrit une foule d'études souvent remarquables. Je songe en particulier au texte concernant Melchisédech de la grotte XI de Qumran [39], ou à cet autre texte mystérieux [40] dans lequel J. Starcky [41] a vu, avec A. Dupont-Sommer [42], un horoscope concernant le Messie, « l'Élu de Dieu ». Or on sait que le titre de Messie ne figure nulle part dans le texte en question et que celui d'« Élu de Dieu » a un emploi beaucoup plus large. Au terme d'une analyse très poussée, jointe à une révision des lectures et des restitutions proposées, il a formulé une exégèse tout à fait différente où l'interprétation messianique du texte est complètement abandonnée. Le héros de ce texte ne serait pas, selon lui, le Messie, mais Noé, dont l'*Apocryphe de la Genèse* raconte la naissance merveilleuse. De son côté P. Grelot vient de proposer tout récemment une interprétation très proche de celle de J. A. Fitzmyer [43]. Mais on doit surtout au savant américain un remarquable commentaire de l'*Apocryphe de la Genèse* où il fait montre à la fois de son érudition de sémitisant et de pondération dans ses jugements. Outre une abondante bibliographie, on trouvera aussi dans ce volume une esquisse de l'araméen de Qumrân brossée de main de maître [44]. J. A. Fitzmyer vient de publier récemment une introduction aux *Dead*

---

38. N. Avigad, *The Palaeography of the Dead Sea Scrolls and Related Documents*, dans *Scripta Hierosolymitana*, IV, pp. 56-87.
39. J. A. Fitzmyer, *Further Light on Melchizedek from Qumran Cave 11*, dans *JBL*, 16, 1966, pp. 25-41.
40. J. A. Fitzmyer, *The Aramaic " Elect of God ". Text from Qumran Cave IV*, dans *CBQ*, 27, 1965, pp. 348-372.
41. J. Starcky, *Un texte messianique araméen de la grotte IV de Qumrân*, dans *Mémorial du Cinquantenaire de l'École des langues orientales anciennes* (*Travaux de l'Institut Catholique*, 10), Paris, 1964, pp. 51-66.
42. A. Dupont-Sommer, *Deux documents horoscopiques esséniens découverts à Qumrân, près de la mer Morte*, dans *CRAIBL*, 1965, pp. 239-254.
43. Cf. *R.B.*, 82, 1975, pp. 488-498.
44. J. A. Fitzmyer, *The Genesis Apocryphon of Qumran Cave I. A Commentary*, Rome, 1966.

Sea Scrolls, destinée aux étudiants. L'auteur inclut dans ce volume non seulement la liste des sites où les textes ont été trouvés et les titres des grandes publications de ces textes, mais aussi une foule d'indications bibliographiques, en particulier la liste exhaustive des textes publiés [45]. Cet ouvrage peut d'ailleurs même rendre service aux spécialistes qui trouveront là les revues où les textes ont été publiés et l'index des passages bibliques cités dans les manuscrits. Nous regrettons qu'il n'ait pu nous apporter ici la contribution de son expérience, retenu qu'il est en Amérique par un autre congrès.

M. P. W. Skehan, professeur à l'Université Catholique d'Amérique de Washington, est, on le sait, un des membres de l'équipe internationale chargée de l'édition des textes de Qumrân. Il s'est principalement attaché à l'étude de l'histoire du texte hébreu de l'Ancien Testament, en situant à leur place dans cette histoire les textes bibliques de Qumrân [46]. Je le remercie d'avoir accepté de venir nous parler durant ces journées d'un sujet qu'il connaît particulièrement bien. A. A. Di Lella, un de ses disciples à Washington, a préparé sous sa direction une thèse de doctorat consacrée à l'étude du texte hébreu du Siracide conservé dans les manuscrits de la Genizah du Caire [47]. L'auteur expose dans une introduction les diverses opinions sur l'authenticité du texte de la Genizah. Puis il aborde de front le problème de l'authenticité du texte du point de vue de la critique textuelle et du point de vue de l'histoire. Voici les conclusions auxquelles il est arrivé. À propos de l'authenticité, les manuscrits hébreux de la Genizah contiennent selon lui le texte original ou du moins un texte très proche de l'original de Ben Sirach. Même lorsque certains passages sont de toute évidence une rétroversion du syriaque, le texte hébreu qui les précède ou qui les suit est authentique. Voici de quelle manière Di Lella envisage les étapes successives de l'histoire du texte de ce livre : 1° durant le premier quart du second siècle avant J.-C., Ben Sirach écrit son livre en Palestine ; — 2° beaucoup de copies de cet ouvrage en hébreu sont mises en circulation et, vers 132 av. J.-C., le petit-fils de l'auteur en fait à Alexandrie une traduction grecque. D'autres copies restent en Palestine où le livre est particulièrement apprécié des membres de la secte de Qumrân, les Esséniens, probablement en raison de la mention des prêtres sadoqites ; — 3° au synode de

45. J. A. FITZMYER, *The Dead Sea Scrolls. Major Publications and Tools for Study*, dans *Sources for Biblical Study*, 8, Montana, Missoula, 1975.

46. P. W. SKEHAN, *Qumran and the Present State of Old Testament Text Studies : The Massoretic Text*, dans *JBL*, 78, 1959, pp. 21-25 ; du même auteur, *The Scrolls and the Old Testament Text*, dans *McCormick Quarterly*, 21, 1967-1968, pp. 273-283 ; du même auteur, *The Biblical Scrolls from Qumran and the Text of the Old Testament*, dans *The Biblical Archaeologist*, 28, 1965, pp. 87-100.

47. Alexander DI LELLA, *The Hebrew Text of Sirach. A Text-Critical and Historical Study*, Londres, 1966.

Jamnia, à la fin du Ier siècle, les rabbins suppriment le livre et seul un
petit nombre d'exemplaires reste en circulation ; — 4° c'est sur une copie
du texte hébreu qu'est faite par un chrétien la traduction syriaque au
IIe siècle de notre ère ; — 5° le texte hébreu survit jusqu'au temps de
S. Jérôme mort en 420, qui dit l'avoir connu ; — 6° au milieu du Ve siècle le
livre est à peu près oublié. Seules ont survécu des collections populaires
de proverbes cités par des auteurs rabbiniques et souvent mal conservés ;
— 7° à la fin du VIIIe siècle, le texte hébreu du Siracide est découvert
dans une grotte près de Jéricho, qui doit être une de celles où l'on a
découvert à partir de 1947 des manuscrits au voisinage de Khirbet
Qumrân ; — 8° les Karaïtes qui ont récupéré le manuscrit hébreu du
Siracide en font plusieurs copies. Peut-être en raison de son mauvais état
de conservation ou de la difficulté à le lire, ont-ils retraduit du syriaque
les passages manquants dans le texte hébreu.

Nous avons nous-même pris comme hypothèse de travail cette cohérente histoire du texte du Siracide pour l'étude du texte hébreu du cantique final de ce livre provenant de la grotte XI de Qumrân que A. Di
Lella n'avait pu utiliser. Nous sommes parvenus à des conclusions assez
proches de celles de Di Lella. L'impression que laisse le texte qumrânien
est qu'il est très proche de l'original tandis que le texte hébreu supposé
par la version syriaque diffère sensiblement du texte représenté par la
Septante et par le texte de Qumrân [48].

J. A. Sanders a publié à Oxford, en 1965 dans la grande édition des
Discoveries of the Judaean Desert, le *Rouleau des Psaumes* de la grotte XI
de Qumrân [49]. Dans ce rouleau, des psaumes non canoniques sont mêlés,
comme on sait, à des psaumes qui se suivent eux-mêmes dans un ordre
qui n'est pas celui de la Bible massorétique. Ce simple fait appellerait en
lui-même plusieurs observations à la fois sur le canon de Qumrân et sur
la date de composition des psaumes attribués à David. Mais nous ne
dirons rien ici de ces problèmes. Le grand intérêt de ce rouleau nous
paraît plutôt résider dans les psaumes non canoniques. Il contient en
effet trois des cinq psaumes apocryphes de la petite collection syriaque
connue depuis longtemps : le psaume 151 et les psaumes II et III [50]. Mais
il y a aussi outre l'hymne au Créateur une pièce intitulée par J. A. Sanders *Plea for Deliverance* et l'Hymne à Sion. Nous avons décelé dans ce
dernier une citation très significative du chapitre 9 de Daniel, mais,

---

48. Cf. M. DELCOR, *Le texte hébreu du Cantique de Siracide LI, 13 et sq. et les
anciennes versions*, dans *Textus*, VI, 1968, pp. 27-47.

49. J. A. SANDERS, *The Psalm Scroll of Qumran Cave 11 (11QPsa)*, dans *DJD*, IV,
Oxford, 1965 ; du même auteur, *The Dead Sea Psalms Scroll*, New York, 1967.

50. Cf. M. DELCOR, *L'Hymne à Sion du Rouleau des Psaumes de la grotte 11 de
Qumrân (11Q Psa)*, dans *Revue de Qumrân*, 6, 1967, pp. 71-88. Cette étude est
reprise dans notre *Religion d'Israël et Proche-Orient Ancien*.

comme il ne contient pas encore les theologoumena esséniens, cet hymne
où il est question des Ḥasidîm nous paraît être préessénien [51].
    J. Starcky, de son côté, dans un article sur les psaumes apocryphes de
la grotte IV de Qumrân (4 Q f. VII-X) paru dans la *Revue Biblique*, 1966,
pp. 354-371, a repéré la fin de notre Hymne à Sion sous une forme légè-
rement différente de celui de la grotte XI. Il estime aussi que cet hymne
n'a proprement rien d'essénien. Nous avons indiqué plus haut la présence
parmi les psaumes de la grote XI du psaume 151 et des psaumes II et III
de la petite collection syriaque. Dès 1958, avant même la découverte de
ces psaumes en hébreu, nous avons montré à travers le texte syriaque de
ces mêmes psaumes qu'ils étaient apparentés à la littérature qumrânienne. M. Philonenko, peu après, parvenait à des conclusions proches
des nôtres [52]. En réalité, le texte hébreu de ces psaumes montre qu'il
s'agit plutôt d'une littérature préessénienne car les doctrines esséniennes
n'y sont pas encore nettement formulées. Ces psaumes apocryphes ont
suscité de nombreuses études, en particulier le psaume 151, où
A. Dupont-Sommer a cru déceler des traces d'orphisme [53]. J. Strugnell,
professeur à Harvard, dont nous regrettons l'absence à Louvain, s'est
aussi intéressé à cette collection de psaumes apocryphes (*Harvard Theological Review*, 59, 1966, pp. 257-281), mais aussi à divers écrits de Qumrân
ou même de Masada. Qu'il suffise de citer: *The Angelic Liturgy at
Qumran, 4 Q Serek Šîrôt 'Olat Haššabat*, dans *Congress volume Oxford,
1959 (Supplements to V.T.*, 7), Leyde, 1960, pp. 318-345; *Notes and Que-
ries on "The Ben Sira Scroll from Masada"* dans *Eretz-Israel*, 9 (*W. F.
Albright Volume*), Jerusalem, 1969, pp. 109-119; *Flavius Josephus and
the Essenes: Antiquities XVIII, 18-22*, dans *JBL*, 77, 1958, pp. 106-115.
    Lawrence H. Schiffmann, professeur à l'Université de New York, a
consacré l'an dernier à l'étude de la *Halakah* qumrânienne, sujet jusqu'ici peu étudié, tout un ouvrage. Il s'est appliqué notamment à étudier

---

51. Cf. M. Delcor, *Cinq nouveaux psaumes esséniens ?*, dans *Revue de Qumrân*,
1958, pp. 85-102. Cette étude améliorée a été reprise dans mes *Hymnes de Qumrân*,
Paris, 1962, pp. 298-319.
52. Cf. M. Philonenko, *Origine essénienne des cinq psaumes syriaques de David*,
dans *Semitica*, IX, 1959, pp. 222-333.
53. Cf. A. Dupont-Sommer, *Le Psaume CLI dans 11Q Psa et le problème de son
origine essénienne*, dans *Semitica*, 14, 1964, pp. 25-62; du même auteur, *David et
Orphée*, dans *Institut de France, séance publique annuelle des cinq Académies*, lundi
26 octobre 1964, Paris, 1964; P. W. Skehan, *The Apocryphal Psalm 151*, dans
CBQ, 25, 1963, pp. 407-409; I. Rabinowitz, *The Alleged Orphism of 11Q Psa
XXXVIII, 3-12*, dans *ZAW*, 76, 1964, pp. 193-200; M. Delcor, *Zum Psalter von
Qumran*, dans *BZ*, 10, 1966, pp. 15-29; J. Carmignac, *La forme poétique du Psaume
151 de la grotte 11*, dans *Rev. de Qumrân, IV*, 1963-1964, pp. 371-378; A. Hurwitz,
Observations on the Language of the third Apocryphal Psalm of Qumrân, dans *R. Qum.*,
V, 1964-1966, pp. 225-232; les articles de J. Magne, dans *R. Qum.*, VIII, 1975,
pp. 503-591.

le code du sabbat dans le *Document de Damas* dans le but de déterminer
le milieu religieux où ce code a vu le jour. L. H. Schiffmann a établi des
comparaisons avec les *halakoth* sur le sabbat dans le monde pharisien,
karaïte et essénien. Il conclut son enquête en se demandant si la secte de
Qumrân ne serait pas un groupe proto-pharisien. Mais le problème de
l'observation du sabbat à Qumrân ne me paraît pas constituer une base
suffisante pour pouvoir parvenir à une conclusion ferme sur le milieu
d'origine (cf. L. H. SCHIFFMANN, *The Halakoth at Qumran*, dans *Studies
in Judaism in Late Antiquity*, vol. 16, Leyde 1975).

En Israël, plusieurs institutions occupent une place de choix dans les
études qumrâniennes, que ce soit à l'École Biblique et Archéologique
française, que ce soit à l'Université Hébraïque ou dans les autres Universités juives du territoire israélien, que ce soit enfin à l'École américaine de recherches orientales. Nous avons déjà dit plus haut le rôle éminent joué par R. de Vaux, alors directeur de l'École française, surtout
comme archéologue, en tant que fouilleur du site de Khirbet Qumrân et
des grottes environnantes. Outre la direction de la publication des textes
dans la collection *The Discoveries of the Judaean Desert* qui incombe à
l'École française en collaboration avec d'autres institutions palestiniennes, plusieurs professeurs de l'École Biblique ont apporté leur contribution personnelle à l'étude des manuscrits. Qu'il suffise de citer les noms
de D. Barthélemy, P. Benoit, R. Tournay, J. Murphy-O'Connor.
D. Barthélemy collabora dès le début au tome I traitant de la première
grotte de Qumrân et s'acquitta de son travail d'éditeur avec beaucoup de
perspicacité. Quelques années plus tard, les professeurs de l'École eurent
à publier les trouvailles du Wadi Murabba'at provenant des quatre
grottes explorées en janvier 1952 par Harding et par de Vaux. Situées à
dix-huit kilomètres au sud de Qumrân, elles n'ont rien à voir avec les
sectaires de Qumrân, mais elles contenaient notamment un lot de papyri
datant de la seconde révolte juive et dont certains concernent Bar
Kochba, le chef de l'insurrection dont le vrai nom nous est livré sous la
forme de Siméon ben Kosebah. Au volume intitulé : *Les grottes de Murabba'at*, paru en 1961, ont collaboré P. Benoit, R. de Vaux, auxquels a été
associé J. T. Milik. On doit aussi au P. Benoit deux études, l'une concernant Qumrân et le Nouveau Testament (*New Testament Studies*, 7,
1960-1961, pp. 276-296), et l'autre, Paul et Qumrân, reprise en anglais
dans le recueil *Paul and Qumran* dont nous avons déjà parlé plus haut. J.
Murphy-O'Connor, professeur à l'École Biblique depuis quelques années,
a édité le recueil *Paul and Qumran* dont nous avons indiqué précédemment l'esprit et il s'est intéressé à des problèmes de genèse et de critique
littéraire, il faut bien le dire un peu négligés, pour des textes majeurs de
Qumrân comme la *Règle de la Communauté* et le *Document de Damas*. La
genèse littéraire de la *Règle de la Communauté* a particulièrement retenu
son attention (*R.B.*, 76, 1969, pp. 528-549). On se souvient que P. Guil-

bert s'était inscrit en faux contre ceux qui avaient vu dans la *Règle de la Communauté* un recueil composite, une compilation de fragments d'origines diverses, auxquels on s'est efforcé d'appliquer les canons de la *Formgeschichte*. C'est seulement, dit-il, si tous les efforts d'analyse restent vains et impuissants à l'étreindre qu'on peut à bon droit recourir à l'hypothèse d'une composition. Pour P. Guilbert, la *Règle* se présente comme un écrit d'une logique rigoureuse, avec un plan parfaitement équilibré et une unité de style qui répugne à tout découpage plus ou moins arbitraire (cf. P. GUILBERT, *Le plan de la « Règle de la Communauté »*, dans *Revue de Qumrân*, I, 1959, pp. 323-344). La majorité des spécialistes ne souscrit pas à ces conclusions pas plus qu'elle n'a accepté les jugements de H. E. del Medico : « un amalgame de fragments des plus disparates que les copistes ne se sont pas donné la peine de grouper de façon logique » [54]. J. Becker [55] et A. R. C. Leaney [56] se sont résolument prononcés pour le caractère composite de cet écrit, tout en restant dans le vague quant aux détails. Pour J. Murphy-O'Connor, le *Serek* n'est pas une compilation, c'est-à-dire une œuvre faite d'emprunts à des sources diverses par un auteur unique à un moment donné. Il s'agit pour lui d'un écrit qui s'est développé par additions successives à un noyau primitif. Il croit déceler quatre stades dans ce développement qui peuvent être mis en relation avec les périodes d'occupation du site de Qumrân. Jean Pouilly, un de ses étudiants, vient de reprendre l'étude de l'évolution littéraire de la *Règle de la Communauté* dans un important cahier de la *Revue Biblique* [57]. J. Pouilly, tout en partant de l'hypothèse de J. Murphy-O'Connor qu'il accepte comme base de travail, y apporte des corrections. Deux analyses complémentaires lui ont paru nécessaires : d'abord étudier la cohérence de la structure littéraire établie par J. Murphy-O'Connor, ensuite entreprendre l'examen du vocabulaire et des idées maîtresses de chaque section, afin d'en montrer l'unité interne et le développement progressif d'un stade à l'autre. Nous ne pouvons nous étendre sur l'examen de ce travail. Il nous suffit de souligner que l'étude de J. Pouilly confirme dans l'essentiel la thèse de J. Murphy-O'Connor à laquelle il apporte cependant des corrections finalement acceptées par son maître. Il faut signaler aussi l'article que J. Pouilly vient d'écrire dans la dernière livraison de la *Revue Biblique* sur l'évolution de la législation pénale dans la communauté de Qumrân (t. 82, 1975, pp. 522-551). L'unité littéraire du *Document de Damas* est aussi discutée que celle de la

---

54. H. E. DEL MEDICO, *L'énigme des Manuscrits de la mer Morte*, Paris, 1957, p. 160.

55. Cf. J. BECKER, *Das Heil Gottes*, Goettingue, 1964, pp. 39-42.

56. A. R. C. LEANEY, *The Rule of Qumran and its Meaning*, Londres, 1966, pp. 113 et sq.

57. J. POUILLY, *La Règle de la Communauté de Qumrân. Son évolution littéraire*, dans *Cahiers de la Revue Biblique*, n° 22, Paris, 1976.

Règle de la Communauté. Si on y distingue habituellement une partie
parénétique (l'Exhortation) et une partie juridique (les lois), les auteurs
se posent des questions sur l'unité de la première partie. A. M. Denis, par
exemple, y a distingué deux documents homogènes : le plus ancien (I, I-
IV, 6a), dont le vocabulaire est très semblable à celui de Daniel, doit être
daté de la même période. Ce document suppose, dit-il, un mouvement
plutôt qu'un groupe déterminé. Au moment où le deuxième document,
plus jeune, a été rédigé (IV, 6b-VI, 11), ce mouvement s'est transformé
en communauté organisée [58]. J. Murphy-O'Connor de son côté, a essayé
de faire avancer le problème. Il a pris comme point de départ un article
de S. Iwry paru dans le *Festschrift Albright* [59]. Cet auteur y a fait une
intéressante suggestion sur le *Sitz im Leben* du *Document de Damas* : c'est
dit-il, avant tout, une œuvre missionnaire d'exhortation dans laquelle
l'auteur parlant à la première personne cherche à introduire son groupe
et ses idées dans un environnement nouveau et complètement différent.
J. Murphy-O'Connor estime que cette explication s'applique à l'une des
sources de la compilation constituée par le *Document de Damas*. Il s'agit
de la section (II, 14-VI, 1) qui était originellement conçue comme un
instrument de conversion, et qui, par la suite, a été adaptée à d'autres
fins par l'addition d'introductions historiques (I, 1-II, 1) et théologiques
(II, 2-13) [60].
   La liste des savants israéliens qui se sont intéressés de près ou de loin
aux manuscrits de la mer Morte est impressionnante. Les noms de
E. Sukenik, C. Rabin, I. Rabinowitz, J. Licht, N. Avigad, H. Yalon,
H. H. Segal, M. H. Goshen-Gottstein, A. Hurwitz, D. Flusser, E. Y.
Kutscher, Sh. Talmon, Y. Yadin, sont à eux seuls évocateurs et j'en
oublie certainement. J'ai déjà dit plus haut l'heureux flair de Sukenik
qui reconnut le premier les Esséniens comme étant les possesseurs des
manuscrits de Qumrân. On lui doit l'édition princeps du lot de manuscrits de la première grotte qu'un heureux hasard avait fait tomber entre
ses mains. Le *'Oṣar hammegilloth haggenouzoth* avec la reproduction
photographique des manuscrits originaux et la transcription en
caractères hébreux modernes paru à Jérusalem en 1954 est un ouvrage
fondamental [61]. Il a été longtemps sur ma table de travail et lorsque

58. Cf. A. M. DENIS, *Les Thèmes de connaissance dans le Document de Damas*, dans
Studia hellenistica, 15, Louvain, 1967.
   59. S. IWRY, *Was there a Migration to Damascus ? The problem of sby yśr'l*,
dans *Eretz-Israel, Archaeological, Historical and Geographical Studies* (W. F. Albright
Volume), Jerusalem, 1969, pp. 80-88.
   60. Cf. J. MURPHY-O'CONNOR, *An Essene Missionary Document?, CD II, 14-VI, 1*,
dans *Rev. Bibl.*, 77, 1970, p. 202.
   61. Une édition anglaise de l'ouvrage de E. Sukenik a paru sous le titre : *The Dead
Sea Scrolls of the Hebrew University*, Jérusalem, 1955.

j'eus à éditer et à commenter les *Hodayot* [62], j'ai pu personnellement apprécier la probité scientifique de son travail d'éditeur. Lors de mon séjour d'étude à Jérusalem j'eus la possibilité de passer de Jordanie en Israël et de lui rendre visite. Je le vois encore assis à sa table de travail, le rouleau du *Milhamah* déployé devant ses yeux, et protégé sous verre, et je n'ai pas oublié l'amabilité de son accueil. Mais ce fut son fils, le professeur Y. Yadin qui nous donna par la suite un remarquable commentaire paru d'abord en hébreu moderne en 1955, puis en anglais en 1962 [63] de l'écrit édité par son père. Le professeur Y. Yadin a étudié de main de maître deux points principaux et complémentaires qui sont essentiels pour l'établissement de la date du *Milhamah* : l'identité des ennemis, c'est-à-dire les Kittim, et la description des structures militaires, de l'armement et de la tactique. Un tableau récapitulatif très éclairant permet de se faire rapidement une idée des résultats auxquels il est parvenu dans son savant commentaire. Il met d'une part sur une colonne les divers éléments de comparaison : usage des étendards dans les combats, usage des trompettes de signalisation, le bouclier rectangulaire de l'infanterie et ses mesures, le bouclier rond de la cavalerie, la forme et les mesures du glaive, etc., et, d'autre part, sur deux autres colonnes, réservées l'une à l'époque préromaine hellénistique et l'autre à l'époque romaine un plus (+) ou un moins (—) marquant la présence ou l'absence de ces divers éléments de comparaison. Le tableau montre que les types d'armement ou les modes tactiques sont positifs ou partiellement positifs pour la période romaine et négatifs, au moins dans douze cas, pour la période préromaine. Plus précisément, les informations recueillies amènent Y. Yadin à situer le *Milhamah* dans la deuxième moitié du Ier siècle av. J.-C., après la conquête des Romains, les Kittim de l'écrit, mais avant la fin du règne d'Hérode le Grand. À Y. Yadin et à N. Avigad on doit aussi l'édition de ce qui reste lisible de l'*Apocryphe de la Genèse* [64]. En 1965, Y. Yadin publie *The Ben Sira Scroll of Masada*, qu'il a découvert lui-même lors des fouilles spectaculaires accomplies dans cette extraordinaire place-forte zélote. On a aussi trouvé à Masada un texte qumranien intitulé : *Chant pour le sacrifice du sixième sabbat, le neuvième jour du second mois*, de nature semblable à celui étudié par J. Strugnell [65]. Pour Y. Yadin, l'écrit de Masada est sans aucun doute

---

62. M. DELCOR, *Les Hymnes de Qumrân (Hodayot). Texte hébreu. Introduction. Traduction. Commentaire*, Paris, 1962.

63. Y. YADIN, *The Scroll of the War of the Sons of Light against the Sons of Darkness edited with Commentary and Introduction*, Oxford, 1962.

64. N. AVIGAD and Y. YADIN, *A Genesis Apocryphon. A Scroll from the Wilderness of Judaea*, Jérusalem, 1956.

65. Cf. J. STRUGNELL, *The Angelic Liturgy at Qumran 4Q Serek Šîrôt 'Olat Haššabât*, dans *Congress Volume Oxford 1959* (Supplements to V.T., 7), Leyde, 1960, pp. 318-345.

possible un ouvrage de la secte essénienne. C'est, dit-il, la première fois que nous trouvons un manuscrit de la mer Morte (*a Dead Sea Scroll*), en dehors d'une grotte et loin du site de Qumrân. Le contexte historique et archéologique, ajoute-t-il, ne laisse aucun doute sur sa datation la plus tardive possible, c'est-à-dire l'année 73 de notre ère. Yadin se demande ce que vient faire ce manuscrit à Masada, et l'archéologue de remarquer que cette découverte nous permet de conclure que la grande révolte juive n'était pas limitée aux seuls Zélotes mais que d'autres sectes du judaïsme y prirent part, y compris celle des Esséniens, partiellement ou totalement, comme Josèphe lui-même en témoigne. L'historien juif cite en effet nommément Jean l'Essénien comme gouverneur de la toparchie de Thamna au moment de la Guerre Juive (cf. *B.J.*, II, 20, 4; cf. III, 2, 1) [66]. En 1969, le même auteur publie les *tefillin* provenant de Qumrân [67]. On se souvient que déjà en 1957 K. G. Kuhn avait édité les phylactères de la grotte IV [68]. Outre de nombreuses études de détail sur lesquelles je ne puis insister ici, Y. Yadin a annoncé la parution prochaine d'abord en hébreu, puis en anglais du *Rouleau du Temple*. Je le remercie très spécialement d'avoir accepté de venir nous entretenir à Louvain de ce sujet malgré ses occupations nombreuses et variées. Chaïm Rabin est, on le sait un des spécialistes du Document de Damas, dont il a donné à Oxford une édition critique accompagnée d'une traduction anglaise et de notes [69]. Outre un ouvrage d'études qumrâniennes paru à Oxford en 1959 [70], où il soutient que la secte de Qumrân n'appartenait pas au mouvement essénien mais à un mouvement pharisien rigoriste, thèse qui n'est guère acceptable, il est l'éditeur avec Y. Yadin d'un ouvrage intitulé: *Aspects of the Dead Sea Scrolls*, paru à Jérusalem en 1958 en première édition, et, en deuxième édition, en 1965, et d'un volume d'essais sur les manuscrits de la mer Morte, publié en hébreu en souvenir de E. L. Sukenik en 1961 à Jérusalem. D. Flusser nous a donné un certain nombre de courtes études souvent originales et en tout cas suggestives sur le thème Qumrân et le Nouveau Testament. Voici quelques titres: *Le Dualisme chair et esprit à Qumrân et dans le Nouveau Testament* [71]; *Matthieu 17, 24-27 et les manuscrits de la mer*

66. Cf. Y. YADIN, *Masada. First Season of Excavations, 1963-1964. Preliminary Report*, Jérusalem, 1965, pp. 105-108.
67. Cf. Y. YADIN, *Tefillin from Qumran (XQ Phyl. 1-4)*, Jérusalem, 1969.
68. K. G. KUHN, *Phylakterien aus Höhle 4 von Qumran*, Heidelberg, 1957.
69. C. RABIN, *The Zadokite Fragments*, Oxford, 1954; 2e édit., 1957.
70. C. RABIN, *Qumran Studies*, Oxford, 1959.
71. D. FLUSSER, *The Dualism of " Flesh and Spirit " in the Dead Sea Scrolls and the New Testament*, dans *Tarbiz*, 27, 1957-1958, pp. 158-165 (en hébreu moderne).

Morte [72] ; *Les manuscrits et le Christianisme* [73] ; *La secte de la mer Morte et le christianisme prépaulinien* [74] ; *Le baptême de Jean et la secte de la mer Morte* [75]. J. Licht s'est fait l'exégète des *Hymnes d'actions de grâce* et du *Serek* dans deux ouvrages en hébreu moderne parus respectivement en 1957 et en 1965 [76]. M. Goshen-Gottstein a comme tâche principale de préparer une édition critique de la Bible hébraïque. Les deux premières parties du livre d'Isaïe, c'est-à-dire 22 chapitres, ont vu le jour en 1975. Son éditeur nous avertit que : « The Qumran Isaiah scroll has been collated in full excluding notations of orthography. Our readings are based on new photographs and autopsy » [77]. Pour préparer cette grande entreprise d'édition de la Bible hébraïque, on publie annuellement un volume consacré à la critique textuelle intitulé *Textus. Annual of the Hebrew University Bible Project*, dont l'éditeur est présentement le professeur Shemaryahu Talmon, doyen de la Faculté des Lettres à Jérusalem, qui a accepté de prendre part à notre congrès. *Textus* publie aussi incidemment des études de critique textuelle à partir de manuscrits bibliques trouvés à Qumrân.

L'American School de Jérusalem a rendu récemment un signalé service à la science en donnant une nouvelle édition photographique des manuscrits de la première grotte [78], car depuis que les clichés ont été pris, les manuscrits originaux se sont considérablement ternis.

En France, la recherche qumrânienne a été intense. Elle s'est faite surtout autour de certains centres d'enseignement supérieur comme le Collège de France, l'École pratique des Hautes Études, le Centre National de la Recherche Scientifique, les Facultés de Théologie. A. Dupont-Sommer a joué par ses divers travaux [79] un rôle important et je regrette qu'un état de santé déficient l'empêche d'être parmi nous. Mais il a

---

72. D. FLUSSER, *Matthew 17, 24-27 and the Dead Sea Sect*, dans *Tarbiz*, 31, 1961-1962, pp. 150-156 (en hébreu moderne).

73. D. FLUSSER, *The Dead Sea Scrolls and Christianity*, dans *Studies in the Dead Sea Scrolls*, Jérusalem, 1957, pp. 85-103 (en hébreu moderne).

74. D. FLUSSER, *The Dead Sea Sect and Pre-Pauline Christianity*, dans *Scripta Hierosolymitana* 4, pp. 215-266.

75. D. FLUSSER, *The Baptism of John and Dead Sea Sect*, dans *Essays*, pp. 209-238 (en hébreu moderne).

76. J. LICHT, *The Thanksgiving Scroll. A Scroll from the Wilderness of Judaea. Text. Introduction, Commentary and Glossary*, Jérusalem, 1957 ; J. LICHT, *The Rule Scroll. A Scroll from the Wilderness of Judaea (IQS-IQSa-IQSb). Text, Introduction and Commentary*, Jérusalem, 1965.

77. M. H. GOSHEN-GOTTSTEIN, *The Book of Isaiah, Part one-Part two*, Jérusalem, 1975.

78. J. C. TREVER, F. M. CROSS, D. FREEDMAN, J. SANDERS, *Scrolls from Qumran Cave I*. Black and white photographs.

79. Cf. A. DUPONT-SOMMER, *Les Écrits esséniens découverts près de la mer Morte*, Paris, 1959.

trouvé dans le professeur André Caquot, son successeur au Collège de
France à la chaire d'hébreu et d'araméen, un savant sémitisant, à la fois
exégète de l'Ancien Testament et historien des religions sémitiques. Je
remercie cet ami de longue date de nous avoir fait l'honneur de faire
entendre ici un écho de son enseignement donné à l'École des Hautes
Études ces dernières années sur l'histoire du messianisme à Qumrân.
Pour publier rapidement les études consacrées aux manuscrits de la mer
Morte, J. Carmignac a fondé dès 1958 la *Revue de Qumrân* ouverte largement à toutes les opinions et aux grandes langues scientifiques, le français, l'anglais et l'allemand. Certes la parution des livraisons de cette
revue est plus irrégulière et moins fréquente que dans le passé mais elle
continue vaillamment son chemin. J. Carmignac ne s'est pas contenté
d'en être l'éditeur; il a comme auteur largement payé de sa personne.
Faire un relevé bibliographique des études qu'il a publiées, principalement dans sa revue, m'entraînerait trop loin et il est facile d'en trouver
le détail, par exemple dans la bibliographie classée publiée par B. Jongeling. J. Carmignac est aussi à l'origine du recueil de textes de Qumrân
traduits en français et annotés. Pour réaliser les deux volumes importants et utiles aux lecteurs de langue française publiés respectivement en
1961 et en 1963, il s'est acquis la collaboration de E. Cothenet, P. Guilbert et H. Lignée [80]. Mais J. Carmignac s'est plus spécialement intéressé
à la *Règle de la Guerre* dont il nous a donné un commentaire en 1958 [81].
Bien d'autres noms pourraient être évoqués quand il s'agit de la recherche qumrânienne en France : M. Baillet, H. Cazelles, M. Delcor, P. Grelot, P. Geoltrain, A. Jaubert, A. M. Laperrousaz, J. Magne, J. T. Milik,
A. Paul, M. Philonenko, S. Szyszman, J. Schmitt, J. Starcky et d'autres
sans doute. Le professeur E. M. Laperrousaz, outre un petit ouvrage de
vulgarisation sur les manuscrits dans la collection *Que sais-je ?* paru en
1961 et un important commentaire sur le *Testament de Moïse* plus communément connu sous l'appellation peu exacte d'*Assomption de Moïse*
(*Semitica*, 19, 1970), s'est intéressé principalement aux problèmes archéologiques posés par les fouilles de Khirbet Qumrân [82]. On trouvera le
résumé de ses conceptions dans le gros article collectif sur Qumrân à
paraître dans le *Supplément au Dictionnaire de la Bible*. Ce même article

---

80. J. CARMIGNAC et P. GUILBERT, *Les Textes de Qumrân traduits et annotés.*
I. *La Règle de la Communauté. La Règle de la Guerre, Les Hymnes,* Paris, 1961 ;
J. CARMIGNAC, E. COTHENET et H. LIGNÉE, *Les textes de Qumrân traduits et annotés.*
II. *Règle de la Congrégation, Recueil de Bénédictions. Interprétations de prophètes et
de psaumes. Document de Damas. Apocryphe de la Genèse. Fragments des grottes 1 et 4,*
Paris, 1963.
81. J. CARMIGNAC, *La Règle de la Guerre des Fils de Lumière contre les Fils de
Ténèbres. Texte restauré, traduit et commenté,* Paris, 1958.
82. Cf. aussi E.-M. LAPERROUSAZ, *Qumrân. L'établissement essénien des bords
de la mer Morte. Histoire et archéologie du site,* Paris, 1976.

contient des contributions de P. Grelot, P. Skehan, J. Starcky et M. Delcor. J'ai été chargé de la littérature proprement essénienne et des doctrines de la secte. À l'examen de ces questions j'ai consacré personnellement beaucoup de temps et j'ai traité dans la mesure du possible avec toute l'ampleur souhaitable les problèmes que posent chacun des écrits esséniens ainsi que les différents points de doctrine de la communauté essénienne. Au préalable, j'ai essayé de définir ce qu'il faut entendre par littérature essénienne, une fois établie l'origine essénienne de la communauté de Qumrân. Faut-il admettre que tous les manuscrits trouvés à Qumrân, exceptés ceux de la Bible hébraïque, sont nécessairement d'origine essénienne? La réponse est évidemment négative, car parmi les manuscrits conservés à Qumrân sous forme d'original ou de copie, il peut y avoir des œuvres qui n'ont pas été composées par les sectaires eux-mêmes. Quels seront les critères permettant d'établir qu'un écrit est essénien? 1º En premier lieu, il doit présenter des caractéristiques doctrinales, institutionnelles, législatives ou autres qui correspondent à ce que nous savons par ailleurs des Esséniens à travers les sources anciennes ; — 2º Cet écrit devra être comparé aux autres écrits non bibliques de Qumrân et, si on lui trouve des affinités de vocabulaire, de style et de contenu, il y aura lieu de croire qu'il appartient au même milieu ; — 3º Enfin, si ces écrits sont inconnus de nous, parce que la Synagogue ou l'Église ne nous les ont pas transmis, il y aura lieu de croire qu'ils sont le produit de la communauté essénienne de Qumrân. C'est le cas par exemple des cinq rouleaux ou livres trouvés dans la première grotte qui émanent manifestement d'une secte antique : il s'agit de la *Règle de la Communauté* ou *Serek* (*1 QS*), du *Commentaire du livre biblique d'Habacuc* (*1 Qp Hab*), du *Livre de la Guerre* (*1 QM*), du *Recueil des Hymnes* (*1 QH*), le livre de prières propre à la secte et du *Livre apocryphe de la Genèse* qui se présente comme une suite de paraphrases du livre biblique. À ces cinq livres il faut ajouter le *Document de Damas* provenant de la Genizah du Caire, dont on a trouvé plusieurs manuscrits fragmentaires dans les grottes de Qumrân et qui présente avec les autres écrits cités plus haut d'incontestables affinités. À coté de ces grands textes littéraires assez bien conservés, il y a bien d'autres fragments qui sont proprement qumrâniens et donc esséniens, en particulier la *Prière de Nabonide*, un certain nombre de commentaires bibliques assez particuliers et d'autres écrits encore sur lesquels je ne puis m'étendre ici. À propos des rouleaux de cuivre de la grotte 3 d'un caractère si particulier, le problème de leur milieu d'origine se pose avec acuité ; — 4º Outre des écrits que ni la Synagogue, ni l'Église ne nous ont transmis, les grottes de Qumrân nous ont livré des écrits appartenant à la littérature pseudépigraphe de l'Ancien Testament : le *Livre d'Hénoch*, le *Livre des Jubilés*, le *Testament de Lévi* et les *Testaments de Nephtali*, qui sont apparentés aux *Testaments des Douze Patriarches* en grec. Or le milieu d'origine de ces écrits connus depuis longtemps parce que transmis par des églises situées à la périphérie du monde antique, comme l'Église éthiopienne, a été souvent discuté. La présence à Qumrân de ces livres composés en hébreu ou en araméen pose à nouveau le problème de l'identité de la secte qui les a produits. Seule une comparaison minutieuse avec les autres écrits qumrâniens démontrera s'ils sont d'origine essénienne ou si tout au moins ils ont subi l'influence d'écrits esséniens.

On a établi, on le sait, des liens entre le Qaraïsme et l'Essénisme. En Angleterre, il existe sur le sujet le livre important de N. Wieder paru à Londres en 1962 [83]. En France, S. Szyszman a consacré plusieurs études à ce thème de recherches [84] et A. Paul a porté son attention sur les origines du Qaraïsme dans un ouvrage publié en 1969 [85]. La notion d'Alliance, l'entrée dans l'Alliance, le renouvellement de l'Alliance, tiennent une grande place dans la communauté de Qumrân. A. Jaubert a étudié ces questions dans son beau livre consacré à *La notion d'Alliance dans le Judaïsme aux abords de l'ère chrétienne*, Paris, 1963. Elle a débrouillé également les problèmes complexes de calendrier à Qumrân. Elle a notamment établi que le calendrier utilisé à Qumrân est le calendrier solaire du *Livre des Jubilés* (cf. *V.T.*, III, 1953, pp. 250-263). Cette hypothèse a été transformée en certitude à la suite de la découverte d'un groupe de manuscrits de 4 Q auxquels a été donné le nom de *Mišmarot*. Dans ce calendrier, l'année compte 364 jours et comprend 12 mois de 30 jours avec 4 jours intercalaires par an, un par trimestre. Dans ce calendrier, le Nouvel An commence toujours un mercredi et les dates des fêtes sont rigoureusement fixes, chaque quantième du mois tombant toujours le même jour de la semaine. Le calendrier des *Jubilés* est d'origine sacerdotale. C'est le comput d'Ézéchiel, des rédacteurs du Pentateuque et du Chroniste. Sur ces questions, je signale notamment, outre les études d'A. Jaubert, un article de H. Cazelles, *Sur les origines du calendrier des Jubilés* (*Biblica*, 43, 1962, pp. 202-212). P. Grelot s'est intéressé notamment au *Livre d'Hénoch*; il a étudié la géographie mythique de cet ouvrage ainsi que la légende du personnage principal et l'eschatologie du *Livre d'Hénoch* comparée à celle des Esséniens [86]. De son côté, P. Geol-

---

83. N. Wieder, *The Judean Scrolls and Karaism*, Londres, 1962.

84. Cf. en dernier lieu S. Szyszman, *Das Karäertum in seinen Beziehungen zum Essäertum in der Sicht einiger Autoren des 17. und 18. Jahrhunderts*, dans *Bibel und Qumran* (Festschrift H. Bardtke), pp. 226-231.

85. A. Paul, *Écrits de Qumrân et sectes juives aux premiers siècles de l'Islam. Recherches sur l'origine du Qaraïsme*, Paris, 1969.

86. P. Grelot, *La géographie mythique d'Hénoch et ses sources orientales*, dans *R.B.*, 65, 1958, pp. 33-69 ; du même auteur, *La légende d'Hénoch dans les Apocryphes et dans la Bible. Origine et signification*, dans *Rech. Sc. Religieuses*, 46, 1958, pp. 5-16 ; 181-210 ; *L'eschatologie des Esséniens et le livre d'Hénoch*, dans *Revue de Qumrân*, I, 1958-1959, pp. 113-171. Il est revenu au livre d'Hénoch dans *Hénoch et ses écritures*,

train nous a donné une traduction commentée du *De Vita Contemplativa* de Philon le Juif, publiée dans un fascicule de *Semitica* (X, 1960), et il a évalué les apports des études qumrâniennes pour l'étude du Nouveau Testament [87]. Parmi les qumrânologues du *CNRS*, J. Starcky est, si je ne m'abuse, notre doyen. Certes ses articles sont peu nombreux mais ils sont toujours riches en observations philologiques précieuses, et souvent suggestifs : *non numerantur sed ponderantur*. J'ai déjà signalé plus haut ses études sur un texte messianique araméen de la grotte 4 de Qumrân, sur les psaumes apocryphes de la grotte 4, auxquelles il convient d'ajouter son important article sur les *Quatre étapes du messianisme à Qumrân* (*RB*, 70, 1963, pp. 481-505). Dans l'article collectif sur Qumrân à paraître dans le *DBS*, il est chargé du chapitre concernant les relations entre Qumrân et le Nouveau Testament. M. Baillet, qui appartient aussi au *CNRS*, fait partie avec J. T. Milik de l'équipe internationale chargée de l'édition des manuscrits. Il a participé à la grande édition d'Oxford pour les petites grottes de Qumrân (*2 Q, 3 Q, 5 Q, 6 Q, 7 Q à 10 Q*) en collaboration avec J. T. Milik et R. de Vaux [88]. Bien qu'il ait été chargé principalement de textes bibliques souvent très fragmentaires et peu excitants il s'est acquitté avec soin de sa tâche d'éditeur. Il a eu cependant dans son lot des textes non bibliques dont certains étaient inconnus : la *Description de la Jérusalem Nouvelle* [89], des fragments du *Document de Damas* [90], un recueil liturgique de la grotte 4 de Qumrân qu'il a intitulé : les *Paroles des Luminaires* [91]. Il a eu à s'occuper aussi de fragments grecs [92] dans lesquels J. O'Callaghan a cru détecter par la suite des textes des Évangiles [93]. Parmi les chercheurs du *CNRS*, J. T. Milik a fourni un travail considérable qui a toujours suscité l'admiration, à la fois en rai-

---

dans *RB*, 1975, pp. 481-500. — Voir désormais sur Qumrân et les Livres d'Hénoch J. COPPENS, *Le Fils d'homme dans le Judaïsme de l'époque néotestamentaire*, dans *Orient. Lov. Periodica* (Miscell. in honor. J. Vergote), 6-7, 1975, pp. 59-73.

87. P. GEOLTRAIN, *Les études qumraniennes et le Nouveau Testament*, dans *Église et Théologie. Bulletin trimestriel de la Faculté de Théologie Protestante de Paris*, 23, 1960, pp. 38-44.

88. M. BAILLET, J. T. MILIK et R. DE VAUX (avec la contribution de H. W. BAKER), *Les « Petites grottes » de Qumrân : Les grottes 2Q, 3Q, 5Q, 6Q, 7Q à 10Q, le rouleau de cuivre*. Vol. I, *Textes*. Vol. II, *Planches*, dans *DJD*, III, Oxford, 1962.

89. M. BAILLET, *Fragments araméens de Qumrân 2. Description de la Jérusalem Nouvelle*, dans *RB*, 62, 1955, pp. 222-245.

90. M. BAILLET, *Fragments du Doc. de Damas, Qumràn, grotte 6*, dans *RB*, 63, 1956, pp. 513-523.

91. M. BAILLET, *Un recueil liturgique de Qumran, grotte 4 : « Les Paroles des Luminaires »*, dans *RB*, 68, 1961, pp. 195-250 et planches XXIV-XXVIII.

92. M. BAILLET, J. T. MILIK et R. DE VAUX, *Les « Petites grottes » de Qumrân*, dans *DJD*, III, Oxford, 1962.

93. J. O'CALLAGHAN, *Papiros neotestamentarios en cueva 7 de Qumrân ?*, dans *Biblica*, 53, 1972, pp. 91-100.

son de son extraordinaire flair de déchiffreur et de décrypteur mais aussi
en raison des textes difficiles dont certains étaient jusqu'ici inconnus et
pour l'intelligence desquels il a eu à faire œuvre de pionnier. Je ne prétends pas établir ici une énumération complète de ses travaux mais insister sur ceux qui m'ont paru le plus dignes d'attention. Je songe tout
particulièrement au savant commentaire qu'il a donné pour les *Rouleaux
de Cuivre* de la grotte 3. L'auteur de cet étrange document dresse la liste
des trésors cachés dans le sous-sol de la Palestine. Il décrit dans un catalogue contenant soixante-quatre notices les endroits où sont enfouis les
trésors. Il le fait de façon stéréotypée en indiquant l'endroit de la
cachette et ce qui y est caché, par exemple : « Au mont Garizim, sous les
marches de la fosse supérieure : un coffre avec son contenu ainsi que
60 talents d'argent » (col. XII, 61). Dans certains cas, il précise même la
profondeur qu'il faut atteindre pour trouver le trésor. Pour J. T. Milik,
les descriptions des localisations ne sont pas désordonnées mais suivent
un certain plan géographique. Malgré ses précisions topographiques, le
document lui paraît être fictif. Son savant éditeur a apporté beaucoup de
soin à l'étude des toponymes nombreux qui y sont mentionnés, bien que
le caractère hypothétique de presque toutes les identifications ne lui ait
pas échappé [94]. On pourra d'ailleurs se rendre compte de la difficulté de
la tâche en comparant le travail de J. T. Milik avec celui de J. M. Allegro
dont les lectures et interprétations sont souvent divergentes [95]. J. T.
Milik s'est également intéressé à la littérature pseudépigraphique de
l'Ancien Testament et très spécialement aux *Livres d'Hénoch*. Je viens
tout juste de recevoir l'imposante édition qu'il vient de donner des fragments qumrâniens en araméen de ces livres trouvés dans la grotte 4, à la
Clarendon Press à Oxford. Cette édition est précédée d'une importante
introduction traitant 1º des livres araméens d'Hénoch aux époques perse
et hellénistique : il s'agit du *Livre astronomique* (72-82), du *Livre des Veilleurs* (1-36), du *Livre des Songes* (83-90), de l'*Épître d'Hénoch* (91-108) et
du *Livre des Géants* ; — 2º des anciennes versions des livres d'Hénoch
(grecque, latine, copte, syriaque, éthiopienne) ; — 3º des livres attribués
à Hénoch à la période romano-byzantine et au Moyen Age [96]. On sait
que l'heureux flair de Milik lui a permis notamment de retrouver le *Livre
des Géants*, un écrit hénochien que l'on connaissait par une adaptation

94. Cf. J. T. MILIK, *Le Rouleau de cuivre de Qumrân (3Q 15). Traduction et
Commentaire topographique*, dans *RB*, 66, 1959, pp. 328-357 repris dans *The Discoveries in the Judaean Desert*, t. III, Oxford, 1960, pp. 137-155.
95. J. M. ALLEGRO, *The Treasure of the Copper Scroll*, New York-Londres,
1960.
96. J. T. MILIK, with the collaboration of Matthew BLACK, *The Books of Enoch.
Aramaic Fragments of Qumran Cave 4*, Oxford, 1976.

manichéenne [97]. J'en ai assez dit et je laisse à J. T. Milik lui-même le soin de vous parler de ses découvertes. C'est peut-être une des caractéristiques de la recherche française de s'être attachée très particulièrement à l'étude des Pseudépigraphes de l'Ancien Testament à la lumière des textes de Qumrân. M. Philonenko et moi-même nous nous sommes engagés dans cette voie. Du professeur de Strasbourg il faut mentionner plus spécialement : le *Testament de Job* dont il a donné une traduction annotée [98] et surtout son livre sur *Joseph et Aseneth* [99], qui, il est vrai, n'a rien à voir selon lui ni avec les Esséniens ni avec les Thérapeutes égyptiens qui leur sont apparentés. J'ai moi-même publié un commentaire du *Testament d'Abraham* [100] et diverses études sur le *Testament de Job* [101], les *Antiquités bibliques du Pseudo-Philon* [102], les *Psaumes de Salomon* [103]. Il faut signaler aussi la thèse inédite de Francis Schmidt soutenue à l'Université de Strasbourg en 1971 sur la recension courte du *Testament d'Abraham* dont il a donné une édition suivie d'une traduction et de notes.

La production qumrânienne en Autriche, en Espagne et en Italie, n'est pas à ma connaissance très abondante pendant ces dernières années. En Autriche, l'ouvrage de G. Molin sur les *Hymnes de Qumrân* a déjà paru il y a une vingtaine d'années [104]. La thèse d'Élisabeth Koffmann, soutenue à Vienne en 1959, porte sur les appellations utilisées par la communauté pour se désigner elle-même [105].

En Espagne, il faut signaler la deuxième édition de l'ouvrage d'intérêt général de A. G. Lamadrid [106], l'étude de J. Cantera Ortiz de Urbina sur le *Commentaire d'Habacuc* [107], les articles déjà anciens de Pérez Castro

---

97. J. T. MILIK, *Problèmes de la littérature hénochique à la lumière des fragments araméens de Qumrân*, dans *Harvard Theological Review*, 64, 1971, pp. 333-378.

98. M. PHILONENKO, *Le Testament de Job. Introduction, traduction et notes*, dans *Semitica*, 18, 1968, pp. 1-79.

99. M. PHILONENKO, *Joseph et Aseneth. Introduction, texte critique, traduction et notes*, dans *Studia postbiblica*, 13, Leyde, 1968.

100. M. DELCOR, *Le Testament d'Abraham. Introduction, traduction du texte grec et commentaire de la recension grecque longue, suivi de la traduction des Testaments d'Abraham, d'Isaac et de Jacob d'après les versions orientales*, Leyde, 1973.

101. M. DELCOR, *Le Testament de Job, la prière de Nabonide et les traditions targoumiques*, dans *Bibel und Qumran* (Festschrift Bardtke), pp. 57-74.

102. M. DELCOR, *Pseudo-Philon (Antiquités Bibliques)*, dans *Supplément au Dict. de la Bible*, s.v. *Qumran*.

103. M. DELCOR, *Psaumes de Salomon*, dans *Supplément au Dict. de la Bible, ibid.*

104. G. MOLIN, *Lob Gottes aus der Wüste. Lieder und Gebete aus den Handschriften vom Toten Meer*, Fribourg-en-Brisgau-Munich, 1957.

105. E. KOFFMAHN, *Die Selbstbezeichungen der Gemeinde von Qumran auf dem Hintergrunde des Alten Testaments*, Vienne, 1959.

106. A. E. LAMADRID, *Los descubrimentos del mar Muerto*, Madrid, 1973.

107. J. Cantera Ortiz DE URBINA, *El Commentario de Habacuc de Qumran*, dans *Textos y Estudios del Seminario filológico Cardenal Cisneros*, Madrid-Barcelona, 1960.

parus dans *Sefarad* [108] et de L. Arnaldich [109] et, en dernier lieu, l'ouvrage
de José O'Callaghan sur les fragments grecs de Qumrân où il a cru
trouver des textes évangéliques [110], ainsi que le livre de S. Sabugal sur la
conversion de S. Paul à Damas, qui, dans l'hypothèse de son auteur, ne
serait autre qu'une désignation symbolique pour la région de Qumrân [111]. Le professeur A. Diez Macho nous a signalé un important travail
dactylographié d'un de ses élèves Florentino Garcia Martinez, *Corpus
qumranico. Textos arameos de Qumran*, Madrid, 1976.

En Italie, un certain nombre d'études ont vu le jour à l'Institut Biblique à Rome avec les éditions scolaires de P. Boccaccio sur les grands
textes qumrâniens qu'il a transcrits et traduits en latin [112] et une thèse
récente soutenue dans cet Institut sur l'image de fondation appliquée à
la communauté qumrânienne [113]. On sait que le Père G. Bernini avait
déjà consacré, lors du Congrès catholique biblique international, une
étude sur un thème annexe : le jardinier de la plantation éternelle dans
un des Hymnes de Qumrân [114]. En Angleterre, un ouvrage de B. Gärt-
ner : *The Temple and the Community in Qumran and in the New Testament. A Comparative Study in the Temple Symbolism of the Qumran Texts
and in the New Testament*, traitant un sujet analogue avait paru à Cambridge en 1965. Ces dernières années deux recueils de traductions de
textes qumrâniens ont vu le jour en Italie. Celui de F. Michelini Tocci [115]
et celui de L. Moraldi [116] qui nous a paru très remarquable et contient en
outre des introductions abondantes ainsi que de nombreuses notes.

En Belgique, le *Congressus Catholicus internationalis de Re Biblica*,
organisé il y a une vingtaine d'années par l'infatigable professeur J. Cop-

108. *Sefarad*, II, 1951, pp. 115-153 ; 12, 1952, pp. 167-197.

109. L. ARNADICH, *Los sectarios del Mar Muerto y su doctrina sobre la Alianza*,
dans *Estudios Biblicos*, II, 1952, pp. 359-398.

110. J. O'CALLAGHAN, *Los papiros griegos de la cueva 7 de Qumran*, Madrid, 1974.

111. S. SABUGAL, *Analisis exegético sobre la conversión de San Pablo. El problema
teologico e historico*, Barcelone, 1976.

112. P. BOCCACCIO et G. BERARDI, *Regula Unionis seu Manuale Disciplinae* (1QS).
Transcriptio et versio latina, tertia editio, Rome, 1958 ; — *Interpretatio Habacuc
(1Qp Hab). Transcriptio et versio latina. Appendices : Interpretatio Nahum 2, 12b-14
(4 Qp Nah). Interpretatio Ps 37, 8-11; 19b-26 (4 Qp Ps 37)*, tertia editio, Rome,
1958 ; — *Regula Congregationis 1QSa. Transcriptio et versio latina*, secunda editio,
Fani, 1959 ; — *Regula Belli seu Bellum Filiorum lucis contra Filios obscuritatis
(1 QM + 4 Q Ma). Transcriptio et versio latina*, tertia editio, Rome, 1961.

113. H. MUSZYŃSKI, *Fundament, Bild und Metapher in den Handschriften von
Qumran*, Rome, 1975.

114. G. BERNINI, *Il Giardinere della piantasgione eterna (1Q VIII)*, dans *Sacra
Pagina. Miscellanea biblica Congressus Internationalis Catholici de re biblica 1958*,
t. II, Paris-Gembloux 1959, pp. 47-59.

115. F. Michelini TOCCI, *I Manoscritti del Mar Morto*, Bari, 1967.

116. L. MORALDI, *I Manoscritti di Qumran*, Turin, 1971.

pens, avait suscité un certain nombre d'études consacrées aux manuscrits de Qumrân [117]. Mais la curiosité personnelle de notre collègue n'est pas restée étrangère au domaine qumrânien. Un certain nombre de ses travaux portent sur le don de l'Esprit d'après les textes de Qumrân et le 4e Évangile [118], sur le « Mystère » dans la théologie paulinienne et ses parallèles qumrâniens [119], sur les affinités qumrâniennes de l'Épître aux Hébreux et le temple spirituel dans les épîtres pauliniennes [120]. A. M. Denis, professeur à l'Université de Louvain, outre quelques articles a consacré tout un ouvrage à la première partie du Document de Damas que j'ai déjà signalé plus haut [121]. Il a collaboré, on s'en souvient, à la concordance publiée par K. G. Kuhn et il a situé à leur place les fragments qumrâniens des pseudépigraphes de l'Ancien Testament dans sa précieuse *Introduction aux Pseudépigraphes grecs d'Ancien Testament* parue à Leyde en 1970.

L'importance des découvertes du désert de Juda ne pouvait échapper aux maîtres de Louvain. Aussi bien la Faculté de théologie que les professeurs du Scolasticat des Pères jésuites d'Egenhoven-Louvain et le *Colloquium Biblicum Lovaniense* prêtèrent à ces trouvailles la plus vive attention. À la Faculté de Théologie, plusieurs étudiants consacrèrent leur mémoire de doctorat aux nouveaux documents. Sous la direction du regretté professeur Robert de Langhe a été préparée à Louvain la thèse de M. Martin sur la graphie qumrânienne [122]. Signalons en outre les travaux de Cyrille DETAYE : *Le cadre historique du Midrash d'Habacuc* [123] ; de Jean DE CAEVEL : *La connaissance religieuse dans les Hymnes d'actions de grâces de Qumrân* [124] ; de Raymond F. COLLINS : *The Berith-notion of the Cairo-Damascus Covenant and its Comparison with the New Testament* [125] ; de Sylvester LAMBERIGTS : *Le sens de Qdwšym dans les textes de Qum-*

117. J. COPPENS et alii, *Sacra Pagina. Miscellanea Biblica Congressus Internationalis catholici de re biblica 1958*, t. II, Paris-Gembloux, 1959.

118. J. COPPENS, *Le Don de l'Esprit d'après les textes de Qumrân et le 4e Évangile*, dans *L'Évangile de Jean. Études et Problèmes (Rech. Bib., 3)*, Bruges, 1958, pp. 209-223.

119. J. COPPENS, *Le « Mystère » dans la théologie paulinienne et ses parallèles qumrâniens*, dans *Littérature et Théologie pauliniennes (Rech. Bib., 5)*, Bruges, 1960, pp. 148-165 et (en anglais), dans *Paul and Qumran*, Londres, 1968, pp. 132-158.

120. J. COPPENS, *Les affinités qumrâniennes de l'Épître aux Hébreux*, dans *NRTh*, 84, 1962, pp. 128-141 ; 257-282. — *The Spiritual Temple in the Pauline Letters*, dans *Studia Evangelica VI*, éd. E. A. LIVINGSTONE, dans *TU*, 112, Berlin, 1973, pp. 53-66.

121. A. M. DENIS, *Les thèmes de connaissance dans le Document de Damas*, Louvain, 1967.

122. M. MARTIN, *The Scribal of the Dead Sea Scrolls, I-II*, Louvain, 1958.

123. *Eph. Theol. Lov.*, 30 (1954), pp. 323-343.

124. *Ibid.*, 38 (1962), pp. 435-460.

125. *Ibid.*, 39 (1963), pp. 555-594.

rân [126]. Tous furent aidés et stimulés dans leurs recherches par le professeur J. Coppens qui tint les lecteurs au courant des trouvailles et des recherches dans les *Chronica* des *Ephemerides Theologicae Lovanienses* et s'intéressa lui-même plus spécialement à la doctrine des sectaires [127]. Au collège des Pères Jésuites de Louvain, ce fut le Père P. Gustave Lambert qui anima les recherches sur les textes nouvellement trouvés. Lui-même publia dans la *Nouvelle Revue Théologique* douze articles dont l'un en collaboration avec G. Vermès, un de ses étudiants qu'il engagea à se livrer à l'exploration des documents [128]. Puis il fit appel à quelques collaborateurs étrangers pour informer au mieux les lecteurs de la revue, tels A. Bouchou [129], M. Delcor [130], J. Carmignac [131] et J. M. P. Bauchet [132]. Si après le décès de G. Lambert, Qumrân attira moins l'attention de la *Nouvelle Revue Théologique*, elle se garda toutefois de perdre de vue les problèmes que la secte essénienne du Désert de Juda ne cesse de poser aux historiens du christianisme naissant [133]. À la Belgique encore on doit un court article que J. Schreiden a consacré aux caractéristiques linguistiques de l'hébreu qumrânien [134]. Le même auteur a publié en 1961 à Wetteren un ouvrage d'intérêt général intitulé : *Les énigmes des manu-*

---

126. *Ibid.* 46 (1970), pp. 24-39.
127. Cf. l'énumération dans *De Mari à Qumrân. L'Ancien Testament. Son milieu. Ses écrits. Ses relectures juives*, dans *BETL*, t. 24, Gembloux, 1969, p. 107.
128. I. *Les manuscrits découverts dans le Désert de Juda*. II. *Note complémentaire*. III. *Découverte et exploration de la grotte*. IV. *Tient-on un nouveau chapitre de l'histoire de la grotte ?* V. *Identification du dernier des rouleaux*. VI. *L'âge des manuscrits de Qumrân*, dans *Nouv. Rev. Théol.*, 71 (1949), 286-304, 414-416 ; 72 (1950), 53-65, 72, 199-202, 493-498, 498-515. — *Un psaume découvert dans le Désert de Juda, ibid.*, 71 (1949), 621-637. — *Le Manuel de Discipline de la grotte de Qumrân, ibid.*, 73 (1951), 938-956. — *Traduction intégrale du « Manuel de Discipline », ibid.*, 73 (1951), 957-975. — *Le Maître de Justice et la communauté de l'Alliance, ibid.*, 74 (1952), 254-283. — *Traduction de quelques « psaumes » de Qumrân et du « pêscher » d'Habacuc, ibid.*, 74 (1952), 284-297. — G. LAMBERT-G. VERMÈS, *Les manuscrits du Désert de Juda. Les « aperçus » de M. Dupont-Sommer, ibid.*, 73 (1951), 385-398.
129. *Radioactivité et âge des manuscrits du Désert de Juda, ibid.*, 73 (1951), pp. 524-526. — *Techniques de la physique moderne et âge des documents de Qumrân, ibid.*, 73 (1951), pp. 524-526.
130. *La guerre des Fils de Lumière contre les Fils de Ténèbres ou « le Manuel du Parfait Combattant », ibid.*, 77 (1955), pp. 372-399. — *L'immortalité de l'âme dans le Livre de la Sagesse et les documents de Qumrân, ibid.*, 77 (1955), pp. 614-630.
131. *Les Kittim dans la « Guerre des fils de lumière contre les fils des ténèbres », ibid.*, 77 (1955), pp. 737-748.
132. *Note sur les variantes de sens d'Isaïe 42 et 43 dans les manuscrits du Désert de Juda*, 71 (1959), pp. 305-306.
133. J. COPPENS, *Les affinités qumrâniennes de l'épître aux Hébreux, ibid.*, 84 (1962), déjà cité dans la note 118 ; pp. 128-141, 257-282. — J. JEREMIAS, *Qumrân et la théologie*, 85 (1963), 674-690.
134. J. SCHREIDEN, *Les caractères linguistiques de l'hébreu qumrânien et leur inférence sur le problème historique*, dans *Le Muséon* 72, 1959, pp. 153-157.

Qumrân, sa piété, sa théologie et son milieu, Leuven

scrits de la mer Morte. Un ouvrage plus technique de Ottilie J. R. Schwarz traite de la première partie du Document de Damas et de l'Ancien Testament [135].

Au *Colloquium Biblicum Lovaniense* revient le mérite d'avoir invité le professeur E. Sukenik à venir exposer en Belgique ses travaux et surtout d'avoir organisé, sous la direction de J. van der Ploeg, professeur à l'Université de Nimègue, un des premiers colloques internationaux sur la secte qumrânienne, que nous avons mentionné plus haut.

Nous avons souligné d'entrée le rôle joué par un Belge, le lieutenant Ph. Lippens, officier de l'ONU, au début du repérage de la première grotte de Qumrân découverte par les Bédouins. Plus tard, en 1953, une expédition dite R. de Langhe-Ph. Lippens espéra pouvoir contribuer à éclairer certains aspects du problème qumrânien, bien que sa tâche principale fût l'exploration du site de Khirbet Mird, mais elle ne semble pas avoir obtenu de résultats en ce qui concerne Qumrân [136]. Plus tard encore, en 1961-1962, le regretté Robert de Langhe accepta de faire partie d'une expédition en Palestine organisée par J. M. Allegro, mais une nouvelle fois les résultats escomptés ne se réalisèrent pas [137]. Notre collègue forma dès lors le projet d'une nouvelle campagne de fouilles et il introduisit en 1963, auprès du Fonds National de la Recherche Scientifique, la demande d'un subside. Au lendemain de sa mort inopinée et prématurée, survenue, hélas!, le 30 octobre 1963, l'idée ne fut pas reprise [138]. Et voici que pour prouver qu'aujourd'hui encore les exégètes et orientalistes de la vieille cité universitaire suivent sans relâche l'apport de Qumrân à une meilleure intelligence du judaïsme à l'époque du Christ, le *Colloquium Biblicum Lovaniense* m'a prié d'organiser le présent congrès que j'ai l'honneur de présider [139].

* * *

Mesdames, Mesdemoiselles, Messieurs, j'ai terminé ce survol à la fois trop rapide et trop long de la recherche qumrânienne récente. Je viens du pays du Gai Savoir: *Lo Gay Saber*, la terre des troubadours pour qui savoir était poésie, mais hélas!, ce n'est que de vulgaire prose que j'ai su vous abreuver, faisant défiler devant vous la sèche énumération de

---

135. Ottilie J. R. Schwarz, *Der Erste Teil der Damaskusschrift und das Alte Testament*, Diest, 1966.

136. Cf. *Eph. Théol. Lov.*, 40 (1964), pp. 111-116.

137. Voir J. M. Allegro, *Search in the Desert*, New York, 1964 et *Eph. Theol. Lov., loc. cit.*, p. 115.

138. Voir la notice sur le regretté R. de Langhe, dans *Eph. Theol. Lov.*, 40 (1964), pp. 103-125.

139. Je tiens à remercier ici le professeur J. Coppens, mon collègue de Louvain, d'avoir complété mon information sur l'œuvre des louvanistes.

savants eux-mêmes généralement plus enclins à la rigueur scientifique qu'à la poésie. Comme Érasme qui hanta ces murs il y a près de cinq siècles, je pourrais, en guise d'excuse dire de mes propos : « Ma Muse, contre son gré et à demi-sommeillante, a chanté je ne sais quelle chanson à faire dormir. »

Soyez les bienvenus à Louvain dans cette vieille et savante Université. Vous y écrirez, mes chers collègues, je n'en doute pas, une grande et belle page qui fera date dans l'histoire de la recherche qumrânienne, alors même que de nouveaux horizons pourront tenter certains d'entre vous : je songe notamment aux extraordinaires découvertes des savants de l'Université de Rome qui ont naguère remis à jour au sud d'Alep, l'antique Ebla-Tell Mardikh, dont les archives royales écrites en proto-canaméen ouvrent des perspectives étonnantes aux biblistes et orientalistes de demain [140].

31068-Toulouse, 31 Rue de la Fonderie   M. DELCOR

Les tribunaux de l'Eglise de Corinthe
et les tribunaux de Qumrân

Le ton de l'Apôtre Paul écrivant aux fidèles de l'Eglise de Corinthe est souvent celui d'un homme indigné, car ces nouveaux venus dans la religion nouvelle ne sont pas de tout repos. Au début du chap. VI de Ière épître aux Corinthiens, St Paul se plaint de ce que les chrétiens de Corinthe, les Saints, comme il les appelle, osent porter leurs causes devant des juges païens, des ἄδικοι, lorqu'ils ont entre eux quelque dissension. Ce n'est pas sans doute que les tribunaux païens n'étaient pas habilités pour juger de tels différends. Tout laisse croire, au contraire, que l'Apôtre veut empêcher surtout que soient connus des juges qui ne partageaient pas leur foi, les scandales intérieurs de la communauté. Aussi Paul demande aux fidèles de juger leurs affaires personnelles, entre eux, dans leurs propres tribunaux. Pour les convaincre de cette obligation au v. 2, l'Apôtre fait appel à une croyance sur le jugement eschatologique : « Ne savez-vous pas, leur dit-il, que les Saints jugeront le monde ? ». Puisque vous jugerez le monde, à fortiori, vous pouvez siéger pour des causes de moindre importance. Et au v. 3, il renchérit immédiatement par un autre rappel de la doctrine sur le jugement eschatologique : « Ne savez-vous pas que nous jugerons les anges ? à plus forte raison les choses de cette vie ». Et il ajoute : « Si donc vous avez là-dessus des litiges (¹) prenez pour juges des gens dont l'Eglise ne fait aucun cas» (trad. Osty) (²).

Ce texte laisse donc supposer l'institution par l'Eglise de Corinthe de tribunaux destinés à l'usage de ses fidèles. Il est d'autant plus facile d'avoir de tels tribunaux, semble dire St Paul, qu'il serait bien extraor-

---

(¹) Allo traduit κριτήρια par « tribunaux » aux v. 2 et 3, Ce qui est un des sens possibles du mot ; mais le terme peut signifier aussi « litige », cf. là-dessus WEISS, *Der erste Korintherbrief*, in loco.

(²) Nous suivons ici l'interprétation des anciens Pères (Jean Chrysostome, Saint Augustin, Théodoret, Pélage) et de la plupart des exégètes modernes : Allo, Huby, Osty, Spicq, Lightfoot etc. qui font de καθίζετε un impératif et non un indicatif. καθίζειν a un sens techique très net : « établir des juges » cf. Ant. Jud. XX, § 200 : καθίζειν συνέδριον κριτῶν; Polybe IX, 33, 12 et Eph I, 20.

dinaire qu'il n'y eût pas à Corinthe quelqu'un de sage qui puisse servir d'arbitre entre ses frères.

On serait évidemment curieux de connaître l'organisation et le fonctionnement de ces premiers tribunaux de l'Eglise sur lesquels, par les seuls textes du N.T., nous avons malheureusement de très maigres renseignements. Cela n'est d'ailleurs pas étonnant, puisque les deux épîtres aux Corinthiens ne sont que des écrits de circonstance et nullement des traités de droit canonique, pas plus d'ailleurs que des cours systématiques de théologie.

Aussi bien, certains commentateurs modernes, ont cherché à illustrer notre passage en faisant appel à ce que nous savons des tribunaux juifs par les textes rabbiniques. C'est ce que font par exemple des spécialistes aussi qualifiés que STRACK et BILLERBECK [1]. Commentant le v. 5, ces auteurs supposent que Paul avait présentes à l'esprit certaines dispositions des lois rabbiniques. Pour des procès concernant des questions d'argent, précisent-ils, il fallait qu'ils fussent jugés par trois juges, qui n'étaient pas nécessairement spécialisés, mais qui pouvaient être des laïcs. Dans certains cas même, disent-ils, un homme sage pouvait à lui seul porter une sentence, quand il était le seul juge qualifié de l'endroit.

Ces usages juridiques seraient très intéressants pour illustrer ceux de l'Eglise de Corinthe. Malheureusement, nous n'avons le témoignage de l'existence de ces usages que pour le milieu du IIème siècle après J.C. Mais nous n'avons pas la certitude qu'ils fonctionnaient au milieu du Ier siècle de notre ère.

Aussi, me semble-t-il, on pourrait maintenant tenter de se faire une idée plus adéquate que par le passé sur l'organisation possible des tribunaux de l'ancienne Eglise, en étudiant ceux de la communauté de Qumrân qui, on le sait, présente dans son organisation, tant d'affinités avec celle des communautés chrétiennes [2]. J. SCHMITT a naguère souligné ces ressemblances précisément dans un domaine très proche du nôtre, celui des pratiques pénitentielles [3].

Mais, soulignons-le fortement, il y aurait certainement une grande part d'hypothèse à vouloir transporter purement et simplement à Corinthe, dans le monde grec, des institutions que nous voyons fonctionner

---

[1] *Kommentar zum Neuen Testament aus Talmud und Midrasch*, t. III, p. 354.

[2] J. SCHMITT, *L'organisation de l'Eglise primitive et Qumrân dans « La secte de Qumrân et les Origines du Christianisme »*, dans Recherches bibliques, IV, Desclée de Brouwer, 1959, pp. 217-231.

[3] *Contribution à l'étude de la discipline pénitentielle dans l'Eglise primitive à la lumière des textes de Qumrân*, dans « *Les manuscrits de la Mer Morte* » Colloque de Strasbourg, 25-27 mai 1955, pp. 93-109.

en Palestine dans une communauté juive essénienne des bords de la Mer Morte.

Le problème se complique aussi du fait que la communauté de Corinthe n'était pas exclusivement composée de Juifs récemment venus de la synagogue locale au Christianisme, mais de Grecs (¹) et, semble-t-il aussi, de Romains si l'on en juge par les noms latins conservés dans les deux épîtres.

On sait en tout cas que les Juifs de la Diaspora, même citoyens romains, avaient pour les affaires civiles leurs tribunaux propres, jouissant d'une juridiction particulière.

Cela était déjà vrai pour les Juifs de Sardes en 50/49 av. J. C., comme l'atteste Josèphe (Ant. J., XIV, X,17). (²)

Paul, en demandant aux chrétiens de Corinthe de constituer des tribunaux pour leurs affaires propres, agit, semble-t-il, en juif. Il étend à la nouvelle communauté composée aussi d'éléments non juifs, un privilège dont jouissaient en particulier les Juifs. Mais, faut-il rappeler que les confréries grecques avaient aussi une juridiction propre et des tribunaux jugeant les disputes, rixes ou outrages survenus entre leurs membres, au point qu'en certains endroits celui d'entre eux qui faisait appel à un tribunal de la Cité était puni d'une amende (³) ? La manière de faire de Paul, ne pouvait donc choquer ni les éléments juifs, ni les éléments grecs dont la communauté était composée.

Précisons enfin que si nous établissons une comparaison entre les tribunaux de Qumrân et ceux de Corinthe et si nous constatons quelques ressemblances, celles-ci n'impliquent pas nécessairement dépendance. Elles souligneraient tout au plus un certain parallélisme dans les institutions judiciaires de deux groupes religieux, parallélisme qui a déjà été constaté pour d'autres institutions.

Avant de décrire l'organisation judiciaire à Qumrân, voyons s'il y avait aussi dans la secte des bords de la Mer Morte l'interdiction de faire appel aux tribunaux païens.

(¹) J. DAUVILLIER a pu montrer que le droit du mariage tel qu'il apparaît dans la première épître aux Corinthiens s'expliquait par le droit grec, cf. *Le droit du mariage dans les cités grecques et hellénistiques d'après les écrits de Saint Paul* dans *Revue Internationale des Droits de l'Antiquité*, t. VII, 1960, p. 149-164.

(²) SCHÜRER, *Geschichte der Judischen Volkes im Z. A. Jesu Christi*, Leipzig, 1909, III, ., p. 74, 114.

(³) cf. SAN NICOLO, *Zur Vereinsgerichtsbarkeit im hellenistischen Agypten*, (*Epitymbion, Heinrich Swoboda dargebracht*), Reichenberg, 1927, pp. 255-300 et récemment H. BARDTKE, *Die Rechstellung der Qumran-Gemeinde*, dans *Theologische Literaturzeitung*, 1961 (n° 2), col. 98.

Le texte de CDC IX, 1.

Certains ont prétendu la trouver dans un texte difficile du Document de Damas IX, 1, dont les traductions proposées sont des plus variées. Vermès traduit : « Quiconque fera vouer à l'anathème un membre de l'humanité par la justice des nations, qu'on le mette à mort » (¹). del Medico : « Tout homme qui fera vouer à l'anathème un homme d'entre les hommes, selon les dispositions des « peuples » (mécréants) est à mettre à mort » (²) Dans le même sens que les deux autres, il faut citer celle de Molin : « Jedermann der irgendeinen Menschen verurteilt nach den Gesetzen der Heiden, der soll sterben » (³) D'après ces versions, le texte interdirait sous peine de mort de traduire quelqu'un devant les tribunaux païens en vue d'une peine capitale.

Mais c'est dans un tout autre sens que s'orientent les traducteurs à la suite de Rabin, le meilleur commentateur du Document de Damas : « As for every case of « devoting » namely that a man be devoted so that he ceases to be a *living* man, he is to be put to death by the ordinances of the Gentiles ».

Rabin (⁴) obtient ce sens en remplaçant au premier *kl 'dm*, jugé fautif, par *kl ḥrm* en faisant de *m 'dm* traduit par « en cessant d'être homme » l'accusatif de résultat de *yḥrym*, enfin en reliant « par les ordonnances des païens » non au verbe précédent mais au verbe suivant.

Dans son ensemble cette traduction a été acceptée par Dupont-Sommer (⁵) à un détail près, par Bardtke (⁶), Gaster (⁷). Nous traduisons donc finalement : « Dans tous les cas où l'on aura prononcé l'anathème contre un homme, c'est par les lois des Gentils que cet homme sera mis à mort ». La traduction prônée par Vermès, del Medico, Molin dcit en effet être abandonnée, car il est bien difficile d'amettre, dans cette hypothèse, que la secte de Qumrân ait joui du droit de mettre à mort. Il faut penser plutôt que la secte faisant une allusion à Lév. 2, 29, précise que l'exécution de la peine capitale prononcée par le tribunal juif appartient non aux Juifs, mais aux païens. Cette pratique d'ailleurs, est conforme à ce que nous savons par Jean 18, 31.

Nous sommes donc obligés de reconnaître que le texte du Document de Damas ne fait nullement allusion à l'interdiction de recourir aux tribunaux païens. Mais tout ce que nous savons de la secte de Qumrân nous permet de supposer que cette interdiction existait en fait. Il est bien probable que sur ce point les sectaires ne diffèrent guère des autres Juifs.

Les tribunaux d'après le Document de Damas et les épîtres aux Corinthiens.

Quand on aborde les autres textes de Qumrân touchant la description des institutions judiciaires, on s'aperçoit très vite d'une part que les documents ne sont pas par eux-mêmes d'une clarté limpide ou, tout

---

(¹) *Les manuscrits du désert de Juda*, Paris, 1954, 2, p. 174.
(²) *L'énigme des manuscrits de la Mer Morte*, Paris, 1957, p. 568.
(³) *Die Sohne des Lichtes*, Wien-München, 1952, p. 50.
(⁴) *The Zadokite Documents*, Oxford, 1954, p. 44.
(⁵) *Les écrits esséniens découverts près de la Mer Morte*, Paris, 1959, p. 163.
(⁶) *Die Handschriften Funde am Toten Meer, Die Sekte von Qumran*, Berlin, 1958, p. 266.
(⁷) *The Dead Sea Scripture in English Translation*, New-York, 1956.

au moins, qu'ils ne sont pas toujours aussi précis qu'on le désirerait et, d'autre part, qu'ils laissent supposer des variations.

Un fragment du Document de Damas nous a conservé quelques indications relatives au choix des juges dans la congrégation (CDC X, 4-11). Ils doivent être au nombre de dix : quatre appartenant à la tribu de Lévi et d'Aaron et six venant d'Israël. Agés de vingt-cinq ans au moins et de soixante au plus, ils doivent être instruits dans le mystérieux livre de Hagu et dans les « enseignements » ou « fondements » de l'Alliance *ywsdy bryt* (cf. la même expression en CDC VII,5). Mais pourquoi dix juges ? RABIN (¹) a immédiatement rapproché cette pratique des dix juges dont étaient composés les tribunaux du Temple (Mishnah, Sanhédrin I,3, cf. b. Sanhédrin 7 b) et de l'usage des anciens Karaïthes. Mais comme ces juges ont aussi des fonctions administratives, il pense qu'on pourrait plutôt les rapprocher des δεκαπρῶτοι des villes hellénistiques dont on sait justement qu'un de leurs rôles était de faire rentrer les impôts (²). On trouve par exemple ces δεκαπρῶτοι à Tibériade (Josèphe, Vita XIII), à Palmyre à côté des archontes (l'araméen, '*šrt*' est traduit par δεκαπρώτους dans le Tarif bilingue de Palmyre) (³).

Or, d'après un autre passage du Document de Damas XIV, 13 et ss., les juges sont nommés à côté du *mebaqqer* et exercent, comme la plupart des magistrats dans le monde antique aussi bien dans les cités phéniciennes ou grecques que dans le monde romain et comme autrefois les juges d'Israël, une charge administrative : ils doivent pourvoir aux oeuvres charitables, pour lesquelles ils perçoivent certains fonds recueillis sous forme d'impôts (⁴).

Le texte du Document de Damas n'est pas des plus explicites ni des plus clairs sur le temps pendant lequel les juges restaient en charge, ni sur la manière dont ils étaient élus, ni même sur les causes qui leur étaient dévolues. Le document nous dit en effet qu'ils étaient choisis *lpy h't*. GASTER et DUPONT-SOMMER traduisent par « périodiquement », BARDTKE par « pour l'occasion » et RABIN hésite entre « pour l'occasion » et « pour un temps défini ». De fait, il est fort probable que pour éviter toute tentation de laisser-aller ou même de corruption dans l'accomplis-

---

(¹) *The Zadokite Documents*, Oxford, 1954, p. 49.

(²) cf. SCHÜRER, *Geschichte der Jüdischen Volkes im Z. A. Jesu Christi*, Leipzig, 1907, 4e éd. t. II, p. 218 et la note 529 avec l'ancienne bibliographie.

(³) Tarif de Palmyre I, 8. cf. COOKE, *North-West Semitic Inscriptions*, Oxford, 1903, p. 313 et ss.

(⁴) C'est une conception moderne, inspirée de « *l'Esprit des Lois* » de Montesquieu de concevoir le pouvoir judiciaire comme un pouvoir séparé qui s'oppose au pouvoir gouvernemental ou administratif, comme au pouvoir législatif. Il en était autrement dans l'Antiquité.

sement de leur charge, les juges ne restaient que pour un temps et donc qu'on les renouvelait périodiquement.

On aurait aimé savoir le mode de leur nomination, mais, là aussi, le texte est ambigu. Ils étaient choisis *brwrym*, mais par qui était fait le choix ? Etait-ce par la congrégation ? C'est ce que pourrait signifier *brwrym mn hʻdh*, traduit par BURROWS, DUPONT-SOMMER « élus par la communauté », mais par d'autres « élus d'entre la communauté » (cf. RABIN avec hésitation, VERMÈS, BARDTKE, MOLIN, GASTER, del MEDICO). Il est en effet possible de donner à *mn* un sens passif (cf. CARL BROCKELMANN, *Hebräische Syntax*, 1956, p. 111) à côté du sens partitif, plus habituel. Mais il me semble que la traduction « élus d'entre la congrégation » est la plus normale et la moins recherchée.

Enfin, si nous savons que ces juges avaient aussi une charge administrative, rien dans les textes ne permet de connaître avec certitude les cas qui leur étaient soumis.

En ce qui concerne le règlement des litiges d'ordre temporel d'après le Document de Damas, il n'y a pas de ressemblance, ainsi que nous le verrons, avec la pratique de l'église de Corinthe. Car il y a d'un côté de véritables juges, de l'autre simplement des arbitres. On constate tout au plus de part et d'autre ce principe général que les litiges seront réglés au sein de la communauté et donc ne transpireront pas à l'extérieur. Ce serait sans doute trop faire dire au texte de I Cor 6,4 que de supposer que la communauté de Corinthe dresse elle-même la liste des arbitres parmi lesquels les parties en litige pouvaient choisir.

Le Document de Damas attribue aussi au *mebaqqer* de tous les camps un rôle judiciaire, puisque les membres de la congrégation, chacun à son tour, pourront porter devant lui tout procès ou jugement *ryb wmšpt* (CDC XIV, 6-12). Il y a donc tout lieu de croire qu'on pouvait recourir auprès de cet Inspecteur général qui avait la juridiction sur tous les camps, comme à un juge suprême. En tout cas, le règlement est plus exigeant que pour les simples juges sur l'âge et les qualités que doit avoir ce dernier. Il ne doit pas être âgé de moins de trente ans ni de plus de cinquante ans, sans doute en raison de ses lourdes charges, qui étaient probablement celles d'un itinérant. Mais surtout, il doit être « maître en tous secrets humains et en toutes les langues selon leurs familles », ce qui fait allusion sans doute plus à des qualités surnaturelles de gouvernement des âmes qu'à des dons naturels, même exceptionnels. Ce rôle de juge suprême, dans l'épître aux Corinthiens, est dévolu à l'Apôtre lui-même : apprenant de loin les désordres graves de la communauté de Corinthe où il y a un incestueux, il a porté une sentence d'excommunication contre lui (cf. I

Cor. 5,3), alors que la communauté a été tout à fait déficiente. Nous reviendrons plus loin là-dessus.

La IIème aux Corinthiens (13,1) laisse entendre aussi clairement que Paul lui-même jugera personnellement les affaires graves de la communauté sur la parole de deux ou trois témoins selon la prescription de Deut. 19,15. Or, ce texte s'éclaire admirablement par tout un passage du Doc. de Damas où il est précisément question des divers cas de dépositions des témoins auprès du *mebaqqer* (CDC IX, 16-23).

Revenons maintenant au cas de 1 Cor. 6.

Pour Paul, notons-le bien, les juges que la communauté doit établir en nombre indéterminé doivent être des sages : « N'y a-t-il pas parmi vous, leur dit-il, aucun homme sage (σοφός), qui puisse servir d'arbitre entre ses frères ? ».

A qui l'Apôtre fait-il allusion ici ? Nous avons noté plus haut l'explication de STRACK et BILLERBECK, à la rigueur possible, s'il était prouvé que l'usage dont témoignent les textes rabbiniques tardifs existait au premier siècle de notre ère. Mais c'est à démontrer. Si nous avons vu dans le Document de Damas l'existence de dix juges, il n'y a malheureusement aucune trace de la présence d'arbitres dans ces textes, car c'est à des arbitres privés plus qu'à de vrais juges que la communauté de Corinthe doit faire appel. On ne rencontre pas davantage dans les textes de la Mer Morte, d'allusions au *beth din* qui devait être constitué, selon le droit juif, de trois juges appelés à dirimer les procès. Tout au plus y est-il question — ce qui est tout à fait différent — de l'obligation de la monition fraternelle devant témoins avant de porter une accusation contre un frère devant l'assemblée plénière : les Nombreux (cf. IQS V, 24-VI,1 et CDC IX, 2-4).

Faudrait-il voir dans les juges institués par la communauté de Corinthe les membres de la hiérarchie ? C'est peu probable. Paul aurait été sans doute plus précis, car même si les presbytres ne sont pas nommément désignés dans les épîtres, nous avons des indices qu'il existait les éléments d'une hiérarchie même embryonnaire (cf. I Cor. 12 et 16,16). Tout laisse croire au contraire que l'Apôtre veut, à l'intérieur des communautés chrétiennes, que la justice temporelle et la justice spirituelle ne soient pas précisément dans les mêmes mains. La hiérarchie dans son esprit ne doit pas se mêler des litiges d'ordre temporel. Nous avons donc ici une séparation du temporel et du spirituel beaucoup plus nette que dans les siècles suivants, où l'évêque, même en matière temporelle, était l'arbitre normal entre chrétiens [1].

---

[1] Nous devons ces précisions au Prof. J. DAUVILLIER, éminent historien du droit, qui prépare un ouvrage sur le droit dans l'ancienne Eglise. On y trouvera en

Il faut donc admettre que ce σοφός dont parle l'Apôtre Paul, était
un simple chrétien choisi comme arbitre par les parties, qu'il prononçait
une sentence en s'inspirant du droit séculier, mais sans être lié par lui.
M. Dauvillier se demande la valeur qu'il faut donner à la sentence
arbitrale au regard du droit corinthien et il avoue que nous manquons
de documents qui nous permettent d'avoir une réponse décisive. Mais
il pense que, sur ce point, le droit corinthien était sans doute le même
que le droit athénien, qui permettait de faire appel à un ou plusieurs arbitres privés (αἱρετοὶ διαιτηταί).

On aimerait aussi avoir quelques précisions sur la nature des causes
que les Corinthiens devaient porter devant les juges qu'ils devaient établir. On sait d'après le texte qu'il s'agit de litiges d'ordres temporel (βιω-
τικά). Tout laisse croire que les prescriptions de Paul visent normalement
les procès civils qui opposaient entre eux deux chrétiens, par exemple
un procès en partage de succession, une contestation à propos d'une propriété on une créance qu'un chrétien a vis à vis d'un autre chrétien, mais
à l'exclusion de toutes les questions proprement religieuses qui étaient
sans doute jugées par l'ensemble de la Communauté, ainsi que nous le verrons tout de suite.

La fonction judiciaire d'après le Serek et les épîtres aux Corinthiens

Alors que la fonction judiciaire dans le Document de Damas est le
propre d'un nombre de juges nantis de certaines qualités requises, le
Serek attribue cette fonction à l'ensemble de la communauté agissant
collégialement : *mwšb hrbym*, « la session des Nombreux », terme équivalant à l'anglais « Session » et à l'allemand « Sitzung ».

De cette assemblée on donne l'ordre de préséance : d'abord les prêtres, ensuite les anciens, enfin, le reste du peuple, puis on précise ses attributions. « Ils seront interrogés, *yš'lw*) (nous traduisons par un niphal)
au sujet du droit (*mšpt*) et de toute espèce de conseil (*kwl 'šh*) et de
toute affaire ». Le passage est donc clair : l'assemblée plénière donnera
une décision judiciaire, formulera des conseils et se prononcera sur toute
cause. Les deux termes hébraïques *mšpt* et *'šh* équivalent en effet, ainsi

---

temps opportun, minutieusement étudiées, toutes les allusions juridiques du N. T.
Il est possible, comme me le suggère J. Dauvillier, que l'épisode de Luc 12, 13-14
où Jésus refuse de jouer le rôle d'arbitre dans une contestation relative au partage
d'une succession entre frères ait inspiré (il devait être connu des chrétiens même
avant la rédaction de l'évangile de Luc) l'abstention des autorités spirituelles de la
communauté, les πρεσβύτεροι, pour laisser le soin à un ou plusieurs arbitres choisis
en dehors des dirigeants, de régler le différend.

que WERNBERG-MOLLER (¹) l'a bien noté à κρίσις et à βουλή de l'Eclé-
siastique 25,4. (IQS VI, 8-13).

Ce pouvoir judiciaire s'exerçant à Qumrân par une Assemblée plénière correspond tout à fait à ce que Josèphe nous dit des Esséniens (B.J.
II,XII,9). Quand ils jugent, ils ne sont pas moins de cent membres et
ainsi, précise-t-il, leur décision était irrévocable.

Il nous faut dire un mot d'un passage de IQS VIII, 1-4, mentionnant
un collège de 15 membres « parfaits en tout ce qui a été révélé de toute
la Torah » etc. Ce texte, qu'on a invoqué quelquefois pour le rapprocher
de celui du Document de Damas mentionnant un collège de 10 juges,
ne vient aucunement contredire ce que nous avons dit plus haut sur les
pouvoirs judiciaires du *mwšb hrbym*. Dans ce passage du Serek, il n'est
pas dit du tout en effet que le collège de 15 membres rendait la justice.
Au contraire tout le contexte semble indiquer que ceux-ci avaient plutôt un rôle doctrinal, « garder la foi sur la terre » (*lšmwr 'mwnh b'rṣ*)
(VIII,3).

Quoiqu'il en soit de ce problème, il m'apparaît que cette assemblée
plénière de Qumrân avec ses attributions judiciaires permet d'éclairer au
mieux un autre passage de Paul où la communauté corinthienne est invi-
tée par l'Apôtre à se réunir en assemblée plénière pour condamner l'incestueux de Corinthe (I Cor. 5,4). Saint Paul ne dit nullement, comme le
voudrait ALLO, par exemple (p. 122), que le tribunal devait être constitué par un certain nombre de chefs assistés de quelques délégués de l'Eglise,
mais il s'adresse à l'ensemble de la communauté des saints « συναχθέντων
ὑμῶν ». C'était l'équivalent du *mwšb hrbym* de Qumrân et si Paul tenait
tellement que toute la communauté s'assemblât pour rendre publique la
sentence qu'il avait lui-même portée (v. 3), c'était sans doute, comme à
Qumrân, pour donner plus de poids à la décision.

Un autre texte de la deuxième épître aux Corinthiens (2 Cor. 2,5-8)
fait état aussi d'un châtiment infligé par la majorité de la communauté
(τῶν πλειόνων) à l'un de ses membres pour une faute grave (injustice ou
outrage) qu'il est difficile de déterminer avec précision (²).

Paul demande que la communauté fasse grâce au malheureux, comme
lui-même l'a déjà fait, de peur qu'il ne vienne à sombrer dans une peine
excessive. Ce texte est intéressant à plus d'un titre. D'abord on constate
le caractère démocratique des décisions judiciaires de la communauté
qui étaient prises à la majorité des voix. Cela n'était pas sans doute pour

---

(¹) *The Manual of Discipline*, Leiden, 1957.
(²) On trouvera dans ALLO, *Seconde épître aux Corinthiens, Excursus III*, pp. 56
et ss. les diverses hypothèses qui ont été émises à ce sujet.

déplaire aux Corinthiens. Or, c'était aussi la pratique essénienne, comme Josèphe nous le dit formellement : « C'est un point d'honneur pour eux d'obéir aux anciens (πρεσβυτέροις) et à la majorité (τοῖς πλείοσιν) ; dix siègent-ils ensemble, nul ne pourra parler si les neuf autres désirent le silence » (*Guerre juive* 11,146) (¹).

En second lieu, on voit, dans notre texte, Paul faire usage du droit judiciaire de délier et il invite l'Eglise à en faire autant. Malheureusement, le parallèle qumranien qu'on serait tenté d'invoquer est loin d'être probant. D'après les règles édictées par le Document de Damas pour le *mebaqqer*, véritable pasteur de son troupeau : « Il déliera toutes les chaînes qui les lient pour qu'il n'y ait pas d'opprimé ni de brisé dans sa congrégation » (cf. CDC XIII,10). L'expression lier-délier n'est pas à prendre ici avec l'acception juridique qu'elle a couramment dans les écrits rabbiniques (²), mais au sens pastoral et disciplinaire, de redresser, d'amender. Par le Serek, en particulier, on peut connaître la nature des causes jugées par l'assemblée des Nombreux. On y énumère par le détail les articles du code pénal où l'on ne distingue guère entre les manquements à la Règle de la secte et les transgressions à la Loi que la communauté réunie en assemblée plénière devait juger (cf. IQS VI,24-VII,25).

Au regard du *Moshab harabbim*, il semblerait que les premières communautés chrétiennes avaient une compétence judiciaire moins étendue et uniquement en matière spirituelle.

Les « saints » jugeront le monde

Après avoir essayé de connaître les institutions judiciaires qui pouvaient entrer en action dans la communauté de Corinthe, il nous faut comprendre maintenant la doctrine eschatologique sur laquelle l'Apôtre prétendait les fonder.

Pour convaincre les « saints » de Corinthe de s'abstenir de faire appel aux tribunaux païens pour juger leurs affaires et les contraindre à recourir à des juges constitués au sein même de la communauté, l'Apôtre se réfère explicitement à une doctrine eschatologique qui devait circuler dans la communauté: « Ne savez-vous pas, leur dit-il, que les « saints » jugeront le monde ? ».

Pour expliquer ce passage, certains exégètes (ALLO, entre autres)

(¹) Il s'agit sans doute des dix juges dont parle le C.D.C. Le mot « siéger » a ici un sens juridique cf. C.D.C. XIV, 3 et Ex 18, 13.

(²) Cf. art. δέω (λύω) dans KITTEL, *Theol. Wörterbuch zum Neuen Testament* et J. SCHMITT, *Colloque de Strasbourg*, p. 98.

se contentent de dire que Paul étend ici à tous les fidèles la promesse faite par le Christ à ses Apôtres. Mais, alors que ceux-ci ne devaient juger que les douze tribus d'Israël, c'est-à-dire le peuple choisi, ici, les saints jugent le monde entier, c'est-à-dire toutes les créatures intelligentes : anges (v. 3) et hommes.

D'autres comme WEISS ([1]), STRACK-BILLERBECK ont recherché les sources vétérotestamentaires ou apocryphes qui fondent cette doctrine. Le texte de Dan. 7,22, qui a été invoqué, est situé dans le célèbre chapitre de la vision du Fils de l'Homme. Il y est dit nettement que les saints du Très-Haut, c'est-à-dire, Israël, auront le jugement et qu'ils posséderont le royaume ou mieux la souveraineté. Tout le contexte indique qu'il s'agit de la souveraineté sur le quatrième empire, symbolisé par la quatrième bête. Il s'agit donc d'un jugement partiel.

Plus loin, au v. 27, l'auteur sacré nous dit uniquement que le règne, la domination et la grandeur des royaumes qui sont sous tous les cieux seront donnés au peuple des saints du Très-Haut. On ne dit pas explicitement qu'ils jugeront tous les royaumes, bien que selon la mentalité sémitique « règne et jugement » soient des notions extrêmement proches l'une de l'autre.

Un autre passage de Sap. 3,8, que l'on cite habituellement, envisage que les « justes » jugeront les nations et domineront les peuples ». Ce texte se situe en effet à la suite de la promesse faite aux justes d'une vie bienheureuse ([2]).

Par contre, dans les textes d'Hénoch 1,9 ; 95,3 ; 96,1, etc. le jugement des justes s'exerce contre les pécheurs, probablement les Israélites.

Tous ces passages habituellement mis en avant par les auteurs sont intéressants, mais ils ne font pas état d'un jugement aux dimensions aussi vastes que celui qui est envisagé par Paul. Pour tous ces textes, le domaine sur lequel s'exercera le jugement eschatologique sera restreint : même quand, dans le livre de la Sagesse, les justes jugeront les nations, Israël semble être exclu de ce jugement. Nous avons en effet ici un écho de cette attente messianique qui promettait aux Juifs de dominer un jour sur les autres peuples. Mais si le contexte de Sap. III, rappelle Abdias 18, il faut reconnaître que l'idée nationaliste est ici transposée, spiritualisée, puisqu'au lieu des Israélites il s'agit des justes.

([1]) *Der Erste Korintherbrief*, dans *Kritisch exegetischer Kommentar über das Neue Testament.*

([2]) Sur le sens qu'il faut donner à ce jugement des justes, cf. en particulier, RODOLPHE SCHUTZ, *Les idées eschatologiques du Livre de la Sagesse*, Strasbourg, 1935, p. 85 et ss.

Il me semble qu'un Hymne de Qumrân éclaire au mieux non seulement la doctrine de Paul, mais aussi celle de Jésus.

Tout d'abord, notons un fait concernant la phraséologie, qui paraît par lui-même assez significatif. La locution κρίνειν τὸν κόσμον que l'on trouve en I Cor. 6,2 ; Jean 3,17 ; 12,47 ; Rom. 3,6, n'appartient pas à la langue de la LXX. Tout au plus y trouve-t-on κρίνειν οἰκουμένην : Ps 95, 13 ; 97,9 traduisant špṭ h'rṣ. STRACK-BILLERBECK signale que les locutions correspondantes hébraïques et araméennes dyn 't h'wlm et lmdn yt 'lm' sont rares dans la littérature rabbinique où on dit plutôt : « juger les peuples du monde ». Mais, comme ces textes sont tardifs, on est obligé de reconnaître que l'expression néotestamentaire fait figure d'isolée. Pourtant, si à la suite de CARMIGNAC ([1]), on rapproche les fragments des Hymnes 15,6 et 18,6, on a désormais l'expression š̠p̠]ṭ tbl équivalant à κρίνειν τὸν κόσμον, expression d'ailleurs recueillie dans la Concordance de KUHN. Malheureusement, ces textes sont trop fragmentaires pour qu'il soit possible de dire quoi que ce soit du contexte où elle apparaît.

En tout cas, le vocabulaire par lui-même semble déjà nous indiquer qu'il faut regarder du côté de Qumrân pour éclairer le texte paulinien. Il en va de même pour les idées. Math. 19,28, (cf. Luc. 22,28-30) rapporte la promesse faite par Jésus aux Apôtres de siéger sur des trônes comme juges des douze tribus d'Israël. Pour Mathieu et Luc, cette singulière promesse s'inscrit à la suite de la mention par Jésus de la fidélité des Apôtres à le suivre jusque dans les épreuves : « Vous qui m'avez suivi » (Math.), « Vous vous êtes ceux qui sont demeurés avec moi dans les épreuves » (Luc.). Or c'est dans un contexte analogue que l'on trouve dans un des Hymnes de Qumrân, une doctrine très semblable. Voici tout le passage :

« Tu n'as pas couvert de honte la face de tous mes disciples qui s'assemblent pour ton Alliance.

Ils m'écoutent, ceux qui marchent selon la voie de ton coeur et qui se sont rangés pour toi dans l'Assemblée des Saints.

Tu feras triompher pour toujours leur cause et la vérité selon la justice.

Tu ne les laisseras pas égarer par la main des réprouvés selon le projet que ceux-ci ont formé contre eux. Au contraire, tu placeras leur crainte sur ton peuple et la destruction pour tous les peuples des pays pour exterminer, par le jugement, tous les transgresseurs de ta parole ». (Hod. IV, 23-27).

([1]) *Localisation des fragments 15, 18 et 22 des Hymnes*, dans Revue de Qumran (1), 1959, p. 425.

Voici quelques indispensables remarques sur ce morceau. La phrase : « Tu placeras leur crainte » paraît amphibologique, soit que l'on rapporte le suffixe aux réprouvés, soit qu'on l'entende des disciples. Le premier sens nous paraît devoir être écarté, puisque le psalmiste demande ligne 25 que les réprouvés, c'est-à-dire les ennemis de la secte, ne puissent pas égarer les membres de la communauté. *wttn* a un sens adversatif : « Au contraire, tu placeras » et introduit l'idée que les fidèles disciples du Maître inspireront une crainte religieuse au reste des pieux membres de la Communauté de Qumrân. « Ton peuple », ici ne désigne pas l'ensemble d'Israël, mais l'Israël fidèle, le *verus Israël*, que prétendent être les sectaires (Pour le même sens de « ton peuple », voir aussi Hod. IV,6,11,16 ; VI,8).

Par contre, les fidèles disciples du Maître jugeront impitoyablement pour la destruction « tous les peuples des pays » *'my h'rṣwt*, c'est-à-dire les païens (cf. Neh. 10,3) et « tous ceux qui transgressent ta parole », c'est-à-dire, Israël pécheur.

Donc, si nous comprenons bien, le psalmiste, probablement le Docteur de Justice, demande à Dieu de faire triompher la cause de ses disciples qui l'on suivi et écouté, et de leur donner un jour de juger, non seulement les Israélites pécheurs (les transgresseurs de la parole), mais aussi les nations.

Alors que dans l'Evangile, dont le contexte est si semblable à celui de l'Hymne, on envisage seulement le jugement des douze tribus d'Israël par les Apôtres, dans l'épître aux Corinthiens, c'est l'ensemble du monde : juifs et païens. Les perspectives grandioses de ce jugement sont donc très semblables de celles de notre Hymne. Une chose manque cependant dans l'Hymne : le jugement des anges, qu'on l'entende de tous les anges déchus ou de tous les anges en général. Ce problème pourrait faire à lui seul l'objet d'une autre communication.

Concluons brièvement. On trouve pour les tribunaux de Corinthe, comme pour ceux de Qumrân, une organisation judiciaire apparemment analogue, qu'il s'agisse de la communauté jugeant en assemblée plénière, ou que plusieurs personnes soient choisies à cet effet, ou enfin qu'on recoure à un juge suprême ayant juridiction sur plusieurs communautés. Mais il faut dépasser les apparences car, il y a, au fond, de notables divergences. Alors que, dans le Document de Damas, apparaissent de véritables juges, à Corinthe la communauté doit se choisir seulement des arbitres dont l'existence dans le droit athénien est prouvée, alors qu'il n'y a pas, jusqu'à présent, la moindre allusion dans les textes de Qumrân. Plus éclairante est, par contre, la comparaison du rôle judiciaire attribué, à Qumrân et à Corinthe, à la communauté réunie en assemblée plénière. Mais à Qumrân ses attributions semblent plus vastes qu'à Corinthe, où les « Saints » jugent des cas exclusivement religieux. Enfin, c'est surtout la doctrine sur le jugement eschatologique des saints sur lesquels s'appuie Saint Paul, qui s'illustre au mieux par celle de Qumrân. On voit, en tout cas, par ces exemples, tout ce que les études qumraniennes peuvent apporter aux études pauliniennes.

Exclusion et Communion
à Qumrân

Mathias DELCOR

Professeur à la Faculté de Théologie de l'Institut Catholique de Toulouse (*)

On conçoit fort bien qu'une communauté religieuse relativement fermée et soucieuse de se maintenir face aux pressions extérieures ou aux dissenssions qui peuvent surgir en son sein, cherche à préserver son identité et son unité par tous les moyens. C'est pour ces motifs que la communauté de Qumrân a édicté un certain nombre de règles dans le choix de l'*admission* de ses adeptes et aussi, le cas échéant, de leur *exclusion*.

Nous étudierons dans un premier temps le vocabulaire et les conditions de l'exclusion en référence à l'admission dans les textes de Qumrân que nous comparerons le cas échéant, à ceux de l'Ancien Testament. Dans un deuxième temps, nous étudierons les éléments constitutifs de la communauté et de la communion, en un mot ce qui fait la cohésion des frères vivant leur idéal cénobitique au désert.

(*) Nommé depuis à l'Ecole Pratique des Hautes Etudes.

I — LE VOCABULAIRE ET LES CONDITIONS DE L'EXCLUSION

Les textes juridiques de Qumrân distinguent le renvoi temporaire du renvoi définitif (1).

Mais avant d'aborder l'étude du vocabulaire d'exclusion, il faut faire une remarque préalable. Nous venons d'indiquer que ce vocabulaire est lié à des textes juridiques et principalement ceux de la Règle de la communauté. Or tout groupe religieux plus ou moins organisé est vivant et, de ce fait, susceptible d'évolution dans sa réglementation. Si dans un premier temps de la recherche, les quamranologues ne s'étaient guère souciés d'étudier les diverses étapes de développement de la communauté, des spécialistes récents ont essayé de montrer les incohérences du Serek et de repérer les couches littéraires ou stades de sa rédaction. J. Murphy O'CONNOR (2) et, à sa suite, avec cependant quelques nuances J. POUILLY (3) ont reconnu *quatre étapes* successives dans la rédaction du Serek, correspondant à quatre phases de l'histoire de la communauté telle qu'elle nous est connue notamment par les fouilles archéologiques (4).

1) Le premier stade est constitué par le projet de fondation de la communauté au début de la colonne 8.

2) Le second stade est reflété par le petit code pénal inséré à la fin de la colonne 8.

3) Le troisième stade suppose un développement de la communauté dû à l'arrivée de nouveaux adeptes qui nécessite une nouvelle formulation de principe et des règles de vie (col. 5-7).

4) Le quatrième et dernier stade est constitué par des additions postérieures et une monition qui auraient été ajoutées après constatation d'une baisse de la ferveur première (surtout col. 1-4).

En prenant les conclusions de J. POUILLY comme hypothèse de travail, on constate aisément que l'idéal de *séparation* n'a jamais fait défaut à la communauté dans les diverses phases de son développement.

(1) Pour le détail, nous renvoyons à l'étude linguistique consacrée par Angelo VIVIAN aux champs lexicaux de la « séparation » en hébreu biblique, en hébreu de Qumrân et dans celui de la Michna : cf. *I campi lessicali della « separazione » nell ebraico biblico, di Qumrân e della Mishna.* dans Quaderni di Semitistica 4. Florence 1978, surtout pp. 227-265.

(2) Cf. J. MURPHY-O'CONNOR, La genèse littéraire de la Règle de la communauté. RB 86. 1969, pp. 528-549.

(3) Cf. J. POUILLY, *La Règle de la communauté de Qumrân. Son évolution littéraire* (Cahiers de la Revue Biblique 17), Paris, 1976.

(4) Cf. R. de VAUX, *Archaeology and the Dead Sea Scrolls.* Oxford, 1973 ; E.-M. LAPERROUSAZ, *Qumrân. L'établissement essénien des bords de la Mer Morte.* Paris, 1976.

Le vocabulaire et les conditions du renvoi définitif

La Règle de la communauté ou Serek emploie le verbe *sălah* « renvoyer » au piel dans des passages appartenant au deuxième et au troisième stade de la rédaction de ce document pour exprimer le renvoi définitif.

Dans le code pénal de la communauté appartenant à la troisième phase on peut lire : « Celui qui calomniera les Nombreux (entendons la communauté considérée dans son plenum), on le chassera loin d'eux et il ne reviendra plus » (1 QS 7,16).

A la ligne suivante : « Et celui qui murmurera contre l'Institution (*yswd*) de la communauté (*yḥd*), on le chassera (*yšlḥhw*) et il ne reviendra pas » (I QS 7.17).

Cette exclusion définitive est distinguée dans le vocabulaire même de la *séparation* temporaire qui est exprimée par le verbe *bdl* au hiphil. Plusieurs observations :

a) Il est significatif que dans le vocabulaire pénal les articles concernant l'exclusion définitive d'un membre se situent dans la gradation des peines après la séparation temporaire. On envisage d'abord les fautes les moins graves. puis les fautes les plus graves :
« L'homme qui ira calomniant son prochain. on le séparera (*hbdylhw*) *un an* de la Purification des Nombreux » (IQS 7.15).

b) L'Ancien Testament emploie le même vocabulaire que le Serek pour exprimer la répudiation, le renvoi de la femme en cas de divorce (Dt 22,19,29 ; 24,1,3). Le verbe *sălaḥ* au piel sert donc à traduire dans les deux cas la rupture d'un contrat.

c) L'exclusion définitive et sans retour d'un membre appartenant au conseil de la communauté (*'eṣat hayyahad*) était déjà envisagée dans le petit code pénal appartenant au deuxième stade de la rédaction de la Règle. Elle suppose déjà une faute grave : la transgression délibérée ou par relâchement d'un point quelconque de la loi de Moïse (IQS 8.22). Au troisième stade, dans le code pénal plus développé. on mentionne parmi les fautes graves entraînant l'exclusion : la calomnie de l'assemblée plénière, les murmures contre l'Institution (*yswd*) de la communauté. Telle est la traduction proposée par exemple par DUPONT-SOMMER pour *yswd*. D'autres traduisent « *dignitaire* », « *colonne* ». ce qui nous paraît préférable. De fait, ce terme est employé plusieurs fois dans le Serek dans le syntagme (*yswd hyhd*), littéralement le fondement de la communauté (IQS 7,17,18 ; 8,10). Le mot au pluriel se retrouve dans *IQSa 1.12*, ce qui permet d'en comprendre le sens. En effet, on lit dans un passage concernant la promotion aux diverses fonctions de la communauté, le syntagme « les fondements de la congrégation sainte » (*yswdwt h'dt hqwdš*) , qui désignent apparemment les autorités responsables : « A l'âge de vingt-cinq ans, il pourra venir prendre place parmi les fondements de la congrégation sainte » (IQSa, 1.12). Le substantif *yswd* semble

bien être l'équivalent des colonnes (στῦλοι) de l'église primitive qui,
d'après l'épître aux Galates comprenaient Jacques, Céphas et Jean (Gal
2,9) (5).

Le vocabulaire de la séparation

Le verbe *bâdal* « séparer » apparaît souvent dans les textes de Qumrân soit au hiphil ou au hophal soit au niphal principalement dans les
documents juridiques de la communauté : le Serek (16 fois) et le Document de Damas (8 fois). Une seule fois le verbe est employé au hiphil
dans les Hodayot (IQH 7,12), dans le Recueil des Bénédictions (IQSb
5,2) et dans le petit fragment 34 de la grotte 1, dans un passage très
abîmé. Dans les emplois à la forme passive (niphal) le sujet est tantôt un
membre qui adhère à l'Alliance, un membre de la communauté. On se
sépare tantôt de *l'assemblée des hommes d'iniquité*, de *l'habitat des hommes d'iniquité*, des *fils de la fosse*, de l'*impureté*. Dans les emplois à la
forme causative active (hiphil), le sujet du verbe est tantôt Dieu, tantôt
la communauté, tantôt une personne, tantôt les cités d'Israël. On sépare
tantôt un membre de la communauté pour le malheur, tantôt les biens de
la communauté, tantôt un membre de la purification des Nombreux,
tantôt les fils de justice des fils d'iniquité, tantôt le pur de l'impur, etc...

A — *Le verbe bâdal « séparer » dans le Manifeste de fondation.*

Si l'on en croit les auteurs cités plus haut (6) le texte le plus ancien
de la Règle se trouve dans la colonne 8 du Serek (IQS 8,1-10a + 8,12b-
16a + 9,3-10,8a). C'est ce que l'on a appelé le manifeste de fondation :
or le verbe *bâdal* au niphal apparaît déjà dans cette phase de la Règle,
notamment en 8,13 : « Quand cela existera en Israël, pour la communauté, selon ces dispositions, ils se sépareront du milieu de l'habitat des
hommes d'iniquité pour aller au désert afin d'y préparer sa voie selon ce
qui est écrit :

Dans le désert, préparez la Voie, rendez droite dans la steppe une
chaussée pour notre Dieu. (Trad. J. POUILLY). (*yibbadelu mitok mošab
hanšey ha awel laleket lammidbar*).

Dès le projet de fondation, les promoteurs du manifeste considèrent
comme essentiel à l'idéal proposé au *yahad* que nous traduisons par communauté mais qui était en fait une sorte de fraternité, « la séparation de
l'habitat (*mošab*) des hommes d'iniquité ». Il y a sans doute là une
allusion à la rupture avec le sacerdoce de Jérusalem consommée vraisemblablement sous le règne de Jonathan lorsqu'un groupe ayant à sa tête

(5) Cf. H.R. RICHARDSON, Some Notes on IQSa, dans JBL, 76, 1957, p. 111
et art. de WILEKENS, dans Kittel, Theol. Wörterbuch zum N.T.
(6) Cf. J. POUILLY, *La Règle de la communauté de Qumrân. Son évolution
littéraire* (Cahiers de la Revue Biblique n° 17), Paris, 1976, pp. 16 et sq.

plusieurs prêtres fit sécession. C'est là l'aspect *négatif* du programme de fondation mais il comporte aussi un aspect *positif*, puisqu'on propose le vieil idéal prophétique de la vie au désert dont on trouve un des plus anciens échos en Osée 2,16 et aussi dans Isaïe 40,3 dont le Serek col. 8,14-16 donne une réinterprétation spiritualisée.

B — Le programme reformulé par le Serek à l'intention des membres de la communauté dans sa troisième phase, a pour objectif leur conversion volontaire : « Voici la règle pour les membres de la communauté, ceux qui sont volontaires pour se convertir de tout mal » (IQS 5,1). Cette conversion présente un double aspect, l'un *positif*, l'autre *négatif*.

L'aspect positif consiste « à s'attacher à tout ce qu'il (Dieu) prescrit selon sa volonté. Du point de vue négatif, on doit « se *séparer* de la congrégation des hommes pervers » (*lhbdl m'dt 'nšy h'wl*, IQS 5,1-2). Cette conversion demandée aux sectaires de Qumrân visait un but précis : ils devaient ainsi constituer une communauté (*lhywt lyhd*) fondée sur la Torah et les biens mis en commun (*btwrh wbhwn*). Un vocabulaire semblable est utilisé par l'auteur du Document de Damas (6,14-15). Au temps de l'impiété, les membres de la secte prendront soin « de se séparer des fils de perdition » (*lhbdl mbny hšḥt*). Le précepte de la *séparation* est, on le voit, un trait dominant de la spiritualité de Qumrân dans les diverses phases de l'histoire de la communauté. Ceux qui entrent dans la communauté doivent s'engager par serment à se convertir à la Loi de Moïse (IQS 5,8) et aussi à se séparer de tous les hommes pervers qui marchent dans la voie de l'impiété (*lhbdl mkwl 'nšy h'wl*, IQS 5,10-11). Cette séparation du monde pervers doit aller jusqu'à la séparation des biens : « Tous ceux qui n'ont pas été comptés dans son Alliance on les séparera ainsi que tout ce qui leur appartient ». (*lhbdyl 'wtm w't kwl 'sr lhm*, IQS 5,17-18).

C — *La séparation d'après le Code Pénal.*

C'est au troisième stade de la rédaction du Serek qu'appartient le code pénal contenu dans les colonnes 6,26-7. Dans certains cas, c'est à titre de punition que la séparation temporaire est infligée aux membres de la communauté. Il s'agit des tricheurs en matière de biens, des blasphémateurs, de ceux qui parlent avec colère contre les prêtres, des calomniateurs. Voici le détail :

— Le *menteur* en matière de biens, c'est-à-dire celui qui triche sciemment, sera séparé de la Purification des Nombreux pendant un an et sera puni quant au quart de sa nourriture : *'is 'sr yšqr bhwn whw'h ywd' wybdylhw mtwk thrt rbim* (IQS 6,24-25).

— Celui qui a *blasphémé* par peur, par détresse (*ṣarah*) ou pour tout autre motif, en lisant le Livre ou en prononçant des bénédictions, on le séparera (*whbdylhw*) et il ne reviendra plus vers le conseil de la Communauté (IQS 7,1-2).

— Celui qui parle avec colère contre un des prêtres inscrits dans
le Livre sera puni un an et séparé individuellement de la Purification des
Nombreux : *wmwbdl 'l npšw mn thrt rbim* (IQS 7,2-3).

— Celui qui calomnie son prochain, on le séparera un an de la
Purification des Nombreux (7,15-16).

Ces articles du Code Pénal appellent quelques observations :

1) Le blasphémateur qui agit par peur ou par détresse ou pour
quelque autre motif est séparé définitivement de la communauté et non
plus pour un an seulement comme dans les autres cas énumérés dans le
Code Pénal. Ici on emploie le verbe badal au hiphil et non pas le verbe
salah au piel qu'on attendrait plutôt puisqu'il s'agit d'une exclusion
définitive.

2) En second lieu, il faut remarquer qu'en l'état actuel du manuscrit on ne mentionne pas la personne ou les personnes qui ont été l'objet
de blasphème. On a volontairement gratté le mot essentiel du parchemin.
Dans la Bible hébraïque, on envisage le cas de celui qui blasphème
(*noqeb*) le nom de Yahvé ; qu'il soit étranger ou indigène, il sera lapidé
par l'assemblée (Lev. 24,16). La version des LXX du même verset a
encore aggravé la législation pénale car il ne s'agit plus de blasphémer
mais seulement de prononcer le nom (ὀνομάζων δὲ τὸ ὄνομα, Κυρίου
θανάτῳ θανατούσθω). Le même cas semble avoir été envisagé dans le
Serek à la fin de la col. 6 mais on ignore la peine qui a été portée car le
texte a une lacune en cet endroit. Faut-il croire qu'au début de la col. 7
on mentionnait primitivement le blasphème du nom de Yahvé ? Ou
s'agit-il seulement du nom du législateur de la secte ? Le contexte permet
de trancher la question car le Livre ne peut être que la Bible et les
bénédictions ne peuvent se rapporter qu'à Yahvé. Aussi tout indique que
seul est visé le blasphème du nom divin.

3) Si le Code Pénal de la communauté de Qumrân n'envisage pas la
lapidation du blasphémateur comme le fait le Lévitique mais seulement
sa *séparation*, entendons son exclusion définitive du conseil de la communauté, c'est qu'il y a des circonstances atténuantes : la peur, la détresse ou quelque autre raison.

D — *La séparation des maudits.*

Le verbe *bâdal* au hiphil apparaît enfin dans un document liturgique, en un contexte de *malédiction*. Lors de la cérémonie d'entrée dans
l'Alliance les prêtres et les lévites prononcent des malédictions contre
celui qui entre dans l'Alliance sans vouloir vraiment se convertir :

« Que s'attachent à lui toutes les malédictions de cette Alliance,
Que Dieu le sépare pour le malheur
(*wybdylhw 'l lr'h*)
et qu'il soit retranché du milieu de tous les fils de lumière
(*wnkrt mtwk kwl bny 'wr*)
parce qu'il s'est détourné de Dieu » (IQS 2.16).

L'expression « *séparer pour le malheur* » n'a pas été inventée à Qumrân. En effet le syntagme hiphil de *bdl* + *lr'h* apparaît déjà dans le Deutéronome en un contexte très semblable à celui du Serek dans une sorte d'exhortation au renouvellement de l'Alliance que le Deutéronomiste met dans la bouche de Moïse : « Que personne... ne se flatte dans son cœur en disant : « J'aurai la paix alors même que je marcherai dans l'endurcissement de mon cœur » (Dt 29,18). En effet « Yahvé le séparera pour le livrer au malheur, de toutes les tribus d'Israël selon toutes les malédictions de l'Alliance écrite dans ce livre de la Loi » (Dt 29,20). Un passage du livre des Nombres illustre ce principe dans le cas précis de la punition de Dathan et Abiron et de leurs comparses qui se sont révoltés contre l'autorité de Moïse et d'Aaron. Yahvé ordonne à ces derniers de se séparer des rebelles : « Séparez-vous (*hibbadelu*) de cette assemblée et je les consumerai en un instant (16,21) ». Du point de vue diachronique, on observe que certains emplois sémantiques du verbe *bâdal* ont derrière eux toute une histoire dans la Bible hébraïque (7). Au hiphil le verbe apparaît notamment dans le lexique juridique et rituel comme à Qumrân. On sépare le sacré du profane (Ez 42,10), le pur et l'impur (Ez 22,26 ; Lev 11,47) mais aussi Israël des autres peuples (Lev 20,26). Dans ce dernier passage, cette séparation est mise en relation directe avec la sainteté de Yahvé : « Vous serez saints pour moi, car je suis saint, moi, Yahvé et je vous ai séparés (*'abdil*) des peuples afin que vous soyez à moi ».

Le vocabulaire connexe de séparation

Dans une étude de vocabulaire il faut recourir à la méthode linguistique synchronique, en d'autres termes, étudier les mots de sens voisin coexistants. Dans l'intérieur d'une même langue, a écrit Fernand de Saussure, tous les mots qui expriment les idées voisines se limitent réciproquement : des synonymes... n'ont leur valeur propre que par leur opposition (8). Depuis de Saussure, l'opposition a été le principe essentiel de la théorie sémantique. Les mots synonymes et contraires constituent ce qu'on appelle le champ sémantique.

Comme verbes synonymes de bâdal il y a lieu d'examiner l'emploi sémantique de *kârat*, *bârar*, *qadaš* et *haram*.

En relation avec la communauté le verbe *kârat* « couper », « retrancher » est employé une seule fois au niphal dans le Serek (2,16). Il est

---

(7) Sur le Sprachgebrauch du verbe badal dans la Bible hébraïque, cf. W. PASCHEN, *Rein und Unrein. Untersuchung zur biblischen Wortgeschichte*. Munich, 1970, pp. 44-51.

(8) Cf. F. de SAUSSURE, *Cours de linguistique générale*, Paris, Payot, 1968 ; Cf. aussi J.F.A. SAWYER, *Semantics in Biblical Research. New Methods of Defining Hebrew words for salvation*. Londres, 1972.

mis en parallèlisme avec *bâdal* au hiphil dans le passage où il est question
de séparer pour le malheur, de « retrancher » de la communauté des fils
de Lumière (littéralement : du milieu des fils de Lumière) celui qui entre
dans l'Alliance sans vraiment vouloir se convertir. C'est dans un texte
liturgique de malédictions prononcées par les prêtres et les lévites qu'apparaît le terme *nikrat* (*nkrt mtwk kwl bny 'wr*). Dans la Bible hébraïque,
le verbe *krt* au niphal est employé également dans des contextes analogues
à celui du Serek. Quiconque mangera du pain levé du premier jour au
septième — on devait manger du pain sans levain pendant la Pâque —
sera retranché d'Israël (Ex 12,15,19). Celui qui ne se soumet pas aux
règles de fabrication de l'huile sainte ou qui l'utilisera pour un étranger
sera retranché de son peuple (Ex 30,33).

En relation avec la communauté l'emploi du verbe *bârar* est très
rare à Qumrân. Dans un passage du Document de Damas, le participe
passé *bârur* apparaît dans la règle concernant le choix des juges de la
congrégation. « Dix hommes seront choisis (*berurîm*) dans la congrégation pour un temps déterminé, quatre de la tribu de Lévi et d'Aaron et
six d'Israël ». (10,4-6). Dans un autre passage situé dans le traité des
deux Esprits du Serek, on envisage, à l'ère eschatologique, la purification
par Dieu des œuvres de chaque homme afin de supprimer tout esprit de
perversité de ses membres (IQS 4,20). Dans la péricope le verbe *bârar*
est mis en parallèlisme avec le verbe *zâqaq* « épurer ». Le verbe *bârar* est,
semble-t-il, emprunté à la langue agricole. En Jer 4,11, il signifie purger
le blé. Mais ici le verbe *bârar* « séparer en triant » revêt un sens moral
comme dans l'Ancien Testament. Il est employé conjointement avec le
verbe *zâqaq* « épurer » qui, dans le Serek est emprunté à la fonte des
métaux. Par contre, pour parler de la séparation physique, les documents
de Qumrân utilisent surtout le verbe *bâdal*.

On est étonné que le verbe *qadaš* « sanctifier » soit d'un emploi très
rare dans le Serek ou dans le Document de Damas alors qu'il était fréquent dans l'Ancien Testament (9). Dans le Serek, ce verbe au hithpael
est associé au verbe *tâhar* « purifier » et au verbe *zâkah* « justifier » dans
un contexte rituel et appliqué aux individus de la secte. Celui qui ne se
convertit pas réellement en dissimulant l'obstination du cœur « ne sera
pas justifié (*yzkh*) par les expiations, ni purifié (*ythr*) par toutes les eaux
lustrales, ni sanctifié (*htqdš*) par les mers et les fleuves, ni purifié (*ythr*)
par toutes les eaux d'ablution (IQS 3,4-5). Dans la Règle annexe c'est
également dans un contexte rituel qu'est employé le verbe *qdš* mais non
plus uniquement pour les individus de la secte mais pour la collectivité,
l'Assemblée qumranienne qui doit se constituer en tribunal ou être mobi-
lisée : « Et quand l'ordre sera donné de (réunir) toute l'Assemblée pour
rendre justice ou bien pour le Conseil de la communauté, ou bien pour
la mobilisation militaire, on les sanctifiera (*yqdšwm*) durant trois jours »
(IQSa 1,26). L'emploi à Qumrân de *qdš* au piel avec le sens de « séparer

(9) Cf. Angelo VIVIAN, *I campi lessicali della separazione...* pp. 149 et sq.

pour un usage sacré » reprend celui de la Bible hébraïque où soit des
objets (autel, tabernacle), soit des personnes (le peuple, les prêtres) sont
consacrés, c'est-à-dire séparés de l'usage profane.

Le verbe *ḥâram* n'apparaît jamais dans le Serek et une seule fois
dans le Document de Damas alors qu'il tient une si grande place dans la
Bible hébraïque. On lit dans le Doc. de Damas 9,1 :

« Dans tous les cas où on aura prononcé l'anathème (*yaḥrïm*) contre
un homme, pour qu'il cesse d'être un homme (vivant), cet homme sera
mis à mort par l'ordre des Gentils ». Cette traduction ne va pas sans
difficulté comme nous le verrons plus bas. De toute façon, cette disposition pénale demande quelques explications :

1) Le verbe *ḥâram* au hiphil que nous traduisons par « prononcer
l'anathème » signifie « déclarer une chose sacrée, interdite » à l'homme
afin de la soustraire à l'usage profane et de la réserver à un usage sacré.
La notion de ḥerem dans la Bible hébraïque a appartenu d'abord au rituel
de la guerre sainte et est passée ensuite dans le vocabulaire du culte (cf.
Nb 18,24). Dans le vocabulaire de la guerre, c'est l'abandon à Dieu des
profits et de la victoire (10). Le ḥerem est normalement commandé par
Yahvé (Dt 7,2 ; 20,17 ; Jos 8,2 ; 1S 15,3) et il est théoriquement total,
c'est-à-dire que tous les êtres vivants, hommes et bêtes, doivent être tués,
la ville et les biens immobiliers sont brûlés et les objets de métal consacrés
à Yahvé. Ce fut le cas pour Jéricho (Jos 6,18-24). La notion et la pratique
du ḥerem sont anciennes (Jug 21,11 ; 1 Sam 15). L'anathème ou ḥerem
était aussi pratiqué en Moab d'après la stèle de Mesha au IXe siècle avant
J.-C. Le roi de Moab se vante d'avoir voué en anathème (ḥrm) à son
dieu Ashtar-Kemosh la population israélite de Nébo.

2) D'après le Lévitique, « aucune personne vouée par anathème ne
pourra être rachetée ; elle sera mise à mort ». (Lev 27,29) (*kôl-ḥerem
'ašer yaharïm*). Visiblement, l'auteur du Document de Damas se réfère à
cette législation du Lévitique tout en l'interprétant et en tenant compte
de ce qui se pratiquait de son temps. Mais tous les auteurs ne sont pas
d'accord sur la traduction proposée plus haut qui est celle de Rabbin (11)
et de Dupont-Sommer (12) (CD 9,1). S. Schechter traduisait ainsi la
péricope : « Tout homme qui détruira un homme en accord avec la loi
des Gentils en sorte qu'il est mis à mort, c'est à son sujet qu'il est dit :
Tu ne le vengeras pas et tu ne garderas pas rancune aux fils de ton
peuple » (13). Si l'on en croit cet auteur, la loi formulée par le Document

(10) Cf. R. de VAUX, *Les Institutions de l'Ancien Testament*, t. II, pp. 76-77 ;
et C.H.W. BREKELMANNS. *De herem in het Oude Testament*. Nijmegen, 1959 ; et
la bibliographie citée par LOHFINK dans l'article *haram* du Theologisches Wörterbuch zum Alten Testament, p. 192.

(11) Cf. Chaim RABIN. *The Zakodite Documents*, Oxford, 1954, p. 44.

(12) Cf. A. DUPONT-SOMMER, *Les Ecrits esséniens découverts près de la Mer
Morte*, Paris, 1968, 3ᵉ édit., p. 163.

(13) Cf. S. SCHECHTER. *Documents of Jewish Sectaries. Volume I. Fragments
of a Zakodite Work*. New York, 1970, p. XLV.

de Damas interdirait de reconnaître les tribunaux païens, ce qui est aussi prohibé par la loi rabbinique (14). Rabin et Dupont-Sommer, par contre, comprennent que ceux qui étaient condamnés à mort par les tribunaux de la secte devaient être livrés aux Gentils pour l'exécution. C'était aussi déjà l'interprétation de Louis Ginzberg (15). Dans cette hypothèse, le fait que l'exécution capitale n'appartient pas aux Juifs mais aux Gentils suppose, dit-on, que la Palestine était sous domination étrangère et on rappelle les paroles des Juifs à Pilate lors du procès de Jésus : « Il ne nous est pas permis de mettre à mort quelqu'un (16) (Jn 18,31). Cette dernière opinion n'a pas la faveur du traducteur du Document de Damas dans l'ouvrage collectif sur les textes de Qumrân de la collection « Autour de la Bible » : « Tout homme qui vouera en anathème un homme selon les décrets portés contre les nations sera mis à mort ». Il fait valoir contre l'opinion précédente, d'une part, le style des sentences pénales qui est contraire à la construction de la phrase du Document de Damas et, d'autre part, un argument de convenance : comment, dit-il, un groupe aussi fermé pourrait-il envisager de livrer quelqu'un aux païens ? (17).

Quoi qu'il en soit de la construction à donner à la phrase hébraïque et de son vrai sens touchant la clause sur les païens, la référence au passage du Lévitique est certaine et le hiphil de *ḥâram* garde le même sens que dans le texte biblique cité plus haut.

3) A Qumrân, on a donc, semble-t-il, ignoré l'évolution subie par le verbe *ḥâram* qui est au hiphil dans la Bible hébraïque (18). En effet, si dans les textes bibliques anciens *hhrm* signifie la destruction de l'ennemi, c'est-à-dire sa mise à mort, en Esdras 10,8 le verbe au hophal a un tout autre sens. Il ne s'agit plus de destruction mais de confiscation, de la saisie des biens des Juifs revenus de l'exil qui n'ont pas voulu se séparer des épouses étrangères. Outre la saisie des biens, les chefs et les anciens condamnent ces Juifs à être séparés (*ybbadel*) de l'assemblée des fils de la captivité. On a expliqué ce changement de sens de *hhrm* par un changement politique. Israël ne pouvait plus condamner à mort parce qu'il avait perdu son indépendance politique. Aussi la mort civile, c'est-à-dire la perte des droits de citoyen a-t-elle pris la place de la mort corporelle (19).

(14) Cf. S. SCHECHTER, *op. cit.*, en note.

(15) Cf. Louis GINZBERG, *The Unknown jewish Sect.*, New York, 1976, p. 118.

(16) Cf. A. DUPONT-SOMMER, *op. cit.*, p. 163, note 1.

(17) Cf. E. COTHENET, dans *Les Textes de Qumrân traduits et annotés*, Paris, 1963, t. II, p. 187.

(18) Cf. LOHFINK, art. haram, dans *Theologisches Wörterbuch zum Alten Testament*, sub verbo, pp. 206 et sq.

(19) Cf. Walter DOSKOCIL, *Der Bann in der Urkirche*, dans *Münchener Theologische Studien*, Münich, 1958, pp. 16-17.

Le vocabulaire d'admission et les conditions d'appartenance à la communauté.

Le vocabulaire d'exclusion temporaire ou définitive d'un des membres de la communauté se situe par rapport à celui de son admission temporaire ou définitive. Il importe maintenant de l'étudier brièvement (20). C'est à l'aide d'un vocabulaire juridique d'alliance emprunté en partie à l'Ancien Testament que les documents de Qumrân expriment l'entrée des nouveaux adeptes dans la communauté. Deux formules reviennent fréquemment, notamment dans les textes juridiques *'br bbrît* « passer dans l'Alliance » employé cinq fois exclusivement dans le Serek (1,16,18,20,24 ; 2,10) et, notons-le, uniquement dans le dernier stade de rédaction de la Règle et *bw' bbrît* « entrer dans l'Alliance » utilisé dans le Serek (2,12,18 ; 5,8,20 ; 6,15 ; 10,10) notamment dans les troisième et quatrième stades, dans le Document de Damas (2,2 ; 6,11 ; 8,21 ; 12,11 ; 13,14 ; 15,5 ; 19,13 ; 16,33 ; 20,25) et dans les Hymnes (5,23 ; 18,24,28). Mais que faut-il entendre par l'Alliance où les nouveaux adeptes étaient invités à « passer » ou à « entrer » ? Deux textes limpides parlent de l'établissement du pieux groupe de Qumrân en termes d'alliance. Le souvenir de l'ancienne Alliance, celle conclue avec les Patriarches est présent à l'esprit de l'auteur (1QS 1,4). C'est pour cela que Dieu a laissé un reste à Israël et c'est à partir de là qu'il a fait pousser la racine d'une plantation issue d'Aaron et d'Israël, entendons par là les débuts de la communauté de l'Alliance (1,7). Après avoir longuement énuméré les errements des pères (2,17-3,12) l'auteur nous apprend qu'à l'aide de ceux qui sont restés attachés aux commandements de Dieu. un petit reste qui avait survécu, Dieu établit ou plus exactement rétablit son alliance avec Israël à jamais (*hqîm 'l brîtw lysr'l 'd 'wlm* 3,13) leur révélant les choses cachées à propos desquelles tout Israël s'était égaré. D'après ce texte, notons-le, on oppose Israël à tout Israël, ce qui implique, semble-t-il, que la communauté entend être le « verus Israël » et comme telle être bénéficiaire d'une nouvelle alliance et s'opposer ainsi à l'Israël pêcheur désigné par l'expression « tout Israël ». Dans ce texte du Document de Damas, soulignons-le, c'est Dieu qui établit l'alliance avec son peuple. Mais l'auteur n'a pas inventé l'expression *hqîm brîth* « établir l'alliance », il l'a empruntée à la Bible hébraïque qui utilise la même phraséologie dans le Priester Kodex (Gen 6,18 ; 9,9,11,17 : 17,7,19,21, etc). Par contre dans le Serek (5,22), c'est-à-dire dans le troisième stade de rédaction de la Règle, ce n'est pas Dieu qui rétablit l'alliance mais les « fils de Sadoq », c'est-à-dire les prêtres qui se sont engagés à établir son alliance.

---

(20) Pour plus de précisions nous renvoyons à notre étude : « Le vocabulaire juridique, culturel et mystique de l'« initiation » dans la secte de Qumrân, dans *Qumrân-Probleme. Vorträge des Leipziger Symposion über Qumrân-Probleme von 9 bis 14 Oktober 1961*, herausgegeben von Hans BARDTKE, Berlin, 1963, pp. 109-134. Cette étude a été reprise dans M. DELCOR, *Religion d'Israël et Proche-Orient ancien. Des Phéniciens aux Esséniens*, Leiden, 1976, pp. 363-388. Nous reprenons ici certains éléments de cette étude.

Cette manière de s'exprimer, à première vue étrange, s'explique si l'on admet, par exemple, que le mot *berith* a évolué dans sa signification et si on lui donne le sens de « religion », qu'il a pris dans une étape ultérieure de son développement sémantique (cf. Dan 11,28 ; 1 Mach 1,15). D'après le texte du livre des Macchabées, les Juifs hellénisés firent disparaître les marques de leur circoncision ; ils se séparèrent ainsi de l'alliance sainte (ἀπέστησαν ἀπὸ ζιαθήκης ἁγίας) pour s'associer aux nations. Comme l'alliance sainte s'oppose aux nations, il y a tout lieu de croire qu'il faut entendre le peuple de l'alliance sainte. C'est le même sens qu'a, semble-t-il, le même syntagme en Dan 18,28. Dans un dernier stade de son évolution, le terme *berith* peut désigner de fait le peuple ou la religion juive (21). Dans le passage du Serek en question, *berith* « Alliance » paraît être une expression prégnante pour la « communauté de l'alliance » (*yahad berith*, 1QS 5,5). Lorsque les textes parlent de l'alliance de la communauté de Qumrân, ils emploient le syntagme *hqim brit* qu'il faut traduire « rétablir l'alliance » et non pas seulement « établir l'alliance ». En effet il s'agit de rétablir l'ancienne alliance, l'alliance conclue avec les ancêtres, avec les pères (IQM 13,7). Mais en quoi cette alliance est-elle nouvelle ? N'emploie-t-on pas la formule « la nouvelle alliance au pays de Damas » qui se rencontre quatre fois dans le Document de Damas (6,19 ; 8,21 ; 19,34 ; 20,12) ?

Conditions d'entrée dans la nouvelle alliance.

La « nouvelle alliance au pays de Damas » n'était pas essentiellement d'une autre nature que l'alliance mosaïque. De fait, les nouveaux adeptes devaient s'engager à se convertir à la loi de Moïse, car, précise le Document de Damas, par elle tout est minutieusement enseigné (CDC 16,1-2). Le Serek ne dit pas autre chose : « qu'il s'engage par un serment d'obligation à se convertir à la loi de Moïse selon tout ce qu'Il a ordonné... suivant ce qui est révélé d'elle aux fils de Sadoq » (IQS 5,8-9). Ce qui faisait la nouveauté de cette alliance, ce sont les conditions dans lesquelles il fallait y adhérer. Il ne suffisait pas d'être de race juive, il fallait encore un engagement de facto à se convertir volontairement à la loi de Moïse. Cet aspect est très fortement marqué dans le vocabulaire même des écrits de la secte où l'on parle souvent des volontaires que sont ses membres *htndbim, mtndbim*, notamment dans certaines étapes de la rédaction du Serek (IQS 1,7,11 ; 5,1,6,8,10,21,22 ; 6,13), c'est-à-dire dans la troisième et la quatrième. Par contre le verbe « s'engager volontairement » (*htndb*) fait absolument défaut dans le Document de Damas. Le caractère particulier de cette « nouvelle alliance » a d'ailleurs été parfaitement perçu par

(21) On trouvera la dernière mise au point sur cette notion dans l'article berith de WEINFELD, dans Theologisches Wörterbuch zum Alten Testament, sub verbo, col. 781-808 ; cf. aussi A. JAUBERT, *La notion d'Alliance dans le Judaïsme aux abords de l'ère chrétienne*, Paris, 1963.

Philon le Juif, lorsqu'il parle des Esséniens : « leur engagement (προαίρεσις) (22) n'est pas basé sur la naissance, car la naissance n'est pas une marque distinctive des associations volontaires (γένος γὰρ ἐφ ἑκουσίοις οὐ γράφεται) mais il a pour cause le zèle de la vertu et l'ardent amour des hommes » (23).

L'expression « passer dans l'alliance » (ʿbr bbrît) n'est pas une création des sages de Qumrân. Ils l'ont empruntée à la Bible hébraïque où elle ne se trouve, il est vrai, qu'une seule fois en Dt 29,11. Il est fort possible que dans le contexte du Deutéronome — il s'agit d'une alliance conclue au pays de Moab entre Yahvé par l'intermédiaire de Moïse et Israël — l'origine de l'expression soit à rechercher dans ce vieux rite de l'alliance qui consistait à couper en deux une victime sacrificielle (karat berît) et à faire passer les contractants entre chacun des morceaux (ʾabar beyn haggezârîm, Gen 15,17 et Jer 34,18 et sq.). Mais rien ne nous permet de supposer que ce vieux rite se soit perpétué à Qumrân. Tout indique au contraire que l'expression vidée de son sens originel possible signifie pratiquement « entrer dans l'Alliance », « faire partie de l'Alliance ». Probablement ces expressions sont-elles à peu de choses près équivalentes à celles de Josèphe dans sa notice sur les Esséniens : Τοὺς εἰς τήν αἵρεσιν εἰσίοντας « ceux qui entrent dans la secte » (B.J.II,122). La formule complète « passer dans l'alliance devant Dieu » (IQS 1,16) semble indiquer que la cérémonie liturgique de renouvellement de l'alliance qui se faisait annuellement, avait lieu dans le sanctuaire, c'est-à-dire probablement dans la salle des assemblées religieuses de la communauté qui en tenait lieu. Le Serek énumère l'ordre dans lequel passeront les divers membres de la cérémonie du renouvellement de l'alliance : d'abord les prêtres, ensuite les lévites, puis tout le peuple (IQS 2,19 et sq.).

Autres expressions plus neutres.

A côté de ces expressions juridiques techniques empruntées au vocabulaire de l'alliance, les textes de Qumrân emploient des verbes plus neutres tels ʾasaph au niphal « s'agréger », ou yaʾad au niphal « se réunir ». Le premier verbe apparaît dans le troisième stade de rédaction du Serek, employé à propos du serment d'obligation à se convertir à la loi de Moïse que l'on doit prêter, lorsqu'on s'agrège à la communauté (bh'spm lyḥd, 1Q 5,7). La même expression se retrouve en tête de la Règle de la congrégation appelée aussi quelquefois Règle annexe (1QSa 1,1) : « Voici le règlement de toute la Congrégation d'Israël quand ils s'agrègeront à la communauté (bḥspm lyḥd). On trouve aussi notamment dans le Serek et dans le Document de Damas un verbe de forme et de

_____

(22) COLSON traduit « their persuasion » ou « their vocation » dans Loeb Classical Library.

(23) Cf. Eusèbe de Césarée, Praeparatio evangelica, VIII, 11,2.

sens voisin « ajouter, adjoindre » *ysp* au niphal ou au hiphil suivi de *lyḥd* (IQS 8,19), de *L'dh* (CDC 13,11), *l'ṣt hyḥd* (IQS 6,14). Il apparaît dans un passage de la Règle relatif aux conditions d'admission dans la communauté : « Et quiconque, issu d'Israël, sera volontaire pour s'adjoindre (*lhwsyp*) au conseil de la Communauté, l'homme qui·est l'inspecteur à la tête des Nombreux l'examinera sur son intelligence et sur ses actes » (IQS 6,13-14). Dans le Document de Damas, on emploie le même verbe *ysp* au niphal dans la règle relative à l'Inspecteur du camp et, dans un même contexte d'admission de nouveaux adeptes : « Quiconque s'adjoindra (*hnwsp*) à la Congrégation, il (l'Inspecteur) l'examinera » (CDC 13,11). Dans un texte fragmentaire on s'adjoint aux élus de Dieu *bḥyry* (*'l*) (14-10,5). Le verbe *y'd* au niphal « se réunir » est employé deux fois en relation avec la communauté. Dans un passage des Hymnes, il est question « de ceux qui se sont réunis ensemble (*hnw'dîm yḥd*) pour ton alliance » (IQH 4,24). Dans la Règle annexe, après avoir énuméré les diverses personnes convoquées au conseil de la communauté, l'auteur conclut ainsi la composition de cette assemblée : « Tels sont les hommes de renom convoqués à la réunion, réunis (*hnw'dym*) pour le conseil de la communauté en Israël » (IQSa 2,2). Enfin le verbe *yâḥad* au niphal « être uni » est employé uniquement dans le Serek et dans les hymnes pour l'incorporation dans la sainte congrégation du nouvel adepte (*lhwḥd l'dt qwdš* IQS 5,20 ; cf. IQH 11,11 et fragment 2,10). Cet emploi plutôt rare du verbe *yâḥad* met l'accent sur l'aspect fortement communautaire de ce pieux couvent désigné souvent du nom de *yâḥad* « la communauté ».

Les étapes de l'admission dans la communauté.

Les textes de Qumrân, avons-nous dit, envisagent diverses étapes d'exclusion d'un des membres de la communauté ; elle peut être définitive ou temporaire selon la gravité de ses fautes. De même l'admission du nouvel adepte dans la communauté sera progressive et le législateur a eu soin de ménager des stages de probation avant l'admission définitive décrits notamment dans le Serek (IQS 6-23) et dans le Document de Damas 13,11 et sq. Ces stages seront étalés sur trois ans. Le volontaire qui se présentera à la porte de la communauté sera reçu par son chef qualifié d'« inspecteur qui est à la tête des Nombreux ». Ce dernier l'examinera sur son intelligence et sur ses actes. S'il est jugé digne il sera introduit dans l'Alliance et on l'instruira du règlement de la communauté (IQ 6,14-15). Ultérieurement on le fera comparaître devant l'assemblée plénière de la communauté, les Nombreux, qui pourront le faire approcher (24) ou l'éloigner. Il ne pourra pas participer à la Purification des Nombreux, entendus aux rites de Purification, ni mêler ses biens à ceux de

---

(24) Sur le sens du verbe « faire approcher », « faire avancer », cf. M. DELCOR, Le vocabulaire juridique..., pp. 118 et sq.

la communauté avant d'avoir achevé une année entière à la fin de laquelle il devra subir un examen sur son esprit et sur ses actes. A la suite de cet examen une décision sur son cas sera prise par les prêtres et la majorité des membres de l'Alliance. Si le résultat est positif, on mettra ses biens et les revenus de son travail entre les mains de l'Inspecteur des revenus sans qu'on les dépense. Il ne pourra participer au banquet communautaire (*mašqeh harabbîm*) avant d'avoir achevé une deuxième année. A la fin de ce stage, nouvel examen par les Nombreux à la suite de quoi on pourra l'inscrire régulièrement à son rang parmi les frères. Il pourra participer aux rites de purification et ses biens seront mêlés à ceux des autres. Enfin il aura droit à la parole, soit pour donner un conseil à la communauté (*eṣah*), soit pour prononcer un jugement (*mišpat*).

II — COMMUNAUTE ET COMMUNION.

Un terme revient fréquemment dans les textes de Qumrân, *yaḥad* qui est soit un substantif, soit un adverbe, soit plus rarement un verbe. A s'en tenir aux relevés de la Concordance des textes de Qumrân de Karl Georg Kuhn (25), *yaḥad* substantif y apparaît environ 90 fois, *yaḥad* adverbe s'y trouve 23 fois, tandis que *yâḥad* verbe s'y rencontre 9 fois. Mais il est des cas où l'on peut hésiter entre l'adverbe ou le substantif. Ce relevé est à lui seul significatif. C'est dans le Serek et la Règle annexe (IQSa) que le substantif *yaḥad* au sens de communauté occupe une place essentielle. Dans le Document de Damas, dont la plupart des manuscrits datent de l'époque médiévale, certains s'accordent à considérer (26) *yaḥid* « unique » comme une scriptio fautive pour *yahad* (CDC 20,1,14,20,32). Mais si on n'admet pas pour ces passages du Document de Damas que nous sommes en présence de fautes de scribes, on doit observer que le substantif *yaḥad* ne se trouve jamais en dehors de ces quatre textes où le manuscrit porte *yaḥid*. Le substantif *yaḥad* « communauté » est quelquefois employé absolument (IQS 5,2,5,6,7,21,22 ; 6,18) ; il est la plupart du temps présent dans divers syntagmes : « la communauté de Dieu » (1,12 ; 2,22), « les hommes de la communauté » (5,1,3,16 ; 6,21 ; 7,20 ; 8,16, etc), « le conseil de la communauté » (3,2,6 ; 5,7 ; 6,3,10,13,14), « alliance de la communauté éternelle » (3,12), « communauté de l'allian-

(25) Cf. K.G. KUHN, *Konkordanz zu den Qumrantexten*, Göttingen, 1960, pp. 87-89 ; du même auteur, Nachträge zur Konkordanz zu den Qumrantexten, dans Revue de Qumrân, n° 14, 1963, p. 98.

(26) C'est entre autres la position de KUHN dans sa concordance ; S. TALMON, The sectarian yahad. A Biblical Noun, dans V.T. III, 1953, p. 133.

ce éternelle » (5,5), « société de la communauté » (*swd yḥd* 6,1), « les
biens de la communauté » (*hwn yḥd* 7,6), « les biens des hommes de la
communauté » (9,8), « la maison de la communauté » (9,6), « fondement
de la communauté » (7,17,18 ; 8,10) (27).

Le mot *yaḥad* « communauté » est-il une création des écrivains de
Qumrân ou l'ont-ils déjà trouvé dans la Bible hébraïque ? Talmon a
rappelé que le mot *yaḥad* est réellement un nom biblique avec le sens de
« congrégation », d'« assemblée » qui n'a pas été reconnu comme tel en
raison de son identité externe avec l'adverbe *yaḥad yaḥdaw* (28). De fait,
les dictionnaires de König, Gesenius, Köhler citent tous au moins un
exemple de *yaḥad* comme nom. Talmon a peut-être forcé en multipliant
les exemples dans la Bible hébraïque. Aussi J.C. Moor qui est revenu sur
ce problème est-il loin d'accepter toutes les conclusions de Talmon ; il
accepte uniquement la présence du substantif *yaḥad* au sens de communauté dans Deut 33,5 et 1 Chron 12,18 (29). De fait on peut traduire le
premier passage du Deutéronome :

Il devint roi de Jésurun
lorsque s'assemblèrent les chefs du peuple,
(*bht'sp r'šy 'm*)
l'assemblée des tribus d'Israël
(*yḥd šbṭy ysr'l*)

D'après le texte du livre des Chroniques, des hommes de Juda et de
Benjamin vinrent vers David pour le secourir. Le roi va au-devant d'eux,
et leur tient ce langage : « Si vous êtes venus à moi avec des sentiments
pacifiques, mon cœur se portera vers vous en vue d'une union (*byḥd*),
entendons d'une alliance.

Dans les deux textes bibliques où la présence du substantif *yaḥad* est
assurée, il s'agit soit de l'assemblée des tribus d'Israël, soit de l'alliance de
David avec les hommes de Juda et de Benjamin. Mais quel sens faut-il
donner à *yaḥad* dans les textes de Qumrân ? Alors qu'on a souvent traduit
en français « communauté » en pensant sans doute au terme technique
des institutions de type monastique, en allemand certains savants tels
Hans Bardtke et Leonhard Rost ont créé le néologisme « *Einung* » et en
latin ont rendu le mot par « *unio* ». Dans ces conditions, on comprend que
la regrettée Annie Jaubert ait pu dire que *yaḥad* implique une idée

(27) Les études sur le yaḥad « communauté » ne sont pas nombreuses. On peut
citer : S. TALMON, The Sectarian yḥd. A Biblical Noun, dans VT. III, 1953, pp.
133-140 ; J.C. de MOOR, Lexical Remarks concerning yaḥad and yahdaw, dans V.T.
VII, 1957, pp. 350-357 ; J. MAIER, Zum Begriff YḤD in den Texten von Qumrân,
dans ZAW 72, 1960, pp. 148-166 ; E. KOFFMANN, Rechtsstellung und hierarchische
Structur des YHD von Qumran, dans Biblica 62, 1961, pp. 433-442 ; S.H. SIEDL,
Qumran eine Mönschsgemeinde im alten Bund, Rome 1963, pp. 7-34 ; J. POUILLY,
op. cit., pp. 85-107.

(28) Cf. S. TALMON, art. cit., pp. 134 et sq.

(29) Cf. J.C. de MOOR, art. cit., p. 352 ; Cf. aussi J. MAIER, Zum Begriff yahad
von Qumran, art. cit., p. 148, note 4.

d'union ou de communion et qu'on peut hésiter sur la traduction « communauté » ou « communion », hésitation d'autant plus justifiée que cette « communauté » est effectivement une communion (30). Le mot hébreu yaḥad équivaut d'ailleurs à celui de κοινωνία utilisé notamment par Philon le Juif (31) dans sa notice sur les Esséniens. Mais peu importent au fond les traductions nécessairement approximatives de yaḥad, si on sait exactement les réalités qu'elles recouvrent. En tout cas, par l'emploi répété du terme yaḥad, les écrivains qumraniens entendent souligner l'idéal communautaire et de communion qui anime les frères.

De la fraternité à la communion avec Dieu par la communauté.

Y a-t-il un progrès dans l'histoire de la conception du yaḥad tout au long des diverses rédactions du Serek ? A Jaubert, à propos de la communauté essénienne de Qumrân qu'elle compare à celle sous-jacente au livre des Jubilés, écrit : « Dans son ensemble le livre des Jubilés donnait l'impression d'une coexistence difficile et même orageuse entre partis divers à l'intérieur du peuple... Déjà avait dû se constituer au moins une organisation communautaire fondée sur un serment de fidélité à l'Alliance. Mais avec les découvertes de Qumrân surgit à nos yeux, dans une lumière étonnante, une communauté fortement constituée qui a violemment rompu avec les autorités de la nation et qui, pour maintenir sa fidélité à l'Alliance mosaïque, a quitté Jérusalem et s'est retirée au désert » (32). Mais J. Pouilly a contesté au nom de l'analyse littéraire du Serek que la communauté essénienne ait toujours été fortement constituée. La « communauté », dit-il, n'était au point de départ qu'un projet et la notion de yaḥad a subi diverses transformations au cours de l'histoire et de la vie du groupe qumranien tout comme le 'eṣah qui, selon les contextes et les stades de rédaction du Serek, prend des sens différents : projet ou conseil. Ainsi J. Pouilly donne-t-il au mot yaḥad tantôt le sens théologique de groupement spirituel, tantôt un sens plus juridique de groupe organisé (33). Dans ce qu'il a appelé « le manifeste de fondation », la communauté est un projet en voie de réalisation : elle sera un véritable Temple spirituel composé de douze laïcs et de trois prêtres symbolisant tout le peuple d'Israël (IQS 8,1 et sq. : 8,5 et sq.). De ce fait, une rupture radicale s'imposait avec la ville sainte et le Temple de Jérusalem et ses institutions sacrificielles. Communauté vivant au désert, elle apparaît de l'extérieur comme le véritable peuple de l'Alliance légitime représentante de l'Alliance du Sinaï. Le yaḥad dans son premier stade,

(30) Cf. A. JAUBERT, *La notion d'Alliance dans le Judaïsme aux abords de l'ère chrétienne,* Paris, 1963, p. 184.
(31) Cf. PHILON le Juif, Quod omnis probus liber sit, § 84, Ed. COLSON, Philo., t. IX, p. 58.
(32) Cf. A. JAUBERT, *op. cit.,* p...
(33) Cf. J. POUILLY, *La Règle de la communauté de Qumrân...* pp. 86 et sq.

précise J. Pouilly, est essentiellement une fraternité. De fait, si on n'emploie pas nommément le terme de frères (34) dans le manifeste de fondation, l'idéal de perfection et de communion fraternelle y est nettement prôné : « Selon le programme de la communauté (*b'st hyḥd*) (il y aura) douze hommes et trois prêtres, parfaits en toute révélation en dépendance de toute la Loi (destinés) à pratiquer vérité, justice, droit, équité, amour bienveillant et la modestie de conduite chacun envers son prochain... » (IQS 8,1, trad. Pouilly).

Dès le second stade, le *yaḥad* qu'on peut traduire ici par « communauté » prend un caractère plus institutionnel, plus juridique que dans la première phase. On y trouve le terme *yaḥad* en composition avec *'eṣah* « conseil » (8,11,22) ou avec *yswd* (8,10). On aurait intégré, d'après Pouilly, un code pénal dans le manifeste de fondation une fois réalisée la communauté. Or, on notera que celui qui est excommunié n'est pas exclu du *yaḥad* mais seulement du conseil (*'eṣah*) (8,16-19). Ce fait amène cet auteur à distinguer le *'eṣah* du *yaḥad*. Le *yaḥad* désigne, estime-t-il, la communauté en tant qu'assemblée délibérante ou liturgique, tandis que le *'eṣah* « conseil », qualifié de saint (8,21) comprend « tous les membres en tant que ceux-ci participent à des activités qui requièrent un état de sainteté » (35). J'avoue cependant ne pas bien saisir en quoi consiste la différence entre *'eṣah* et *yaḥad*. Car l'assemblée liturgique, qui, dans l'hypothèse de Pouilly, est désignée par *yaḥad* comporte aussi un état de purification et donc de sainteté. Plus intéressante, par contre, me paraît être la formule redondante « communauté de l'Alliance » en 8,16-17, car elle révèle, à elle seule tout un programme. La communauté, en s'identifiant à l'Alliance revendique de ce fait le droit d'être la seule partenaire authentique de Dieu. Parce que le nombre d'adeptes s'est accru et que, de ce fait, la vie de la communauté a été modifiée, on a jugé nécessaire de formuler à nouveau l'idéal du groupe ainsi que son code pénal. Le terme *yaḥad* apparaît fréquemment dans ce troisième stade de rédaction du Serek. Les enseignements touchant la communauté que l'on peut en tirer sont essentiels pour qui veut connaître les principes fondamentaux du groupe. Ce qui caractérise l'idéal de ses membres, c'est leur séparation des hommes pervers, leur conversion volontairement acceptée afin de devenir une communauté fondée sur la Loi et les biens partagés (IQS 5,1-2). Séparation, conversion, vie commune dans le respect de la Loi mosaïque et dans le partage des biens, ce sont trois principes essentiels constitutifs d'une communauté dont les membres doivent être avant tout des volontaires. Commentons brièvement certains de ces aspects en commençant par les derniers :

---

(34) Le terme de « frères » n'apparaît que dans deux passages du Serek 6,10,22, c'est-à-dire dans le troisième stade de sa rédaction, dans la Règle annexe (IQSa, 1,18) et une dizaine de fois dans le Document de Damas.

(35) Cf. J. POUILLY, *op. cit.*, p. 94.

1) La communauté des biens mettait d'une part à l'abri du besoin chacun des membres du groupe et permettait d'effacer leurs différences sociales. Josèphe n'écrit-il pas au sujet des Esséniens : « Ils sont les contempteurs de la richesse, et leur vie communautaire est admirable : on chercherait en vain parmi eux quelqu'un qui surpassât les autres par la fortune » (36). Par ailleurs l'antique thème du retour au désert prôné au sein de la communauté et déjà dès le manifeste de fondation (8,13) comportait en raison de son contexte prophétique certains corollaires doctrinaux qui ont affecté l'organisation de la communauté. Il impliquait l'idée biblique de la Kulturkritik, et par le fait même, du renoncement aux biens. C'est là l'autre aspect plus spirituel que suppose la mise en commun des richesses (*hon*).

2) Un groupe religieux de quelque importance nécessitait une bonne organisation juridique. Or la règle fondamentale qui devait régir ce groupe identifié à l'Alliance ne pouvait pas être autre que la Loi mosaïque interprétée par les prêtres. C'est sous l'autorité des « fils de Sadoq, les prêtres gardiens de l'Alliance » — telle est la responsabilité redoutable que leur confère le Serek — mais aussi sous l'autorité de la communauté réunie en assemblée plénière (le *rôb*) que seront prises toutes les décisions concernant la Torah, les biens ou le droit (IQS 5,2-3). On le voit, à ce stade se manifestent nettement deux caractéristiques de la communauté, à la fois son institutionnalisation fondée sur l'autorité hiérarchique des prêtres mais aussi sa démocratisation fondée sur la consultation obligée de l'assemblée plénière. Des règlements internes à la communauté étaient nécessaires au maintien de sa cohésion : il importait de régler l'ordre de préséance des participants au conseil de la Communauté (IQS 6,8-13). Les prêtres devaient siéger les premiers, puis venaient les Anciens, enfin le reste du peuple, chacun à son rang. Ils ne devaient prendre la parole qu'à leur tour et ils ne pouvaient le faire sans l'agrément des Nombreux ; on faisait exception toutefois pour l'Inspecteur des Nombreux. Là aussi on constate à côté d'une organisation très hiérarchisée des séances plénières du Conseil de la Communauté, la présence d'un véritable esprit démocratique.

3) L'organisation juridique du groupe, les biens partagés en commun n'auraient pas suffi à eux seuls à créer une vie commune harmonieuse, si un même idéal n'avait animé les frères. Il fallait vouloir réellement sa propre conversion et pour qu'elle dépassât le domaine tout intérieur de l'intention pieuse, on exigeait un serment public de ceux qui s'agrégeaient à la communauté : « qu'il entre dans l'Alliance de Dieu en présence de tous les volontaires et qu'il s'engage lui-même par un serment d'obligation à se convertir à la Loi de Moïse, selon tout ce qu'Il a prescrit » (IQS 5,7 et sq.). Au sein même de la communauté, la pratique des vertus était de règle. Les témoignages sont concordants à ce sujet, à la fois celui du Serek, par la plume des écrivains issus de la communauté de

(36) Guerre Juive II, VIII, 122.

Qumrân et ceux des Anciens, tels Josèphe ou Philon le Juif. Les frères, précise le Serek, « doivent pratiquer la vérité, en commun et l'humilité, la justice et le droit et l'affectueuse charité ainsi que la modestie d'allure dans toute leur conduite (IQS 5,3-4). Josèphe, qui a rendu visite aux Esséniens est encore plus explicite : « l'Essénien prononce devant ses frères de redoutables serments, il jure de pratiquer la piété envers la divinité, ensuite d'observer la justice à l'égard des hommes et de ne faire tort à personne ni spontanément ni par ordre ; de détester toujours les injustes et de combattre en commun avec les justes. Il jure de se montrer toujours loyal envers tous mais, surtout, envers ceux qui détiennent le pouvoir... Il jure, s'il lui arrive de commander lui-même, de ne jamais se montrer insolent dans l'exercice de sa charge... Il jure d'aimer toujours la vérité et de poursuivre les menteurs, de garder ses mains pures de vol et son âme de gain inique » (37). Un traité de Philon le Juif fait aussi écho à la vie toute de sainteté, de piété et de justice de ceux qu'il désigne du nom d'*Essaioi* (38). Ces vertus, le confrère du convent essénien avait à les exercer à tout moment mais surtout dans les temps forts de la vie communautaire : les banquets, dont Josèphe nous a laissé une saisissante description (39), la prière et les délibérations communes. Le Serek précise : « En commun ils mangeront, en commun ils réciteront les bénédictions et en commun ils délibèreront » (IQS 6,2-3).

En résumé, alors qu'au premier stade de la rédaction du Serek, l'accent était placé sur le caractère « cultuel » du *yahad*, dans ce troisième stade essentiel pour l'histoire du développement de la notion, c'est un autre aspect qui est souligné : la communion de tous les frères à l'intérieur de l'institution religieuse qu'ils constituent. Au quatrième stade de la rédaction du Serek, le *yahad* garde toute sa place, surtout dans la première partie (1,1-3,12). Mais il acquiert une connotation nouvelle, car le *yahad* est mis directement en relation avec Dieu dans le syntagme très suggestif : *yahad 'el* « le conseil de Dieu » (1,8.10). Il retrouve ici toute la résonance religieuse que nous lui connaissons dès les deux premiers stades. Il n'est pas sans intérêt de remarquer que c'est dans cette partie qui sert de prologue à tout le Serek qu'est affirmé nettement l'objectif essentiel de la communauté : rechercher Dieu, même si elle a le sentiment d'être « la communauté de Dieu ». Pour un groupe qui a la certitude d'être « la communauté de l'Alliance éternelle » (5,5), « l'Alliance de la communauté éternelle » (3,11-12) ou même la « communauté de vérité » (2,24 ; 2,26), il était normal, comme l'a écrit excellemment

---

(37) Cf. Guerre Juive II, VIII, pp. 139-140. Nous suivons en général la traduction de DUPONT-SOMMER, *Les Ecrits esséniens découverts près de la Mer Morte*, Paris, 1968, 3° édition, p. 41.

(38) Cf. Quod omnis probus liber sit, § 83.

(39) Cf. Guerre Juive II, VIII, pp. 131 et sq. et M. DELCOR, Repas cultuels esséniens et thérapeutes, thiases et haburoth, dans Revue de Qumrân 6, n° 23, 1968, pp. 401-425, étude reprise dans M. DELCOR, *Religion d'Israël et Proche-Orient ancien*, Leiden, 1976, pp. 320-344.

Annie Jaubert, qu'il ait voulu « s'intégrer dans une communion plus vaste et plus haute en s'alliant au seul partenaire qui comptât : Dieu lui-même » (40).

Pour élargir nos perspectives, il conviendrait de comparer le vocabulaire et les conditions de l'exclusion de la communauté de Qumrân avec les pratiques de la synagogue et de l'ancienne église chrétienne (41). De même il faudrait marquer les ressemblances et les différences entre les conceptions sur la communauté et son organisation et sur l'idée de communion, à Qumrân et dans l'Eglise primitive (42). Nous laisserons à d'autres le soin de le faire. Signalons pourtant qu'un fait essentiel autoriserait cette comparaison avec les conceptions de la synagogue et de la primitive église : ces divers groupes constitués en marge du Judaïsme orthodoxe se sont considérés comme le véritable Israël, comme la communauté de l'Alliance ou même la communauté de Dieu, ce qui revient pratiquement au même. La démarche est dans tous les cas semblable pour constituer ces communautés religieuses : conversion. séparation, union, exclusion, le cas échéant, des frères qui ne se plient pas aux règles essentielles du groupe. C'est dans ces conditions que les pieux confrères peuvent réaliser leur idéal religieux (43).

(40) Cf. A. JAUBERT, La notion d'Alliance dans le Judaïsme, pp. 181-182.

(41) Pour la synagogue, Cf. L. STRACK und P. BILLERBECK, Kommentar zum Neuen Testament aus Talmud und Midrasch. Excurse intitulé « Der Synagogenbahn », t. VI, 1, pp. 292-333.

(42) Cf. Walter DOSKOCIL, Der Bahn in der Urkirche. Eine rechtsgeschichtliche Unter suchung, Münich. 1958.

(43) Je me permets de renvoyer sur ce point aux pages suggestives de J. SCHMITT, L'organisation de l'église primitive et Qumrân, dans l'ouvrage collectif édité par J. VAN DER PLOEG, La secte de Qumrân et les origines du christianisme, Paris. 1959, Desclée de Brouwer, pp. 216-231.

LE STATUT DU ROI D'APRES LE ROULEAU DU TEMPLE

Mathias Delcor, *Paris*

*Conferenza tenuta
alla "Semaña Bíblica"
di Madrid del 1979*

Le *Rouleau du Temple*, mg̃lt - hmqd̃š, The Temple Scroll, ain
si appelé selon une désignation conventionnelle, a été édité
en 1977 par les soins du Professeur Yadin qui en a donné en
outre un savant commentaire précédé d'une introduction, le
tout en hébreu moderne[1]. Ce document qoumranien est venu entre les mains du savant juif au milieu de la guerre des Six
Jours, vingt quatre heures après que la bataille de Jérusalem eut prit fin. Il se trouvait chez un antiquaire bien con
nu de Jérusalem où sa conservation fut effectuée dans des con
ditions défavorables qui lui ont fait subir, aux dires de Ya
din, des détériorations plus graves que les deux mille ans où
il resta caché dans une des grottes de Qumrân[2]. Le Professeur
André Caquot du Collège de France, a donné très rapidement
une traduction française, sobrement annotée de ce document,
parue il y a quelques mois[3]. Il semble que ce soit la premiè
re en date, faite dans une langue européenne. Du côté allemand, Johann Maier a aussi publié une traduction suivie de
brèves explications (*Erläuterungen*)[4]. Il faut souligner que
les versions allemande et française ont été faites indépendam

---

[1] Yigaël Yadin, *Megilat hamiqdaš*, Jérusalem 1977, 3 voll.

[2] C'est ce qu'expliquait déjà Y. Yadin dans sa communication
à l'Académie dei Inscriptions et Belles-Lettres de Paris en
1967, publiée en 1968 dans les *Comptes-rendus* de cette Aca
démie, p. 608.

[3] Cf. André Caquot, *Le rouleau du Temple de Qumrân*, "Etudes
théologiques et religieuses", 1978, pp. 1-50.

[4] Cf. Johann Maier, *Die Tempelrolle vom Toten Meer*, ("Uni-
taschen Bücher", 829), München 1978.

ment l'une de l'autre. Nous avons aussi une traduction en lan
gue espagnole de Florentino Garcia, mais sans aucune sorte de
notes[5].

Nous voudrions synthétiser les conceptions nouvelles de l'
auteur du Rouleau du Temple pour ce qui concerne le roi. Mais
auparavant il nous faut dire un mot de la place qu'occupent
ces péricopes dans l'ensemble de ce qui a été conservé de cet
écrit.

Un préambule constitue une mise en garde contre les nations et leurs cultes adressée par Yahvé aux Israélites (col.
II). Les colonnes III-XIII concernent le Temple de Jérusalem
et son mobilier. A partir de la ligne 9 de la colonne XIII
commence l'énumération des rites, holocaustes, sacrifices et
fêtes. Elle sera poursuivie jusqu'à la colonne XXIX. Avec la
colonne XXX,3 commence une nouvelle section du Rouleau qui
décrit les bâtiments annexes du Temple, et ses parvis. Toute
une partie concernant les problèmes de purification du sanctuaire et de la ville sainte va de la colonne XLV,3 jusqu'à
XLVII,18. On trouve énoncées les lois de pureté dans les colonnes XLVIII-LI,10: règles pour l'alimentation, prohibition
de rites funéraires, cimetières et lazarets, maisons mortuai
res, contacts avec un mort ou avec une femme enceinte d'un
enfant mort, contacts avec des cadavres d'animaux. Après une
péricope concernant les juges, suit la condamnation de l'idô
latrie dans un ordre semblable à *Dt* 16,21-22. Une loi relatī
ve au bétail à sacrifier introduit une série de règles concernant le traitement des animaux et l'abattage dans la ville sainte et hors de la ville sainte (col. LII,4-LIII,7).
Après le règlement concernant les voeux (col. LIII,9-LIV,4),
les péricopes relatives aux faux prophètes et aux châtiments
des idolâtres (LIV,5-18) sont introduites comme dans la Bible par *Dt* 13,1. La col. LVI,1-11 est relative aux affaires
de justice déférées devant les prêtres-juges. C'est à la sui
te de cette péricope que se situe un long développement concernant le roi (LVI,12-LIX,21). Il est suivi de quelques pa-
ragraphes concernant les droits des prêtres et des lévites
et une instruction sur les prophètes (LX,2-LXI,6).

Le roi d'après le Rouleau du Temple et le Deutéronome

L'instruction concernant le roi dans le Deutéronome ne cou
vre que six versets (17,14-20). Celle-ci est reprise dans le
Rouleau du Temple avec quelques modifications dont certaines
sont importantes:

[5] Cf. Florentino Garcia, *El Rollo del Templo*, dans "Estudios
Bíblicos", 1979.

1) Une des plus essentielles est constituée par le change‑
ment dans l'auteur du discours: comme d'ailleurs dans le res‑
te du manuscrit, Yahvé lui-même parle à la première personne,
au lieu que dans le T.M. c'est Moïse qui s'adresse directe‑
ment au peuple.

2) Deuxième changement significatif: le manuscrit qoumra‑
nien se fait plus impératif que le T.M. sur l'interdiction
de choisir un étranger comme roi. Au v. 15, le T.M. suivi par
le Targum Neophyti niait une possibilité de choix:

לא תוכל לתת עליך איש נכרי

"Tu ne pourras pas placer sur toi un étranger...".
Le Rouleau du Temple durcit le ton:

לוא תתן עליכה איש נוכרי

"Tu ne placeras pas sur toi un étranger". .

3) Troisième modification. Au v. 16, on lit dans le T.M.:

רק לא-ירבה לו סוסים ולא-ישיב את-העם מצרימה למען הרבות סוס

"Seulement il ne multipliera pas les chevaux et qu'il ne ra‑
mène pas le peuple en Egypte afin de multiplier les chevaux".
Le Rouleau du Temple reprend le texte biblique à deux ou
trois détails près, dont l'un au moins dévoile la conception
particulière qu'il se fait de la royauté:

רק לוא ירבה לו סוס ולוא ישיב את-העם מצרים למלחמה למען הרבות
לו סוס וכסף וזהב

On peut ainsi traduire ce passage: "Seulement il ne multiplie‑
ra pas la cavalerie et il ne fera pas revenir le peuple d'E‑
gypte[6] en vue de la guerre afin de multiplier les chevaux et
l'argent et l'or". Cette traduction appelle quelques remar‑
ques:
a) On notera que ce texte ajoute au verset biblique d'une
part la mention de la guerre;
b) d'autre part, à la multiplication des chevaux le texte du
Rouleau ajoute "l'argent et l'or", comme en *Dt* 17,17, c'est

---

[6] La traduction que nous avons employée est difficile, mais
nous croyons pouvoir la proposer en tenant compte des exem‑
ples suivants: *hbrk b'l* dans les inscriptions de Karatepe
(KAI 26,A,I,1); *hnhr prt* (*1Chr.* 5,9). Cf. Joüon, *Gramm.*, §
131 *h* et 129 *f*, 7. Aussi je traduirais littéralement "le
peuple qui est l'Egypte", c'est à dire "le peuple ègyptien".
En effet, je propose de voir dans cette construction un nom
propre apposé à un nom commun (cf. Joüon, *Gramm.*, § 131 *h*),
qui néammoins déclare qu'il s'agit d'un cas rare et douteux.

à dire les moyens financiers nécessaires à faire la guerre.
Comme l'a justement observé A. Caquot, l'adjonction "en vue
de la guerre" indiquerait que la royauté est considerée de
façon explicite comme une institution militaire.
c) Une troisième modification du texte biblique pourrait
avoir une signification. Au lieu de l'accusatif de direction
מצרימה "en Egypte" du texte biblique, le texte du Rouleau
porte seulement מצרים si bien que l'on peut théoriquement
comprendre le complexe de mots "le peuple d'Egypte" peut-être
au sens de "l'armée d'Egypte", ce qui pourrait faire allusion
à une situation déterminée bien connue de l'auteur et dans
son horizon géographico-historique immédiat. Il faut pourtant
observer qu'en hébreu la direction peut être indiquée avec ou
sans la finale locale[7]. Pour ce motif, les traducteurs français et allemand n'ont pas tenu compte de la suppression de
la finale locale -ah dans le Rouleau du Temple.
   4) Une légère précision est apportée par le Rouleau au ver
set biblique traitant du nombre de femmes que le roi ne doit
pas multiplier. Le T.M. portait simplement au verset 17:

ולא ירבה-לו נשים ולא יסור לבבו

"et il ne multipliera pas ses femmes et il ne détournera pas
son coeur". Les commentateurs ont habituellement lu dans ce
verset une allusion aux moeurs du roi Salomon qui avait un
imposant harem[8]. Plus précisement Driver commente que l'influence d'un harem était pernicieuse aux intérêts de l'Etat.
Mais comment faut-il entendre le détournement du coeur? S'a
git-il simplement d'un manque d'intérêt du roi pour les affaires publiques au profit de celles du harem? Il est plus
probable que l'auteur vise ici la portée religieuse de la
multiplication des femmes du roi souvent d'origine étrangère,
comme ce fut le cas de Salomon. De fait, celles-ci avaient ap
porté avec elles des cultes étrangers dangereux pour la foi
yahviste dont elles pouvaient détourner le coeur du roi. Le
prophète Jérémie connaît d'ailleurs la formule complète:

ולוא יסירו לבבו מאחרו

"de Yahvé se détournera son coeur". C'est dans le même sens
que le Rouleau du Temple comprend aussi le texte biblique:

---

[7] Cf. August Müller, *Outlines of Hebrew Syntax*, Glasgow 1882,
§ 41 *a*, pp. 28-29; cf. aussi P. Joüon, *Gramm.*, § 125 *n*, p.
125.

[8] Le Pseudo-Jonathan stipule qu'il ne doit pas avoir plus de
18 femmes.

ולוא יסירו לבבו מאחרי

"et elles ne détourneront pas de moi son coeur". C'est aussi
l'interprétation du Targum palestinien et du Pseudo-Jonathan
(Targum Neophyti: "et elles ne détourneront pas son coeur",
ולא יסטן לבבה, mais la mention de Yahvé fait défaut).

La loi royale

Le Deutéronome (17,18) faisait une obbligation au roi,
dès son accession au trône, d'écrire une copie de cette loi
sur un livre en présence des prêtres lévites. La stipulation
du T.M. se retrouve presque à la lettre dans la LXX, dans le
Targum d'Onkelos, dans le Neophyti. D'après cette tradition,
c'est le roi lui-même qui doit transcrire la loi deutéronomi
que le concernant. C'est de cette manière que le comprend aus
si la Michna (*Sanhédrin* 2,4). Une autre tradition textuelle
indique que ce n'est pas le roi lui-même qui fait la copie
mais d'autres personnes que lui. Tandis que le Rouleau du Tem
ple ne spécifie pas de quelles personnes il s'agit (*yktbw*:
"on écrira"), le Targum du Pseudo-Jonathan précise quant à
lui que ce sont les Anciens (*sby'*) qui écrivent la copie de
cette loi (*prsgn*).
Il n'est pas impossible que le Rouleau du Temple polémique
ici contre certaines prétentions des rois hasmonéens ses con
temporains qui, écrivant eux-mêmes cette loi, auraient pu l'
infléchir ou la modifier substantiellement dans un sens peu
favorable au yahvisme. Dans l'état actuel du Rouleau, les ver
sets 18 et 19 du texte biblique ne sont malheureusement plus
conservés.

L'armée royale

A partir de la ligne 2, commence un développement nouveau
(LVII,2-11), absent du Deutéronome, auquel l'auteur attache
visiblement une grande importance. Au nouveau roi, au début de
son règne (littéralement: au jour où on le fera roi, ביום אשר
ימליכו אותו), il faut donner une armée. L'auteur du Rouleau
appelle une torah le règlement de levée de l'armée royale qu'
il fait précéder de ces mots: וזואת התורה, "Voici la loi"
(LVII,1). Yadin restaure ainsi la suite de la ligne 1: אשר]
הכוהנים [יכתבו לו מלפני, restauration acceptée aussi par Caquot qui traduit: "Voici la loi qu'on écrira pour lui devant
les prêtres". Après, Yadin restaure le mot [ונשאו ?]. Pour le
nombre d'hommes mobilisés, l'auteur s'inspire visiblement de
Nb 31,5, où il s'agit de l'armée levée par Moïse contre Madian qui comptera mille hommes par tribu. Les soldats seront
âgés de vingt à soixante ans, ce qui nécessite déjà de ce fait,

une sélection indiquée par le verbe: *bârar*. Le roi passera
en revue (*paqad*) "leurs commandants; les chefs de milliers,
les chefs de centuries, les chefs de cinquantaines, les chefs
de dizaines dans toutes leurs villes" (lignes 4 et 5).

Dans la Bible, cette hiérarchie de l'armée en unités de
1000, 100, 50 et 10 est reportée à l'époque du désert (cfr.
Ex 18,21 et *Dt* 1,15). Mais il n'est pas toujours facile de
dire à quelle époque de l'histoire d'Israël remonte exactement cette organisation. R. de Vaux fait observer qu'un chef
de dizaine est peut-être mentionné au lendemain de la chute
de Jérusalem (*Jer* 41,1,2; cf. 15). Quant aux chefs de cinquantaines, ils apparaissent dans l'histoire d'Elie (*2R* 1,9,13).
Et les chefs de centuries et de milliers sont mentionnés en
relation avec le roi Amasias en *2Chr* 25,5, mais la même organisation de l'armée est reportée au temps de David, d'après
1Chr 27,1, ce qui n'est pas à exclure d'après ce que l'on
sait par *1Sam* 22,7,17,18; *2R* 11,4[9].

'L'organisation hiérarchisée de l'armée royale préconisée
par le Rouleau du Temple est la même que celle du *Rouleau de
la Guerre* (cf. 1QM IV,1-4). Elle correspond à ce que nous savons pour les Juifs à l'époque grecque ou romaine. Au sud d'
Emmaüs, Judas Maccabée organise son armée selon le même modèle (*1Mac* 4,55) et Josèphe prend soin d'expliquer: "Suivant
la vieille coutume nationale (διατάξας δὲ τὸν ἀρχαῖον αὐτοὺς
τρόπον καὶ πάτριον...) il les rangea sous les ordres des chi-
liarques et des taxiarques" (*A.J.* XII,301). Par ailleurs,
quand l'historien juif décrit l'organisation de sa propre armée sur le modèle de celle des Romains, il le fait dans les
mêmes termes: καὶ τούτους μὲν ὑπέτασσεν δεκαδάρχαις καὶ ἑκα-
τονάρχαις ἔπειτα χιλιάρχοις(*B.J.* II,XX,7). L'écrit de Damas
garde la même ordonnance dans la règle relative à la constitution des camps "durant le temps de l'impiété jusqu'à l'avènement de l'Oint d'Aaron et d'Israël" (CDC XII,22-23; XIII,
1-2). La même répartition se retrouve dans la *Règle* (1QS II,
21-22) et dans la *Règle Annexe* (1QSa I,14-15). Cette organisation à but militaire et administratif a donc joui d'une
grande continuité tout au long de l'histoire, ce qui ne permet pas de fournir un argument quelconque à la datation de
cette institution qui fut pour ainsi dire permanente et traditionnelle en Israël.

---

[9] Cf. R. de Vaux, *Les Institutions de l'Ancien Testament*, t.
II, p. 27.

L'armée royale avait-elle des étendards?

Le texte du Rouleau du Temple précise qu'on a levé ou enregistré les fils d'Israël selon leur *degalim* (לדגליהמה)
(LVII,3). Comment faut-il traduire ce dernier mot, *degel*, sur
le sens duquel les traducteurs divergent: bannière ou unité?[10]
R. de Vaux est formel sur le sens à donner à *degel*. "Malgré
les dictionnaires et les traductions modernes, ce mot, dit-
il, ne signifie pas un étendard ou une enseigne, mais une
division de l'armée. C'est le sens qui convient dans *Nb* 1,52;
2,2-34; 10,14-25. C'est aussi le sens que donnent les ancien
nes versions et qui se trouve dans les papyri araméens d'Ele
phantine et dans la Règle de la Guerre"[11]. Y. Yadin, de son cô
té, partage les mêmes vues que R. de Vaux[12]. De fait, dans la
LXX, *degel* est traduit le plus souvent par τάγμα, avec le
sens de "corps de troupes"[13]. De leur côté, les Targums traduisent par *teqas* ou *ṭiqsaʾ*, qui est une transcription approximative du grec τάξις. C'est le cas, par exemple en *Nb* 2,3.
Aussi pour le Targum Neophyti la traduction "la bandera del
campamento de la tribu de los hijos de Juda" me paraît inexac
te[14]. Le texte araméen טכס משרית שבטה doit être traduit: "le
bataillon du campement de la tribu de Juda". L'enseigne mili
taire est désignée à Qumrân par le mot *ʾoth* (cf. 1QM III,13
et sq.). D'après la Règle de la Guerre, les *ʾothoth* portaient
des inscriptions.

*Le rôle de l'armée royale et les qualités requises pour ses
recrues*

Destinée à garder le roi jour et nuit, elle semble donc
avoir plutôt un rôle défensif qu'offensif. Elle doit en effet être constamment avec le roi pour le garder de tout mal,

---

[10] C'est le sens que donne par exemple K. Galling, *Biblisches
Reallexikon*, Tübingen 1937, p. 160. Voir aussi la deuxième
édition de ce livre, p. 77.

[11] Cf. R. de Vaux, *Les Institutions de l'Ancien Testament*, t.
II, p. 28.

[12] Cf. Yigaël Yadin, *The Scroll of the War of the Sons of
Light against the Sons of Darkness*, Oxford 1962, p. 62, no
te 2.

[13] Cf. Elmar Camilo dos Santos, *An Expanded Hebrew Index for
the Hatch-Redpath Concordance to the Septuagint*, p. 41.

[14] Cf. A. Díez Macho, *MS Neophyti I,IV. Numeros*, Madrid 1974,
p. 12.

de peur qu'il ne tombe entre les mains de ses ennemis, quali
fiés ici du terme général de païens (goyim). Aucun peuple par
ticulier n'est donc désigné dans ce texte, comme c'est le
cas, par exemple dans la *Règle de la Guerre*, où l'on mention
ne souvent les *kittim* (I,2,4,6,9,12; 11,11; 15,2; 16,3, etc.)
avec tous les problèmes que pose l'identification de ce nom
de peuple. On est surpris pourtant par la mention de 12000
hommes, chiffre considérable pour une simple garde royale[15].
Dans l'Ancien Testament, sous David, sa garde personnelle é-
tait en petit nombre et était composée de mercenaires étrangers recrutés en Philistie (*2Sam* 15,18, cf. 20,7; et *1R* 1,38,
44). La description des qualités requises pour les hommes de
la garde royale est empruntée presque à la lettre au livre
de l'Exode (18,21), dans un passage où Jéthro conseille à son
beau-fils Moïse de choisir comme chefs de milliers, de centu
ries, de cinquantaines et de dizaines "des hommes capables,
craignant Dieu (אנשי-חיל יראי אלהים), des hommes fidèles
(אנשי אמת) haïssant le lucre (שנאי בצע)". Ils auront pour mis
sion de juger le peuple. M. Caquot a justement fait remarquer le caractère national de cette armée destinée à protéger le roi, ce qui pourrait être, observe-t-il, une réaction
à l'emploi de mercenaires par Jean Hyrcan. On sait en effet
par Flavius Josèphe que ce dernier "ayant ouvert le tombeau
de David, qui surpassait en richesses tous les rois d'autrefois, en retira trois mille talents d'argent, et, grâce à ces
ressources, se mit, ce que n'avait encore jamais fait un Juifs,
à entretenir des mercenaires (ξενοτροφεῖν ἤρξατο)" (*A.J.* XIII,
VIII,4,250, traduction Chamonard). La remarque de Josèphe n'
est d'ailleurs pas exacte. On peut trouver un précédent à la
manière de faire de Jean Hyrcan. En effet, David, après avoir
vaincu les Philistins recruta parmi eux ou leur vassaux un
corps de *Kerethim*[16] et de *Pelethim* (*2Sam* 8,18; 15,18; 20,7,23;
1R 1,38,44). Il eut aussi un contingent de 600 hommes de Gat
en Philistie (*2Sam* 15,18 et sq.). L'entretien de troupes é-
trangères (ξενοτροφεῖν) par Jean Hyrcan ne constituait donc
pas un fait unique dans l'histoire juive, comme le prétend
Josèphe.

Le conseil royal

Il comptera en tout trente-six membres (col. LVII,11-16)
choisis pour un nombre égal de douze personnes dans chacun

---

[15] Sur la garde royale, cf. E. de Vaux, *Les Institution de l'
Ancien Testament*, t. I, pp. 189-190.

[16] Sur les Kerethim, cf. M. Delcor, *Les Kerethim et les Crétois*, dans VT vol. 28, 1978, pp. 409 et sq.

des trois éléments composant la communauté essénienne: des
laïcs, des prêtres et des lévites. Les douze conseillers
laïcs sont qualifiés de נשיא, littéralement *nesiey 'ammo*, ter
me qui dans l'Ancien Testament est donné aux chefs des tribus pendant le séjour au désert (*Nb* 7,2), avec la précision
qu'ils étaient "les chefs des maisons paternelles"[17]. Le mot
nâsî' n'est pas essentiellement porteur d'un sens religieux.
Dans les textes de Qumrân autres que le *Rouleau du Temple*,
le terme apparaît neuf fois[18]. C'est le titre qui est porté
par le chef de toute la congrégation: *nsî' kwl h'dh* (1QM V,1;
1QSb V,20; 4QpIs a A,2; CDC; V,1; VII,20). D'après 1QM III,16,
la myriade a aussi son *nâsî'*. Il est significatif, comme l'ob
serve A. Caquot, que dans cette constitution destinée à l'é-
tat d'Israël ce sont les *nesi'im* laïcs qui sont mentionnés
en tête avant les prêtres et les lévites, tandis que dans le
Serek ce sont les prêtres qui siègeront en premier dans une
communauté aux allures plutôt monastiques (1QS VI,8-9). On ob
servera que le nombre de douze membres pour chaque ordre est
commandé par les douze tribus d'Israël. Ce nombre douze est
déjà mentionné ailleurs   (1QS VIII,1; 1QM II,1: 4Q Ord 2-4;
III,4)[19]. Le rôle de ces trente-six membres est bien précisé:
ils siègeront avec le roi pour le *mišpat*, c'est à dire pour
rendre la justice et pour (dire) la Loi (*torah*). Le roi ne
se passera en aucun cas de leur conseil: "Son coeur ne s'élè
vera pas au-dessus d'eux et il ne fera rien en dehors d'eux
pour toute espèce de conseil". Observons tout d'abord que du
rant la monarchie le titre de "conseiller" du roi est porté
rarement et seulement par tel ou tel individu. Sous David le
titre explicite de *yo'eş* "conseiller" est donné à Aḥitophel
(*2Sam* 15,12; cf. 15,31; 16,23). Le livre des Chroniques mentionne aussi comme conseiller du roi Jonathan, l'oncle de Da
vid (*1Chr* 27,32-33). Le titre reparaît sous Amasias (*2Chr* 25,
16)[20].

---

[17] Sur le sens de ce terme, cf. J. vanderPloeg, *Les chefs du
peuple d'Israël et leurs titres*, dans RB 47, 1950, pp. 47-
51.

[18] Cf. K.G. Kuhn, *Konkordanz zu den Qumrantexten*, Göttingen
1960.

[19] Cf. J.M. Baumgarten, *The Duodecimal Courts of Qumran, The
Apocalypse and the Sanhedrin*, dans J.M. Baumgarten, *Studies in Qumran Law*, Leiden 1977, pp. 145-171.

[20] Sur le conseiller, cf. P.A.H. de Boer, *The Consellor*, dans
Supplements to Vetus Testamentum, vol. III, 1955, pp. 42-
71 et notamment pp. 53 et sq; cf. T.N.D. Mettinger, *Solomo*

Le rôle du conseil décrit dans le *Rouleau du Temple* est d'
aider le roi dans ses fonctions de juge. De fait, le prince
détenait un pouvoir judiciaire qui est la fonction propre de
tout chef, de tout sheikh et par exemple de Moïse qui l'exer
ça dans le désert (*Ex* 18,16). Mais en raison du développement
des institutions, la plupart des causes allaient à d'autres
que le roi. Nous sommes malheureusement assez mal renseignés
sur l'organisation des tribunaux en Israël. On sait seulement
qu'il y avait la juridiction communale des Anciens, la juridiction royale et la jurudiction sacerdotale[21]. La composition
du conseil royal tel qu'il est décrit dans le *Rouleau du Tem
ple*, rappelle, semble-t-il, l'ordonnance de Josaphat. Si l'
on en croit l'auteur du livre des Chroniques, ce roi insti-
tua dans toute ville fortifiée, dans chaque ville "des juges
incorruptibles". En outre, à Jérusalem, il établit un tribunal de prêtres, de lévites et de chefs de famille israélites.
Ils devaient juger en première instance les habitants de Jéru
salem (κρίνειν τοὺς κατοικοῦντας ἐν Ἰερουσαλημ, d'après la
LXX) et en seconde instance les causes déférées par les autres
villes. Pour les affaires religieuses (litt. pour toute affaire de Yahvé), le roi place à la tête du tribunal Amaryahu,
le premier prêtre; et pour les affaires royales, Zebadyahu,
le chef de la maison de Juda. Les lévites servaient de greffiers (*soterim*) (*2Chr* 19,4-11)[22].
   A l'époque du Nouveau Testament, on sait que le Sanhédrin,
qui agissait comme haute cour de justice, était également com
posé de prêtres, de laïcs et de scribes et avait à sa tête le
grand-prêtre. Il comptait soixante dix membres en souvenir
de *Nb* 11,16[23].
   Ce rappel rapide de l'histoire de l'institution judiciaire à Jérusalem montre que le *Rouleau du Temple* fournit des
précisions intéressantes sur le nombre des membres composant
le conseil royal en matière judiciaire qui n'a pas, semble-t
-il, d'équivalent ailleurs. On a l'impréssion que l'ordonnan

*nic State Officials. A Study of the Civil Government Offi-
cials of the Israelite Monarchy*, Lund 1971, pp. 64 et sq.

[21] Cf. là-dessus R. de Vaux, *Les institutions de l'Ancien Tes
tament*, t. I, pp. 235 et sq.

[22] Sur la portée de l'ordonnance de Josaphat, cf. en dernier
lieu le commentaire de W. Rudolph, *Chronikbücher*, ("Handbuch zum Alten Testament"), Tübingen 1955, p. 257.

[23] Sur le Sanhédrin, cf. Michna, *Sanhédrin*; E. Schürer, *Geschichte des jüdischen Volkes im Zeitalter Jesu Christi*,
Leipzig 1907 (4éme édition), pp. 238-267.

ce qoumranienne veut rendre vraiment efficace la mise en gar
de deutéronomienne (*Dt* 17,20) "de peur que son coeur ne s'é-
lève pas au-dessus de ses frères" en adjoignant au roi un con
seil de trente-six membres pour les affaires judiciaires,
sans lesquels il ne pourra rien faire. Cette assemblée faite
sur le modèle de celle instituée par la réforme de Josaphat
comporte quelques différences: la suprématie est accordée non
plus aux prêtres mais aux laïcs; par ailleurs on passe sous
silence la présence de deux présidents du tribunal, l'un pour
les affaires religieuses, l'autre pour les affaires royales.
Il est possible qu'à la longue, cette dualité ait posé quelques problèmes et qu'on y ait renoncé par la suite.

La femme du roi

   Voici la traduction de ce texte important:

"et il ne prendra pas de femme parmi les filles des païens
(*goym*), mais dans la maison de son père, il prendra sa femme,
dans le clan de son père. Et il ne prendra pas une autre fem
me en plus de celle-ci mais elle sera seule avec lui tous les
jours de sa vie, et si elle meurt, il prendra une autre femme de la maison de son père, dans son clan" (col. LVII,15-19).

   Cette ordonnance appelle plusieurs remarques:
   1) Il est interdit formellement au roi de prendre une fem
me païenne, ce qui avait été un usage assez constant chez les
rois de Juda. David avait épousé Maaka, la fille du roi araméen de Geshur (cf. *2Sam* 3,3). Salomon s'allia par un mariage avec Pharaon, dont il épousa une fille (cf. *1R* 3,1). Il
prit également des femmes chez les Moabites, les Ammonites,
les Edomites, les Sidoniens, les Hittites (cf. *1R* 11,1; 14,
21). Achab épousa Jézabel, la fille du roi de Tyr (*1R* 16,31).
Par cette défense, le *Rouleau du Temple* interdit donc tout
mariage politique. Yadin interprète cette interdiction du ma
riage du roi avec une étrangère comme étant une allusion polémique aux pratiques des Hasmonéens.
   2) L'auteur du *Rouleau du Temple* modifie singulièrement
le statut du roi tel qu'il est donné en *Dt* 17,17. D'une part,
le roi doit prendre sa femme dans sa famille et le clan de
son père (endogamie), d'autre part il doit se limiter à une
seule femme durant sa vie (monogamie).

Endogamie:
il faut noter que cette législation est en opposition avec l'
usage pharisien qui permet le mariage du roi avec une fille
de famille lévitique ou sacerdotale (Tosephta, *Sanhedrin* IV,
2). D'après Yadin, la législation qoumranienne serait à cher

cher dans *Gn* 24,37 et sq. et *Nb* 36,6-8. D'après le premier
texte, Abraham ordonne à son serviteur d'aller chercher une
femme pour son fils "dans la maison de son père, dans sa parenté". D'après le second passage, les filles héritières devaient épouser un homme de la tribu de leur père "afin que
les enfants d'Israël conservent chacun l'héritage de ses pères". Il est possible aussi que la loi royale du *Rouleau* ait
été influencée par ce que le Lévitique ordonne touchant le ma
riage du grand-prêtre (*Lev* 21,13-14). Au verset 13, d'après
la traduction de la LXX, ce dernier doit prendre une femme
vierge, issue de sa race (ἐκ τοῦ γένους αὐτοῦ), précision qui
est absente du T.M. Au verset 14, les textes hébreu et grec
insistent pour que cette femme vierge soit prise du milieu de
son peuple. Philon, guidé par le texte de la LXX de *Lev* 21,
13, limite à la fille du prêtre la possibilité de mariage
avec un grand-prêtre, excluant donc la fille de lévite et la
fille de l'israélite[24]. Il y a des cas très rares de femmes de
prêtres qui n'étaient pas de descendence sacerdotale. On cite l'
épouse d'Alexandre Jannée, grand-prêtre hasmonéen, qui était
une soeur de Rabbi Shiméon ben Shetah qui n'était pas prêtre
(*Talmud babli*, Ber. 48a et passim)[25].

L'ordre pour le roi de pratiquer uniquement un mariage en
dogamique aboutissait donc à des unions avec des parentes
quelquefois assez proches. Le livre des *Jubilés* semble recom
mander le mariage avec la cousine. En effet, il raconte, sou
vent en allant au-delà du texte biblique, que les patriarches
épousèrent les filles de la soeur[26] ou du frère de leur père[27].
Le livre des *Jubilés*, ouvrage qu'on attribue au milieu essénien, fait une obbligation stricte à tous les fidèles de con
clure des mariages dans le seul clan israélite. Contrevenir
à cette prescription était puni de la peine de mort (XXX,7,
10). "Et toi, Moïse, ordonne aux enfants d'Israël, et exhor-
te-les à ne pas donner leurs filles aux Gentils, et à ne pas
prendre pour leur fils aucune des filles des Gentils, car ce
la est abominable devant le Seigneur..." (XXX,11,13-15). Le
mariage endogamique pouvait aboutir à l'union avec une nièce,
ce qui était permis dans le rabbinisme[28] mais est l'objet de

---

[24] Cf. *De specialibus legibus* I, § 110.

[25] Cf. à ce propos Joachim Jeremias, *Jérusalem au temps de Jé
sus*, Paris 1967, p. 219.

[26] Cf. *Jubilés* IV,15,16,20,27,28,33; XI,14.

[27] Cf. *Jubilés* VIII,6; XI,7.

[28] Voir les références dans J. Jeremias, *op. cit.*, p. 479.

polémique dans la secte essénienne d'après le Document de Da
mas (V,7-10): "Et ils épousent chacun la fille de son frère
ou la fille de sa soeur. Or Moïse a dit: De la soeur de ta mè
re tu ne t'approcheras pas car c'est la chair de ta mère (*Lev*
18,13). La loi de l'inceste, c'est pour les mâles qu'elle est
rédigée, mais elle s'applique également aux femmes" (trad. Du
pont-Sommer).

Monogamie:

L'ordonnance du *Rouleau du Temple* relative à la monogamie
stricte du roi est en opposition avec l'interprétation rabbi
nique de *Dt* 17,17a. En effet la Michna autorise le roi à
avoir jusqu'à dix-huit femmes (*Sanhedrin* 2,4). Avec l'ordonnance du *Rouleau du Temple*, est-on en présence d'une applica
tion au roi d'une *halakah* qui concernait tous les Esséniens –
si on en croit le texte, malheureusement assez obscur du Document de Damas (IV,20-21 – V,3) qui a donné lieu à des inter
prétations diverses – ou s'agit-il du contraire? Voici la tra
duction de ce dernier texte:: "Les bâtisseurs du mur... ont
été attrapés deux fois par la luxure en prenant deux femmes
de leur vivant (בחייהם), alors que le principe de la création
est: mâle et femelle, il les créa (*Gn* 1,27). Et ceux qui en-
trèrent dans l'arche, vinrent deux par deux (*Gn* 7,7-9). Et au
sujet du prince, il est écrit: Il ne multipliera pas pour lui
les femmes (*Dt* 17,17). Quant à David, il n'avait pas lu le li
vre scellé qui était dans l'Arche (d'Alliance)".

Il convient de commenter brièvement ce texte. L'expression
"les bâtisseurs du mur" (בוני החיץ) est une métaphore qui désigne les opposants doctrinaux de la communauté essénienne.
Quant à la phrase: "Ils ont été attrapés deux fois dans la lu
xure", elle fait allusion aux pièges de Bélial dans lesquels
sont tombés les Israélites dont il a été question plus haut
dans le Document de Damas. En prenant deux femmes durant leur
vie, ils sont tombés deux fois dans le piège, explique le Do
cument de Damas. L'expression בחייהם avec le suffixe masculin pluriel de la troisième a donné lieu à quatre interpréta
tions différentes résumées récemment par G. Vermès[29]:
1) La polygamie et le remariage après divorce sont interdits.
2) La polygamie seule est interdite.
3) Le divorce seul est interdit.
4) Un second mariage est interdit.

---

[29] Cf. G. Vermès, *Sectarian Matrimonial Halakah in the Damascus Rule*, dans le recueil d'études *Post-Biblical Jewish
Studies* (*Studies in Judaism in Late Antiquity*, Leiden 1975,
pp. 50-56).

La première interprétation, partagée par le plus grand
nombre d'auteurs (Schechter, Daube, Winter, Dupont-Sommer,
Cothenet, Moraldi) entraîne, comme on l'a remarqué, une objection principale: l'interdiction de la bigamie simultanée
ou consécutive demande plutôt, semble-t-il, la forme בחייהן
"durant leurs vies à elles", c'est à dire avec le féminin
pluriel du pronom suffixe se référant aux deux femmes encore vivantes, et non בחייהם "durant leurs vies à eux" avec le
suffixe masculin qui vise le mari vivant[30]. Aussi certains estiment-ils que seule la polygamie est interdite (Ginzberg,
Staerk, Rabin, Vermès). De son côté Murphy-O'Connor a soutenu l'idée que le texte défend uniquement deux mariages dans
une seule vie d'homme[31].

Le *Rouleau du Temple* vient-il dirimer le débat? Yadin le
croit lorsqu'il écrit: "L'auteur du Rouleau du Temple, récemment acquis, énonce les lois de la secte en ce domaine avec
une grande clarté, comme s'il prévoyait toutes les discussions et interprétations différentes de nos jours. Il confirme l'opinion des spécialistes d'après laquelle la secte était
opposée à la polygamie, aussi bien que celle d'après laquelle la secte était opposée au divorce; en même temps, cela se
trouve invalider la suggestion avancée par le Père Murphy-O'
Connor"[32]. Ce dernier n'a pas manqué de riposter immédiatement
à Yadin qui soutenait que la doctrine du *Rouleau du Temple*
ne comportant aucune ambiguïté, il fallait supposer que le
suffixe masculin du Document de Damas V,20 est une faute de
scribe. Murphy-O'Connor attaque la méthodologie de Yadin.
Pour interpréter les documents esséniens, dit-il, on n'a pas
le droit de présupposer que les idées exprimées dans l'ensemble des documents sont entièrement homogènes ou qu'il n'y a
pas eu d'évolution dans les doctrines professées par la secte. En effet, précise-t-il, le témoignage des textes publiés
contredit de telles suppositions. Aussi Murphy-O'Connor main-
tient-il son interprétation[33]. Mais en dernier lieu, Vermès

---

[30] Mais *bḥayym* peut aussi bien être traduit par "durant leur
vie à eux", c'est à dire "les maris" ou "durant leur vie à
elles", c'est à dire "les femmes", car en hébreu et surtout
en araméen on emploie parfois le masculin pour le féminin,
le genre fort pour le faible.

[31] J. Murphy-O'Connor, *An Essene Missionary Document*, CD II,
14 VI,1, dans RB 77, 1970, p. 220.

[32] Cf. Y. Yadin, *L'attitude essénienne envers la polygamie et
le divorce*, dans RB 79, 1972, p.99.

[33] Cf. J. Murphy-O'Connor, *Remarques sur l'exposé du Profes-*

est revenu sur la question pour montrer à juste titre que les
citations bibliques avancées par l'auteur du Document de Damas - "Mâle et femelle, il les créa" (Gn 1,27) et "il ne mul
tipliera pas pour lui les femmes"(Dt 17,17) - requièrent que
le passage doit être compris comme une interdiction de la po
lygamie[34].

Les qualités requises pour le roi-juge (LVII,19-21)

C'est encore du roi qu'il est question aux lignes 19-21;
le texte revient à ses attributions de juge et aux qualités
que requiert cette fonction:

"Il ne fera pas dévier le droit et il ne recevra pas de présent pour faire dévier le juste droit. Il ne convoitera ni
champ, ni vigne, ni aucun avoir, ni maison et il ne volera[35]
rien de désirable en Israël".

Le roi est donc soumis au droit comme tous les autres juges israélites. En effet il est significatif que ce texte qui
apparaît comme une amplification de *Dt* 17,19 défendant au roi
d'amasser des richesses rappelle à ce dernier les devoirs du
juge de *Dt* 16,19. Le roi ne devra pas profiter de ses fonctions de juge pour détourner à son profit les biens de ses ad
ministrés. La mention du champ et de la vigne est sans doute
empruntée au droit du roi tel qu'il est décrit dans *1Sam* 8,
14: "Vos champs, vos vignes et vos oliviers les meilleurs, il
les prendra et les donnera à ses serviteurs".

Il est possible que le *Rouleau du Temple* pense aux exac-
tions commises par les prêtres-rois hasmonéens. Des derniers
prêtres de Jérusalem le *Pesher d'Habacuc* dit précisément "qu'
ils amassent des richesses et gains en pillant les peuples"
(IX,4-5).

La guerre

Elle est présentée dans le *Rouleau du Temple* sous deux as
pects, une opération défensive (3-11) et une opération offen
sive (15-21).

seur Y. Yadin, dans RB 79, 1972, pp. 99-100.
[34] G. Vermès, *op. cit.*, p. 54. Mais voir les réflexions de An
gelo Tosato, *Il matrimonio nel Giudaismo antico e nel Nuovo Testamento. Appunti per una storia della concezione del
matrimonio*, Rome 1976, pp. 32-33 et de A. Díez Macho, *Indi
solubilidad del matrimonio y divorcio en la Biblia*, Madrid
1978.
[35] Nous lisons *ygzwl* au lieu de *wgzl* comme le fait Yadin.

Les conditions de la mobilisation des troupes dans la guerre défensive:
Ce n'est que si le roi apprend qu'une nation (étrangère) ou
un peuple (כול גוי ועם) cherche à conquérir des territoires
(le texte est moins précis et dit simplement quelque chose
appartenant à Israël), que le prince mobilisera. Les hommes
mobilisés ne comprendront que le *dixième* du peuple pour partir en guerre avec lui. D'autres cas sont envisagés. Si des
forces ennemies nombreuses sont entrées en territoire israélite, les chefs des milliers, de centuries lui enverront le
cinquième des gens de guerre. Mais si c'est un roi qui combat avec sa charrerie et sa cavalerie et une troupe nombreu-
se, on enverra au roi le tiers des gens de guerre, les deux
autres tiers restant dans leurs villes et leurs territoires
"afin que l'armée ne pénètre pas à l'intérieur du pays"
(אשר לוא יבוא גדוד אל חוך ארצמה). Enfin si la guerre se fait
dure contre lui, ils lui enverront la moitié du peuple, les
militaires (אנשי הצבא) tandis que l'autre moitié restera
dans les villes.
En cas de victoire sur l'ennemi, on prévoit les normes
selon lesquelles le butin sera partagé. On en fera quatre
parts: le roi aura le dixième, les prêtres un millième, les
lévites un centième. Le reste sera partagé par moitié entre
les combattants et les non combattants restés dans les villes. Cette ultime prescription reprend ce qui est dit dans
le livre des *Nb* 31,25-27. Mais la part qui échoit dans le *Rou
leau du Temple* aux prêtres et aux lévites ne correspond pas
exactement à ce que prévoit pour les mêmes catégories le livre des *Nb* 31,28-30:

"Tu prélèveras un tribut pour Yahweh de la part des gens de
guerre qui ont pris part à l'expédition: un sur cinq cents
des hommes comme des boeufs, des ânes et du menu bétail...
Tu le remettras au prêtre Eléazar... De la moitié échue aux
fils d'Israël, tu prendras un sur cinquante que tu sépareras
tant des hommes que des boeufs, des ânes et du menu bétail,
de tout animal et tu les remettras aux lévites qui ont à veil
ler au service de la demeure de Yahweh".

La dîme du butin réservée au roi a comme seul précédent
biblique celle qu'Abram paie au prêtre Melchisedec, roi de Sa
lem (*Gen* 14,20). Mais la pratique de la dîme du roi d'Israël
sur ses sujets israélites est mentionnée en *1Sam* 8,15 et sq.

Les conditions de la mobilisation en cas de guerre offensive:
Si le roi part en guerre contre ses ennemis, le *cinquième* de
son peuple partira avec lui. Comme on le voit, les propor-

tions sont les mêmes qu'en cas d'attaque sérieuse d'un pays
ennemi sur le territoire d'Israël. Si l'on en croit Yadin,
חמישת, "le cinquième", serait une intreprétation du terme
חמשים de Jos 1,14, traduit habituellement par "combattants".

Les combattants devront se plier à certaines normes rituel
les: se garder de toute chose impure (כול דבר טמאה), de tout
rapport sexuel (כול ערוות), de tout crime et de tout péché
(כול עוון ואשמה). Le *Rouleau du Temple* reprend en partie ici
les prescriptions de *Dt* 23,10 et sq. sur la pureté du camp,
prescriptions d'ailleurs reprises dans le *Rouleau de la Guer*
re VII,3-7.

D'après le *Rouleau du Temple*, le roi n'a pas seul l'initiative de la guerre offensive. Il doit auparavant consulter
le grand-prêtre qui lui donnera sa réponse en manipulant les
Ourim et les *Toummim*.

Ce fait nécessite quelque élucidation. Deux passages de l'
Ancien Testament parlent clairement de la consultation de
Yahvé par les *Ourim* et les *Toummim*: *1Sam* 28,3-6 et *Nb* 27,21.
Dans le premier passage, ce mode de consultation est mention
né à côté d'autres procédés, le songe et l'oracle prophétique. L'usage des *Ourim* et des *Toummim* est impliqué chaque
fois que le texte biblique mentionne l'utilisation de l'*éphod*
pour demander conseil à Yahvé (*Jos* 9,14; *Juges* 1,1-2; *1Sam*
10,22; 14,3,18,36). Après la mort de David, aucun texte biblique ne fait plus état de la consultation des *Ourim* et des
Toummim ou de l'*éphod*. De fait, le roi d'Israël utilise ce mo
de de consultation afin de connaître la volonté de Yahvé sur
l'opportunité d'entrer en guerre avec les Philistins et sur
l'issue du combat: "Irai-je et battrai-je les Philistins?"
(*1Sam* 23,2; cf. 23,4,9). De même avant de poursuivre les Ama
lécites, le roi David demande au prêtre Abiathar de consulter l'*éphod* (*1Sam* 30,7-8). Du fait que la pratique de la con
sultation par les *Ourim* et les *Toummim* est tombée en désuétu
de depuis longtemps - l'oracle prophétique avait pris le re-
lais - le retour à cet ancien usage stipulé par le *Rouleau du*
Temple apparaît comme une incitation pour le roi à prendre
David comme modèle. Ce document insiste sur le recours néces
saire au jugement des *Ourim* et des *Toummim*, condition pour le
succès des expéditions royales:

"C'est selon ce que (le grand-prêtre) dira qu'il partira et
selon ce qu'il dira qu'il rentrera, lui et tous les fils d'
Israël qui l'accompagnent. Il ne partira pas comme il l'entend, sans demander le jugement des Ourim et des Toummim. Il
réussira dans toutes ses expéditions, s'il part en se confor
mant au jugement que..." (LVIII,19-20).

La colonne LIX fait état des menaces et des promesses formulées dans le cas de rébellion ou au contraire de soumission du roi et du peuple aux commandements divins. L'auteur du *Rouleau du Temple* suit le schéma de *Dt* 28 dont il reprend certaines expressions. Dispersion des Israélites dans de nombreux pays, asservissement, condamnation à l'idôlatrie et pillage de leurs villes, tel sera le lot du peuple en raison de la désobéissance à la Loi. Il n'y aura personne pour les sauver, conclut le *Rouleau du Temple*, à cause de leur méchanceté, parce qu'ils "ont dénoncé mon alliance et pris ma loi en dégoût (et il en sera ainsi) jusqu'à ce qu'ils aient expié la faute"(col. LIX,8-9).

La malédiction n'atteindra pas uniquement le peuple mais elle touchera également le roi infidèle aux commandements divins. Ces malédictions auront des effets sur ses successeurs au trône:

"Il ne trouvera jamais personne pour s'assoir sur le trône de ses pères. Je détruirai (אכרית) pour toujours sa race, en sorte qu'elle ne régira plus Israël" (LIX,14-15).

Si au contraire le roi obéit à la Loi et fait ce qui est droit et bon, il aura toujours une descendance sur son trône:

"Il ne manquera jamais parmi ses fils d'un homme qui s'asseye sur le trône royal d'Israël. Je serai avec lui, je le sauverai de la main de ceux qui le haïssent et de la main de ceux qui veulent lui prendre la vie. Je lui livrerai tous ses ennemis, il les régira selon son plaisir et eux ne le régiront pas. Je le mettrai en haut et non en bas, en tête et non en queue et il aura des jours longs et nombreux à la tête de son royaume, lui et ses fils après lui" (LIX,17-21).

C'est sur ses mots que se termine le statut du roi.

Il n'y a rien de bien nouveau dans tout cela, car les sanctions annoncées répètent celles des livres bibliques (cf. *1R* 2,4; 8,25; 9,5; *Jr* 33,17) presque dans les mêmes termes. On comparera par exemple *1R* 8,25:

לא-יכרת לך יאיש מלפני ישב על-כסא ישראל

et *Rouleau du Temple* LIX,17:

לוא יכרת לו איש יושב על כסא מלכות ישראל לעולם

De même *Dt* 28,13:

"Yahvé te placera à la tête et non à la queue"

et *Rouleau du Temple* LIX,20:

ובתהיה למעלה ולוא למטה לראוש ולוא לזנב.

Conclusion

1) Le statut du roi tel qu'il apparaît dans le *Rouleau du Temple* complète et met à jour les données de l'Ancien Testament compte tenu des abus dans lesquels est tombée l'institu tion royale au cours des siècles. Pour réaliser son dessein, d'une part il rassemble les données éparses dans l'A.T., en reprenant par exemple l'ordonnance de Josaphat relative à l'institution d'un conseil royal, d'autre part 'il apporte des modifications substantielles aux données bibliques en vue d'empêcher à l'avenir le retour aux errements du passé.

2) On peut aussi brosser un tableau de la personne du roi:

a) Le *Rouleau du Temple* interdit absolument de choisir un étranger comme roi. Celui-ci a pour mission de faire la guerre. La royauté apparaît donc aux yeux de l'auteur comme une institution militaire.

b) A la différence du Deutéronome, ce n'est pas le roi lui-même qui établira une copie de la Loi royale. Mais l'obbliga tion appartient à d'autres que lui pour qu'il ne puisse pas l'infléchir ou la modifier.

c) Le *Rouleau* précise qu'il faut constituer une armée royale dès l'avènement du nouveau roi; celui-ci la passera en revue par unités.

d) Cette armée a un rôle plutôt défensif. Elle est destinée à garder le roi contre ses ennemis. Cette garde royale qui atteindra le chiffre exorbitant de 12000 hommes ne sera pas constituée par des mercenaires étrangers mais par des Israélites "craignant Dieu".

e) Le roi devra s'entourer d'un conseil de 36 membres parmi les laïcs, les prêtres et les lévites pour l'aider à rendre la justice. Il ne pourra rien faire sans leur conseil, la su prématie n'étant plus donnée aux prêtres, comme dans l'ordon nance de Josaphat, mais aux laïcs.

f) En réaction contre les abus et les dangers de la polygamie pratiquée par ses prédécesseurs, notamment Salomon, le roi devra pratiquer une monogamie stricte sa vie durant et choisir sa femme dans la maison de son père. En d'autres termes, il est interdit de se choisir des femmes étrangères comme le pratiquaient les Hasmonéens? L'auteur se sépare donc de l'interprétation rabbinique de *Dt* 17,17a en proposant une *halakah* très rigoureuse du texte deutéronomique. Il faut croire qu'on a exigé la monogamie des membres de la secte parce que précisement on prétendait l'exiger du roi.

g) Le roi en tant que juge devra se soumettre au droit comme les autres israélites: il ne devra pas profiter de ses fonctions judiciaires pour amasser des richesses acquises injustement.

h) On prévoit dans le détail la mobilisation des Israélites en cas de guerre défensive ou offensive ainsi que les règles de partage du butin. En cas de guerre offensive le roi devra consulter obligatoirement le grand-prêtre qui donnera sa décision par les *Ourim* et les *Toummim*. Le retour à cette vieille institution disparue après le roi David pourrait indiquer que ce monarque du passé doit être pris comme modèle.

Il manque toutefois une dimension eschatologique au statut du roi de notre document. En d'autres termes, le roi décrit ici n'est pas le roi idéal des temps futurs, le Messie. L'auteur anonyme du *Rouleau du Temple*, fort de la longue et parfois cuisante expérience qu'Israël a faite de l'institution royale, surtout dans l'horizon immédiat du règne des Hasmonéens qui est sans doute le sien, a cherché uniquement à préparer une législation adaptée au moment présent. De ce statut se dégage une certaine animosité contre les étrangers, sans pour autant que se manifeste clairement une véritable xénophobie.

Tels sont les traits essentiels du roi dans les perspectives de l'auteur sectaire de Qumrân.

(Ricevuto il 9.VI.1980)

– – –

Riassunto a cura della Redazione

In quest'articolo viene esaminato lo "statuto del re", qual è formulato nel Rotolo del Tempio, che riprende i dati dell'Antico Testamento non senza tener conto degli abusi che hanno minato l'istituzione regale nel corso dei secoli. Tuttavia i dati dell'Antico Testamento non sono semplicemente ripresi (come, per esempio, la disposizione di Giosafat relativa all'istituzione di un consiglio regale), ma vengono integrati, per impedire che in futuro si ripetano gli errori del passato: in tal modo s'introducono profonde innovazioni rispetto alla costituzione biblica.

Si delinea pertanto una nuova figura di re, così connotata:

a) non si potrà scegliere come re uno straniero e, quanto alla regalità, è concepita soprattutto come un'istituzione *militare (al re comporterà di fare la guerra).*

b) *In contrasto con la legislazione deuteronomica, non sarà il re a redigere una copia della Legge (forse per evitare che potesse introdurvi dei cambiamenti).*

c-d) *Si dovrà creare una guardia reale, composta di 12.000 unità, cui toccheranno prevalentemente compiti di difesa (difenderà il re contro i suoi nemici); in questo esercito non potranno essere arruolati dei mercenari stranieri, ma soltanto degli Israeliti "timorati di Dio".*

e) *Nell'attività giudiziaria il re dovrà essere affiancato da un consiglio di 36 membri, composto rispettivamente di laici, sacerdoti e leviti; nessuna iniziativa potrà essere presa senza il loro consiglio e, a differenza di quanto è sancito nello statuto di Giosafat, la supremazia spetterà ai laici, e non ai sacerdoti.*

f) *In fatto di legislazione matrimoniale al re sarà imposta una rigida monogamia, e gli sarà imposto altresì di prender moglie "nella casa di suo padre"; il che farebbe supporre che si volesse porre un freno ai matrimoni con donne straniere, praticato dagli Asmonei.*
L'Autore diverge, dunque, dall'interpretazione che di Dt *17,17a davano i Rabbi e propone un'interpretazione* halaki ca *molto rigida di questo passo. Ciò induce a credere che anche dai membri stessi della setta si pretendesse la monogamia, così come la si esigeva dal re.*

g) *La funzione di giudice non impedirà al re di essere giudicato come gli altri Israeliti, né egli dovrà valersi di questa prerogativa per accumulare ricchezze ingiuste.*

h) *Infine si danno indicazioni particolareggiate per la mobilitazione degli Israeliti in caso di guerra (non importa se si tratti di offesa o di difesa), cui seguono disposizioni in merito alla divisione del bottino. Nel caso che venga dichiarata guerra ad Israele, si dovrà far ricorso all'antica pratica degli* Urim *e dei* Tummim, *caduta in desuetudine dopo David; il che potrebbe far supporre che si prendesse come modello questo re.*

Il fatto che nello statuto del re non compaia nessun tratto escatologico induce a credere che la figura del re che qui si delinea non abbia niente a che vedere con il Messia. L'Autore anonimo del Rotolo del Tempio, *che scrive sotto l'effetto dell'esperienza degli Asmonei e che ha fatto tesoro degli errori passati, non si è proposto altro scopo se non di elaborare una legislazione che rispondesse alle esigenze del presente. In questo contesto si spiegano anche gli attacchi contro gli stranieri, che comunque non rasentano ancora la xenofobia.*

Questo articolo si sviluppa, dunque, su due binari: da un lato mette in evidenza il modo con cui gli esseni trattavano il testo biblico. Cercavano di modificarlo il meno possibile, ma riuscivano sempre con poche aggiunte o spostamenti a otte nere un senso decisamente più adatto all'ideologia della set ta.

Dall'altro mette in evidenza le conseguenze politiche derivanti da queste nuove interpretazioni. Si fa palese la ten denza antiasmonaica o antierodiana; il quadro dell'essenismo intorno all'era cristiana viene così chiarito e definito.

RÉFLEXIONS SUR L'INVESTITURE SACERDOTALE
SANS ONCTION À LA FÊTE DU NOUVEL AN
D'APRÈS *LE ROULEAU DU TEMPLE* DE QUMRÂN
(XIV,15-17)

PAR

Mathias DELCOR (Paris)

La Bible situe la consécration d'Aaron et de ses fils le premier jour du premier mois (Ex 40,12 et sq.). Deux rites essentiels caractérisent cette consécration : l'imposition des vêtements sacrés et l'onction avec de l'huile. Un autre texte de l'Exode spécifie que les vêtements sacrés d'Aaron seront transmis à ses fils pour en être revêtus lorsqu'on les oindra et qu'on les installera (29,29). Cette installation — le terme technique employé est *mallé' yâdam* «remplir leurs mains» — durera sept jours tout comme les sacrifices expiatoires pour le péché et pour l'autel qui l'accompagneront (29,35 et sq.).

Le Rouleau du Temple a ceci de particulier qu'après avoir repris dans le livre des Nombres ce qui concerne les sacrifices propres aux néoménies (Nb 28,11-14), il introduit immédiatement en tête des célébrations annuelles non pas la fête de la Pâque comme en Nb 28,16 et sq., mais une fête du Nouvel An suivie de l'octave des investitures (*millu'im*) (col. XIV,9 et sq; XV,1 et sq.).

C'est le premier jour de Nisan que le grand prêtre recevait l'investiture, c'est à dire qu'il revêtait les habits sacrés à la place de son père. Cela est dit en passant dans le texte du Rouleau (col. XIV,15-17) : «Si le grand prêtre se tient [pour servir devant Yahvé], celui dont on a rempli la main en le revêtant des habits à la place de son père, il offrira un taurillon pour tout le peuple et un autre pour les prêtr[es ...]».

Ce texte demande un bref commentaire :

1) On notera que le Rouleau du Temple ne mentionne que deux verbes relatifs à l'entrée en fonction du grand prêtre : le premier signifie littéralement «remplir les mains» de ce dernier (*ml' ydm*) et le second se réfère à des vêtements sacerdotaux (*lbwš bgdym*), dont on le revêt. Il y manque l'onction sacerdotale que l'on trouve mentionnée en Lev 16,32; Lev 8,6-12; Ex 29,4-7, tous textes sacerdotaux du Pentateuque.

2) L'expression *ml' yd* est employée dans la Bible pour dire «instituer,

Hellenica et Judaica, FS Valentin Nikiprowetzky, Leuven/Paris – 1986, 155–164 installer quelqu'un comme prêtre», «le consacrer» (Ex 28,41; 29,9 et sq; 32,29; 21,10; Nb 3,3; Jug 17,5,12; IR 13,33; IChr 29,5; 2Chr 13,9; 29,3). Il importe de tenter de saisir la portée de ce syntagme. Littéralement cette expression imagée signifierait «remplir les mains» sous-entendu d'offrandes que les prêtres doivent présenter à Dieu dans la cérémonie d'installation. Ces dons étaient comme le symbole du pouvoir dont ils étaient investis. Telle est du moins l'explication qui s'appuie sur Ex 29,24 et sq; Lev 8,27 et sq, mais ces textes du Pentateuque appartiennent à une date récente (P) et il faut sans doute supposer qu'il s'agit d'une explication secondaire d'une expression dont on a depuis longtemps perdu le sens. D'après ces textes, Moïse pose les offrandes consistant en pain sans levain et en gâteaux sur les paumes des mains d'Aaron et de ses fils et les présente avec eux à Yahvé; puis il les ôte de leurs mains et les fait brûler sur l'autel par dessus l'holocauste. Une autre explication a pour point de départ Jug 17,10; 18,4, qui sont les textes les plus anciens. D'après le récit du livre des Juges, Micha propose de garder auprès de lui comme prêtre un lévite originaire de Bethléem et de lui donner 10 sicles d'argent par an, une provision de vêtements et de la nourriture (17,10). «Remplir les mains» du lévite (17,12) signifierait donc tout simplement lui donner un salaire. On a pensée aussi à un équivalent de la phrase *umalli ḳâta* que l'on trouve dans les inscriptions assyro-babyloniennes avec le nom d'une divinité comme sujet et qui prend le sens de «confier une charge à quelqu'un», «l'investir d'un emploi»[1]. Par contre, une autre explication entend s'appuyer sur une lettre de Mari où l'expression *mil qātišunu* «remplissage de leur main»[2] se rencontre à propos de la part du butin qui revient de droit à telle catégorie d'officiers. Pour un prêtre, c'est la part des revenus du sanctuaire qu'il doit toucher «le droit du prêtre» de 1S 2, 13[3].

De toute façon, quel que soit le sens premier de l'expression biblique, il reste que sa signification originale n'était plus perçue depuis longtemps et à plus forte raison au IIe siècle av. J.C. C'est ce que montrent les traducteurs grecs alexandrins qui rendaient soit littéralement et mécaniquement l'hébreu, soit l'interprétaient par τελειοῦν τὰς χεῖρας «rendre parfaites les mains», au sens de les rendre aptes au culte (Ex 29,9; 20,29,33,

---

[1] C'est le sens retenu par Burney dans *The Book of Judges*, Londres, 1918, p. 422.

[2] *Archives Royales de Mari*, Paris, 1950, t. II n° 13 ligne 17.

[3] Cette explication a été soutenue par Martin Noth, *Könige* (Biblischer Kommentar Altes Testament), Neukirchen, 1968, p. 304; du même auteur, «Amt und Berufung», dans *Bonner Akademische Reden* 19, 1958, pp. 7 et sq. Elle a été retenue par R. de Vaux, *Les Institutions de l'Ancien Testament*, Paris, 1960, t. II, p. 179.

35; Lev 4,5; 8,33; 16,32; Nb 3,3). Parallèlement *millu'im* était traduit par θυσία τῆς τελειώσεως (Ex 29,34) et l'agneau de l'investiture *'eyl hamillu'im* par κριὸς (τῆς) τελειώσεως (Ex 29,26,27,31). L'épître aux Hébreux 7,11 emprunte ce terme à la langue des LXX qui emploie τελειῶ au sens de «rendre idoine au culte». On a observé l'usage fréquent du mot τελείωσις dans le judaïsme alexandrin [4]. En tout cas, rien n'indique que le sens originel de l'expression hébraïque «remplir les mains», pas plus que sa traduction grecque à Alexandrie impliquent un rite quelconque d'ordination. Aussi à Qoumran, comme déjà dans l'Ancien Testament, faut-il traduire par «installer» l'expression «remplir les mains» qui sans doute vidée de son sens technique prend la signification générale de conférer une charge à un prêtre. C'est ce qu'indique clairement la phrase de la col. XXXV,6 où l'on parle des habits sacrés avec lesquels on l'a investi (littéralement «on lui a rempli les mains»).

3) La vêture du grand prêtre semble avoir pris déjà une grande importance dans le Rouleau du Temple. Du fait que l'on ne pratiquait pas l'onction avec de l'huile, le vêtement constituait le seul signe de la consécration du prêtre à Yahvé. Aussi était puni de mort le prêtre qui pénétrait dans le sanctuaire sans être revêtu des habits sacrés avec lesquels on l'avait investi (col. XXXV,6). En effet, celui qui possédait les habits sacerdotaux détenait légalement la charge. Si un prêtre ne portait pas les ornements sacrés, c'est qu'il était un intrus. Par ailleurs, lorsqu'une puissance étrangère pouvait disposer en Israël des vêtements sacerdotaux, elle détenait du même coup le pouvoir d'installer le grand prêtre de son choix. C'est ce qui s'est produit surtout à l'époque hérodienne et romaine. En effet, pour empêcher les Juifs de faire des complots, Hérode le Grand, Archélaüs et, après lui, les Romains mirent le vêtement du grand prêtre sous leur garde dans la forteresse Antonia. Les Juifs ne le récupéraient que les jours de fête. Les événements rapportés par Josèphe [5] montrent que les luttes pour la possession du vêtement du grand prêtre étaient en fait des luttes politiques autant que religieuses. Le vêtement fut aux mains des Romains de 6 à 37 ap. J.-C. et les Juifs n'eurent de cesse jusqu'à ce qu'ils aient récupéré le vêtement sacré, ce que Claude octroya personnellement en 45 ap. J.-C. par un décret de sa propre main [6]. Mais les Grecs disposaient déjà à leur guise des ornements sacrés du grand prêtre pour en revêtir qui bon leur semblait, comme l'indique, semble-t-il, l'auteur du premier

---

[4] Cf. art. τελείωσις de Delling, dans Kittel, *Theol. Wörterbuch zum N.T.*, p. 86.
[5] A.J. XX, 4, 3 § 90 et sq.; XX, 1, 1-2 § 6 et sq.
[6] Sur toute cette question cf. J. Jeremias, *Jérusalem au temps de Jésus*, Paris, 1967, p. 211.

livre des Maccabées lors de l'accession de Jonathan au sacerdoce suprême par le bon plaisir du roi Alexandre Balas, en la fête de Sukkot de l'année 152 (1Mac 10, 20-21). Cette nomination intervenait après une vacance de sept ans (159-152) dans la série des grands prêtres de Jérusalem. Le dernier en date, Alkime, avait été nommé par Antiochus V (1Mac 7,5; 2 Mac. 14, 4 et A.J. XII, 385 et XX, 235 et sq.), mais il n'était pas d'ascendance oniade. Les Séleucides avaient donc déjà interrompu la dynastie des Oniades en introduisant un candidat personnel et ainsi le sacerdoce suprême cessait d'être héréditaire. Seul le passage de 1 Mac 10, 20-21 mentionne les vêtements sacerdotaux remis au grand prêtre : «Le roi Alexandre à son frère Jonathan, salut! Nous avons appris à ton sujet que tu es un homme valeureux et que tu es disposé à être notre ami. Aussi venons-nous de te constituer aujourd'hui grand prêtre de ta nation avec le titre d'ami du roi — et il lui envoyait en même temps une tunique de pourpre et une couronne d'or (πορφύραν καὶ στέφανον χρυσοῦν) — afin que tu embrasses notre parti et que tu nous conserves ton amitié». Et Jonathan revêtit les ornements sacrés (τὴν ἁγίαν στολὴν) le septième mois de l'an cent soixante en la fête des Tabernacles». Les exégètes ne sont pas toujours d'accord sur le sens à donner à ce passage. La Bible de Montserrat[7] voit tout simplement dans le manteau de pourpre et la couronne d'or les insignes de la royauté que le roi pouvait concéder à des personnes distinguées, comme manifestation d'une faveur spéciale et cite à cet effet Est 8, 15 et Dan 5, 7. Mais cette interprétation n'a pas tenu compte du contexte sacerdotal de la péricope du premier livre des Maccabées. La plupart des exégètes modernes reconnaissent par contre, dans la tunique de pourpre et dans la couronne d'or les insignes du souverain sacerdoce. Mais pour les uns, les insignes octroyés par le roi diffèrent de la tunique sainte, tandis que pour d'autres il s'agit de la même réalité. En effet, pour beaucoup — et je partage leur opinion — la tunique d'or dont le roi gratifie le grand prêtre ne diffère pas de la tunique sainte (στολὴν ἁγίαν) dont se revêt Jonathan. De fait, on a réuni un certain nombre de textes relatifs à l'autorisation donnée par les villes ou par les rois aux grands prêtres de porter le vêtement de pourpre et la couronne dorée[8]. Et on évoque à ce propos le cas d'un philosophe épicurien qui

---

[7] Cf. Miquel M. Estradé-Basili M. Girbau, *I i II dels Macabeus*, Montserrat, 1974.

[8] Cf. Wilhelm, *Jahreshefte*, 1914, p. 39 et L. Robert, *Bulletin de Correspondance hellénique*, 1930, p. 262. L'usage de la couronne sacerdotale existait en Orient. A Laodicée les grandes prêtresses devront porter une couronne dorée. Sur le droit reconnu aux prêtres de porter une couronne de cette sorte et sur l'autorisation qui leur était donnée par les villes ou les rois, il renvoie aux pages d'Ad. Wilhelm. Dans les cultes orientaux, le prêtre portait une lourde et riche couronne, ornée de l'image du dieu dont il était le serviteur. L. Robert

avait demandé à Alexandre Balas le droit de porter la petite tunique de
pourpre et une couronne d'or, car le demandeur voulait être prêtre
d'Arètè[9]. La tunique de pourpre et la couronne d'or ornée d'un médaillon
constituaient donc les insignes du prêtre à l'époque hellénistique[10]. Le
fait que le grand prêtre de Jérusalem ait reçu les mêmes ornements que
les prêtres païens le mettait sur un pied d'égalité avec ces derniers. On
sait que les ornements des grands prêtres juifs comportaient essentiellement une robe violette et un diadème en or (Ex 28, 31, 36; 39, 22, 30;
A.J. III, 7, 4-7)[11]. Il y avait donc une certaine similitude entre les ornements des prêtres païens et ceux des pontifes de Jérusalem mais on ne
pouvait pas les confondre. Sans doute, pour ce motif certains estiment-
ils qu'il faut distinguer la tunique ou chlamyde de pourpre de la tunique
sacrée dont se revêt Jonathan. C'est par exemple l'opinion de J.A. Goldstein, un des derniers commentateurs du livre des Maccabées. Dans cette
hypothèse, Jonathan aurait eu à sa disposition les vêtements pontificaux
traditionnels du Temple[12]. Mais il n'est guère vraisemblable que le grand
prêtre ait usé d'ornements autres que ceux offerts par le roi, car c'eût
été faire sinon acte de rébellion à l'égard de ce dernier, du moins montrer
une grande indépendance envers le pouvoir établi. Il serait aussi insuffisant
de dire que l'habit de pourpre que Jonathan reçoit du roi séleucide
constitue uniquement l'insigne donné aux «amis du roi». Car on sait
que les φίλοι recevaient un chapeau macédonien à larges bords teint
en rouge pourpre, et un manteau de pourpre[13]. Mais ici Jonathan reçoit
la couronne d'or outre l'habit de pourpre qui ne lui est donné qu'en sa
qualité de grand prêtre[14].

---

cite de nombreux monuments à Rome illustrant cette pratique. Les monuments de Palmyre
offraient aussi de nombreux exemples de semblables couronnes. Pour les cultes égyptiens,
il signale un joli médaillon avec le buste de Sérapis en relief qui était vraisemblablement
soudé à une couronne sacerdotale. De l'Orient l'usage de ces luxueuses parures passa
à Rome. Lorsque Domitien présida l'inauguration des concours grecs des *Capitolia*, il
avait le tête ceint d'une couronne d'or où était figuré la triade capitoline. Enfin, par un
passage d'Athénée (V, 211b), nous sommes renseignés sur l'usage de ces couronnes à
médaillons à la cour des rois de Syrie, ce qui nous intéresse ici tout particulièrement.

[9] Athénée V, 211 b cité par Abel, *Les livres des Maccabées*, Paris, 1949, p. 183.
[10] Meyer Reinhold, "History of Purple as a Status Symbol in Antiquity», dans *Latomus*,
vol. CXVI, 1970, pp. 35-36.
[11] En réalité, la tradition des ornements pontificaux juifs énumère huit pièces de
vêtement, cf. J. Jeremias, *op. cit.* p. 210, note 6.
[12] Cf. Jonathan A. Goldstein, *I Maccabes* (The Anchor Bible), New York, 1979.
[13] Cf. E. Bikerman, *Institutions des Séleucides*, Paris, 1938, p. 42.
[14] Cf. E. Bikerman, *op. cit.*, p. 44; F.M. Abel-J. Starcky, *Les livres des Maccabées*,
Paris, 1961 (3e édition), p. 162; J.C. Dancy, *A Commentary on I Maccabees*, Oxford, 1954,
p. 142-143.

Il faut enfin mentionner la position radicale de Hugo Bevenot[15]. Ce dernier estime que la mention du manteau de pourpre et de la couronne d'or n'appartient pas au texte primitif, en d'autres termes qu'il s'agit d'une glose qui interrompt le texte de la lettre. Comme Jonathan reçoit plus tard la pourpre des mains du roi (1Mac 10, 63), il y aurait en 10, 20 une anticipation de cette distribution honorifique conférée aux «amis». Mais cet exégète oublie de noter qu'outre la pourpre, Jonathan reçoit aussi la couronne d'or qui, elle, est absente de 1Mac 10, 63. Bevenot n'a pas observé en effet que le chapitre 10 de 1Mac décrit exactement l'avancement de Jonathan dans le cursus honorum en usage chez les Séleucides. En l'automne de 152 il est promu au rang d'«ami» et de grand prêtre (10, 20). Deux ans plus tard, il est élevé à la classe des premiers amis du roi (καὶ ἔγραψεν αὐτὸν τῶν πρώτων φίλων) (10,65). Trois ans après, il est compté parmi les «parents du roi» et reçoit à ce titre la fibule d'or (πόρπην χρυσῆν) qui agrafait le vêtement de pourpre (10,89)[16].

4) Si nous avons insisté sur le sens et la portée du texte de 1Mac 10, 20 concernant Jonathan, c'est qu'il reflète une pratique semblable à celle supposée par le Rouleau du Temple : une investiture du grand prêtre sans onction. Il y a cependant une différence essentielle, celle du calendrier. Tandis que le passage du premier livre des Maccabées situe l'investiture en automne en la fête des Sukkot, le Rouleau du Temple la place au printemps, au début de l'année. Nous reviendrons plus loin sur ce problème.

L'absence d'onction pour le grand prêtre dans le Rouleau du Temple est d'autant plus significative qu'il se réfère, semble-t-il, à Lev 16,32 où l'on mentionne 1) l'onction sacerdotale, 2) l'installation à la place de son père (taḥat 'abiw), 3) l'investiture. Or la succession du prêtre à son père est également mentionnée avec les mêmes termes dans le Rouleau du Temple, mais à l'exclusion de l'onction que l'on passe intentionnellement sous silence parce qu'en fait elle n'était plus pratiquée.

Si le document qoumranien insiste sur l'hérédité de la charge pontificale, c'est sans doute pour protester contre des pratiques telles que celles que nous avons relatées pour Jonathan. Mais comment expliquer l'absence d'onction pourtant prescrite par la Loi (Ex 29,7; 30,22-23)? Jeremias estimait qu'à l'époque hérodienne et romaine, l'onction n'était plus en usage[17]. Mais tout indique qu'elle avait déjà disparu bien avant, à l'époque de Jonathan, en 152 av. J.C. Le savant allemand ajoutait qu'on

---

[15] Cf. Hugo Bevenot, *Die beiden Makkabäerbücher*, Bonn, 1931, p. 119.
[16] Cette ascension de Jonathan parmi les dignitaires de la cour séleucide a été fort bien reconnue par Elias Bikerman, *op. cit.*, p. 41.
[17] Cf. Joachim Jeremias, *op. cit.*, p. 223.

ne savait pas exactement ni depuis quand ni pourquoi la consécration
du grand prêtre se fait uniquement par l'imposition des vêtements sacerdotaux. En effet les textes ne fournissent que de très rares renseignements
sur l'onction du grand prêtre au IIe siècle av. J.C. Le Siracide 45,15
fait état de l'onction d'Aaron par Moïse, ce qui prouve que vers 200
av. J.C. date de la composition de cet écrit, on pratiquait encore ce rite.
Il existait encore antérieurement à 170 av. J.C. date de la mort d'Onias III
qui est l'oint de Dan 9,25. Selon le témoignage de 2Mac 1,10, Aristobule,
conseiller du roi Ptolémée, est «de la race des prêtres oints» (ἀπὸ τοῦ
τῶν χριστῶν ἱερέων γένους). Je précise que cet Aristobule n'est pas le
prêtre-roi qui a régné en 105-104 av. J.C. mais le philosophe juif, auteur
d'un commentaire biblique adressé à Ptolémée VI Philométor (180-145
av. J.C.) dont Eusèbe nous a conservé des fragments[18]. La précision
«de la race des prêtres oints» signifie, s'il faut donner tout leur poids
aux mots, qu'il y avait des prêtres oints et des prêtres non oints, ce
qui fait allusion bien évidemment aux luttes autour de l'obtention du
souverain pontificat pendant plus de vingt ans. Rappelons quelques faits.
Onias III est mis à mort en 170 av. J.C. Son frère Jason (174-172) le remplace
en usurpant la charge par des moyens illégitimes selon les propres termes
de l'auteur de 2Mac 4, 7, 11; puis vient Ménélas de la tribu de Bilga (172-
163) et après lui Alcime qui n'était pas de la famille des Oniades (163-
159), enfin il y a une vacance du souverain pontificat pendant sept ans
(159-152) avant l'accession de Jonathan en 152. De l'examen de ces
quelques rares témoignages sur l'onction des grands prêtres au début
du IIe siècle av. J.C., tout laisse supposer que cette pratique fut supprimée
par la volonté des souverains séleucides après la mort d'Onias III. Car
si désormais les rois grecs entendaient disposer à leur gré du choix du
grand prêtre en Judée, et pouvaient aisément se réserver leur investiture
en leur envoyant la tunique de pourpre et la couronne d'or comme ils
faisaient pour n'importe quel autre grand prêtre du royaume, par contre,
la fabrication de l'huile de l'onction leur échappant[19], ils s'en passèrent.
D'ailleurs, selon une ancienne tradition, c'est par l'onction sacerdotale

---

[18] Sur les discussion relatives à l'époque où vécut Aristobule cf. Nikolaus Walter,
*Der Thoraausleger Aristoboulos. Untersuchungen zu seinen Fragmenten und zu pseudepi-
graphischen Resten der jüdisch-hellenistischen Literatur.* Berlin, Akademie Verlag, 1964,
pp. 13 et sq.
[19] L'huile d'onction nécessitait une préparation spéciale, elle était très sainte et réservée
à l'usage des seuls Juifs pour les onctions du sanctuaire et de certains ustensiles, de même
qu'à la consécration d'Aaron et de ses fils (Ex 30, 22-32). Ex 30, 23 précise : «Quiconque
en composera de semblable, ou en mettra sur un étranger, sera retranché de son peuple».

que le grand prêtre entrait en action et transmettait par voie d'héritage la charge à ses descendants, ce qui évidemment contrecarrait les visées politiques des souverains grecs sur le Temple de Jérusalem. Il faut ajouter que dans la littérature essénienne l'investiture sacerdotale sans onction telle qu'elle est présentée dans le Rouleau du Temple n'est pas isolée. On peut citer un passage du livre des Jubilés XXXII,3-4 concernant l'ordination de Lévi. Voici dans quel contexte. Jacob est venu à Béthel à la nouvelle lune du septième mois pour y construire un autel et y offrir un sacrifice (XXXI,3). Il y ordonna le 14 de ce mois, c'est à dire en la fête de Sukkot, son fils Lévi comme prêtre du Dieu Très-Haut «A Lévi revint la part du sacerdoce et son père le revêtit des ornements du sacerdoce et lui remplit les mains. Et le 15ᵉ jour du mois il apporta sur l'autel 14 bœufs de son troupeau, 28 béliers, 49 moutons, 7 agneaux, 21 chevreaux en holocauste sur l'autel du sacrifice» (XXXII,3-4).

Le fragment araméen du Testament de Lévi de la Geniza du Caire conservé à la Bodleian Library à Oxford ignore pareillement l'onction du prêtre : «Quand Jacob mon père décima tout ce qui était à lui selon son vœu, alors je fus le premier à la tête du sacerdoce et c'est à moi de préférence à tous ses fils qu'il donna à présenter à Dieu (יהב קרבן) et il me revêtit des vêtements du sacerdoce (ואלבשי לבוש כהונתא) et il me remplit les mains et je fus prêtre du Dieu Très Haut et je présentai toutes ses offrandes»[20]. Comme on le voit, ce fragment araméen présente de grandes ressemblances avec le texte des Jubilés. En ce qui concerne l'absence d'onction, la péricope des Jubilés citée plus haut paraît refléter une situation historique analogue à la période troublée dans l'histoire des grands prêtres qui a suivi l'assassinat d'Onias III en 170. En effet nos conclusions s'accordent avec le terminus a quo pour la date de composition du livre des Jubilés vers 163-161 av. J.C. telle qu'elle a été proposée récemment par Van der Kam[21].

5) On aura noté que le texte des Jubilés comme celui de 1 Mac 10 situe l'investiture du grand prêtre en la fête des Tabernacles alors que le Rouleau du Temple la place au 1er Nisan, le Jour du Nouvel An. Disons tout de suite que l'on ne connaît pas de parallèle pour cette date

[20] Cf. R.H. Charles, *The Greek Versions of the Testaments of Twelve Patriarchs*, Oxford, 1908, p. 246, ligne 15 et sq. et l'édition de J.T. Milik dans *RB* 1956, pp. 391 et sq. qui améliore celle de Charles. Le Testament grec de Lévi VIII en son état actuel décrit deux investitures, d'abord une investiture sans onction 2-3, puis une investiture avec onction, avec un bain rituel du prêtre (4-10). Mais nous avons là un récit qui n'est pas d'une seule venue : le plus ancien ne comportait que l'investiture sans onction, cf. Manson dans *JTS*, 1947, pp. 59-61.

[21] Cf. James C. van der Kam, *Textual and Historical Studies in the book of Jubilees*, Montana, Scholars Press, 1977, p. 283.

de l'investiture, ce qui nécessite une explication. En effet, d'une part la Bible ne fixe aucune date précise pour la fête des investitures qui durent pendant sept jours (Ex 29,1-35; Lv 7) et, d'autre part, dans les lois sacerdotales la fête du Nouvel An n'a aucune place. Sans doute les nouveaux grands prêtres étaient-ils installés à la mort de leurs prédécesseurs.

La mention de la fête du Nouvel An du Rouleau du Temple est sans doute la plus anciennement connue pour cette festivité. En effet les critiques estiment généralement que la fête du Nouvel An n'apparaît ni dans les textes liturgiques, ni dans les textes bibliques antérieurs à l'Exil et pas davantage à l'époque postexilienne soit dans la Bible soit dans les textes apocryphes de l'Ancien Testament. L'un d'eux écrivait dans un manuel désormais classique : «On ne peut dire ni à quel moment ni sous quelle influence cette fête du Nouvel An a été instituée[22]». Comme le premier jour de l'an, qu'on le célèbre en automne ou au printemps est lié à l'idée de renouvellement, de renouveau, l'on conçoit que le Rouleau du Temple ait envisagé pour ce jour-là le renouvellement du sacerdoce, même si le grand prêtre ne change pas nécessairement tous les ans. Mais pourquoi est-ce le 1er Nisan? Notons que déjà l'Écriture situe au 1er jour du 1er mois l'installation du sanctuaire (Ex 40,2) et qu'on prévoyait un sacrifice d'expiation du sanctuaire à la même date d'après Ez 45,18.

Si l'on en croit la Michna qui énumère quatre fêtes du Nouvel An, le 1er Nisan est le Nouvel An pour les rois et pour les fêtes de pèlerinage (Rosh ha Shanah 1,1). Dans ces perspectives on comprendrait aisément qu'on ait situé la consécration des grands prêtres à cette date, le jour où ils ont pris la place des rois. A l'époque séleucide, on sait que ce fut en 142 av. J.C. à l'avènement du grand prêtre Simon que «le joug des nations fut ôté d'Israël», en d'autres termes qu'Israël recouvra son indépendance vis à vis des rois grecs et qu'à partir de ce moment-là le peuple commença à écrire sur les actes et les contrats : «En la première année sous Simon, grand prêtre éminent, stratège et higoumène des Juifs». (1Mac 13,41). Dans ces conditions, il convenait que les grands prêtres reçoivent l'investiture à un jour fixe. L'on choisit le premier jour de Nisan, qui était, selon l'Écriture, la date de l'installation du sanctuaire et aussi, selon la Michna, le début de l'année des rois pour qu'on puisse dater les actes à partir de l'avènement du grand prêtre. Si cette explication est recevable, le Rouleau du Temple refléterait une époque postérieure à l'avènement de Simon en 142 av. J.C. ce qui n'est pas en contradiction avec la date assi-

---

[22] Cf. R. de Vaux, *Les institutions de l'A.T.*, II, p. 409. Mais Cazelles, article «Nouvel An» dans *SDB*, col. 634 est plus nuancé; voir aussi D.J.A. Clines, «The Evidence for an Autumnal New Year in Pre-Exilic Israel reconsidered», dans *JBL* 1974, pp. 22-40.

gnée à la composition de l'écrit qoumranien pendant ou après le règne de Jean Hyrcan (134-104 av. J.C.)[23].

On peut se demander pourtant si la fête du Nouvel An au 1er Nisan qui comportait, le cas échéant, l'investiture du grand prêtre telle qu'elle est préconisée par le Rouleau du Temple, pénétra vraiment dans le calendrier essénien. En effet dans un fragment de rôle hebdomadaire pour le service liturgique (les *Mishmarot*), l'année commence avec la fête de Pâque le 14 du premier mois. D'après ce calendrier, le 1er du 7ème mois était le jour de la commémoration (*yôm hazikkarôn*) qui serait, selon Milik[24], le nom du Nouvel An.

---

[23] Cf. A. Caquot, «Le Rouleau du Temple de Qoumran», dans *Études théologiques et religieuses*, 1978, p. IV et déjà Y. Yadin, *The Temple Scroll*, Jérusalem, 1983, vol. I, p. 390.
[24] Cf. J.T. Milik, *Dix ans de découvertes dans le désert de Juda*, Paris, 1957, p. 72.

Matthias DELCOR

UN PSAUME MESSIANIQUE
DE QUMRAN

TRADUCTION ET COMMENTAIRE

Lorsque nous fûmes convié à collaborer aux « Mélanges Robert »,
nous avions pensé être agréable au professeur de l'Institut Catholique
de Paris en soumettant à son appréciation une étude intitulée : *Allusions
d'époque grecque dans le livre de Judith.* C'eût été comme un prolongement
des travaux du maître qui avait tant étudié l'époque persane, mais qui
avait laissé à d'autres le soin de se pencher sur l'époque suivante. Nous
lui avions déjà communiqué les conclusions de nos recherches et il s'était
montré très favorable au choix d'un thème qui appartient, disait-il,
à un domaine trop peu étudié. Malheureusement, la rédaction une fois
terminée, le sujet s'est avéré trop vaste pour le cadre un peu étroit d'un
volume de Mélanges. Aussi est-ce la primeur d'une étude sur l'un des
Psaumes de Qumrân, nouvellement publiés par le professeur Sukenik,
que nous offrons à notre ancien maître (¹).

Son intérêt nous a paru double. Tout d'abord, le psaume, dans
son état actuel de conservation, est court, puisqu'il ne compte guère
que treize lignes; et puis il est riche de doctrine. N'y retrouve-t-on pas
l'écho amplifié de certains psaumes canoniques et surtout des prophéties
messianiques de l'ancien Israël, sujets que le professeur d'Ancien
Testament avait étudié avec un rare bonheur dans ses cours à la Faculté?

Nous donnerons d'abord une traduction annotée, puis nous commen-
terons plus spécialement certains passages difficiles ou de portée doctrinale.

3 ... pour moi. Tu as illuminé ma face (pour ton Alliance) (²).
4 A Toi la gloire éternelle avec tous ... 5 ... ta bouche. Tu m'as sauvé de...

(¹) *Oṣâr hammegilloth haggenûzoth*, Fondation Bialik, Jérusalem, 1954, col. 3.
(²) Restitué d'après *Hodayoth*, col. 4, 5.

6 Maintenant l'âme ... Ils (ne m') ont pas considéré ([1]).
Ils ont placé (mon) âme dans un navire, dans les profondeurs de la me(r)([2]).
7 Comme une ville forte de(vant l'ennemi), je suis dans la détresse. Comme une femme quand elle va enfanter ([3]) ses premiers fruits, lorsque ses dou(leurs) lui surviennent ([4]).

8 Un cruel tourment est à son utérus ([5]) pour que Celle qui est enceinte mette au monde son premier né ([6]) lorsque les enfants parviennent à la vulve de la mort ([7]).

9 Celle qui est enceinte de l'Homme est dans l'angoisse à cause de ses transes car à la vulve de la mort, elle donne naissance à un enfant mâle ([8]) et des ([9]) liens du shéol, 10 de la fournaise ([10]), de Celle qui est enceinte a surgi ([11]) l'Admirable Conseiller avec sa force ([12]). L'Homme est libéré de la vulve.

En Celle qui est enceinte de Lui, 11 tout l'utérus est en travail([13]) et les douleurs sont pénibles lors de l'enfantement de ceux-ci ([14]) L'effroi ([15]) saisit celles qui sont enceintes ([16]) de ceux-ci. Lors de Son ([17]) enfantement, toutes les douleurs surviennent. 12 à la fournaise de Celle qui est enceinte.

([1]) Il faut restituer sans doute comme dans *Hodayoth*, col. 4, 8, 23.

([2]) On peut également traduire « dans le deuil ». Au lieu de *b'wnyh*, on peu paléographiquement lire *k'wnyh*, et traduire : « Ils ont transformé mon âme en un navire ». Mais, dans ce cas, après le verbe *śym* on a habituellement un *l.* Cf. *Jos.*, 6, 18; *Mic.*, 1, 6; *Gn.*, 21, 13, 18, etc. Aussi est-il préférable de garder la première traduction qu'on rapprochera du Ps. 88, 7 : « Ils m'ont placé dans la fosse. » Pour les « profondeurs de la mer », cf. *Mich.* 7, 19; *Ps.* 68, 23.

([3]) Cf. *Jér.*, 13, 21.

([4]) Même expression en 1 *Sm.*, 4, 19; *Dn.*, 10, 16.

([5]) *mšbr* désigne littéralement l'orifice du sein, Cf. 2 *Rg.*, 19, 3 et *Is.*, 37, 3, où le terme est au singulier. Ici nous avons une forme pluriel pour désigner « les parties » extérieures de l'organe féminin, « la vulve ». Le pluriel pourrait aussi signifier « les flots », avec une ponctuation un peu différente. Mais le sens qui en résulterait paraît difficile.

([6]) Une autre construction est également possible : « celle qui est enceinte » pouvant être le complément déterminatif de *bkwr*.

([7]) Ici le sein maternel est comparé à un tombeau dont l'issue redoutable peut entraîner la mort de l'enfant. Cf. *Is.*, 37, 3 et *Os.*, 13, 13. L'expression « la vulve de la mort » rappelle l'expression des Livres canoniques « les portes de la mort ». Cf. *Ps.*, 9, 14; 107, 18; *Job*, 38, 17.

([8]) Même expression en *Is.*, 66, 7.

([9]) On peut traduire « dans les liens » ou donner au *b* le sens de « *ex* » latin qu'il a parfois en hébreu.

([10]) Le texte porte *mkwr* « de la fournaise de Celle qui est enceinte ». Le sein d'une femme en travail, si l'on accepte cette lecture, serait alors comparé à une fournaise. Cf. les explications de John V. CHAMBERLAIN, *Another Qumrân thanksgiving Psalm, JNES*, vol. XIV, 1955, p. 32-41. Mais, comme plus bas, ligne 12, nous avons *bkwr hryh*, on serait tenté de corriger en *bkwr hryh* « le premier né de Celle qui est enceinte ».

([11]) Le verbe *gyḥ*, qui signifie « jaillir » s'emploie pour désigner la naissance d'un enfant : cf. *Ps.* 22, 10. Dans ce psaume, le sujet est Yahweh. C'est Lui qui tire du sein maternel. Aussi pourrait-on admettre grammaticalement que « Admirable Conseiller » est sujet de *ygyḥ*.

([12]) Cf. *Is.*, 9, 6 où c'est un titre du Messie. L'Homme doit être aussi un titre messianique, cf. *Zach.*, 13, 7.

([13]) Nous avons le hiphil du verbe *ḥwś*, qui peut signifier soit « se hâter », soit « se réjouir », en hébreu biblique. Cf. *Qoh.*, 2, 25. Chamberlain, s'appuyant sur le sens qu'a le verbe en néo-hébreu, traduit « feel pain ».

([14]) Le suffixe se rapporte ici nécessairement aux enfants. Nous donnons à *mwldym* le même sens que *mwldt*.

([15]) Ce terme n'est employé que dans *Job*, 21, 6; *Is.*, 21, 4; *Ez.*, 7, 18; *Ps.*, 55, 6.

([16]) Nous lisons le participe féminin de *hrh*.

([17]) Le suffixe singulier masculin se rapporte ici nécessairement au premier-né.

Et Celle qui est enceinte de l'Aspic est en proie à un cruel tourment. Les flots (¹) de la Fosse sont déchaînés pour toutes les œuvres de la terreur.

13 Tous les fondements (²) du mur tremblent comme un bateau sur la face des eaux. Les nuages grondent d'un bruit de grondement. Et ceux qui sont assis dans la poussière, 14 comme des navigateurs (³) sont terrifiés par le grondement des eaux.

Et leurs sages (⁴) sont pour eux comme des marins dans les profondeurs. Car elle est engloutie 15 toute leur sagesse (⁵), dans le grondement des mers, dans le bouillonnement des abîmes, sur les sources des eaux (⁶). Les vagues (sont agi)tées (⁷) en haut. 16 Et les flots, dans le grondement de leurs voix et dans leur tumulte, ouvrent le sc(héol) (⁸). (Toutes) les flèches de la Fosse (volent) (⁹) 17 sur leurs pas (¹⁰). Sur l'abîme, elles feront entendre leurs voix (¹¹), ils ouvrent les portes du (shéol) (pour toutes) les œuvres de l'Aspic.

18 Les portes de la Fosse se referment sur Celle qui est enceinte de l'Iniquité et les verrous éternels sur tous les esprits de l'Aspic.

A. Plan. — Le psalmiste décrit ses souffrances. Il représente sans doute la communauté de Qumrân et son « je » est vraisemblablement collectif. A la ligne 6, il compare la détresse de son âme à un bateau roulant au fond des mers, puis, à la ligne 7, à une ville assiégée par l'ennemi; enfin, à une femme dans les douleurs de l'enfantement. Ce dernier thème est développé assez longuement l. 7 et 8. Le sein de la femme en travail est tour à tour comparé au shéol, à la fosse *šḥt*, peut-être même à une fournaise *kwr*. On peut en effet traduire 9-10 : « Des liens du shéol, de la fournaise de Celle qui est enceinte a surgi l'Admirable Conseiller avec sa force ». C'est ainsi d'ailleurs qu'on peut comprendre 11-12 : « Et lors de sa naissance (du premier-né), des douleurs surviennent à la fournaise de Celle qui est enceinte ». On peut néanmoins traduire *bkwr ḥryh* « le premier-né de Celle qui est enceinte » à la ligne 8. Le psalmiste joue apparemment sur les mots *bkwr* premier-né et *kwr* fournaise, comme il joue sur *mšbrym* flots et *mšbrym* orifice du sein, vulve.

A propos de la comparaison de la femme en travail, le psalmiste introduit incidemment l'enfantement douloureux de Celle qui est enceinte de l'Admirable Conseiller, de l'Enfant mâle. Ces deux expressions,

---

(¹) Ici, le sens « les flots » semble s'imposer à cause du contexte. Mais on pourrait aussi à la rigueur traduire « les valves ».

(²) Chamberlain se demande s'il ne faut pas lire « les hommes de Qir ». Mais il traduit finalement par « les hommes du mur ». En réalité, *'wšy* signifie « fondation », comme dans un autre hymne, 7, 4; il a le même sens qu'*'ošyyâh* : cf. *Jér.*, 50, 15.

(³) Même expression en *Is.*, 42, 10.

(⁴) Lire : *ḥkmyhm*.

(⁵) Cf. *Ps.* 107, 27.

(⁶) Cf. *Job*, 38, 16 qui parle des sources de l'Océan.

(⁷) Je restitue [*ytg'*]*šw* d'après *Jér.*, 5, 22, où le verbe est employé à propos des vagues de la mer.

(⁸) Nous restituons « shéol ». Cf. même colonne, ligne 19.

(⁹) Restauration probable d'après la même colonne, ligne 27. On peut lire *ht'wppw*.

(¹⁰) Cf. même expression en *Hodayoth*, III, 25.

(¹¹) Cf. *Hab.*, 3, 10, où l'on dit que l'Abîme fait entendre sa voix. Ici, c'est dit apparemment des flèches ou des mauvais esprits.

ainsi que nous le verrons plus loin, étant des titres messianiques, c'est
donc la Mère du Messie qui est décrite ici. A l'enfantement de la Mère
du Messie, le psalmiste oppose, ligne 12, l'enfantement de la Mère de
l'Aspic qui enfante aussi dans la douleur. A la ligne 13 le thème du
bateau en butte à la tempête est repris. Les portes du shéol s'ouvrent
pour que s'accomplissent les œuvres de l'Aspic, des flèches sont décochées
on ne sait trop contre qui, peut-être contre la Mère du Messie et son
Fils. Le shéol se referme sur celle qui est enceinte de l'Iniquité *'wl*,
vraisemblablement la Mère de l'Aspic, et ses esprits.

B. Exégèse de quelques passages. — La communauté est comparée
à une femme en travail. Cette image n'est pas nouvelle, puisqu'elle est
déjà paléotestamentaire. La personnification de la communauté théo-
cratique était quasi traditionnelle dans l'A. T. : *Os.*, 2, 4 et sq., 19, 20,
Jér., 3, 6-10, *Ez.*, 16, 8. L'image de Sion en travail d'enfantement était
aussi connue du judaïsme et plus spécialement d'*Is.*, 66, 7. Or, c'est
bien à ce passage d'Isaïe que nous renvoie notre psaume, d'autant plus
que nous avons de part et d'autre la mention, dans des termes assez
semblables, de l'Enfant mâle mis au monde par la femme. Cet « Enfant
mâle », dans Isaïe, personnifie tout le peuple nouveau, les païens convertis
qui viennent se joindre à Israël. Dans notre psaume, on associe à la
naissance de « l'Enfant mâle » celle du « Conseiller Admirable avec sa
force ». Or, cette dernière désignation nous renvoie à *Is.*, 9, 5, où c'est
un titre du Prince messianique. L'Homme est apparemment aussi un
titre messianique.

Une remarque s'impose toutefois. « Conseiller Admirable » pourrait
être à la rigueur sujet du verbe *ygyḥ*. En effet, dans *Ps.*, 22, 10, le verbe
gwḥ avec le sens de « naître » a pour sujet Yahweh. A quoi il faut ajouter
qu'à la suite d'*Is.*, 66, 9, qui semble avoir inspiré notre passage,
on attribue également à Yahweh la naissance de l'Enfant mâle :
« Ouvrirai-je le sein et ne ferai-je pas enfanter ? dit Yahweh; ou bien
moi qui fais naître, fermerai-je le sein ? » Si l'on admettait cette hypothèse,
« le Conseiller Admirable avec sa force » constituerait alors un titre de
Yahweh. Mais il faut avouer toutefois que la première hypothèse est
plutôt à retenir : *pl' yw'ṣ* « l'Admirable Conseiller » répond à « l'enfant
mâle ». Ainsi, le parallélisme des deux membres de la phrase paraît
mieux respecté ([1]).

1. 13. *'wšy qyr* J. Chamberlain (art. cité) a envisagé deux possibilités
pour traduire ces mots. Ou Qir est un nom ethnique, ou il désigne le
mur; mais il traduit en définitive les « hommes du mur ». Ce n'est,
semble-t-il, aucune de ces deux traductions qu'il faut retenir. Il faut
traduire : « les fondations du mur tremblent ». Il s'agit, probablement
des murs de la Fosse. *'wšym* non attesté en hébreu biblique est à rapprocher
de *'ošiyyâh* que l'on trouve en *Jér.*, 50, 15.

([1]) Il est documenté en *Hodayoth* 3, 30. 35; 7, 4. 9. L'expression « avec sa force », est
très probablement une référence à *'l gibbor* d'*Is.*, 9, 6.

1. 17 Les œuvres de l'Aspic. *'p‘h* est une espèce de vipère que l'on trouve mentionnée en *Is.*, 30, 6; 59, 5, *Job*, 20, 16. Dans notre texte, l'Aspic paraît bien jouer le rôle du serpent antique de la Genèse, Satan. Le livre de la Sagesse, au premier siècle avant J. C., avait déjà procédé à l'identification du serpent et de Satan. D'après notre psaume, l'Aspic paraît avoir une origine marine, tout comme le Leviathan des psaumes canoniques (*Ps.*, 74, 13. 14; 104, 26) et le serpent agile et tortueux : Tannin d'*Is.*, 27, 1. Les apocryphes soulignent également l'origine marine de Léviathan : *En. éthiopien* 60, 7 dit de Leviathan qu'il habite l'abîme des mers, au-dessus des sources des eaux. L'*Apocalypse syriaque de Baruch* 29, 3. 4 (éd. Charles) précise également : « Léviathan montera de la mer. » *Le 4ᵉ Esdras*, 6, 49-52 lui fait habiter la septième région humide.

Le shéol s'ouvre donc pour que l'Aspic opère ses œuvres de par le monde. Mais le psaume nous présente finalement les esprits de l'Aspic enfermés dans la Fosse. Celle-ci apparaît alors comme une prison et correspond à l'Abîme de l'apocalyptique. On ne peut s'empêcher de citer *Ap.*, 20, 1-3 : « Puis je vis un Ange descendre du ciel, tenant à la main la clef de l'Abîme, ainsi qu'une énorme chaîne. Il maîtrisa le Dragon, l'antique serpent — c'est le diable Satan — et l'enchaîna pour mille années. Puis il le jeta dans l'Abîme, tira les verroux, apposa les scellés, afin qu'il cessât de fourvoyer les Gentils jusqu'à l'achèvement de mille années (¹). » Déjà dans *Is.*, 24, 22, le *tᵉhôm* était présenté comme une prison souterraine. Il ne faut point s'étonner de ces divergences de détail, car abîme et shéol sont des conceptions connexes; et, de fait, on passe insensiblement dans notre psaume de l'une à l'autre des deux réalités. L'épître de Jude, aussi, fait écho à la doctrine des apocryphes; les anges déchus sont enchaînés dans les ténèbres (²). Notre psaume fait donc vraisemblablement allusion à ces esprits qui ne sont autres que les Anges déchus.

L'emprisonnement de Satan dans le shéol correspond donc à son échec, encore qu'il soit difficile de dire qui l'a rendu prisonnier. Le texte n'est pas du tout explicite, mais peut-être pourrait-on supposer que c'est la mère du Messie et son Fils. En tout cas, si en hébreu l'expression *sgr b‘d* ou *sgr dlt b‘d* peut signifier «fermer la porte de l'intérieur d'une pièce» (³), elle s'emploie aussi pour dire « enfermer quelqu'un laissé dans une pièce», et donc de l'extérieur. Aussi Yahweh, selon *Gn.*, 7, 16 ferma la porte derrière lui, c'est-à-dire enferma Noë dans l'Arche. De même, d'après *Jud.*, 3, 23, Aod, après avoir assassiné Eglon, enferma sa victime *b‘dw*. Donc on peut traduire : « Et ils (la Mère du

(¹) Trad. BOISMARD *(Bible de Jérusalem)*.
(²) Cf. verset 6.
(³) 2 *Rg.*, 4, 4, *Is.*, 26, 20.

Messie et le Messie) (?) ferment les portes de la fosse derrière Celle qui est enceinte de (ou qui a conçu) l'iniquité (¹). »

C. RELATIONS ENTRE NOTRE PSAUME ET APOC., 12. — Il est clair qu'il y a de grandes ressemblances. De part et d'autre, on nous présente une Femme dans les douleurs de l'enfantement, dans le psaume, il est vrai, avec une certaine profusion de détails. De part et d'autre la Femme met au monde un Enfant mâle. Dans l'Apocalypse, on précise la nature messianique de cet Enfant mâle en citant le psaume 2 « celui qui doit paître toutes les nations avec une verge de fer ». Dans le psaume de Qumrân, selon la traduction le plus probable, on l'appelle « Conseiller admirable », titre messianique emprunté à Isaïe. La Femme dans l'Apocalypse comme dans le psaume représente une collectivité. Cette collectivité, à Qumrân, semble bien recouvrir la petite communauté en butte à la persécution. Dans l'Apocalypse, la Femme, réalité complexe, désigne en tout premier lieu la Communauté judéo-chrétienne et l'Eglise de l'Ancien Testament qui l'a précédée (²). Dans l'Apocalypse, cette Femme a un ennemi, le Dragon. Dans le psaume de Qumrân, l'inimitié entre la Mère du Messie et l'Aspic est moins bien marquée. Mais l'opposition entre Celle qui est enceinte de l'Enfant mâle et Celle qui est enceinte de l'Aspic paraît réelle. D'après l'Apocalypse, le Dragon se poste, prêt à dévorer l'Enfant mis au monde par la Femme (12, 4). Mais l'Enfant échappe au monstre en étant ravi auprès de Dieu (ἡρπάσθη) (12, 5). Alors le Dragon s'en prend à la Femme qui s'enfuit au désert. Mais la terre vient au secours de celle-ci en engloutissant le Fleuve projeté par le Dragon. Il ne lui reste plus qu'à guerroyer contre le reste des descendants de la Femme (12, 13-17). D'après notre psaume, dans une partie malheureusement un peu mutilée, mais que l'on peut restituer avec une certaine vraisemblance, les portes du shéol s'ouvrent. L'Aspic opère ses œuvres. Des flèches sont décochées probablement contre la Mère de l'Enfant mâle. Mais le shéol se referme, après la bataille, sur les mauvais esprits. Le Mal est vaincu. Comme on le voit, ici les phases sont moins bien distinctes; il n'y a pas la progression : persécution de la Femme, de l'Enfant mâle, des descendants de la Femme. Malgré ces différences certaines, il n'en reste pas moins que les deux thèmes sont très proches, parfois parallèles. Le problème se pose de savoir si l'auteur de l'Apocalypse n'a pas connu et utilisé le thème du psaume, enrichi et amplifié. En effet, point ne serait besoin alors d'envisager comme certains auteurs (³) l'historicisation et la christianisation du vieux mythe grec où entrent en jeu Apollon, sa mère Léto et le serpent Python.

(¹) Mais on peut aussi traduire comme plus haut : « les portes ... se referment. »

(²) Cf. en tout dernier lieu la dissertation doctorale de BERNARD J. LE FROIS, *The woman clothed with the sun* (Ap. 12). *Individual or collective*, Roma, Orbis Catholicus, 1954.

(³) Cf. ALLO, *L'Apocalypse* (Commentaire des Etudes bibliques) *in loco*. Cf. aussi A. GELIN, *Commentaire...*, Letouzey, *in loco*.

Le dieu du soleil tue de ses flèches le serpent Python, qui, à l'instigation de Junon, avait persécuté sa mère (¹). C'est en milieu juif que nous serions ramenés (²).

Quoi qu'il en soit de ces vues, ce psaume, en dehors des relations avec l'Apocalypse, dont il pourrait constituer une des sources d'inspiration, présente en lui-même assez d'intérêt, puisqu'il nous fait connaître un des aspects du messianisme davidique de la Communauté de Qumrân (³).

Avril 1955.

(¹) Hymne homérique à Apollon vers (357 et surtout 370-375) où le poète joue sur le verbe πύθω pourrir et πύθων, le nom du serpent, d'où le nom d'Apollon Pythios.

(²) Notons la mention d'Abaddon en *Apoc.*, 9, 11 pour désigner l'Ange de l'Abîme Dans le psaume suivant, Abaddon pourrait être une désignation de l'Aspic, et non pas seulement « le lieu de la destruction », comme en *Job*, 26, 6; *Pr.*, 15, 11, etc.

(³) Depuis la rédaction de cette étude ont paru diverses traductions de cet Hymne. Cf. A. DUPONT-SOMMER dans *RHR* (1955) pp. 174-188 et H. BARDTKE, *Die Loblieder von Qumrân*, dans *Theologische Literaturzeitung*, 1956 (n° 10), p. 592; J. V. CHAMBERLAIN, *Further Elucidations of a Messianic Thanksgiving Psalm from Qumran*, JNES, XIV, 1955, pp. 181-182.

UN CAS DE TRADUCTION "TARGOUMIQUE" DE LA LXX
À PROPOS DE LA STATUE EN OR DE DAN. III.

M. Delcor

On connaît l'épisode raconté dans la première partie du livre de Daniel. Le roi Nabuchodonosor ordonne de fabriquer une statue en or qu'il fait ériger dans la plaine de Doura située dans la province de Babel. En vue de son inauguration, le roi convoque les hauts fonctionnaires de son royaume et il fait proclamer par un héraut l'obligation pour tous ses sujets d'adorer la statue à un signal donné. Les Juifs sont dénoncés au roi par les Chaldéens parce qu'ils ont refusé d'obtempérer aux ordres donnés. Shadrak, Méshak et Abed Nego convoqués devant Nabuchodonosor persistent dans leur refus. Le roi, dans sa colère, les condamne à être jetés dans un fournaise.

*

*' *

Deux questions principales se posent à propos de la statue: expliquer d'une part sa taille colossale, et d'autre part déterminer ce qu'elle représentait. Le texte araméen est assez laconique, car il ne nous donne qu'une description très sommaire de la statue. Il précise uniquement qu'elle est en or et qu'elle mesure soixante coudées de haut et six de large. Elle était donc de propositions colossales, car elle avait environ trente mètres de haut et trois mètres de large, proportions qui font penser plutôt à une obélisque sculptée qu'à une statue. Il est facile de voir que cette statue était hors de proportions avec les statues cultuelles de Babylonie. Si l'on en croit Hérodote (Histoire I, 183), il y avait à Babylone, du temps de Cyrus, une statue de Bel en or haute de douze coudées. Nous sommes donc loin encore, pour la hauteur, de celle décrite dans Daniel. Les commentateurs[2] citent habituellement pour illustrer les proportions vraiment singulières de notre statue, le parallèle du colosse de Rhodes qui avait

---

1 Il est vrai que Pline l'Ancien disait de certaines statues colossales qu'il avait vues qu'elles ressemblaient à des tours: "Audaciae innumera sunt exempla. Moles quippe excogitatas videmus statuarum, quas colossos vocant, turribus pares" (Hist. nat. XXXIV, 18).

2 Cp. James A. Montgomery, *A Critical and Exegetical Commentary on the book of Daniel* dans ICC, (Edinburgh 1927) 197.

Textus – 7, 1969, 30–35

soixante coudées de haut (cf. Pline, Hist. nat. XXXIV, 9 et ss.) et celui des
trois statues en or placés au sommet du temple de Bel et dont l'une, au témoignage de Diodore de Sicile (II, 9), avait quarante pieds de haut. Montgomery
ajoute aussi à ces deux exemples, celui de la statue d'or de Jupiter "d'un poids
infini" qu'Antiochus Epiphane avait fait élever à Daphné (cf. Justin Hist. XXXI,
2 et Ammien Marcellin, XXII, 13). Cette documentation tirée des auteurs de
l'Antiquité classique est intéressante en soi car elle prouve l'existence dans
l'Orient ancien de statues colossales. Mais elle ne résout pas pour autant le
problème posé par la taille disproportionnée de notre image, d'autant plus,
précise le texte, qu'elle est en or. Car, même si elle n'était pas en or massif
et si elle n'était que revêtue de plaques d'or comme l'autel d'Ex. XXXIX, 38
(cf. XXX, 3), ou les idoles décrites dans l'épître de Jérémie 7, 54, 56, la hauteur
de la statue n'est guère vraisemblable. Aussi ne faut-il pas sans doute chercher
la solution aux dimensions peu communes de notre statue dans les parallèles
signalés par les auteurs de l'antiquité ou dans l'archéologie. Il faut plutôt supposer que l'auteur a voulu suggérer par là l'orgueilleuse puissance de Nabuchodonosor, mieux sa démesure, son hybris.

De qui la statue est-elle l'effigie, d'un dieu ou du roi? Les exégètes sont
partagés sur la réponse à donner. Dans l'Antiquité, les anciens auteurs influencés
sans doute par le culte rendu aux Césars divinisés avaient pensé à la statue du
roi. C'est déjà l'interprétation donnée par Hippolyte de Rome, selon lequel
le roi aurait eu l'idée de faire une statue d'or d'après le songe qu'il avait eu.
Daniel lui avait dit en effet: "Toi, tu es la tête d'or de la statue." Aussi le roi
Nabuchodonosor s'était-il enorgueilli de cette déclaration et, s'étant élevé
dans son coeur, il avait fait faire comme représentation exacte de celle-ci une
statue afin que tous l'adorent comme un dieu"[3]. De même, Jérôme dans son
commentaire de Daniel dit très nettement de Nabuchodonosor: "Nunc autem
statuam sibi fieri jubeat ut ipse adoretur in statua"[4]. Jean Chrysostome ne
s'exprime pas autrement[5]. Dans le même sens, parmi les exégètes modernes,
on peut citer S. R. Driver[6], Tronchon[7], Young[8]. Ces derniers auteurs aiment
signaler à l'appui de leur exégèse la pratique habituelle des rois assyriens qui
se font des statues à leur effigie dans les provinces des cités conquises, comme
symboles de domination[9]. Pour décrire cette pratique, la formule habituelle

3 Cp. Traduction Bardy dans *Commentaire sur Daniel des Sources Chrétiennes* (Paris
   1947) 749.
4 Comment. in Dan. dans Migne, Patrologie latine, tome 25, col. 505.
5 Comment. in Dan. dans Migne, Patrologie grecque, tome 56, col. 210.
6 *The Book of Daniel* dans *The Cambridge Bible* etc. (Cambridge 1905) 35.
7 Dans *la Sainte Bible etc.* (Paris 1882) 114.
8 *The Prophecy of Daniel: a commentary* (Grand Rapids 1964).
9 Pour les statues cultuelles de souverains cp. Agnès Spycket, "Les statues de culte dans

des inscription royales est dans ce cas: salam šarrutia ipuuš, une image de ma royauté j'ai fait[10].

D'autres exégètes comprennent, par contre, que la statue érigée par Nabuchodonosor représente un dieu vénéré par le roi. C'est l'opinion, par exemple, très nettement exprimée par N. W. Porteous: "Die Vertreter der vielen Provinzen des Weltreiches sind zusammengerufen, um dem Bildnis, das wahrscheinlich einen Gott und nicht den König darstellt, zu huldigen"[11].

De fait, le texte araméen appuie cette interprétation. En effet, le contenu du verset 12 et 14 ne permet pas d'identifier la statue avec l'effigie de Nabuchodonosor. Les Chaldéens qui dénoncent les Juifs s'expriment d'une manière qui ne peut guère laisser de doute: "Ils ne servent pas ton dieu (Qerê) et ils n'adorent pas la statue d'or que tu as dressée", לֵאלָהָיךְ לָא פָלְחִין וּלְצֶלֶם דַּהֲבָא דִּי הֲקֵימְתָּ לָא סָגְדִין. De même, au verset 14, Nabuchodonosor reproche aux trois jeunes gens de ne pas servir ses dieux. Nulle part dans ces passages, il est dit des Juifs qu'ils refusent d'adorer l'effigie de Nabuchodonosor. On ne peut don souscrire au jugement de Plöger dans son récent commentaire de Daniel: "Die biblische Erzählung lässt zunächst aber völlig offen, ob es sich um ein Götter- bild oder um ein Königsbild ähnlich den Herrscherbüsten in der römischen Kaiserzeit handelt"[12]. Le texte araméen lui-même n'est pas ambigu ainsi que nous venons de le voir et il ne laisse donc pas la porte ouverte à l'interprétation. Il en va de même de la Peschitta qui décalque le texte araméen en traduisant le Qerê

ולאלהךְ לא פלחין
ולצלמא לא סגדין

Théodotion traduit aussi fidèlement l'araméen en lisant par contre le Kethîb:[13] τοῖς θεοῖς σου οὐ λατρεύουσιν. Mais la version des LXX est sensiblement différente du texte araméen pour le verset 12:

καὶ τῷ εἰδώλῳ σου οὐκ ἐλάτρευσαν

καὶ τῇ εἰκόνι σου τῇ χρυσῇ ᾗ ἔστηκας οὐ προσκυνοῦσι

dont le sens est un peu ambigu. On peut traduire en effet cette phrase: "ils n'ont pas adoré ton image et ils ne se sont pas prosternés devant ton effigie

les textes mésopotamiens des origines à la 1ère dynastie de Babylone" dans Cahiers de la Revue Biblique 9 (Paris 1968) 78 et ss.

10 Cp. par exemple, A. G. Lee, "The Inscriptions of Sargon II, King of Assyria", Part. I, The Annals, (Paris 1929) 16–17.

11 Cp. "Das Daniel Buch" dans Das Alte Testament Deutsch (Göttingen 1962) op. cit. 45. Cp. aussi Aage Bentzen, dans Handbuch zum Alten Testament (Tübingen 1952) 31 et Montgomery, op. cit., 195.

12 Das Buch Daniel dans Kommentar zum alten Testament (Gütersloh 1965) 62.

13 D'après la Polyglotte de Walton.

en or que tu as dressée". Comme on le voit, le *Qerê* "ton dieu" du T.M. araméen correspond à "ton image" (εἰδώλῳ) qui est mis alors en parallélisme avec τῇ εἰκόνι σου "ton effigie". On peut en effet comprendre cette effigie ou cette image soit comme une statue divine vénérée aussi bien par le roi que par ses sujets, soit plus probablement comme la propre effigie royale. On notera en effet la précision ajoutée au T.M. par le traducteur τῇ εἰκόνι σου... ᾗ ἔστηκας le pronom personnel de la deuxième personne étant absent du texte araméen. Il est à peu près sûr qu'il ne s'agit de rien d'autre dans la mentalité de traducteur des LXX que de la divinisation du roi. C'est sans doute sous l'influence des idées ambiantes que le traducteur alexandrin a fait subir cette transformation au texte araméen. On sait en effet que les Ptolémées et les Séleucides à la suite d'Alexandre le Grand, s'étaient divinisés[14]. Rien n'empêche donc de penser que le traducteur alexandrin ait eu à l'esprit une de ces statues représentant par exemple un souverain lagide avec ses attributs divins. On sait qu'en matière d'honneurs divins, le premier Ptolémée semble avoir été mesuré dans ses ambitions, mais qu'à samort survenue en 283, son fils Ptolémée II en fit un dieu et lui éleva des temples. Pour reprendre une excellente remarque de Cerfaux et Tondriau, on passait ainsi de l'héroïsation à la divinisation[15]. Le témoignage de Théocrite dans ses Idylles nous est précieux ici: "Ptolémée a élevé à sa mère bien-aimée et à son père des temples que l'encens parfume; dans ces temples, il leur a dressé de splendides statues en or et en ivoire, secourables à ceux qui vivent sur la terre".[16] Le culte des Théoi Soteres, des dieux secourables, que par la suite portaient certains Ptolémées était instauré.

Les spécialistes qui se sont occupés de la LXX de Daniel comme Bludau[17], Ziegler[18] et Charles[19] admettent habituellement que le texte de la LXX de Daniel a été utilisé par le texte grec du 1er livre des Maccabées qui est daté des alentours de l'an 100 av. J.C. Charles, plus précisément, situe vers 145 av. J.C. la date de composition de la LXX de Daniel. On voit donc quel pouvait être l'horizon historique de notre traducteur et il n'est pas difficile de concevoir qu'il ait pu être tributaire de certaines idées sur la divinisation des souverains communément répandues de son temps.

Il nous faut maintenant dire succintement comment l'interprétation de la LXX nous paraît être à l'origine même du développement midrashique du

14 Cp. L. Cerfaux et J. Tondriau, *Un concurrent du Christianisme, Le Culte des souverains dans la civilisation gréco-romaine* (Paris, Desclée 1957) 201 et ss.

15 *Op. cit.*, 202.

16 *Idylles* 17, v. 122–126 (traduction Ph. E. Legrand, collection Budé).

17 A. Bludau, *Die alexandrinische Übersetzung des Buches Daniel und ihr Verhaltniss zum massoretischen Text* (Freiburg/Brisgau 1897).

18 Ziegler, Susanna, *Daniel*, (Göttingen 1954) 22.

19 Charles, *A Critical and Exegetical Commentary on the Book of Daniel* (Oxford 1929), LI·

livre de Judith (III, 8) sur la divinisation de Nabuchodonosor, d'autant plus
que l'influence littéraire de la LXX de Daniel III sur Judith III, 8 et ss. ne
paraît guère faire de doute. En effet, on remarquera que de part et d'autre
il s'agit de Nabuchodonosor divinisé et que l'expression καὶ πᾶσαι αἱ γλῶσσαι
καὶ πᾶσαι αἱ φυλαί de Judith III, 8 se trouve uniquement dans Daniel III,
2, 4, 7, 96, 98, avec cette différence toutefois que l'énumération de Daniel
souvent plus développée comprend les nations, les satrapes, les stratèges. Je
ne puis m'étendre ici sur le problème de datation du livre grec de Judith par
rapport à la LXX de Daniel que j'ai traité ailleurs[20]. Qu'il me suffise de dire
que la date de composition de cet ouvrage me paraît antérieur au règne de
Jean Hyrcan. A la lumière des contacts littéraires entre la LXX de Daniel
et le livre de Judith, le récit de Judith III, 8 d'après lequel Nabuchodonosor
veut non seulement être adoré mais exige même un culte unique, n'apparaît
que comme un développement midrashique à partir du texte des LXX de
Daniel: «(Holopherne) n'en dévasta pas moins leur territoire (des villes de la
côte) et coupa leurs arbres sacrés, conformément à la mission reçue d'exterminer
tous les dieux indigènes pour obliger les peuples à ne plus adorer que le seul
Nabuchodonosor et forcer toute langue et toute race à proclamer sa divinité".

*
*   *

Il faut pour terminer caractériser d'un mot la tradition de la LXX sur la statue
en or du livre de Daniel. Il est évident qu'on ne peut dans le cas particulier
qui nous occupe, parler d'une traduction pure et simple du texte araméen.
La variante τῷ εἰδώλῳ σου de la LXX par rapport à l'araméen du T.M. ne
peut pas s'expliquer par une des fautes textuelles habituelles. De même l'addition de σου pronom personnel de la deuxième personne après τῇ εἰκόνι n'a
pas de correspondant en araméen. Nous sommes donc en présence d'une
interprétation, d'un véritable targoum, d'où le titre de cette étude: "Un cas
de traduction targoumique...", et nous rejoignons, pour un point particulier,
l'appellation de targoum grec que l'on a parfois donnée à la version des LXX[21].
Notre étude vient justifier aussi sur un point précis les conclusions de Renée
Bloch sur les origines du midrash: "Jusqu'à présent on étudiait les versions
presque exclusivement au point de vue de l'histoire du texte biblique, avec
une préoccupation de critique textuelle. Elles sont cependant aussi des témoins
privilégiés de l'évolution des idées religieuses et leur intérêt est grand également
pour l'étude de l'exégèse juive ancienne. Les versions préparent positivement

---

20 Cp. M. Delcor, *Le livre de Judith et l'époque grecque, dans Klio*(Berlin 1967, Band 49,151-179)
21 Cp. en dernier lieu Suzanne Daniel, *Recherches sur le vocabulaire du culte dans la Septante* (Paris 1966) 399.

les midrashim postérieurs, et en particulier les midrashim homilétiques"[22].
Les développements du livre de Judith par rapport au texte de la LXX de
Daniel ne sont qu'une illustration des vues si justes exposées par la regrettée
Renée Bloch.

22   Article "Midrash" dans le Supplément au *Dictionnaire de la Bible* col. 1278.

Textus

UN MANUSCRIT HÉBRAÏQUE INÉDIT DES QUATRE EVANGILES CONSERVÉ A LA BIBLIOTHÈQUE VATICANE (Hebr. 100)

M. DELCOR

La Bibliothèque Vaticane conserve un manuscrit hébraïque des quatre Evangiles classé sous le numéro 100 dans le catalogue des *codices vaticani hebraici*[1] publié par Cassuto. Il comprend 156 folios mesurant 210×145; il est écrit sur papier et date du xvème siècle. L'Evangile de Matthieu est distribué en cinquante quatre chapitres, celui de Marc en compte seize, celui de Luc vingt-cinq et celui de Jean vingt et un.

L'Evangile de Matthieu est précédé d'extraits de la préface de St. Jérôme qui commence ainsi:

> *šy mty'w k'šr drš r'šn'*
> *h'wwngly'w hw' lh' tyq b' bwr drwš lnpylym.*

A chaque chapitre est répété le nom de l'Evangile, par exemple en tête du chapitre II de Matthieu on lit: *qpytwlw b.*

Ces titres sont écrits en caractères carrés. On trouve rarement des corrections interlinéaires. Celles-ci sont reportées dans les marges; elles sont indiquées dans le corps du texte par deux points superposés et dans les marges notamment par la lettre qof. Les phrases sont séparées par deux points ou par un point.

L'auteur du catalogue des manuscrits hébraïques de la Bibliothèque Vaticane mentionne dans une seule phrase de la brève notice qui est consacrée au manuscrit n.º 100 trois faits qui m'ont intrigué: 1.º) que la version des évangiles contenue dans ce manuscrit diffère essentiellement de celles que l'on connaissait jusqu'à ce jour; 2.º) qu'elle contient de nombreuses erreurs; 3.º) qu'elle a été faite sur une version catalane *(e catalaunica quadam interpretatione confectam).* Comme Cassuto ne donne aucun exemple de nature à justifier ses affirmations –il lui était d'ailleurs difficile de le faire dans le cadre d'un catalogue– le but de ma communication sera d'essayer de fonder les faits énoncés brièvement par l'auteur du Répertoire des manuscrits vaticans en langue hébraïque. En tant que catalanisant et hébraïsant, il m'a semblé que la tâche me serait

---

1. Cf. HUMBERTUS CASSUTO, Codices Vaticani hebraici, Codices 1-115, Bybliotheca Vaticana, 1956, pp. 144-145.

aisée. Je voudrais en conclusion tenter de situer cette version hébraïque des Evangiles par rapport à des entreprises de même nature dont nous citerons quelques fragments.

Pour réaliser mon dessein, j'ai choisi de transcrire en hébreu le chapitre 10 de Matthieu en le faisant suivre de brèves observations. Mon choix a été motivé d'une part par le fait que ce chapitre contient la liste des douze apôtres envoyés en mission, dont nous pourrons étudier la transcription et d'autre part parce qu'il annonce les persécutions que ces derniers subiront de la part de leurs corréligionnaires juifs dans les synagogues. Un traducteur juif aura sans doute une certaine attitude à l'égard de ces textes le concernant, ce qui révélera du même coup sa mentalité. En guise de comparaison nous ajouterons la transcription du chapitre 10 de Matthieu d'après la traduction hébraïque imprimée par Sébastien Münster à Bâle en 1537 et par J. du Tillet-Mercier à Paris en 1555 et reproduite par Adolf Herbst en 1879. Ce dernier l'identifia avec celle de Shemtob ben Shaprut, rabbin espagnol du xivème siècle[2] mais, semble t-il, à tort.

2. Cf. Dr. ADOLF HERBST, *Des Shemtob ben Schaprut hebraeische Übersetzung des Evangeliums Mathei nach den Drucken des S. Münster und J. du Tillet-Mercier neu herausgegeben.* Göttingen, 1879.

UN MANUSCRIT HÉBRAÏQUE INÉDIT DES QUATRE EVANGILES
CONSERVÉ A LA BIBLIOTHÈQUE VATICANE (HEBR. 100)

קפיטולו לב̎ כפי מתיאו

Matt., chap. 10

(1) והיה שישוס משיח קרא ליב̎
חלמידים ונתן להם יכולת לרפאת
המשורטבים ולמרק החולאים.
(2) האלה הם שמות האיפושטוליש:
הראשון הוא שימון פירי ואנדריב (a)
אחו̎ (3) פיליפו̊̊ ברטומי̊ גיקמו (b) ויואנדריב
ריואן אחיו̊ טומאש̊ מטאו̊ בעל רבים
מפורסום̊ גיקמי (c) אפפיב̊ טאטדיב (4)
שמין קרי קאנעיב: יודש שמפרו̊ (5) אלה
יב̎ שלח ישוס משיח רצום ואמר להם
אל תכנסו בארץ הגפילים̊ אל תכנסו
בארץ שמריאה היגו̊ (6) אבל תלכו
דורשים ואומרים שהמלכות שמים
מקרב. (8) בוורקו החלאים החיו המתים
טערו המצוררפים בעבור חן קבלתם
ורבעז חן תתבהנ̊ (9) אל תחפשו ליטא
זהב וכטף ומעות ומעות בחגורה
(10) ושק בדרך̊ ולא שתי מלבושים
ולא מבעלים ולא מטה̊ הפועל ראוי
לשוכרו̊ (11) בכל עיר שתכנסו או
מגדל שאלו מאתו אדם טוב
ועמו תעמדו עד שתלכו̊
(12) וכאשר תכנסו בבית תנו שלום̊
(13) אומרים שלום יהיה עמכם ובזאת
הבית: ואם אותה הבית תהיה ראויה לשום
שלומכם יבא אליה̊ ואם איבה ראויה
לשלום תשאר עמכם השלום̊ (14) ואותם
שלא יקבלו אתכם̊ ולא ישמעו דבריכם
צאו מהבית ומהער והטירו העפר מרגליכם̊
(15) אמת אומר אני לכם שעמר תטביל ליום הדין
אותה העיר מאותה דשידרמה:

(a) En marge פירו ואנדריאה
(b) En marge יקומו
(c) En marge יקומו

קפיטולו לג כפי מתיאו

(16) אני שולח אתכם כמו צאן
בין הזאבים• תהיו חכמים כמו
הנחשים ותמים כמו יונים: (17) השמרו
מהעמים כי הם ינהגו אתכם בדנריהם
ויכו אתכם כברכי כנסיותיהם (18) ו תהיה
נהוגים תפושים לפני המלך והסרים
בעבור שאתם עדות ממני לפני העמים•
(19) כאשר ינהגו אתכם תפושים אל
תחשבו מה תענו ותאמרו כי השם (d)
ילמדכם באותה שעה שת ערכו לדבר:
(20) אתם לא תדברו אבל הקדש רוח
ידבר בעדכם• (21) האח האחד
ימסור האחד למיתה ואב הבן
והבנים יקומו בעד אביהם ובעד
אמותיהם• (22) ויבגשום וכל כמו
אתכם בעבור שמי . ומשיתעיד עד קץ
אותו יהיה נושע• (23) וכאשר ירדפו
אתכם בעיר אחד נוסו באחרת:
אמת אני אומר לכם שלא
תגמרו עיירות ישראל אד כי בן האלוה (?)
יבא לתלמיד• (24) כי התלמיד אינו
על הרב יענד על האדון: כי די לתלמיד
שיהיה כמו עבד אל מלמדו והמלמד אל העבד
כמו אדוניו: (25) אם הם אמרו
רכגו הכבל זאבוק הם משוטנים• כמה
וכמה המורגלים: לכן לא תיראום•
(26) לא נעלם שלא יהיה נגלה (27) מה שאני
אומר בסוד תאמרו בקול רם לפני כל.
ומה שתשמעו ב באזן תדרשוהו בקול רם:
(28) ואל תחפינו ליראו אותם שהורגים
הגוף כי אין יכולים להרג הנפש• תיראו
ביותר אותו שהגוף והנפש יכול שום בגיהנם:
(29) שני צפרים נמכרים במרוצה

(d)   השם = le Nom, c'est-à-dire Dieu.

ראחת מהם לא תפול לארץ בזולת

אב שלכם' (30) כל שערות ראשכם מנויים'

(31) לכן לא תפחדו' אתם טובים מעופות רבים

לכן (32) כל איש יפרסמני אני אבידתו (e)

לפני האל אבי שבשמים' (33) ואותו

(f) שיכירנו לפני האנשים

אני אבידתו לפני האל אבי

קפיטולו לד כפי מתיאו

(34) עוד אמר ישאוש משיח לתלמידיו

אל מה תחשבו שאני באתי לשום שלום

בארץ. (35) אבל כי אני באתי להפריד

האב מהבן' והבת מהאם' וכלה

מחמותה (36) והאנשים מורגלים

ממכיריהם: (37) מי שאוהב אביו ואמו

יותר ממני אינו דאוי לי: (39) מי שאוהב

נפשו יאבד החיים בעבורי ומי שיאבדה

בעדי בושע יהיה' (40) ומי שאותי מקבל מקבל

מי ששלח אותי' (41) ומי שמקבל נביא

בשם נביא יהיה לו גמול' ומי שמקבל

צדיק בשם צדיק יהיה לי גמול

(42) כל אדם שיתן לשתות לאחד מאלו

הקטנים כוס אחד ממים קרים

בשם תלמידי' אמת לכם אני אומר

לא יפסיד שכרו:

(e) Cette forme paraît fautive et pourrait être rattachée au verbe ידה ,
"louer", au hif'il.

(f) du verbe נכר , "traiter comme étranger", "ignorer".

10 [1]ויזעק שנים עשר תלמידיו ויתן להם ממשלה על רוחות
טמאות להוציא אתהן ולרפא את כל חלי ומכאוב: [2]ושמות
השנים עשר שליחים אלה הם הראשון שמעון שנקרא כיפא
ואנדריאה אחיו: [3]פיליפוס וברטולומיאו יעקב זבדי ויוחנן אחיו
תומאס ומטיאו שהיה בעל עבירה: [4]ויעקב אלפי ותדיאו שמעון
הכנעני ויהודה איסכריאוטו אשר מסר אותו למיתה: [5]וישלח
ישו את אלה השנים עשר ויצו אותם לאמר אל דרך הגוים לא
תלכו ואל ערי השמרונים לא תבואו: [6]כי אם לכו אל הצאן
האובדות בבית ישראל: [7]לכו וקראו לאמר שובו שובו כי קרובה
מלכות שמים לבא: [8]רפאו את החולים הקימו את המתים טהרו
את המצורעים והוציאו את השדים חינם לקחתם וחנם תתנו:
[9]אל תקנו את הזהב ואת הכסף ואל המעות בחגורותכם: [10]אל
תלקטו בדרך ואל שתי כתנות ואל מנעולים ואל מטה כי ראוי
הפועל לאוכלו: [11]ובאיזו עיר או טירה תבואו שאלו מי נכבד
יש בה ושם תשבו עד שתצאו משם: [12]וכשתכנסו בבית שאלוהו
בשלומו לאמר שלום לזה הבית: [13]ואם יהיה הבית הזה נכבד
ישוב אליכם שלומכם: [14]ואיש אשר לא יקח אתכם ולא ישמע
לקול דבריכם צאו לחוץ מן הבית או מן העיר והשליכו גם העפר
מרגליכם: [15]אמן אני אומר לכם קל יהיה לארץ סדום ועמורה
ביום הדין יותר מן העיר ההיא: [16]הנני שולח אתכם כצאן בתוך
הזאבים ועל כן היו ערומים כמו הנחשים ותמים כמו היונים:
[17]השמרו לכם מן האנשים פן ימסרו אתכם לעדות ובמקהלות
ויסרו אתכם בשוטים: [18]ואל שוטרים ואל מלכים יוליכו אתכם
למעני לעדות להם ולגוים: [19]וכשימסרו אתכם אל תחשבו היך
ומה תדברו כי ינתן לכם בפיכם בשעה ההיא מה שתענו: [20]כי
לא תדברו אתם אלא רוח אביכם הוא תדבר אתכם: [21]וימסור
אח את אחיו למות ואב את בן ויקומו בנים על אבותם להמיתם:
[22]וישנאו אתכם כל האנשים בעבור שמי ואשר יעמוד עד סוף
הוא יושע: [23]וכאשר ירדפו אתכם בעיר אחת הנוסו אל אחרת
אמן אני אומר לכם לא תכלו את ערי ישראל עד שיבא בן
האדם: [24]לא יש תלמיד על המלמד ואין עבד על אדונו: [25]אלא
די לתלמיד להיות כרבו ולעבד כאדונו אם קראו את בעל הבית
בעל זבוב אף כי את בני הבית: [26]לכן אל תיראו מהם כי אין
דבר מכסה שלא יגלה ונסתר שלא יודע: [27]מה שאני מדבר
אליכם בחשך אמרו אותו באור ואשר תשמעו באזן קראו אותו
על הגגות: [28]ולא תיראו אותם שיהרגו את הגוף ואת הנפש לא
יוכלו להרוג אלא תיראו אותו שיוכל את הנפש ואת הגוף לאבד
לגיהנם: [29]הלא שני צפרים נמכרו תחת טבע קטון ואחד מהם
לא יפול על הארץ בלי אביכם: [30]ושערות ראשכם כלן נפסדו:
[31]ועל כן לא תיראו כי אתם טובים מרבים צפרים: [32]וכל מי
שיתודה אותי לפני האנשים גם אני אתודה אותו לפני אבי
שבשמים: [33]ואשר יכחש אותי לפני האנשים גם אני אכחישנו
לפני אבי שבשמים: [34]אל תחשבו שבאתי לשלוח שלום על
הארץ לא באתי לשלוח את שלום כי אם את החרב: [35]כי באתי
להבדיל את איש מאביו ואת הבת מאימה ואת כלה מן חמותה:
[36]ואויבי איש אנשי ביתו: [37]ומי שיאהב את אביו ואת אמו
יותר ממני איננו ראוי לי ומי שיאהב את הבן או את הבת יותר
ממני איננו ראוי להיות עמי במלכות שמים: [38]ומי שלא ישא את
צליבתו וילך אחרי הוא אינו ראוי לי: [39]מי שימצא את נפשו
יאבד אותה ואשר יאבד את נפשו למעני ימצאנה: [40]מי שיקח
אתכם הוא יקח אותי ואשר יקח אותי הוא יקח אותו ששלח אותי
[41]מי שיקח הנביא בשם הנביא הוא יקח שכר הנביא ומי שיקח
את הצדיק בשם צדיק הוא יקח שכר הצדיק: [42]ואשר יתן
לשתות לאחד מאלה הקטנים אפילו כוס אחד ממים קרים בשם
התלמיד אמן אני אומר לכם שלא יאבד את שכרו:

(Mt 10: … de Münster/Tillet-Mercier)

I. Observations

Nos observations ne peuvent être que limitées puisqu'elles sont tirées de la seule analyse du chapitre 10 de Matthieu. Nos remarques seront de deux ordres: les unes linguistiques, les autres littéraires.

1.°) Une première constatation s'impose. Notre version hébraïque n'a pas été faite sur le texte de la Vulgate, comme ce fut le cas auparavant de celle de Shemtob[3] et comme ce sera plus tard le cas pour celle de Jean-Baptiste Jona.[4] Divers faits tendent à le prouver: a) On note dans le texte hébreu des traductions périphrastiques au lieu des verbes au passif de la Vulgate. Au verset 18 au verbe *ducemini* correspond *wtyhw hnhwgym*, «et vous serez conduits». Au verset 26, là où la Vulgate emploie *non revelabitur*, le texte hébreu use d'une périphrase: *šl' yhyh nglh*, «qui ne sera pas révélé». Au verset 39, *nôša' yihyeh*, «sera sauvé» correspond à la Vulgate *inveniet eam*, en parlant de l'âme. Dans tous ces cas, comme nous le verrons plus loin, ces périphrases laissent supposer comme *Vorlage* une langue romane. b) Le texte hébreu ne suit pas le texte de la Vulgate et a visiblement connu un autre texte. Voici quelques exemples.

Au verset 17, alors que le latin de la Vulgate porte *cavete ab hominibus*, on attendrait normalement *hšmrw lkm mn h'nšym*, comme dans la traduction de Münster. Or notre version porte *hšmrw mh' mym*, littéralement «gardez-vous des peuples». Or «les peuples» semblent être la traduction maladroite d'un mot appartenant à une des langues romanes «les gens», *la gente* (castillan), *la gent* (catalan). Au verset 22, le latin porte *«qui autem perseveraverit in finem hic salvus erit»* tandis que l'hébreu suppose un autre texte: *wmy šyt yd 'd hqs*, «celui qui sera témoin jusqu'à la fin», traduction que l'on pourra comparer à celle, plus littérale, de la version de Münster: *w'šr y' mwd 'd sop*. Au verset 27 l'hébreu, manifestement ne suit pas la Vulgate: *«Quod dico vobis in tenebris, dicite in lumine et quod in aure auditis praedicate super tecta»*. En effet l'opposition lumière-ténèbres est absente de l'hébreu qui substitue l'opposition *bswd*, «en secret» à *bqwl rm*, «à voix haute». Le *super tecta* ne se trouve pas à la lettre dans notre version hébraïque qui rend toutefois globalement le sens du texte. Au verset 34, la phrase négative: *«Nolite arbitrari quia venerim mittere pacem in terram»* est remplacée par une phrase interrogative: *'l mh thšbw š'ny b'ty lšwm šlwm*, «pourquoi pensez-vous que je suis venu mettre la paix?». D'ailleurs dans cette même phrase, l'expression hébraïque *šwm šlwm*, «mettre la paix» ne correspond pas à la Vulgate *mittere pacem* qui a été par contre traduite littéralement dans la version de Münster *šlwh šlwm*, et, comme nous le verrons plus loin, cette expression semble bien recouvrir un catalanisme «poser pau».

2.°) Le texte qui a servi au traducteur était sans doute en catalan. J'en vois un indice dans le fait que les noms des apôtres semblent transcrits du catalan et non du

3. Ce fait a été démontré par le Dr. Pinchas E. Lapide, *Der «Prüfstein» aus Spanien. Die einzige rabbinische Hebraisierung des Mt-Evangeliums*, dans *Sefarad* 24, 1974, pp. 232-234.

4. *'arb' bny hgylwnym, mhtwrh hhdš 'šr n'tqw rwmy llšwn bry l yd ywhhnn ht wbl ywnh, Quatuor evangelia Novi Testamenti ex latino in hebraicum sermonem versa ab Baptista Iona*. Romae, Typis S.C. Prop. Fidei, Anno MDCLVIII.

latin comme c'est le cas dans Shemtob. *šymwn pyry* semble bien être la transcription
du catalan *Simon Pere*. La forme *pyry* doit être vocalisée *pērē*. On retrouve cette graphie au folio 23 verso sous la forme abrégée *šy pyry*. Cette graphie qui rend le son e à
l'aide de la mater lectionis *yod* est habituelle dans la transcription en caractères hébraïques de chants de noces de Juifs catalans connus par deux manuscrits qui, comme
le nôtre, datent du xvᵉᵐᵉ siècle.[5] Je transcris à titre d'exemple, la quatrième strophe de
Piyyut Naeh (Poésie festive) à la fois en caractères hébraïques et en caractères latins:

אל זקן לינדיב יו שו דילש דילי גדולים

אשקולסא מא פיליא אקישסי משלים

נו איש ארא אורא דדיר הבלים

ציל קינ פיב לו חיתון נאגא לא מאלא שנא

El zaqen lin diu: «lo so dels gedolim.
Escolta, ma filla, aquesti mesǎlim:
No és ara hora de dir habalim.
Cel qui'n feu lo ḥittun n'haja la mala šana.

Dans la version hébraïque de l'Evangile de Matthieu les graphies *'ndry'b, z'bdyb,
ṭ'tdyb, 'bpyb, q''yb,* qui est fautivement mis pour *q'n'yb,* semblent bien être des transcriptions de *Andreu, Zebedeu, Taddeu, Alfeu, Cananeu.* En effet les finales en *yb* –ou
même en *y'b*– peuvent transcrire les finales des noms propres en –*eu*. Il y a une exception dans *mty'w* qui peut supposer l'espagnol *Mateo* et qui est, de fait, la forme
que l'on trouve dans Shemtob ou le catalan ou le languedocien *Mateu*.[6] Le nom de
Jacques est transcrit *gyqmw* ou *gyqmy* qui essaient de décalquer *Jacme*, forme ancienne du catalan *Jaume*, mais qui était aussi employée dans l'ancien provençal. Jean est
transcrit *yw'n* qui peut tout aussi bien représenter *Juan* ou *Joan,* c'est à dire la forme
espagnole de ce prénom ou la forme catalane, voire languedocienne ancienne. Cette
incertitude résulte du fait que le texte hébreu n'est pas ponctué, et donc vocalisé. Il y a
de fait la même graphie pour I et E, O et U. A s'en tenir à ces graphies, les formes
qu'elles supposent *Andreu, Mateu, Zebedeu, Taddeu, Joan, Jacme* peuvent être aussi
bien provençales que catalanes. Seule la graphie *pyry* me semble plutôt représenter
une forme catalane *Pere,* bien qu'à la rigueur elle pût recouvrir la forme provençale

5. Cf. JAUME RIERA I SANS, *Cants de Noces dels Jueus catalans,* Barcelona, 1974, pp. 11-12; cf.
Moshé Lazar, *Epithalames bilingues hébraïco-romans dans deux manuscrits du xvⁱᵉᵐᵉ siècle,* dans *Mélanges de Philologie romane dédiés à la mémoire de Jean Boutière*
(1899-1967), Liège, 1970, vol. I, pp. 333-346.
6. Voici à titre documentaire les formes de ces divers noms propres en ancien provençal d'a-
près le Trésor dou Felibrige de Mistral: le nom d'André est *Andrieu, Andriu, Andreu.*
Matthieu: *Mathieu, Matheu, Mattheu, Matiu.* Pierre: *Peire, Peyre, Pedre, Petre, Peyr.*
Jean: *Jehan, Johan, Joan.* Jacques: *Jacme, Jagme, Jamme.*

Peyre. Mais on aurait dans ce cas plutôt *pyyry* avec deux *yod.* Par ailleurs les graphies identiques en *yod* du son catalan dans les épithalames bilingues de juifs catalans conservés dans des manuscrits datant du xveme siècle comme le manuscrit des Evangiles m'incitent à soupçonner plutôt la forme catalane *Pere* sous la graphie *pyry.* On doit noter parmi les noms d'apôtres une exception à la règle des transcriptions en –*yb* ou –*y'b* supposant le suffixe –*eu.* Dans l'hypothèse d'une *Vorlage* catalane, on attendrait pour Barthélémy, la forme *brtwmyb Bartomeu.* Or le manuscrit porte *brtwmy* qui suppose théoriquement un *Bartomé,* tandis qu'on lit dans la version de Münster la transcription du latin *Bartholomeus, brtwlwmy'w.* Mais la forme *Bartomé* doit être considérée comme fautive car elle ne'st ni provençale *(Bartholomieu, Berthomieu, Berthomiu, Bertolomiu),* ni castillane *(Bartolomé).* On doit supposer qu'elle est catalane mais, je le répète, fautive pour *Bartomeu.*

Tout bien pesé, compte tenu des formes identiques de ces noms propres en catalan médiéval et en ancien provençal, il s'mble que le texte hébreu transcrirait plutôt un texte catalan qu'un texte provençal. D'autres indices de ce fait sont à invoquer ici. Nous avons noté plus haut la phrase du verset 34 *b'ty lšwm šlwm.* Mais *lswm* peut se comprendre de deux manières différentes; si on vocalise *l'šûm* avec le sens de «au nom de», «en faveur de», on peut à la rigueur traduire: «je suis venu en faveur de la paix». Par contre si on vocalise *l'śûm* «pour placer, pour mettre» il faut comprendre: «je suis venu pour mettre la paix», ce qui est plus proche du texte original que la traduction précédente. Dans ce cas, si on accepte cette traduction, «mettre la paix» semble décalquer l'expression catalane «posar pau».

Au verset 9 *lyś'* paraît transcrire le verbe catalan *laixar* au sens de «prêter à intérêt», comme nous le verrons plus loin. Tels sont donc les quelques catalanismes que nous avons relevés dans ce chapitre de Matthieu.

Notre enquête très partielle devrait être étendue à l'ensemble du manuscrit pour consolider notre hypothèse. De la présence du manuscrit hébraïque d'origine catalane au Vatican, il ne faut pas s'étonner outre mesure. J. M. Millas i Vallicrosa avait déjà signalé la présence à la Bibliothèque Vaticane de manuscrits hébreux provenant des pays catalans, soit qu'en raison de certains indices ils aient été écrits dans des pays de langue catalane, soit qu'ils aient appartenu à quelqu'un qui écrivait en catalan.[7] Quelques-uns de ces manuscrits, précise le même savant, se trouvaient déjà à la Bibliothèque Vaticane au milieu du xvieme siècle, ce qui expliquerait que la Catalogne soit aujourd'hui si pauvre de manuscrits hébraïques catalans, puisqu'ils avaient émigré déjà en Italie du Sud où se trouvent beaucoup de manuscrits ou des copies de ceux-ci. On sait en effet que dans l'Italie du Sud, il y avait au commencement et au milieu du xvieme siècle des humanistes qui, sachant l'hébreu et l'arabe se dédièrent à recueillir des manuscrits et des livres orientaux. C'est par ses relations avec les Juifs de l'Italie du Sud que l'humaniste allemand Johann Albrecht Widmanstetter acquit beau-

---

7. Cf. J. Millas i Vallicrosa, *Manuscrits hebraics d'origen català a la Biblioteca vaticana,* dans *Estudis Universitaris catalans,* vol. XXI, 1936 (Homenatge a Rubió i Lluch), pp. 9-13.

coup de ces manuscrits hébraïques et arabes qui aujourd'hui forment la célèbre collection de la *Bayerische Staatsbibliothek*.

3.º) Le texte hébreu a subi au moins une correction italianisante due sans doute à un scribe italien qui l'a notée en marge le jour où ce manuscrit a circulé en Italie. Au lieu de la transcription du nom de Jacques *gyqmy* qui paraît recouvrir la forme catalane, voire provençale ancienne *Jacme*, un scribe sans doute dérouté a proposé de lire *yqwmw* qui transcrit l'italien *Giacomo*. De même on lit en marge la correction *pyrw w'ndry'h*. Elle est le fait de quelqu'un qui a été sans doute troublé par les graphies catalanes de *Pere* et d'*Andreu* et qui les a italianisées au moins en partie pour le nom de Pierre devenu *Piro*.

4.º) On doit signaler deux graphies étonnantes dans l'hypothèse d'une *Vorlage* catalane. Il s'agit de *qpytwlw*, «chapitre» qui décalque plutôt le latin *«capitulum»*, ou mieux, le castillan *«capitulo»* ou l'italien *«capitolo»* que le catalan *«capitol»*, et de *'ypwštwlyš*, *«aypostoles»*. La finale en –*es* dénote un castillanisme car en catalan on aurait *«apostols»*.

5.º) Signalons enfin l'introduction dans le texte d'une institution médiévale caractéristique. Au verset 3 le traducteur, en présence du titre de publicain donné par l'évangéliste à Matthieu, n'a pas cherché à retrouver l'antique nom de *mōkēs* «fermier des revenus, collecteur d'impôts», bien connu du Talmud et que Franz Delitzsch reprendra dans sa traduction en hébreu du *Nouveau Testament*. En effet cette institution était trop éloignée dans le temps de notre traducteur qui a essayé de l'actualiser comme l'avait déjà fait Shemtob. Ce dernier avait rendu le *publicanus* de la Vulgate par le périphrase *mlwwh b'ribbît b'parsùm*, littéralement «prêteur à intérêt en public», c'est à dire banquier public.[8] Notre version porte *b' l rbyt mpwrsym*, qui est une périphrase équivalente: il s'agit d'un prêteur à intérêt public. Les prêteurs étaient nombreux en Espagne et en Catalogne, soit qu'ils aient exercé leur métier en public, soit qu'ils l'aient fait en privé.[9]

Nous avions déjà rédigé cette partie de notre étude effectuée à la Bibliothèque vaticane pendant l'hiver 1974-1975, lorsque nous avons pris connaissance de l'ouvrage de Pinchas E. Lapide concernant l'hébreu dans les églises, paru en 1976, dans lequel il s'est intéressé notamment au ms. hébreu Vatican 100.[10] Selon cet auteur, cette version aurait été faite très vraisemblablement par un savant travaillant sous le coup de la contrainte *(Zwangsübersetzung)*: il en voit pour preuve le contraste frappant existant d'une part entre les connaissances rabbiniques du traducteur et sa familiarité avec la langue hébraïque et, d'autre part, les nombreuses fautes, qui dénoteraient un sabotage conscient en vue de dénaturer le texte.

Le manuscrit aurait été rédigé en Italie et il daterait du xvème siècle, comme le lui a précisé Mme Colette Sirat, mais il pourrait remonter à une source judéo-espagnole qui aurait pris le chemin de l'Italie où elle aurait été transcrite.

8. Cf. Dr. PINCHAS E. LAPIDE, *Der «Prüfstein» aus Spanien*, art. cit. pp. 249-250.
9. Nous avons étudié le *Liber Judaeorum* contenant les prêts faits par les Juifs de Puigcerdà au xiiième siècle; cf. M. DELCOR, *Les Juifs de Puigcerda au xiiième siècle*, dans *Sefarad* 26, 1966, pp. 17-46.
10. Cf. PINCHAS E. LAPIDE, *Hebräisch in den Kirchen*, Neukirchen, 1976, pp. 64-68.

Pinchas E. Lapide ne cite que deux passages, à notre sens douteux, en faveur d'une source latine: d'une part *hsyntwryn*, *«centurio»* en Mc 15,18 et *'mytwt nr, «lux vera»* en Jo 1,10. Mais la graphie hébraïque de Mc 15,18 pourrait tout aussi bien supposer le catalan *«centurio»*. Par contre Pinchas E. Lapide cite un certain nombre de passages qui, selon lui, dénoteraient une source espagnole ou italienne. Par espagnole, il entend apparemment castillane. Par exemple, l'expression *ysws dglyly'h* remonterait à une origine romane, ce qui me paraît exact. Mais je dois préciser que la *Vorlage* n'est pas nécessairement espagnole ou italienne mais peut être catalane: *Jesus de Galilea*. A côté d'exemples peu probants en faveur de sa thèse, il cite, par contre, un cas très intéressant. Jean 1,19, *khnym wdy'qš*, correspond à *sacerdotes et levitas* de la Vulgate. Mais cette christianisation de l'expression prêtres et lévites rendue par prêtres et diacres ne plaide nullement en faveur d'une source espagnole ou italienne, car en espagnol et en italien on aurait *«diáconos»* et non *«diacas»* qui est une forme catalane *(dy'qš)*. Par contre il y a trace d'un castillanisme certain dans *dwmyngw*, *«domingo»* en Mt 28,1 qui a été corrigé en marge par la forme italienne ou italianisante *dwmynyg':* la forme catalane correspondante serait *«diumenge»*.

Tels sont quelques-uns des exemples cités par Pinchas E. Lapide. Mais, tout bien considéré, ce savant juif apporte de l'eau à notre moulin. Car c'est bien un texte catalan qui a été traduit en hébreu et non un texte castillan ou italien. Il est vrai que la présence dans le texte de certains castillanismes, tels *apóstoles, capitulo, domingo*, etc... fait problème. Pour en rendre compte, deux explications sont possibles: ou bien le traducteur juif a connu un texte catalan contenant des castillanismes, ou bien il parlait lui-même un catalan mêlé de castillanismes. Les italianismes placés en marge prouvent que le manuscrit a circulé en Italie.

Après ces observations d'ordre linguistique ou orthographique, venons en à des remarques d'ordre littéraire portant sur les omissions, les additions, ou les transformations du texte des Evangiles par le traducteur. Faut-il vraiment parler de sabotage? Je laisse la question posée.

1.º *Les omissions*

Au verset 6, l'envoi en mission des apôtres auprès des brebis perdues de la maison d'Israël est passée sous silence. Cette omission est évidemment intentionnelle et se conçoit bien si le traducteur est un juif. Si ce dernier a traduit les Evangiles en hébreu dans le but de faciliter la conversion des Juifs au Christianisme, on conçoit qu'il ait évité les jugements qui auraient pu les heurter. Cette péricope est aussi absente de la traduction de Shemtob, mais sans doute pour des motifs différents. Ce dernier se proposait en effet un but tout à fait différent: mettre entre les mains de ses corréligionnaires une version hébraïque de Matthieu afin de pouvoir mieux répondre aux attaques des Chrétiens dans les controverses qui les opposaient assez fréquemment. Shemtob omettait cette péricope parce qu'elle portait une accusation contre les Juifs, traités de «brebis perdues», ce qu'évidemment il ne pouvait pas admettre. Parmi les controverses opposant Juifs à Chrétiens, une des plus célèbres fut précisément au début du xvème siècle la Dispute de Tortosa (1413-1414).[11] A l'instigation du pape aragonais Pierre de Luna, connu sous le nom de Benoît XIII, Chrétiens et Juifs se réunirent en Catalogne dans la cathédrale de Tortosa.[12] Le début de la Chronique hébraïque de cette célèbre dispute dit expressément en parlant de la délégation juive: «Le 7 février de l'année 1413, d'après le comput chrétien, nous vînmes en présence du Seigneur Pape qui était dans son temple, appelé temple épiscopal, dans la cité de Tortosa. Nous, au nombre de vingt-deux hommes savants et connus, nous y étions en tant que délégués des aljamas du royaume d'Aragon et de Catalogne, convoqués par ordre écrit du Seigneur Pape qui leur demandait de répondre aux questions du savant maître Jérôme d'Alcanyis, qui s'appelait auparavant Yehosúa Lorqui. Nous nous présentâmes ce jour-là devant lui [le Pape] pour répondre au texte que ce savant avait rédigé sur la venue du Messie. [Le Pape] avait ordonné à tous les savants d'Israël se trouvant dans le royaume d'Aragon de disputer en sa présence sur cette question».[13] Nous reviendrons plus loin sur cette dispute. Nous l'avons mentionnée simplement ici à titre d'exemple pour essayer de comprendre dans quelles circonstances ont pu naître les versions hébraïques des Evangiles.

Mais il nous faut revenir aux omissions du chapitre 10 de Matthieu. On observe que la péricope de 10,34 b correspondant au «non veni pacem mittere sed gladium» de la Vulgate est absente de notre version hébraïque. Cette parole de Jésus, à première vue si abrupte aurait pu scandaliser un lecteur juif, aussi le traducteur a t-il jugé préférable de l'omettre. Il en va de même du logion relatif au portement de croix du disciple correspondant au verset 38 de la Vulgate «qui non accipit crucem suam et sequitur me, non est me dignus». Sans doute le fait de porter sa croix rappelait-il au traducteur de fort mauvais souvenirs, car la croix évoquait sans doute pour lui les pogroms et l'Inquisition. Notre traducteur n'est d'ailleurs pas isolé et on a parlé de la «crucophobie» dont Shemtob fait preuve dans sa traduction de Matthieu.[14] Non seulement ce dernier a omis le verset 38 mais on a remarqué qu'il a évité de traduire les mots «croix, crucifixion et crucifier». Pourtant il connaissait par le Talmud et les textes médiévaux les termes ṣlyb, «croix», ṣlybh, «crucifixion» et niṣlāb, «crucifié», mais il rend habituellement le verbe crucifigere de la Vulgate par le verbe talāh «pendre» en Math. 20,19; 23,24; 27,23,26, 31,38; 28,5 mais non en 26,2.

Au verset 40, le traducteur omet curieusement la première partie du verset concernant l'accueil fait aux disciples de Jésus: «celui qui vous reçoit me reçoit» et traduit seulement la deuxième partie du verset wmy š'wty mqbl mqbl ššlh 'wty sans que l'on

11. Les actes latins de la Dispute de Tortosa ont été publiés par A. PACIOS LÓPEZ. La Disputa de Tortosa. Madrid-Barcelona, 1957 (2 volumes).
12. Sur le lieu où se tint la Dispute, cf. A. PACIOS, op. cit., vol. I, p. 46, note 28.
13. D'après la traduction du texte J. de JAUME RIERA I SANS. La Cronica en hebreu de la disputa de Tortosa. Barcelona, 1974, p. 15.
14. Cf. Dr. PINCHAS E. LAPIDE, Der «Prüfstein» aus Spanien, art. cit. pp. 267-268. Mais le verset 38 n'est pas omis dans l'édition de Adolf Herbst, Des Schemtob ben Schaprut hebraeische Übersetzung des Evangeliums Matthaei nach den Drucken des S. Münster und J. du Tillet-Mercier.

sache exactement le motif de cette omission. Dans la version de S. Münster, par contre, on traduit entièrement les deux parties du verset en employant d'ailleurs un autre verbe pour traduire «*recipere*», qui est rendu par *lāqah*.

2.° Les additions

Celles-ci sont plutôt rares et de peu d'intérêt pour pouvoir apprécier la mentalité du traducteur.

Au verset 34, la phrase: «Jésus Messie dit de nouveau à ses disciples», est absente du texte de la Vulgate comme du grec. Elle a été manifestement ajoutée dans un but de clarification, afin que le lecteur n'oublie pas que c'est toujours Jésus qui parle.

3.° Les transformations intentionnelles du texte

Au verset 1, au lieu de «il leur donna pouvoir sur les esprits impurs afin qu'ils les chassent et qu'ils guérissent toute faiblesse et toute maladie», on lit dans le texte hébreu: «il leur donna pouvoir de guérir ceux qui sont sous le pouvoir de Satan, *hmšwtnym* (littéralement: les ensatanés) et de laver les malades» *(wlmrq hwl'ym)*. Le traducteur a manifestement emprunté l'idée de guérir les possédés à Luc, 6,18 *(et qui vexabantur a spiritibus immundis curabantur)*. L'idée de «guérir toute faiblesse et toute maladie» a été édulcorée puisqu'il n'est plus question que de «laver, nettoyer les malades», c'est à dire de les soigner, ce qui est tout autre chose. Là aussi le traducteur a t-il intentionnellement voulu éviter de choquer les lecteurs juifs? C'est possible. En tout cas, il ne reconnaît aux disciples de Jésus que le pouvoir de guérir les possédés et de laver ou de nettoyer les malades.

Au verset 9, si nous comprenons bien l'hébreu difficile, le traducteur a fait subir un sérieux changement au texte pour le mettre en accord avec la pratique de son temps. Nous lisons en effet: *'l thpšw lyš' zhb wksp wm'wt*. Mais *lyš'* fait difficulté et il me semble impossible de le traduire par «pour porter» du verbe *nš'* («ne cherchez pas à porter»). Je me demande s'il ne faut pas y lire: le mot catalan *leixa*, «prêt» ou mieux *leixar* avec le sens de «prêter» plutôt que de «léguer» que ce mot a aussi dans la vieille langue.[15] Si telle est la signification de ce mot, le traducteur interdirait aux disciples et donc aux Juifs pour lesquels il fait sa traduction de faire des prêts d'or, d'argent et de monnaie quand ils sont en voyage. Nous traduisons en effet la phrase hébraïque: «Ne cherchez pas *'l thpšw* à prêter de l'or, de l'argent et de la monnaie., de la monnaie qui est dans la ceinture et dans la besace (alors que vous êtes) en route». Il devait paraître en effet impossible au traducteur de voyager sans argent comme le demandait expressément Jésus. Aussi se contente t-il de faire interdire par ce dernier aux disciples de

---

15. Cf. A. GRIERA, *Tresor de la llengua, de les tradicions i de la cultura popular de Catalunya*, Barcelona, 1946, vol. IX.

profiter de leurs missions apostoliques pour prêter de l'or, de l'argent et de la monnaie qu'ils portent en voyage dans leur ceinture et dans leur besace.

Au verset 17, on observe une notable différence avec le texte représenté par la Vulgate. On lit dans celle-ci: *Cave te autem ab hominibus: tradent enim vos in conciliis et in synagogis suis flagellabunt vos».* La version hébraïque dit: «Gardez-vous des gens car ils vous conduiront dans leurs conseils et ils vous frapperont quand vous me bénirez dans leurs synagogues». Le traducteur paraît avoir été induit en erreur du fait que le latin *concilium* signifiant «assemblée» et plus spécialement «tribunal» a été sans doute traduit en catalan par *«consell»* = «conseil». La précision: «quand vous me bénirez» est absente de la Vulgate.

Notons enfin qu'au verset 5 le traducteur a hésité à employer le mot *goyim* qu'il a remplacé par *nephilim* de Gen. 6.

Signalons des transformations mineures du texte original. Le verset 41 n'est pas rendu littéralement. On lit dans la Vulgate: *«Qui recipit prophetam in nomine prophetae, mercedem prophetae accipiet; et qui recipit justum in nomine justi, mercedem justi accipiet».* L'hébreu traduit: «celui qui reçoit un prophète au nom d'un prophète, une récompense sera à lui (au lieu de "une récompense de prophète sera à lui"); celui qui reçoit un juste au nom du juste une récompense sera à lui» *(yhyh lw gmwl;* au lieu de: «une récompense de juste sera à lui»).

Au verset 42, notons une nuance apportée par le traducteur qui est absente de l'original: «au nom du disciple» devient «au nom de mon disciple» *(bšm tlmydy).*

A *«amen dico vobis»* de la Vulgate correspond dans notre version: *'mt lkm 'ny 'wmr,* «Moi je vous dis la vérité».

II.   LA PLACE DU MANUSCRIT HÉBRAÏQUE 100 DE LA VATICANE
VIS À VIS DES AUTRES VERSIONS DE MÊME NATURE

On a écrit non sans fondement que nos informations touchant les traductions hébraïques de Nouveau Testament sont fort imparfaites.[16] D'ailleurs, les Juifs eux-mêmes prenaient connaissance du contenu des évangiles à partir de diverses sources. Dans l'Orient ancien, ils recouraient aux traductions de la Peshitta ou à la version arabe. En Europe, ils puisaient leurs informations sur Jésus et le Christianisme dans le Talmud ou les *Toledot Yeshu.* Ils n'avaient que très rarement accès à la Vulgate. Il y a une cinquantaine d'années Alexander Marx faisait remonter les plus anciennes traces d'une version hébraïque du Nouveau Testament au XIIIème siècle. Cette traduction nous est connue à travers l'oeuvre du dominicain catalan Ramon Martí, auteur du *Pugio Fidei,* «le Poignard de la Foi», qu'il composa vers 1278.[17]

16. Cf. ALEXANDER MARX, *The Polemical Manuscripts in the Library of the Jewish Theological Seminary of America,* dans *Studies in Jewish Bibliography and related subjects in memóry of Abraham Solomon Freidus* (1867-1923), New York, 1929, p. 270.
17. Sur ce personnage cf. A. BERTHIER, *Un maître orientaliste du XIIIème siècle: R. Martin,* dans *Archivum Fratrum Praedicatorum,* vol. VI, 1936, pp. 267-311.

Ce livre, dont Berthier a recensé jusqu'à sept manuscrits, eut d'ailleurs par la suite une grande fortune à travers la Renaissance, comme l'a montré F. Secret.[18] Or le savant dominicain donne en deux endroits de son livre des citations des Evangiles. Il s'agit de Matthieu, chap. 2, cité à la page 772 de l'édition de Carpzov; de Matthieu 3,13-15 et de Marc 16,15-16 cités à la page 818 de la même édition.[19] Le chapitre 2 de Matthieu, le plus long, a été reproduit par Alexander Marx. [20] Une comparaison avec le même chapitre de Matthieu du manuscrit Vatican 100 montre qu'il s'agit de deux versions tout à fait différentes.

En réalité Judah M. Rosenthal a montré que les traductions en hébreu de petites parties des Evangiles comme le *Pater Noster* remontaient déjà au ixème siècle, tandis que le *Magnificat* était déjà traduit au xiième siècle et peut-être même avant. Pour ce qui concerne la traduction de sections importantes des Evangiles, il signale les *Milḥa-mot Adonay*, ouvrage de polémique écrit en 1170 par Jacob ben Ruben. Le chapitre 11 de cette oeuvre contient de larges citations de Matthieu et quelques unes de Marc et de Luc dont il semble que Jacob ben Ruben lui-même était le traducteur. Afin de mieux apprécier cette traduction, Rosenthal a eu la bonne idée de transcrire les passages pa-rallèles du *Pugio Fidei*, de Jacob ben Ruben et d'Ibn Shaprut. Il constate que la tra-duction de Jacob ben Ruben n'est pas toujours fidèle à la Vulgate: elle tranche en cela avec celle d'Ibn Shaprut.[21]

Du xivème siècle, nous connaissons la traduction en hébreu du rabbin Shemtob ben Isaac ibn Shaprut. Ce dernier était originaire de Tudèle. Versé dans la connaissan-ce des deux Testaments, il fut choisi par les Juifs de Castille et de Navarre pour les représenter dans une dispute qui eut lieu à Pampelune le 26 décembre 1375. Il disputa avec un réel succès, précise le Dr. Pinchas E. Lapide,[22] sur le péché originel, la messia-nité de Jésus et le problème de la rédemption avec le cardinal Pierre de Luna, le futur pape Benoît XIII. Il rassembla les arguments qu'il put trouver dans un livre intitulé 'bn bḥn, «La pierre de touche», dont il emprunta le titre à un passage d'Is. 28,16. Comme il l'a précisé dans sa préface, il devait servir à distinguer la verité de l'erreur. Cet ouvrage fut publié pour la première fois à Tarazona en 1380 puis en 1385, en 1395, en 1400 et en 1402. Les éditions successives comportaient des changements, des améliorations, voire des amplifications. L'ouvrage original comprend douze chapitres dont le premier contient les articles de foi du judaïsme. Les autres chapitres sont con-sacrés, entre autres choses à réfuter l'exégèse christologique de tous les livres du *Tenach*. A la fin de l'ouvrage on trouve une version en hébreu de l'Evangile de Mat-thieu. Gustave Dalman s'était demandé, à la fin du siècle dernier, si les quatre Evangi-les contenus dans le manuscrit 100 hébreu du Vatican ne représentaient pas précisé-

---

18. Cf. F. SECRET, *Notes pour une histoire du Pugio Fidei à la Renaissance*, dans *Sefarad*, 1960, t. XX, pp. 401-407.
19. 'RAYMUNDI MARTINI, *Pugio Fidei adversus Mauros et Judaeos*, ed. Carpzov, Leipzig, 1687.
20. *art. cit.*, p. 273.
21. Cf. JUDAH M. ROSENTHAL, *Early hebrew translations of the Gospels* (sommaire en anglais de son article en hébreu moderne), dans *Tarbis*, t. XXXII, 1962-1963, pp. III-V.
22. Cf. Dr. PINCHAS E. LAPIDE, *Der «Prüfstein» aus Spanien. Die einzige rabbinische hebräi-sierung des Mt-Evangelium*, dans *Sefarad*, t. XXIV, 1974, pp. 228-272.

ment toute l'oeuvre de Shaprut.[23] Or la comparaison entre Shaprut et notre manuscrit, que nous avons faite pour le chapitre 2 de Matthieu nous oblige à conclure négativement. Nous sommes réellement en présence d'une version tout à fait différente de celle du célèbre rabbin espagnol.

A propos de la version de Shemtob ibn Shaprut il faut nous expliquer sur la version de l'Evangile de Matthieu en hébreu publiée par S. Münster à Bâle en 1537, 1557, et en 1582 et à Paris par Jean du Tillet en 1555 et déjà en 1551 par Cinquarbre, professeur au Collège de France, originaire d'Aurillac.[24] Richard Simon avait identifié cette version avec celle de Shemtob ibn Shaprut. Sans prendre la peine de vérifier cette hypothèse à partir des manuscrits qui nous restent du 'bn bḥn on s'est habituellement fié à cette opinion. Ce fut le cas, entre autres, de Herbst qui réédita en 1879 les textes imprimés de S. Münster et J. du Tillet-Mercier sans recourir aux manuscrits dont certains, précise Alexander Marx, étaient facilement consultables. Le titre de l'ouvrage de Herbst est à lui seul significatif: *Des Shemtob ben Schaprut hebraeische Übersetzung des Evangeliums Matthäi nach den Drucken des S. Münster und J. du Tillet-Mercier.* Mais Alexander Marx a montré qu'il n'y avait aucun fondement à l'identification de la traduction de Münster avec celle de Shemtob, du moins pour les deux fragments du chapitre 2 de Matthieu qu'il met en regard l'un de l'autre.[25] L'oeuvre de Shemtob ibn Shaprut nous est connue encore aujourd'hui par douze manuscrits complets et par environ dix-sept autres manuscrits fragmentaires.[26] Le Dr. Pinchas s'est servi pour son étude du manuscrit 17 provenant du Collège des Néophytes, et qui est selon lui le plus fidèle. Une traduction de Matthieu classée sous le número 101 parmi les codices hébraïques de la Bibliothèque Vaticane est celle faussement attribué à Shemtob ibn Shaprut car elle concorde, d'après Cassuto, avec l'édition de S. Münster.[27] Un bon connaisseur estime que la traduction de Shemtob est faite dans un hébreu coulant qui est en grande partie d'origine biblique, même si une dixième partie du vocabulaire provient de la *Michna*. Le Dr. Pinchas E. Lapide va jusqu'à dire: «dans certaines péricopes, comme par exemple, dans le Sermon sur la Montagne et dans les paraboles du semeur et du grain de sénevé, il semble avoir atteint les accents lyriques ou rhétori-

23. Cf. G. DALMAN, art. *Bibelübersetzungen,* dans *Realencyclopädie für protestantische Theologie und Kirche* vol. III, pp. 102-103.
24. *Tôrat hammašîah. Sanctum Domini Nostri Jesu Christi Hebraicum Evangelium secundum Matthaeum,* Parisiis, 1551. Nous avons pu consulter l'exemplaire de la Bibliothèque Vaticane. On a ajouté au texte imprimé une traduction latine juxtalinéaire manuscrite. Le texte hébreu est précédé d'une préface latine de Johannes Quinquarboreus où il explique que S. Münster avait arraché aux mains des Juifs *(extorsisse a Judaeis)* une version de Matthieu déchirée et mutilée qu'il a complétée. Cinquarbre ajoute qu'à son avis le texte est assez ancien *(satis antiquum).* Mais il regrette que Münster n'ait pas indiqué par un astérisque ce qu'il a ajouté de son propre cru. Il reproduit l'édition de Münster en ajoutant la vocalisation et les accents et met en marge pour certains passages la traduction hebraïque qui lui semble la meilleure.
25. Cf. A. MARX, *art. cit.* pp. 272-273.
26. Cf. Dr. PINCHAS E. LAPIDE, *art. cit.* p. 230.
27. Cf. H. CASSUTO, *Codices Vaticani Hebraici,* pp. 146-147.

ques de l'original».[28] Son jugement est bien différent et sans doute moins partial que celui de Jean-Baptiste Jona,[29] un Juif converti au christianisme qui fit paraître en 1668 une traduction des quatre Evangiles en hébreu magnifiquement éditée par la Polyglotte de la Congrégation romaine «De Propaganda Fide».[30] Dans sa préface, Jona reconnaît avoir eu entre les mains deux versions hébraïques antérieures de Matthieu. De l'une d'entre elles, il écrit: «qui apud Hebraeos in cavernis abditis fuerat, nunc autem in lucem editus est Parisiis, qua Urbs princeps Galliae est, an. 1555)». Il s'agit évidemment de l'édition de Jean du Tillet. Mais Jean-Baptiste Jona est sévère pour cette version dont il qualifie la langue hébraïque de «sermonem balbutientem». Il n'est pas plus tendre pour celle de Shemtob dont la langue hébraïque est dite aussi balbutiante: «Deus obtulit mihi alium codicem manuscriptum cuius titulus, Lapis Lydius, auctore quodan Hebraeo nuncupato Scem Tob Siphrut, a quo Evangelium Matthei in eamdem linguam Hebraicam (ut diximus balbutientem) convertitur, ac in fine cuiuslibet capitis argumenta adversus Evangelium recitantur quemadmodum et exemplar Parisiis editum, continet in fine 28 argumentationes; quas Hebraei asserunt contra Evangelium, nullo responso adiecto, nisi quadam Epistola, qua dicitur, Haec sunt Hebraeorum in Evangelium argumenta, quibus omnibus, qui aliqua intelligentia praeditus est facile respondere potest».

Chose curieuse, Jona n'échappa pas lui-même aux critiques, sinon pour sa traduction de Matthieu, du moins pour celle de la Doctrine chrétienne, ouvrage qu'il avait traduit en hébreu. Bartoloccio,[31] professeur d'hébreu à Rome, avait reçu des critiques de l'ouvrage de Jona de la part d'un auteur anonyme sous le titre: «Nota d'alcuni errori della tradottione hebraica nel testo della dottrina christiana et nelle annotationi agionte dall'autore di quella». Non seulement cet auteur anonyme critiquait sa traduction hébraïque mais aussi l'orthodoxie du traducteur. Bartoloccio répondit en latin à ce détracteur de l'oeuvre de Jona dans un traité resté inédit de 161 folios, conservé à la Bibliothèque Vaticane (Ms latin Vat 10897) sous le titre: mgdl ʿwz šm yhwh: Migdal Oz Scem Adonai. Turris fortitudinis nomen Domini seu Defensio doctrinae christianae hebraice translata a Jo. Baptista Iona galilaeo. Auctor R. D. Iulio Bartoloccio monacho Congregationis S. Bernardi ordinis Cisterciensis. Le même manuscrit contient le texte imprimé de la Dottrina cristiana breve de Giovanni Battista Jona.

28. Art. cit. p. 231.
29. De son vrai nom, il s'appelait, avant sa conversion, Jehuda Jona ben Safed. Il fut nommé le 26 octobre 1650 scriptor pour l'hébreu à la Bibliothèque Vaticane. Dans la dédicace de sa traduction à Clément IX, il se dit: «olim ex Hebraica cecitate ad christianam fidem traductus. Hebraicarum litterarum in Romana Academia Professor». Il mourut en 1693. Sur ce personnage, on trouvera quelques annotations éparses dans l'ouvrage de Jeanne Bignami Odier, La Bibliothèque Vaticane de Sixte IV à Pie XI. Recherches sur l'histoire des collections de manuscrits, avec la collaboration de José Ruysschart (Studi e Testi 272), Città del Vaticano, 1973.
30. Sur l'oeuvre de la Polyglotte de cette Congrégation on pourra consulter Willi Henkel, The Polyglot Printing-office of the Congregation, dans J. METZLER, Sacrae Congregationis de Propaganda Fide memoria rerum, Freiburg/Brisgau (Herder), 1971, vol. I/1, pp. 335-349.
31. JULIO BARTOLOCCIO DE CELLANO (1613-1687), religieux cistercien, fut scriptor d'hébreu à la

Bartoloccio expose les critiques et donne les réponses aux critiques appelées *tela ignea*. Ainsi, selon lui, par ses réponses ces traits ignés sont éteints *(tela ignea extinguuntur)*.

Comparativement aux versions de Shemtob, de Münster et de Jona, la valeur de la traduction de l'auteur anonyme des quatre Evangiles conservée dans le ms. 100 laisse beaucoup à désirer. C'est le moins que l'on puisse dire. Si Jona l'avait eue entre les mains, nous ne doutons pas que son jugement eût été des plus défavorables tellement sont nombreuses les imperfections de toutes sortes. Nous n'en dresserons pas la liste. Mais nous voudrions plutôt essayer en terminant de situer notre version dans l'histoire des controverses judéo-chrétiennes. Une hypothèse se présente spontanément à l'esprit en raison de la date attribuée à notre manuscrit: le xvᵉᵐᵉ siècle. La version des quatre Evangiles en hébreu n'aurait-elle pas vu le jour en Catalogne à l'occasion ou à la suite de la Dispute de Tortosa qui entraîna, on le sait, de nombreuses conversions de Juifs au christianisme, au point que les historiens juifs eux-mêmes ont qualifié cette controverse de désastreuse pour le judaïsme? On imagine volontiers que pour la conversion des Juifs on ait éprouvé le besoin de faire une traduction hébraïque des Evangiles. Evidemment cette tâche ne pouvait être celle que d'un Juif bilingue, à l'aise à la fois dans la lecture du catalan et de l'hébreu, sans doute quelque *converso*. Il est bien probable qu'un clerc chrétien connaissant de l'hébreu n'eût pas été capable d'entreprendre un travail d'une telle ampleur. Dans ces conditions, il me semble difficile de dire que la traduction de Shemtob ibn Shaprut ait été la seule qui ait été faite par un Juif.[32]

Nous aimerions connaître le texte catalan des Evangiles que le traducteur a eu sous les yeux;[33] c'est difficile à savoir. Tout ce que nous savons, c'est que Fra Bonifaci Ferrer, chartreux (1396-1417) et frère de Saint Vincent Ferrier est l'auteur d'une version de la Bible en catalan ou plus exactement en valencien. De cette Bible *arromançada*, on connaît le *Psaltiri*. Cette traduction fur revue par Jacme Borrell, maître en théologie et inquisiteur de Valence. Mais J. Gudiol i Cunill, qui était en ce temps le savant conservateur du Musée de Vic en Catalogne, édita en 1910 une traduction catalane ancienne des Evangiles provenant du Palais épiscopal de Barcelona. Le manuscrit édité par Gudiol datant de la première moitié du xvᵉᵐᵉ siècle serait, selon lui, de Fra Bonifaci Ferrer, comme le prouve la saveur valencienne de la langue.[34] On sait que pendant longtemps la traduction de la Bible en langue catalane fut prohibée. En 1235, l'archevêque de Tarragone interdisait de possèder un livre du Nouveau Testa-

Bibliothèque Vaticane de 1650 à 1687. Il est l'auteur de la *Biblioteca magna rabbinica* (Rome, 1675-1693) publiée aussi par la Polyglotte de la Propagande. Sur ce personnage, on pourra consulter U. CASSUTO, *Encyclopedia judaica*, t. 33, Berlin, 1929, pp. 1102-1103).

32. Cf. Dr. PINCHAS E. LAPIDE, *Der «Prüfstein» aus Spanien*, qui donne comme sous-titre à son étude: *Die einzige rabbinische hebraesierung des Mt-Evangelium*, art. cit.

33. Sur ce problème, on peut se référer à l'étude, il est vrai déjà ancienne de SAMUEL BERGER, *Nouvelles Recherches sur les Bibles Provençales et Catalanes*, dans *Romania*, t. 19, 1890, pp. 505-561.

34. Cf. JOSEP GUDIOL I CUNILL, *Una antigua traducció catalana dels quatre Evangelis (Codex del Palau de Barcelona), Fulla dominical*, Santa Maria de Vic, 1910.

ment ou de l'Ancien Testament, en raison des dangers de diffusion de l'albigéisme. En effet, au XIIIème, dans le sud du Languedoc, probablement dans l'Aude, on avait traduit le Nouveau Testament d'après un texte latin usité dans le pays, pour l'usage des hérétiques cathares.[35] Mais le 25 décembre 1287, le roi Alphonse le Magnanime demandait que soit traduite en catalan par Jacme de Montjuich la Bible française.[36] Un inventaire conservé aux archives capitulaires·de Vic (*Casa fumada* Inventaire de 1465) mentionne: «*un libre scrit en paper ab cuberta de posts en lo qual son los evangelis en pla*». Un autre inventaire des mêmes archives (1519) signale «*un libre ligat ab posts que es los evangelis i epistoles en pla*».

On voit donc qu'au XVème siècle et au début du XVIème siècle, l'Evangile en traduction catalane avait déjà une certaine diffusion. Il était donc possible à un Juif lettré de s'en procurer un exemplaire et de le traduire.

---

35. Ce texte en fac-simile fut publié par la Bibliothèque de la Fac. des Lettres de Lyon par L. CLÉDAT, *Le Nouveau Testament traduit au XIIIème siècle en langue provençale, suivi d'un rituel cathare*, Paris, 1887.
36. Cf. ANTONI RUBIÓ I LLUCH, *Documents per l'Historia de la cultura mig-eval catalana*, vol. I, Docs IV, V, VI.

Une correspondance inédite de l'époque moderniste

A propos de la question biblique en France

La correspondance que nous publions ici est de deux époques différentes. La première partie recouvre la période de crise aiguë qui va de mars 1899 à avril 1906, le reste concerne l'année 1924 et tout spécialement la condamnation du Manuel de Brassac. Ces lettres émanent de trois personnages : Alfred Loisy, Albert Houtin et l'abbé J. Wehrlé qui tous ont joué, bien qu'à des degrés différents, un rôle déterminant dans le mouvement des idées religieuses en France pendant plusieurs décennies.

Si les deux premiers ont appartenu sans contestation aucune au mouvement moderniste, bien qu'à des titres différents, il ne semble pas que ce soit le cas du dernier qui est mort d'ailleurs en communion avec l'Eglise romaine à laquelle il n'a jamais cessé d'appartenir.

D'Alfred Loisy, il y a seulement deux lettres adressées à l'abbé Momas du diocèse de Bayonne et il semble bien que ce dernier n'en ait pas reçu d'autres. La première qui est du 13 mars 1899 est datée de Neuilly où, après avoir quitté sa chaire d'exégèse de l'Institut Catholique de Paris, l'abbé Loisy avait accepté une aumônerie chez les Dominicaines, 29, rue du Château. Il s'y installe en septembre 1894 et devait y rester cinq ans (1). Il avait donné son dernier cours à l'Institut Catholique le 16 novembre 1893 ignorant d'ailleurs que sa destitution avait été prononcée la veille par les évêques (2).

---

(1) Cf. Alfred LOISY, *Mémoires pour servir à l'histoire religieuse de notre temps*, t. 1, page 358.
(2) Cf. *Mémoires*, p. 259.

La deuxième et dernière lettre qui est du 21 janvier 1900 est datée du 31, boulevard Verd-de-St-Julien à Bellevue où Loisy malade avait dû se retirer.

Six lettres ont été adressées par Albert Houtin au même correspondant. La première n'est pas datée, mais elle doit être du 10 décembre 1902. La dernière est du 26 avril 1906. Elles sont toutes envoyées de Paris où il a habité successivement dans des quartiers différents. L'œuvre d'Albert Houtin fut mise à l'Index le 4 décembre 1903 avec plusieurs ouvrages de Loisy. Il s'agit nommément des écrits suivants : *La question biblique chez les Catholiques en France au XIXᵉ siècle ; Mes difficultés avec mon évêque* (3). La correspondance que nous publions ici est centrée sur trois sujets principaux : son ouvrage sur la question biblique, le problème de la controverse de l'apostolicité des églises de France au xixᵉ siècle, la condamnation de Loisy. Elles sont donc du plus haut intérêt pour éclairer la question biblique en France en ces heures graves des premières années du xxᵉ siècle.

L'abbé Johannès Wehrlé (1865-1938), ancien vicaire de la paroisse de Saint-Augustin à Paris, a entretenu une abondante correspondance avec l'abbé Momas. Il lui a envoyé en tout trente-huit lettres, la première datant du 19 août 1917 et la dernière du 31 janvier 1935. Nous ne publions ici que celles qui ont trait à la condamnation par le Saint-Office du *Manuel biblique* de Brassac, professeur d'Ecriture Sainte au Séminaire de Saint-Sulpice à Paris, survenue à la fin de 1923. L'abbé Wehrlé, intéressé sans aucun doute par les questions bibliques, était par sa tournure d'esprit plutôt un philosophe. Il a écrit notamment l'article *Malebranche* dans le *Dictionnaire de Théologie catholique* (4) et deux ouvrages : *La Méthode d'immanence* (Paris, 1911), et *Sous la lumière du Christ. Perspectives* (Paris, 1934). Ce dernier livre, préfacé par Mgr Brunhes, évêque de Montpellier, est une collection d'essais divers.

Afin de pouvoir projeter quelque lumière sur l'affaire Brassac, il nous a été donné de consulter aux archives de Saint-Sulpice, de la rue du Regard, à Paris, un copieux dossier. Il comprend notamment une lettre du chanoine Crozat (Izère) dénonçant le *Manuel* de Brassac aux évêques de France, datée du 1ᵉʳ mars 1920, un rapport de M. Pirot, professeur au Grand Séminaire de Bourges, à son archevêque pour prouver l'orthodoxie du *Manuel*, une correspondance entre Brassac et Mgr

---

(3) Cf. Albert HOUTIN, *Une vie de prêtre. Mon expérience 1867-1612* (Paris, 1926), p. 307.
(4) Col. 1776-1804.

Hertzog, procureur de Saint-Sulpice à Rome, qui témoigne à
la fois de la candeur de l'auteur du *Manuel* et de la confiance
naïve du prélat prenant les bonnes paroles « romaines » pour
argent comptant ; des lettres de sympathie du P. Condamin,
exégète jésuite, à Brassac, un document remis au pape Pie XI
par le cardinal Vannutelli à la demande de Mgr Ricard, évêque
auxiliaire de Nice. Il met en parallèle les citations tirées du
Manuel biblique et des extraits du document signé par le cardinal Merry del Val condamnant le *Manuel*. Ce mémoire, qui
est l'œuvre de l'abbé Bruno de Solages, le futur recteur de
l'Institut Catholique de Toulouse, tend à prouver l'orthodoxie
du professeur sulpicien.

A propos de la condamnation de Brassac, rappelons brièvement les faits. En juillet 1920, les tomes I, II, IV du *Manuel
biblique* étant à peu près épuisés, le supérieur général de
Saint-Sulpice pria Sa Sainteté Benoît XV de faire réviser et
corriger l'ouvrage avant sa réimpression. Au bout de trois ans
et demi, le Saint-Office, jugeant qu'il n'y avait aucune possibilité de corriger l'ouvrage, mit à l'Index toutes les éditions
parues depuis 1907 sous le nom de Brassac. Il interdit en outre
la publication de l'édition prévue, c'est-à-dire la quinzième
pour les tomes I, II et IV du *Manuel* et garda par devers lui,
en conséquence, le texte du projet qui lui avait été soumis.
La lettre du cardinal Merry del Val adressée au supérieur général de Sulpice exposant les motifs de condamnation (erreur
sur l'inspiration, inerrance, etc.) est publiée dans les *Acta* du
31 décembre 1923 (p. 613-619).

Il nous faut dire enfin un mot de l'abbé François Momas,
le destinataire de la correspondance que nous publions ici. Il
est né à Argagnon dans les Basses-Pyrénées, le 1er août 1864.
Il fut ordonné prêtre le 8 juillet 1888 par Mgr Fleury-Hotto,
évêque du diocèse. Au frais d'un de ses oncles prêtre lui-
même, il fut envoyé à l'école des Carmes à Paris, pour préparer une licence de philosophie. C'est là qu'il connut sans
doute Loisy et peut-être aussi l'abbé Wehrlé. Il revient avec
une licence ès-lettres dans son diocèse d'origine et il fut
nommé professeur au collège de l'Immaculée-Conception à
Pau en octobre 1888. Il fut successivement aumônier du Bon
Pasteur à Pau où il fut nommé le 9 mars 1896, puis d'un
collège de jeunes filles, le pensionnat Jeanne-d'Arc à Orthez
à partir du 11 juin 1896. L'évêché de Bayonne a bien voulu
me préciser que, sans nomination officielle, F. Momas a cependant enseigné de très longues années l'anglais et la philosophie au collège Moncade à Orthez. Il mourut le 27 mai 1954.

Esprit distingué, Momas était très ouvert à la vie intellec-
tuelle de l'Eglise ; mais, paralysé par une grande timidité, il

n'a rien publié. Les lettres échangées avec ses correspondants montrent en quelle estime ils le tenaient (5). L'abbé Wehrlé parlait de lui en ces termes à son neveu : « En voilà encore un qui connaît admirablement l'exégèse et qui ne s'est fait aucune illusion ». Il m'a dit : « Il faut compter au moins vingt ou cinquante ans pour faire admettre à Rome la solution libératrice, mais alors il n'y aura qu'une voix pour dire que c'est le P. Lagrange et M. Touzard qui, du moins en gros, avaient vu juste » (6).

I. — DEUX LETTRES INEDITES DE LOISY

Neuilly, 13 mars 1899.

Mon cher ami,

Il n'y a pas si loin de Neuilly à Paris que de Paris à Orthez. Je n'ignore pas le mouvement que se donnent les Jésuites pour faire condamner tout ce qui leur déplaît. Mon article sur Renan et la note qui l'accompagnait n'étaient que pour sonder le terrain, et le terrain ne s'est pas trouvé solide (1). Du reste la publication du commentaire sur saint Jean prêterait encore à plus d'inconvénients ; ce serait faire le jeu des bons Pères que de publier un livre quelconque en ce moment-ci, et je ne voudrais même pas publier en tiré à part une dissertation *De modo cacandi apud Hebraeos*, puisqu'il y faudrait un *imprimatur* et que cette question touche à l'authenticité mosaïque du *Pentateuque*. Que les ogres de l'exégèse se procurent de la chair fraîche ailleurs. Le P. Méchineau (2), qui succède au P. Brucker (3) dans sa fonction de mangeur d'hérétiques, est tout à fait mécontent d'un article qui a paru le 15 février dans la *Revue du clergé français* (4). C'est comme dans l'histoire du petit Poucet, après que le Poucet a retiré les bottes de l'ogre. Un certain Poucet a subtilisé les bottes de Méchineau et montré qu'elles étaient faites de vieux syllogismes qui ne pouvaient plus servir, bien qu'ils fussent rembourrés de mensonges discrets.

J'ai vu hier de bons Anglais qui m'ont dit que la lettre du Pape aux Américains (5) et la condamnation de Schell (6) allaient provoquer un peu de tumulte dans leur pays, et qu'on ferait porter la responsabilité de ces actes par les bons Pères. Il est bien évident qu'ils ont voulu atteindre Mgr Ireland (7), bien qu'il n'ait jamais réellement soutenu les inepties qui se lisent dans le livre de Mai-

---

(5) Il a échangé une correspondance notamment avec Blondel, Gilson, etc.

(6) *Echange de lettres entre l'abbé Joannès Wehrlé et Maurice Blondel sur la question biblique (janvier et février 1924)*, dans *Bulletin de littérature ecclésiastique*, 1963, p. 136.

gnen (8) et ils ont fait condamner Schell parce que Schell, après Manning, les a rendus responsables de l'abaissement intellectuel des catholiques.

Tranquillisez-vous. Je ne suis pas encore sur le gril du Saint-Office. Soyez même persuadé que le jour où cette docte Congrégation prononcerait l'authenticité mosaïque du *Pentateuque*, Moïse serait définitivement perdu comme auteur du *Pentateuque*. Rappelez-vous ce qui est arrivé pour les témoins célestes : depuis qu'ils ont été déclarés authentiques, personne n'y croit plus. Ma santé va toujours cahin-caha. Si vous lisez la *Revue du Clergé français*, je vous recommande les articles d'un certain Firmin (9) et même les homélies d'un inconnu à trois initiales A.F.L. Tout à vous.

A. Loisy.

---

(1) Dans une lettre au baron von Hügel du 7 février 1898 Loisy fait état de son travail sur Renan. Cf. *Mémoires* de Loisy, t. I, p. 489. Ses articles sur Ernest Renan, historien d'Israël, ont paru dans la *Revue anglo-romaine*.

(2) Lucien Méchineau (1849-1919), jésuite français conservateur. Elève de Vigouroux à Paris,il enseigna toute sa vie l'Ecriture Sainte, d'abord à Jersey aux jésuites français puis aux jésuites italiens à Chieri, près de Turin (1902-1906), puis jusqu'à sa mort à la Grégorienne. Il fut nommé en 1909 membre de la Commission biblique et il consacra la majeure partie de son activité littéraire à justifier les principaux décrets de cette Commission.

(3) Joseph Brucker (1845-1926), jésuite français d'origine alsacienne. Il enseigna la philosophie, passa à la rédaction des *Etudes*, puis, à la suite des décrets Ferry, enseigna au scolasticat anglais de Saint-Beno au pays de Galles, puis à Jersey. Rappelé en 1888 à la rédaction des *Etudes* dont il fut le directeur de 1897 à 1900. il continua d'y collaborer jusqu'à 1920. Il y donna un nombre considérables d'articles sur l'exégèse dont quelques-uns ont été réunis dans *Questions actuelles d'Ecriture sainte* (1895) et *L'Eglise et la critique biblique* (1908).

(4) C'est l'article d'Is. DESPRÉS, *Opinions catholiques sur l'origine du Pentateuque*, paru dans la livraison du 15 février 1899 de la *Revue du Clergé français*, p. 526-557.

(5) Sur la condamnation de l'Américanisme. voir la lettre adressée par Duchesne le 2 mars 1899 à Loisy, reproduite dans les *Mémoires* de Loisy, t. I. p. 514-515.

(6) Il s'agit d'Herrmann Schell, professeur de théologie à l'Université de Würzburg (1850-1906). Dans deux brochures *Der Katholicismus als Prinzip des Fortschrittes* (1897) et *Die neue Zeit und der alte Glaube (1898)*, il réclamait une plus grande liberté d'allure dans la vie de l'Eglise et une plus large activité pour les laïques. Ces deux écrits furent mis à l'Index le 15 décembre 1898, ainsi que la *Dogmatique* et deux volumes d'apologétique intitulés *Dieu et Esprit*. Les raisons de cette prohibition furent communiquées à Schell le 12 mai 1899 et le 10 janvier 1900 (cf. *Lexikon für Theologie und Kirche* sub verbo SCHELL). Sur la condamnation de Schell, cf. *Mémoires*, t. I, p. 519.

(7) Mgr Ireland, archevêque de Saint-Paul. Sur cet archevêque américain, voir les *Mémoires* de Loisy t. I, p. 523. Le 19 juin 1899, il fait, avec un de ses suffragants, une visite à Loisy. Ils discutent non de l'américanisme mais de la Bible et de théologie.

(8) Sur Maignen, cf. *infra*.

(9) Firmin était un des pseudonymes de Loisy. En 1899, dans la *Revue du Clergé français*, il avait publié divers articles signés Firmin : *Le développement chrétien d'après le cardinal Newman ; La théorie individualiste de la religion ; La définition de la Religion ; L'idée de la Révélation ;* en 1900, dans la même revue, *Les preuves de l'économie de la Révélation.*

Bellevue (S.-et-O.), 31 boulevard Verd-de-St Julien,

Mon cher ami,   le 21 janvier 1900.

Peu s'en est fallu que vos vœux ne fussent déposés sur ma tombe. J'ai été très malade au mois de septembre dernier ; j'ai dû abandonner mon aumônerie, et je me suis retiré à Bellevue où j'achève ma convalescence, qui dure, qui dure. J'ai la permission de dire la messe chez moi, et je vis en ermite. On m'a parlé de l'article du P. Brucker, mais je ne l'ai pas lu (1). Je ne lis pas non plus la *Revue Biblique*, bien que je la reçoive : c'est trop savant pour moi, et j'aime autant ne pas voir les contresens que ces messieurs commettent sur mes articles quand ils jugent à propos d'en rendre compte.

A mesure que je pourrai travailler, je me remettrai à mon commentaire de S. Jean, que je voudrais bien finir.

Lisez-vous dans la *Revue du Clergé français* les articles d'un certain Firmin, d'un certain I. Desprès, d'un certain E. Sharp ? (2). Les auteurs sont de braves gens, à ce qui me semble.

Agréez, Monsieur l'Aumônier, avec mes vœux de bonne santé, l'expression de ma sincère amitié.

A. Loisy.

_____

(1) Il s'agit sans doute d'un article polémique des *Etudes* intitulé *Bulletin d'études bibliques. I. Ancien Testament* (1899, p. 818-831), où l'auteur jésuite s'en prend notamment à des critiques adressées par Loisy au commentaire du P. Hummelauer sur l'*Exode*, le *Lévitique* et les *Nombres*, dans le *Bulletin critique*.
(2) A. Firmin, Isidore Desprès et Etienne Sharp n'étaient que des pseudonymes de Loisy (cf. Emile POULAT, *Histoire, dogme et critique, dans la crise moderniste*, Casterman, 1962, index onomastique, p. 682, 681, 689). En 1899, sous le nom d'Is. Desprès, Loisy avait publié : *L'histoire du peuple juif au temps de Jésus-Christ ; L'évangile selon St Jean*.

II. — LETTRES DE HOUTIN

17, rue Duguay-Trouin, Paris 6
Mercredi 10 (1)

Monsieur l'Abbé,

Je ne veux pas tarder à vous remercier de la lettre que vous m'avez fait l'honneur de m'adresser ce matin. Rien n'est plus agréable que de telles missives, aimant mieux les observations utiles que les compliments stériles.

Si jamais la *Question Biblique* (2) atteint une 3me édition, je
tiendrai le plus grand compte de vos notes. Quoique vivant aux
extrémités de la France vous êtes renseigné comme un parisien et
beaucoup plus au courant de la bibliographie.

La parole que vous me dites de M. Vig. (3) sur la nouvelle
affaire Galilée a beaucoup de chances d'être authentique. Dans l'inti-
mité l'illustre maître en laisse parfois tomber de semblables. Il ne
s'illusionne pas et je sais de source certaine que son *Dictionnaire*
ne donne que ce qu'il croit opportun. Le sens des articles est
imposé aux collaborateurs. C'est ainsi que celui qui a traité la question du double Isaïe et de l'historicité de Jonas (4) a fait, contre
ses convictions, une tâche commandée. Si cet auteur n'est pas un
homme brave c'est du moins un brave homme qui a beaucoup souf-
fert pour la vérité. Voilà ce que (je) trouve mal de M. Vigouroux
et sa Cie : ils ont pris une attitude anticritique par politique,
sachant qu'elle n'est pas la vérité.

Mazzella (5) et les siens ont défendu par tous les moyens ce qu'ils
croyaient être la vérité. Enfin de ce côté nous allons assister à une
volte-face : l'article du P. Durand dans la *Revue du clergé français*
du 1er décembre (6) et l'article du P. Prat dans les *Etudes* (7) du
5 la préparent.

Que si vous trouvez d'autres observations à faire sur mon livre
ou que si vous en entendez formuler à vos confrères désireux de plus
de clarté, d'informations complémentaires, je vous serai également
très obligé de me les communiquer pour améliorer la 3me édition,
si 3e il y a.

Je m'occupe maintenant à imprimer une 3e édition de ma
Controverse de l'Apostolicité (8). La 2e est entièrement épuisée ; il
ne reste que quelques exemplaires de la 1re qui ne fut qu'une
esquisse.

Je me ferai un plaisir de vous en offrir un exemplaire.

Si le sujet vous intéressait et que ce ne fût pas abuser de votre
bonté, je vous demanderais quelques renseignements.

1°) Quand a-t-on introduit la liturgie romaine dans le diocèse de
Bayonne ? Y a-t-on inséré dans le propre les légendes apostolicistes ?
Lesquelles : St Martial ? St Denys ? etc. Plus tard, ces légendes
auraient-elles été renforcées, comme on l'a fait par exemple à
Nevers, en 1881, où l'on ne s'est pas contenté de la dose antérieure ?

2°) Y a-t-il dans votre diocèse des publications récentes locales
sur le sujet ? S'est-on occupé du tome II des *Fastes épiscopaux*
publié en 1899 par Mgr Duchesne et traitant de la province d'Auch ?

3°) Quelle est l'opinion actuellement régnante dans le clergé de
Bayonne sur la question de l'apostolicité ? L'affaire aurait-elle été
traitée récemment dans les conférences ecclésiastiques comme par
exemple à Versailles en 1899-1900 ?

Le *Bulletin* du diocèse a-t-il pris position dans l'affaire ? Les différents évêques se sont-ils prononcés ? Y a-t-il dans le diocèse des érudits spécialement intéressés à cette question ?

Excusez mon sans gène et ne vous mettez pas en peine de répondre à un si long questionnaire. Avec mes vifs remerciements de votre lettre, daignez agréer, Monsieur l'Abbé, l'expression de mes sentiments respectueux.

A. Houtin.

P. S. Je vous signale à la page 98 de mon livre une inepte faute d'impression : 5ᵉ ligne, au lieu de *indiquait*, lire *indignait*.

---

(1) Cette lettre est apparemment du 10 décembre 1902.

(2) Houtin a publié deux ouvrages sur ce sujet : *La question biblique chez les catholiques de France au XIXᵉ siècle*, dont la deuxième édition revue et augmentée fut publiée par Alphonse Picard à Paris en 1902. C'est à ce livre que Houtin fait allusion ici. *La question biblique au XXᵉ siècle* parut à la Librairie E. Nourry à Paris en 1906. A la suite de la publication de ces ouvrages qu'un exégète protestant allemand H. Cornill, plein de commisération, s'écriait « Armere katholische Kirche ! armere katolischen Theologen ! (Pauvre Eglise Catholique ! Pauvres théologiens catholiques !) ».

(3) Il s'agit de Fulcran Vigouroux, P. S. S., exégète français fort conservateur, fondateur du *Dictionnaire de la Bible* en tête duquel Mgr Mignot, évêque de Fréjus et de Toulon, faisait paraître une importante préface datée du 25 octobre 1893.

(4) Il s'agit des articles de V. Ermoni dans le *Dictionnaire de la Bible*.

(5) Il s'agit du Cardinal Mazzella (1833-1900) qui a appartenu à la Compagnie de Jésus et fut tour à tour professeur à Lyon, à Baltimore et à la Grégorienne. Sa fidélité aux doctrines thomistes le désigna à l'attention de Léon XIII qui le nomma cardinal de Préneste.

(6) Il s'agit de l'article du P. Alfred Durand, S. J. intitulé : *L'autorité de la Bible en matière d'histoire*, dans *Revue du Clergé français*, livraison du 1ᵉʳ décembre 1902, p. 5-30.

(7) C'est l'article de Ferdinand Prat, S. J., intitulé : *Progrès et tradition en exégèse*, publié dans la livraison des *Etudes* du 5 décembre 1902 qui est visé par Houtin.

(8) La troisième édition revue et corrigée de *La controverse de l'apostolicité des églises de France au XIXᵉ siècle* a paru à Paris chez Alphonse Picard en février 1903.

*
* *

17, rue Duguay-Trouin, vendredi (1)

Monsieur l'Abbé,

Je suis confus de la peine que je vous ai donnée avec toutes mes copies, d'autant que je connaissais les livres de M. Dubarat (2), même son beau missel de 1901. J'ignorais qu'il fut rédacteur du *Bulletin* et aussi son acquiescement aux conclusions de l'abbé Duchesne. Je vous remercie infiniment de l'envoi des *Conférences ecclésiastiques*, document précieux. Quant aux petits renseignements que vous avez pensé devoir ajouter pour mon édification personnelle, je ne les divulguerai point, mais je vous en reste très reconnaissant. Un historien doit être bien informé non seulement pour causer, mais pour *se taire* à propos.

J'avais une opinion un peu spéciale du clergé bayonnais, le jugeant par M. Dubarat et quelques autres : je vois qu'il faut le ranger dans la moyenne, puisqu'après tout les jeunes générations y sont formées avec le manuel de Fonk et de Kraus.

Ma 3ᵉ édition de l'*Apostolicité* paraîtra sans doute en mars ; bon petit volume in-12 de grosseur ordinaire.

Les polémiques ont l'air de vouloir commencer autour de la *Question biblique*. *L'Observateur Français* du 29 novembre a publié un article de M. l'abbé Grosjean, curé du diocèse d'Autun ; le cardinal Perraud a solennellement condamné le dit article, comme dangereux pour la foi, injurieux pour l'Eglise, etc. Là-dessus, *La Vérité* et *L'Univers* se disputent ; tout cela ne fera que d'envenimer encore davantage le débat lui-même, sans faire avancer la question. L'article de M. Grosjean était certainement compromettant et plus troublant que mon livre.

Si vous aviez besoin de quelque service à Paris, vous savez que je suis votre débiteur et je serais très heureux de m'acquitter en ce que je puis. Considérez-moi donc comme bien cordialement à votre disposition et veuillez agréer, Monsieur l'Abbé, l'expression de mes meilleurs sentiments.

A. Houtin.

———

(1) La lettre est postérieure au début de décembre 1902.
(2) C'est l'abbé Victor-Pierre Dubarat, né à Bayonne en 1855, esprit distingué qui s'est livré à divers travaux d'histoire locale. Il est mort à Pau en 1939.
(3) Abbé Jean-Marie Grosjean (1868-1940). *L'Observateur français* de l'abbé Dabry avait publié un article de Grosjean sur la seconde édition de *La question biblique au XIXᵉ siècle* de Houtin. La condamnation de l'évêque d'Autun est du début de décembre 1902. Loisy en fait état dans ses *Mémoires*, t. II, p. 196.

*
* *

45, avenue Gambetta XXᵉ
10 mars 1903.

Cher Monsieur,

Merci de votre aimable lettre. Espérons que *La controverse de l'apostolicité* contribuera à détacher le clergé de discussions aussi futiles ; qu'il a d'autres sujets de préoccupations !

La 2ᵉ édition de *La question biblique* ne tardera pas à être épuisée ; j'en prépare une 3ᵉ dès maintenant. Il se peut qu'elle paraisse aussitôt après l'écoulement de la 2ᵉ, et il se peut tout aussi bien qu'elle ne paraisse jamais. Les conjonctures sont très graves et ceux qui dans les circonstances actuelles défendent la vérité doivent être prêts à toute éventualité.

La 3e édition sera corrigée et augmentée à peu près dans tous ses chapitres ; elle comprendra 2 nouveaux chapitres : XVIII. Les Evangiles et la Vie de N. S. chez les catholiques en France avant 1863 ; *La Vie de Jésus*, par Renan et la polémique ; *Les Vies de Jésus*, de Fouard, Le Camus, Lesêtre, Didon ; *L'Essence du Christianisme*, de Harnack ; *L'Evangile et l'Eglise*, de Loisy. XIX. Les théories sur l'inspiration avant et après l'encyclique *Providentissimus*.

Les notes que vous voulez bien m'offrir seront reçues avec la plus vive reconnaissance.

J'ajoute quelques lignes en réponse à votre lettre, en toute hâte. M. Loisy n'a pas été mandé à Rome et n'a aucune envie d'y aller ; il n'a donc pas quitté Bellevue.

La publication de son petit livre, *L'Evangile et l'Eglise* avait été autorisée par Mgr d'Albi (1) qui en avait lu le Ms. durant la retraite ecclésiastique diocésaine ainsi que M. Birot (2). C'est de notoriété publique. M. Maignen (3) a imprimé cela dans *La Vérité*.

Je ne partage pas la plupart des idées théologiques émises par Mgr d'Albi dans son discours sur la *Méthode de la théologie* (4) et je ne me réclame point de Newman. Il me semble qu'il faut distinguer entre les principes de Newman et l'usage mitigé qu'il en fit. J'ai dit à plusieurs reprises à M. Loisy et bien avant la publication de son petit livre que je crois Newman le plus grand théologien du XIXe siècle, sans savoir cependant s'il est orthodoxe. Je lui reproche particulièrement sa subtilité et M. Loisy me semble encore avoir aggravé Newman. Pour moi le duel Harnack-Loisy est la rencontre de deux savants qui ont cru lutter en tant que savants et qui se sont battus avec des arguments théologiques de leur propre fabrication, chacun son système, mais leur science critique est redoutable aux conceptions traditionnelles qui se trouvent les plus malades après la rencontre. C'est ce que devraient comprendre, à mon avis, MM. Maignen (5) Gayraud (6) etc. (Mgr Batiffol) qui, au lieu de tomber sur M. Loisy quand il fait des faux pas dogmatiques, seraient infiniment plus utiles en l'aidant et en réfutant Harnack, et en nous reconstituant un système défendable.

Je ne pense pas que le filet bibliographique du *Bulletin* de Toulouse (7) me concernant soit du P. Condamin (8) bien que les jésuites ne me portent pas dans leur cœur à cause de ce que j'ai raconté d'eux dans mon *Dernier Gallican* (9). Je crois que le dit filet a été écrit, ou tout au moins inspiré, par Mgr Batiffol et d'ailleurs peu importe (10). Quant au dit recteur, je lui donne en général raison contre M. Loisy au point de vue théologique, mais je me demande — et d'autres avec moi — s'il est convaincu de ce qu'il dit.

J'ai lu à peu près tout ce qui a été publié en France, en Italie, en Angleterre et en Allemagne sur le petit livre. L'un des articles

les plus sérieux a paru dans l'*Informateur bibliographique* de Pau.
Si vous connaissez quelqu'un des rédacteurs et que cela leur puisse
faire plaisir, j'ose vous prier de leur en exprimer des compliments.

Il est à présumer que M. Loisy, à qui son apologétique contre
Renan (11) et Aug. Sabatier avait déjà si mal réussi, cessera tout
exercice en ce genre et se consacrera tout entier à l'exégèse scientifique.

Veuillez agréer, cher Monsieur, l'expression de mes meilleurs
sentiments.

A. Houtin.

----

(1) Il s'agit de Mgr Mignot (1842-1918). Cf. Louis de LACGER, *Mgr
Mignot*, Paris, 1933.

(2) Sur Louis Birot (1863-1936) voir la biographie de G. COMBÈS,
L'abbé Louis Birot. Un grand esprit, Albi, 1948. Il fut vicaire général de
Mgr Mignot.

(3) Il s'agit de l'abbé Ch. Maignen qui avait écrit un article intitulé
Les Novateurs dans *La vérité française* du 18 janvier 1903.

(4) Le discours sur la *méthode de la Théologie* fut prononcé par Mgr
Mignot, à l'Institut Catholique de Toulouse, le 13 novembre 1901.

(5) L'abbé Charles Maignen écrit régulièrement contre Loisy dans
La vérité française. Il pourfend les idées de Firmin sur le Développement
chrétien d'après le cardinal Newman.

(6) L'abbé Hippolyte Gayraud (1854-1911) fut professeur de philosophie scolastique à l'Institut Catholique de Toulouse. Il entra chez les
domicains en 1877. En 1893, il demanda à être relevé de ses vœux
pour rentrer dans le clergé séculier. Il devint député du Finistère. Il
fit paraître ses « impressions de lecture » sur *L'Evangile et l'Eglise* de
Loisy dans une série d'articles de *L'Univers* dont le premier parut le
1er janvier 1903 (Cf. Loisy, *Mémoires*, t. II, p. 177 et ss). Mgr Mignot avait
voulu modérer le zèle de cet apologiste en l'éclairant quelque peu, mais,
ajoute Loisy, il n'y réussit pas, sans doute parce que Gayraud était fortement engagé et encouragé d'autre part.

(7) C'est une note plutôt sévère annonçant la parution de
La question biblique chez les catholiques de France au XIXe siècle, Paris,
1902. Elle dénonce l'esprit de ce livre : « M. H. s'en est pris à l'apologétique biblique française du siècle écoulé, il en a montré les variations
avec une complaisance et surtout un persiflage qui surprennent chez un
ecclésiastique ancien moine bénédictin ». (Cf. *Bulletin de littérature
ecclés.*, 1903, p. 21.)

(8) Albert Condamin, jésuite, exégète français (1862-1940). Il enseigna
à l'Institut Catholique de Toulouse pendant quelque temps.

(9) Le titre exact de l'ouvrage est : *Un dernier Gallican, Henri Ber-
nier, chanoine d'Angers (1795-1859)*, Paris, 1904.

(10) Momas a ajouté au crayon dans l'interligne : *il est de M.
Hackspill.*

(11) Sur Renan, voir la première lettre de Loisy publiée ci-dessus.

*
* *

45, avenue Gambetta, XXe
11 juin 1905

Cher Monsieur l'Abbé,

Votre lettre si aimable à mon endroit m'a causé d'autant plus
de plaisir qu'elle me donne des bonnes nouvelles de vous-même.
Je me réjouis particulièrement de ce que vous restez à Orthez parce

que, n'aimant pas du tout à être transplanté, je pense que tout le monde est de même.

Je suis en train de faire ou d'essayer une petite enquête sur l'état présent du clergé. Voudriez-vous me renseigner pour ce qui concerne le diocèse de Bayonne ? Dans ce cas, je vous prie de répondre au questionnaire ci-inclus. Discrétion absolue. Je vous retournerai vos notes si vous le désirez et j'en ferai un usage si discret que personne ne pourra se trouver ni compromis ni peiné. Prenez votre temps, rien ne presse.

Quelles nouvelles vous donnerai-je de Paris ? J'y viens de rentrer après trois mois d'absence dont deux passés à Rome. Je retrouve nos théologiens fort mécontents : 1° d'un article de Le Roy dans la *Quinzaine* (la réponse qu'y a faite le P. Sertillanges ne les a pas remis) (1) ; 2° d'une admirable étude de Paul Desjardins sous le titre *Catholicisme et Critique. Réflexion d'un profane sur l'affaire Loisy* (aux bureaux des *Cahiers de la Quinzaine*, 8, rue de la Sorbonne, ne pas confondre avec la maison Fonsegrive).

Je vous enverrai demain *Mes difficultés avec mon Evêque* (2). Cette brochure est à l'Index, mais je suppose que vous avez la permission de lire les mauvais livres et, dans le cas contraire, celui-là n'est pas tellement mauvais que vous ne puissiez honnêtement demander la permission d'en prendre connaissance.

Viendrez-vous à Paris pendant les vacances ? Je serais très heureux de faire votre connaissance. Je vais garder la résidence jusqu'au mois d'octobre.

Avec mes excuses pour l'embarras que je me permets de vous demander, je vous prie d'agréer, cher Monsieur, l'expression de mes meilleurs sentiments.

A. Houtin.

(Le questionnaire est écrit sur une feuille à part et d'une autre écriture que celle de A. Houtin).

Quels ont été dans votre diocèse les derniers représentants du gallicanisme ? Les partisans du libéralisme catholique ? Les prêtres ont-ils pris de l'intérêt aux controverses suscitées par l'abbé Duchesne ? l'Américanisme ? la démocratie chrétienne ? le loysisme ?

Quelles publications ont été faites sur ces sujets ? Les lettres pastorales et les conférences diocésaines ont-elles traité ces questions ?

Quelle a été l'attitude des différents évêques vis-à-vis de ces différents mouvements ? Quelle a été dans le diocèse l'influence des directeurs du grand séminaire ? De l'université catholique régionale ? Des diverses congrégations religieuses ? Quels sont les petits séminaires du diocèse ? Ont-ils un esprit particulier et laissent-ils une

empreinte spéciale ? Dans quelle classe se recrute le clergé diocé-
sain ? Les ordinations sacerdotales ont-elles diminué depuis dix ans ?
    Y a-t-il des succursales vacantes faute de prêtres ? Les vacances
vont-elles en augmentant ? Des prêtres sont-ils sortis de l'Eglise
depuis dix ans ? Leurs motifs étaient-ils d'ordre intellectuel ou sen-
timental ? Que sont-ils devenus ? Parmi eux quelques-uns sont-ils
rentrés dans l'Eglise ?

---

(1) L'article d'Edouard Le Roy : *Qu'est-ce qu'un dogme?*, dans *Revue de la Quinzaine*, 16 avril 1905, p. 495-526.
(2) Brochure in-8° de 63 pages en vente chez l'auteur, publiée en avril 1903 et tirée à 500 exemplaires (cf. Albert HOUTIN, *Ma vie laïque 1912-1926. Documents et souvenirs*, Paris, 1928, p. 411).

*
* *

45, avenue Gambetta
9 juillet 1905

        Bien cher Monsieur,

    Je vous remercie beaucoup des notes que avez bien voulu m'en-
voyer ; elles m'ont vivement intéressé et me seront très utiles.
    Merci, aussi, des adresses indiquées. J'ai écrit, il y a quelques
semaines, à M. l'abbé Casaumajou, curé de Peyre. Il ne m'a pas
répondu. Peut-être est-ce ma faute. Je ne lui ai pas dit comment
je connaissais son existence.
    Je n'écrirai point à M. l'abbé Guérard. C'est un Oratorien et les
Oratoriens comme les P.P. Baudrillart (1), Ingold, etc. m'ont toujours traité très sévèrement en particulier comme dans la presse.
Ils ne m'ont jamais pardonné d'avoir cité dans ma *Question bib.*
des lettres adressées au P. Gratry, lettres que je croyais du domaine
public puisqu'elles ont été imprimées par le P. Ingold lui-même,
m'a-t-on dit. Il est vrai que ce bon Père aurait regretté cette publication... Bref j'ai le moins possible de rapports avec les Oratoriens,
sauf avec M. Laberthonnière (3) qui n'a sûrement pas pris à un tel
degré de l'esprit de corps.
    Vous me demandez pourquoi M. L. (4) a quitté Bellevue. Après
sa condamnation, il reçut d'innombrables visites de Paris, les uns
allant le supplier de se soumettre, les autres de ne pas se rétracter.
Il se trouva trop près de la capitale, je crois. Son ancien élève et
son ami, M. Fr. Thureau-Dangin (5) fils de l'académicien, mit alors
à sa disposition une maison qu'il possède sur la lisière de son parc,
près du village de Garnay, non loin de Dreux... J'ai d'ailleurs toujours regretté cet exil, comme la démission de professeur et nombre
d'actes de M. Loisy... S'il voulait quitter les environs de Paris, il ne

pouvait cependant rentrer dans son diocèse ; Mgr de Chalons a en
effet publié contre lui deux véritables diatribes. Vous en verrez d'édifiantes citations dans un livre auquel je suis en train de travailler,
une sorte de *Question biblique au XXe siècle* (6). Si vous avez des
idées là-dessus, elles seront reçues avec reconnaissance. On m'a
reproché de me moquer des gens ; cette fois il n'y aura pas de
persiflage, mais que le tableau sera dur à regarder !

Que la situation est triste !

Il est vraisemblable que je retournerai à Rome au mois d'octobre
pour y prendre les dernières nouvelles sur la question biblique. Si
je ne fais pas alors le voyage, ce sera pour le printemps suivant
sans doute.

Avec l'expression de ma reconnaissance, veuillez agréer, cher
Monsieur, celle de mes meilleurs sentiments.

A. Houtin.

---

(1) C'est le futur cardinal Alfred Baudrillart (1859-1942), recteur de
l'Institut Catholique de Paris. Il a d'ailleurs par la suite polémiqué avec
Houtin à propos des révélations contenues dans la brochure de ce dernier : *Un prêtre marié, Charles Perraud, chanoine honoraire d'Autun
(1831-1892)*. Baudrillart, du moins en public, niait les faits.

(2) Cf. Albert HOUTIN, *La question biblique chez les catholiques de
France au XIXe siècle*, 1902, 2me édition revue et corrigée, p. 66-67, où
il porte des jugements sévères sur l'Oratoire et son supérieur, le Père
Petétot. Il cite en particulier une lettre adressée par le P. de Valroger
à ce dernier.

(3) Lucien Laberthonnière, oratorien français, né à Chazelet (Indre)
en 1860, mort en 1932 à Paris, directeur des *Annales de Philosophie
chrétienne* et fondateur d'une apologétique d'immanence.

(4) M. L. = Monsieur Loisy.

(5) François Thureau-Dangin avait déjà trouvé à Loisy l'appartement
situé à Bellevue, 31, Boulevard Verd-de-Saint-Julien (cf. Loisy, *Mémoires*,
t. I, p. 529). Il s'agit de l'illustre assyriologue que Loisy avait initié à la
langue accadienne dans ses cours à l'Institut Catholique (cf. *Mémoires*,
t. I, p. 200). Le renseignement fourni par Houtin est tout à fait exact
et concorde en tous points avec ce que dit Loisy dans ses *Mémoires*, t. II,
p. 349. Le 27 février 1904, ce dernier reçut en effet la visite de Thureau-
Dangin et lui demanda s'il lui permettrait de s'installer « dans une des
chaumières qu'il possédait à la limite de son domaine, au village de
Garnay ».

(6) Ce livre fut publié en mai 1906. Il eut une seconde édition et
Houtin y avait fait un petit nombre d'additions en vue d'une troisième
édition.

*
* *

18, rue Cuvier, Paris V^e
26 avril 1906.

Bien cher Monsieur,

Demain, a annoncé mon livre (1) parce qu'il ne prévoyait pas
l'avenir. Le malheureux bouquin avait eu grand peine à sortir de
chez l'imprimeur, visité par la grève, mais il est arrivé chez le bro-

cheur en pleine grève. Et le travail ne recommencera sans doute pas
avant le 3 mai !

Lorsque le livre aura enfin vu le jour, vous en recevrez un
hommage d'auteur. L'auteur vous le doit bien pour la sympathie
que vous avez témoignée, mais il n'y mettra point sa griffe de peur
que ce livre ne s'égare et ne serve à vous faire soupçonner d'hérésie.
Il est vraisemblable en effet qu'il sera frappé par l'Index. J'ai cru
devoir le publier néanmoins pour éclairer sur une situation que bien
peu de gens semblent comprendre et dont cependant tout le monde
disserte. Puisse-t-il assurer un peu de tolérance et de respect de la
vérité ! La condamnation de P. Viollet et du P. Laberthonnière (2),
l'affaire Lemère, et beaucoup d'autres symptômes marquent que
nous n'allons pas cependant de ce côté-là. On dit que le mois prochain un syllabus scripturaire et doctrinal sera promulgué afin que
nos évêques, dont la réunion se tient le 3o, puissent y faire adhésion
et prendre les mesures que la situation comporte. La proximité de
ce syllabus annoncé depuis longtemps n'est pas étrangère à la publication de mon livre.

E. Noury en est l'éditeur.

Oserai-je vous dire que vous me feriez le plus grand plaisir en
me communiquant vos réflexions sur ce nouveau volume ?

Merci de vos notes en réponse au questionnaire. Elles sont fort
intéressantes. Lorsque je les utiliserai, je vous demanderai de bien
vouloir prendre connaissance du chapitre où elles seront mises en
œuvre.

Mais quand sera-ce ? Lorsque vous m'écrirez faites moi le plaisir
de me dire quelques mots sur votre nouvel évêque (3). Ici la bonne
presse nous représente les prélats consacrés par Pie X comme d'une
essence particulière. Bayonne s'en aperçoit-il ?

Hummelauer (4) a eu de nombreuses misères au commencement
de l'année et a failli quitter la Compagnie. Il n'y a eu que Tyrrell
de débarqué finalement.

Vous ai-je dit que j'avais envoyé mon questionnaire à M. Casaumajou qui ne m'a jamais répondu ?

Bien cordialement vôtre.

A. Houtin.

En post-scriptum, en marge, on lit : Je vois avec plaisir que vous
ne déménagez pas aussi souvent que moi.

----

(1) *La question biblique au XXᵉ siècle*, Paris, E. Nourry (mai) 1906.
(2) Le P. Laberthonnière 'cf. *supra*), condamné dans ses écrits, vécut
et mourut cependant dans l'Eglise catholique.
(3) Mgr Gieure, évêque de Bayonne (1906-1934).
(4) Le P. Franz Hummelauer, S. J., est né le 14 août 1842 à Vienne
(Autriche) et il est mort le 12 avril 1914 en Hollande. Exégète de l'Ancien
Testament il fut parmi les premiers consulteurs de la Commission bibli-

que (1903) nommés par Léon XIII. « S'il n'a pas apporté des solutions définitives, écrit le P. Bea, le P. Hummelauer a eu du moins le mérite d'avoir discerné clairement les problèmes et d'en avoir entrepris la discussion, avec non moins de franchise que de dévouement à la science biblique et d'amour pour l'Eglise » (cf. art. biographique dans le *Supplément au Dictionnaire de la Bible*).

III. — LETTRES DE J. WEHRLE

Neufchâtel-en-Saosnois, Sarthe

Vendredi, 22 février 1924

Cher Monsieur l'Abbé,

[*Après avoir fait part à son correspondant de nouvelles sans intérêt pour le sujet qui nous occupe, l'abbé Wehrlé aborde la condamnation de Brassac*].

... Je ne vous cache pas que la condamnation du *Manuel* Brassac m'a profondément affecté. D'abord il m'est pénible de voir l'hostilité qui sévit à Rome contre tout ce qui est français et particulièrement contre tout ce qui est sulpicien. J'ai gardé un *culte* pour mes anciens maîtres de Saint-Sulpice ! Ce sont des hommes *admirables*. Et la curie romaine leur en veut. Elle pratique la morale du personnage bien connu des *Plaideurs* : « Qui veut noyer son chien l'accuse de la rage ». Ensuite, je ne vois plus d'espoir humain d'aboutir à une bonne exégèse si la forme la plus modérée, la plus prudente, la plus soumise de l'utilisation des travaux modernes est désavouée par l'autorité dans des termes d'une si grande rigueur et d'une telle violence.

Le procès intenté par le Saint-Office à M. Brassac est injuste et la lettre du cardinal Merry del Val est une affreuse calomnie (1). J'ai voulu en avoir le cœur net, et j'ai lu in extenso les trois volumes du *Manuel* relatifs à l'Ancien Testament. Je n'y ai pas trouvé trace des erreurs et des scandales dénoncés et je sais que M. Lévesque (2) et M. Fillion (3) n'arrivent pas davantage à les y découvrir. Et je ne suis pas le seul à « la trouver mauvaise ».

Entre nous, j'ai là sous les yeux, une copie qui a été tirée confidentiellement pour moi d'une lettre de Monseigneur Boudinhon, supérieur de Saint-Louis-des-Français, à un ecclésiastique de Paris. Cette lettre, qui porte la date du 30 décembre 1923, est des plus suggestives. J'en extrais à votre intention les passages suivants, sachant que vous n'en userez qu'avec la discrétion qui convient · « Il n'est que trop vrai, nous sommes dans une période *noire* (le mot est souligné par l'auteur de la lettre)... L'odieuse mise à l'Index du *Manuel* Vigouroux-Brassac continue la campagne contre Saint-

Sulpice et contre l'esprit modéré de Saint-Sulpice. C'est un retour aux tendances qui triomphaient il y a dix ans... Je ne disconviens pas que je suis déçu par Pie XI et je ne suis pas le seul... Il y a aussi une question de santé. J'ai eu l'audience de Sa Sainteté, il y a peu de jours. J'ai trouvé le pape alourdi, engourdi, affaissé. On dit qu'il a de cruelles insommies ; et parfois, aux audiences du soir, il paraît si fatigué qu'il ne semble pas comprendre ce dont on lui parle. Il n'arrive à dire aucune parole un peu décisive... Il n'a guère pour lui l'opinion générale à Rome... Quant à la mise à l'Index, je ne connais pas assez les dessous pour en parler, « mais ils sont assez vilains... On dit que ce ne serait pas la fin ».

J'ai pensé que ces citations seraient de nature à vous intéresser...

------

(1) La lettre du cardinal Merry del Val au supérieur général de Saint-Sulpice est datée du 22 décembre 1923 dans les *Acta Apostolicae Sedis*, 1923, p. 616-619.
(2) E. Lévesque (1855-1944), exégète sulpicien qui depuis 1893 jusqu'à sa mort fut bibliothécaire et professeur d'Ecriture sainte au séminaire St-Sulpice de Paris.
(3) Louis-Claude Fillion (1843-1927), exégète sulpicien, professeur d'exégèse à l'Institut Catholique de Paris de 1893 à 1906. Au moment de la condamnation de Brassac, il était au séminaire d'Issy où il s'était retiré.

*
* *

Lettre du 3 mars 1924

(extrait)

Au cas où vous ne connaîtriez pas les circonstances qui ont accompagné la condamnation du *Manuel* Brassac, je copie à votre intention les passages suivants de la correspondance que M. Fernand Mourret a échangée avec moi à ce sujet.

Dans une lettre du 16 janvier je lis ceci : « Je vous ai dit, je crois, comment, dès le lendemain de la réception du Décret, M. Brassac, M. Ducher et M. le Supérieur général, au nom de nous tous, ont envoyé à Rome leur soumission entière et sans réserve (1). — Depuis de nouvelles lettres sont arrivées de Rome, insistant sur la condamnation et sur les conséquences qui doivent en être tirées. L'une de ces lettres ordonne à tous les Supérieurs de séminaires sulpiciens de lire à leurs élèves le Décret en entier. M. le Supérieur a fait hier soir, dans la salle des Exercices, la lecture publique du Décret, sans commentaire, ajoutant seulement qu'il comptait sur la soumission entière des séminaristes, comme il est sûr de celle de tous les Directeurs ».

D'une lettre du 19 janvier j'extrais ces lignes : « M. le Supérieur a reçu une nouvelle lettre du cardinal Merry del Val. Cette lettre, qui débute ainsi : « Significo Paternitati tuae... », signifie au supé-

rieur général de Saint-Sulpice : 1° de destituer de leurs chaires
d'Ecriture sainte et de tout enseignement théologique M. Brassac et
M. Ducher, et de leur substituer des prêtres *sanae doctrinae*, 2° de
communiquer aux élèves de tous les séminaires dirigés par la Compagnie les motifs de condamnation du *Manuel* afin de les prémunir
contre les erreurs condamnées. M. le Supérieur a lu sans commentaire, devant les séminaristes silencieux et sympathiques, les deux
lettres cardinalices, et il vient d'écrire à tous les supérieurs sulpiciens, afin qu'ils fassent de même ».

A la suite de ces événements, M. Garriguet, qui a 73 ans, a été
fort malade. Le cœur a présenté des phénomènes d'arythmie carac-
térisés. Le médecin l'a obligé à rester couché dix jours sans rien
faire, et pendant bien des jours ensuite, il n'a pu quitter sa chambre. Il a eu l'extrême bonté, malgré son état de santé, de m'envoyer
lui-même un mot de remerciement pour la lettre de sympathie
cependant bien naturelle que je lui avais adressée. Heureusement,
il va mieux maintenant et je sais qu'il a reçu beaucoup de lettres,
même et surtout épiscopales, qui l'ont consolé dans une certaine
mesure.

Quant à M. Touzard (2), je puis malheureusement vous dire que,
entièrement soumis, il est aussi *entièrement* découragé. Il n'a même
plus la force morale de réagir. Voilà pour les faits. J'ai lu intégralement la période des Juges, de M. Desnoyers (3). C'est en effet très
remarquable même littérairement. Je connais et je possède les Douze
Petits Prophètes de van Hoonacker (4). Enfin j'ai lu l'article
« Inerrance » du P. Durand (5) dans le *Dictionnaire apologétique*,
dont je possède tous les fascicules parus, mais je n'ai pas à portée
de la main ici le *Dictionnaire théologique* de Vacant-Mangenot, et
je me demande, si Dieu me prête vie, si je ne dépenserai pas quelque jour les centaines de francs qui seraient nécessaires pour en
faire l'acquisition. L'ennui c'est que ces ouvrages précieux ne finis-
sent jamais de paraître.

---

(1) Soumission publiée dans les *Acta Apostolicae Sedis* en date du 12
mars 1924, p. 160. M. Garriguet ajoutait : « Je renouvelle à Votre Sainteté le témoignage de soumission complète, filiale, confiante exprimé par
mes deux confrères MM. Brassac et Ducher, au sujet de la décision du
Saint-Office sur le *Manuel biblique*. Nous ne faisons dans notre adhésion
ni restriction ni réserve, en exprimant le vœu que Votre Sainteté y
reconnaisse la sincérité de notre obéissance. Nous ferons dans le même
sens l'éducation de nos séminaristes pour qu'ils comprennent de nous
comment et de quel cœur ils doivent toujours suivre, coûte que coûte,
la direction du Saint-Siège ».
(2) Jules Touzard, professeur d'Exégèse à l'Institut Catholique de Paris,
dont l'article Moïse et Josué, du *Dictionnaire apologétique de la Foi
catholique* (col. 696-839) fut censuré.
(3) Louis Desnoyers, professeur d'Ecriture Sainte et de langues sémitiques à l'Institut Catholique de Toulouse (1874-1928). Son *Histoire du
peuple hébreu,* œuvre en trois tomes, d'une science critique exigeante et

d'une information archéologique et historique irréprochable, est écrite dans une langue française du meilleur style.

(4) A. van Hoonacker, professeur d'exégèse à l'Université de Louvain (1857-1933), avait publié son commentaire des Petits Prophètes dans la collection « Etudes Bibliques », en 1908.

(5) Alfred Durand, exégète et professeur jésuite (1853-1928). Il enseigna d'abord l'Ancien Testament au scolasticat de Lyon de 1897 à 1900, puis le N. T. de 1901 à 1923.

* *

Lettre du 6 mars 1924
(extrait)

J'ignore totalement le nom des trois évêques dénonciateurs de Brassac. Mais je vais essayer discrètement de le connaître. Ce n'est pas impossible. Si je l'apprends je vous en informerai tout de suite. Ce que je sais, c'est que, en présence d'un de mes amis, Mgr Rivière, archevêque d'Aix-en-Provence, a montré une joie *extrême* de cette condamnation. De cela du moins je suis sûr. Mais cela ne préjuge rien sur les auteurs de la délation antécédente.

En réalité, Dieu nous rappelle tous à l'exercice le plus méritoire et aussi le plus difficile de l'esprit de foi, de l'obéissance surnaturelle à l'autorité ecclésiastique et du renoncement au sens propre. La science même vraie n'est pas le facteur premier et principal du salut ni surtout les formes élevées de la sainteté sacerdotale. Mais elle demeure nécessaire, désirable, salutaire et il est regrettable que tant de nos bons confrères tiennent si peu de compte de l'obligation de la recherche qui incombe à ceux qui peuvent s'y livrer et qu'ils regardent les travailleurs avec des yeux ronds chargés d'électricité comme des hérétiques ou des criminels. Le niveau intellectuel du clergé est *bien bas* et cela explique la désinvolture avec laquelle des juges incompétents rendent des sentences injustes en présence d'un public indifférent ou hostile...

* *

Lettre du 9 mars 1924
(extrait)

Je ne connais pas encore les noms des trois dénonciateurs épiscopaux. Mais, ce matin même j'ai appris des choses intéressantes et *certaines* que je vous communique en substance.

Le cardinal Luçon... et le cardinal Andrieu (Rodrigue qui l'eût cru ? — Chimène, qui l'eût dit ?) ont écrit à Rome et ont reçu des réponses où le Pape leur fait dire qu'il garde toute sa confiance à la Compagnie de Saint-Sulpice. De plus, le cardinal Bourne a vu le Saint-Père en personne et lui a parlé d'une manière très explicite.

Enfin, le cardinal Touchet, qui est à Rome en ce moment, a promis spontanément de parler au Pape très clairement.

Le général des Dominicains a vu aussi le Pape. Il lui a dit que si le Père Lagrange était frappé tout l'Ordre de saint Dominique se considérerait comme atteint.

Deux autres prélats ont dit au Saint-Père que des mesures comme celles qu'on a prises et comme celles qu'on paraît préparer ne pouvaient que décourager les travailleurs au grand détriment de la science sacrée.

Enfin, je sais qu'un autre évêque a demandé à Saint-Sulpice un dossier complet de l'affaire pour effectuer une démarche semblable.

Voilà, cher Monsieur l'abbé, les nouvelles qu'il peut vous être agréable de connaître.

Pour les délateurs, je ne désespère pas de connaître un jour leurs noms, mais je ne veux pas les demander *expressément*. Je me livre à des travaux d'approche.

*
**

Neufchâtel-en-Saosnois, Sarthe

20 avril 1924

Cher Monsieur l'abbé,

Jean Normand (1) m'ayant rendu service, vous me ferez plaisir de lui remettre à l'occasion ces trois brochures de ma part en témoignage de reconnaissance, si du moins vous n'y voyez pas d'inconvénient.

Voici maintenant ce que je puis vous dire au sujet de l'affaire Brassac.

1°) A Saint-Sulpice, on ignore réellement le nom des trois évêques dénonciateurs. On sait seulement que deux évêques qu'on aurait pu assez naturellement soupçonner sont innocents de ce méfait. Ce sont les deux évêques de Poitiers et d'Evreux qui ont pris les devants pour affirmer qu'ils n'avaient fait à Rome aucune démarche désobligeante pour les Sulpiciens.

2°) Je puis vous *certifier* que la lettre du cardinal Merry del Val est son fait propre et exclusif. Ni le Saint-Office ni le pape n'en ont eu connaissance avant l'expédition à Paris. Je crois que le pape a regretté les termes de cette lettre mais la condamnation, qui seule importe, demeure.

3°) On n'a aucun espoir de faire rapporter la mise à l'Index du
Manuel. Mais on ne désespère pas de voir le pape lever l'interdiction
d'enseigner qui pèse sur MM. Brassac et Ducher.

Voilà ce que j'ai pu savoir jusqu'à présent.

Veuillez...

_____

(1) Un séminariste qui avait vendu le *Manuel* de Brassac à Wehrlé.

*
* *

Neufchâtel-en-Saosnois, Sarthe
Lundi, 16 décembre 1924

Cher Monsieur l'abbé,

La Providence m'offre une occasion, qui m'est fort agréable,
d'avoir avec vous un nouveau contact épistolaire, le seul qui soit
possible entre nous quant à présent.

Aujourd'hui même, j'ai pu enfin savoir de façon que je crois
certaine, le nom de l'un des trois évêques français qui, aux environs
du 16 mai 1920, date de la canonisation de Jeanne d'Arc, ont, à
Rome même, sur place, dénoncé au Saint-Office le *Manuel biblique*
de M. Brassac. Le prélat en question est, non seulement un évêque
mais un *archevêque*, Mgr Chollet, qui occupe depuis 1913 le siège
métropolitain de Cambrai.

Vous voyez que, dans l'ordre du savoir qui procède de l'expérience, il ne faut jamais désespérer de rien. Peut-être pourrai-je
dire un jour les noms des deux autres personnages qui ont déposé
une plainte contre le *Manuel* des infortunés Sulpiciens. En tous les
cas, en voilà un, et mon informateur a eu l'air de me dire que
c'était le principal et le plus acharné des dénonciateurs.

Je pense, cher Monsieur l'Abbé, que vous voyez toujours le bon
Monsieur Tauzin, dont j'apprécie le bulletin paroissial où il fait
preuve d'une verve intarissable et dont je lis aussi les articles de
la *Revue apologétique*, à laquelle je me suis réabonné après un
temps d'arrêt notable...

Nous arrêtons ici les extraits de la correspondance de Wehrlé
concernant l'affaire Brassac. Mais les autres lettres du philosophe, intéressantes en elles-mêmes par la diversité des sujets
abordés, ne concernent plus la question biblique.

M. DELCOR.

Bulletin de littérature ecclésiastique

Index

1. Mots

1.1 Hébreu

Syriaque

gawaʾ	33	*kurkeyāʾ*	50	*mzlbʾ*	109
ṭeproʾ	43, 44	*mwzlbʾ*	110	*pašōrā*	58, 68
kwkbʾ	159				

Ugaritique

dbḥ	9	*kmṯ*	119	*ʿqb*	2
glb	10	^d*malik-meš*	129	*ǵlmt*	17
rṯ-w-kmṯ	119	*ʿṯ-w-kmṯ*	119	*qdšm*	16
khnm	16				

Phénicien – Punique

ʾBN	12	*ZBḤM*	9	*ʿBD ʾLM*	15
ʾAbʿn	170	*ḤDŠ*	4, 5	*ʿBDʾSMN*	14
ʾDN	12	*ḤLT*	9, 148	*ʿLMT*	16
ʾLN ḤDŠ	5	*ḤRŠM*	12	*ʿQB*	2, 3
ʾPM	9, 148	*YKL*	2	*ʿŠTRNY*	36, 153
ʾŠTT	12	*KHN*	9	*ʿŠTRT*	4, 31
ʾTNM	3	*KLB*	16	*PRKM*	6, 134
Bbw	31	*KLB ʾLM*	15	*ṢPR*	39, 40, 41
BLL	10	*KLBM*	15	*QDŠ*	31
BN ŠʾL	26	*KLY*	2	*QṬRT*	41
BNM	4	*KSʾ*	28	*QṢR*	7
BT	4	*MZL NʿM*	110	*RB SPRM*	14
BʿL ZBḤ	9	*MK[L]*	12,18	*RBTY*	31
BʿLM YM	17	*MLʾKT*	10	*RʿM*	18
BʿL MYM	17	*MLKT*	9	*ŠKNM*	7
GLB	11	*MLKT QDŠT*	147	*ŠLḤ*	14, 15
GLBM	10	*MLʿN*	170	*ŠMʿN*	170
GRM	15, 17	*Morchomor*	101	*ŠRM*	7
DL	6, 7	*msl*	110	*TKLH*	2
DL MQNʾ	41	*MTNʾ*	29	*TKLT*	2
DT	3	*NʿRM*	8	*TʿLT*	2
ZBḤ ŠMN	9	*NPŠ*	12		

Ammonite

Milkom	121	*ʿam*	66	*ʿmndb*	66

Arabe

Éblaite

Édomite

Geʿez (Éthiopien)

Mandéen

Moabite

Nabatéen

Palmyrénien

Akkadien

Araméen

Grec

Mots Grecs transcrits

Latin

2. Références bibliques

2.1. Ancien Testament

Génese

Lévitique

Nombres

Deutéronome

23, 5 62, 66	27 107, 18	29, 18 333
23, 10 364	28 365	29, 20 333
23, 18 15, 107	28, 4, 18, 51 53	31, 22 190
23, 18–19 16, 17	28, 13 365	31, 29 205
24, 1, 3 329	28, 17a 366	32, 7 180
25, 3 78	28, 69 105	33, 5 342
25, 17–19 179	29, 11 339	41, 12 42

Josué

1, 14 364	9, 34 107	19, 18 168
6, 18 381	12, 4 19	23, 12 58
9, 10 19	13, 12, 31 19	24 107
9, 14 364	15, 11 165	24, 2 62
9, 27 17	15, 59 168	

Juges (Jud)

1, 1–2 364	7 198	17, 12 371
5, 1 190	7, 9 et seq. 189	18, 4 371
3, 7 126	10, 7, 10, 12 371	21, 11 335
5, 1 190		

Le 1ᵉʳ livre de Samuel

2, 1 195	10, 1 195	20, 5 et sq. 4
2, 13 8	10, 22 364	21, 18 195
4, 5, 6 175	13, 1 195	23, 2 364
4, 19 381	14, 3, 18, 36 364	23, 4, 9 364
7, 3 129	15 335	27, 7, 17, 18 353
7, 6 17	16, 14–23 8	28, 13 58
8, 1 195	18, 10 8	28, 24 57
8, 14 362	19, 3, 18, 36 364	30, 7–8 355
8, 15 et sq. 363	19, 9 8	31, 10 21

Le 2ᵉᵐᵉ livre de Samuel

3, 3 358	12, 30 121	15, 31 356
6, 15 175	13, 18 141	19, 13 80
6, 19 10, 148	13, 6–10 57	19, 36 8
7, 10–14 289	15, 12 356	20, 7 355
7, 21 15	15, 18 355	20, 7, 23 355
8, 18 355	15, 18 et sq. 355	20, 23 14

Habaquq

3, 10   382

Sophonie

1, 4   128
1, 5   118, 121, 124
1, 5 et sq.   197

1, 7, 14   195
1, 9   129
1, 11   129

1, 12–15   198
1, 14–17   198
1, 15   199

Zacharie

3, 8   54
9   200, 201
9, 1–8   200
9, 4   188
9, 11–17   200
9, 16   200
10, 3–11   201
10, 3–12   200
10, 9   180
11, 11   200
12, 1–8   201

12, 1–13, 6   201
12, 3, 4, 6   200
12, 8, 9, 11   200
12, 15   202
13   201
13, 1, 24   200
13, 7   381
13, 14   202
14   198, 201
14, 1–2   201
14, 1–3   196

14, 1–4   202
14, 1–5   202
14, 2   198
14, 2–8   198
14, 3   198
14, 3–4   202
14, 6   202
14, 6, 8, 9, 13, 20, 21   200
14, 6, 7, 8, 9   202
14, 7   202

Psaumes

1, 1   289
2, 1–2   290
9, 14   381
19, 12   2
20, 8   180
23 (LXX)   179
25, 7   180
34, 11   78
37   179
37, 1 (LXX)   178–179
38   180, 181 et sq.
38, 1   176, 177, 178, 179, 180
40, 18   180

47 (LXX)   179
48, 15   180
55, 6   381
63, 23   381
69, 1 (LXX)   178, 179
70   180–183
70, 1   176–180
70, 1–2   180
71, 16   180
74, 13–14   384
77, 12   180
78, 40   143
78, 42   180

79, 8   180
87, 4   180
88, 7   381
89, 6–8   33
93 (LXX)   179
98, 3   180
104, 26   384
105, 5   180
106, 7   180
107, 27   382
119, 96   2
119, 112   2
119, 150   179

Job

5, 1	33	20, 16	321	30, 5	32
10, 18	143	21, 6	319	38, 16	320
11, 7	2	28, 3	2	38, 17	319
15, 15	33				

Proverbes

7, 18	54	8, 22 et sq.	242	22, 4	2
8	250				

Cantique des Cantiques

IV, 1, 3   257   VI, 7   257

Qohéleth

2	8	3, 1–11	207	12, 5	55
2, 25	319				

Lamentations

4, 3   17

Esther

2, 2   8   8, 15   373, 382

Daniel

1	203	4, 3	215	7, 12	203, 209
1, 5–8	204	4, 5, 6	205	7, 13 et ss	240
2	204, 205, 207	5, 2	188	7, 18, 27	243
2–7	213	7–12	227	7, 25	207–209
2, 19	'207	7	208, 211, 214	7, 28	205
2, 21	207, 213	7, 2–27	243	8, 4	219
2, 25	203	7, 9	240	8, 17	206, 219
2, 40–43	204	7, 9–12	208	9	214, 294
3, 6	32	7, 9, 13	240	9, 1–3	214
3, 26	32	7, 10	240, 243	9, 24	211

Esdras

Néhémie

1er livre des Chroniques

2ème livre des Chroniques

Judith

2.2. Nouveau Testament

Mathieu

2.3. Pseudépigraphes de l'Ancien Testament

Apocalypse d'Abraham

XXI   231

Apocalypse syriaque de Baruch

(2me Baruch)

29, 3, 4   384   39, 3–5   211

IVème livre d'Esdras

6, 49 et ss   247   12, 1   211   13, 26   248
7, 32   248   13, 10–11   247

Hénoch éthiopien (I Hen)

Livre des Paraboles

37–71   224   56, 5 et s.   235, 238   61, 5   231–232
53, 7   237   60, 7   384   66, 7   237

Livre des songes

89, 59–90   211

Livre des secrets d'Hénoch (Hénoch slave)

8, 2–9, 1   231

Livre des Jubilés

4, 15 et ss   359   32, 3–4   377   49, 13   74, 75, 77
30, 7, 11, 13–15   359 44, 24   262

Antiquités bibliques du Pseudo-Philon

Psaumes de Salomon

Testament d'Abraham

Les Testaments des douze patriarches

Testament de Job

Le livre de Joseph et Aseneth

3. Littérature targumique

Néofiti

Jérusalem ou Pseudo-Jonathan

Onqelos

Jérémie

Nahum

Psaumes

Chroniques

Qoheleth

4. Littérature gréco-romaine

Ecrivains syriaques

Isaac d'Antioche

Opera pp. 244–245   158

Ecrivains Judéo-grecs

Artapanus   262

Josèphe

Antiquités Judaïques

X, XI, 7   219
XII, V, 4   6
XII, 301   353
XIII, VIII, 4, 249   355
XIV, VII, 106–107   6
XIV, 330 et ss   235

XIV, 338   237
XIV, 364   235
XIV, X, 17   325
XX, 1, 1–2 et ss   372
XX, 4, 3, § 90 et ss   372

Guerre Juive

II, 20, 4   300
II, 20, 7   353
II, 122   339

II, 146   322
III, 2, 1   300

Philon le Juif

Philon le Juif   339

De vita contemplativa   271 et ss

5. Ecrits Rabbiniques

Michnah

Talmud de Babylone

Talmud de Jérusalem

Tosephta

Midrashim

Genèse Rabbah

Psaumes

Qoheleth

Rashi

Ex 12, 8   79

Traktat Sopherim XXI, 9   262

Zohar

II, 2, 41b   80

6. Textes de Qumrân

Milḥamah ou Guerre (IQM)

Document de Damas (CDC)

Hymnes (IQH)

Manuel de Discipline (IQS)

1QSa (Règle annexe)

IQSb (Recueil des bénédictions)

Pesharim

Rouleau du Temple (11QT)

Hénoch aramén de la grotte 4